酿造马奶酒工艺

挤马奶

木桶发酵

瓷缸发酵

蒸馏桶

蒸馏桶内接酒坛

蒸馏取酒

成品大曲

发酵老窖

窖里发酵

熟醅装入蒸馏器

蒸馏取酒

冲缸发酵

榨酒

煎酒

装坛

装坛

陈酿

酿造白酒工艺

拌制曲原料

曲料成型

曲坯

送入曲房

大罐贮藏

扔糟

酿造黄酒工艺

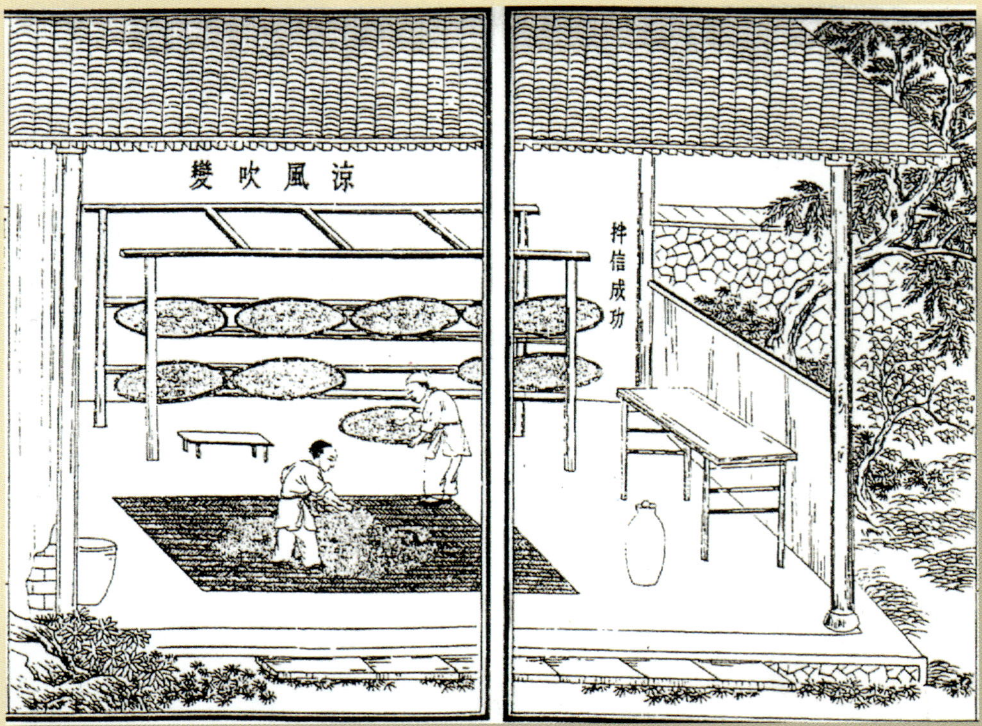

《天工开物》制丹曲

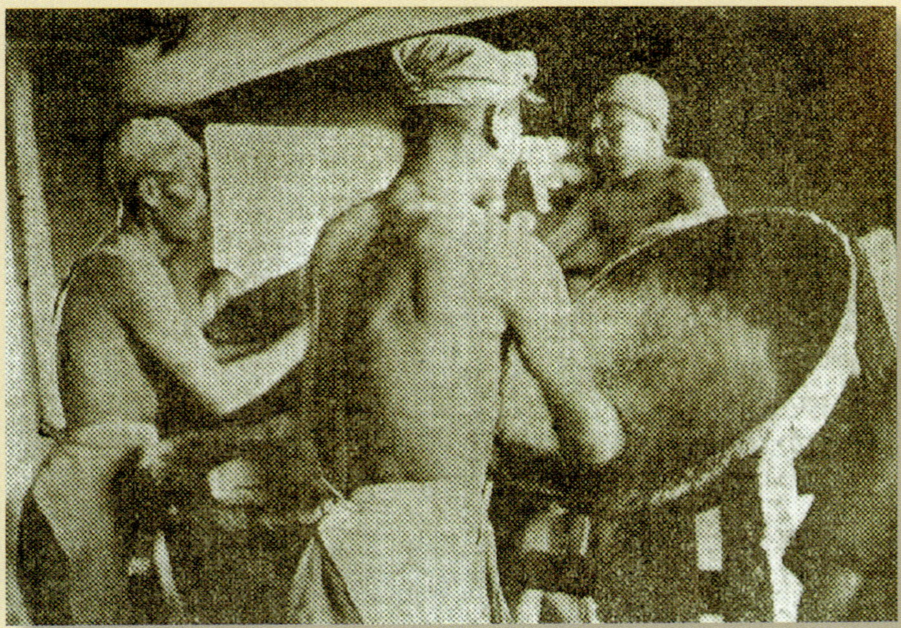

拌曲料

制挂曲

制砖曲

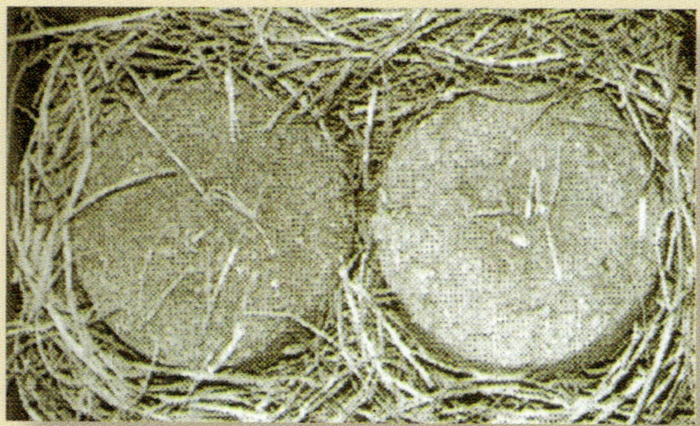

制草窝曲

制百花曲

蒸饭

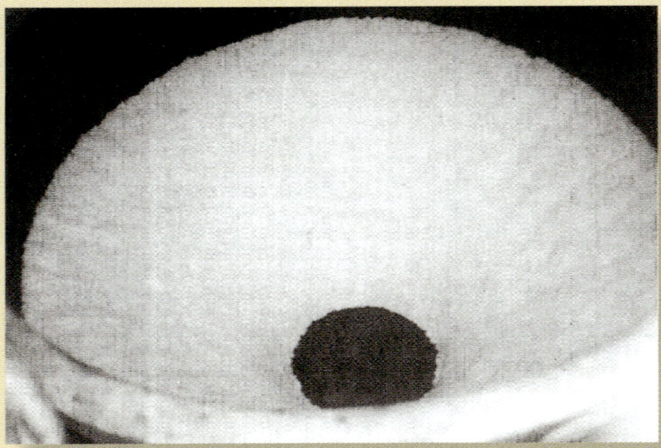

落缸搭窝

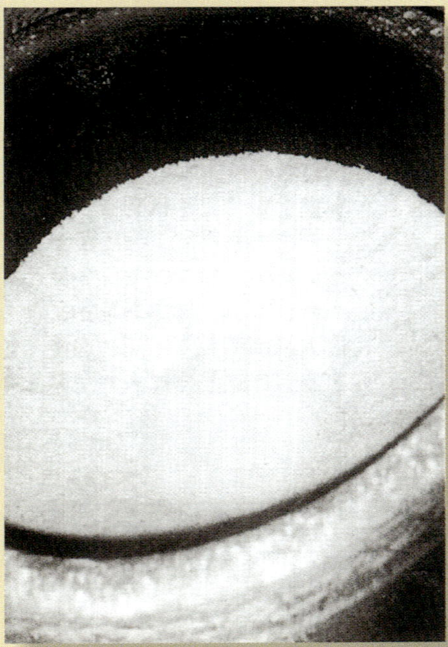

冲缸前发酵

凉風吹

国家"九五"重点图书

中国酿酒科技发展史

洪光住 编著

中国轻工业出版社

图书在版编目(CIP)数据

中国酿酒科技发展史/洪光住编著. —北京：中国轻工业出版社，2018.7

国家“九五”重点图书

ISBN 978-7-5019-2973-3

Ⅰ.中… Ⅱ.洪… Ⅲ.酿酒工业－技术史－中国 Ⅳ.TS261－092

中国版本图书馆CIP数据核字（2000）第48779号

责任编辑：李亦兵 江 娟 秦 功 责任终审：滕炎福 封面设计：赵小云

策划编辑：李亦兵 秦 功

版式设计：王培燕 责任校对：燕 杰 责任监印：张 可

*

出版发行：中国轻工业出版社（北京东长安街6号，邮编：100740）

印 刷：三河市万龙印装有限公司

经 销：各地新华书店

版 次：2018年7月第1版第3次印刷

开 本：787×1092 1/16 印张：27.25

字 数：630千字 插页：6

书 号：ISBN 978-7-5019-2973-3 定价：180.00元

邮购电话：010-65241695

发行电话：010-85119835 传真：85113293

网 址：http://www.chlip.com.cn

Email：club@chlip.com.cn

180178K1C103ZBW

《中国酿酒科技发展史》编辑委员会

前　言

为了探索中国酿酒科技发展史，阐明真谛，弘扬祖国酿酒功业，促进国际酒文化交流，中国轻工业出版社把《中国酿酒科技发展史》作为国家“九五”重点选题，上报国家新闻出版署。不久，获得了批准，编著工作随即启动。

这是数千年来我国第一部总结酿酒科技发展史的专著，不言而喻，任务艰巨，责任重大，作为一名科技史研究工作者，此时正是实现夙愿的良机，且责无旁贷，但同时也深感惶恐，担心自己学识浅薄，难以胜任。

今天，全书终于脱稿了。笔者回想起四度寒暑，多次易稿修改，虽然备尝艰辛，但是得到了出版社、酿酒界、学术界领导和同仁们的关心、鼓励和无私帮助，心里十分感激。

在本书编著出版过程中，承蒙原美国科学基金会生物部主任、食品与营养科学史专家、英国剑桥大学李约瑟研究所副所长黄兴宗教授为本书写了序文；日本国国立民族学博物馆馆长、食文化研究家石毛直道教授和东京都中国食物史研究家田中静一先生给笔者寄赠了参考书；中国社会科学院历史研究所所长、清华大学汉学研究所所长李学勤教授，国家轻工业局潘蓓蕾副局长和北京食品协会会长、中国食品科学技术学会李士靖副理事长给予鼎力支持；高景炎先生、沈怡方先生和国家级著名中医杨子谦教授学术传人杨瑚瑛教授提供了资料；尹良教授任特约编审；唐是雯编审任责任编辑。对于以上诸位的辛劳和帮助，笔者在此谨表示最诚挚的感谢。笔者还要特别感谢赵济清、杜文勇、滕炎福、李怀民、傅金泉、洪坚等专家、学者，以及中国轻工业出版社的有关同志，对本书编著工作的热情支持和帮助。

由于笔者学识所限，书中不妥和错讹在所难免，恳请海内外专家、学者、同仁们不吝赐教，明示斧正，笔者将衷心感谢。

中国科学院自然科学史研究所　**洪光住**

2000年6月于北京

序　文

我很乐意向各位介绍这本有关中国酿酒科技发展史的著作，其作者洪光住教授是我的挚友，他供职于中国科学院自然科学史研究所，是中国食品科技史的权威。20年来，我就一直很敬佩他，并从他的著作和论文中获益匪浅；而直到1991年才得以同他相见。我为《中国科学与文明》丛书编写中国食品加工史[1]，亦得力于洪先生慷慨提供的大量珍贵资料及宝贵建议。洪先生向我们全面地介绍了今天中国各地丰富多彩的酿酒工艺的起源及其演进，比如黄酒、红酒、白酒、药酒、葡萄酒、啤酒和奶酒。洪先生令人信服地证明，将谷物酿制成酒精饮料，乃是一门独一无二的中国酒文化和工艺技术。相信不仅科技史学家会对《中国酿酒科技发展史》感兴趣，而且每一位从事中国食品制作或喜欢中国烹饪的读者，亦将为之所吸引。

发酵饮料，同已知最早的两个人类文明中心一道发展着。早在古美索不达米亚和古埃及，业已产生了两种类型的饮料：即由葡萄酿制成的葡萄酒，以及由小麦或谷物酿制的啤酒。葡萄中的糖可直接发酵，所以天然酵母在其表面上能大量生长。这样，葡萄汁转化为葡萄酒的过程就较简单，甚或不需要人为干预。实际上，这一转化过程终归是要发生的。而另一方面，谷物里的淀粉无法为酵母所利用。淀粉首先要水解为葡萄糖，然后才能转化为酒精。而水解要利用发芽谷物或麦芽中的酶。麦芽糖化能力的发现，大概是源于烘烤面包时使用发芽谷物获知的。近来的考古发现表明，这两种发酵型饮料早在新石器时代就都已经产生，而且葡萄酒要早于啤酒[2]。葡萄酒在西方的各个历史时期，一直大受欢迎，而今天更是风靡世界。

中国古代的酿酒情况有些复杂。从考古发掘出来的文物表明，早在新石器时代，人们就已经饮用一种酒精饮料。文学作品也说明，早在有史初期，人们就已经饮用3种类型的发酵饮料：第一种是用果实酿制的酪，第二种是醴，第三种是用小米或大米酿成的酒。用果实酿成的酪，很快失去人们的青睐，这大概是由于中国的水果，不像特地选育栽培的葡萄那样，适合于酿制果酒。考古已发现，犹如西方酿造啤酒那样，醴一开始就是由谷芽蘖酿造的，但是到

[1] H.T. Huang, *Science and Civilisation in China, Vol. 6, Part 5, Fermentations and Food Science, in press.*

[2] Rudolph Michel, Patrick McGovern & Virginia Badler, "Chemical evidence for ancient beer." *Nature,* **360** (1992), 24; and McGovern, P.E., Glusker, D.L., Exner, L.E. & Voigt, M.M. "Neolithic resinated wine." *Nature,* **381**, (1996), 480－81.

了汉朝初期，它仍然是一种含酒精量很低的甜酒。

中国的酒，是通过一种称为曲的菌类培养物，将熟饭发酵而酿制成的。这一发现的确切时间尚不可考定。曲中的微生物主要有3种：根霉、曲霉和毛霉。最初，曲和蘖一道用于酿酒，但曲的糖化作用很强，使得蘖变为多余。汉朝以降，曲已广泛地应用于谷物酿酒。

用曲酿酒，这是中国酿酒工艺独一无二的特点。其显著的糖化能力，使中国酿酒者能够酿得含酒精量达15％的酒。而相形之下，葡萄酒含酒精量仅有11％，啤酒仅3％。通过调整曲和发酵物的成分，又可以酿造出令人叹为观止的、各种各样风味微妙的酒来。实际上，有些酒的风味与葡萄酒的风味十分相似，甚至可以蒙混评酒专家灵敏味觉的鉴别。这里有个故事可以证明：19世纪30年代，在澳门的一个法国人，曾与一个英国人开玩笑，他把中国酒装入一些用于装葡萄酒的酒瓶里，封好瓶盖，然后将这些酒送给一个英国葡萄酒评定家。他尝了尝，不但称赞它是极佳葡萄酒，而且还煞有介事地说，其酒是西班牙某厂的产品[1]。

曲的应用并不只局限于谷物酿酒。利用同类的微生物和制曲方法，还可以酿制中国特有的3种豆类调味品：即豆豉、酱和酱油。在公元历法出现早期，中国的制曲工艺开始传入韩国、日本和越南，并且逐渐成为他们各自不可或缺的酿造产品。

但不广为人知的一点是，曲的影响所及，已大大地超越东亚各国范围。虽然中国发酵型饮料酒(日本相应的酒称さけ)在西方实不多见，但是制曲的工艺已深深地、间接地对欧洲和美洲人民的日常生活产生了影响。由曲制成的或受其启发而制成的酶类产品，如蛋白酶、淀粉水解酶、果胶酶等，现已各自成为一种产业[2]。它们广泛地应用于湿法磨粉、烘烤食品、酿造业、水果加工、乳制品生产等，相应地可生产各式各样的食品，如啤酒、淀粉糖、蛋糕，以及没有乳糖的牛奶和奶酪等等[3]，不一而足。

古代中国人如能有知，得悉制曲工艺竟会涉及如此众多的、对人类生活有着重要影响的领域，尽管他们在时间和空间上离开现代已经非常遥远，他们也一定会感到惊异的。

我热切地期望着，该书早日付梓出版。

黄兴宗

1998年11月20日

[1] Cited in Michael Godley, "Bacchus in the East, The Chinese Grape Wine Industry, 1892－1938," *Business History Review* Autumn, 1986, p. 386. It should be noted that in this cse the *jiu* is drunk cold or at room temperature as is the custom with grape wine.

[2] Takamine Jokichi (1854－1922), a Japanese scientist living in the U. S. was the pioneer who developed the use of ensymes produced by fungi siolated from *qu* (or *koji* in Japanese) in food processing. He established Takamine Laboratories to produce and market the enzymes. He is the inventor of the first U.S. Patnet, No. 525820, "Preparation and Making of Takakoji," Sept. 11, 1894 devoted to microbial ensyme technology. This is the beginning of the enzyme industry in the U.S.

[3] Gerald Reed, *Enzymes in Food Processing*, Academic Press, 1975, and Michael Carlile & Sarah Watkinson, *The Fungi,* Academic Press, 1994.

目　录

第一篇　酿造黄酒科技发展史

第二篇　制红曲、酿红酒科技发展史

第三篇　酿造白酒科技发展史

第四篇　现代制曲酿造白酒工艺进展

第五篇　酿造葡萄酒科技发展史

第七篇 酿造啤酒科技发展史

第八篇　酿制马奶酒科技发展史

第九篇　中国名酒企业志

第一篇 酿造黄酒科技发展史

中国的酒可分为7类，其中最古老而又最著名的是黄酒。果酒和口嚼酒也属于非常古老的酒，但是在中国很不发达。中国酿造白酒，至现代已很著名很发达。然而起源较晚，根本不能与黄酒媲美。我国酿造白酒科技史，至今不到1000年。

中国的黄酒，系指以稻米或黍米为原料，以酒曲或酒药又加酒母为糖化酒化剂，经过制醪发酵、压榨分离、煮酒灭菌、入窖陈酿等，所得成品除个别品种外，大多数色泽黄亮，风味甘甜醇厚，故名黄酒。

关于黄酒的种类，如果按酿酒原料区别，则可分成两大类，即南方稻米黄酒和北方黍米黄酒。但是无论哪类黄酒，都具有下列特点：

1. 成分　中国黄酒至今没有统一的质量标准。但是酒度(指酒精体积分数)大多数在15%左右，总酸量在0.45%(g/100mL)以下。

2. 含糖量　黄酒是酒度低的甜酒，在一般情况下，按含糖得多少可以分成下列3类：

(1) 甜味黄酒　含糖量约10%(g/100mL)；

(2) 半甜黄酒　含糖量5%～10%(g/100mL)；

(3) 微甜黄酒　含糖量5%(g/100mL)以下。

3. 风味特点　合格的黄酒应当具有浓厚的醇香，优质黄酒在品尝时还应当具有甜、酸、苦、涩、辣五味俱全的感觉。

4. 色泽　黄酒液清澈黄亮、或红褐色、或黑色、或黑紫色，不同酿造工艺会导致色泽改变，故不清澈黄亮者并非次品。

如今，我国著名的黄酒产地和品种已经很多。例如，浙江绍兴酒、金华寿生酒、福建龙岩沉缸酒、连江元红酒、江苏无锡惠泉酒、丹阳封缸酒、台湾红露酒、埔里仿绍酒，还有山东即墨老酒、江西九江封缸酒、福建红曲酒、广东兴宁珍珠红等等。这些酒各有特色，而且都有很悠久的产销史。

第一章　酿造黄酒溯源与起源

我国是世界上文明古国之一，也有非常悠久的酿酒史。但是，中国酿酒科技史到底有多么悠久？长期以来，众说纷纭，各有一番道理，偶尔还有越说越悠久的论断，这就更显得深奥莫测了。由此看来，对于我国谷物酿酒起源问题，现在应当进行讨论的仍然有两个方面：一是关于古人相传酒之源，二是关于谷物酿酒起源于何时？

第一节　古人相传酒之源

中国酿造黄酒起源特别早。许多专家学者认为，中国酿造黄酒至今已有6000～7000年历史。但是较有可靠证据者没有那么早。如果从发明酒曲或酒药并用于酿造黄酒开始估算酿酒史的话，中国酿造黄酒科技史迄今大概只有4000～5000年。其主要理由有两方面：一是考古学家们只是发现了我国新石器时代有饮酒陶器(图1－1－1)，二是在现有的古文献中，能够证

图 1－1－1　山东城崖子龙山文化时期的黑色陶酒杯
(引自华觉民：《中华科技五千年》，山东教育出版社，1997)

明我国酿造黄酒起源很早的，只有下列各项资料是最富有探讨价值的。

一、先秦时期的相传酒之源

在古书里，关于我国远古时代已有酿酒高手的，传说大概开始于春秋、战国之时。其中流传最广的是“仪狄作酒”，而最早记载这种传说的古籍，大概渊源于下面两部巨著。具体内容如下：

在成书于公元前约2世纪的《吕氏春秋·勿躬篇》里，有“仪狄作酒”的话[1]。

> 在刘向《战国策·魏策·梁王魏婴觞诸侯于范台》里，有：“梁王魏婴觞诸侯于范台，酒酣，请鲁君举觞。鲁君兴，避席，择言曰：昔者，帝女仪狄作酒而美，进之禹。禹饮而甘之，遂疏仪狄，绝旨酒，曰：后世必有以酒亡其国者。齐桓公夜半不嗛，易牙乃煎熬燔炙，和调五味而进之。桓公食之而饱，至旦不觉，曰：后世必有以味亡其国者。晋文公得南之威，三日不听朝，遂推南之威而远之，曰：后世必有以色亡其国者……”[2]

《战国策》是一部关于战国时期的历史著作，其原始资料被收藏于西汉皇家书府中，经刘向整理校定后，命名为《战国策》。《战国策》虽然以“合纵”、“连横”之争为主要，书中计策层见叠出，但是语言犀利流畅，比喻恰当深刻，描写事物栩栩如生，真实活现。如果结合时代背景分析，则“帝女仪狄作酒而美”的话是可信的。

图 1-1-2　酒池肉林
(引自《钦定书经图说》)

仪狄，传说为夏禹时代人，后人又说仪狄为禹之女，但不可考。史称仪狄是发明酿酒哲人，此说并不确切，酒之发明早于夏朝，例如历史上相传的“酒池肉林”(图1-1-2)就是一项旁证。有人认为，今本《战国策·魏策二》里面有“帝女令仪狄作酒”的话[3]。据钱超尘《战国策译注》说：“姚本(南宋·姚宏)‘女’字下有‘令’字。姚注:‘一本无令字’。案，无‘令’字是也。仪狄即帝女。今删令字。清王念孙《读书杂志》云：念孙案，一本是也。仪狄即帝女之名，不当有令字”[4]。由此可知，凡是加“令”字的论著可能失当。

> 在汉朝人修纂的《黄帝内经素问·汤液醪醴论》中，有：“帝曰：上古圣

[1] 战国末·吕不韦：《吕氏春秋·勿躬篇》卷十七，参见陈奇猷：《吕氏春秋校释》，上海，学林出版社，1984。

[2] 西汉·刘向校定：《战国策·魏策二》，见钱超尘：《战国策译注》，646页，北京，北京燕山出版社，1993。

[3] 周嘉华：《中国科学技术史·化学卷》，519页，北京，科学出版社，1998。

[4] 钱超尘：《战国策译注》，646页，北京，北京燕山出版社，1993。

人，作汤液醪醴，为而不用，何也?岐伯曰：自古圣人之作汤液醪醴者，以为备耳。夫上古作汤液，故为而弗服也。中古之世，道德稍衰，邪气时至，服之万全。”[1],[2]

根据以上记载内容可知，“上古圣人，作汤液醪醴，为而不用”，这应当是可信的。因为“醪醴”自古就是一种带糟药酒，酒在我国自古也是一种药。另外，禹“绝旨酒”，也可以看成是一种“为而不用”的表现。

二、秦汉时期的相传酒之源

有关我国酿酒起源始于远古时代的传说，虽然出现于先秦时代，但是到了秦汉间，又加强了渲染美化，这种一脉相承的关系，对于传说能够传承下来作用很大。有关秦汉间的情况，现举例如下:

西汉刘安《淮南子·说林训》载：“清醠之美，始于耒耜。”汉高诱注：“醠，清酒。”[3]汉许慎《说文解字·酉部》：“醠，浊酒也。”清段玉裁《说文解字注》：“醠，清于醴而浊于缇齐。”

东汉许慎《说文解字·酉部》：“酒，就也;从水从酉……古者仪狄作酒醪，禹尝之而美，遂疏仪狄。杜康作秫酒。”[4]又《说文解字·巾部》：“古者少康初作箕、帚、秫酒，少康，杜康也。”[5]

对于前者，由“清醠之美，始于耒耜”的内容可知，汉朝的古人认为，酿酒与农业起源同时。但是由“醠”字的含意可知，醠酒应有清、半清、浊3种，此文献虽然只有8个字，但是论断准确，特别珍贵。对于杜康或少康初造酒的传说，因为不见于汉代以前，所以《说文解字》中的这条文献可以认为是新滥觞观点，至今仍有影响，也较重要。

三、晋至唐朝时的相传酒之源

在晋人江统的《酒诰》中，有：“酒之所兴，肇自上皇，或云仪狄，一曰杜康。有饭不尽，委余空桑，郁积成味，久蓄气芳。本出于此，不由奇方。”[6]

唐朝徐坚《初学记》第三册，引唐朝诗人王绩《酒经》说：“空乘秽饭，醞以稷麦，以成醇醪，酒之始也。乌梅女𦽸，甜醹九酘，澄清百品，酒之终也。”[7],[8]

[1] 汉朝人修纂:《黄帝内经素问》，唐·王冰校，郭霭春校注语释，天津，天津科学技术出版社，1981。
[2] 清·高士宗:《黄帝素问直解》第二版，108页，于天星按，北京，科学技术文献出版社，1982。
[3] 西汉·刘安撰:《淮南子·说林训》，189页，汉·高诱注，诸子百家丛书影印本，上海，上海古籍出版社，1989。
[4] 东汉·许慎撰:《说文解字·酉部》，312页，天津，天津市古籍书店影印，1991。
[5] 东汉·许慎撰:《说文解字·巾部》，159页，天津，天津市古籍书店影印，1991。
[6] 晋·江统撰:《酒诰》，清·陈梦雷原辑:《古今图书集成·食货典》第276卷，台湾，中华书局影印，1957。
[7] 唐·徐坚撰:《初学记》第三册，北京，中华书局，1962。
[8] 宋·李昉等撰:《太平御览·饮食部一·酒上》卷八百四十三，北京，中华书局，1960。
参见中国烹饪古籍丛刊《太平御览·饮食部》，4页，北京，中国商业出版社，1993。

根据《酒诰》原始文献可知：江统认为，我国酿造黄酒的起源很早很早，可以上溯到“上皇”时代。因为，只要有煮熟的饭，即使是把它放在野外林间，积存的饭也会自然发酵成酒，把新酿成的酒久蓄陈酿，新酒就会老熟，芳香的风味就会形成。这就是酿造黄酒过程的真谛，不需要靠奇特的方法。虽然以上江统的见解很简单，例如，在原始时代，要把谷物做成饭是很困难的，至于酿成酒就更难了，但是如果从酿酒原理讲，江统的见解还是合乎科学道理的。

根据《酒经》的原始文献可知：王绩认为，用酸饭拌熟穄麦即可以酿得醇醪酒，这就是酿酒的起源。如果用乌梅女𪍿作为糖化剂，外加甜酒母，用九次投饭法酿酒，经澄清之后即可得到百味美酒，这就是酿酒全过程。虽然以上王绩对于我国酿造黄酒起源的见解很简单，例如，变酸的饭能否作为发酵剂，那是要讲许多条件的，但是，王绩的见解是有道理的，在我国古代，的确曾经使用酸饭作为发酵剂酿酒或制醋。

四、宋朝时期的相传酒之源

> 在宋朝李昉《太平御览·饮食部一》中，载有：“《世本》曰：仪狄始作酒醪，变五味。少康作秫酒。”[1]
>
> 北宋寇宗奭《本草衍义》载：“《本草》中已著酒名，信非仪狄明矣。又读《素问》首言，以妄为常，以酒为浆。如此则酒自黄帝始，非仪狄也。[2]
>
> 北宋朱翼中《北山酒经·酒经上》：“酒之作，尚矣。仪狄作酒醪，杜康作秫酒，岂以善酿得名，盖抑始于此耶。”[3]
>
> 宋窦苹《酒谱·酒之源》：“世言酒之所自者，其说有三。其一曰：仪狄始作酒，与禹同时，又曰尧舜千钟，则酒作于尧；其二曰：神农本草著酒之性味，黄帝内经亦言酒之致病，则非始于仪狄也；其三曰：天有酒星，酒之作也与其天地并矣。予以谓三者，皆不足以考据，而多其赘说也。”[4]

根据以上列举的例子可知，我国自先秦时代以来，一直到了两宋时期，古人对于酿造黄酒起源的见解，主要有以下共同点：

1. 酿酒起源与发明人　古人认为，我国酿酒起源可以上溯到神农氏、黄帝时代。传说中的仪狄和杜康等人，都是远古时代的酿酒高手，但不是最早发明酿造黄酒的哲人。中国最早发明酿造酒的人，不可考。

2. 最初酿造成功的酒　根据上面列举的文献内容可知，我国最初酿造成功的酒是汁滓不分的浊酒，其后不久制成了清酒。浊酒和清酒都是醴酒。醴酒主要作为饮用或药用。至于上面古文献中的“酒醪”，那是浊酒，而“秫酒”则可能是浊酒或清酒，但都是醴酒。

[1] 宋·李昉等撰：《太平御览·饮食部一·酒上》卷八百四十三，北京，中华书局，1960。
参见中国烹饪古籍丛刊《太平御览·饮食部》，4页，北京，中国商业出版社，1993。

[2] 宋·寇宗奭撰：《本草衍义》，见《丛书集成》第1430册，115页，上海，商务印书馆，1939。

[3] 宋·朱翼中：《北山酒经》，枚庵漫士古欢堂秘册，见[日]田中静一：《中国食经丛书》(上)，东京都，书籍文物流通会，1972。

[4] 宋·窦苹撰：《酒谱》，见元·陶宗仪：《说郛》，今《说郛三种》卷九十四，上海，上海古籍出版社，1988。

第二节 酿造黄酒起源初探

如前所叙，我国用谷物酿造黄酒的起源早于夏禹时代，但是早到什么时候呢？

袁翰青在《中国化学史论文集》中说；“我们有理由相信，我国在夏朝以前就有了原始农业；谷物酿酒大概是从新石器时代开始的，是早于传说中的夏朝的。”[1]这就是说，我国谷物酿酒的起源是始于仰韶文化与良渚文化之间的。

方心芳在“曲蘗酿酒的起源与发展”论文中说：“仰韶文化比较清晰地反映了母系氏族公社的面貌。山西怀仁鹅毛口出土的仰韶文化以前的石器场有许多石锄、石镰等农具，说明那时人们已经从事农业生产，也说明曲蘗酿酒是起源于六七千年以前。”他在论文后面的“曲蘗酿酒起源与发展系统表”中说：“仰韶文化前期(六七千年前)，天然曲蘗向人工曲蘗发展，这时谷物酿酒起源(黄酒)了。”[2]根据方心芳的论断和括号内的自注可知，他认为仰韶文化距今约六七千年，我国谷物酿酒就是起源于仰韶文化的。

张子高在《中国化学史稿·古代之部》里说：仰韶文化时期农业收获量少，尽管有了储备的粮食，但它为氏族公社所有，为全民所珍视，不可能用于酿酒，谷物酿酒起源于龙山文化时期[3]。

笔者见到《中国科学技术史·化学卷》第524页上说：“特别是伴随新石器时代而到来的农业振兴，制陶术的出现，表明谷物酿酒的社会物质条件已逐渐成熟了，谷物酿酒由此肇兴。到了仰韶文化时期，许多部落已掌握了谷物酿酒的技术，酿酒、吃酒已成为社会生活的重要内容。在龙山文化时期，粮食更多了，酿酒逐渐普及，并初具规模。”[4]对于这段话，将在下面进行分析讨论。

近些年来，虽然还有不少专家学者通过研究，发表了一些关于我国谷物酿酒的论文，提供了一些卓越的见解。但是笔者认为，上面这4部论著中的论述很有代表性，可以作为深入探讨我国谷物酿酒起源的典型论述和参考。笔者又认为，上面这4部论著的共同特点是，强调了谷物存在的作用，甚至作为谷物酿酒起源的依据，然后才以陶器的出现和社会文化现象的存在作为旁证而下结论。这样做当然是很有道理的，但是如果从酿酒工艺过程所需的基本条件来看，他们的见解就显得不够充分了。

例如，根据袁翰青和方心芳的论述内容看，他们的见解基本上是一致的，都认为我国谷物酿酒起源于仰韶文化与夏朝之间。但是袁翰青的见解更稳重，他说我国“农业开始后不久也就可以有谷物造的酒了。我国在夏朝以前就有了原始农业。”[5]如果根据这些话，自夏朝上溯到仰韶文化之初，其人工谷物酿酒起源的孕育期是2900～1300年。

方心芳的见解与袁翰青的论述有些不同。他一直认为我国谷物酿酒起源于仰韶文化之后不久。他说：“张子高用龙山文化遗存的陶制酒器来证明酿酒起源于那个时期。我们认为，那些出土文物恰恰证明酿酒不是起源于那个时期。酿酒起源时期不可能同时出现专用的酒

[1] 袁翰青：《中国化学史论文集》，83～84页，北京，三联书店，1956。

[2] 方心芳：“曲蘗酿酒的起源与发展”，见傅金泉：《中国酒曲集锦》，3页，北京，中国轻工业协会发酵学会，1985。

[3] 张子高：《中国化学史稿·古代之部》，11页，北京，科学出版社，1964。

[4] 周嘉华等：《中国科学技术史·化学卷》，524页，北京，科学出版社，1998。

[5] 袁翰青：《中国化学史论文集》，北京，三联书店，1956。

器。只有经过长期实践，酿酒方法稳定以后，酒为人们所喜爱并经常饮用和用来敬神祭祖时，才可能制造出专用的酒器。专用酒器的出现，正好表明酿酒已经发展起来。”[1]按照方心芳的这些话来理解，我国谷物酿酒至晚起源于龙山文化以前，即由龙山文化上溯到仰韶文化之初，其结果是谷物酿酒起源的孕育期约为2200～600年。由此可知，对于我国谷物酿酒起源的见解，方心芳比袁翰青约上溯700年，即方心芳认为我国谷物酿酒起源于仰韶文化与龙山文化之间。笔者认为，方心芳的见解只能作为参考，因为从考古发现的事实看，仰韶文化时期的农业生产仍然处于从属地位，科技水平仍然很低，处于鸿蒙阶段，整个社会经济和物质文化的发展速度还很缓慢，需要更长的发展时间才能达到发明谷物酿酒的程度。

现在让我们来讨论一下《中国科学技术史·化学卷》上的见解。该书说：“从我国目前考古发现的新石器时代早期阶段的诸文化面貌来看，特别是伴随新石器时代而到来的农业振兴，制陶术的出现，表明谷物酿酒的社会物质条件已逐渐成熟了，谷物酿酒由此肇兴。”为了准确地理解和领会这段话的意思，笔者曾先后向多位学者讨教过，终于明白“振兴”是在原有基础上发展兴盛的，“肇兴”是在原有基础上开始兴旺发达的。所以，《中国科学技术史·化学卷》上的这段话里面，有两个结论引人倍感新奇和注目。第一，我国农业是起源于新石器时代以前的，即旧石器时代，振兴于新石器时代。第二，我国谷物酿酒起源于农业振兴之前，即新石器时代以前的旧石器时代。

《中国科学技术史·化学卷》作者这种谷物酿酒起源于旧石器时代的结论，在我国史学界，迄今为止可说是最高级的突破，是独树一帜的新创举。可是论据在哪儿呢?浅见不明白。

多数史学家们认为，传说中的神农氏就是炎帝，轩辕就是黄帝，炎、黄两帝相互融合之后，又与东方的夷、南方的黎和苗等族融合，再经过尧、舜、禹大帝的发展，终于在祖国大地上形成了伟大的华夏民族。从此，“炎黄”被国人尊敬为中华民族的祖先，我们就是炎黄子孙。这一大段历史大约经历了1万年之久，虽然其中有神话般的成分，但是也有许多实在根据。如果把这一大段历史与考古学及谷物酿酒起源探讨联系起来看，那又会是怎样的呢?结论是，我们有理由相信，在原始社会后期的氏族公社里，可能已有谷物酿酒了。

对于我国远古时代的谷物酿酒起源，如果以酿酒原理和生化反应过程来看，至少应当具备下列条件才能成功：

(1) 要有可以用于酿酒的原料；

(2) 要有可以用于烧、煮、蒸的设备；

(3) 要有可以用于酿酒的洁净水；

(4) 要有可以用于酿酒的酒曲；

(5) 要有可以用于制醪发酵的设备；

(6) 古人要具有起码的酿酒经验。

上面这6个条件的史学根据，主要渊源于《淮南子》和《礼记》上的“乃命大酋，秫稻必齐，曲蘖必时，湛炽必洁，水泉必香，陶器必良，火齐必得，兼用六物”。由于这6方面内容在本篇后面相关章节中还要分别详细讨论到，所以现在仅作综合性探讨如下：

对于我国远古时代的社会情况，大多数专家学者们都认为，黄河、长江和众多的溪流、湖泊地带，是我们祖先最早开始劳动、生息、繁衍的地方。他们手持简陋的工具与大自然进行艰

[1] 方心芳：“曲蘖酿酒的起源与发展”，见傅金泉：《中国酒曲集锦》，3页，北京，中国轻工业协会发酵学会，1985。

苦的斗争，并从劳动中不断提高自己的智能，创造和改进生产工具。据人类学家的研究资料表明，我国云南省的元谋人大约生活在距今170万年前，陕西省蓝田人大约生活在距今80万年前，北京周口店人大约生活在距今50万年前。周口店人已经懂得使用天然石器和使用火或保存火。火的使用和保存经验的形成，对于人类社会的进步来说，意义非常重大，许多科学技术的产生和发展都与火的利用有关，其中包括后来发明用谷物酿酒。在距今大约2.8万年前，山西省的峙峪人已经使用石镞，表明他们已经发明了弓箭，这标志着旧石器时代行将结束。旧石器时代经过了很长时间之后，人类逐步告别了蒙昧，磨制石器的制造、农业的出现、制陶术的发明等，这些重大事项的出现都是旧石器时代过渡到新石器时代的重要标志。这种伟大的历史性转变，在中国大约发生于距今1万年前，即自那时起就开始了新石器时代。

迄今为止，我国已经发现的新石器时代的文化遗存六七千处。其中著名的有浙江余姚河姆渡文化，距今约7000年；河南渑池县仰韶文化，距今约6000年；还有屈家岭文化、大汶口文化、龙山文化、齐家文化等等。这就是中国旧石器时代末到新石器时代的面貌。在这段漫长的历史时期内，中国人发明了许多种造型优美、用途各异的陶器，有可以用于煮的陶釜，有可以用于蒸的陶甑，还有陶盆、陶罐、陶勺等，它们都是酿酒过程中非常重要的设备和用具(图1－1－3)。从这些设备的制造技术已较高明来看，我国新石器时代的社会经济、文化、技术等，已具较高水平了，已具有发明用谷物酿酒的水平了，特别是仰韶文化时期更是如此。

但是我们也应当看到，根据考古资料已知，仰韶文化时期的农业生产水平还很低，生产以石器、木器、骨器为农具，很原始，粮食产量不可能多。制陶技术水平也很低，例如，陶器个头一般很小，容量很少，而且外观粗糙，质地疏松易碎，渗漏性强，不宜较长时间贮酒。另外，在大多数仰韶文化遗址中不见有陶器，说明当时的制陶生产技术尚未普及。特别是在仰韶文化以前的新石器时代遗址中，几乎不见有饮用类型的陶器，说明新石器时代前期的谷物酿酒技术可能还处于萌芽状态。总之，这一切现象完全可以说明，仰韶文化时期的谷物酿酒水平不可能很高，酿酒产地不可能很广，黄酒产量不可能大。由此看来，当时的老百姓如果想喝点儿酒的话，大概只能等待天赐良机了。

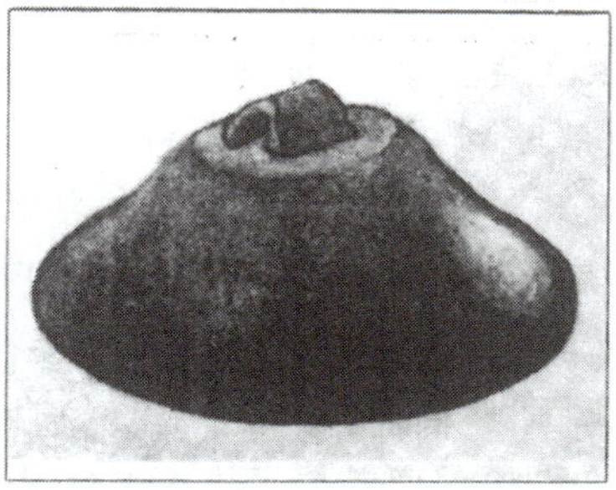

1

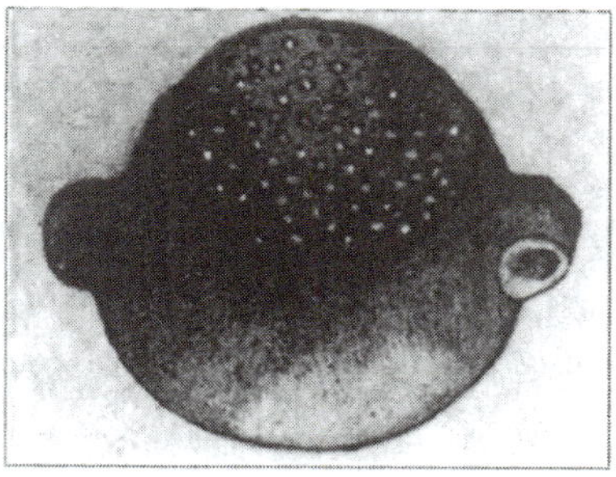

2

3

图 1－1－3　浙江余姚河姆渡出土的陶釜、陶甑和盖

1. 陶盖　2. 陶甑　3. 陶釜

(引自《文物》，1976年8期；《考古学报》，1978年1期)

笔者从小生活在农村，也见过乡下人酿酒，但很不普遍。至于喝酒，笔者的体会就更清楚了，普通农民家庭逢年过节、红白喜事也买酒喝，但是全年通常约3～5次，不超过10次，这不能算是“酿酒、吃酒已成为社会生活的重要内容”，而且这已是数千年后的今天，广大农村的客观现实情况。至于几千年以前，可以想像得到，广大困苦农民是不敢妄想常喝酒的。

在《中国科学技术史·化学卷》中，作者说：“在龙山文化时期，粮食更多了，酿酒逐渐普及，并初具规模。”这个结论也是有问题的。

中国幅员广大，物产千姿百态，特别是在龙山文化时期，我国黄河、长江流域的原始农业和畜牧业已经得到了进一步发展。农业出现了“锄耕”、“耜耕”、“熟荒耕”等耕作制，作物除了稻谷、黍稷外，还有芥菜、白菜、芝麻、葫芦等。畜牧业出现饲养家畜、家禽，如牛、羊、马、猪、鸡等[1]。制陶术已经出现了“轮制”，陶器不再是新石器时代早期的“杂质夹砂陶”，已出现了细泥陶、白质陶、彩陶，有盆、罐、杯等。原始技术和科学知识已由萌芽状态开始向积累阶段发展。在这种情况下，谷物酿酒技术也会有很大的提高。但是笔者认为，我国龙山文化时期的谷物酿酒水平并没有发展到了“逐渐普及，并初具规模”的程度。其理由有下列4方面。

1. 酿酒原料尚不丰富　根据考古资料证明，我国龙山文化时期的粮食生产虽然会比仰韶文化时期明显增加，但是由于生产工具仍然非常原始，只见用磨制的石器、木制的农具或骨器等，所以用原始工具去征服大自然，发展粮食生产，无论如何其数量都是非常有限的，一旦遇到了旱涝或作物病虫害，收成就会更不好。在这种情况下，饮食生活将处于极端困难之中，哪能把活命的粮食用于酿酒。还有，在龙山文化时期，农耕地分布仍然不均，不可能到处可见，水土条件好的地方，农业生产发展快，牧区就没有粮食可以用于酿酒。古代交通不便，不可能像现在买粮食来酿酒，所以认为龙山文化时期谷物“酿酒逐渐普及”的结论是不可信的。

2. 酿酒设备还很原始　酿酒需要有可行的设备，这是古今中外最普通的道理。但是龙山文化时期有无可选择的酿酒设备呢?有，但种类非常少，只有陶器设备是最佳选择。陶器是体现新石器时代到来的重要标志，起源很早，到了龙山文化时期已有很悠久的历史。当时可能已经能够制造一些大的陶器设备，应用于酿酒。但是迄今为止，考古学家们所发现的陶缸、陶盆、陶罐等，容积都很小，不具有小批量酿造谷物酒的能力。这就是说，到了龙山文化时期，古人还没有具备制造大型陶质酿酒设备的能力。这种客观存在说明，认为我国龙山文化时期的谷物酿酒技术已经达到“逐渐普及，并初具规模”的结论，看来是不可信的。当然，现在是科学技术昌明时代，小设备大生产的现象举目可见，至于龙山文化时期的小设备大生产现象，笔者认为是很难寻到的。还有一点也很重要，我国龙山文化时期的制陶技术及生产分布，还没有达到“逐渐普及”的程度[2]。如果从酿酒离不开设备的角度来考虑，谷物酿酒也不可能达到“逐渐普及，并初具规模”。

3. 制曲技术水平仍然较低　明代宋应星《天工开物》中有一句名言：“凡酿酒必资曲药成信。无曲即佳米珍黍空造不成。”[3]这就是说，酿酒必须用酒曲作引子，否则用优质稻米、珍贵黍米也难酿成酒。这样的论断确实是很有见地的。

谷物酿酒必须经过两个很重要的阶段，一是淀粉质糖化，二是糖分酒化，两者之中前者

[1] 杜石然等：《中国科学技术史稿》上册，北京，科学出版社，1982。

[2] 叶喆民：《中国陶瓷史纲要》，北京，中国轻工业出版社，1989。

[3] 明·宋应星撰：《天工开物·曲蘖第十七·酒母》卷下，据明崇祯十年刊本，上海，上海古籍出版社，1988。

更加重要，因为后者易得，而前者却难以制成。如果要使淀粉质糖化，就应当先制糖化剂，即制酒曲，俗称制曲。酒曲的祖型是“曲蘗”。关于酒曲、曲药、曲蘗等的内容，请参见本篇“第四章”。现在要讨论的是，我国龙山文化时期的制曲技术水平与谷物酿酒之间的相互关系。

由于我国古人用酒曲酿造谷物酒的起源很早，一般都认为始于有史以前，但是没有文字根据，而长期以来我国考古界又没有相关发现，所以史学界关于用酒曲酿酒的起源问题众说纷纭，各有一番道理，至今没有统一见解。笔者认为，由于饼曲大量出现于秦汉以来古籍中，而先秦所能见到的记载多以“曲蘗”出现。根据这种情况推测，我们有理由认为，我国龙山文化时期用酒曲酿酒的水平的确是很低的，很可能使用的都是天然曲蘗。用曲蘗酿成的谷物酒称“醴”，酒味薄，糖分多，容易酸败，很难推广普及，更不能成批生产。所以，认为我国龙山文化时期的谷物酿酒水平已经达到“逐渐普及，并初具规模”的结论，看来是有问题的，不能轻信。

4. 酿酒工艺水平依然不高　谷物酿酒技术包括许多方面，例如，酿酒原料选择、加工搭配、制曲技术水平、设备选用等。这些方面前面已经分别讨论过，现在应当探讨的就只有酿酒操作技术水平了。

在龙山文化时期，古人如何进行谷物酿酒操作，今人是无法知道的。但是我们可以从历史上最先出现的谷物酿酒文献中，根据其记载内容进行分析讨论，从而达到对龙山文化时期酿酒技术水平的一些了解。今举两例说明如下。

《周礼·天官》中的记载：

> 《周礼·天官·冢宰》：“酒正，掌酒之政令，以式法授酒材(1)；辨五齐之名，一曰泛齐、二曰醴齐、三曰盎齐、四曰缇齐、五曰沈齐(2)；辨三酒之物，一曰事酒、二曰昔酒、三曰清酒(3)；辨四饮之物，一曰清、二曰医、三曰浆、四曰酏(4)。”[1]

对于《周礼》中的上叙内容，汉郑玄和唐贾公彦分别有下面的“注”和“疏”：

> (1) 式法　作酒之法式；授酒材　授酒人以其材。
>
> (2) 泛齐　泛者，成而滓浮，泛泛然，如今宜成醪矣；醴齐　醴犹体也，成而汁滓相将，如今恬酒矣；盎齐　盎犹翁也，成而翁翁然葱白色，如今酂白矣(笔者注：酂是地名，酂白酒是酂地酿造的白色浊酒)；缇齐　缇者成而红赤，如今下酒矣；沈齐　沈者成而滓沈，如今造清矣。
>
> (3) 事酒　有事而饮也，酌有事者之酒，其酒则今之醳酒也(笔者注：醳酒是新酿成的黄酒)。昔酒　无事而饮也，今之酋久白酒，所谓旧醳者也，唐贾公彦疏：久酿乃熟故名。清酒　祭祀之酒，今中山冬酿接夏而成(笔者注：中山是地名)，唐贾公彦疏：清酒者，此酒更久于昔酒，故以清为号。
>
> (4) 清　谓醴之泲者(笔者注：这是一种经过过滤的醴酒)。医　以酏为醴，唐贾公彦疏：酿粥为醴。浆　今之截浆也，唐贾公彦疏：此浆也是酒类。酏　今之粥，唐贾公彦疏：酏为清为医(笔者注：酏可以用于酿造清酒、醴酒)。

[1] 汉·郑玄注：《周礼注疏》，唐·贾公彦疏，阮刻十三经注疏本，上海，上海古籍出版社，1990。

《礼记》和《淮南子》中的记载:

> 《礼记·月令》:“乃命大酋,秫稻必齐,曲糵必时,湛炽必洁,水泉必香,陶器必良,火齐必得,兼用六物,大酋监之,毋有差贷。”[1]
>
> 《淮南子·时则训》:“乃命大酋,秫稻必齐,曲糵必时,湛熺必洁,水泉必香,陶器必良,火齐必得,无有差忒。”[2]

根据上面这3部古籍中的记载内容进行分析,我们至少可以明白以下几个问题:

(1) 由于这3部古籍中已经出现了“酒正”、“大酋”、“酒人”等,这种专职监管酿酒、饮酒官员的出现,是国家关注酿酒业的鲜明表现。这对于我国后代酿酒业的规范化发展,对于控制盲目发展和限制粮食消费来说,具有深远的意义和积极的作用。

(2) 如果根据这3部古书中的“六必”和“六齐”等内容分析,我们可以相信,我国先秦时期的谷物酿酒技术已经有很明显的进步。特别是在原料选择、对水质要求、选择酿酒设备和防止杂菌污染等方面,例如,“秫稻必齐”、“水泉必香”、“湛炽必洁”等,都具有重大的科技史意义。

(3) 但是根据古书上的记载表明,当时仍然采用“曲糵”作糖化剂酿酒,所酿成的酒仍然都是酒度很低的醴酒,有清酒和带糟酒两类,还未见有煎酒杀菌过程。《礼记·内则》上所记的仍然是“稻醴清糟、黍醴清糟、粱醴清糟、以酏为醴”,这都可以说明,我国先秦时期的谷物酿酒水平仍然较低下。由此可想而知,我国龙山文化时期的谷物酿酒水平也是不可能很高的。

我国以谷物酿造黄酒的起源,大约始于新石器时代初期,到了夏朝已有较大的发展,但是真正蓬勃发展的时代,应当是始于发明饼曲、块曲之时,即大约始于春秋战国、秦汉时期。

---

[1] 汉·郑玄注:《礼记正义》,唐·孔颖达疏,阮刻十三经本,国学整理社,上海,世界书局,1935。

第二章　酿造黄酒所用原料史

酿造黄酒所用原料主要是水、稻米和制曲原料。虽然本篇后面将设“制曲史”，但是制曲原料也是水和稻米，外加麦、麸和中草药。为了综合与集中对酿造黄酒所用原料进行了解，制曲原料也在此章讨论，后面就不赘述了。

第一节　酿酒用水源流史

水是酿造黄酒及其他酒最重要的原料之一，需要量很大，每产1t黄酒大约需要15～20t清洁水。如果按照酿造黄酒的生产工序来看，水主要用于洗涤工具和设备、洗米、浸米、制曲、发酵、煎酒、锅炉房用水等。

黄酒是低度酒。黄酒成品中的水约占80％，水质好坏会直接影响酒的品质和风味。由于在酿酒过程中，水既是最重要的原料，也是成品酒最重要的成分，所以在选择酿酒用水时，必须考虑水源的优劣，而首选的，应当是天然优质水。世界上只有大自然恩赐的优质水，才是最经济可靠的。例如，福建连江的元红酒之所以世代优美，那是与利用“玉泉”优质泉水酿酒有关；山东即墨黄酒的酿造用水，源于秀丽崂山清澈洁净之泉；福建龙岩沉缸酒的酿造用水，来自山青水秀的小池山沟甘泉；江苏无锡惠泉酒之名，早在明朝冯梦龙的《醒世恒言》中已有“惠山泉酒”之称，在曹雪芹的《红楼梦》中也多次提到了惠泉酒。由此可知，惠泉酒之名因惠山泉水甘美而得名。

人们自古以来一致认为，绍兴黄酒之醇美离不开鉴湖水。鉴湖水为什么会甘美可口？据《绍兴县报》1999年3月14日报道说，鉴湖水之所以能酿得美酒，功劳不在于鉴湖天生丽质，而在于作为鉴湖补给区的漓渚江水系，水中富含钼、锶成分。据勘查资料说，漓渚江流域蕴藏一座大型钼矿，当地花岗岩中含锶成分较高。漓渚江水长年累月地流入鉴湖，把这些珍贵的微量元素也带入湖中，使水质永远优美。据专家们从漓渚江畔的咸亨酒厂生产的黄酒中取样化验后说，咸亨黄酒之所以自古以来富有魅力，原因就在于钼、锶成分在酿酒过程中产生了重要的作用。这种新发现如果切实可信，那么将可以打破以往的极限性，把酿酒地域扩大到了漓渚江各地，从而促进这一带酿酒业的大发展。

由于古代没有化验水质优劣的条件，所以只能靠经验择优。现代选择酿造黄酒用水的要求非常严格，归纳起来，主要有以下6方面选水原则：

1. 应当首选无污染源的洁净泉水、湖水或井水为酿酒用水　如果是选用自来水，必须考虑水中含氯和铁的情况，含量太高会使酒质变浑，口味粗涩，色泽浑暗。

2. 酿酒用水的pH值最理想的是6.8～7.2，近中性　水的硬度以0.71～2.14mmol/L(2～6°d)为宜。水的硬度太大，pH值必然偏大，水质偏碱性，Ca^{2+}、Mg^{2+}离子浓度太大时，酒的风味就会苦涩。

3. 酿酒用水的含铁量一定不能高　含铁量高时酒的颜色一定变暗甚至变红，口感粗涩甚至带铁腥味，酒中有时还会出现胶体状物质。一般要求含铁量在0.5mg/L以下。

4. 水中的有益成分　如锰、钾、磷、钙、镁等，它们的存在对微生物的繁殖有益。但含量要适当，否则会使酒的风味变为不合格品。

5. 水中的有害成分　如重金属、氨态氮、生酸菌群等，要求达到查验不出来的标准。

6. 水中有机物含量不可高　过高说明酿造用水被污染。一般要求有机物含量在5mg/L以下。

根据以上6条内容分析可知，古人是不可能一下子就做到符合这些条件要求的。但是能够在酿酒实践中，由简单到复杂，由低水平到高水平，一项一项地逐步做好。例如，古人何时已知选择优质天然水?怎样选择优质天然水?还有，何时开始凿井取水?如何提高酿酒用水品质等等。

据笔者前面所言，我国先民们已知选择并运用优质水酿酒的起源很早。例如，在诸子百家丛书里，由西汉刘安等人编著的《淮南子·时则训》中，就有“乃命大酋……水泉必香……”[1]的记载。汉高诱注说：“酋，主酤酒官也，酝酿米曲使化熟，故谓之酋。……水泉香则酒善也。”从高诱注中的“酝酿”、“使化熟”和“酒善”这三个术语看，其内涵意义与现代的“酿造”、“通过生化反应使成黄酒”的科技术语极为相似。而“酒善”与“善酿酒”的名称都是“好酒”的意思，两者也极为相似。这种科学术语的出现和评价美酒优劣与水质有关的表现完全可以说明，我国先民们早在2000多年前，对于“水是酒之血，米是酒之肉”的科学道理，的确已很有体会了。

如果从另一方面看，既然“大酋”是古代主管酿酒和管理酒类买卖的官员，那么，这种管理对于酒业的兴衰必然会起到举足轻重的作用。

例如，《战国策》记载说：“昔者，帝女仪狄作酒而美，进之禹。禹饮而甘之，遂疏仪狄，绝旨酒，曰：‘后世必有以酒亡其国者。’”[2]因为禹是国王，他的禁酒行动必然会使当时的酿酒业暂时受到挫折性的影响。

一、选择哪样天然水酿酒好

在我国历史上，早期对酿酒用水有研究的古人不少，但是最全面而且很有成绩的当属北魏科学家贾思勰。在他的著作《齐民要术》中，不仅有多种选择优质水的方法，而且有汲取、净化、运用于酿酒的操作法，十分全面，非常宝贵。兹分别摘要讨论如下：

在《齐民要术·造神曲并酒》专章中，有“造酒法：淘米及炊釜中水，为酒之具有所洗浣者，悉用河水佳也”。就是说，淘米用的、炊饭用的、洗涤酿酒用具用的水，都是以河水为最好。他在“神曲酒方”中又说：“收水法，河水第一好。远河者，取极甘井水。小咸则不佳。”就是说，如果酿酒场地(酒厂)远离河流，那就应当选用最甘甜的井水酿酒。凡是水质稍带有咸味的水，

[1] 汉·刘安等撰：《淮南子·时则训》，57页，据《诸子百家丛书》本影印，上海，上海古籍出版社，1988。

[2] 汉·刘向校定：《战国策·魏策二》卷二十三，646页，南宋·鲍彪校注，钱超尘译注，北京，北京燕山出版社，1993。

就不能用于酿酒。以上所言，与今日酿酒厂对水质的要求相似，都具有科学性。而“取极甘井水”说明，我国用井水酿酒的起源很早。

为什么用河水酿酒好?贾思勰是根据当时的实际情况而下的结论。如果从时代背景看，南北朝时期的大地上与今日完全不同。当时山青水秀，鸟语花香，古朴、清新、洁净，优美的自然环境必然会使河水清澈见底，不会像现在有这么多的工业化污染源存在，其河水当然宜于酿造黄酒。

笔者上面这些叙述当然是相对而言的，丝毫没有“井水不能用于酿酒”的意思。其实，依现在情况而言，井水比河水更加不容易受到污染，而且井水常含有对人体有益的稀有元素，很容易形成优质矿泉水，是酿酒的好水源。例如，前面已经提到的西汉刘安《淮南子》里的“水泉必香”，这既可以看成是“泉水”一种，也可以看成是“水”和“泉”两种，但无论如何都有用“泉水”酿酒的意思。“泉水”有天然泉水和井中泉水两种，我国凿井取水饮用的起源非常早。例如，考古工作者在浙江余姚河姆渡新石器时代遗址中，就发现了木构水井一口;在河南洛阳、河北邯郸涧沟、江苏吴县太史淀等等，也都发现了新石器时代由人工凿成的水井。由此可知，我国古人用井水酿酒的起源大概已有数千年历史了。

如果从文献记载方面来看，我国凿井取水饮用的起源也非常早。

> 例如，《周易·井》载：“井渫不食……井洌寒泉，食”;《吕氏春秋·本味》：“水之美者，三危之露，昆仑之井”;《史记·河渠书》载：武帝时“乃凿井，深者四十丈”;《淮南子·本经训》：“积壤而丘处，粪田而种谷，掘地而井饮，疏川而为利”;《帝王世纪·击壤歌》：“帝尧时，有八九十岁老人击壤而歌曰：‘日出而作，日入而息，凿井而饮，耕田而食，帝力于我何有哉!’”等等。

这些史料都可以说明，我国古人靠井水生活的起源是很早的，其中包括运用于酿酒的井水。

当然，在科学不发达的古代，古人只能利用天然河水、泉水或井水。因此，贾思勰在“作神曲并酒”中说：“作曲、浸曲、炊、酿，一切悉用河水”，惟有“无力之家乃用甘井水耳”，这话是很合情理的，令人信服。

二、古代提高酿酒用水品质史

贾思勰在《齐民要术·法酒》中说：“粳米法酒：糯米大佳。三月三日取井花水三斗三升……先下水、曲，然后酘饭。”就是说，酿造粳米法酒时，以粳糯为原料好。三月初三日，取三斗三升井花水……先将水和曲下到缸里，然后才将饭投下去。记载中的“井花水”就是清晨最早从井中打上来的洁净水。这是一种提高酿酒用水品质很好的原始方法。因为白天打水的人多，井底中的杂物必然会沉渣泛起，泥沙杂物经一夜沉淀之后，水质必然会更加清纯润泽。用井花水酿酒，产品的风味不易受影响。

> 在《齐民要术·造神曲并酒》中，有“造酒法：……一斗曲用水一斗五升。十月桑落，初冻，则收水酿者为上时春酒;正月晦日收水，为中时春酒;初冻后，尽年暮，水脉既定，收取则用。其春酒及余月，皆须煮水为五沸汤，待冷，浸曲。不然则动。”

就是说，酿酒的方法：……一斗曲用一斗五升水泡曲。这酿酒用的水，如果是十月间桑树落叶，水刚刚上冻时收集的，用这种水酿成的酒，是时令最好的春酒；若是正月底收集的水，用这种水酿成的酒，那是中等时令的春酒。从初冻时期起到年底，此时水的胀缩物理性能已基本上稳定，这种水收来即可直接用于酿酒。然而在酿春酒当月以外月份收集的水，都要把它煮五沸，煮成“五沸汤”，待汤凉了用于浸曲，若不这样做，酒就会酸败。

贾思勰所说的上面这些话，是我国历来酿造黄酒时相传至今的技术措施之一，是巧妙利用气温变化条件和烧水杀菌以使水质提高的方法。水温低，水中杂菌必然较少。用低温水酿酒，醪温会相应低一些，但其效果是可以提高防止酸败。特别是煮“五沸汤”的方法，除了起消毒杀菌作用外，还可以使水中的胶体物质和悬浮固形物的相系结构受热作用而破坏。煮沸后，这些杂质沉淀下来被排除掉，可以减少水中异物气味，提高水质甘纯度。如果水中杂菌微生物太多，它们还会消耗原料，施放代谢物，也会降低水的品质，使酿成的黄酒风味不正。

自南北朝以来，我国古籍中经常出现的，有关如何选择和提高酿酒用水品质的史料主要有两类：一是如何判别和选择优质水，这类史料重复叙述的多，经验之谈多，局限性大；二是如何提高酿酒用水品质的史料，这类史料具有很明显的科学技术性质，实用性强，深受多数人关心和接受，所以应当侧重讨论。例如：

> 宋虞悰《食珍录》载：“贾琳以瓠匏接河源水，经宿，器中色赤如绛，用以酿酒，芳味世中所绝。”[1]
>
> 元贾铭《饮食须知·水火》载：“梅雨水：味甘性平，芒种后逢壬为入梅，小暑后逢壬为出梅，须淬入火炭解毒。此水入酱易熟，沾衣易烂，人受其气生病，物受其气生霉。忌用造酒醋。露水：味甘，性凉，百花草上露皆堪用，秋露取之造酒，名秋露白，香洌最佳。气节水：立春、清明二节贮水曰神水，宜制丸散药酒，久留不坏。谷雨水：取长江者良，以之造酒。”[2]

我国许多名酒之所以能自古迄今长盛不衰，驰誉中外，其主要原因之一是，得益于大自然的恩赐，得到了清醇的优质地下水或甘香水。明高濂在《饮馔服食笺·论泉水》中说：

> “山厚者泉厚，山奇者泉奇，山清者泉清，山幽者泉幽，皆佳品也。泉涌出曰渍，在此所称珍珠泉者，皆气盛而脉涌耳……取以酿酒。”[3]清朱彝尊在《食宪鸿秘·饮之属》中也说：“品茶、酿酒贵山泉，煮饭、烹调则宜江湖水。盖江湖内未尝无原泉之性也，但得土气多耳。水要无土滓又无土性，且水大而流活，得其太阳亦多，故为养生第一。若品泉者，亦必以扬子江心为绝品也。滩岸近人家洗濯处，即非好水。”[4]

从时代背景看，上叙各种选择酿酒用水的方法是很有道理，无可非议的。但是大自然不可能有像人类一样的创造性知慧，会及时为各地酿酒需要提供足量的优质天然水。也就是

---

[1] 宋·虞悰撰：《食珍录》，见《吴氏中馈录》等外四种，71页，中国烹饪古籍丛刊，北京，中国商业出版社，1987。

[2] 元·贾铭撰：《饮食须知·水火》，1～4页，丛书集成本校订，北京，中国商业出版社，1985。

[3] 明·高濂撰：《饮馔服食笺·论泉水》，30页，北京，中国商业出版社，1985。

[4] 清·朱彝尊撰：《食宪鸿秘·饮之属》，8页，北京，中国商业出版社，1985。

说，自然界中的水通常是不能直接用于酿酒的，水中的泥沙、杂质、有机物、微生物等，对于酿酒多少是会有不良影响的。在这种情况下，为了提高酿酒用水的品质，国人自古就开始了探索研究，终于创造了多种处理水的方法，如取水藏水法、沉淀法、煮水澄清法、砂石过滤法、活性炭吸附法、明矾法等。例如：

> 元人著《居家必用事类全集·酒曲类》载："枸杞五加皮三骰酒：牛膝、五加根茎、丹参、枸杞根、忍冬、松节、枳壳枝叶，右件各切一大斗。以水三大石于釜中煮，取六大斗，去滓，澄清水准。凡水数升浸曲……"[1]

由此可知，我国煮水取水法已用于制药酒。据笔者所知，我国煮水取水酿酒法至晚始于南北朝，在北魏贾思勰的《齐民要术》中已有记载。例如：

> "法酒方：焦麦曲末一石，曝令干。煎汤一石，黍一石，合揉令甚熟。以二月二日收水，即预煎汤，停之令冷。初酘之时，十日一酘。……"[2]记载中的"煎汤"、"预煎汤"指的都是煮水后取水的意思。
>
> 清朱彝尊《食宪鸿秘·饮之属》："取水藏水法：不必江湖，但就长流通港内，于半夜后舟楫未行时，泛舟至中流，多带坛瓮取水归。多备大缸贮下。以青竹棍左旋搅百余回，急旋成窝即住手。将箬笠盖好，勿触动。先时留一空缸。三日后，用洁净木勺于缸中心将水轻轻舀入空缸内，舀至七分即止。其周围白滓及底下泥滓用水淘洗，令缸洁净。然后将别缸水如前法舀过。逐缸搬运毕，再用竹棍左旋搅过，盖好。三日后，舀过缸，剩去泥滓。如此三遍。预备洁净灶锅，专用常煮水旧锅为妙，入水煮滚透，舀取入坛。每坛先入上白糖霜三钱于内，然后入水，盖好。停宿一二月取供。"[3]

从《食宪鸿秘》所载内容看，当时已有江中取水法、搅动沉淀法和煮沸澄清法三种。其中，"急旋成窝即住手"很重要，只有青竹棍沿缸边左旋才能使水变转速成窝。从物理学原理来看，成窝之水具有加速杂质沉淀于缸中心处的作用。至于记载中的"每坛先入上白糖霜"的原因，除了促进水质微甘甜外，可以说没有其他更明显的作用。自清代以来，古籍中像《食宪鸿秘》里的记录很常见。例如：

> 徐珂《清稗类钞·饮食类》："沧州酒：其酒非市井所能酿，必旧家世族，代相授受，始能得其水火之节候。水虽取于卫河，而浊流不可以为酒，必于南川楼下，如金山取江心泉法，以锡罂沉至河底，取其所涌之清泉，始有充虚之致。"[4]

关于采用活性炭吸附、砂石滤和明矾净化水质的史料，笔者检索到的也不少。例如，元贾铭《饮食须知·水火》中，就有用"淬入火炭解毒"，处理天然梅雨水为洁净水的记载。在明高濂的《饮馔服食笺·茶泉类》中也有："井取汲多者，盖汲多则气通而流活耳，终非佳品。养水

[1] 元·佚名氏：《居家必用事类全集》，43页，中国烹饪丛刊，北京，中国商业出版社，1986。
[2] 北魏·贾思勰撰：《齐民要术·法酒》，见石声汉选释：《齐民要术选读本》，457页，北京，农业出版社，1981。
[3] 清·朱彝尊撰：《食宪鸿秘·饮之属》，9页，北京，中国商业出版社，1985。
[4] 清·徐珂撰：《清稗类钞·饮食类》第一三册，6323页，北京，中华书局，1986。

取白石子入瓮中，虽养其味，亦可澄水不淆。”在清王士雄的《随息居饮食谱·水饮类》中，又有：“水不甚清者，稍以矾澄之，并解水毒。食井中，每年五月五日午时，入整块雄黄，整块明矾各斤许，以避蛇虫阴湿之毒，或加整块朱砂数两尤妙。”

《随息居饮食谱》中所论及的明矾，又称“白矾”、“钾明矾”，乃硫酸钾和硫酸铝的含水化合物，化学分子式为$K_2SO_4 \cdot Al_2(SO_4)_3 \cdot 24H_2O$，水解时生成氢氧化铝胶状沉淀。因此，自古以来用作净水剂。雄黄，化学名硫化砷(AsS)，俗名鸡冠石，中医药学上有解毒和杀虫作用。因此，古人用作水的消毒剂。但是因雄黄有毒，故不可轻易使用。朱砂，原名丹砂，也有解毒作用。

三、近现代提高酿酒用水品质法

对于酿酒用水的要求，除了本章第一节所述对酿酒用水的要求外，还有其他一些因素也需要考虑到。例如，采用自来水酿酒时，因为净化天然水过程中要加入消毒剂，结果常常使自来水中残留有氯臭成分，当其含量超过1mg/L时，就会影响酒质的良好风味。除去自来水中氯臭的方法是，利用活性炭的吸附作用，用活性炭过滤。迄今为止，我国净化水的传统方法已有很多种，但古籍中所记载的都很简单。若以近现代生产中的情况看，常用的有下列数种：

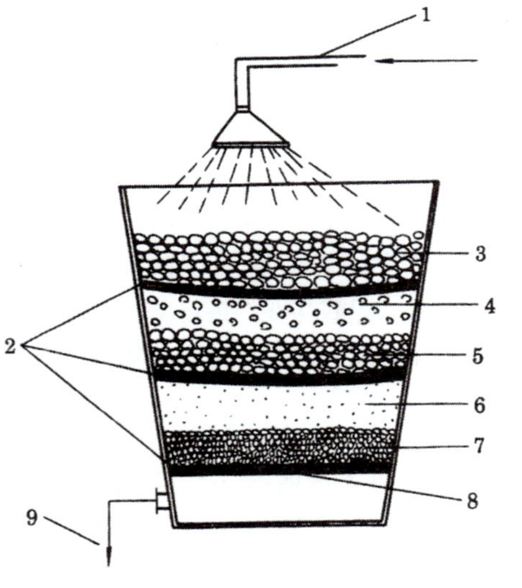

图 1－2－1　砂石过滤器

1. 未净化水入口　2. 棕垫　3. 小石　4. 粗砂　5. 木炭　6. 细砂　7. 小石　8. 竹箅　9. 合格清水出口

1. 砂石过滤法(图1－2－1)　这是一种最原始最简单，既经济又有效的净化水装置。未净化的水从上面喷入，净水从底下流出。过滤器可以用木材做成，也可以用水泥做成槽状。

过滤器的安装也较简单，底部先放竹箅(竹席)，其上铺好棕垫，然后依次往上铺小石、细砂、木炭、粗砂，最上铺一层小石子即成。这种过滤器的缺点是，一般使用周期只有10天左右，一脏就必须将砂石等材料取出，冲洗干净后再组装使用。

2. 空气接触氧化法与砂石过滤法并用(图1－2－2)　这是一种降低水中铁质含量的好方法。高压水经管道喷出后，铁与空气接触生成黄色氧化物沉积，用砂石过滤法即可除去。如果水中含铁量太高不加以除去，则酿成酒之后，其色、香、味会不合格，所以人们一致认为水中含铁量越少越好。

3. 活性炭吸附法　如前所述，我国采用活性炭吸附净水法的起源一定很早，笔者所知始见于元贾铭《饮食须知》中：“梅雨水：小暑后逢壬为出梅，须淬入火炭解毒。”这是一种吸附法。即把木炭投入到待净化的水中，经搅动均匀之后，用丝绵为填料，把木炭与水分开。如果第一次过滤不能彻底分离，可以进行第二次，直到取得合格水为止。

现代的吸附法有很大改进，通常采用的是造粒炭为填料，经固液相设备中对流吸附，直至达到净化的目的为止。

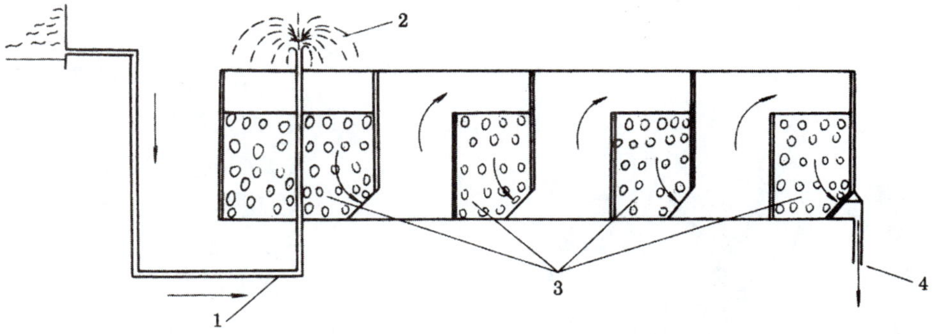

图 1-2-2　接触氧化与砂石过滤器装置

1. 高压未净化水喷出　2. 空气接触氧化　3. 砂石　4. 合格清水出口

4. 现代净化水的方法　现代净化水的方法很多。如果按照酿酒厂的具体要求和待净化水的纯洁程度考虑的话，表1-2-1中的方法可以作为选择净化水方法前的参考。

表 1-2-1　酿酒用水净化方法简表

净化方法	技术作用	待净化物
砂石过滤	吸附与分离	夹杂固形物、铁质、微生物
石灰石过滤	吸附与分离	铁
锰沸石过滤	吸附与分离	锰
水沸石过滤	吸附与分离	铁、有机物
金属过滤筒过滤	吸附与分离	夹杂固形物、微生物
薄膜过滤	吸附与分离	夹杂固形物、微生物
压滤机过滤	分离	夹杂固形物
氯化物处理	氧化、消毒杀菌	微生物、铁、锰
离子交换树脂处理	离子交换	无机物成分
硫酸铝、氯化铝处理	凝胶化	有机物、铁、硅酸盐
电解法	电解	有机物、铁、硅酸盐
活性炭过滤法	吸附与分离	脱色、脱臭、有机物
空气接触氧化法	氧化	铁

第二节　黍米用于酿造黄酒源流史

我国酿造黄酒所用粮食原料，南方与北方很不相同。北方多以黍米、麦曲和水为主要原料，例如，山东即墨老酒和大连酒厂生产的黄酒就是如此。

黍原产于我国，古今名称相同(图1-2-3)。在我国甲骨文中已有“黍”字。从此以后，关于黍的记载更是屡见不鲜。例如：

《夏小正》：“黍禅祈麦实，菽糜粟零。”[1]《尚书·商书》：“……不服田

[1] 汉·郑玄注：《大戴礼记·夏小正》，上海，上海古籍出版社，1990。

亩，越其罔有黍、稷。”《诗·豳风·七月》：“黍稷重穋，禾麻菽麦。”汉许慎《说文解字》：“黍，禾属而粘者。”宋李昉《太平御览·饮食部》引《孔子家语·颜回》：“夫黍者，五谷之长也，郊祀宗庙以为上盛。”

图 1-2-3 野黍

1～4. 野黍：1. 植株 2. 小穗 3. 小穗 4. 第二小花
5～8. 高野黍：5. 叶片带部分叶鞘 6. 花序 7. 小穗
8. 第二小花 （张泰利绘）
（引自中国科学院：《中国植物志》第十卷，
第一分册，科学出版社，1990）

在我国，粟也是酿酒的好原料，而且起源也很早。例如，在西汉史游的《急就篇》第九中，就有“稻黍秫稷粟麻秔”的记载。因为粟与黍的成分略有不同，黍含淀粉质高些，所以粟煮熟后粘性不如黍，用于酿酒也相应地少些。

据笔者所知，我国用黍酿酒的起源非常早。例如，在甲骨文中已有“鬯其酒”的话，在卜辞中有“卜鬯贞”，在金文里有“锡汶鬯一卣”等。“鬯”是我国最早出现的黄酒，是一种用黑黍米酿成的香酒。据《诗·大雅·江汉》载：“厘尔圭瓒，秬鬯一卣。”郑康成注释：“秬鬯，黑黍酒也。谓之鬯者，芬芳条鬯也。”[1]汉班固在《白虎通义·考点篇》里讲：“鬯者，以百草之香、郁金合而酿之成为鬯。”

根据上叙各家的解释可知，鬯或秬鬯等，实际上都是指用黑黍米酿成的香酒。这种酒的起源大致渊源于商朝或更早些，它被广泛地用于祭祀和饮用。例如，《礼记·表记》里有“粢盛秬鬯，以事上帝”之句。在《左传》杜预注里也有“鬯，香酒，用以降神”等。由此看来，我国用黍米酿酒迄今大约已有4000年历史。在这悠久的黍米酿酒史中，历代古籍都有许多记录。兹再列举数例，供参考如下：

《诗·小雅·信南山》：“疆场翼翼，黍稷彧彧。曾孙之穑，以为酒食。”《诗·周颂·丰年》：“丰年多黍多稌，亦有高廪，万亿及秭。为酒为醴，烝

[1]《诗经 楚辞》，112页，孔一标点，上海，上海古籍出版社，1998。

畀祖妣，以洽百礼……”[1] 北魏贾思勰《齐民要术·笨曲并酒》：“黍米酎法：亦以正月作，七月熟；粟米酒法：唯正月得作，余月悉不成。”唐苏敬《新修本草》卷十九载：“黍米，味甘温，无毒。主益气补中，多热令人烦；北人作黍饭、方药，酿黍米酒。”元脱脱《宋史》卷一百八十五的《食货志下·酒》：“凡酝用粳、糯、粟、黍、麦及酒法、曲式，皆以水土所宜。”明宁源《食鉴本草·米谷》：“赤黍米：味甘温，穗熟色赤，故有火。北人以之酿酒。”清王士雄《随息居饮食谱·谷食类》：“凡黍、稷、粟之糯者，皆可酿酒、造饧。”等等。

第三节　稻米用于酿造黄酒源流史

我国酿造黄酒所用粮食原料，南方与北方很不相同。南方多以稻米、酒药和水为主要原料，例如，福建龙岩沉缸酒、江苏无锡惠泉酒、浙江绍兴酒等都是如此。

稻，我国古人称稌。稻去壳未精加工的米称糙米，糙米精制后的米称白米或大米(图1－2－4)。酿造黄酒必须用精制米为原料，因为米糠中含脂肪和蛋白质较多，蛋白质含量过多有害于黄酒的醇香风味。

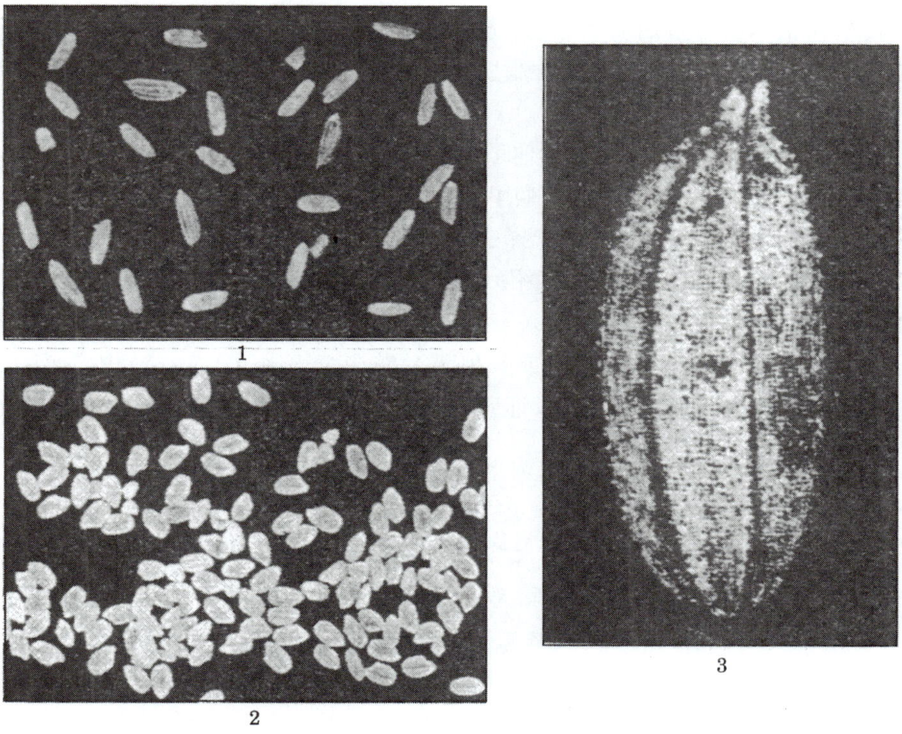

图 1－2－4　洛阳汉墓出土的稻谷

1~2. 稻米　3. 稻谷

(引自《考古学报》，1957年第4期)

[1] 高亨：《诗经今注》，上海，上海古籍出版社，1980。

我国是世界上最早种植稻的国家之一，迄今已有5000多年历史。在这悠久的历史长河中，全国广泛种植的稻种类如下：[1]

亚种(Ⅰ)籼稻(*O. sativa* L. subsp. *hsien* Ting)

群(1)晚季稻　(2)早、中季稻

型(i)水稻　(ii)陆稻

变种(a)粘稻　(b)糯稻

品种：栽培品种

亚种(Ⅱ)粳稻(*O. sativa* L. subsp. *keng* Ting)

群(1)晚季稻　(2)早、中季稻

型(i)水稻　(ii)陆稻

变种(a)粘稻　(b)糯稻

品种：栽培品种

如果从酿酒原理看，凡是稻米都可以作为酿造黄酒的原料，但是古人经过长期实践之后，一致认为糯米和粘米(系指籼米和粳米中的糯米和粘米)是最理想的。用糯米和粘米酿造黄酒最好的原因如下：

(1) 糯米和粘米的分子结构较疏松，米质软，吸水性强，容易蒸熟和糊化，有利于发酵过程的进行。

(2) 糯米和粘米所含蛋白质和脂肪，大多数可以在精制中随糠皮除去，留下的量正好可以衬托黄酒的醇香风味。如果原料中含脂肪和蛋白质太多，经氧化后的异臭味将有害于黄酒的风格和风味。

(3) 糯米和粘米的淀粉质含量比其他稻米高，品质优，而且所含的大多数都是支链淀粉，淀粉糖化酶很难将分子链全部切断，结果黄酒中含糊精和低聚糖较多，酒的浓厚甘甜更为突出。

正是基于以上原因，所以古人在选择酿酒原料米时，特别慎重认真。在历史上，我国江苏丹阳、金坛、溧阳、无锡、苏州以及浙江绍兴和嘉兴地区所出产的糯米和粘米是最优良的。福建的龙岩和连江，江西的九江，广东的兴宁等地，所出产的糯米和粘米也是极好的。

那么，我国何时利用糯米和粘米或其他稻米酿造黄酒呢?《诗经》、《淮南子》、《礼记》等古籍中所记载的最早，完全可以证明我国用稻米酿造黄酒始于先秦时代。例如：

> 《诗·豳风·七月》："八月剥枣，十月获稻;此为春酒，以介眉寿。"《诗·周颂·丰年》："丰年多黍多稌……为酒为醴，烝畀祖妣，以洽百礼，降福孔皆。"《淮南子·时则训》："乃命大酋，秫稻必齐，曲蘖必时。"高诱注："酋，主酤酒官也。"《礼记·内则》："饮：重醴，稻醴清糟，黍醴清糟，粱醴清糟，或以酏为醴。"[2]《释名·释饮食》；"醴齐，酿之一宿而成，体有酒味而已。"[3]《北堂书钞》引《韩诗》说："甜而不泲，少曲多米曰醴。"[4]晋崔豹《古今注》："稻之粘者为秫。"晋张揖《广雅》：秫，稉也。"唐陆德明《经典译文》：稉，糯也。粘稻。"

[1] 丁颖：《稻作论文选集》，77页，北京，农业出版社，1983。

[2] 汉·郑玄注：《礼记正义》上册，368页，唐·孔颖达疏，王梦鸥注译，台湾，商务印书馆，1977。

[3] 汉·刘熙撰：《释名·释饮食》，丛书集成本，第1151册，上海，商务印书馆，1939。

[4] 唐·虞世南撰：《北堂书钞》，四库全书本·子部·书类。

根据以上史料分析可知，我国用糯米或粘米酿造黄酒的确始于先秦，迄今大约已有3500～4000年历史。自汉朝以来，我国有关用糯米或粘米酿造黄酒的史料屡见不鲜，兹再列举两例说明如下：

北魏贾思勰《齐民要术·造神曲并酒》："若作糯米酒：一斗曲，杀米一石八斗。唯三过酘米毕。其炊饭法：直下馈，不须报蒸。其下馈法：出馈瓮中，取釜下沸汤浇之，仅没饭便止。此元仆射家法。"[1]

明高濂《饮馔服食笺·酿造类》："碧香酒：糯米一斗，淘淋清净，内将九升浸瓮内。一升炊饭，拌白曲末四两，用笤埋所浸米内，候饭浮捞起。蒸九升米饭，拌白曲末十六两。先将净饭置瓮底，次以浸米饭置瓮内。加原淘米浆水十斤或二十斤，以纸四五重密封瓮口。春数日，如天寒，一月熟。"[2]

在历代古籍中，古人通常是"用好糯米一石"或"用精糯米二石"等来表达对糯米品质要求的，今人看来无疑会觉得太简单。但是古代加工糯米的工具设备简陋，古人的科学水平有限，能够如此细心地观察到并把体会记录下来，这的确是值得称道的。

前面已经提到，在糯米或粘米的外层上，含蛋白质和脂肪成分多，实践已经证明原料米不精制会影响到成品酒的质量。还有，糯米或粘米外层富含灰分和各种维生素成分，这些成分是生酸菌以及其他杂菌迅速繁殖的营养。若使用糙米或粗制米酿酒，各种微生物发酵作用都旺盛，醪液升温必快，酒中酸度偏高甚至有酸臭感，也会影响黄酒风味。

由此看来，我国自古选用精米酿造黄酒的经验是十分科学正确的。若从发展方向看，无论选用籼米中的糯米或粘米，还是粳米中的糯米或粘米，将来都应当重视选用精米度适宜的米做原料。米的精白度与精米率有关。精米率的计算公式如下：

$$\text{精米率}=\frac{\text{精白米(kg)}}{\text{糙米(kg)}}\times 100\%$$

根据计算公式分析可知，米的精白度越高，精米率就越低，米的胚乳损伤和米粒破损就越大，淀粉质损失就越多，粮食浪费现象就越严重。因此，如果要提高米的精白度，又要尽量减少粮食浪费，还要高精米率的话，最理想的办法是，研制出适合于精加工各种米粒的精米机械，以满足人们的各种需要。

第四节　制曲所用原料源流史

曲和酒药是我国酿酒厂终年必备的糖化发酵剂。由于全国各地的气候条件和使用曲和酒药的传统习惯不同，又由于各地制曲和酒药所用的原料不尽相同，所以我国历史上的曲和酒药的品种和名称很多，但常用制曲原料却只有两大类：一是谷物产品，一是中草药材料。例如，大麦、小麦、麸皮、稻米、米糠、中药材等。

[1] 北魏·贾思勰撰：《齐民要术》，见石声汉选释：《齐民要术选读本》，415页，北京，农业出版社，1961。

[2] 明·高濂撰：《饮馔服食笺·酿造类》，125页，中国烹饪古籍丛书，北京，中国商业出版社，1985。

一、麦或麸用于制曲源流史

据多年来史学家们的研究结论已知，我国先秦时代的“曲糵”只是酒曲的祖型，我国用曲酿酒至今已有数千年历史了。关于制作曲糵的原料是什么？在《左传》里面，记载着申叔展询问士兵生活时说：“有麦曲乎？”[1]这是先秦时代已有用麦制曲的例子。到了秦汉时期，古书上还有下列记载：

> 刘熙《释名·释饮食》：“糵，缺也；渍麦覆之，使生芽开缺也。”许慎《说文解字》：“䴻，饼曲也，从麦才声；䴹，饼曲也，从麦穴声；[illegible]([illegible])，饼曲也，从麦殸声。”

在汉扬雄的《方言》里面，也有䴵、䴹等酒曲，其中䴵是用大麦做原料，䴹是用小麦做原料的。汉代已有这么多麦做的饼曲品种，说明当时的制曲术已很高明了。但当时仍不见有用麸皮制曲的记录。

我国制作黄酒曲时，制曲原料必须选择优质小麦和大麦，其中大麦用量只占全部物料的10%～20%。选用小麦制曲的主要原因是，小麦所含淀粉、蛋白质、糖分、粗纤维以及多种无机盐成分等，很适合于曲霉的繁殖生长。但是用纯小麦制曲时，曲坯的透气性不好，缺氧环境会影响曲霉后期繁殖，导致酒曲质量下降。因此，采用添加大麦的方法改善曲坯透气性，提高酿酒过程曲的酶活力效果很好。但是实践已经证明，所用小麦也不能随便，必须选择颗粒饱满、质优新鲜的才好。也就是说，酿酒用曲量虽然只有糯米原料量的1/6，但是它却占有极其重要的地位。在一般情况下，现代制曲用的小麦用冬麦，并要求达到以下质量标准(表1－2－2)。

表 1-2-2　　制曲用的小麦质量标准　　单位：%

成分名称	含　量	成分名称	含　量
水　分	12.80	脂　肪	1.80
淀　粉	57.07	粗纤维	2.36
糖　分	1.63	灰　分	1.93
蛋白质	12.45		

(引自大连轻工业学院等：《酿造酒工艺学》，380页，高校教材，北京，中国轻工业出版社，1982)

在汉代的古书里，记有多种麦曲的名称，但详细记录制麦曲法过程的，笔者尚未见到。到公元5世纪北魏时，在贾思勰的《齐民要术》里，制麦曲法的详细论述才丰富起来，因而这些论述便显得特别宝贵。例如，《齐民要术·造神曲并酒》载：“作三斛麦曲法：蒸、炒、生，各一斛。炒麦，黄，莫令焦。生麦，择治甚，令精好。种各别磨，磨欲细。磨讫，合和之。七月，取中寅日……汲水二十斛……”这是生熟料混合制曲法的一种。物料“合和”之后放置天然生霉，到了七月成曲，然后汲水酿酒。在《齐民要术》中，论述制曲酿酒法的有三大章节，这些内容本书后面还会引用讨论到，故仅举此例以表明之。

在傅金泉主编的《中国酒曲集锦》中，有的文章说：“用麸曲法代替大曲法和小曲法生产白酒，这是解放后推广开来的一种新的生产方法。”[2]其实，麸曲法在我国起源很早，但

[1] 春秋·左丘明撰：《左传》，王守谦译注，贵阳，贵州人民出版社，1990。
[2] 傅金泉：《中国酒曲集锦》，41页，北京，中国轻工业协会发酵学会，1985。

没有推广。笔者在唐韩鄂的《四时纂要·六月》里面，已发现有加麸皮制曲法。原文如下：

"六日造法曲：小麦三石：一石生；一石蒸，晒干；一石炒，炒勿令焦。各别磨，罗筛取面粉。其麸留取入曲使。"[1]

自唐朝以来，制曲法已有很大的发展变化，最突出的表现有二方面：一是人们已深知，只有好曲才能酿得好酒，曲在酿酒过程中具有举足轻重的作用；二是每制一种曲，所用原料明显增多，由几种原料制成发展为由多种原料制成，纯用麦或麸、稻米和小米的较少见。除了用米、麦及其制品为原料外，通常还添加豆类、花草、果仁、中药材等。例如：

明高濂《饮馔服食笺·酿造类》言："造酒美恶全在曲精水洁，故曲为要药。若曲失其妙，酒何取焉。故录曲之妙方于后。""内府秘传曲方：白面一百斤，黄米四斗，绿豆三斗。先将豆磨去壳，簸出，水浸放置一处听用。次将黄米磨末，入面并豆末和作一处。将收起豆壳浸水，倾入米面、豆末内和起。如干，再加浸豆壳水，以可捻成块为准。踏作方曲坯，以实为佳。以粗垛晒六十日，三伏内做方好。造酒每石入曲七斤，不可多放，其酒清洌"。又"莲花曲：莲花三斤，白面一百五十两，绿豆三斗，糯米三斗俱磨为末，川椒八两。如常造踏。"[2]

根据上叙制曲工艺过程的内容分析可知，我国古人除了采用添加麸皮制曲法外，至晚到了明朝时，又有采用添加豆皮制曲的了。

二、稻米或小米用于制曲源流史

在人类酿酒史上，有用酒曲酿酒和不用酒曲酿酒的工艺两大类。中国人发明的用酒曲酿酒的方法，因为历来被科学家们视为奇迹，所以在此探讨我国用谷物制曲的起源与发展技术，具有很重要的意义。

人所共知，在自然界里，谷物受潮发霉发芽的现象是很常见的。大多数史学家们都认为，这种谷物发霉发芽经人为创新利用之后，它就是曲蘖酿酒起源的开始。在《书经》里面，早已有："若作酒醴，尔惟曲蘖"的话。据汉许慎《说文解字》载："蘖，芽米也；米，粟实也，像禾实之形，凡米之属皆从米。"如果联想到前面"麦或麸用于制曲源流史"的内容可知，我国北方用麦或大米制曲的历史渊源应当是相同的，至今应有数千年的历史了。

在我国南方，以稻米为原料制曲的起源可能极早，但是已经找到的记载，其出现年代较晚。例如，晋嵇含《南方草术状》上卷言："杵米粉杂以众草叶，治葛汁滫溲之，大如卵。置蓬蒿中荫蔽之，经月而成。用此合糯为酒。"[3]这是制曲技术上的新发展，是制酒药技术上的一种新突破。因为稻米中加入中草药之后，使制曲原料里增加了许多维生素成分，从而促进了根霉和酵母等迅速繁殖，提高了酒曲的糖化发酵力。

在公元5世纪的南北朝时，北魏贾思勰的《齐民要术》中，共收载10多种制曲法，但绝大多数制曲原料都是用麦，只有造"女曲"是用稻米为原料的，堪称宝贵。因为其内容好，所以现

[1] 唐·韩鄂撰：《四时纂要·六月》，缪启愉修订，北京，农业出版社，1981。

[2] 明·高濂撰：《饮馔服食笺·酿造类》，131页，中国烹饪古籍丛刊，北京，中国商业出版社，1985。

[3] 晋·嵇含撰：《南方草木状》，《丛书集成初编》第1352册，上海，商务印书馆，1939。

将原文抄录于下，以供参考：

《齐民要术·作菹藏生菜法》："《食次》曰'女曲'：秫稻米三斗，净淅，炊为饭。软炊，停令极冷。以曲范中，用手饼之。以青蒿上下奄之，置床上，如作麦曲法。三七二十一日，开看，遍有黄衣则止。三七日无衣，乃停。要须衣遍乃止。出，日中曝之，燥则用。"[1]

唐代是我国封建社会已处于大发展时期。在这一时期，饮酒之风大盛，制曲酿酒技术也有两大明显发展：一是葡萄酒的酿造有很大进展；二是用稻米和草药制曲术更高明。对于前者，请参见本书"第五篇"，对于后者，今举例如下：

唐刘恂撰《岭南录异》："南中醖酒，即先用诸药。别淘漉粳米，晒干。旋入药和米捣熟，即绿粉矣。热水溲而团之，形如锫锸，以指中心刺作一窍，布放簟席上，以枸杞叶攒罨之，其体候好，一如造曲法。继而以藤篾贯之，悬于烟火之上。每酝一年(次)，用几个饼子，固有恒准矣。南中地暖，春冬七日熟，秋夏五日熟。既熟，贮以瓦瓮，用粪埽火烧(疑"温"字)之。"[2]

到了宋朝，制曲技术有一个很突出的表现，即所用的制曲原料，无论小麦还是稻米等，大多数不再承袭前代蒸、炒、煮生熟料搭配法，而是只把原料调配好之后，作粗加工用磨磨压碎，采用生料制曲法。

例如，在朱翼中的《北山酒经》中，有制曲法13种。其中，以稻米为原料的3种，用米与面粉混用的4种，用纯小麦为原料的5种，用豆类与麦混合应用的1种。在这13种制曲法中，只有2种是采用加入部分熟料后制曲的。这种用生料制曲酿酒法，与我国近现代制曲酿酒法相似，所体现的本质特征，是一脉相承的发展趋势。

自宋朝经元、明、清以来，制曲术最新奇的进步是，发明了用稻米制红曲的技术。这一发明在世界上的影响很大，令酿造家们刮目相看，佩服惊叹。关于红曲的发明发展史，本书后面还要讨论到。在此仅以明宋应星《天工开物》中的记载为例，表达用稻米制红曲的经过：

《天工开物·曲蘖第十七》："凡造法：用籼稻米，不拘早晚，舂杵极其精细，水浸一七日……凡曲信必用绝佳红酒糟为料，每糟一斗，入马蓼自然汁三升，明矾水和化。每曲饭一石，入信二斤，乘饭热时，数人捷手拌匀，初热拌至冷。凡造此物，曲工盥手与洗净盘簟，皆令极洁。一毫滓秽，则败乃事也。"[3]

三、中草药材用于制曲源流史

我国用中草药制曲的起源一定很早。例如，《诗·大雅·江汉》载："厘尔圭瓒，秬鬯一卣。告于文人，锡山土田。"其中，秬鬯是一种用黑黍米和郁金酿成的香酒。郁金至今是一味常用中药。如果参照史学家们的见解，认为我国"曲蘖"酿酒起源于先秦时代，那么"秬鬯"酒就有可能是一种以黑黍米加入郁金为原料，采用近似于"曲蘖"酿酒法酿的酒，而不是先用黑黍酿

[1] 北魏·贾思勰撰：《齐民要术》，见石声汉选释：《齐民要术选读本》，619页，北京，农业出版社，1981。
[2] 唐·刘恂撰：《岭南录异》，9～10页，据榕园丛书刻本，广州，广东人民出版社，1983。
[3] 明·宋应星撰：《天工开物·曲蘖第十七》卷下，明崇祯十年刊本，上海，上海古籍出版社，1988。

成酒再加入郁金浸泡成药酒的。尽管这是一种推测，但仍有可能是如此。

现在大多数学者都认为，我国用中药制曲创始于晋朝。因为晋嵇含《南方草木状》里，已有用中药制曲的明确记载(内容见本节前面所录)。但是笔者认为，《南方草木状》里面的中药制曲法是个成熟的工艺，从初创到成熟是要经过很长时期的。我国药酒泡制法源于先秦，药曲法可能源于两汉时期，前者请见本书《酿制药酒科技发展史》，后者有待于深入研究。至南北朝，加中草药制药曲法已更加高明了。例如：

北魏贾思勰《齐民要术·造神曲并酒》载："河东神曲方：七月初治麦，七日作曲。七日未得作者，七月二十日前亦得。麦一石者，六斗炒，三斗蒸，一斗生，细磨之。桑叶五分，苍耳一分，艾一分，茱萸一分——若无茱萸，野蓼亦得用。合煮取汁，令如酒色。漉去滓，待冷，以和曲，勿令太泽。捣千杵，饼如凡曲，方范作之。"

在《齐民要术》中，类似上叙制曲法的有4例，由此可知，南北朝时期用中草药制曲的发展速度是较前代快的。

北宋初年，用中药制曲的技术可能已很高明。在陶谷的《清异录·酒浆门》里，有用中药制曲酿酒，药力散发出奇迹的故事，说饮此酒后不仅不会醉，还能治腹胀。原文如下："当涂一种酒曲，皆发散药，见风即消，既不久醉，又治腹滞之患，人号曰：'快活汤'，士大夫呼'君子觞'。"

元朝在我国历史上虽统治时期很短，但是宋朝的发达根基对元朝的兴旺仍然起着很大作用。在用中草药制曲酿酒方面，其技术上的成熟程度，比其前代显现得更高超了。在当时的古书上，体现这种高超的中药制曲方不少，有些本书后面还会讨论到，故在此仅举两例表明如下：

元佚名氏《居家必用事类全集·酒曲类》："东阳酒曲方：白面一百斤，桃仁二十两，二桑叶二十斤。杏仁二十两，皆去皮，擂为泥。莲花二十朵，苍耳心二十斤。川乌二十两，炮，去皮脐。绿豆二十斤，淡竹叶二十斤。熟甜瓜十斤，去皮，擂为泥。辣母藤嫩头二十斤，辣蓼嫩叶二十斤。

将五叶皆装在大缸内[1]，用水三担浸，日晒七日。用木耙如打淀状打下，以笊篱漉去枝梗。用此水煮豆极烂。先将桃仁、杏泥等与面、豆和成硬剂，踏成片。二桑叶裹，外再用纸包，挂于不透风处。三五日后，将曲房上窗纸扯去，令透风。不尔，恐烧了此曲。"

又"满殿香酒曲方：白面一百斤，糯米粉五斤，木香半两，白术十两，白檀五两。甜瓜一百个，香熟的，去皮子，取汁。缩砂、甘草、藿香各五两。白芷、丁香、莲花各二百朵(去蒂取汁)。广苓、苓香各二两半。

右件九味，碾为细末，入面粉内，用莲花、瓜汁和匀，踏作片，纸袋盛，挂通风处。七七日可用。每米一斗，用曲一斤。夏月闭瓮，冬月待微发，作糯米稀粥一碗，温时投之，谓之搭甜。"[2]

自明、清以来，我国以中草药为原料制酒药的技术，可说是已经达到了炉火纯青的程度。其突出表现有三方面：一是所用药材品种增多，而且各地有别；二是中药材配方和制酒药方法增多；三是所制成的酒药依方法不同而有个性，而且品质越来越好。由于本节是讨论中草

[1] 笔者注：所谓"五叶"，系指二桑叶、莲花、淡竹叶、辣蓼叶，其中桑叶为2种。

[2] 元·佚名氏撰：《居家必用事类全集·酒曲类》，45页，北京图书馆特藏明刻本，北京，中国商业出版社，1986。

药用于制曲源流史方面，所以在此仅举例表达这方面的情况如下：

明高濂《饮馔服食笺·酿造类·曲类》："红白酒药：用草果五个，青皮、官桂、砂仁、良姜、茱萸、草乌各二斤，陈皮、黄柏、香附子、苍术、干姜、甘菊花、杏仁各一斤，姜黄、薄荷各半斤。每药料共秤一斤，配糯米粉一斗，辣蓼三斤或五斤，水姜二斤捣汁，和滑石末一斤四两，如常法盦之，上料更加荜拨、丁香、细辛三颗，益智、丁皮、砂仁各四两。"

又"蓼曲：用糯米不拘多少，以蓼汁浸一宿，漉出，以面拌匀，少顷筛出浮面，用厚纸袋盛之，挂通风处。夏月制之，两月后可用。以之造酒，极醇美可佳。"

自古以来，我国制酒药时常用的辣蓼有多个品种，如桃叶蓼或水蓼、圆叶蓼或旱辣蓼，还有拳蓼等。今以拳蓼为例，将其特征介绍如下(图1－2－5)[1]。

图 1－2－5 拳蓼

1. 植物全形 2. 花 3. 展开的花被，示雄蕊及腺体 4. 雌蕊 5. 瘦果

(引自山东经济植物编写组：《山东经济植物》，山东人民出版社，1978)

1. 形态特征 多年生草本。地下根状茎肥大，弯曲，簇生多数卷曲须根，外皮紫褐色。茎直立，多不分枝。基生叶有长柄，叶片披针形至狭卵形，基部沿叶柄下延成狭翅，茎上部的叶

[1] 山东经济植物编写组：《山东经济植物》，69页，济南，山东人民出版社，1978。

较小，线形至披针形，无柄或抱茎；托叶鞘筒状，先端斜形。穗状花序顶生，花密集；花被5裂，白色或粉红色；雄蕊8枚，与花被近等长；花柱3枚。瘦果椭圆形，光亮。花期5～6月，果期8～9月。

2. 产地及环境　全国各大山区均产，野生于山坡草丛中。

3. 用途　根状茎入药。能清热解毒，凉血止血。治赤痢、咯血、衄血、痈疮肿毒等症。含漱可作口腔粘膜收敛剂。根茎可提栲胶，供鞣革用。根茎含多量淀粉，可酿酒。全草为牲畜的牧草。

4. 采收及处理　药用的根茎在春秋两季采收，洗净，除去须根，晒干，用麻袋包装，贮于干燥处。质量以干燥、肥厚、表面棕褐色，内面淡红色，无须根的为好。提栲胶和酿酒用的根茎，在秋末或初春时采挖为好。

5. 成分　根状茎含鞣质8.96％～21％，淀粉12.35％～45.81％，糖约7.5％(山东省野生植物普查队测定)。此外，尚含羟基蒽醌(hydroxyanthraquinones)，β－谷甾醇(β－sitosterol)，维生素C，树脂，还原糖，粘液质及树胶等。全草含绿原酸、咖啡酸、儿茶酸及黄酮苷等，此外尚含钡、钴、铜、铁、锰、镍、锶等微量元素。

> 清佚名氏《调鼎集·茶酒单》："郑公酒曲：白面三十斤，绿豆一斗，煮烂。缩砂、木香各一两为末。官桂一两为末。莲花蕊三十朵，用须并瓣不用房，碎捣。甜瓜捣烂，以粗布绞汁约一碗。捣辣蓼自然汁和前件，拌匀，干湿得中。用布包，脚踏令实。二桑叶包裹，麻皮扎，悬风梁上。一月后取出，去桑叶刷净，日晒夜露约一月，入瓦土瓮中密封。每曲三十斤，约饼七十个。"[1]

到了近现代，我国制酒药的方法开始朝着两个方面发展：一是沿着添加中草药的传统制曲法方向发展；二是采用接种人工培养的纯菌种，逐步向无药制曲法方向发展。对于前者，最有名、传播很广的传统制曲法有"白药法"和"黑药法"，还有"酒药法"和"酒饼法"等，例如，表1－2－3至表1－2－6。

表 1-2-3　制宁波白药所用原料　单位：kg

原料名称	重　量	原料名称	重　量*
早稻糙米粉	20	辣蓼茸粉	0.2
酿酒用水	9～10	白药母粉	0.05

(引自傅金泉：《中国酒曲集锦》，181页，北京，中国轻工业协会发酵学会，1985)

*这里的重量实为质量，根据史料的习惯用法，本书仍沿用"重量"，以下同此。

表 1-2-4　绍兴柯桥酒厂制黑药所用原料　单位：kg

原料名称	重　量	原料名称	重　量	原料名称	重　量
早籼米	100	草　乌	3.0	熟大茴	0.4
药渣头	100	石　膏	7.0	闹羊花	0.4
辣蓼草	20	一支润	0.4	净甘松	0.4
碎黄柏	2.0	活　面	2.0	桂　皮	1.5
断甘草	2.0	苏　叶	2.0	羊　草	1.5
土藁本	2.0	草　果	0.4		
良　姜	3.0	杜　仲	1.5		

(引自无锡轻工业学院等：《酿造酒工艺学》，47页，高校教材，北京，中国财政经济出版社，1964)

[1] 清·佚名氏撰：《调鼎集》，690页，北京，中国商业出版社，1986。

表 1-2-5　　浙江衢州制酒药所用原料　　单位：kg

原料名称	重　量	原料名称	重　量	原料名称	重　量
谷　粉	500	闹羊花	2	山　柰	2
细　糠	150	山栀子	2	石　膏	16
桂　枝	6	北细辛	2	甘　草	2
川　巴	6	川干姜	3	黄　柏	2
前　胡	6	毛苍术	1	滑　石	8
桂　皮	2	威灵仙	2	大　黄	3
曲　娘	10	大茴香	1.5	牙　皂	6
官　桂	3	西麻黄	6	甘　松	1
草　蔻	1	大独活	1	草　乌	4
川　乌	1	万春花	2	小茴香	1
白　芷	1	大公丁	1		

(引自傅金泉：《中国酒曲集锦》，194页，北京，中国轻工业协会发酵学会，1985)

表 1-2-6　　广东制酒饼所用原料　　单位：kg

原料名称	重　量	原料名称	重　量	原料名称	重　量
大　米	50	甘　松	0.75	陈　皮	2.5
大　叶	5～7	白　芷	0.5	中　皂	0.5
酒饼草	1～1.5	草　果	1.0	威灵仙	1.5
川栀子	1.75	花　椒	1.5	麻玉果	1.5
丁　香	0.75	苍　术	1.25	桂　枝	1.0
大茴香	1.5	赤苏叶	1.25	桂　皮	3.0
牙　皂	0.5	冰　片	0.05	北细辛	1.5
香　菇	1.25	小茴香	1.0	肉　蔻	0.75
千年见	0.75	樟　脑	0.2	薄　荷	2.0
吴栀子	0.75	大　皂	1.0		

(引自陈连就：《制酒工业科学研究报告选集》，北京，轻工业出版社，1958)

第三章　酿造黄酒所用设备史

可以认为，在酿造黄酒的科技史上，如果没有酿造工具和设备，就不可能有我国今日辉煌的黄酒生产史。正因为如此，所以努力探讨酿造黄酒所用工具和设备的源流史，具有特别重要的意义。

其实，人类的历史也是从制造工具开始的。人类与动物不同，动物只能依靠自己的机体和器官，以缓慢变化的方式或固有的机能来适应大自然，依靠大自然的各种恩赐，顺应大自然的变化来保存自己。不然的话，它们就会很快地灭绝，而人类则不同。例如，人类不仅能酿酒，而且更重要的是能制造酿酒的工具和设备，并巧妙地使用这些工具和设备来为人类自身服务。这就是说，中国酿酒文化是从制造酿酒工具和设备开始的。

根据我国酿造黄酒的传统工艺流程的步骤可知，其主要酿酒工具和设备有：浸米用的陶瓷缸、蒸米用的蒸桶或蒸笼、发酵用的陶瓷缸或木桶、榨酒用的过滤器或压榨机械、煎酒用的煎酒设备、包装贮存黄酒用的酒坛或瓮、陈酿黄酒用的地窖或酒库以及漏斗、挽斗、木耙、木铲、划脚、竹箪、绸袋等等。由于篇幅有限，故在此仅能对主要工具和设备进行探讨。

第一节　缸用于酿酒源流史

缸，在此系指陶瓷制品，包括大小贮水缸、浸米缸、配料缸、发酵缸等。在历史上，缸是用陶土制坯经高温烧成的，质地坚硬耐用，用途广泛，居家必备。

在古时候，我国缸的外形恰似一个深圆盆，口大底小，深度浅。由于缸以粘土为材料，取之容易，价格低廉，经高温烧成后耐水性好，所以历来一直被各厂家重用。在一般情况下，缸的结构和大小尺寸，如图1－3－1所示。

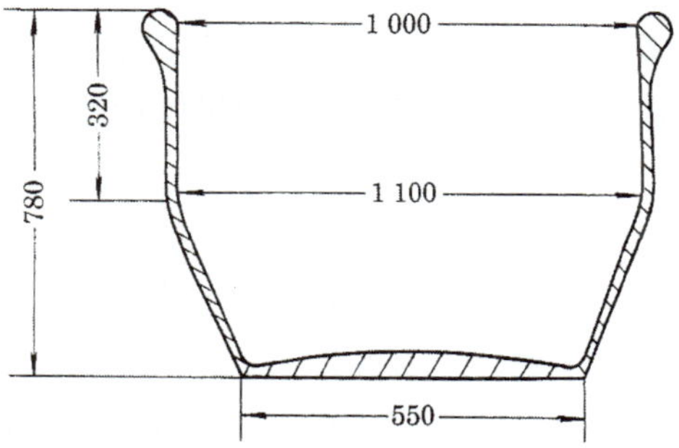

图 1－3－1　陶瓷缸剖面图(单位: mm)

在世界上，陶瓷缸是中国人首先发明的，历史极其悠久。例如，在浙江余姚河姆渡、河南陕县庙底沟等新石器时代遗址里，都发现有缸的祖型，其外形与现在的缸相同或相似。

至于缸用于酿造黄酒的起源，其中以贮存酿酒用水起源最早。例如，西汉刘安等《淮南子·时则训》载："乃命大酋……水泉必香，陶器必良"所记述的陶器指的就是酿酒用的缸，如水缸或发酵陶瓷缸等。

汉许慎《说文解字》载："缸从缶，工声。"既然缸是缶的一种，这说明缸曾用于汲水和盛水。但是从近现代缸的构造和外形看，缸已经不同于缶而像深盆，口大底小，比盆深得多。盆在我国起源很早，浙江余姚河姆渡等新石器时代遗址中曾出土了很多盆，其结构和形态与今日的盆相同或相似。就用途而言，盆比缸广泛，日常各种洗涮皆用盆，酿酒时用于拌料和制曲，封酒坛口用于拌泥，用于洗涤酿酒设备等等。例如，在北魏贾思勰的《齐民要术》里，就有下列记载：

> "笨曲桑落酒法：当日，即炊米九斗为馈。下馈著空瓮中，以釜内炊汤，及热沃之。令馈上游水深一寸余便止，以盆合头；粟米酒法：饭欲熟时，预前作泥置瓮边，馈熟即举甑，就瓮下之。速以酒杷，就瓮中搅作三两遍。即以盆合瓮口，泥密封，勿令漏气，看有裂处更泥封。"

可能是由于缸的构型演变之故，所以我国古文献中，很晚出现用缸酿酒。例如汉许慎《说文解字》中，虽有"缸"字，但没有说是用缸酿酒。我国用缸酿酒记载，多见于元、明、清这三个朝代。例如，元佚名氏《居家必用事类全集·酒曲类》载："东阳酝法：白糯米一石为率。隔中将缸盛水浸米。水须高过米面五寸。次日将米踏洗，去浓泔。将箩盛起，放别缸上。……"在明、清两代的古籍中，缸用于酿酒的史料很多，兹列举数例如下：

> 明高濂《饮馔服食笺·酿造类》："香雪酒：用糯米一石，先取九斗，淘淋极清，无浑脚为度，以桶量米准作数，米与水对充，水宜多一斗，以补米脚，浸于缸内。后用一斗米，如前淘淋，炊饭埋米上，草盖覆缸口。……"
>
> 明宋诩《宋氏养生部》卷一："无酵酒：曲米数同前数。一以曲多半，与先炊饭少半预和，片日，入余曲；后蒸饭，煎潘澜清，并匀于缸为酒；一先炊饭，即以炊汤释清，并溲曲匀于缸，不用水浆至为酒。皆俟寒而酿之也。"[1]
>
> 清佚名氏《调鼎集》卷八："酿酒：每米一斗，用淋米水八斤，面每石用五斤或四斤，作清酒只用三斤，每斤可酿米一石。将曲捣碎和饭，分作几份，逐份入。先以小缸入水少许，搜拌令匀，逐一入缸，以手捺实。……"[2]

总之，在明、清期间，缸用于酿酒生产实践中已经到了普及程度。除了古书里有许多用缸酿酒的记载外，社会生产实践中的各种用缸酿酒场面也俯拾即是(图1－3－2)。

---

[1] 明·宋诩撰：《宋氏养生部》卷一，13页，据北京图书馆明刻善本，北京，中国商业出版社，1989。

[2] 清·佚名氏：《调鼎集》卷八，690页，据北京图书馆善本，北京，中国商业出版社，1987。

图 1－3－2　用缸酿酒场景
(笔者拍摄于江苏扬州)

第二节　坛用于酿酒源流史

在古书里，罈、壜、罎、壈通称，是小口大腹，小底圆体的陶瓷容器。若坛子是用于装酒的就叫做酒坛，若是用于装咸菜的就叫菜坛，如榨菜坛等。在现代出版的书籍里，罈、壜、罎、壈等皆已简化为“坛”字，本文下面也用简化字。

若从近现代酒坛的结构及外形看，由于在我国新石器时代的出土文物中，已有许多与今日酒坛很相似的缶或罐出现，所以可以认为我国酒坛起源于新石器时代，缶或罐就是坛的祖型(图1－3－3)。

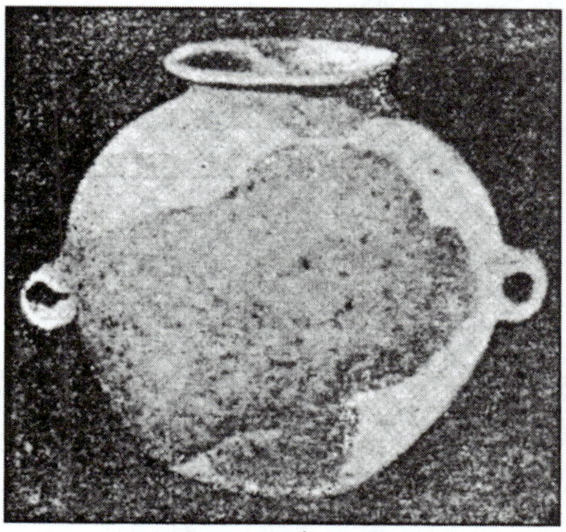

1

2

图 1－3－3　古代的酒罐[1]
1. 新石器时代陶酒罐　2. 商周时期铜酒罐
(引自洪光住:《中国食品科技史稿》，中国商业出版社，1984)

[1] 笔者注：详细说明，请参见笔者《中国食品科技史稿》，北京，中国商业出版社，1984。

但是东汉许慎《说文解字》里还不见有"罈"字，却有"缶"字，书中说："缶，瓦器，所以盛酒浆，秦人鼓之。"在《说文解字》中还有："罐，器也，从缶。罌，缶也。瓮，罌也。"这就是说，罐、罌、瓮与缶一样，都是小口大腹圆体的盛酒容器，而以坛为名的盛酒器晚于汉代。因以坛为名的盛酒器在汉代似未出现，所以北魏贾思勰的《齐民要术》里面，以瓮为名称的盛酒器或酿酒器出现最多。例如：

"作春酒法：治曲欲净，剉曲欲细，曝曲欲干；十七石瓮，惟得酿十石，米多则溢出。作，瓮随大小，依法加减。"[1]又"清曲法：酒若熟矣，押出清澄。竟夏直以单布覆瓮口，斩席盖布上。慎勿瓮泥！瓮泥，封交即酢坏。"[2]

其实，我国自古以来坛、瓮混称。常见的传统酒坛皆陶瓷结构，圆体小口，小底大腹，在一般情况下可装酒23～28kg左右。此容量合适，且便于码堆陈酿和运输装卸。如今普遍使用的酒坛都是仿照这一容量设计的，其大小规格如下(图1－3－4)：

图 1－3－4 绍兴酒坛及装酒码堆陈酿场景

(引自[日]石毛直道《酒と饮酒の文化论文集》，花井四郎拍摄，东京都，平凡社，1998)

坛口直径约10cm；

坛底直径约24cm；

坛腰直径约35cm；

坛的高度约49cm。

其实，我国以"壜"字作为酒坛名称而出现的时间并不晚。例如，在唐许浑的《丁卯集》上就有一首《夜归驿楼》诗，颂曰："窗下覆棊残局在，橘边沽酒半壜空。"说的就是仍然盛有半坛黄酒的酒坛子和酒。

到了宋朝，在朱翼中的《北山酒经》里，有关用瓮酿酒的记录随处可见。例如，在"合酵"、"用曲"、"酴米"、"投醹"、"收酒"等专项里，都有使用瓮的话。如此情况，可能是由于"瓮"

[1] 笔者注："作春酒法"，参见《齐民要术·笨曲并酒六十六》的第66.2。

[2] 笔者注："清曲法"，参见《齐民要术·造神曲法并酒六十四》的第64.31。

字比“坛”历史悠久，传播更广之故。至于到了明、清时代，古籍中仍然是以“瓮”字来表达酒坛名称的居多。例如，明宋诩《宋氏养生部·酒制》载：“凡煮酒入釜煎，及少沸速令炀者息火，遂贮瓮中，以箬以纸以泥重固，须密。有贮锡瓮中隔汤煮，候酒方热沸，即携起转贮于瓷瓮。不得煮过也。”

又如清徐珂《清稗类钞·饮食类》：“陈幼吕纵饮：上元陈幼吕，名昭。喜为诗，豪于酒，每与彭謦庵昕、刘西廷戡纵饮连日，辄以巨瓮盛酒，用大觥狂饮之；梁晋竹品酒：泥瓮新开，酒香满室，盖预知梁之好饮也。一杯入口，甘芳浚洌……”除了上叙记载外，在《清稗类钞·饮食类》中，也发现有用“罂”字表达酒坛的。例如：“女酒窨酒：黔之苗，育女及数岁必酿酒。既漉，至寒月，取陂池中水，密封于罂。……”[1]

虽然清朝人在谈论酒文化时多用“瓮”字，但也有专用坛子装酒的。例如，清佚名氏《调鼎集》卷八：“粥酒：粘米一斗，作二锅煮稠。预备曲块，一斗米用一斤曲，碾细。俟粥五六分冷，入曲末，不住手搅冷，即入火酒五斤，灌入坛内封固，七日后可用。如嫌酒多淡，再加火酒。”

第三节　蒸桶用于酿酒源流史

我国通常使用的传统蒸具俗称蒸笼或蒸桶，古人称甑。用于蒸米饭酿酒的蒸具，是木制的圆体形蒸桶，家庭或饭店用的则通常是用竹、木薄片编制的蒸笼。蒸笼或蒸桶的祖型是陶制的甑，到了商周时期又出现了铜甑。

在我国，无论蒸笼还是蒸桶，生产实践中的蒸具都是配套的，即由中部的“屉”、下部的“锅”和上部的顶盖三部分配套组成。“锅”古称“釜”，今称铁锅，是用于盛水加热产生蒸汽，而使食物熟化的“热源”。“屉”又称“笼屉”、“蒸桶”，是用于装稻米或食物并确保米饭或食物熟化的“容器”。“屉”可以是一层的，也可以是多层的，其类别如下：

按形状言：有圆屉和方屉两类；

按材料言：有陶瓷屉、竹屉、木屉、竹木屉、金属屉五类。

我国近现代酿造黄酒时，小厂仍用蒸桶蒸饭。此类蒸桶的构造尺寸如下(图1－3－5、表1－3－1)：

表 1-3-1　　传统甑桶结构及大小　　单位：mm

部件名称	酿造淋饭酒用的甑桶	酿造摊饭酒用的甑桶
桶口直径	890	890
桶底直径	900	900
甑桶高度	500	650

酿造黄酒时，首先必须用蒸桶把糯米蒸成合适的饭，只有这样糯米的分子结构才能受热改性，糯米的淀粉质才能糊化，从而有利于霉菌起糖化作用。由此可见，蒸桶的作用是举足轻重的。蒸桶的起源及发展与黄酒的起源及发展有着密切的关系。

那么，我国蒸桶起源于何时呢?前面已经提到，蒸笼或蒸桶的祖型都是陶甑。据大量考古发现已知，我国陶甑出现于新石器时代。例如，发现于黄河流域的有甘肃马家窑文化、河南

[1] 清·徐珂撰：《清稗类钞·饮食类》第十三册，6331页，6342页，北京，中华书局，1986。

图 1－3－5　传统甑桶结构及蒸饭图

1. 浸米　2. 铁锅　3. 木甑桶　4. 甑桶盖　5. 烧火的柴　6. 灶

(引自洪光住：《中国食品科技史稿》，中国商业出版社，1984)

陕县庙底沟文化、山东章丘龙山文化等；发现于长江流域的有浙江余姚河姆渡文化、安徽薛家岗文化、湖北屈家岭文化等等，都发现了造型精美、可用于蒸熟食物的蒸具，即俗称陶鬲和甗。汉许慎《说文解字》载："甗，甑也，一曰穿也。甑，甗也。"由此可知，"甗"与"甑"系指同种蒸具，只是用不同文字表达罢了。甑底凿有几个或多个可以通过蒸汽的孔。蒸饭时，鬲里放水，甑里放稍煮过的稻米，把水烧开，蒸汽即可通过甑底的孔把饭做好(图1－3－6)[1]。由此可知，我国在新石器时期先民们可能已经用甑做米饭了。在浙江省一些地区，凡酿造黄酒用的传统蒸具，迄今仍然叫"饭甑"，这是古今一脉相承的见证之一。正因为如此，所以《周礼·考工记·陶人》载："陶人为甗，实二鬴，厚半寸，唇寸，七穿。"[2]记载中的"实二鬴"相当于今日正在生产运用中的上甑下锅配套装置，"七穿"系指甑底穿凿了七个通蒸汽的孔。

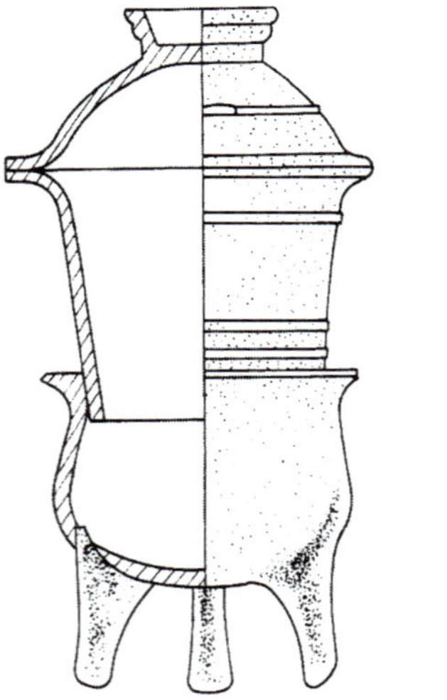

图 1－3－6　安徽潜山县出土新石器时代早期加盖灰黑陶分体甗

(引自《中国大百科全书·考古学》，北京，中国大百科全书出版社，1986)

笔者查阅了不少新石器时代的考古资料，发现那时的确有穿凿七孔的甑。结合近现代蒸笼的结构而言，古甑底部有三孔、四孔或多孔的，现代笼箅的孔或缝也是多种多样的，构形上的相同与本质上的进步变化，证明了中国人的聪明才智自古即很高超。

在古书中，有关用蒸笼蒸饭酿酒的史料很多。例如，在北魏贾思勰的《齐民要术》里，就有许多用蒸具蒸饭酿酒的记载。如"造神曲并酒"篇中提到炊饭26次，在"笨曲并酒"篇里提到炊饭35次，在"法酒"篇里提到炊饭10次，在"白醪酒"篇里提到炊饭4次。在这些记载里，虽然大多数条文只说"炊饭"而未提及用"甑炊饭"，但是同书同作者，在相同内容的章节里有多处说是用"甑炊饭"的，所以足

[1] 见《中国大百科全书·考古学》，590页，北京，中国大百科全书出版社，1986。

[2] 汉·郑玄注：《周礼·考工记》卷四十一，635页，唐·贾公彦疏，阮刻十三经本，上海：上海古籍出版社，1990。

可以认为，同章节里的“炊饭”也是用“甑”为蒸具的。例如：

> 《齐民要术·笨曲并酒》：“穄米酎法：米必须白，净淘，水清乃止。即经宿浸置。明旦，碓捣作粉，稍稍箕簸，取细者，如糕粉法。粉讫，以所量水煮少许穄粉作薄粥。自余粉，悉于甑中干蒸。令气好……”

在酿造黄酒过程中，古人除了用蒸笼或蒸桶蒸饭外，煮酒工序有时候用蒸具蒸。如果用现代科学术语概括，煮酒过程的目的也是起消毒杀菌作用，使黄酒能长期贮存而不坏，保证陈酿工艺能顺利进行。在史书上，有关用蒸具煮酒的史料不少。例如：

> 元佚名氏《居家必用事类全集·酒曲类》：“凡煮酒，每斗入蜡二钱、竹叶五片、官局天南星丸半粒，化入酒中。如法封系，置在甑中。秋冬用天南星，凡春夏用蜡并竹叶。然后发火，候甑箅上酒香透，酒溢出倒流，便揭起甑盖，取一瓶开看，酒滚即熟矣。便住火，良久方取下”。

自清朝以来，全国各地蒸饭酿酒时，所用的蒸具已经非昔日可比，几乎都是改用木制蒸桶了。可是在有些酿酒专业书上，例如，浙江省工业厅编写的《绍兴酒酿造》里，沿用的仍然是古名“饭甑”，而不是蒸桶，这对于不了解者来说，可能会有疑问。其实，这是一种传承习惯的延伸，若把它写入酿酒科技发展史里稍加解释，疑问即可迎刃而解了。所谓“蒸桶”，主要是按照蒸桶的形状如桶而命名的(图1－3－7)。

图 1－3－7　近现代蒸饭桶
(笔者拍摄绍兴酿酒总厂展览馆中的模型图片)

第四节　榨酒设备用于酿酒源流史

在古代，当人们还不懂得如何分离酒与糟时，榨酒设备那时当然尚未问世，饮酒的方法往往是连酒带糟一起吃的。当然，古人有时也会利用自然沉淀、采用小心撇清酒等方法，喝到少量清酒的，但数量毕竟有限。

随着时代的进展，科学的进步，滤袋的发明应当是最早的分离设备之一。用滤袋过滤有两种方法：一是把滤布的四个角吊起来，从上面添加酒醪即可，这是吊袋过滤法(图1－3－8)；二是把滤布做成口袋样，将酒醪装进口袋后把袋口捆起来即可，这是滤袋过滤法。除此之外，竹篮子或底部有孔的盆也可以用于过滤……，但是这些原始的过滤方法都会造成酒液大量挥发浪费，惟有口袋式过滤法较好。把装酒醪的口袋包放进木制的密闭榨酒设备里，酒液不易挥发出来，损失自然也就很少。

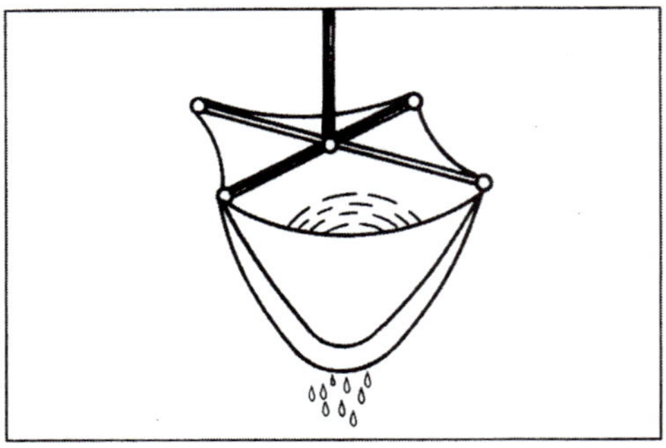

图 1－3－8　吊袋过滤法

那么，我国何时开始使用过滤设备生产清亮的黄酒呢？据《周礼·天官·酒正》载："辨四饮之物，一曰清，二曰医，三曰浆，四曰酏。"郑玄注："清，谓醴之泲者。"泲，不带糟之清酒也。又据《礼记·礼运》载："故玄酒在室，醴盏在户，粢醍在堂，澄酒在下。"澄酒，似今日已酿成而没有沉淀物的清酒。由此可知，我国先秦时代的餐桌上已有清酒供人们享用了。但是由于酒醪经自然沉淀也可以获得少量清酒，所以上叙情况仍然不能肯定地说，我国先秦时代已有过滤设备来生产清酒。

由于过滤分离固液态技术并不复杂，中国人的发明创造精神又是自古就闻名于世，所以我国采用过滤法分离酒与糟的起源一定很早。然而笔者查到的证据却出现较晚。例如，在北魏贾思勰的《齐民要术》里，既有饮用黄酒连糟吃的情况，也有采用过滤设备把黄酒与糟分开，然后饮用或陈酿的情况。兹列举数例作证如下：

> "神曲粳米醪法：春月酿之，燥曲一斗，用水七斗，粳米两石四斗。……候米消，又酘八斗。消尽，又酘八斗。凡三酘毕，若犹苦者，更以二斗酘之。此合醅饮之，可也。"[1]又"蜀人作酴酒法：……杀米三斗，炊作饭。调强软，合和。复密封，数十日便熟。合滓餐之，甘、辛、滑，如甜酒味，不能醉人。"[2]又"粳米法酒：……七日，更酘，用米六斗六升。二七日，更酘，用米一石三斗二升。三七日，更酘，用米二石六斗四升，乃止。量酒备足便止。合醅饮者，不复封泥。"[3]
>
> "酿白醪法：取糯米一石，冷水净淘，漉出，著瓮中……复取水六斗，细罗曲末一斗，合饭一时内瓮中，和搅，令饭散。以毡物裹瓮，瓶口覆之。经缩，米

[1] 笔者注："神曲粳米醪法"，参见《齐民要术·造神曲并酒第六十四》的第64.25。
[2] 笔者注："蜀人作酴酒法"，参见《齐民要术·笨曲并曲并酒第六十六》的第66.8。
[3] 笔者注："粳米法酒"，参见《齐民要术·法酒第六十七》的第67.3。

消，取生疏布漉出糟。”[1]又“清曲法：……世人云‘米过酒甜”，此乃不解法。候酒冷沸止，米有不消者，便是曲势尽。酒若熟矣，押出清澄。……”[2]又“神曲粳米醪法：……浸曲发，如鱼眼汤。净淘米八斗，炊作饭，舒令极冷。以毛袋漉去曲滓，又以绢滤曲汁于瓮中，即酘饭。……”[3]

若从上面的记载内容来看，我国南北朝时期的酿酒技术已经很高明了。当时不仅有含糟黄酒和不含糟黄酒两大类，而且有绢过滤、生疏布过滤和毛袋过滤三种方法。这真是特别可贵的创造。

到了唐、宋时期，我国已经很明显地出现了加压榨取黄酒的方法。从古文献中的叙述内容来看，唐、宋时期的榨酒技术已经相当高明，榨酒设备可能已很先进。因为加压榨酒的操作者需要懂得力学上的杠杆知识，榨酒设备的构造需要适合于防止酒液挥发和泄漏。如果设备落后，那就不可能得到清亮醇美的黄酒，也不可能获得高榨酒率和高产量。现将笔者已经查到的有关史料内容分别摘录于下面，供参考：

唐韩鄂《四时纂要·八月》：“干酒法：糯米五斗，炊，好曲七斤半……如酿酒法。封头七日，酒成，压取糟。”[4]

宋朱翼中《北山酒经·收酒》：“上榨，以器就滴，恐滴远损酒，或以小杖子引下亦可。压下酒……内酒库水酒，夏月不煮，只是过熟，上榨，澄清，收。”[5]

虽然古书上有许多关于榨酒收酒的记载，但是榨酒设备的图像在古书上却找不到。有关榨酒器结构图和使用方法，都是出现于现代酿酒专业书上的。笔者在浙江省绍兴市的酿酒总厂作调查时，拍摄到两种木制榨酒设备模型。虽是模型，但很逼真，一是“重压式榨酒设备”，二是“绳索(铁链)式榨酒设备”。拍摄模型很容易表达榨酒设备的全套图像，而拍摄生产车间里的榨酒设备则不容易表达全面，往往只能反映局部情况而已。这两种榨酒设备的模型如图1－3－9和图1－3－10所示。今以绳索滑轮榨酒机为例，将其设计图表达如图1－3－11所示。

木榨材料分别选用硬杂木做顶杆、榨舌、立架，用檀木做压杆、轴棍、横木、枕木，用樟木做支脚，用榉木做榨框，用特制方石做加压榨石，也有用铅锭做榨石的。自从创造出了绳索滑轮式榨酒设备后，加压榨石已较少运用。

自元、明、清三朝以来，古书上关于榨酒的史料很多。例如，元朝佚名氏《居家必用事类全集·酒曲类》：“天台红酒方：每糯米一斗，用红曲二升……三宿可榨。”又明高濂《饮馔服食笺·酿造类》：“五香烧酒：先将米蒸熟，晾冷，照常下酒法……上榨如常。”清人编著《调鼎集·酒谱》：“榨酒：加饭四十日可榨，家酒六十日。”[6]所有这类榨酒史料，都是榨酒法已广泛运用的证据。

---

[1] 笔者注：“酿白醪法”，参见《齐民要术·白醪酒第六十五》的第65.2。
[2] 笔者注：“清曲法”，参见《齐民要术·造神曲并酒第六十四》的第64.31。
[3] 笔者注：“神曲粳米醪法”，参见《齐民要术·造神曲并酒第六十四》的第64.25。
[4] 唐·韩鄂撰：《四时纂要》，200页，缪启愉修订，北京，农业出版社，1981。
[5] 北宋·朱翼中撰：《北山酒经》，枚庵漫士古欢堂秘册，见[日]田中静一：《中国食经丛书》(上)，135页，东京都，书籍文物流通会，1972。
[6] 清·佚名氏：《调鼎集·酒谱》卷八，659页，北京，中国商业出版社，1986。

图 1-3-9　重压式榨酒机
(笔者拍摄绍兴酿酒总厂展览馆中的模型图片)

图 1-3-10　绳索(铁链)式榨酒机
(笔者拍摄绍兴酿酒总厂展览馆中的模型图片)

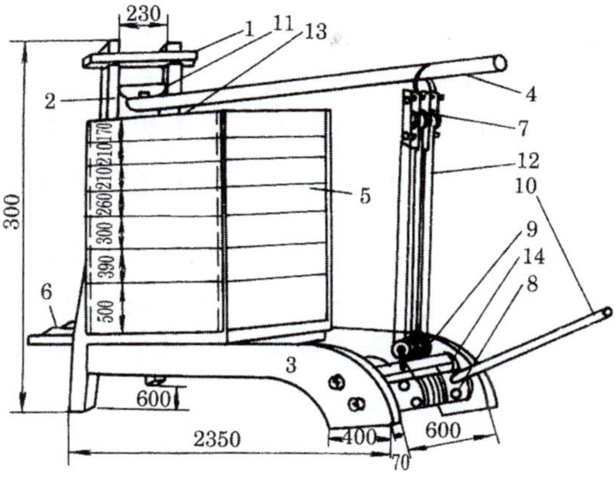

绳索滑轮压榨机

构件规格　　　　单位：mm

编号	名　称	规格				材　料
		长	宽	厚	附　注	
1	顶　杆	300	(小头)100 (大头)120	(小头)120 (大头)180		硬杂木
2	立　架	3000	120	120		硬杂木
3	支　脚	2350			见　图	樟　木
4	压　杠	2300			ϕ140	檀　木
5	榨　框	1050	740	箱板厚50	框高见图注尺寸	槌　木
6	榨　舌		600	板厚70		硬杂木
7	上滑轮	见　图				
8	搬　轴	见　图				檀　木
9	下滑轮	见　图				
10	搬　棍	1450			ϕ32	低碳钢
11	横　木	净距照立架宽度而做，根据榨框高度间距而确定横木间距				檀　木
12	绳　索	直径19～25				用苎麻或纱经桐油浸过
13	枕　木	700	200	100		檀　木
14	刹车刀	见　图				扁　铁

图 1－3－11　绳索滑轮压榨机设备构件规格

(引自无锡轻工学院等编：《酿酒工艺学》，高校试用教材，中国财经出版社，1964)

第五节　煎酒器用于酿酒源流史

在黄酒生产过程中，经榨酒后获得的生酒必须经过加热消毒杀菌，才能使成品不发生酸败。黄酒的这种消毒杀菌过程，自古以来俗称煮酒或煎酒，所采用的设备俗称煎酒器。

据笔者所知，我国采取消毒杀菌包装食品的做法起源非常早。例如，北魏贾思勰《齐民要术·作酱法》载："作卒成肉酱法：牛、羊、獐、鹿、兔肉、生鱼皆得作。细剉肉一斗，好酒一斗……。大釜中，汤煮空瓶令极热，出，干。掬肉内瓶中，令去瓶口三寸许，满则近口者焦。碗盖瓶口，熟泥密封，内草中，下土。厚七八寸……于土燃干牛粪火，通夜勿绝。明日周时，酱出便熟。”[1]这是用开水煮瓶消毒杀菌，再装入肉类，然后把装肉的瓶子密封并用草包起来，埋入土中，再用干牛粪烧熟的过程。这种两次消毒杀菌加工生产食品的方法与今日罐头包装杀菌十分相似。不过，这种方法在《齐民要术》酿酒专章里仍然不见有运用。

在古书上，最早运用煎酒法于生产中的记载，始见于北宋朱翼中的《北山酒经》里：

> “凡煮酒，每斗入蜡二钱、竹叶五片、官局天南星丸半粒，化入酒中。如法封系，置在甑中。然后发火，候甑箄上酒香透，酒溢出倒流，便揭起甑盖，取一瓶开看，酒滚即熟矣。便住火，良久方取下，置于石灰中，不得频移动。白酒须淀得清，然后煮，煮时瓶用桑叶冥之”[2]。

从上叙记载内容来看，可知北宋时期的“煮酒”，就是今日的煎酒。因为用“甑”煎酒，所以当时的煮酒实际上是蒸酒或半蒸半煮消毒杀菌法，这种方法与今日的做法十分相似。这种做法在元朝人编著的《居家必用事类全集》中也有转载。

到了明朝，虽然煎酒仍然沿用宋朝的做法，但是已有许多明显的进展。例如：

> 明刘基(刘青田)《多能鄙事》卷一载：“煮酒法：将窨下清酒装瓶，满。以箬叶如法封口扎紧。锅内汤只浸瓶三分之一，其瓶须以物搁起，勿着锅底，四边顶口，以物衬压定，勿令瓶头透气。先放隔夜浸过糯米一撮，然后发火，但米熟为度，或以揭起所盖之物，一起其瓶即干，是其候也。速用水泼灭火，然后起瓶离锅。火不灭，味必坏，火过则味狂，膛火不足则味酸。或用黄蜡一小块放酒中方，泥起酒冷、蜡凝、味重而(酒)清也。”[3]

若从《多能鄙事》中的这些记载内容来看，值得注意的要点有以下方面：

1. 煎酒设备改进　在这条文献记载中，煎酒设备已由甑改为锅。这种改进是很科学的，在水中煮瓶酒传热快于蒸法，煮酒时间短，酒液挥发损失少，所以这种改进能够一直运用到近现代，通称“煮酒”或“煎酒”。

2. 煎酒方法　煎酒过程与安放瓶装酒操作有关。原始文献中讲得很清楚，瓶酒安放在锅中箅子上，瓶酒不着锅底，一半在开水中，一半在蒸汽中。这种安放方法，所体现的正是“煮酒”与“煎酒”的异曲同工，是名称与操作法统一的真实写照。

3. 检测酒熟的方法　在原始文献中，已很具体地论述了检测“酒熟”的传统方法。例如，“糯米熟为度”、“泥起酒冷、蜡凝、味重而(酒)清”、“揭起所盖之物，一起其瓶(瓶外水)即干”等。在没有检测设备的古代，只有依靠丰富的实践经验，才能准确地判断酒熟时刻。例如，从技术上讲，只有瓶内酒熟，温度达到足够高时，瓶外的水分，才能在瓶酒离开蒸煮锅不久，即蒸发干净。

---

[1] 北魏·贾思勰撰：《齐民要术·作酱法第七十》，见石声汉选释：《齐民要术选读本》，475页，北京，农业出版社，1981。

[2] 北宋·朱翼中撰：《北山酒经·煮酒》，校庵漫士古欢堂秘册，见[日]田中静一：《中国食经丛书》(上)，135页，东京都，书籍文物流通会，1972。

[3] 明·刘基(刘青田)撰：《多能鄙事》，据上海荣华书局1917年刊本，见[日]田中静一：《中国食经丛书》(下)，370页，东京都，书籍文物流通会，1972。

4. 灭火操作　原始文献中的“灭火”，指的是“酒熟”之时要先灭火，然后取出熟酒，这是很科学的操作法。试想，在不灭火的情况下，如果先取出来的熟酒，煎酒时间恰到好处，酒的风味纯正，而锅下仍在燃烧，煎酒仍在继续进行，那么，后面尚未取出来的熟酒，煮酒的时间延长了，势必会造成“火过则(酒)味狂”。反过来，在不灭火的情况下，如果提前取出来的酒“将熟不熟”，而后取出来的酒正好熟，那么，那些先取出来的酒不熟，消毒杀菌不彻底，必然会很容易变酸。

如果把《多能鄙事》中，上面的这一段记载内容用设备图表达的话，那么，其样子大体上如图1－3－12所示。

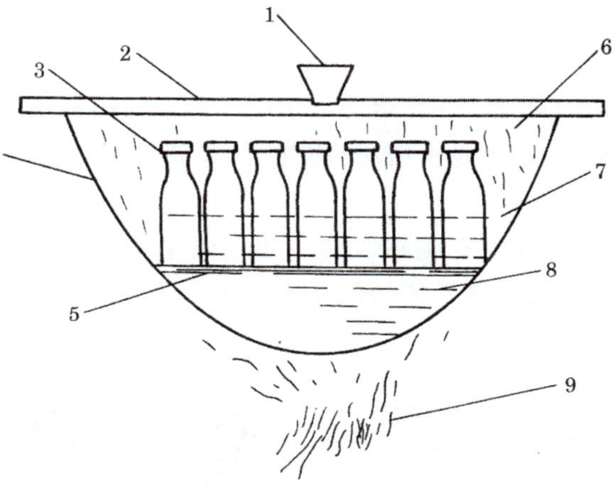

图 1－3－12　《多能鄙事》中的半蒸半煮煎酒法

1. 手提把　2. 锅盖　3. 瓶酒　4. 锅　5. 箅子　6. 蒸汽　7. 水面　8. 开水　9. 柴火

自清朝以降，作为黄酒的煎酒设备，是由锡制的穿心壶和壶上的冷却器组成的。冷却器是为了回收煎酒时从壶里挥发出的酒。壶的中心有空心锡管，使传热面积增加并使壶能下沉。每壶约可装黄酒60kg，但煎酒时一般只装3/4壶，即约45kg(图1－3－13)。

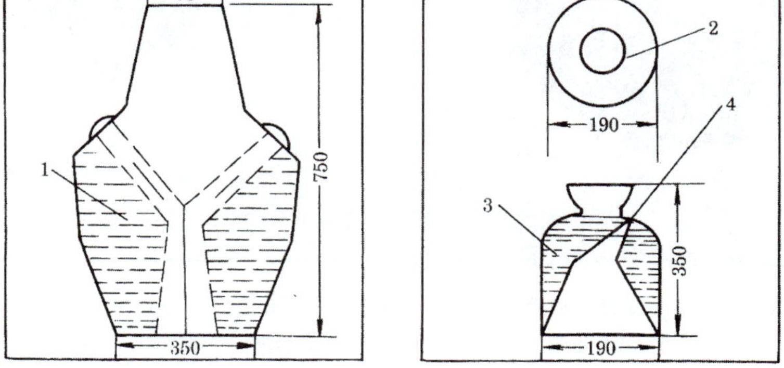

图 1－3－13　锡壶煎酒器(单位: mm)

1. 黄酒　2. 圆头　3. 冷却水　4. 调节气孔

锡壶装入生黄酒之后，放入松香一小撮，盖上小冷却器并加冷水。将整套煎酒设备放进水浴锅里加热“煎酒”，酒温控制在80℃多一点，煎酒15min即可出酒包装，入库陈酿。在煎酒时，锡壶必须频频转动，使锡壶受热均匀和酒温均匀。煎好的酒必须迅速灌入刚刚用蒸汽杀菌的热酒坛中，不能用冷酒坛装热酒，否则热酒会把冷坛胀破。

据笔者所知，我国发明瓮煮法和锡壶煎酒的创造，至晚始见于明朝。例如：

> 明宋诩《宋氏养生部·酒制》：“松针酒：采松青针捣糜烂，酒薄调。每生酒一瓮，泻入二碗，密封，连瓮煮熟；醴酒：用糯米酿生酒浆……俟浆老熟，每斗注熟水三升，复酿一二日，酾酒注于瓮，煮熟……；省曲酒：凡煮酒入釜煎，及少沸速令炀者息火，遂贮瓮中，以箬以纸以泥重固须密。有贮锡瓮中隔汤煮，候酒方热沸，即携起转贮于瓷瓮。不得过煮也。”[1]

很明显，上叙记载中的瓮煮法和锡壶煎酒法与本章前面提到的宋代《北山酒经》里的煎酒法不同，前者是煮蒸法，明朝是水浴法。由此可知，如果从加热方法分类，我国古代煎酒法有煮蒸法和水浴法两大类。

如今煎酒法和煎酒设备已有很多发展变化，仅笔者见到的，有早期锡镬煎法(图1－3－14)，有后来新发展的蛇管式煎酒器(图1－3－15)、列管式煎酒器(图1－3－16)、盘肠式煎酒器(图1－3－17)等。

图 1－3－14　早期锡镬煎酒器
(笔者拍摄绍兴酿酒总厂展览馆中的模型图片)

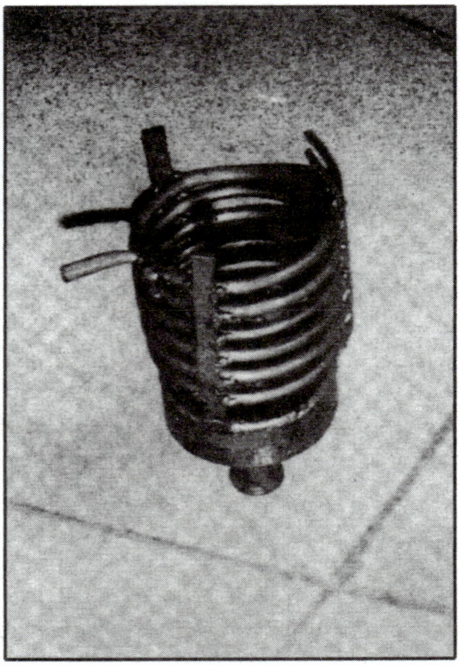

图 1－3－15　蛇管式煎酒器
(笔者拍摄绍兴酿酒总厂展览馆中的模型图片)

[1] 明·宋诩撰：《宋氏养生部》卷一，15～22页，北京图书馆善本，北京，中国商业出版社，1989。

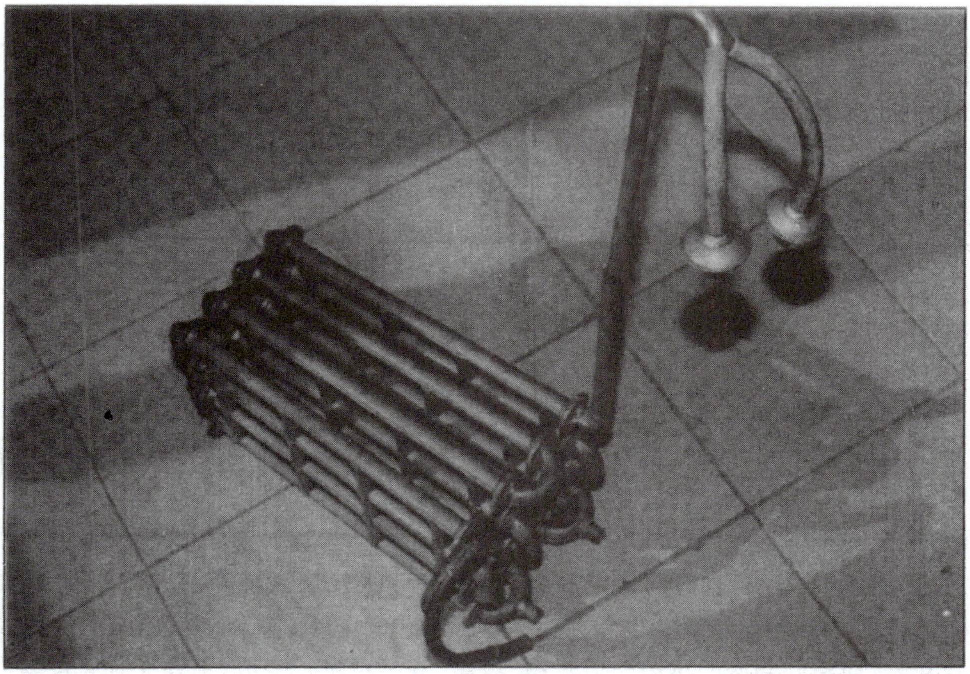

图 1－3－16　列管式煎酒器
(笔者拍摄绍兴酿酒总厂展览馆中的模型图片)

图 1－3－17　盘肠式煎酒器
(笔者拍摄绍兴酿酒总厂展览馆中的模型图片)

第四章　制黄酒曲药科技发展史

用曲来酿酒的方法，是我们远古祖先在酿酒科技史上的一项重大发明。所谓“酒曲”，它是一种把具有特殊糖化、酒化力的霉菌和酵母，培养于酒药材、麦片、或米粉、或麸皮、或米糠等培养基上，而精心制成的霉菌类培养物。因此，在酒曲里，不但含有富于糖化淀粉质的根霉、曲霉和毛霉，而且还含有酒化作用的酵母。在适宜条件下，采用富含不同淀粉量的原料和不同品质的酒曲制醪发酵，必然能够酿得各种各样的美酒。那么，我国酒曲起源于何时呢？至今仍然没有统一的见解。

第一节　酒曲起源各论

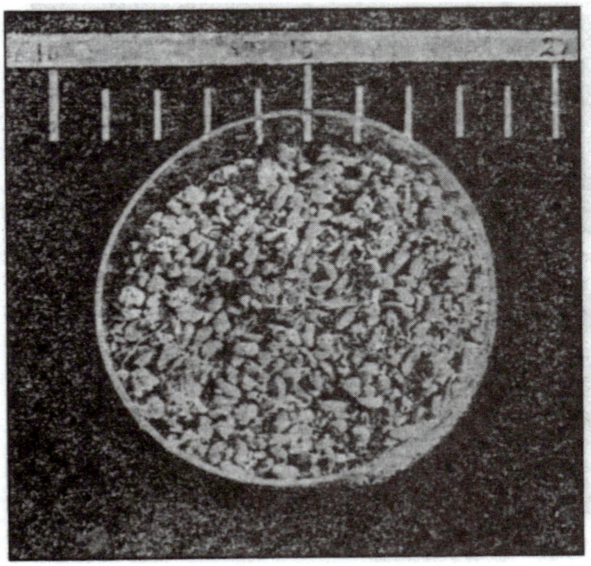

图 1－4－1　绍兴酒曲散曲类
(引自[日]山崎百治：《中国产曲之研究》，见《农声》，1930)

我国用谷物酿造黄酒，最鲜明的特点就是采用酒曲制醪，然后经过发酵、榨酒、煎酒和陈酿，即得美味黄酒。所以，如果要探明我国谷物酿酒始于何时，首先必须讨论的应是酒曲的性质，才能知道酒曲起源于何时。

袁翰青认为，我国古代的“曲蘖”是曲和蘖两种东西的合称。曲就是酒曲，而蘖则是指谷芽酿酒。我国的酿酒，在初期是既用发芽的蘖，也用发霉的曲。

[日]山崎百治认为，曲和蘖从来是两种东西。曲就是饼曲，后来发展为大曲、酒药；蘖是散曲，后来发展为黄衣曲（酱曲，豉曲），以至于女曲（图1－4－1）[1]。

[1] [日]山崎百治：《中国产曲之研究》，翟克译，北京，《农声》，132页，1930。

方心芳认为，曲蘖是发霉发芽的谷粒，即酒曲。后来发展为：(1)谷芽、(2)酒曲、(3)黄衣曲(糖化用黄曲、酱曲、豉曲)[1]。

对于曲蘖的性质和起源问题，还有一些学者也发表了自己的看法。例如，曹元宇《中国化学史话》、朱宝镛《酿酒工业的变迁》等，在他们的论著中都有关于“曲蘖”的论述。

笔者认为，曲蘖是酒曲和酱曲、豉曲等的祖型，也是美酒名。例如，《尚书·商书·说命》载：“若作酒醴，尔惟曲蘖。”[2]《史记·货殖列传》载：“蘖麹曲盐豉千荅”[3]。唐杜甫《归来》诗：“凭谁给曲蘖，细酌老江干……”。这前面两条记载中的“曲蘖”当然是酒曲之物，而后者则只能是美酒名无疑也。

虽然上面各作者的论述有些不同，有的说曲蘖是一种东西，有的说是两种。但是他们都认为，曲蘖无论是一种还是两种，都可以用于酿酒。既然如此，对于曲蘖起源于何时的问题，那讨论是没有意义的。因为原始曲蘖是由谷物遇到水之后发芽或发芽发霉产生的，这种情况在农业出现之前，野生农作物的谷粒也是可以生成“曲蘖”的。在我国古人利用曲蘖酿酒之初，必然会有下列3种情况存在：即用发芽的蘖酿酒，也会利用发霉或发芽发霉的曲蘖酿酒。在这种情况下，古人究竟先用哪一种曲蘖酿酒，那是谁也说不清楚的。笔者看到《中国科学技术史·化学卷》上有一个标题说：“曲蘖的发明……”，这种立题是不明达的，因为曲蘖起源于天然存在，不必由任何人来发明。这种简单的道理，早在汉朝，许慎、刘熙等人心目中早已十分清楚了。

> 汉许慎《说文解字》载：“曲，酒母也；蘖，芽米也。”东汉刘熙《释名·释饮食》载：“蘖，缺也；渍麦覆之，使生芽开缺也。”[4]明宋应星《天工开物·曲蘖》载：“古来曲造酒，蘖造醴，后世厌醴味薄，遂至失传，则并蘖法亦亡。”[5]

因为远古时代存在着3种可能：即古人用谷芽酿酒、或用发霉的谷物酿酒、或用发芽发霉的谷物酿酒，所以现在让我们来讨论一下这3种“原始酒曲”的存在形式和性质是有一定意义的。

一、用谷芽制曲酿酒

谷粒发芽时，生物体会自然产生淀粉酶作用于淀粉质，经酶的催化水解作用，部分淀粉必然转化为糖，供植物芽生长所需，此时古人如果及时采芽用于酿酒，则所酿成的酒，其味薄，古称为“醴”。由此看来，谷芽是一种含糖量少的酿酒原料而不是酒曲的祖型。可是，如果古人把谷芽捣烂，那它已是一种优良培养基，一旦根霉、曲霉和酵母在当中繁殖好，古人将它用于酿酒，谷芽已是酒曲祖型了。袁翰青只谈谷芽酿酒而没谈谷芽也可以制成曲，方心芳只谈曲蘖就是酒曲而没谈谷芽也可以制成酒曲，说明他们似乎忽略了上面所说的存在与变化。

二、用发霉或发霉发芽谷物制曲

用发霉的谷物制曲虽然远离“曲蘖”酿酒内容，但是只要具备适当条件，霉谷也能用于制

[1] 方心芳：“曲蘖酿酒的起源与发展”，见傅金泉：《中国酒曲集锦》，2页，北京，中国轻工业协会发酵学会，1985。
[2] 《尚书正义》，见十三经注疏，国学整理社，上海，世界书局，1935。
[3] 西汉·司马迁撰：《史记·货殖列传》，北京，中华书局，1972。
[4] 汉·刘熙撰：《释名》，见《丛书集成》第1151册，上海，商务印书馆，1939。
[5] 明·宋应星撰：《天工开物·曲蘖第十七》卷下，明崇祯十年刊本，上海，上海古籍出版社，1988。

曲。例如，熟饭或炒熟的谷物经适当加工后，再加些水制成培养基，一旦根霉、曲霉、酵母在其中繁殖好，古人将它晒干之时，自然也是可以用于酿酒的。至于谷物未经过蒸煮或炒熟，是否能够制成酒曲用于酿造黄酒呢?笔者认为也是可以制成的，因为生料制曲现在民间仍然可以见到。

至于用发霉发芽的谷物制曲，就更加简单容易了。只要把发霉发芽的物料捣烂作为培养基，因为混合料中已有少量淀粉酶催化转化成的糖分存在，曲霉菌就更加容易在其中繁殖了。这些基本条件，都是制造酒曲必获成功的主要根据。远古时代的“曲糵”，也可看成是能起糖化酒化作用的“酒母”。

据中外科技史学家和生物学家们的潜心研究后公认，用霉菌发酵法酿酒是中国人首创的。这一发明在世界酿酒科技史上和发酵技术方面都占有很重要的地位，不但历史悠久，而且首先传播到了亚洲许多国家，意义重大。

1981年，日本樱花盛开之际，笔者到东京参加“东亚食文化国际学术研讨会”时，日本著名的发酵微生物学家、84岁高龄的坂口谨一郎教授在台上作了题为“发酵——东亚的智慧”的学术报告，非常精辟。他说:“用酵母菌发酵酿酒，全世界各民族都会，那是全人类的智慧;用细菌发酵制乳制品、做酸菜也为许多民族所知晓;惟独霉菌发酵法酿酒、制醋、造酱和豉等，那是东亚典型的特征，令人惊叹。”[1]许多专家学者在会上都一致称赞说: 中国古代的科技文明是很伟大、很了不起的，制曲酿酒就是中国人首先发明的。

如果从科技发展史来看，我们历代祖先用曲来酿酒的方法，在世界上的影响是很深远的。例如，19世纪末，当法国科学家发现中国酒曲的惊人作用时，不禁赞叹不已，深为折服。他们称中国这种制曲酿酒方法是“淀粉霉法”(Amylomyces process)，亦称“淀粉发酵法”(Amylo process)。这种连科学家也获悉甚晚的实际情况，说明中国古代的这项成就是非常卓越的。美国著名微生物学家富斯特教授惊叹地认为，这是既古老又先进的方法。坂口谨一郎教授说: 这种运用霉菌的发明，完全可以与中医药学的创造及四大发明相媲美。

第二节　黄酒曲药分类探讨

以谷物为主要原料添加中草药等制曲的方法，是我们祖先利用微生物特性，经过长期研究而获得成功的一项重大发明。但是由于历史悠久，古文献中有关酒曲资料多而分散，加上至今缺少分类法研究，所以要做好酒曲分类这项工作并不容易。

如果按照现在通行的习惯讨论，则我国酒曲可分为大曲和小曲两大类，前者系指白酒曲，那是用于酿造白酒的，后者系指黄酒曲药，那是用于酿造黄酒类的，包括清酒和红酒类。因为白酒曲在后面还会讨论到，所以本篇只讨论黄酒曲药。所谓“黄酒曲药”，本意是制曲原料中添加中草药制成的酒药和不添加中草药制成的酒曲两大类。

多年来，笔者见到的惟一酒曲分类表，是浙江省衢州市酒厂傅金泉编制的《我国酒曲分类》表。这个分类表，按我国目前酿酒工业的实际情况，将酒曲分为五大类。它为我们考虑我国酒曲分类法提供了重要参考资料。为了便于大家能够直接了解傅金泉的“酒曲分类”表，现将这个分类表(表1－4－1)收载如下[2]。

[1] [日]坂口谨一郎:“发酵——东亚的智慧”，见[日]石毛直道主编:《東アジアの食の文化》，东京都，平凡社，1981。

[2] 傅金泉:《中国酒曲集锦》，38页，北京，中国轻工业协会发酵学会，1985。

表 1-4-1　　我国酒曲分类

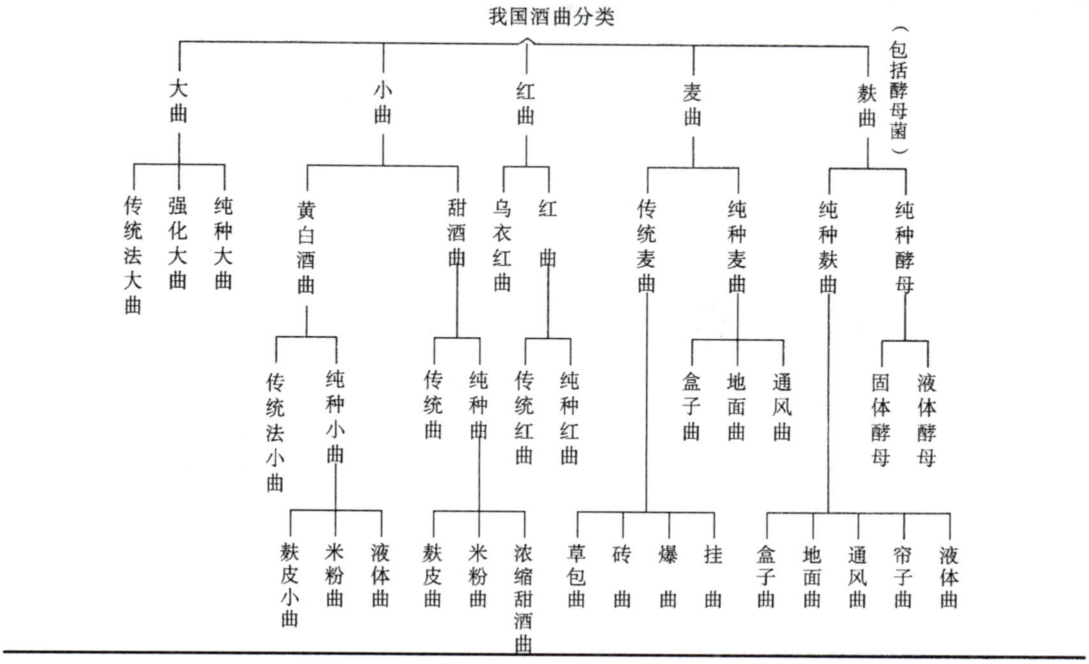

一、我国酒曲分类探讨

对于事物的分类方法，一般都要求尽可能在某项原则下统一起来。例如，按酒曲用途、酒曲特点、制曲方法、制曲原料……再加上史学因素。这种按原则分类的好处是，容易理解和了解全面，便于记忆和运用，不会有客观存在大堆积的弊病。笔者以制曲方法为主要依据进行整理，于是得到了下面两个分类表：

（一）我国曲的分类总表

从表1－4－2中我们可以了解到酒曲在我国制曲史上的地位。

表 1-4-2　　我国曲的分类总表

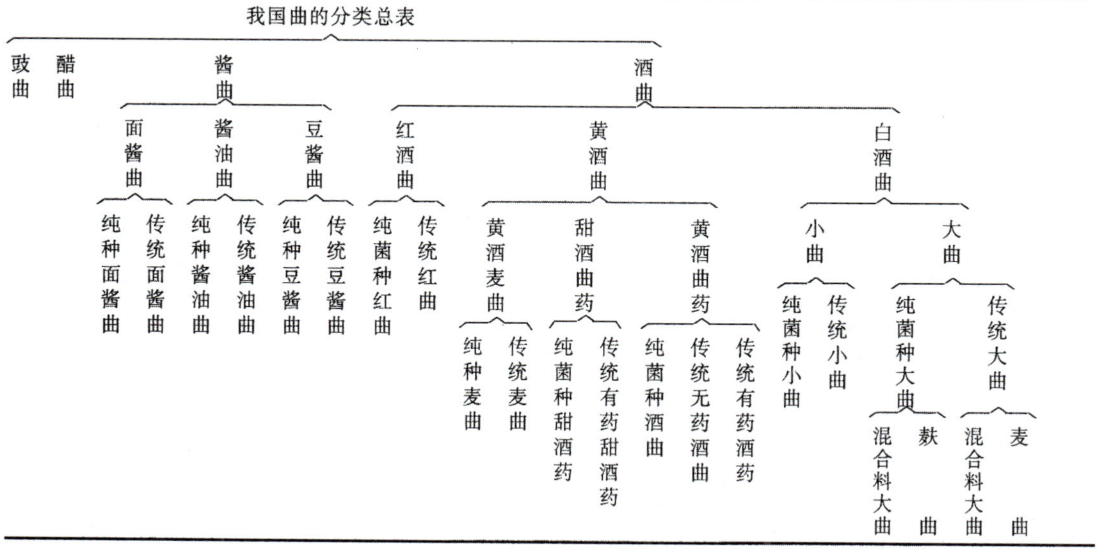

(二) 我国酒曲分类简表

从表1－4－3中我们可以了解到我国各类酒曲概况。

表 1-4-3　　我国酒曲分类简表

我国酒曲分类简表	白酒曲	大曲	传统大曲	麦　　曲：用小麦为原料，传统菌种制曲
				混合料大曲：用麦和豆为原料，传统菌种制曲
			纯菌种大曲	麸　　曲：用麸皮为原料，纯菌种制曲
				混合料大曲：用麦和豆为原料，纯菌种制曲
		小曲		传统小曲：用谷物为原料，传统菌种制曲
				纯菌种小曲：用谷物为原料，纯菌种制曲
	黄酒曲	黄酒曲药		传统有药酒药：用谷物、中草药、传统菌种制曲，有罨曲、风曲、曝曲
				传统无药酒曲：用谷物、传统菌种制曲，有罨曲、风曲、曝曲
				纯菌种酒曲：用谷物、纯菌种制曲，采用三级扩大培养制曲法
		甜酒曲药		传统有药酒药：用谷物、中草药、传统菌种制酒药
				纯菌种甜酒药：用谷物、纯菌种制酒药
		黄酒麦曲		传统麦曲：用小麦等、传统菌种制曲，有罨曲、风曲、曝曲
				纯菌种麦曲：用小麦等、纯菌种制曲，采用三级扩大培养制曲法
	红酒曲			传统红曲：用稻米、传统菌种制曲，有库曲、轻曲、色曲等
				纯菌种红曲：用稻米、优选纯菌种制曲，采用三级扩大培养制曲法

在“我国酒曲分类简表”中，需要首先作些说明的，以及需要紧接着进行适当叙述的，有下列各项内容。

二、白　酒　曲

白酒曲是生产白酒的糖化发酵剂，若以制曲原料区别，则有小麦制曲法、大小麦混合料制曲法、大麦和豆类混合料制曲法等。我国许多名优白酒，如四川宜宾五粮液、四川成都全兴大曲酒、山西杏花村汾酒、北京牛栏山二锅头、四川泸州大曲、安徽古井贡酒等，都是用大曲酿造的，也可以叫做用曲霉糖化法酿成的。由于这一部分内容将安排在“酿造白酒科技发展史”中探讨，所以在此仅提一下，详细内容请见后面有关章节。

三、麸　　曲

以麸曲和酵母为糖化酒化发酵剂酿造白酒的方法，是我国50年代才开始研制的，现已获得了很大成功。这种以麸皮曲加酵母代替大曲的创新思路是很科学的，至少在打破以往使用粮食制作大曲方面获益匪浅。

制麸曲的要点是，将纯菌种培养的曲霉菌，接种在以麸皮为主要原料上，并添加适量鲜酒糟后，经保温培养而制成。现阶段广泛选用的是黑曲霉和黄曲霉为菌种，经制成黑曲和黄曲后混合使用于酿造白酒。至于制酒母操作，当前一般选用德国12号酵母、河南南阳酵母和烟台混合酵母为菌种，可以采用单菌种培养法或采用多菌种培养法制酒母醪，然后运用于酿造白酒。由于这一部分内容将安排在“酿造白酒科技发展史”中进行探讨，所以在此仅提一下。

四、黄　酒　曲

黄酒曲包括有药和无药曲，俗称黄酒曲药或小曲，是我国最重要的酒曲类，其历史渊源非常久远，因此要把这项分类工作做好很不容易。

如果按照制曲的传统称呼分类，则有黄酒曲、红曲、甜酒曲和麦曲。

如果按照制曲的季节分类，则有夏窝曲、秋窝曲。现代制曲季节长一些。

如果按照制曲原料中是否添加中草药材来分类，则有有药酒药和无药酒曲。

如果按照制曲过程中的操作特点来分类，则有罨曲法、风曲法和曝曲法。

如果按照制曲过程和使用菌种来分类，则有传统制曲和纯菌种新工艺制曲。

数千年来，我国曲的种类繁多，各种酒曲的名称相继出现。例如，古代的神曲、笨曲、女曲，近现代的大曲、小曲、黄酒药等。如何对这些曲进行识别，然后根据分类原则进行分类，这是现在应当先做的事。

(一) 黄酒曲药的特点

在近现代，不少人都说“黄酒曲药”(小曲)之名源于它的颗粒比白酒曲小，其所以这样讲当然是有道理的。因为从成型看，自古以来，大曲法一般都是用曲模子装料，用脚踩实，做成砖块形的;小曲的形状很多，有似小饼、似小球、小长方块、似小正方块等，大多数都是用双手捏制的。依每块重量而论，黄酒曲药要比大曲轻许多。它们的主要区别如表1－4－4所示。

表 1-4-4　　黄酒曲药和大曲的主要区别

对比的项目 类别	制曲原料	曲块大小	制曲菌种	制曲操作法	酿酒原料	用曲量	成品酒	盛产地
黄酒曲药(小曲)	大米、小麦、米糠、中草药	小块、形状多	相传的根霉、毛霉	罨曲、风曲、曝曲	糯米、粳米、小米	少	黄酒、小曲白酒	南方
大曲	大麦、小麦、豌豆、小豆	大砖块形状	野生的曲霉	罨曲	高粱、玉米、甘薯	多	白酒	北方

总之，把黄酒曲药称为“小曲”，只是传统习惯叫法而已，并不能说明黄酒曲药的特点。我国黄酒曲药可以分成两大类: 南方天气炎热，用米粉制曲，晋嵇含《南方草木状》里有“杵米粉杂以众草药”制曲;北方较冷，用麦曲酿造小米黄酒，但古代也用米粉酿酒。例如，《齐民要术》中的“女曲”就是北方米粉曲。

(二) 关于麦曲和红曲

在我国，如果把黄酒曲药或甜酒曲药列为小曲类，不少人都会表示同意。但是如果把麦曲和红曲列为黄酒曲药，很可能就会有一些人不同意。他们认为，麦曲和红曲应当独立为两类。

笔者认为，自古以来，麦曲一直是我国酿造黄酒必用的材料。例如，酿造绍兴黄酒，时至今日，仍然采用麦曲。麦曲在我国的起源非常早，前面已经提到的《春秋左传》里，就已有“麦曲”的记载，是地地道道的传统黄酒曲药。如果从制麦曲的过程来看，其制法与制传统黄酒曲药相同。如果从麦曲中的霉菌种类来看，根霉是最主要的，其他的是毛霉、曲霉、酵母等，这些霉菌与传统黄酒曲药中的霉菌相同。正因为如此，所以无论从历史由来还是从麦曲性质来考察，把麦曲列为黄酒曲药类都是有道理的。

至于红曲，它是由黄酒曲药为祖型发展而来的，自古用稻米制成，颗粒大小与传统小曲相同。用红曲酿成的酒，自古以来都属于黄酒类，是名副其实的小曲酒。但是红曲霉的特性与传统黄酒曲药中的霉菌有许多不同，制曲与酿酒过程也有许多不同之处。所以如果从历史渊源或者从制曲酿酒过程来看，把红曲单独列为一类也是有道理的。

(三) 传统制黄酒曲药的方法

在我国制曲史上，传统制造黄酒曲药都采用罨曲法或风曲法或先罨曲后风曲制成曝曲。所谓“罨曲法”，就是曲料制成曲坯之后，放入密闭的容器或曲房里发酵制成酒曲。所谓“风曲法”，就是曲料制成曲坯之后，放着或挂起来发酵，放在通风处成熟。曝曲法就是先罨曲发酵，然后通风成熟而制成黄酒曲药。

现代制黄酒曲的方法虽然有许多发展变化，但是传统方法仍然在广泛运用之中。作为现代制黄酒曲的方法，其突出表现是采用机械化或半机械化操作，通风制曲，纯菌种扩大培养制曲，热风干燥等等，其制曲原理古今一致。

第三节　制黄酒曲药起源考

根据“我国酒曲分类简表”的内容可知，我国黄酒曲应包括黄酒曲药、甜酒曲药和黄酒麦曲。黄酒曲药又包括传统有药酒药、传统无药酒曲和纯菌种酒曲。至于甜酒曲药，又可以分为传统有药甜酒药以及纯菌种甜酒药。由于这些酒曲的性质和制法虽然有共性，但也有个性，所以只好分别讨论。

一、黄酒曲药概述

所谓“黄酒曲药”，这是我国古代劳动人民经过千百年的努力而创造发明的，其中黄酒麦曲将在后面讨论。如果按照制曲原料的性质和厂家的传统称呼区别的话，则现在要讨论的黄酒曲药有有药酒药、无药酒曲、纯菌种酒曲。

(一) 原料中有药传统曲药品种

绍兴酒药、宁波白药、广东酒饼、衢州药曲、江都药曲、合肥药曲、邛崃米曲、江都糠曲、宁波糠曲、信阳米曲、江陵南曲、宜昌米曲、丰城米曲、巴都米曲、黄平米曲、楚雄米曲、榉木镇糠曲、无锡夏窝药曲、无锡秋窝药曲等。

(二) 原料中无药传统曲药品种

四川糠曲、余姚糠曲、合肥糠曲、信阳糠曲、汉阳糠曲、长沙米曲、潢川米曲、凤城米曲、绍兴麦曲(草包曲)、即墨麦曲(伏曲)、无锡惠泉麦曲(挂曲)、金华麦曲等。

(三) 纯菌种黄酒曲

厦门白曲、汕头糠曲、贵州根霉麸曲、厦门糠曲、湖州根霉曲、厦门根霉酵母曲。

如果仅从前面“有药酒药”的各种名称判断，我们很难知道它们都是用添加中草药的原料制成的，但这是真实的，是根据调查资料得来的。现在如果从全部37种黄酒曲药的名称来看，我们会很容易发现，用添加中草药为原料制曲的方法仍然占优势。这种情况说明，添加中草药制黄酒曲药的方法是有科学道理的，是先民们传承下来的宝贵遗产。但是这种方法也有缺点，所以目前正在向无药和纯菌种制曲的方向发展。

中国科学院微生物研究所收集到的137个酒曲样品的分离测定结果表明，从这些酒曲中得到的毛霉科霉菌共828株，其中根霉643株，其余的都是毛霉、犁头霉等。在经过进一步研究后发现，如果以糖化力而论，根霉是黄酒曲药中的主要糖化菌，而毛霉和犁头霉虽然也起些作用，但它们是劣等菌。所以，以前许多人都认为毛霉是主要糖化菌的看法错了[1]。

黄酒曲药中的这些根霉与一般野生根霉不同，这是祖先们代代优选得来的优良菌种。那么，我国从何时开始进行这种优选并制造黄酒曲药的呢？

二、制黄酒曲药起源各论

许多专家学者曾经认为，我国研制黄酒曲药起源于晋朝，迄今已有1700年历史。这种推断的主要依据是，晋嵇含在他的《南方草木状》中，有一段非常生动的描述。

(一)《南方草木状》中的曲药

> 南海多美酒，不用曲糵，但杵米粉杂以众草叶，治葛汁滫溲之，大如卵。置蓬蒿中荫蔽之，经月而成。用此合糯为酒，故剧饮之，既醒犹头热，涔涔以其有毒草故也。南人有女，数岁即大酿酒，即漉。候冬陂池竭时，填酒罂中，密固其上，瘗陂中。至春渚水满，亦不复发矣。女将嫁，乃发陂取酒以供贺客，谓之女酒。其味绝美[2]。

(二)《岭南录异》中的曲药

> 南中酝酒即先用诸药。别淘漉粳米晒干。入药和米熟捣，即绿粉矣。热水溲而团之，形如餢飳。以指中心刺一窍，布放箪上，以枸杞叶攒罨之。其体候好弱，一如造曲法。既而以藤篾贯之，悬于烟火之上。每酝，用几个饼子，固有恒准矣。南中地暖，春冬七日熟，夏秋五日熟。既熟，贮以瓦瓮，用粪埽火烧之[3]。

如果从《南方草木状》里的记载内容来看，这是两种很成熟的制酒药酿酒法。在一般情况下，一种事物由出现到成熟是需要经过很长时间的，所以我国制造酒药的起源应当早于晋朝。为了上溯这种设想的证据，笔者查阅了许多晋朝以前的相关文献，终于检索到了两条可以说明我国制造酒药早于晋朝的史料。

(三) 制黄酒曲药起源于汉朝

> 汉班固《白虎通义·考点篇》载："鬯者，以百草之香、郁金，合而酿之成为鬯。"[4]又晋葛洪《西京杂记》卷三载："九月九日，佩茱萸，食蓬饵，饮菊华(花)酒，令人长寿。菊华舒时，并采茎叶，杂黍米酿之，至来年九月九日始熟，就饮

[1] 乐爱华："根霉的研究"，载《微生物通讯》，1959(2)、(3)。
[2] 晋·嵇含撰：《南方草木状》上卷，见《丛书集成初编》第1352册，上海，商务印书馆，1939。
[3] 唐·刘恂撰：《岭南录异》卷上，榕园丛书刻本，广州，广东人民出版社，1983。
[4] 汉·班固撰：《白虎通义·考点篇》，唐·颜师古注，国学整理社，上海，世界书局，1935。

焉。故谓之菊花酒。”[1]

班固《白虎通义》的省文，亦称《白虎通德论》，共四卷。记录汉章帝建初四年(公元79年)在白虎观经学辩论的结果。前面例子中所说的“百草、郁金”酿造黍米酒的方法，虽然是“经学”辩论中借题发挥的话，但是其例子的内容正是今日用“中草药”酿造黄酒的祖型。

葛洪《西京杂记》虽然是晋人所撰，但是它所记录的铁事却是西汉确实存在的内容。此结论并非笔者武断，而是由很多前人考证后得出的。我国汉朝的制曲酿酒技术已经有了相当的发展。《西京杂记》中对“菊花酿酒”的描述如此具体生动，如果把这两件事联系起来看，认为我国汉朝时已用草药制酒药酿酒的结论，应当是很可信的。

第四节 制黄酒曲药的发展

如前面所叙已知，我国现在常见的黄酒曲药有3类：即有药酒药、无药酒曲和纯菌种酒曲。对于这3类酒曲的发展史问题，据笔者所知，前两类基本上是相依相随而同时发展的，至于纯菌种酒曲则发端于现代。

为了使下面的讨论纲目有序，只好同时探讨有药酒药发展史和相随发展的无药酒曲发展史。至于纯菌种制黄酒曲的问题，将安排在本章最后单独讨论。

一、南北朝时期制黄酒曲药法

前面已经讨论过，我国制造黄酒曲药至晚始于汉朝。到了南北朝时期，用稻米或小米添加中草药经过加工之后作为原料，制造黄酒曲药的史料仍然不多，即使像《齐民要术》这样的名著，里面也只有两例类似《南方草木状》中的记录，其中所采用的添加物和工艺方法另有一番特色。为了深入探讨《齐民要术》中的这两个例子，现在分别进行讨论如下。

(一) 制“女曲”法

北魏贾思勰《齐民要术·作菹藏生菜法》:“《食次》曰‘女曲’：秫稻米三斗，净淅，炊为饭。软炊，停令极冷。以曲范中，用手饼之。以青蒿上下罨之，置床上，如作麦曲法。三七二十一日，开看，遍有黄衣则止。三七日无衣，乃停。要须衣遍乃止。出，日中曝之，燥则用。”[2]

1. 制女曲法工艺流程(图1－4－2)

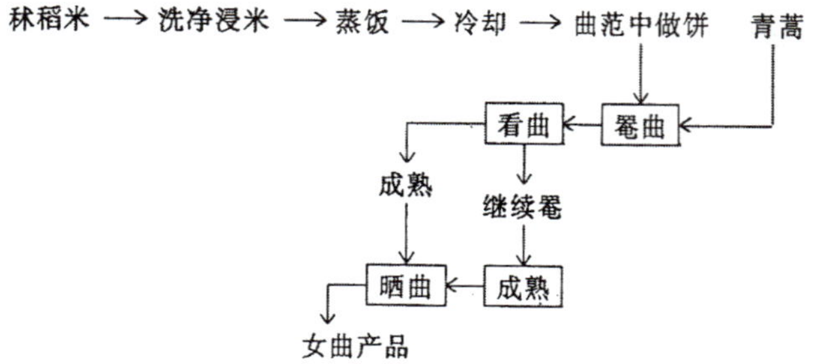

图 1－4－2 制女曲法工艺流程

[1] 晋·葛洪撰：《西京杂记》卷三，20页，明·程荣校，据汉魏丛书本影印，北京，中华书局，1985。

[2] 北魏·贾思勰撰：《齐民要术》，见石声汉选释：《齐民要术选读本》，619页，北京，农业出版社，1961。

2. 制女曲法原文今释

(1)《食次》书上说：制“女曲”的方法是，用糯米三斗，洗净后蒸成饭。要蒸得软一些，然后停蒸放凉。接着把饭放进曲模子里，用手做成饼

(2) 将做好的饼上下用青蒿包起来，放在曲房的架子上，像制作麦曲那样制成曲。制曲时，首次要到了三七二十一天才打开曲房查看。如果已经长满了黄衣，那就是成熟了；如果还没有长好，就要继续停放在房里发酵，一直等到长满了黄衣才停止。

(3) 把发酵好的“女曲”取出来，放在阳光下晒干了，即可以用于酿酒。

3. 制女曲法原文中值得讨论的内容

(1) 女曲的特性 “女曲”既然是一种饼曲，又具有良好的黄衣，那它已是一种黄曲霉占优势的酒曲了。据研究说，这种曲与相类似的糖化力很强、水解蛋白质能力也很强、黄曲霉占优势的豆酱散曲不同，它具有特殊的糖化酒化作用。正因为如此，所以日本的山崎百治认为中国古代的“女曲”由蘖发展而来，后来又发展为清酒曲，是有一定道理的。特别是用青蒿覆盖，至今仍然在农村中应用着(图1－4－3)。

(2) 发明女曲的历史意义 “女曲”是我们祖先经过长期努力钻研而创造发明的，其制法与现在制造高粱酒曲极其相似。所以可以认为，女曲是我国高粱酒曲的祖型，是中国人对世界酿酒业的贡献。关于高粱酒曲的制法，后面还要详细讨论，请参见“酿造白酒科技发展史”制曲法。

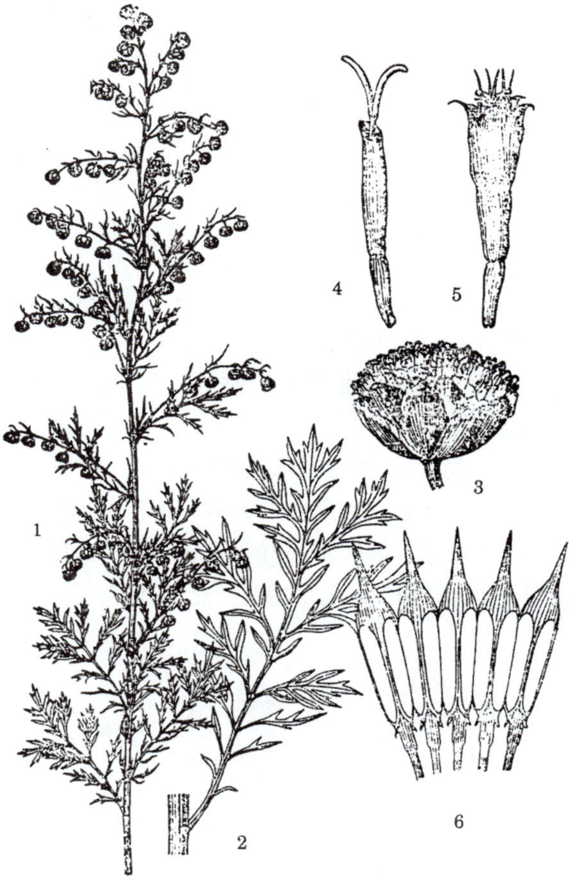

图 1－4－3 青蒿

1. 花枝 2. 茎中部的叶 3. 头状花序
4. 雌花 5. 两性花 6. 展开的雄花
(引自山东经济植物编写组：《山东经济植物》，山东人民出版社，1978)

(二) 制“大州白堕曲方饼”法

《齐民要术·法酒》：“大州白堕曲方饼法：谷三石，蒸二石，生一石，别硙之，令细，然后合和之也。

桑叶、胡菜叶、艾各二尺围，长二尺许。合煮之，使烂。去滓取汁，以冷水和之，如酒色。和曲，燥湿，以意酌量。日中，捣三千六百杵。讫，饼之。安置暖屋，床上先布麦秸，厚二寸，然后置曲。上亦与秸二寸覆之。闭户，勿使露见风日。一七日，冷水湿手，拭之令遍，即翻之。至二七日，一例侧之。三七日，拢之。四七日，出置日中，曝令干。

作酒之法：净削，刮去垢。打碎，末，令干燥。十斤曲，杀米一石五斗。”

1. 制大州白堕曲方饼的工艺流程(图1－4－4)

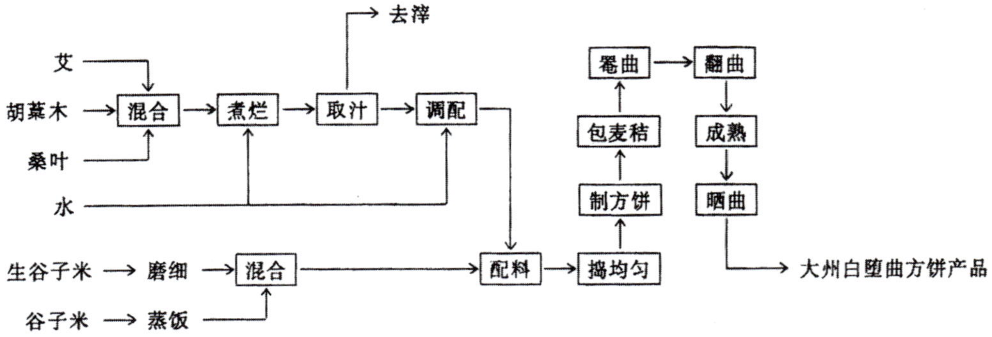

图 1－4－4　制大州白堕曲方饼的工艺流程

2. 制大州白堕曲方饼法原文今释

(1) 大州白堕曲方饼的制法：用三石谷子米，其中二石蒸熟，一石用生的磨成粉，然后把它们混合起来。

(2) 取桑叶、胡菓和艾，每样都用二尺围，二尺多长的数量，混合起来煮烂。滤去渣，取得汁，用冷水调配成色泽和酒一样，用于和曲料。和好的曲料，其干湿程度可以按自己的经验决定。将和好的曲料搬到阳光下，捣三千六百杵，使均匀。捣完之后就做成饼。准备好曲房，房里放架子，架上铺二寸厚的麦秸，把饼子放在麦秸上又用二寸厚的麦秸盖好。关好门窗，不要让风侵袭及阳光照射到。第一个七天，用手蘸冷水将曲饼外表抹一遍，翻转过来继续让它发酵。到了第二个七天，把饼侧转过来，竖着摆放。到了第三个七天，把饼堆拢起来。到了第四个七天，取出来放到太阳下晒干，就可以用于酿酒了。

(3) 用曲酿酒的方法是，先把曲饼削净，除去污垢，然后打碎，捣成末，晒干。酿酒时，每十斤曲可以消化一石五斗米。

3. 制大州白堕曲方饼的原文中值得讨论的内容

(1) 添加中草药原料制曲的作用　在制作大州白堕曲方法中，所添加的药物材料有桑、胡菓和艾3种，其中胡菓就是苍耳，菊科植物，中医学上用果实入药(图1－4－5)。

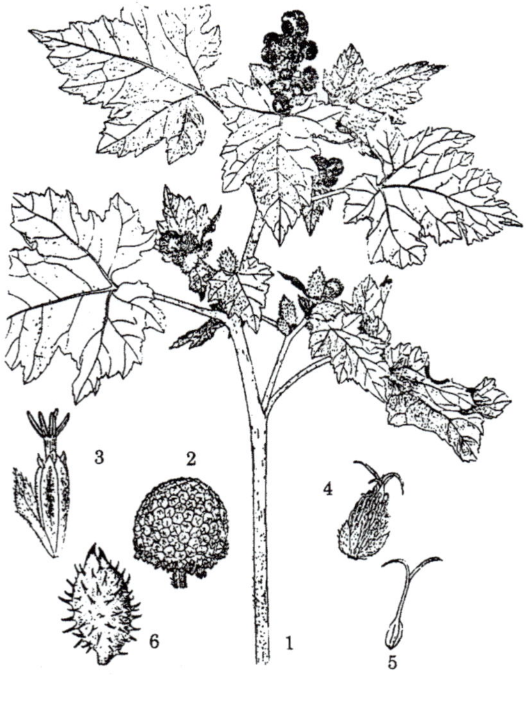

图 1－4－5　苍耳
1. 花、果枝　2. 雄花序　3. 雄花及苞片
4. 雌花序　5. 雌蕊　6. 果实及总苞
(引自山东经济植物编写组：《山东经济植物》，山东人民出版社，1978)

桑：落叶乔木，我国有桑科植物9种，即白桑、鸡桑、华桑等。叶可以饲蚕，果实“桑椹”可以生食和酿酒，叶子、桑椹、枝条、根皮都可以用于制药。

艾：俗称艾蒿，菊科多年生草本植

物，叶互生，揉之有香气。我国各地普遍野生，茎和叶含有芳香油，可制成调香产品，中医学上用艾叶入药(图1－4－6)。

据中国科学院微生物研究所的测定研究结果表明，我国制曲过程中添加中草药为原料的方法，对于酿酒霉菌的繁殖和生长，的确具有明显的促进作用。但是也发现，对于个别药品或材料，例如黄连，其加入不但无益，反而有害。

(2) 谷子考　在制作大州白堕曲原文中，有用谷子作为主要原料的记载。“谷子”，在文献中称为粟。粟有粳、糯之分，都是酿酒的好原料。

谷子原产于我国，有非常悠久的种植史。例如，在河南省新郑的裴李岗和河北省武安的磁山新石器时代的遗址中，都发现了大量完好的炭化粟，至今约有7000年历史。据《中国谷子品种志》提供的资料表明，我国现已收入到《品种志》中的谷子是11 678种。其中，山东省金米中的齐头钻、菠菜根、齐头黄；山东省龙山米中的阴天旱、黑汉腿；山西省沁州黄米中的爬坡糙；河北省蔚县桃花米中的九根齐，以及全国其他著名特产，如十里香、玉子青、毛毛亮、馍馍谷、楼里秀、六月鲜等等，都是我们祖先辛勤培育出来的优良品种，为珍贵的农业遗产[1]。在《齐民要术》中，也大约记载了86个品种。

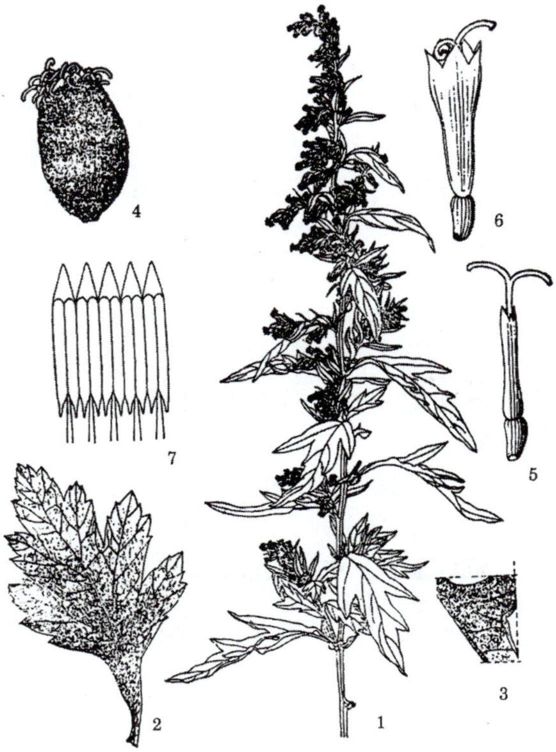

图 1－4－6　家艾

1. 花枝　2. 茎下部的叶　3. 放大的叶片局部　4. 头状花序　5. 雌花　6. 两性花　7. 展开的雄蕊

(引自山东经济植物编写组：《山东经济植物》，山东人民出版社，1978)

如果说用稻米制黄酒曲药的记载，最早最完美的始见于《南方草木状》，是南方类型的代表，那么，《齐民要术》中用粟米制造黄酒曲药的记录，也是最早最完美的，是北方类型的代表。这两种类型对后代酿酒业的发展影响很大，十分珍贵。

先制曲而后酿酒的方法是我们祖先一项杰出的发明。这项发明之所以能发扬光大，是与古代科学家们的辛勤劳动分不开的。若以建功大小而论，南北朝时期的贾思勰就是最突出的一位。由于贾思勰的《齐民要术》是一部多学科继往开来之作，是拙著《中国酿酒科技发展史》撰写过程中，经常要提到或引用的重要参考书之一，所以对贾思勰作些介绍是很有必要的。

(三) 古代科学家贾思勰

贾思勰，南北朝时北魏人，其身世和经历在史书上缺乏记载。但是，在《齐民要术》

[1] 中国农业科学院作物品种资源研究所：《中国谷子品种志》，北京，农业出版社，1985。

的“种谷篇”里，当提到西兖州刺史刘仁之的名字时，贾思勰对他的名望表现出了无限的敬重。根据此线索，在《魏书》卷八中查到了刘仁之传。刘氏在北魏孝武帝初年(公元532年)为官时，曾任著作郎兼中书令，后因与其志趣及专长不对路而改任西兖州刺史，于东魏武定二年(公元544年)病故于西兖州任所。当时的西兖州即今日的山东省益都县地区，近代中国农学史学者以此为依据，认定贾思勰是山东省益都人。

贾思勰身为北魏高阳太守，史书上虽然没有为官政绩，没有入传名份，但是他的《齐民要术》有精湛的内容，有承先启后的伟力，这是举世公认的。在中国农学史和世界农学史上，贾思勰及其《齐民要术》都享有首屈一指的声誉，处于令人钦佩的地位。

二、唐宋时期制黄酒曲药法

到了唐朝，虽然有关制造黄酒曲药的资料不少，但是从制曲技术内容方面来看，似乎与南北朝时代《齐民要术》中的情况一样。对这种现象不应当感到奇怪，因为南北朝到唐朝所经过的年代不算久远。这种现象可以说明《齐民要术》里所记载的制曲方法是很科学的。例如，我国现在很多厂家制造黄酒曲药时，其操作方法与《齐民要术》中的情况有很多相似之处。虽然很相似，但现代的技术水平还是大大超过古代。为了深入探讨我国唐朝时期制造黄酒曲药的情况，现在举个例子探讨如下。

(一)《四时纂要》中的“造法曲”

唐韩鄂《四时纂要·六月》:“造法曲：小麦三石：一石生;一石蒸，晒干;一石炒，炒勿令焦。各别磨，罗取面。其麸留取入曲使。取苍耳、蓼，烂捣，绞取汁，溲和。五更和取了，若天明后则无力。搜欲刚，捣欲熟。于平板上以范子紧踏，脱之。净扫东向户室，密窗户，泥封隙，使不通风。地上铺蒿草厚三五寸，竖曲如隔(格)子眼，以草覆之令厚。闭户，封泥之。一七日开，翻之。至二七日，聚之。一宿，明日出曝晒。夜则露之。遇雨则收。极干乃止。”

1. 造法曲的工艺流程

这种制曲工艺与今日制绍兴黄酒曲的工艺极为相似，其工艺流程，如图1－4－7所示。

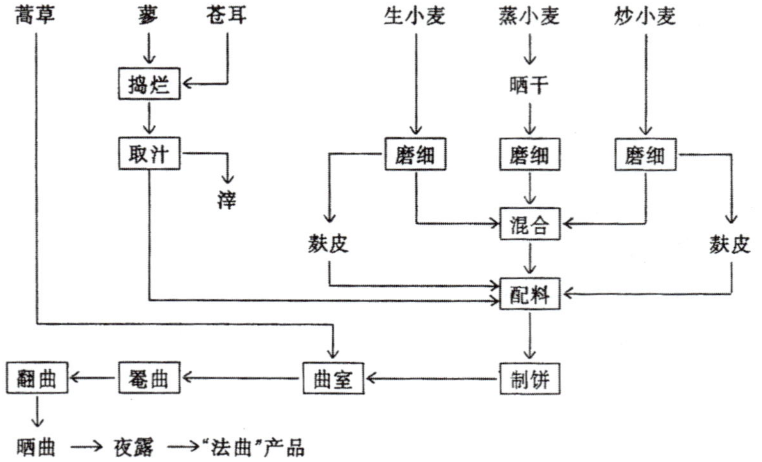

图 1－4－7　造法曲的工艺流程

2. 造法曲原文今释

(1) 按一定配方制作一定质量的"法曲"的方法是：用小麦三石：一石生的、一石蒸熟后晒干、一石炒熟不令焦，分别磨细筛出粉待用，其筛出来的麸皮要留下来制曲用。另取苍耳、蓼混合，捣烂，绞取汁液用于调和面粉。要在五更前和好面。如果天亮后和面，则会因为气温升高而使制好的曲无发酵力。搜和好的面剂要硬一些，捣面剂要熟透。然后把面剂放入平板上的曲范里用脚踩实，取下曲范，制得曲砖。扫净东向曲房，检查门窗是否可以密闭，把曲房的所有缝隙用泥封好，使不通风。

(2) 曲房地上铺好三五寸厚蒿草，把曲砖叠成格子眼形状放在蒿草上，再用蒿草厚盖起来。用泥把曲房密封好。经过第一个七天发酵后打开曲房，把曲砖翻过来，再放好，至第二个七天时，把铺开的曲块堆积起来，放一夜后，次日出曲，放在阳光下晒。晒曲期间，夜里可以把曲放在室外接受露水，但遇雨前要收到曲房里，这样操作直到曲很干时停止。

3. 造法曲原文中值得讨论的内容

(1) "法曲"考　《齐民要术》中的"法曲"起源于"法酒"。就是说，用于酿造法酒的曲称为"法曲"。关于法酒的记载始见于汉朝。例如，《汉书·食货志下》："请法古令官作酒。"[1]，就是按照法定规格酿成的酒称为"法酒"，又称"法官酒"或"官酝"。法酒是古代宫廷正式宴会上特设的酒，这也是"法酒"名称来源之一。例如，《汉书·叔孙通传》："汉七年，长乐宫成，诸侯群臣朝十月……置法酒。"[2]

(2) 添加苍耳和蓼的作用　苍耳属于菊科植物，在我国野生分布很广，植株可以制农药，果实可以用于榨油，但不可食用，中医学上用果实入药。关于蓼的性质，本篇前面已经讨论过了，请参考。

根据中国科学院微生物研究所的研究资料证实说，制黄酒曲时原料中添加苍耳子和蓼之后，对于酿酒霉菌的繁殖和生长，的确具有明显的促进作用。正因为如此，所以至今制绍兴酒曲时，仍有添加蓼草的习惯[3]。

到了宋朝时期，我国制造黄酒曲药的技术水平已经达到了高峰程度。例如，在大隐翁朱翼中的《北山酒经》和李保的《续北山酒经》中已有黄酒曲药59种，其中有不少制黄酒曲药的方法[4]。有用面粉加中草药为原料的，有用糯米加辣蓼、杏仁等为原料的，有用粳米加中草药为原料的等等，其内容非常丰富。

(二)《北山酒经》中的制"玉友曲"

北宋朱翼中《北山酒经》："玉友曲：辣蓼、勒母藤、苍耳各二斤，青蒿、桑叶各减半并取近上梢嫩者，用石臼烂捣，布绞自然汁，更以杏仁百粒去皮尖，细研，入汁内。先将糯米拣簸一斗，急淘净，控极干，为细粉，更晒令干。以药汁逐旋匀洒，拌和干湿得所，干湿不可过，以意量度。抟成饼子，以旧曲末逐个为衣。各排在筛子内，于不透风处。

净室内先铺干草，一方用青蒿铺盖，厚三寸许，安筛子在上。更以草厚四

[1] 汉·班固撰：《汉书·食货志下》，王雷鸣编著：《历代食货志注释》，112页，北京，农业出版社，1984。

[2] 汉·班固撰：《汉书》，唐·颜师古注，国学整理社，上海，世界书局，1935。

[3] 方心芳："小曲生产添加中草药和辣蓼草作用"，见《黄酒酿造》，北京，中国轻工业出版社，1960。

[4] 宋·李保撰：《续北山酒经》，据元·陶宗仪：《说郛》卷九十四，见《说郛三种》，上海，上海古籍出版社，1988。

寸许覆之，覆时须匀，不可令有厚薄。一二日间不住以手探之，候饼子上稍热仍有白衣，即去覆者草。明日取出，通风处安桌子上，须稍干旋旋逐个揭之，令离筛子。更数日以篮子悬通风处，一月可用。罨饼子须熟透，又不可过候，此为最难。未干见日即裂。夏月造易蛀，唯八月造可备一秋及来春之用。自四月至九月可酿，九月后寒即不发。”[1]

1. 制玉友曲的工艺流程(图1－4－8)

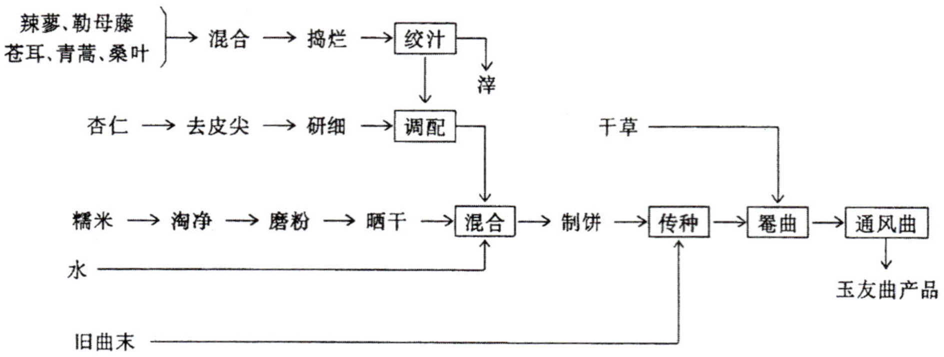

图 1－4－8 制玉友曲的工艺流程

2. 制玉友曲原文中值得讨论的内容

(1) 以意量度　就是根据自己实践经验而加以掌握，以最适宜的分量进行操作。

(2) 抟成饼子，以旧曲末逐个为衣　抟是捏成团的意思，在此就是捏成饼子。“以旧曲末逐个为衣”，这是把上一批或早先制成的优良酒曲传种给下一批酒曲的方法。这样，曲中的优良根霉菌种就能逐年传播，代代相传。

(3) 以旧曲末传种的意义　古代没有掌握菌种保藏技术，优良菌种如何保存下来呢？我国古代劳动人民把优选到的菌种涂抹在曲坯上进行繁殖，从而实现代代相传的这种方法是非常高明的。“玉友曲”的制造方法与今日制造黄酒曲药特别相似。这就是说，我国古代的传种技术，即使从宋朝算起，至今也已有近千年的历史了。

(4) 宋朝制曲技术的明显进步表现　宋朝制黄酒曲药的方法，如果与《齐民要术》上所记载的内容比较，有两方面明显进步。一是所用原料大部分不再蒸或炒，都是用生料制曲，这就可以节省劳力和加工成本，利于酿酒业的发展好处很多。二是把老曲末涂布在生曲坯上进行“下种子”，这必然会使所制成的酒曲合格率上升，优质品倍增。

(三)《北山酒经》中的制“白醪曲”

朱翼中《北山酒经》：“白醪曲：粳米三升、糯米一升，净淘洗，为细粉。川芎一两、峡椒一两为末。曲母末一两与米粉、药末等拌匀。蓼叶一束、桑叶一把、苍耳叶一把，烂捣，入新汲水破令得所。滤汁拌米粉无令湿，捻成团须是紧实，更以曲母遍身糁过为衣。

[1] 宋·朱翼中撰：《北山酒经》，枚庵漫士古欢堂秘册，见[日]田中静一：《中国食经丛书》(上)，东京都，书籍文物流通会，1972。

以谷、树叶铺底，仍盖。一宿，候白衣上，揭去(盖)，更候五七日，晒干。以篮盛，挂风头。每斗(米)用三两(曲)，过半年以后，即使二两半。”

1. 制白醪曲的工艺流程(图1－4－9)

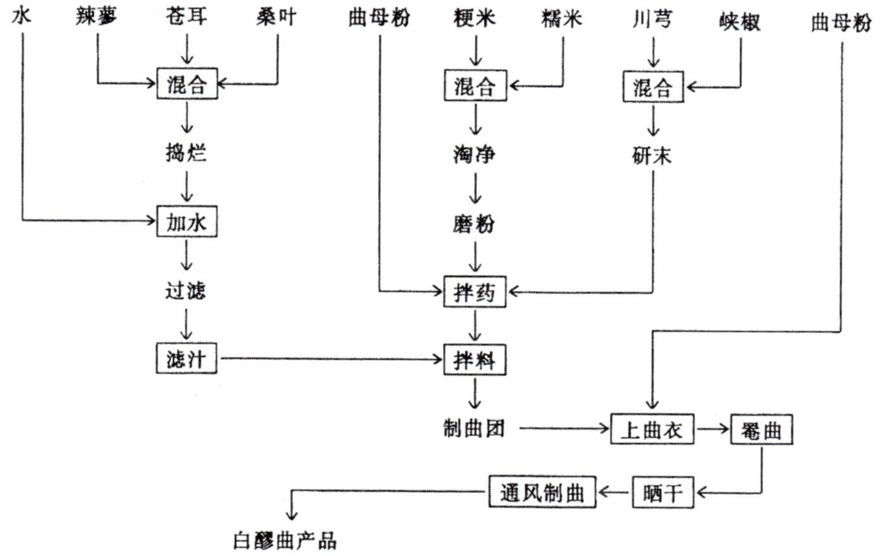

图 1－4－9 制白醪曲的工艺流程

2. 制白醪曲原文今释

(1) 制白醪曲的方法是，取粳米三升、糯米一升，淘洗干净之后，研为细粉待用。取川芎一两、峡椒一两，合研为药末。取曲母末一两与上面的米粉、药末等搅拌均匀待用。取蓼叶一束、桑叶一把、苍耳叶一把混合后捣烂，并加入新汲水调配合适之后，过滤得滤汁。用滤汁拌米粉，但不要太湿。用手将曲料捏成团，要紧实些，然后用曲母粉涂抹在曲团外表成“曲衣”。

(2) 用稻谷叶和树叶铺底，放上曲团后又用稻谷叶和树叶盖上。经一夜之后，如果白衣长出来了，即揭去上面盖的谷、树叶，然后继续罨曲五七天，即可晒干。把干曲放在篮子里，挂在通风处，即可用于酿酒。酿酒时，每斗米用曲三两，如果酒曲存放超过半年，则只要用二两半曲就可以了。

3. 制白醪曲原文中值得讨论的内容

(1) 以旧曲母传种的方法和意义 在制“玉友曲”例子中，已讨论到“以旧曲末传种的意义”。但是制“白醪曲”的传种方法不仅是把菌种涂抹在曲坯外，而且把“曲母粉”添加到曲坯内。这种里外添加曲母粉的方法，对于保证制曲成功必然会更加有把握。例如，现代制纯菌种黄酒曲时，就有采用把菌种添加到曲料中的。这就是说，古代的这种“下种”方法正是今日的祖型。

(2) 制“白醪曲”的特点和意义 “白醪曲”的制造方法有个特点，它与今日传统制黄酒曲药特别相似，其中用谷叶和树叶保温的方法首次见到。这种使用“谷叶”保温的方法，应当就是今日南方制造黄酒曲药时，采用稻草保温的祖型。“白醪曲”的制法还有个特点，就是采用“曝曲法”，这种方法至晚起源于唐朝。例如，前面提到的《四时纂要》中，制“法曲”最后有个“夜露”的工序，实际上就是“通风”制曲过程的祖型。

三、元朝至清朝时期制黄酒曲药法

元朝在我国历史上所经过的年代虽然不长久，但是在继承制造黄酒曲药方面也有些进步。例如，在《居家必用事类全集》中，有一种制“白酒曲方”的方法很值得讨论。

(一) 元朝的制“白酒曲方”

> 佚名氏《居家必用事类全集·己集》:“白酒曲方：当归、缩砂、木香、藿香、公丁香、川椒、白术，以上各一两。官桂三两，檀香、白芷、吴茱萸、甘草各一两，杏仁一两别研为泥。右件各味药研为细末。
>
> 用白糯米一斗，淘洗极净，舂为细粉，入前药和匀。用青辣蓼取自然汁，溲拌干湿得所，捣六七百杵，团圆如鸡子大。中心捺一窍，以白药为衣。稗草去叶，觑天气寒暖，盖闭一二日。有青白醭，将草换了，用新草盖。有全醭，将草去讫。七日，聚作一处，逐旋散开，斟酌发干。三七日，用筐盛顿，悬挂，日曝夜露。每糯米一斗，曲七两五钱重。酥、湿、破者不用。”[1]

1. 制白酒曲方的工艺流程（图1-4-10）

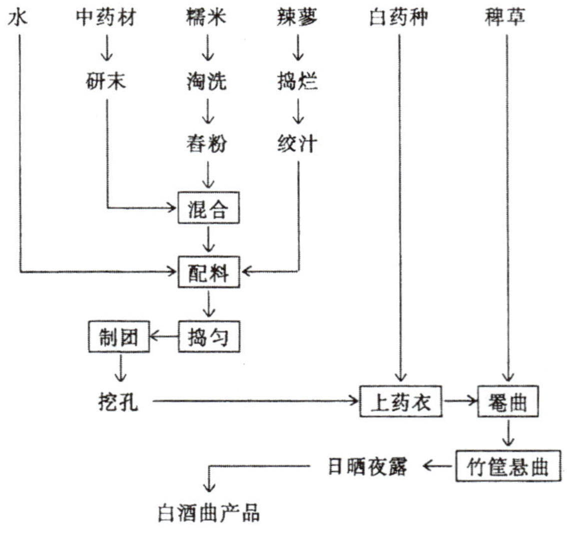

图 1-4-10　制白酒曲方的工艺流程

2. 制白酒曲方原文中值得讨论的内容

(1) 白酒曲考　所谓“白酒曲”，这是一个很容易误解的名称，其实这里指的是黄酒曲药，而不是用于酿造白酒的酒曲。在我国古书里，最早出现“白酒曲”名称的当属北魏贾思勰的《齐民要术》，书上有“作白醪曲法”和“酿白醪”酒法。这种“作白醪曲法”与今日制绍兴酒药很相似。在古书上，明朝高濂《遵生八笺·饮馔服食笺》里也有制“白曲”的方法，制好后是用于酿造黄酒而不是用于酿造白酒的。由此看来，我国现在很有名的“厦门白曲”和“宁波白曲”等，其名称的来源大概是依照传统习惯而沿袭下来的，也可能是与根霉繁殖呈白色有关，历史悠久，但与白酒酿造无关。

[1] 元·佚名氏撰：《居家必用事类全集》，47页，北京图书馆特藏本，北京，中国商业出版社，1986。

(2) 挂曲考　在我国古代，制造用于酿造黄酒的曝曲法是分两步进行的，即先进行罨曲而后进行风曲。风曲工序又有4种操作法：即在北魏贾思勰的《齐民要术》中有晾晒法；在唐朝韩鄂《四时纂要》中有日晒夜露法；在北宋朱翼中的《北山酒经》中有用篮子盛曲团的通风法；到了元朝的《居家必用事类全集》，书中这种在曲团中挖孔然后用篮子装起来的挂曲法，可说是一种新的创造，是后来用绳穿曲饼挂曲法的开始。

到了明、清时期，我国在制造和运用黄酒曲方面，又有许多新进展。例如，在明宋应星的《天工开物》中，对于酿酒必须用曲的原因，如何制得好曲，对于黄酒曲的特性、用途和制法等，作者都有自己独到的见解。在这些见解中，有些认识的学术水平相当高。

(二) 明朝的造"酒母"法

> 《天工开物·曲蘖》："酒母：凡酿酒必资曲药成信。无曲即佳米珍黍空造不成。古来曲造酒，蘖造醴，后世厌醴味薄，遂至失传，则并蘖法亦亡。凡曲，麦、米、面随方土造，南北不同，其义则一。凡麦曲，大、小麦皆可用。造者将麦连皮，井水淘净，晒干，时宜盛暑天。磨碎，即以淘麦水和作块，用楮叶包扎，悬风处，或用稻稿罨黄，经四十九日取用。
>
> 造面曲用白面五斤、黄豆五升，以蓼汁煮烂，再用辣蓼末五两、杏仁泥十两，和踏成饼，楮叶包扎，与稻稿罨黄，法亦同前。其用糯米粉与自然蓼汁溲和成饼，生黄收用者，罨法与时日亦无不同也。其入诸般君臣与草药，少者数味，多者百味，则各土各法，亦不可殚述。近代燕京则以薏苡仁为君，入曲造薏酒。浙中宁、绍则以绿豆为君，入曲造豆酒。两酒颇擅天下佳雄，别载《酒经》。
>
> 凡造酒母家，生黄未足，视候不勤，盥拭不洁，则疵药数丸动辄败人石米。故市曲之家必信著名闻，而后不负酿者。凡燕、齐黄酒曲药，多从淮郡造成，载于舟车北市。但淮郡市者打成砖片，而南方则用饼团。其曲一味，蓼身为气脉，而米、麦为质料，但必用已成曲、酒糟为媒合。此糟不知相承起自何代，犹之烧矾之必用旧矾滓云。"[1]

宋应星《天工开物·曲蘖》中的酒母篇今释如下：

1. 酒母　凡酿酒必须使用酒曲为引子。如果不用酒曲，即使动用最好的稻米、最珍贵的黍米，最终只能是白忙一气仍酿不成饮用酒。自古以来曲酿酒，蘖造甜醴酒，后人觉得醴的酒味太薄，结果没有加以继承而失传了，用蘖酿酒的方法也消亡了。凡制曲，以麦、米、面粉为原料，但随地区习惯而制造，南方与北方不相同，用意则是一样的。凡制麦曲，大小麦都可以做原料。制造时，面粉和麸一起用，先用井水洗净麦并晒干，制曲时期以盛夏最好。把麦磨碎后，用洗麦水掺和，然后做成块，用楮叶包扎起来，挂在通风处；或者用稻草罨黄也可以，大约经过四十九天，即可以用于酿酒。

2. 采用面粉制曲法　取白面五斤，黄豆五升，用蓼汁煮烂，再用辣蓼末五两、杏仁泥十两和好，脚踏成饼，用楮叶包扎起来，挂在通风处；或者用稻草罨黄也可以，制法与前面相同。如用糯米粉与辣蓼的自然汁掺和做成饼，经过罨曲、生黄，用于酿酒，以及制曲时期等，也与前面说的一样。但是添加主料、辅料和中草药，变化很大，少的数种，多则可达百种，各地配方不同，无法尽述。近代燕京用薏苡仁为主要原料，加曲酿造薏仁酒；浙江省中部的宁波、绍兴

[1] 明·宋应星撰：《天工开物·曲蘖第十七》卷下，明崇祯十年刊本，上海，上海古籍出版社，1988。

用绿豆为主要原料，加曲酿造绿豆酒。这两种酒，据《北山酒经》记载说，已相当驰名于天下。

凡是制曲之家洗刷不好，消毒不彻底，看曲不勤，制成了生霉不足的坏曲，虽然酿酒时用的劣药只是数丸而已，但是损人稻米就会以石计量。正因为如此，所以卖曲之家一定要讲信誉重名声，这样才不会辜负酿酒人家的心愿。我国河北、山东酿造黄酒所用的曲药，大多数都是来自苏淮地区制造的，他们用船、车载着北上出售。不过北上卖的是特地打的砖曲，而在南方销售的是饼曲。曲药味正成因，加蓼所起的是增加"气脉活力"的作用，而加米、麦所起的都是增加"骨质"的作用。所以酿酒时一定要选用好曲，还要添加一些旧糟作引子。这种旧糟是由世代传承下来的，但不知这种传承起源于何时？加些旧糟作引子的作用就像制矾那样，必须加些旧矾滓共熔才能制得好矾。

(三) 清朝的制"白曲"法

在清朝的古籍中，也有如同《天工开物》中的制曲论文出现，而且内容更加充实。这种情况很重要，人们只要按照制曲论文中的科学道理制造黄酒曲药，就能制得好曲，就可以不必生搬硬套各种旧制曲法，而且可以根据各种具体需要而设计新的制曲配方等等。为了深入探讨清代制造黄酒曲的一些类型，现举例如下：

> 清佚名氏《调鼎集·各种造酒罨曲法》："白曲：白面一担，糯米粉一斗，水拌，令干湿均匀，筛子格过，踏成饼子。纸包挂当风处，五十日取下，日晒夜露。每米一斗，下曲(白曲)十两；内府秘传曲：白面一百斤，黄米四斗，绿豆三斗。先将豆磨去壳，将壳簸出，水浸听用。次将黄米磨末，入白面、豆末和作一处。将收起豆壳浸水，倾入米、面、豆末内和起。如太干，再加浸豆壳水，可捻成块为准，踏作方曲，以实为佳。以粗草晒六十日，三伏内方好制曲。造酒每石米入曲七斤，不可多放，其酒清冽；郑公酒曲：白面三十斤。绿豆一斗，煮烂。缩砂、木香各一两为末，官桂一两为末。莲花蕊三十朵，用须并瓣不用房，碎捣。甜瓜，捣烂，以粗布绞肉汁约一碗。捣辣蓼自然汁，和前料拌匀，干湿得中。用布包(曲料)，脚踏令实。二桑叶包裹，麻皮(绳)扎，悬风梁上。一月后取下，去桑叶刷净，日晒夜露约一月。入瓦土瓮中密封。每曲三十斤，约饼七十个。"[1]

根据上面制造黄酒曲药论文内容可知，我国明、清时期在制造黄酒曲药方面，其科技水平是很高超的，主要表现有下列方面：

(1) 已知选择制曲原料和辅料不必墨守成规，可以因地制宜地加以发挥　例如，宋应星《天工开物》说："凡曲，麦、米、面随方土造；其入诸般君臣与草药，少者数味，多者百味，则各土各法，亦不可殚述。"出现这种制曲理论很重要，说明古人已知制曲的原料和辅料配方是可以按照科学原理自行设计的。这种根据实际需要而改变配方的做法，正是发展黄酒曲药生产和创新突破的必由之路。

(2) 已知制曲工艺过程是有科学规律的　例如，制曲季节要适时，拌料加水要适量，踩曲松紧要适度，曲坯包裹要紧密，曲房应当设在敞亮处，看曲之时要勤快，新旧酒曲要掺着用等等。类似上叙制黄酒曲药内容的，在明、清时期的饮食文化书籍中也很容易找到。

[1] 清·佚名氏：《调鼎集》，685～690页，据北京图书馆善本，北京，中国商业出版社，1986。

第五节　近现代制酒药的方法

近现代制黄酒酒药的方法，全国各地仍然各具特色。如果按照所用谷物原料分类，则有稻米曲、麦曲、米糠曲、麸曲；如果按照原料中是否有中草药分类，则有有药曲和无药曲两大类；如果按照所用菌种来源分类，则有传统制曲法和纯菌种制曲法两大类；如果按照制曲操作方式分类，则有罨曲、风曲、曝曲、缸窝曲、地窝曲、草包曲等。总之，我国制造黄酒酒药的发展动向，现在正朝着不添加中草药，采用纯菌种制曲法方向发展着。

为了使下面的讨论尽量做到纲目有序，层次分明与简明扼要，现将全国常用中草药品种和常用原料叙述如下。

一、用中草药制酒药的方法

(一) 制酒药常用的谷物原料

稻米　麸皮　稻米糠　稻壳或稻壳粉　稻米粉　黄豆　大麦　小麦

(二) 制酒药常用的中草药原料

巴豆　石膏　神曲　牵牛子　青蒿　干姜　白矾　炮姜　栀子　草果　川乌
酒饼叶　麦芽　石衣　白芷　草蔻　酒饼草　枳壳　广木香　甘草　桂皮
薄荷　丹皮　川芍药　甘松　小茴香　陈皮　大香藤　甲片　花椒　黄柏
中皂　白芍　香附　苍术　大茴香　桂枝　小香草　独活　牙皂　山柰
北细辛　胡椒　丁香　香菇　灵香草　建参　前胡　滑石　桂通　良姜
牛黄　麻玉果　羌活　排草　草乌　细辛　香藁本　梅片　肉蔻　麻黄
艾叶　樟脑　川椒　生地　杜仲　吴仔　大皂角　皂角刺　公丁香　木香
蓖麻　橘叶　南星　荆芥子　秦归　官桂　双肾藤　赤苏叶　椰树根　通城虎
白附子　赤芍　附片　漏芦　闹羊花　土苓皮　茵陈　苓皮　长春花　大青叶
粉葛　柴胡　毛苍术　桑皮　前胡　五加皮　威灵仙　紫苏　荆芥　辣蓼
茯苓　益智　茱萸　千年见　杏仁　泡参　荜拨

(三) 如何选用中草药原料

(1) 上面所列常用中草药原料只是中草药名称，而不是制造酒药的配方。

(2) 制造某种酒药寻找中草药配方时，可以根据传统经验，也可以根据实验性能需要在上面这些中草药中挑选品种。少的可以只选一种。例如，制造绍兴酒药和宁波白药时，通常只选用辣蓼草与谷物掺和制作。多的可以选用多种中草药混合应用。例如，制造四川邛崃米曲时，加入的中草药是72种。制造广东酒饼时有两种情况：制造第一种广东酒饼时加入的中草药是70种，制造第二种广东酒饼时加入的中草药是28种。这些情况，在很多酿酒书上都能找到例子。

(3) 制造某种酒药时，在通常情况下，每一种中草药的使用量都是不固定的，随着各地不同需要而变化。

二、制酒药工艺类型实例

知道了制酒药的所有主要原料之后，下面要讨论的是制酒药的工艺过程。根据调查研究结果表明，由于原料加工、酒药坯成型、娘药(或称曲娘、或称母药、或称曲种)使用方法以及其操作过程不尽相同，所以笔者把制酒药的工艺类型分为下面3类。

(一) 娘药涂布在曲坯外表制酒药工艺

1. 娘药涂布在曲坯外制酒药的工艺流程(图1－4－11)[1]

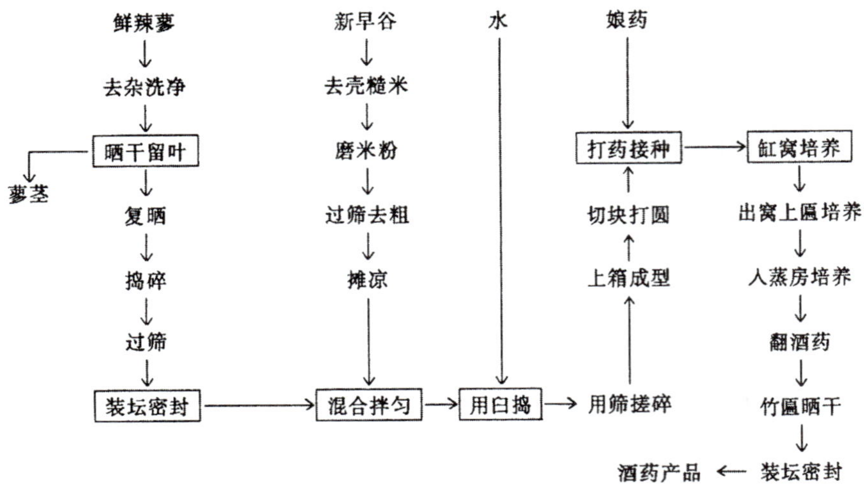

图 1－4－11　娘药涂布在曲坯外制酒药的工艺流程

2. 操作方法

(1) 辣蓼制粉　选8月中下旬的鲜小水蓼为药料，择去杂质、洗净、晒干，留下蓼叶，去掉蓼茎。将蓼叶再晒到酥脆时放入杵臼或碓里捣碎，然后过筛。为了防止蓼叶返潮，必须将蓼叶装入干净坛里密封保存。

(2) 早稻谷制粉　选用当年新稻谷晒干，然后去谷壳磨成粉，细度以50目为佳，摊凉即可待用。应当注意的事项是，磨粉数量要根据当时需要而定，不可多磨存放着慢慢去用。据生产实践证实，只有遵守此项制粉原则，才能制得好酒药。

(3) 娘药的选择　娘药的品质优劣将直接影响酒药的质量好坏，因此选择菌种必须格外认真。通常是把生产中发酵正常、产酸量少、操作过程中温度容易控制的菌种保留下来，作为下次使用的娘药。

(4) 原料混合　在一般情况下，原料配比如下(kg)：

糙米粉：辣蓼粉：制曲用水＝20：0.125：10

把调配好的物料倒入石杵臼内拌均匀后，用杵臼捣混合物约100下，以物料混合好、吸水均匀为标准。将捣好的物料取出来，放在谷筛上用手搓碎结块，把筛下的物料移入无底曲盒内，准备成型。

图 1－4－12　无底曲盒

所谓“无底曲盒”，就是无底的长方形木模子，长约700mm，宽约200mm，高约100mm(图1－4－12)。

(5) 成型和接娘药菌种　成型的方法是，把

[1] 绍兴酒厂：“绍兴酒药的制法”，见傅金泉：《中国酒曲集锦》，北京，中国轻工业协会发酵学会，1985。

大约10kg的药料放入成型箱内，上面放洁净软席防止污染，然后用脚踩在软席上成型。把成型箱连同药料放在洁净案板上，去掉成型箱，将饼切成边长约4cm的正方形小块。把切好的药料块放入摇篮里摇一摇，去掉方形角，使其呈不规则的球形，此时按照每10kg物料放入0.3kg娘药的比例投入娘药粉，再用摇篮将娘药摇匀接种，使娘药涂布在小药球表面。

(6) 缸窝培菌　缸内先放谷糠(谷壳)，再铺上稻草芯，把药坯按一定距离放入缸内，然后加上缸盖，又覆盖上麻袋。缸内温度变化很快，要勤检查，大约经过14～16h，品温可由30～32℃上升至37～38℃，此时要揭去麻袋。再经6～8h，若缸沿见有水汽，可将缸盖打开，检查药坯底部。若菌丝少，能见到辣蓼粉，说明药坯太嫩，需要继续培菌，缸盖不能全揭开，要等到根霉菌繁殖旺盛，用手捞菌丝不沾手时，可将缸盖揭开降温。约经3h，可降至室温，再经4～5h，药坯可达到坚实程度，即可出窝上匾，送进蒸房里。

(7) 蒸房培育　将出窝的曲药放到匾内，堆放不要太厚，以防止升温。将盛药匾放在蒸房里的架上，大约经过4～5h，蒸房气温达36～38℃，酒药品温已保持在38～40℃之间时，可进行第一次翻匾。翻匾的方法是，将匾的上、中、下进行位置调换，大约每间隔7h调换一次匾，共调换3次，即可调完上、中、下。此时可将酒药移入竹箩内，挂在高处进行通风培育2天，每天早晚各倒箩一次。自生产日起至第6天，培菌过程结束，曲香味浓郁，即可进行晒药。

(8) 晒药和成品入库　酒药不可曝晒，不可晒热后立即装坛。要求曲药含水量以14％左右为宜。入坛之后要密封坛口，以防止返潮变质。

(二) 娘药与原料混合制酒药工艺

1. 我国采用娘药与原料混合制酒药的方法不少，例如，四川省的邛崃米曲就是这样制造的[1]。笔者参考了几种相近似的制法之后，得到的工艺流程如图1－4－13所示。

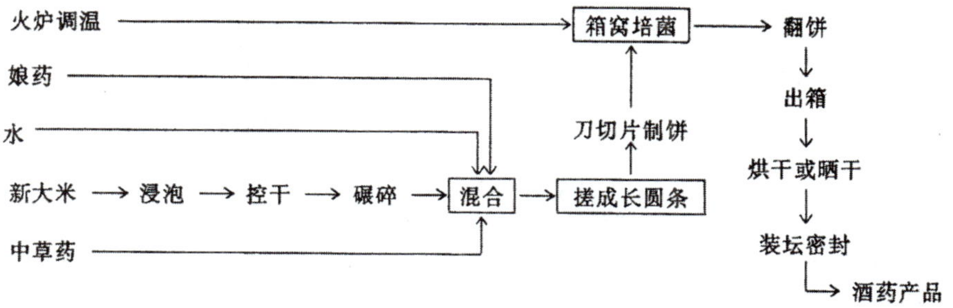

图 1－4－13　娘药与原料混合制酒药工艺流程

2. 操作方法

(1) 中草药配方和制粉　本工艺类型所选用的中草药配方很多，例如，四川米曲制造时共用72味，江西酒药制造时共用32味，今把笔者收集到的来自江西、浙江地区常用一配方抄录如下，供参考：

麻黄2kg	桂皮1.25kg	排草0.2kg	广香0.25kg	桑皮1.0kg	羌活0.4kg
草乌0.5kg	甘草0.3kg	枳壳0.62kg	胡椒0.25kg	前胡0.75kg	草蔻0.24kg
黄柏0.5kg	川乌1.5kg	神曲1.5kg	白芍0.72kg	川芎0.75kg	香附0.24kg
甘松0.6kg	公丁0.25kg	荆芥0.62kg	白芷0.82kg	独活0.92kg	小茴1.0kg
北辛0.9kg	山柰0.4kg	小香草0.6kg	南星1.0kg	薄荷1.1kg	肉蔻0.70kg

[1] 周恒刚："邛崃米曲的制法"，见《糖化曲》，北京，中国财政经济出版社，1964。

灵仙1.0kg　坝归0.625kg

药材选定之后，首先必须晒干或烘干，然后碾细为中药粉待用。

(2) 娘药选择　娘药来源有两方面，一是购买名优产品，二是来自上年生产中挑选出来的自家娘药。

(3) 大米碾碎　选择不受潮的新大米进行浸泡，陈米不能用。大约在水中浸泡20～30min之后，要按时检查米粒变化情况。当米粒可压碎时，即可以捞出来控干水分，然后放入碾槽中碾碎，以粉中有小碎粒为合适。

(4) 拌料和制坯　本拌料方法是，把大米粉与中草药粉先拌均匀，然后拌入娘药。3种物料的用量比例如下(kg):

大米粉：娘药：水＝10：0.3：1.8

将拌好的物料做成粗长条，然后用刀切片，做成厚度约3cm的饼，即可以用保温箱进行培养。这种拌料制坯方法的优点是，娘药可以深入坯料内部，使酒药质量提高，但是娘药是否分布均匀却看不见，所以拌料一定要均匀。

(5) 保温箱构造及用于培菌的好处　可以一年四季都投入生产，但是建造保温箱很麻烦，而且需要场地和投资。

保温箱的结构图，如图1－4－14所示。箱框用木料制造，箱盖用木料夹玻璃视孔做成，无底，安放在炉灶上。炉灶用砖砌成，灶内可生炭火，灶面可安放竹箅、席子、草垫和箱框，然后放上曲饼坯进行保温制药酒。采用保温箱制酒药有以下优点:

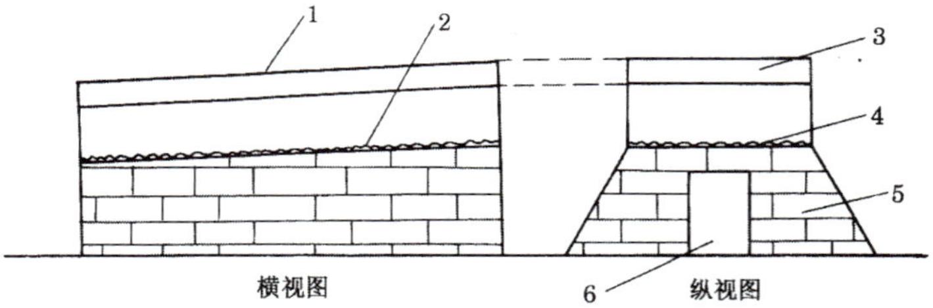

图 1－4－14　保温培菌箱示意图

1. 斜面　2. 箅席　3. 木箱盖　4. 箅席　5. 箱座　6. 火门

第一，可以满足全年制酒药的需要，升温保温操作稳定。

第二，保温箱安装在倾斜的灶面上，冷凝水流向低处，可以防止烂曲。

第三，在保温箱中培菌可减少污染，可以通过玻璃视孔观察到饼坯变化。

(6) 进箱和培菌　在曲坯进箱保温之前，箱底要先铺一层干净的稻草，上面再铺一层箅席，席上再均匀地撒铺一层3cm厚的短节稻草，然后才把事先做好的饼坯均匀地排列在保温箱内。

本培菌温度的控制方法是根据气温变化情况而制定的。如果气温低，保温箱外面就要加盖草垫、竹席，箱底要生炭火加热，以利于霉菌旺盛繁殖。如果气温高，则要根据情况降温或调节。本培菌温度要求控制在28～30℃之间，不得超过38℃。

根据长期的生产实践证明，我们可以从曲坯进箱时的温度值，推算出保温箱下的炭火应在何时点燃为最佳时机。在一般情况下，进箱坯温与生炭火时间之间的关系，如表1－4－5所示。

(7) 生火和翻箱　为了达到培菌温度的需要和卫生条件的要求，取暖必须使用保温炉燃烧木炭。生火要在箱外进行，无烟无灰飞扬时才能移入箱底，火焰要用挡板或碎缸片压住，以防止火苗直上烧曲。

当曲坯进箱已有24～26h，曲温也升到37～38℃时，应该及时翻箱，就是翻曲。去掉覆盖的草垫、竹席等，翻开箱盖，把曲饼的位置和正反面调换好。翻箱必然使曲温下降，当降到32℃时，就要恢复相应的保温状态。

表 1-4-5　　进箱坯温与生炭火时间的关系

进箱坯温/℃	生炭火时间/h	进箱坯温/℃	生炭火时间/h
10	进箱前0.5～1	21～22	进箱后6～8
10～15	进箱完就生火	23～24	进箱后10～12
16～17	进箱后1～2	25～26	进箱后14～16
18～19	进箱后3～4	27～28	视升温速度而定
20～21	进箱后5～6	28℃以上	可以不生火

(引自周恒刚:"邛崃米曲的制法"，见《糖化曲》，北京，中国财政经济出版社，1964)

(8) 培菌观察和揭烧　培菌温度很容易猛升或急降，造成烂曲现象，因此，通常每4h以内要查看一次。倘若温度控制得好，曲坯经14h发酵之后，必然出现发软发粘现象，这是正常状态，不必担心。经软坯之后3～4h，曲坯表面就会菌丝浓集，出现"生皮"，这也是正常的征兆。

上叙翻曲之后，大约经过14～16h，由于发酵良好，水分蒸发，曲坯外表似乎不变，但是内部空隙增多，重量减轻。这就是所谓"发泡"现象，是米曲质量优良的特征之一。

所谓"揭烧"，就是米曲已经制成，要揭去保温覆盖物，进入"收成"阶段的意思。把制好的米曲从箱里取出来，晒干、入坛、密封，即成酒药产品。

(三) 制无药黄酒曲的方法[1]

这是原料中不添加中草药制黄酒曲的工艺，因为采用的是传统制法，所以这种制曲方法与众不同。例如，"四川无药糠曲的制法"就是这种曲，具有无药制曲法的代表性。下面我们以这种制曲法为主要参考内容，结合其他相同工艺进行讨论。

1. 制无药黄酒曲的工艺流程(图1－4－15)

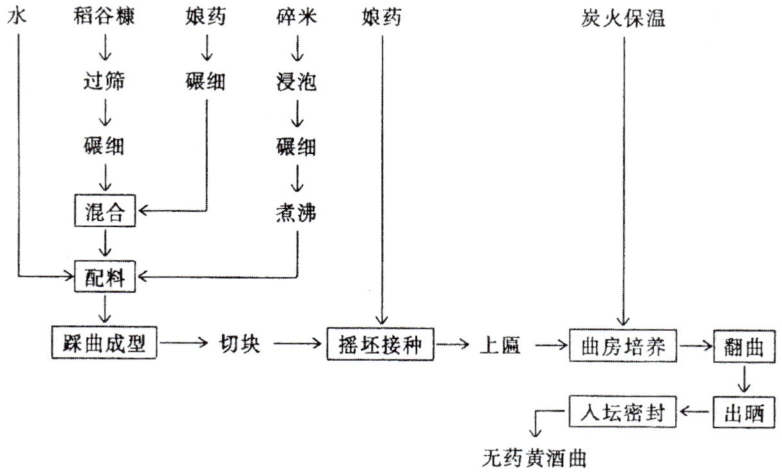

图 1－4－15　制无药黄酒曲的工艺流程

2. 操作方法

(1) 原料的选择　制曲原料据生产实验后发现，采用传统砻糠最好，采用碾米机甩出来

[1] 四川商业厅糖酒贸易局:"四川无药糠曲的制法"，见傅金泉:《中国酒曲集锦》，北京，中国轻工业协会发酵学会，1985。

的统糠也可以。但是糠中的营养成分毕竟太少，糠的粘合性也很差，所以要加入少量碎米与糠混合，作为制曲原料。采用混合原料之后对于踩曲成型效果很好。

(2) 原料加工混合　砻糠要新鲜、无霉变，过筛后要碾细，以碾到软绒、不起砂粒为好。将碾好的砻糠与碾细的娘药先混合均匀，然后再与碎米等其他原料配用。

碎米的加工方法分两种情况：一种是干磨为粉，一种是先浸泡、碾碎，然后加清水煮沸，即用于配料制坯。如果需要补充碎米增加粘合度，则只能添加干米粉。

(3) 踩曲成型和再次接种　曲料拌好之后，用无底曲盒踩平成薄饼，然后用刀切成边长约5cm的正方形小块，用竹匾摇去棱角，撒入用干米粉和娘药混合的菌种，摇匀，使娘药再次涂布在曲坯外。

(4) 上匾培养　把已接种菌种的曲坯放进竹匾里，送入曲房培养。曲房用炭火调节发酵温度。如果室温已达20℃，就不必使用炭火升温。在一般情况下，起烧温度约22～25℃，曲坯品温不得超过40℃，一旦温度升到37～38℃，就要打开门窗，施行降温。整个培菌周期大约是90～100h。

(5) 成品出晒与包装　将制成的无药黄酒曲搬出曲房晒干，也可以采用烘干方法。为了防止返潮，对于不立刻使用的无药黄酒曲应装坛密封。

第六节　制甜酒药酿甜酒源流史

甜酒又名甜酒酿，也称甜酒娘，带糟的甜酒称醪糟，其祖型就是先秦时期的“醴”酒。在我国大江南北，现在仍然有批量生产的甜酒和民间自家酿造的甜酒，饮之鲜甜可口，营养丰富。甜酒实际上也是一种饮用黄酒，但与黄酒又有许多不同之处。最明显的区别是，甜酒药中的根霉、毛霉等对原料中淀粉质的糖化深度，要比黄酒药中的根霉、毛霉等对原料中淀粉质的糖化深度深得多，这是我国先民们巧妙地制造出甜酒药的结果。

一、制甜酒药的起源

甜酒药又称甜酒曲，它是专门用于酿造甜酒娘的。甜酒娘的起源很早，古称醪糟或捞糟。例如，清李斗《扬州画舫录》载：“烧酒以米为之曰米烧，其烧酒未蒸者为酒娘儿，饮之鲜美。”[1]记载中的“酒娘儿”即指醪糟。我国江南各地自立夏起，人们都有爱吃甜酒娘儿的习惯，认为它很有营养。但是在先秦时代，甜酒娘儿简称醴或酒醴。例如：

> 《书经》：“若作酒醴，尔惟曲蘖。”汉许慎《说文解字》：“醴，酒一宿孰也，从酉豊声。”《汉书·楚元王传》：“醴，甘酒也。少曲多米，一宿熟，不泲之即今醴糟。”[2]

由上叙内容可知，上面的“曲蘖”与下面的“曲”都是甜酒曲的祖型。因此说明，我国制甜酒曲可能始于仰韶文化而成熟于汉代的设想，应当是很可信的。但是，“酴”可能也是一种甜酒曲，因为在汉朝许慎的《说文解字》中有：“酴，酒母也，从酉余声。”这一记录也能说明，汉

[1] 清·李斗撰：《扬州画舫录》，周光培点校，扬州，江苏广陵古籍刻印社，1984。

[2] 汉·班固撰：《汉书·楚元王传》，唐·颜师古注，国学整理社，上海，世界书局，1935。

代人制造甜酒曲的技术已经很成熟了。尽管如此，甜酒曲的详细制法却不见于汉代文献中，也不见于北魏贾思勰的《齐民要术》中。

甜酒曲制甜酒娘的生产不发达的原因可能有两个：一是制曲技术不断发展之后，浓酒深受人们的青睐而酒娘儿却被冷落了。二是甜酒娘含糖分高，易变质。正因为如此，所以明朝宋应星在《天工开物·曲蘖》中说："古来曲造酒，蘖造醴，后世厌醴味薄，遂至失传，则并蘖法亦亡。"

二、古代制甜酒药酿甜酒的方法

我国制甜酒曲的方法并没有失传。甜酒曲又称甜酒药，民间一直有小制作，其制法与大规模生产黄酒药的情况相似。由于各地略有区别，但没有统一制法，所以史籍上不见有专门制造甜酒药的史料。

我国小曲类酒药品种多，如果是用于酿造白酒的就称白酒药，用于酿造黄酒的就称黄酒药，用于酿造甜酒的就称甜酒药。甜酒药的产地也不少，著名的有安徽省的歙县和屯溪，浙江省的余姚，江苏省的苏州、无锡和常州，此外，还有上海、湖南、四川等。在这些酒药中，经过菌种分离后发现，最突出的特点都是存活着糖化力很强、以根霉为主而不是毛霉的曲菌群。这就是甜酒娘为什么鲜甜可口的原因所在。甜酒药的制法虽然笔者没有见到记载，但是酿造甜酒醪的例子却已经见到。例如：

> 清曾懿《中馈录》载："制甜醪酒法：糯米须选整白而无残和饭米者。夜间淘净，以清水泡至次午。漉起，用饭甑蒸熟透。每六斤米，用曲一小酒杯。先将酒曲研细，配好米数备用。俟米蒸透后，如天寒则趁热拌曲。将稻草预先晒热，或用开水一大盆，先温草窝内。俟将曲和饭拌匀，装盆内覆以盖，即速置热草窝内，四周再用草围紧。如酒多缸大，则用草多围。如酒少缸小，则用木柜等装草围之，柜外尚须加被褥。如天热，则宜摊凉再置缸内，以草围之。春秋和暖时，则须调至冷热合度方妥。总以详察天时为宜。天寒二三日即有酒香溢出，天热一二日即得。须先去其被，再少去其草，俟热退尽始行取出。倘因冷度过盛，若无酒香者，即拨开中央，加好高粱酒四两，次日即沸，过七日即成。"[1]

作者曾懿，女，字郎秋，四川华阳县人，《清史稿》里有其传记。其父曾咏，道光二十四年进士，任江西吉安知府。其母左锡喜，江苏湖阳人，知书能文。曾懿的丈夫袁学昌，光绪五年举人，任安徽全椒县知县，后来又任湖南按察使。曾懿随父母和丈夫到过江南很多地方，见识广，懂科学技术，善于烹调饭菜，其著作较多，《中馈录》就是其中的一部。

三、近现代制甜酒药的方法

我国现在生产甜酒药的方法，已经打破了古代一定要采用"药拌草药"，而且必须"定季节定时间"的传统习惯。自1950年起，我国已有一些科研单位和厂家，首先利用从传统甜酒药中优选到的优良菌种进行纯种生产，结果很好。多年来的试生产应用说明，采用新方法不受季节条件限制，经用高浓度麦芽汁斜面培养之后，纯种根霉繁殖很好，根霉的黑色孢子不易产生。

[1] 清·曾懿撰：《中馈录》，17页，古欢室全集本，北京，中国商业出版社，1984。

为了深入进行具体讨论，现在介绍一种江浙地区利用提纯到的优良菌种，通过三级培养的方法，进行工业化批量生产浓缩甜酒药的工艺，供参考[1]。

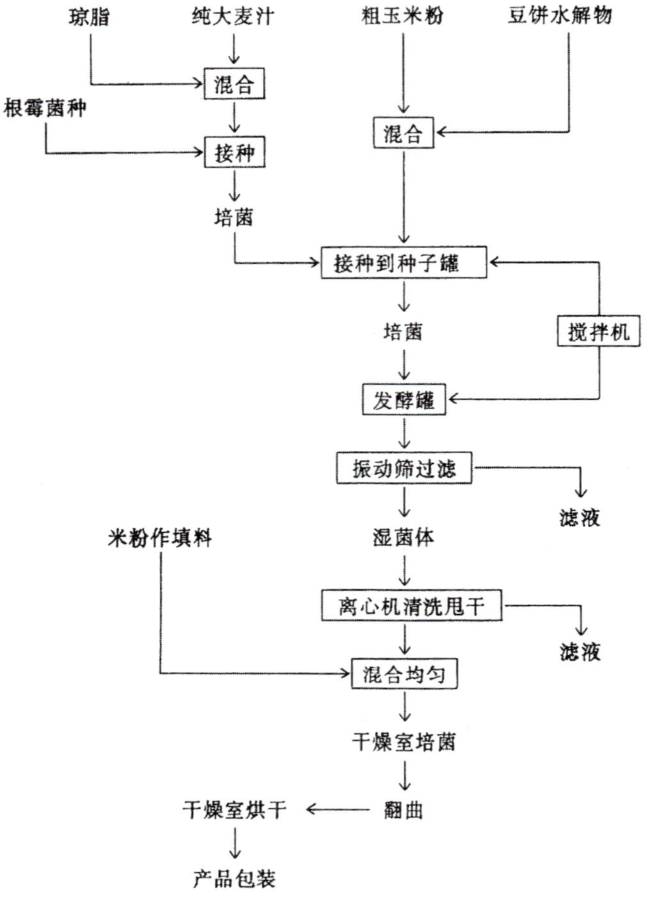

图 1-4-16　制浓缩甜酒药的工艺流程

1. 制浓缩甜酒药的工艺流程(图1-4-16)

2. 操作方法

(1) 斜面菌种的培养　以纯大麦汁13°Bé、琼脂2.5%、茄子为培养基，经灭菌后降温至30℃，接种少许根霉于斜面培养基上，在(32±1)℃的恒温器中培养约24h，取出后放入0～8℃的冰箱中，保存备用。

(2) 种子罐培菌　本培养基用7%的粗玉米粉和3%的黄豆饼粉水解物为原料。黄豆饼粉水解物的制法是，先将黄豆饼粉用适量水调开，然后边搅拌边加入浓度为30%的食用盐酸及清水，使混合料的pH为3，此时通入蒸汽，温度控制在90～100℃之间，水解1h即可。水解物不必进行酸碱中和。

将物料放入种子罐，加入食用生油200mL作为消泡剂，边搅拌边加水，将培养基浓度调为10%。此时用蒸汽加热灭菌35～40min，灭菌压用130kPa，接着将物料冷却至33℃，接种试管中培养好的根霉。在培菌过程中，罐内用搅拌机搅拌物料，速度为210r/min，通风量为(1∶0.35)～(1∶0.4)，pH为3.8，经24h培养即成。

(3) 发酵罐培菌　将浓度为10%的新培养基料液打入发酵罐，加入食用生油800mL作为消泡剂，罐内物料用100～130kPa压力灭菌35～40min，接着将物料冷却至33℃时接种由种子罐培养好的根霉，接种量为物料量的16%左右。在培菌过程中，罐内用搅拌机搅拌，速度为210r/min，通风量为(1∶0.35)～(1∶0.4)，pH为3.1～3.2，大约培菌24h即成。

(4) 过滤与清洗　培养成熟后，物料用70目的振动筛过滤，除去料液收集菌体。将菌体放入转速为1 000r/min的离心机内，用清水洗涤数次，然后甩干并取出菌体。称好菌体重量，算出得率。

(5) 拌粉培菌与干燥　拌粉是扩大培菌的工艺过程，也是增加产量的需要。这一工序的

[1] 上海藕粉食品厂:“浓缩甜酒药制法”，见傅金泉:《中国酒曲集锦》，北京，中国轻工业协会发酵学会，1985。

操作法，是按照每1kg的比例关系进行的，即菌体∶米粉＝1∶2。在这里，米粉实际上是培养基，也是一种填料，起载体作用。

把发酵罐已经培养好的菌体与灭过菌的米粉充分混合之后，即可以散放在底部用透气纱布做成的竹筛上，送入培菌房培菌，温度控制在32～33℃之间。经过10～15h繁殖之后，米粉上菌丝密布。当品温上升到38℃时，应当及时翻曲降温。如此翻曲降温多次，直到品温不再上升为止，此时便可以出曲干燥了。干燥室的温度可以控制在37～38℃之间。当菌体含水量降至11％～12％时，即为成品。

(6) 产品包装 粗产品需用石磨粉碎，当细度达到50～60目时，即可以用聚乙烯塑料袋密封包装出售了。有了甜酒药，城乡间的千家万户，即可以随时自酿甜酒娘食用(图1－4－17)。

1

2

图 1－4－17 现代实用商品酒药

1. 苏州甜酒药 2. 湖北武汉甜酒药

(1. 引自[日]石毛直道:《酒と饮酒の文化论文集》，花井四郎拍摄； 2. 笔者拍摄于武汉市)

第七节 制麦曲源流史

麦曲是我国最古老的曲种之一，它可能起源于商周或更早时代。例如，在先秦时代的经典著作《春秋左传》里，已记载有申叔展关心士兵生活的一句问话，他向士兵问道:“有麦曲乎?”[1]这说明麦曲已是当时社会上常见之物了。此外，我们还可以从先秦时代的古文字结构上考查麦曲的起源时代。例如，在先秦时代的很多著作中，“麯”字都是加有“麦”字偏旁的，此现象足以说明，以麦制曲是起源于先秦时代的。又如在《书经》、《礼记》、《淮南子》等先秦古籍中，“麴糵”的“麴”字也是加有“麦”字偏旁的。在汉许慎的《说文解字》和扬雄的《方言》中，各记有麸、麥欠、䴷、麰、麥卑、麥蒙等，这些曲名都是加有“麦”字偏旁的。由此可知，麦曲作为酿酒糖化剂运用，在我国历史上的确是非常悠久的，仅从文字记载看，也有2500年左右了。

[1] 春秋·左丘明撰:《左传》，王守谦译注，贵阳，贵州人民出版社，1990。

一、古代制麦曲源流史

虽然麦曲起源于我国非常早，但是古物难以保存至今，早期的文字记录也会因为各种遭遇而失传，所以远古时代制曲法今人很难考证清楚。随着时代的变迁和人类文明的发展，制造麦曲的方法必然会逐渐引起古代科学家们的重视，并有意无意地会把制法真实地记录下来。据笔者所知，有关制麦曲的方法，现存最早、最完美可靠的记载始见于北魏贾思勰的名著《齐民要术》中。

(一) 南北朝时期制麦曲的方法

> 例一：《齐民要术·造神曲并酒》："作三斛麦曲法：蒸、炒、生各一斛。炒麦，黄，莫令焦。生麦，择治甚令精好。种各别磨①，磨欲细。磨讫，合和之。其和曲之时，面向杀地和之，令使绝强②。团曲之人，皆是童子小儿，有污秽者不使。不得令人近室。团曲当日使讫，不得隔宿。屋用草屋，勿使瓦屋③。地须净帚，不得秽恶，勿令湿。划地为阡陌，周成四巷④，作曲人各置巷中。其房欲得板户，密泥涂之⑤，勿令风入。至七日，开。当处翻之，还令泥户⑥。至二七日，聚曲，还令涂户，莫使风入。至三七日，出之，盛著瓮中，涂头。至四七日，穿孔绳贯⑦，日中曝，欲得使干，然后内之⑧。其曲饼：手团，二寸半，厚九分⑨。"[1]

1. 原文中需要解释的内容

①种各别磨，磨欲细：蒸的、炒的、生的三种麦原料要分别磨细。②令使绝强：用水拌麦粉的时候，和成的曲料要硬硬的。③屋用草屋，勿使瓦屋：曲房的屋顶要用草盖，不要用瓦盖。④划地为阡陌，周成四巷：把制曲用的场地划出大小通道来，四周也要留出四条巷道。⑤其房欲得板户，密泥涂之：曲室要设有一处单扇的木板门，曲坯进室后，板门要用泥密封。⑥至七日开，当处翻之，还令泥户：满七日开门，就原地翻曲后，又用泥封门。⑦至四七日，穿孔绳贯：到满第四个七日，将曲饼取出来穿孔，用绳子串起来。⑧欲得使干，然后内之：要晾晒干了，才能收存起来。⑨其曲饼，手团，二寸半，厚九分：用手做曲饼时，其规格是每个二寸半大，厚九分。

2. 作三斛麦曲工艺流程(图1－4－18)

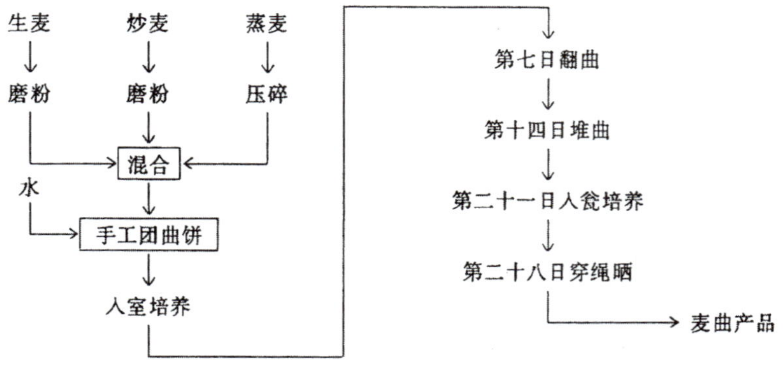

图 1－4－18 作三斛麦曲工艺流程

[1] 北魏·贾思勰撰：《齐民要术·造神曲并酒》，见石声汉选释：《齐民要术选读本》，414页，北京，农业出版社，1961。

3. 操作方法及讨论

(1) 原料配比与加工方法　我国古人制麦曲时，常见的都是生、熟料参半，例如，本例的配料比就是生麦、炒麦和蒸麦各一斛。这种传统的配料方法，很适合多种酿酒微生物菌群的繁殖需要，对于黄酒香气的形成也是一个很重要的因素。现代生产实践也可以证明，凡是沿用加入部分生料制曲酿酒的，其酒香和醇厚感都很独特。因此，在改革传统麦曲生产时，沿用加入少量生料的传统做法仍然很有意义。然而，贾思勰所说的“种各别磨，磨欲细”则不妥，因为麦粒蒸熟后只能压扁压破，外皮难以磨细。实际上，现代生产实践也证明，原料粉碎不可以过细。物料过细，加水后必然粘稠，制成的曲坯肯定通气性不好，除影响酿酒微生物繁殖外，还会引起酸败或散热性不好而导致烧曲的现象等。

(2) 拌料制饼的方法　加水拌料的操作很重要，因为要考虑各类酿酒微生物对水分的需要。如果加水量太多，团成的曲饼必然湿硬，酿酒微生物很难向饼内繁殖。如果加水量太少，则难以做成曲饼，酿酒微生物也难以繁殖。故贾思勰所说的“其和曲之时……令使绝强”，似有问题，不可作为信条。当然，贾思勰所说的“团曲之人……有污秽者不使”，这对于防止杂菌污染来说，是有科学道理的。此外，贾氏说:“团曲当日使讫，不得隔宿”，即拌好的曲料必须当日用完，不能过夜，这种情况传至今日，率由旧章，故也是非常正确的。

(3) 曲的培养过程与方法　自古以来，我国人民对于曲的培养，大多数都是在曲房里进行的。本例记载中的“屋用草屋，勿使瓦屋”，“其房欲得板户，密泥涂之”，这是对曲房特点作了非常具体的描述。曲房必须用草料盖顶，必须设有可封闭和容易开启的门窗，这种建房模式是中国曲房的传统特点，其目的完全是为了能够制得好酒曲。曲房用草盖顶的优点是，可以起到保温和吸收冷凝水的作用，防止房顶冷凝水滴落在曲坯上引起酸败，还可以促使曲块后期迅速干燥。曲房门窗具有易封闭和易开启的功能很重要，这种传统曲房可以很好地调整培菌温度的高低。当曲温低时，立刻关好门窗保温。当曲温偏高时，立刻打开门窗，通风降温。这样做的最终目的，也是为了制得上等好酒曲。

至于曲的培养过程和具体方法，本例所记载的内容已讲得很清楚：曲坯入曲房后满七天首次翻曲，满十四天进行第二次翻曲，两次翻曲后都要及时保温;到了第二十一天，曲的培养要移入瓮中进行“养曲阶段”，这种方法汾酒厂至今仍然沿用。如若从酿酒微生物特性来看，此法是有科学道理的，很值得借鉴。通过翻动，可以使麦曲成熟得更周全。

(4) 晒曲与贮曲方法　从本例记载内容看，当时制麦曲周期约二十八天，正与近现代制麦曲周期相似，故是一脉相承下来的表现。麦曲制成之后，本记载是用绳子贯穿曲饼进行晒干的，此方法是“挂晒法”的最早记录。关于贮曲方法，贾思勰只说:“内之”，这说明不是随便贮存的。古人通常以瓮为容器，要及时把产品放入瓮中保存待用。

> 例二:《齐民要术·造神曲并酒》:“又作神曲方[①]：以七月中旬以前作曲为上时，亦不必要须寅日。二十日以后作者，曲渐弱。凡屋皆得作，亦不必要须东向开户草屋也。大率[②]：小麦，生、炒、蒸三种，等份。曝蒸者令干[③]。三种和合，碓舂，净簸择，细磨，罗取麸，更重磨。唯细为良，粗则不好。剉胡叶，煮三沸汤，待冷，接取清者溲曲。以相着为限，大都欲小刚，勿令太泽[④]。捣令可团便止，亦不必满千杵。以手团之，大小厚薄如蒸饼剂，令下微浥浥[⑤]。刺作孔。丈夫妇人皆团之，不必须童男[⑥]。其屋，预前数日着猫，塞鼠窟，泥壁令净。扫地，

布曲饼于地上，作行伍，勿令相逼⑦。当中十字通阡陌，使容人行。布曲讫，闭户，密泥之，勿使漏气。一七日，开户翻曲，还着本处，泥闭如初⑧。二七日聚之。若止三石麦曲者，但作一聚，多则分为两聚。泥闭如初。三七日，以麻绳穿之，五十饼为一贯，悬置户内，开户勿令见日。五日后，出着外许，悬之⑨。昼日晒，夜受露霜，不须覆盖⑩。久停亦尔，但不用被雨⑪。此曲得三年停，陈者尔好⑫。"

1. 原文中需要解释的内容

① 又作神曲方："神曲"相当于现在的小曲，由于本"作神曲方"只用小麦为原料，而且条文中有"若止三石麦曲者"，所以本例肯定是制麦曲法无疑。②大率：大致配比。③曝蒸者令干：蒸熟的那部分要晒干。④以相着为限，大都欲小刚，勿令太泽：只要能相粘着就行，一般拌料要干硬些，不要太湿。⑤令下微浥浥：让每块饼坯的下面稍微有点潮湿。⑥丈夫妇人皆团之，不必须童男：成年男女都可以团饼块，不一定都用男孩子。⑦作行伍，勿令相逼：饼坯要排成行列，彼此要留间隙，不可相挤碰。⑧还着本处，泥闭如初：放在原处，用泥把门密封好，如同开门之前那样。⑨出着外许，悬之：拿出来到外面挂着。⑩昼日晒，夜受露霜，不须覆盖：日晒夜露，不要盖。⑪久停亦尔，但不被雨：干曲可久放，但不能被雨淋湿。⑫此曲得三年停，陈者尔好：这样制成的曲可存三年，但用旧曲比用新曲好。

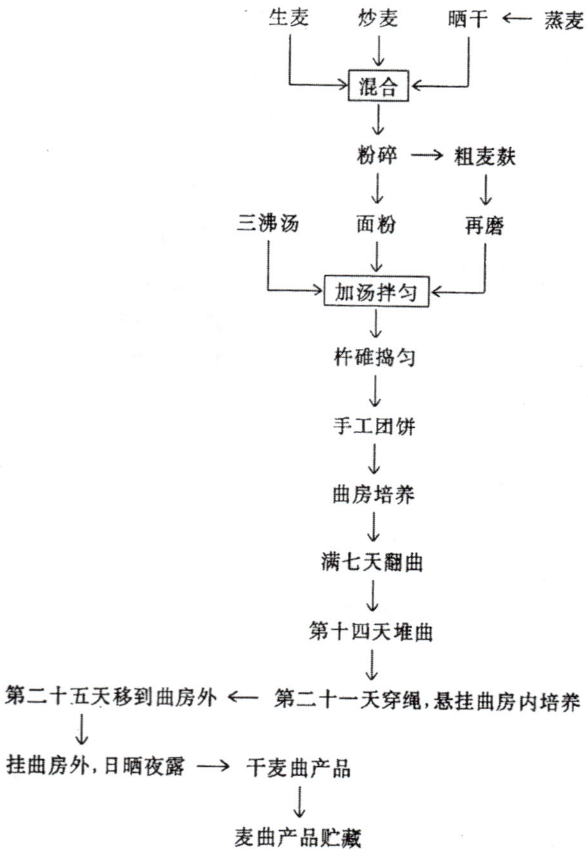

图 1－4－19 作神曲(麦曲)工艺流程

2. 作神曲(麦曲)工艺流程(图1－4－19)

3. 操作方法及讨论

(1) 原料配比与加工方法　本例所采用的是，生麦、炒麦和蒸麦，同等份的配料法。其中蒸麦采用的是先蒸熟后晒干，然后磨粉的办法。在所有麦料加工中，第一遍没有磨成粉的碎麦和麦麸，要求再磨细，此法与现代相悖。

(2) 拌料和制饼的方法　本例拌料时，所加入的是用胡叶加水煮成的"三沸汤"。这种用中草药汤汁拌料的方法，据中国科学院微生物研究所的研究证明，此法对酿酒微生物和酵母的繁殖具有促进作用。

(3) 曲的培养过程与方法　本例对于曲的培养过程，可以说与前面“作三斛麦曲法”是相同的。略有不同的做法是，曲的培养到了第二十一天时，采用的是曲房内与曲房外进行挂曲培养操作。据笔者所知，这种挂曲培菌的起源一定很早，但是如今能够查到的证据，以《齐民要术》中的叙述为最早。

(4) 晒曲与贮曲的方法　本例所采用的晒曲可说是“日晒夜露”长时间干燥法，这种方法一定要严防雨水淋湿，防止酸败。对于贮曲的要求，《齐民要术》说:“此曲得三年停，陈者尔好。”这是现在可以查到关于用陈曲酿酒好的最早记载。

据专家学者和生产厂家的研究说，因为使用陈曲酿酒比使用新曲好，所以传统酿酒时历来都非常强调要用陈曲好。如今已知，陈曲酿酒的优点和陈曲最佳贮期如下:

第一，制曲时大量潜入新曲中的产酸菌会在长期较干燥的情况下，大多数死亡或失去繁殖能力，使酒曲的品质变得更加优良。

第二，陈曲的酶活力虽然会有所降低，曲中的酵母数也会相应地减少，但是酿酒生产时的发酵速度跟着趋于缓慢，发酵温度上升速度缓和不猛，这对于酒香的形成是很有益的。

第三，陈曲贮存期要限制的原因是，曲中的酵母数随着贮存时间的延长而日益减少，使发酵力减弱，醪液中酒精含量也会逐渐降低。因此专家们说，酒曲贮存期并非越长越好，《齐民要术》中的“此曲得三年停，陈者尔好”不可深信。生产实践证明，曲的最佳贮存期应在3～6个月之间较好。

(二) 唐、宋时期制麦曲的方法

到唐、宋时期，我国造麦曲的方法已经有更多的发展。例如，对于制曲节气的选择已很明确，对于制曲原料如何加工运用已有详细说明，又如南北朝时期的手工团曲已经发展成用脚踩曲了，翻曲和堆曲的操作叙述也更具体化了等等。下面以唐朝的“制法曲”为例，进行讨论。

> 唐韩鄂《四时纂要·六月》:“造法曲①：小麦三石：一石生;一石蒸，晒干；一石炒，炒勿令焦。各别磨，罗取面。其麸留取入曲使②。取苍耳、蓼，烂捣，绞取汁，溲和。五更和取了，若天明后则无力③。溲欲刚，捣欲熟④。于平板上以范子紧踏，脱之⑤。净扫东向户室，密窗户，泥封隙，使不通风。地上铺蒿草厚三五寸，竖曲如隔(格)子眼，以草覆之令厚⑥。闭户，封泥之。一七日开，翻之。至二七日，聚之。一宿，明日出曝晒。夜则露之⑦。遇雨则收。极干乃止。”

1. 原文中需要解释的内容

① 造法曲：就是按照规定的日期，采用一定的方法，制成一定质量的酒曲，这样的工艺过程就叫做造法曲。②其麸留取入曲使：磨粉后筛下来的麸皮，可留着用于制曲。③五更和取了，若天明后则无力：必须在五更前溲和用完曲料，若延长到天亮以后，则曲的酿酒力就会减弱。④溲欲刚，捣欲熟：拌好的曲料要干硬些，用杵捣曲料要彻底些。⑤于平板上以范子紧踏，脱之：把曲模子放在平板上，装上曲料用脚踏实后，脱模子。⑥竖曲如隔(格)子眼，以草覆之令厚：把踏成的曲块竖叠成品字形，盖上草，要盖得厚些。⑦夜则露之：夜间则接受露水。

2. 造法曲(麦曲)工艺流程(图1－4－20)

3. 操作方法及讨论

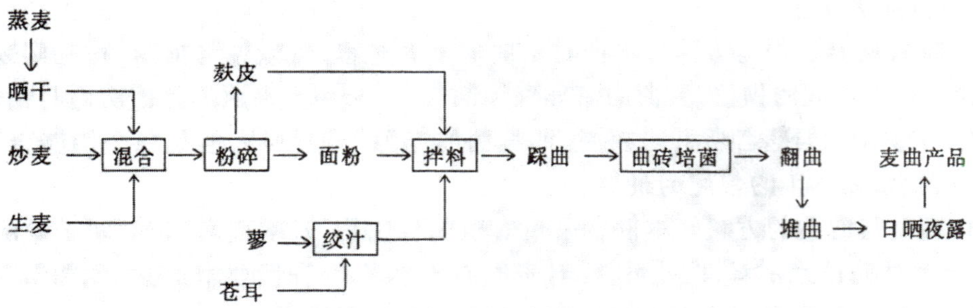

图 1－4－20 造法曲(麦曲)工艺流程

(1) 原料配比与加工方法　本例所采用的是,生麦、炒麦和蒸麦,同等份的配料法。但是本例与前面各例对比,原料粉碎程度有着很明显的不同,那就是没有提出"磨欲细"和"唯细为良"的要求,而且特地说:"其麸留取入曲使",这是一个很重要的进步。现代科学实践已经证明,原料很细时,一旦加水拌匀曲料必然太粘太致密,踩成的曲坯必然坚硬,透气性不好,这正是阻碍酿酒微生物旺盛繁殖的弊病。相反,如果让原料加工程度粗糙些,又把麸皮也作为曲料使用,而且拌料时"溲欲刚,捣欲熟",那就很好很科学了。"捣欲熟"在此系指拌料均匀,至今如此。

(2) 拌料和制坯的方法　本例的拌料和制曲坯方法与前面各例比较,具有很明显的创新优点。例如,用于拌料的不是洁净水,也不是继承前人用胡叶煮成的"三沸汤",而是独辟蹊径,使用苍耳和蓼绞成的汁液。据中国科学院微生物研究所方心芳教授研究说,小曲生产时添加中草药和辣蓼,对于酿酒微生物的繁殖是有益的,大多数中草药如薄荷、杏仁等都对酿酒微生物的繁殖有促进作用[1]。

在唐朝,制曲用曲模和用脚踏的方法,其科技史意义很重大,它可以使制曲生产的操作实现定型快速化。据《齐民要术》记载可知,我国踩曲法至晚始见于南北朝,可谓历史悠久。由于这种传统的踩曲法,至今仍比机械制曲坯方法优越可靠,所以许多厂家还在采用。由此可见,我国古代劳动人民的这种发明创造是出类拔萃的。

(3) 曲的培养过程与方法　本例的培菌过程也有不少超越了前代的创新。例如,除了强调及时开关门窗外,《四时纂要》中已有"铺蒿草厚三五寸"和"竖曲如隔(格)子眼"的记载。这是保持曲温正常稳定上升和增加曲坯透气性,以利于酿酒微生物繁殖的重要措施,是很好很科学的方法。

(4) 晒曲与贮曲的方法　由于本例所说的内容与前面各例相似,故不再讨论。

在两宋时期,我国制曲酿酒技术水平已经远远超过前代,其最明显的标志是,有关制曲酿酒技术和记录酒文化的著作明显增加。例如,苏轼《东坡酒经》、朱肱《北山酒经》、李保《续北山酒经》、范成大《桂海酒志》、林洪《新丰酒经》、窦苹《酒谱》等,都是在两宋时期问世的。虽然在这些古书里并不是都载有制曲法,有的只记有使用酒曲的内容,但是在某些专著里,制曲与酿酒工艺内容都很丰富。例如,在朱肱的《北山酒经》中就有制曲法13种,其中"顿递祠祭曲"就是一种非常典型的麦曲。其制法全文如下[2]:

[1] 方心芳:"小曲生产添加中草药和辣蓼草作用",见轻工业部科研院:《黄酒酿造》,北京,轻工业出版社,1960。

[2] 北宋·朱翼中撰:《北山酒经》,枚庵漫士古欢堂秘册,见[日]田中静一:《中国食经丛书》(上),123页,东京都,书籍文物流通会,1972。

“顿递祠祭曲：小麦一石，磨白面六十斤，分作两栲栳，使道人头、蛇麻花、水共七升，拌和似麦饭。入下项药：白术二两半、川芎一两、白附子半两、瓜蒂一只、木香一钱半。以上药捣罗为细末，匀在六十斤面内。

道人头十六斤、蛇麻一名辣母藤八斤。以上草，拣择、剉碎、烂捣，用大盆盛新汲水浸，搅拌似蓝淀水浓为度[1]，只收一斗四升，将前面拌和令匀。

右件药面拌时，须干湿得所，不可贪水，握得聚，扑的散，是其诀也[2]。使用粗筛隔过，所贵不作块。按令实，用厚覆盖之，令燰三四时辰[3]，水脉匀或经宿夜气留润亦佳。方入模子，用布包裹实踏。仍预治净室，无风处，安排下场子，先用板隔地气。下铺麦麸约一尺，麸上铺箔，箔上铺曲，上用麦麸盖之，又铺箔，箔上又铺曲，依前铺麦麸。四面用麦麸扎实，风道上面更以黄蒿稀压定。须一日两次觑步体当发得紧慢，伤热则心红，伤冷则体重。若发得热，周遭麦麸微湿，则减去上面盖者麦麸，并取去四面扎塞，令透风气约三二时辰或半日许，依前盖覆。若发得太热，即再减盖麦麸令薄。如冷不发，即添麦麸厚盖催之。约发及十余日以来，将曲侧起，两两相对，再如前罨之。蘸则日足，然后出草[4]。”

1. 原文中需要解释的内容

①搅拌似蓝淀水浓为度：蓝是植物名，古人以它为原料，加水和石灰制作蓝淀用于染布。所谓“似蓝淀水浓为度”，指的是沉淀前的浓蓝淀液。②握得聚，扑的散，是其诀也：拌好的曲料用手一握会成团，成团的曲坯用手一碰会散开，这就是检验加水妥当与否的诀窍。③三四时辰：时辰是古人计时用的单位，每昼夜共12个时辰，即每个时辰为2h。④蘸则日足，然后出草：曲块培养时间一定要足够，然后才可以出曲。

2. 制顿递祠祭曲(麦曲)工艺流程(图1－4－21)

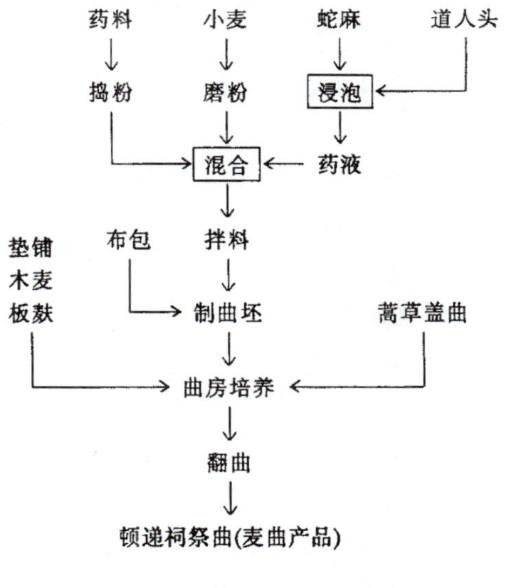

图 1－4－21　制顿递祠祭曲(麦曲)工艺流程

3. 操作方法及讨论

(1) 原料配比与加工方法　本例采用纯生小麦粉加入中草药粉为原料，采用加入道人头和蛇麻的浸泡液为调料进行制曲的方法，可算是宋代以前历史上未曾有过的一种创举。这种创举的价值在于，用蛇麻制曲酿酒具有改善黄酒风味的作用。蛇麻就是啤酒花(*Humulus lupulus*)，原产于我国的桑科植物，它是当今酿造啤酒、烤制面包和制药工业上的重要原料之一。

(2) 拌料和制坯方法　本例拌料的方法也比较特殊。例如，采用先拌“药粉”后加“药水”的方法，曲料拌好后又用罗筛加工。如此操作的明显效果是，药料分布和曲料的干湿程度都会比较均匀。但是拌料操作时也有多余的过程。例如，既然已经用曲模成型，那就没有必要在踩曲前用布包曲料这样的过程。

(3) 曲的培养过程与方法　本例的培菌操作是很认真的。除了注重曲房洁净外，作者还特地要求曲房的地上要铺木板，板上要铺麦麸，麸上放竹箔，箔上放曲坯，然后用麦麸盖好。这是第一层；然后在首层曲坯上放箔，箔上铺曲坯，坯上用麸盖，这是第二层；如此重复往上叠曲坯，直到放完曲坯为止。随后用麦麸堵四面风道，用黄蒿盖在曲坯上，最后调整温度进行培养，直到制成曲，全过程是较科学的。

(4) 晒曲和贮曲的方法　本例对晒曲和贮曲叙述得很简单，可能因为这是众所周知的事情，故从简。

(三) 明、清时期制麦曲的方法

自明、清以来，有关制麦曲的史料不少。由于古籍中大多数史料的文字叙述都很清楚，其内容今人已不难理解，所以下面仅摘录部分例子供参考，以示麦曲源流的存在，不再作其他讨论了。

> 明李明珍《本草纲目·谷部》："造大小麦曲法：用大麦米或小麦连皮，井水淘净，晒干。六月六日磨碎，以淘麦水和作块，楮叶包扎，悬风处，七十日可用矣。"[1]
>
> 明宋应星《天工开物·曲蘖》："凡麦曲，大小麦皆可用。造者将麦连皮，井水淘净，晒干，时宜盛暑天。磨碎，即以淘麦水和作块，用楮叶包扎，悬风处，或用稻稿罨黄，经四十九日取用。"
>
> 清佚名氏《调鼎集·酒谱》："麦曲以嵊县(今浙江省嵊县)者为最佳，山、会(山阴、会稽，即今浙江绍兴)者次之，淮麦更次之，然有时因本地年岁不足，或身份有不及淮麦者，故用之。
>
> 造酒须先盦曲，盦曲必先置麦。五月间新麦出市，择其光圆粗大者收买，晒燥入缸，缸底用砻糠斗许，以防潮气，缸面用稻草灰煞口，省得走气。至七月间再晒一回，名曰'拔秋'。八月鸠工磨粉①，不必太细。九月天气少凉，便可盦矣。以榨箱作套②，每套五斗，加大麦粉二三斗，不加亦可。每箱切作十二块，以新稻草包裹，每包贮曲四块，紧缚成捆，以乱稻草铺地，次第直竖有空隙处③，用草塞紧切不可斜歪，恐气不能上升必致霉烂，酒味有湿曲之弊即此之故。谚云：'曲不湿，竖得直'，信不诬也。如有陈曲，须于春夏间晒好舂碎，用干净坛盛贮封固，不致蛀坏，下半年可与新曲搀用。盖陈曲造酒，其色太红，而且力弱，所以只可以与新曲搀用，用至十分之三足矣。京酒曲粉要粗，粗则吃水少，酒色必白，浑脚亦少。家酒曲粉要细，细则吃水多，酒色必红，因家酒喜红故也。
>
> 盦曲房屋，以敞亮干燥之所为妙，楼上更好。
>
> 向例盦曲，原系用麦，但价昂贵，将早米对和亦可。早米代麦其粉要细，米有肉无皮较麦性为坚硬，粗则不能吃水，不吃水则米不化，反有无力之病，这种因麦少而代之，则酒多浑脚，故非造酒之正宗也。"[2]

上面原文中，需要解释的内容如下：

---

[1] 明·李明珍撰：《本草纲目·谷部》卷二十五，1545页，刘衡如校，北京，人民卫生出版社，1978。
[2] 清·佚名氏撰：《调鼎集·酒谱》，653页，据北京图书馆善本，北京，中国商业出版社，1986。

① 鸠工磨粉：召集工人进行磨粉。②以榨箱作套：以榨黄酒用的木榨箱作为曲箱装料制曲，这是古文献中已知的"闹箱曲"的最早记载。③次第直竖有空隙处：按次序排列，横竖间要留有空隙处。

二、近现代制麦曲的方法

在我国数千年来的制曲史上，我们祖先首创的制麦曲法可以说是最宝贵的方法之一。如果从黄酒生产规模来看，我国用麦曲法酿造的黄酒约占总产量的80％以上。由此可知，制麦曲法在制曲史上的地位是很高的，历来是中外学者极力研究和珍重的事物(图1－4－22)。兹介绍几种创新效果甚好的制麦曲法如下。

(一) 熟料地面制麦曲法[1]

地面制麦曲法在北魏贾思勰的《齐民要术》中已有记载。例如，前面已经讨论过的"作三斛麦曲法"就是在地面上制成的。本例要讨论的熟料制地面麦曲法，与《齐民要术》采用生、熟料有些不同，但是制曲工艺过程和原理是相同的。传统制地面曲自初夏开始。

1. 熟料地面制麦曲工艺流程(图1－4－23)

图 1－4－22　现代绍兴制麦曲
(引自[日]石毛直道：《酒と饮酒の文化论文集》，花井四郎拍摄，东京都，平凡社，1998)

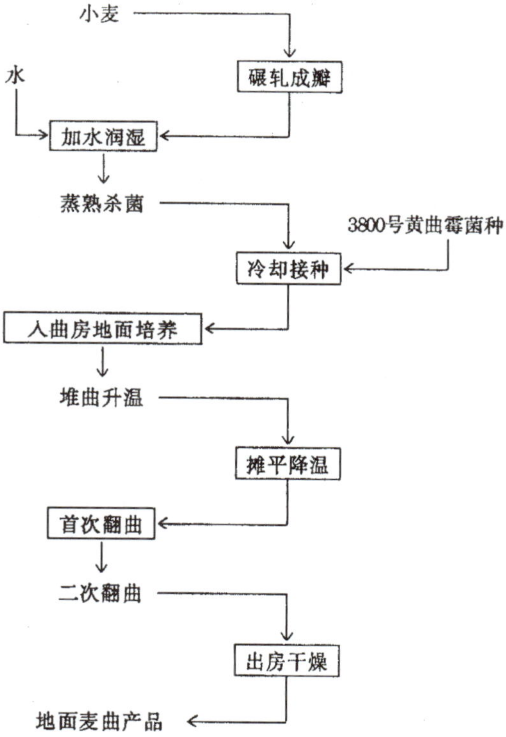

图 1－4－23　熟料地面制麦曲工艺流程

2. 操作方法及讨论

[1] 金华地区酿酒科技情报组："嘉兴熟麦曲操作法"，见傅金泉：《中国酒曲集锦》，北京，中国轻工业协会发酵学会，1985。

(1) 原料加工　所用小麦要求颗粒均匀，无杂质，新鲜。用碾或机器轧制时，要求轧扁成3～5瓣，无粉末出现。加水润湿时，每100kg麦片约加入洁净水50～54kg，待彻底翻拌均匀之后，还要堆料3～4h才能上甑。

(2) 蒸熟与接种　曲料装甑时要轻撒并铺均匀，所用工具也要放在曲料上同时消毒，当甑沿全面透出蒸汽时约再蒸40min即可出甑。本例采用接种中国科学院微生物研究所培养的3800号黄曲霉菌种，按常规方法扩大培养而成。每100kg麦料用种曲200g。操作方法是，先取少量曲料与种曲搓碎拌匀，然后再扩大到全部曲料上，用消毒过的铁铲翻拌2～3次，待均匀后才送入曲房培养。上叙是现代接种方法，制曲周期短。在古代或近现代，传统的制曲方法是利用在曲房中固有的优良菌种或用传醅的方法接种的，制曲周期长，特别是制造用于酿造白酒的麦曲是如此操作。

(3) 堆积与摊平　当曲料接种完以后，要及时将其堆积在曲房内的洁净地面上，大约经过8h培养，品温即可上升到37～38℃。在此温度下，恒温培养1h，即可进行摊曲。摊开的曲层厚度可控制在20cm左右，品温保持在36～37℃之间，约培养16～18h，即可进行翻曲。

(4) 翻曲　翻曲的目的在于使黄曲霉能够均匀旺盛繁殖。第一次翻曲的操作方法是，根据曲料已经结饼程度操作，如饼面上已经出现白黄色菌丝体，此时可将曲饼上下对翻180°。翻曲后，品温可保持在36～38℃之间，约再培养6～8h，即可进行第二次翻曲。

第二次翻曲的目的在于调整曲饼的均匀透气性和加快曲饼贴地一侧的水分蒸发。操作方法与第一次翻曲相似，但是曲饼要移到干净地面上，不要放在原处。翻曲之后，室温保持在26～27℃之间，约再培养6～8h，当曲块表面呈现淡黄色时，即可以准备出房晒曲了。在一般情况下，用于酿造黄酒用的麦曲宜鲜嫩，曲上孢子虽然少些，但糖化率高。

(二) 生料草包制麦曲法[1]

如果按本节前面提到的唐朝韩鄂的"制法曲"和宋朝朱肱的制"顿递祠祭曲"进行分析，则古代制作这两种麦曲都有先铺草和后盖草，使曲料在草中旺盛繁殖的过程。这种过程除了没有用绳捆包外，其他过程古今制草包曲的方法十分相似。因此可以认为，我国制草包麦曲法的起源至晚始于唐朝。

在我国江、浙等地，酿造黄酒时所用的麦曲自古以来有多种制法，其中用草包法使有益菌在包中自然繁殖而制成的麦曲，是极重要的产品之一。据有经验的老工人和研究人员说，草包麦曲中的酿酒微生物菌群非常多。例如，各种曲霉和酵母等，它们具有糖化、酒化和促使黄酒香气形成的多种作用。因此，制好麦曲极为重要。制造草包麦曲的时间在每年霜降前后。

1. 制草包麦曲工艺流程(图1－4－24)

2. 操作方法及讨论

(1) 原料处理与加工　本制曲前要挑选优质、无霉变的小麦为原料，还要用1cm二眼筛除去颗粒细小的麦粒和泥沙杂质。经筛选过的好麦粒，要用碾或机器破碎，但只要外皮破裂，形成碎块而不要有细粉。如果细粉多，拌水就不容易均匀，还会结块，不利于糖化菌繁殖。

(2) 拌料与包曲　拌料是在拌料盆中进行的(图1－4－25)。将轧碎的小麦放入盆中，加入约占小麦重量20％的洁净水，采用"三拌三抄"有规律的拌料方法来回拌料。拌水量要根据原料干湿程度、曲房温度高低等因素来决定。原料干、曲房内温度高时，加水量要多些。包曲

[1] 衢州酒厂："绍兴酒所用麦曲的操作法"，见傅金泉：《中国酒曲集锦》，北京，中国轻工业协会发酵学会，1985。

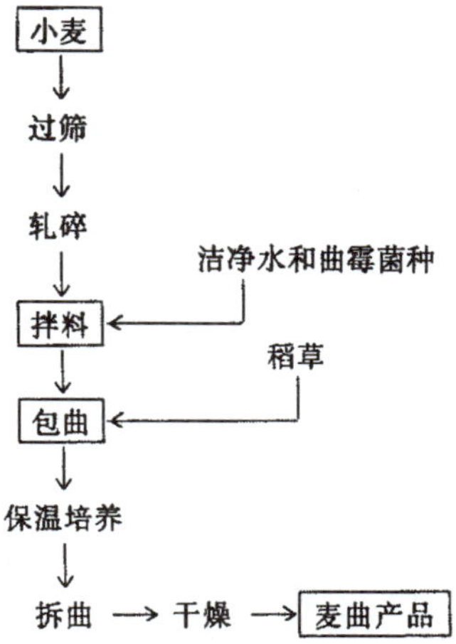

图 1－4－24　制草包麦曲工艺流程

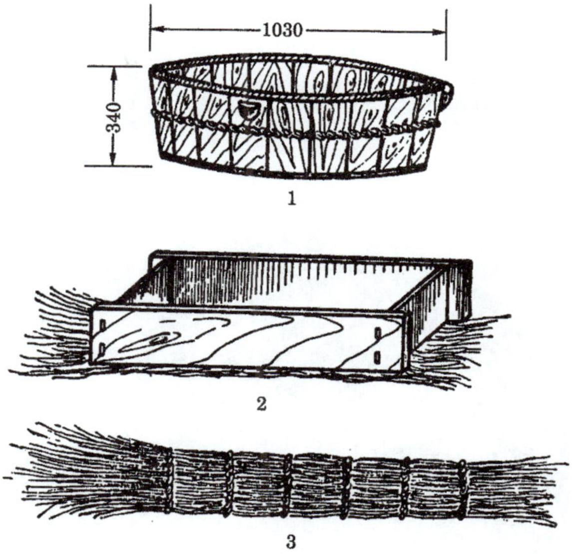

图 1－4－25　制草包麦曲及设备(单位: mm)
1. 拌料盆　2. 无底曲盒　3. 草包曲
(引自无锡轻工业学院:《酿酒工艺学》,中国财政经济出版社,1964)

料的操作方法是,先铺好事先编织的洁净稻草,然后放上无底曲盒(图1－4－25),把曲料放入盒中轻轻压实,将曲盒拿下来用绳把草包捆好,使曲料不会漏出来(图1－4－25)。

(3) 保温培养　制麦曲的关键工序是保温培养。在草包曲料送进曲房之前,房内要彻底消毒。墙壁要用石灰粉刷,地面要铺竹席和少量稻草,要用毛竹将房内分隔成多垄条块,留出1m多宽的通道,要设有便于开关的门窗,以便调整曲房温度的高低,使酿酒微生物能够自然旺盛繁殖。进料时,如果曲房内气温为20℃,曲料进房后约24h,品温可以上升到26℃。以后随着时间的延长,品温会逐步上升到37～38℃,此品温很好,但不要超过40℃,否则麦曲会出现白心,使品质下降。据说进料时曲房内如果气温稍高于25℃,麦曲培养时的最高温度短时间内可以稍高于40℃,但是降温时只许缓慢降低而不可降得过猛,否则酿酒微生物会受到损害。

以上是正常情况,如曲料进房后48h仍不升温,那就必须及时盖稻草进行保温,等待升温后再撤去所盖稻草。

在一般情况下,保温培养7天左右,麦曲趋于成熟。此时品温趋于稳定,霉菌繁殖基本上停止,而曲料外表已有绿色菌丝体出现。此时应及时打开门窗,通风散发水分,约经过3天时间,麦曲品温可降至室温,达到可出曲晒曲阶段。麦曲包在曲房内保温培养周期,一般大约需要30天。

(4) 拆曲及干燥　工作顺序是,先拆去四周稻草,把麦曲分成2～3块并按品字形叠起来,然后放到干燥室或阳光下干燥。优质麦曲的标准是,曲块坚韧疏松,外表有黄绿色菌丝,口感呈辣味,糖化力强。我国草包曲的品种较多,图1－4－26也是一种酿酒草包曲,用草药制成。

(三) 传统挂曲制麦曲法[1]

制挂曲酿黄酒的起源,初见于北魏贾思勰的《齐民要术》中,此事前面已经提到。近现

[1] 苏州东吴酒厂:"挂曲的操作法",见傅金泉:《中国酒曲集锦》,北京,中国轻工业协会发酵学会,1985。

代这种制法多见于江苏省苏州、无锡等地，是很有特色的制麦曲法之一。常在夏秋气温30℃左右时制造。

1. 制挂曲工艺流程(图1－4－27)

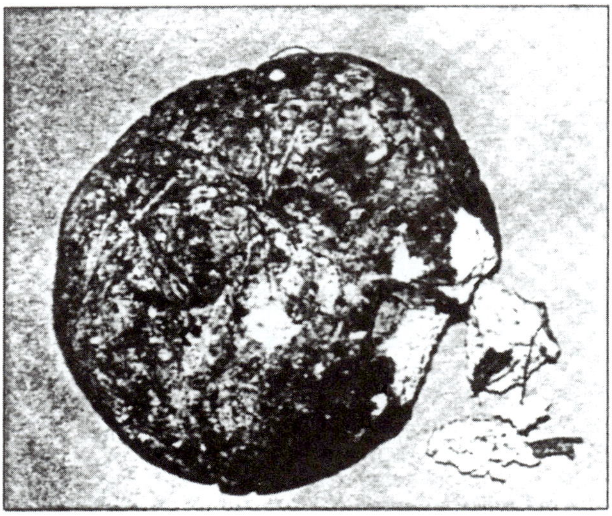

图 1－4－26　华南少数民族制草包曲
(引自[日]石毛直道:《酒と饮酒の文化论文集》，花井四郎:“日本酒の来た道”，东京都，平凡社，1998)

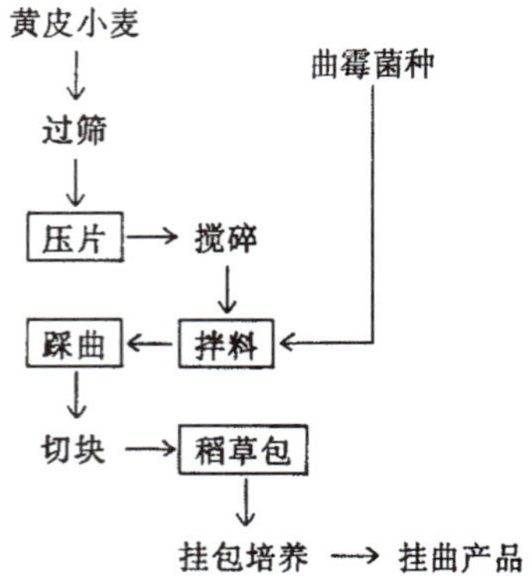

图 1－4－27　制挂曲工艺流程

2. 操作方法及讨论

(1) 原料处理与加工　本制曲前要挑选黄皮、优质、无霉变的小麦为原料，要用1cm二眼筛除去颗粒细小的麦粒和泥沙杂质。经筛选过的好麦，要用碾或机器压成片再搅碎，最好压成片不要有细粉，以免踩曲时粘结成硬块。

(2) 拌料与包曲　拌料是在大木盆中进行的，也可以用密编竹匾拌料。将轧成的碎麦片放入盆中，每次约22kg，加水量包括浸润水约8kg。加水量要根据原料干湿程度和气温高低等因素而加以灵活掌握，以用手捏可成团，放开可碰散为宜。拌成的曲料要均匀，料中无湿块为宜。

包曲前要先把曲料踩成块。其方法是，把曲料倒进一个25cm×15cm×3cm的无底曲盒里，用脚踩实，然后用稻草把它包扎在中间即可。

(3) 挂曲的保温培养　本培养在曲房中进行。曲房为普通瓦房，房内设双层木架，包好的曲料包就挂在木架的横梁上，每根梁约挂50包，包与包约间隔3cm，层与层之间距离约30cm，以便于通风调温。

当曲包挂完之后，关好门窗，保温培养，品温控制在38℃左右，最高可达40℃。培养过程与草包曲相似，培养周期约2个月，即可使用。暂时不用的挂曲可以晾晒干燥，贮存起来。

(四) 通风制麦曲法[1]

我国通风制曲法始于70年代，至今已有20余年历史。所谓“通风制曲”，就是采用纯种拌

[1] 金华地区酿酒科技情报组:“厚层通风法制麦曲”，见傅金泉:《中国酒曲集锦》，中国轻工业协会发酵学会，1985。

料，然后装箱送入曲房内培养，其最大特点是利用机器鼓动的冷热风，把培养温度控制在规定范围内，达到制成酒曲的目的。这种制曲方法不受季节天气变化的限制，制曲周期短，借助于机器通风来控制培养温度的高低，有利于向自动化或半自动化方向发展。但是长期以来如此制成的酒曲，其质量都不如用传统方法制成的好，故需要再努力改进。

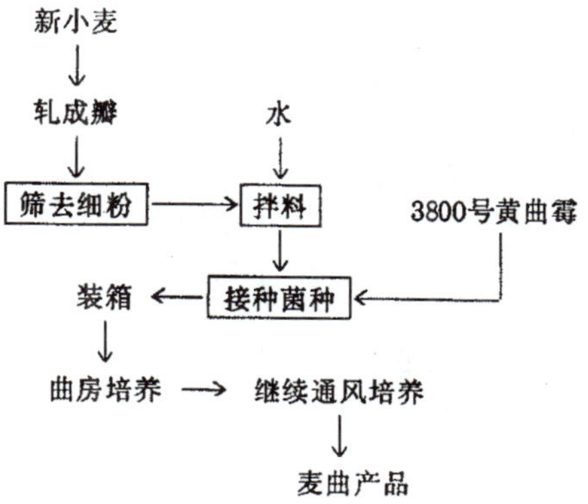

图 1－4－28　通风制麦曲的工艺流程

1. 通风制麦曲的工艺流程(图1－4－28)

2. 操作方法及讨论

(1) 原料处理与加工　本制曲采用新小麦为原料，要求颗粒饱满，无杂质，无霉变，干燥，含淀粉质在55％以上。原料可以用碾或轧麦机加工，碾压后的麦粒要求破裂成3～5瓣，而且压扁度越扁越好，物料中细粉越少越好，整麦粒的数量不能超过2％。如果物料中有细粉，则要筛出去。

(2) 润料与接种　轧扁后的小麦要加水润湿，并翻拌均匀后，才能进行接种。接种前，曲房要进行洗刷消毒，其要点如下：

曲房内的墙壁和顶棚每月用石灰水洗刷一次。

曲房内每月用硫磺或甲醛水溶液熏蒸一次。

拌料地面每生产一批之后要进行清洗，用0.5％漂白粉液或石灰水消毒一次。

曲箱内外每星期要用清水并用石灰水或0.5％漂白粉液洗刷一次。

润料的方法是：如果润料时的气温在20℃以下，则润料水可用30℃左右的洁净水。其配比是，每100kg曲料加水大约27～28kg。

接种菌种的方法是，先把曲种与少量曲料混合均匀，然后再扩大到全部曲料上，拌均匀后再堆积3～4h进行升温培养。接种时，每100kg曲料可接种3800号黄曲霉300～400g。

(3) 装箱培养　现代化曲箱大多数是用水泥和竹、木建成的浅槽，下有通风道连接鼓风机。关于通风制曲的培养操作方法，本章“制黄白酒曲”一节里已经讨论过，可以参照运用，在此不赘述。但是，本培养要点如下：

装箱后约10h内是升温阶段，不进行通风。

培养温度控制在37～38℃之间，不能低于28℃和高于40℃，要严格掌握。

通风过程采用循环热风或新鲜凉风，视需要而定。

(4) 出曲与成品质量要求　在一般情况下，大约培养35～40h即可出曲。成品曲出箱后，要放在洁净的地面上，打散结块，摊薄，严防变质。好的麦曲有曲香，外观呈白色或灰白色，略带微黄，无黑点。

(五) 纯菌种制麦曲法

据原轻工业部徐洪顺说：“江苏苏州东吴酒厂在1957年秋，用纯菌种试制生麦曲代替草包曲。特别是在秋酿生产中，解决了粳米酿造过程中的困难…… 投入摊饭酒生产，发酵效果很好，容易掌握。用曲数量，从原来每100kg原料米用曲15kg，减少到目前用曲10kg，发酵周期缩短了15天，粳米酿酒可使酒精体积分数由原来的15％提高到了15.5％，且每100kg原料米的出酒量比老方法多15kg。”由此可见，其发展前途是很广阔的。

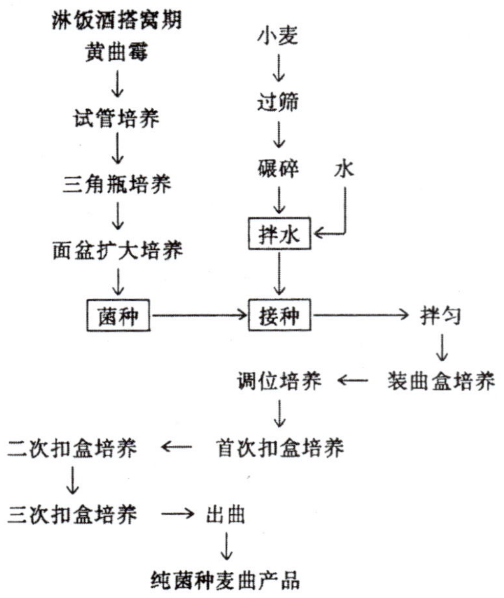

图 1－4－29 纯菌种制麦曲工艺流程

1．纯菌种制麦曲工艺流程（图1－4－29）

2. 操作方法及讨论

(1) 菌种的培养　本原始菌种的来源是从酿造淋饭酒搭窝期醪料中分离出来的黄曲霉，经三级扩大培养后，最终制得了用于制麦曲的菌种。至于扩大培养的操作过程，可按常规方法进行。其操作要点如下：

① 用琼脂、麦汁为培养基，以酿造淋饭酒搭窝期醪料中分离出来的黄曲霉为菌种，在试管斜面上进行保温培养。培养温度控制在28～32℃之间，大约培养3～4天即成。

② 用米粉为培养基，接种由试管培养成的菌种，在三角瓶中进行扩大培养。培养温度控制在32～33℃之间，约培养24h，即可以运用。

③ 如果菌种需要量大，可以进行第三级扩大培养。即用米粉为培养基，接种由三角瓶培养成的菌种，在面盆中保温培养。培养温度控制在32～33℃之间，约培养24h，即可以成为用于制麦曲用的菌种。

(2) 制麦曲原料的处理与加工　本制曲所用小麦，必须颗粒饱满、无泥沙杂质。洁净的小麦需用碾或轧碎机加工，碾压后的麦粒要求破裂成3～5瓣，而且压得越扁越好，但不要有麦粉。因此，小麦碾碎后，需将麦粉筛出去。

(3) 润料与接种　轧扁后的麦片要加水润湿，并翻拌均匀后才能接种。加水拌和在3个木盆中进行，将100kg麦片分成3份放入盆中。加水量，每100kg麦片春秋季用水35～38kg，冬季用水30～32kg。如气温在10℃以下，可用30℃温水润料。

接种的方法是，先把曲种与少量曲料混合均匀，然后再扩大到全部曲料上，拌均匀后才能装入曲盒。接种量要根据季节变化来决定，每100kg曲料使用种曲量是，春秋季0.2～0.25kg，冬季0.3～0.35kg。

(4) 装盒与培养　接种后的曲料要再翻拌一次才装盒。曲盒为长方形有底浅槽状，每个可装2.5～2.75kg。曲料装满抹平后，要立刻送进曲房内并堆积成品字形，每堆12～13盒。培养温度以控制在室温27～28℃为宜。冬季可以用火炉或暖气设备加热保温。

(5) 曲盒调位与扣盒　经过在曲房内培养24h以后，曲温将逐步上升到30～32℃，此时曲盒的堆放位置要进行调整。通过曲盒上下、左右、内外的位置变动，曲温会趋于一致，曲霉繁殖会均匀旺盛。

但是曲盒的底部是密封的，霉菌繁殖会受到影响，克服影响的办法就是用扣盒来解决。扣盒的操作方法是，把曲盒中的曲扣到另一个大小相同的空盒里。生产实践证明，在整个制纯种麦曲的过程中，每批产品一般来回扣3次即可。每次扣盒的时间间隔一般为6～7h或8～12h，要根据曲霉繁殖情况来决定。扣盒时门窗可以打开，扣盒动作要快，扣盒完了以后，门窗要立刻关闭。

(6) 出曲与曲的质量鉴别　纯菌种制麦曲的周期约为85～90h。优质麦曲的外观呈黄绿色，菌丝稠密，分生孢子丰满，无黑斑或杂菌生长现象。优质麦曲的曲块轻盈，有醇正的曲香味，无酸味或异味。

第八节　近现代纯菌种制黄酒曲的方法

我国近现代制造纯菌种黄酒曲的方法，主要有下面两类：

(1) 用优选的根霉为菌种制根霉曲，酿酒时再添加传统酒母进行酿酒。

(2) 把优选的根霉菌种驯养在精白晚稻米上，把优选的酵母菌种驯养在米曲汁糖化液中，制成了纯菌种根霉酵母混合曲，直接用于酿造黄酒。

为了深入探讨纯菌种制黄酒曲的实际工艺和便于理解操作过程，下面列举出3种纯菌种制黄酒曲方法，供参考。

一、米糠纯菌种制白曲法[1]

我国制造纯菌种白曲的历史已有很长时间，据说起源于台湾，并于1931年传入福建厦门等地。所以有人认为，台湾是纯菌种制白曲的故乡，当属可信。

我国现在制纯菌种黄酒曲所选用的菌种都是根霉和酵母。根霉菌株的种类很多，有米根霉(*Rhizopus oryzae* Went et Prinsen－Geerligs)、华根霉(*Rhizopus chinensis* Saito)、东京根霉(*Rhizopus tonkinensis* Vuillemin)等。但这些根霉各有其性能，例如，东京根霉糖化力强，产酸力也强，酒化酶活性也高，所以被各地广泛使用为菌种。又如白曲根霉，糖化力强，产酸力也强，生长繁殖快，很适合于制造米糠白曲。优良菌种选定之后，即可以确定制白曲的工艺流程。

(一) 制混合白曲的工艺流程(图1－4－30)

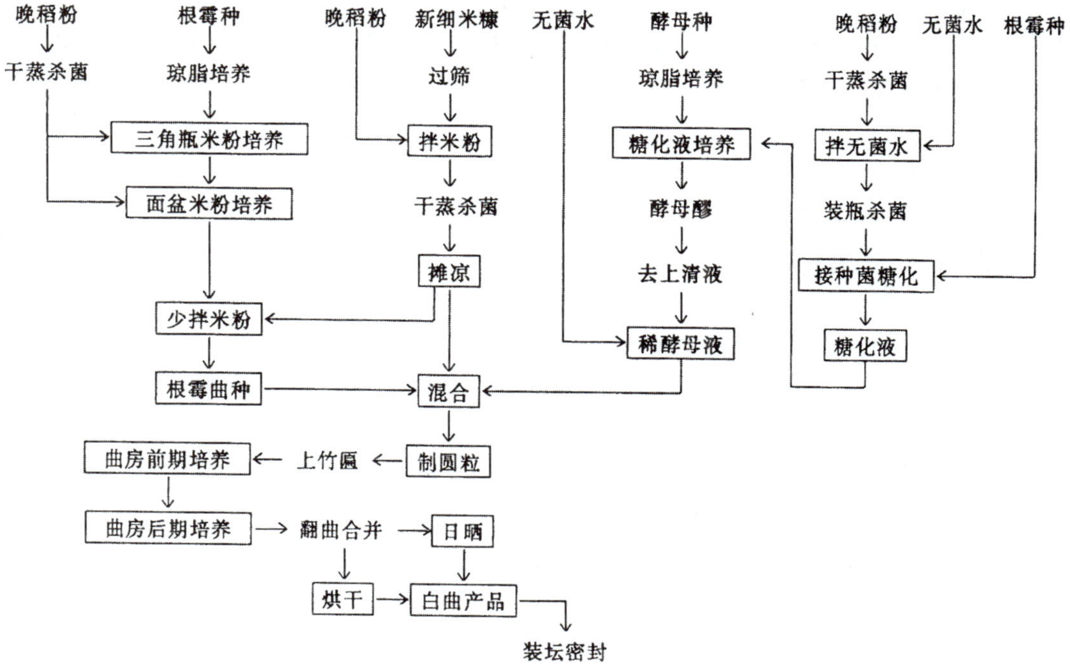

图 1－4－30　制混合白曲的工艺流程

[1] 福建省轻工业厅："厦门白曲的制法"，见轻工业部发酵研究所：《发酵》，1959(1)。

(二) 操作方法

1. 制根霉曲种　把选定好的根霉菌种，接种到装有琼脂培养基约2～3g的试管中，然后放进保温箱里培养，温度控制在32～33℃，培养时间约72h即可。把在试管中培养好的根霉菌种，接种到装有杀菌好的晚稻粉培养基约80g的三角瓶里，然后放进保温箱内培养，温度控制在35～37℃，培养时间约48h即可。把在三角瓶中培养好的根霉菌种，接种到消毒好的装有杀菌过的晚稻粉培养基约1kg的面盆里，然后放进保温箱内培养，温度控制在35～37℃，培养时间约45～48h。面盆扩大培养的温度不可以超过37℃，如温度升高时要翻曲降温，一切操作要注意消毒杀菌。当培养基里的根霉繁殖好了之后，即可以直接用于制混合白曲了。

2. 制稀酵母液　制稀酵母液前要先制糖化液培养基。方法是，每1kg晚稻米加水6kg，用锅蒸约2h，然后摊凉至60℃，接种根霉菌曲种0.5kg，置保温箱内培养，温度控制在32～33℃，培养时间约24h，即可以制得糖化液。糖化时间的控制很重要，时间太短糖化未完成，时间太长会发生酒化反应，因此操作时切勿失误。糖化液制成之后，为了使液相清亮透明，可以向糖化液中加入2个鸡蛋蛋白液，混合均匀后加热煮沸沉淀，取澄清液即可用于制酵母液。

把选定好的酵母菌种，接种到装有琼脂培养基约2～3g的试管中，然后放进保温箱里培养，温度控制在32～33℃，培养时间约72h即可。把在试管中培养好的酵母菌，接种到经过杀菌好的糖化液培养基里。培养液的酸度约0.05～0.08mg/100mL，用量约350mL，装入三角瓶之后，放在保温箱里培养。温度控制在32～33℃，培养时间约72h，后用无菌水稀释，即可以用于制混合白曲了。

3. 制混合白曲所用原料的加工　主要原料用细米糠，每批用50kg，辅助原料用细米粉，每批用7kg。两种原料混合均匀后过筛，然后用蒸笼干蒸熟、杀菌，经摊凉之后，即可用于作为制混合白曲的配料。

4. 配料、制圆坯和制曲操作　把用三角瓶培养好的酵母醪，去掉上层可能含杂菌的清液，然后用无菌水(开水)稀释到所要求的程度。把用面盆培养好的根霉曲种用无菌操作法粉碎，然后加入少量杀菌后的制曲原料调匀，扩大根霉曲种量，使操作更加容易。制曲物料的配比数量大致如下：

根霉曲种1.25kg；

稀酵母液250mL；

米糠和米粉混合料25kg。

把以上三种物料混合均匀后，用无菌水调配到干湿最适程度，然后揉压捏成直径大约为3.5～4.0cm的颗粒状，并排放在竹匾里。将做好的生曲坯送入曲房里培养。温度控制在最高不得超过37℃，培养时间约48～50h，然后进行翻曲。翻曲之后继续放在曲房中培养，当品温下降到32℃时，即可以合匾堆曲进行后期培养，大约经80h，曲粒内部菌丝可以繁殖好。

5. 纯菌种混合白曲的干燥和贮藏　干燥的方法一般可用日晒法，但也可以采用烘干法。为了防止干曲返潮，成品要装坛密封，定期晾晒，以防变质。

二、通风纯菌种制混合麸曲法

这种用麸皮制纯根霉曲的方法，其操作过程基本上与朝鲜制庆州法酒曲法相似，可以采用三级培菌操作法(图1－4－31)。但是也有许多不同之处，例如，所用原料是麸皮，不添加米粉或面粉；所用根霉菌种要选择能够在麸皮上旺盛繁殖的良种，不是像上面“制白曲”那样；另外，生产过程中采用通风制曲法，不是罨曲或曝曲法等。

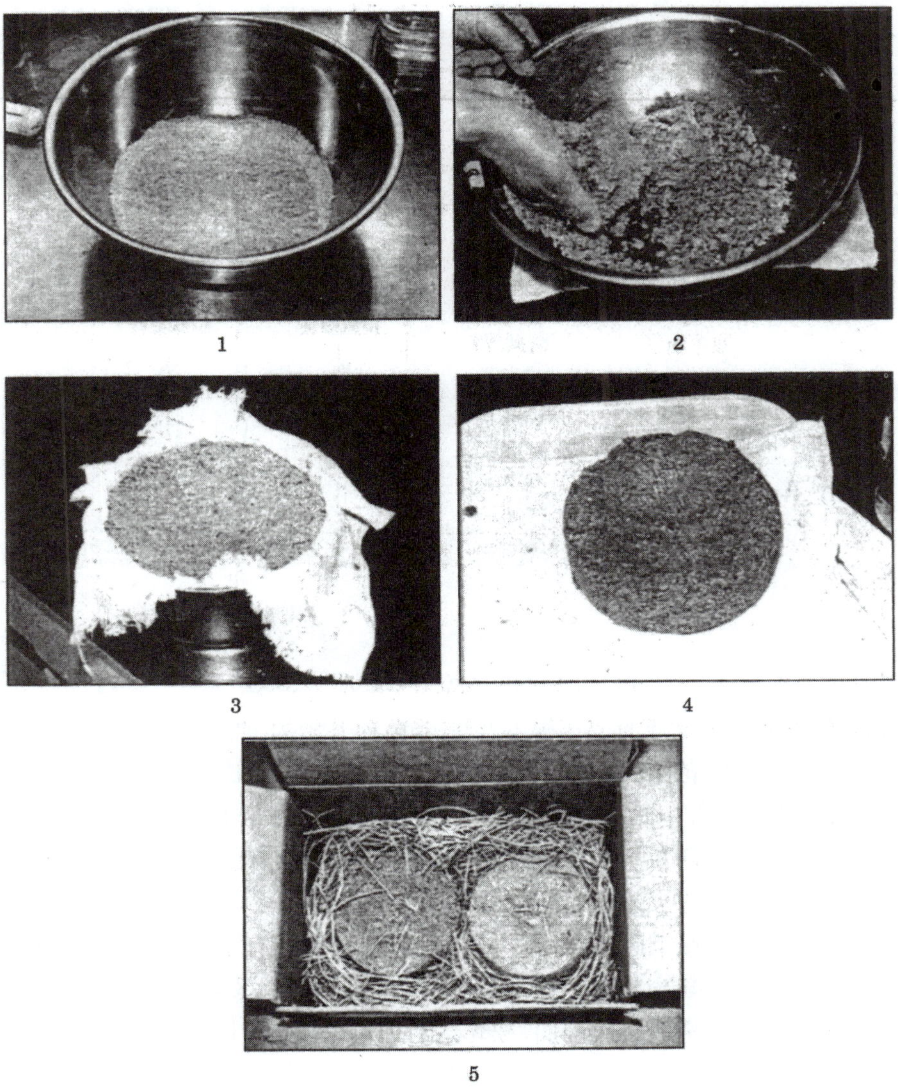

图 1－4－31　制麸曲工艺流程插图

1. 麦麸　2. 接菌种　3. 成型　4. 成型　5. 稻草窝中培养

(引自[日]石毛直道:《酒と饮酒の文化论文集》，郑大声拍摄，东京都，平凡社，1998)

(一) 制混合麸曲的工艺流程(图1－4－32)

(二) 操作方法

1．制固体酵母种　用较多的水把麸皮润湿，然后装盘，用蒸汽蒸熟杀菌，接着降温到32℃左右。润料时若多加水，会对酵母菌的繁殖起促进作用。降温合适后，要及时接种酵母种和根霉种，1kg麸皮大约接种酵母液300mL，根霉种2g。接种后将曲盘送进保温室内培养，温度控制在28℃左右，培养时间约8～10h。培养期间要进行多次翻曲，大约经过25～30h，固体酵母种培养完成。经烘干或晒干之后，固体酵母种就可以用于制混合曲了。

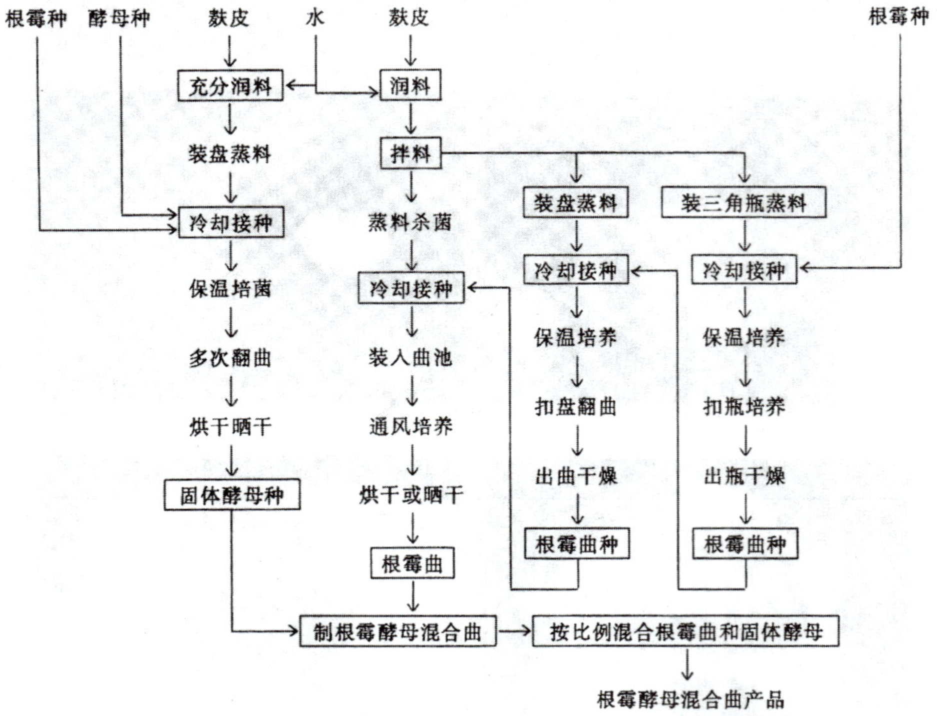

图 1-4-32 制混合麸曲的工艺流程

2. 制根霉曲种　制根霉曲种是从试管培养菌种开始的。把选定好的根霉菌种，接种到装有琼脂培养基约2～3g的试管中，然后放进保温箱里培养。温度控制在28～30℃，培养时间约2～3天即可。把在试管中培养好的根霉菌种，接种到装有杀菌过的麸皮培养基的三角瓶中。摇散结块，使瓶底中的料少些，然后放进保温箱里培养，温度控制在28～30℃，培养时间约2～3天，即可用于浅盘扩大培养了。

把在三角瓶中培养好的根霉菌种，接种到消毒好的装有杀菌过的麸皮熟料培养基约1kg的浅盘里。然后送入保温箱内培养。温度控制在28～30℃，最高温度不得超过37℃，培养时间约48h。制曲期间要进行多次翻曲，成熟之后即可以出曲晒干或烘干了。如果是烘干，前期湿度大，根霉菌抵抗力弱，温度不能超过38℃；后期可以控制在40℃左右。

3. 制根霉酵母混合麸曲的方法　本例通常采用通风制曲法，其操作过程如下：

称取一定量的麸皮，加入约占麸皮重量50%～60%的水，入锅常压蒸约2h，出锅摊凉到38℃，接种约占原料重量0.3%～0.5%的根霉曲种，混合均匀后，散撒到通风培养池里。布料要均匀松散，便于通风，布料厚度一般控制在25～30cm之间。培养池可以用水泥建造，池底有可通风的箅子，箅子下有进风道，池子可以是一个或数个。整套设备的安装横断面图，如图1-4-33所示。

通风制曲的工作原理是，鼓风机具有鼓动循环风的能力，方向如图1-4-33中箭头所示。当曲温太低需要升高时，可以把新鲜风入口和天窗关闭起来，此时曲料中放出的热量在系统中循环，曲温会逐渐升高。当曲温太高需要降低时，把新鲜凉风入口打开，把曲料通往鼓风机的出口关闭，把天窗出口也打开，这样，鼓风机即吸入凉风，降低曲温，并把热风从天窗排出去，曲温自然会慢慢地下降，从而达到调温的目的。制曲温度一般控制在28～36℃之间，最高不得超过37℃。大约进池后4～6h，菌体开始繁殖，品温上升，大约培养24h之后，曲内菌丝密布，趋于成熟，可以出曲。

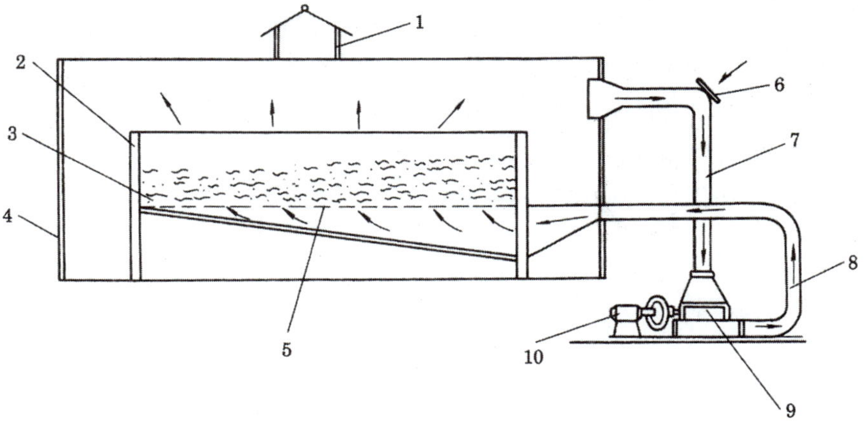

图 1－4－33　通风制曲法工艺流程
1. 天窗　2. 曲池　3. 曲料　4. 曲房　5. 箅子　6. 新鲜风入口
7. 循环风道　8. 入池风道　9. 鼓风机　10. 电动机

把培养好的麸曲从曲池里取出来打散，经过烘干之后，即可以用于制麸皮纯菌种混合曲了。

麸皮纯菌种混合曲的制法是，将所制得的根霉曲和固体酵母种，按一定比例混配均匀即可。关于向根霉曲中配入多少固体酵母种较好的问题，通常要根据根霉曲的质量和酵母细胞数多少来决定。在一般情况下，固体酵母种的加入量是根霉曲重的6％。

三、三级扩大培菌法制麸曲[1]

这种制麸皮根霉曲的方法基本上与前面的“通风纯菌种制混合曲”相同。其不同点是，培菌过程采用手工操作。虽然这种制曲方法并不先进，但是建设投资费用少，生产规模可大可小，只要认真操作，产品质量往往还比通风制曲法要高一等。

(一) 培菌过程

1. 试管培菌方法　用琼脂或纯大麦汁为培养基，然后按常规接种根霉种进行培养，所得到的菌种即可用于三角瓶扩大培养。

2. 三角瓶扩大培菌方法

(1) 三角瓶扩大培菌工艺流程(图1－4－34)

(2) 三角瓶扩大培菌的操作方法　取一定数量的优质麸皮为原料，加入大约占原料重量70％～80％的水，充分混合均匀后装入三角瓶中。每瓶约装料40～50g，用脱脂棉堵住瓶口，用牛皮纸将瓶口封住，置于高压锅内蒸30min灭菌，也可以用常压蒸2h灭菌，然后取出来置于30℃的保温箱中保温24h。第二次灭菌过程是，把前面已经灭菌的三角瓶培养基置于高

[1] 贵州轻工业厅科研所:“贵州麸皮根霉曲的制法”，见浙江衢州，《酿酒科技增刊》，1982(1)。

压锅内蒸30min灭菌。

经过灭菌的培养基如果结块，必须趁热取瓶摇散之后，才能用作接种培养基。接种的方法是，把培养基的品温降到30～35℃时，将试管培养的根霉倒入培养基中混合均匀，然后放入28～30℃的培菌室里培菌约2天。当培养基菌丝密布并且结成饼时，即可进行"扣瓶"了。扣瓶的方法是，把三角瓶倒立过来，使底朝上口朝下，此时轻轻拍打三角瓶，使瓶内的饼块离开瓶底而架在瓶腰上。将倒立瓶培养基放回培菌室，大约经过24h培菌，即可取出烘干了。出瓶必须在无菌室内进行，菌种要倒入灭菌了的牛皮纸袋里，然后才进行烘干。烘干温度控制在30～40℃之间。产品必须密封保存，防止受潮变质。在一般情况下，最好是现用现做。

3. 浅盘扩大培菌方法

(1) 浅盘扩大培菌工艺流程(图1－4－35)

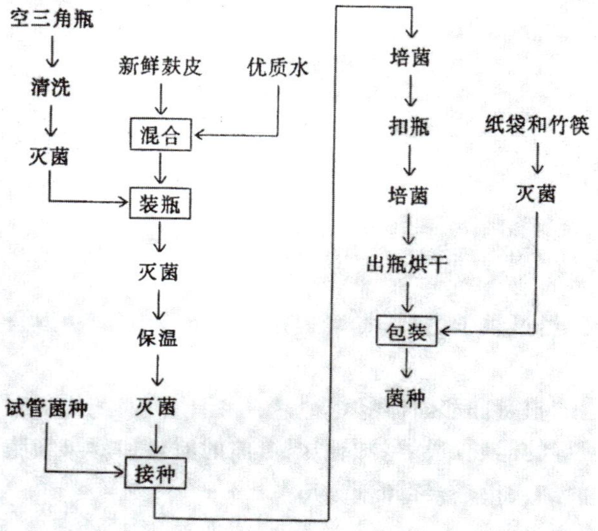

图 1－4－34　三角瓶扩大培菌工艺流程

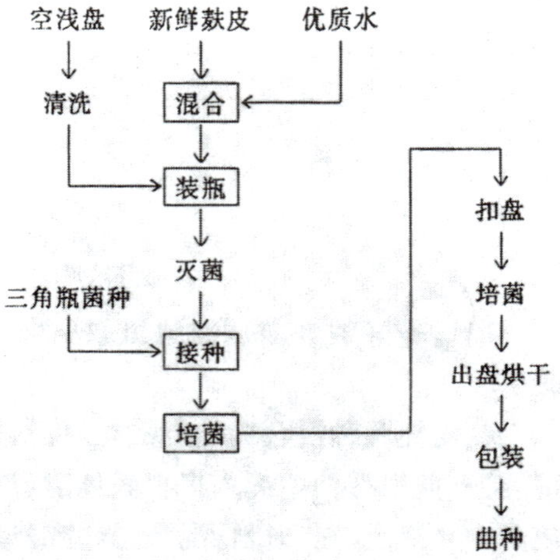

图 1－4－35　浅盘扩大培菌工艺流程

(2) 浅盘扩大培菌的操作方法　从上面这个流程图的内容看，本流程图与三角瓶扩大培菌流程图的工艺过程很相似。因此，浅盘扩大培菌操作法可以参照"三角瓶扩大培菌操作法"的模式进行。但是在细节上，两者之间的不同之处仍然是可以看得出来的。归纳起来，主要表现在下列几方面：

投料量由少变多；

原料灭菌由2次改1次；

菌种用量由少变多；

容器由三角瓶改用浅盘；

翻曲操作由扣瓶改扣盘。

(二) 接菌种制麸曲操作法

从麸皮生产根霉曲的工艺流程来看，应当包括"试管培菌"、"三角瓶培菌"和"浅盘培菌"三部分。因这三部分内容前面已经讨论过，所以现在要讨论的是，把这种扩大培养好的菌种运用于麸皮根霉曲的生产中。为了减少重复，前面的培菌过程就不赘述了。

1. 麸皮制根霉曲工艺流程(图1－4－36)

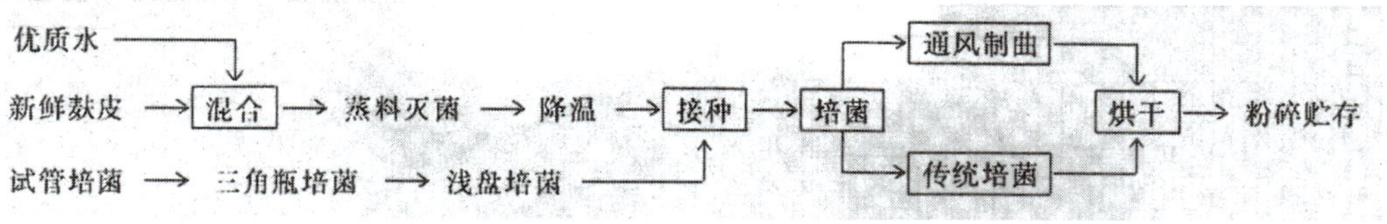

图 1－4－36　麸皮制根霉曲工艺流程

2. 麸皮根霉曲的操作方法

(1) 润料加工　取新鲜麸皮，把它放在洁净消毒过的地面上。每100kg麸皮约加60kg优质水，用灭过菌的铁铲初拌，再用润料扬麸机充分混合。润料需要加多少水，要根据气候、季节、原料、生产方式和设备条件等来决定。

(2) 蒸料操作　蒸料的目的是为了使麸皮内的淀粉糊化，并杀死料内各种杂菌。在蒸料过程中，生料与熟料要严格分开，所使用的工具和设备也要专用化，例如，生料工序的工具和设备，不允许用于生产熟料。这样做的原因是，避免杂菌进入熟料进行繁殖，从而影响根霉曲质量。

大生产中的蒸料，都是用常压将麸皮蒸熟的。将麸皮松散而均匀地撒入甑桶内，加盖后大约蒸1.5～2h即成。

(3) 接种与装盒　物料蒸熟之后，若是冬季应降温至35～37℃，夏天降温至室温，即可以进行接种。菌种用量多少与气温高低有关。若在冬天，一般多用些菌种为好，夏天可以少用。菌种用量多少还与希望菌种繁殖速度快慢有关。多加菌种繁殖速度快，制曲周期短；少加菌种繁殖速度慢，制曲周期长。总之，菌种繁殖速度太快或太慢都不相宜。繁殖速度太快，品温上升快，难以控制；制曲升温慢，生产周期长，影响年产量。对于本制曲法来说，用菌种量大约是原料量的0.3％～0.5％。

接种菌种操作过程也有些讲究，要先取少量麸料与菌种混合均匀，然后再与成批物料混合。这样做可使菌种分布更均匀，操作更容易。接种完菌种之后，把物料装入曲盒。装盒也有一些要求，例如，每盒料量要一样多，要分层均匀装入，要摊平，使料层厚薄一致等。

(4) 培菌过程　培菌方法有两种，即传统培菌法和通风制曲。若采用传统培菌法，曲房的温度可以控制在28～30℃之间，房内温度太低要生火炉，湿度不够要放水盆，温度太高要开门窗等。

但是，在制造纯种根霉曲的培菌过程中，翻曲和调节曲房温度及湿度方面，本方法具有一定的先进性和巧妙性。翻曲是依靠曲盒不同的排列组合变化，而不是依靠以往用双手直接翻动曲料来实现的。曲盒集散堆放，如图1－4－37中的5种形式。

通过对曲盒的挪动变化和调节曲房温度等办法，培菌过程将很快地使菌丝繁殖达到旺盛生长阶段。大约经过24h培菌之后，所制根霉曲就可以倒出曲盒，进行烘干了。

(5) 烘干与粉碎　烘干过程虽然是本制曲工艺的最后工序，但是很重要，切不可疏忽大意，以免前功尽弃。烘干前，要根据曲料的干湿程度，确定烘干温度高低的上下限。如果曲料含水量多，物料内部就会有一些养料未被分解，此时除了被根霉继续利用外，如果烘干温度偏高，多种杂菌就会旺盛繁殖，使成品曲质量下降。据研究认为，烘干根霉曲最好分两个阶段进行：前期初烘温度控制在35～40℃，烘干时间约24h；后期烘干温度控制在40～45℃，大约经过2～3天，即可获得产品。

以麸皮为原料制成的这种根霉曲，广泛应用于小曲白酒酿造，也适用于家庭酿造甜酒。

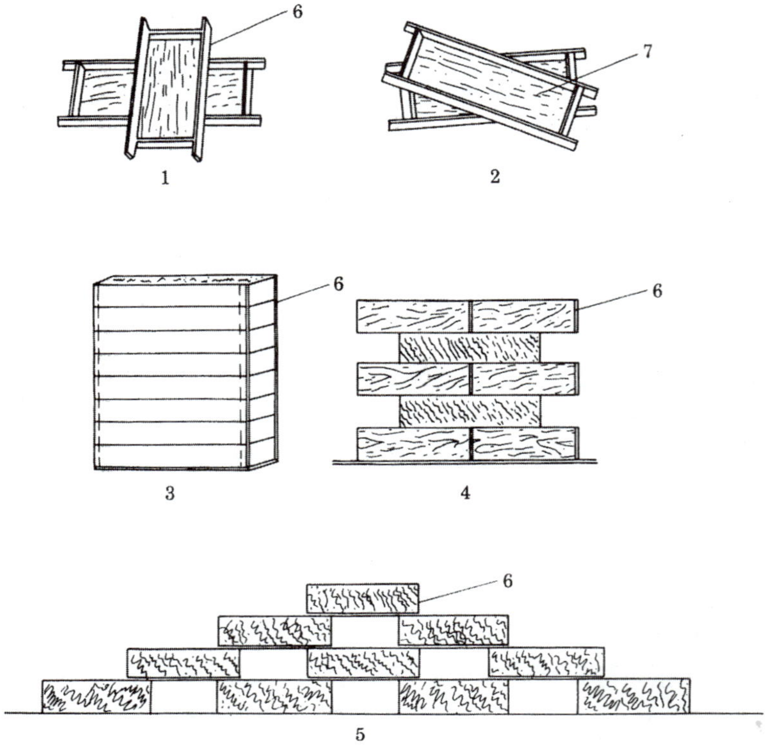

图 1-4-37　曲盒集散搬动调温法

1. 十字重叠散热形　2. X字重叠微散热形　3. 方柱保温形
4. 墙体微散热形　5. 品字散热形　6. 曲盒　7. 物料

第五章　酿造黄酒工艺发展史

关于我国酿造黄酒的起源问题，本篇第一章已经根据许多有案可稽的论据进行较全面的讨论了。但是只要稍加留心观察思考一下便知，在这些先秦时代已经客观存在的论据中，具体论述酿造黄酒工艺发展史内容的却很少。这是历史久远，逸事必然较多的普遍现象。今人要想把这些逸事都找出来，以还其“庐山真面”，是很难做到的。俗话说得好，知难而进也是一种乐事，故本章以酿造黄酒工艺发展史为研究“焦点”的安排是有意义的，也是符合本书宗旨的。

为了让对于酿造黄酒工艺过程不大清楚的人也能理解中国酿造黄酒工艺发展史的真实情况，笔者在下面准备首先叙述我国酿造黄酒工艺过程的简单概况，然后反过来以这些“概况”作为参照的典型模式，再在过去的历史长河里寻找相应的各项有关证据，最后把各种证据全部串联起来，即可勾勒出我国酿造黄酒工艺发展史的全貌。

第一节　简述我国酿造黄酒工艺概况

一、酿造黄酒工艺种类

如果按照酿酒所采用的工艺方法分类，则我国自古以来酿造黄酒的种类，可分为传统工艺和新工艺两大系。

(一) 传统工艺酿造黄酒法

1. 淋饭酒　米饭蒸好后，用冷水浇淋降温而得名。

2. 摊饭酒　米饭蒸好后，摊在凉场上降温而得名。

3. 仿绍酒　先用淋饭法后用摊饭法酿酒而得名。

4. 喂饭酒　将原料分成不等量数份，先后蒸饭摊凉，分别投料，这种投料方法俗称“喂饭”。

5. 花色酒　采用黄酒为酒基，添加花卉、果实、中草药，经浸泡酿制的酒。

6. 花雕酒　用雕花酒坛包装陈酿黄酒而得名。

7. 黍米黄酒　用黍米煮糜，加曲和酒母酿造而成。

8. 红曲黄酒　用稻米、红曲、红糟等经酿造而成。

(二) 新工艺酿造黄酒法

我国用新工艺酿造黄酒起源于60年代，迄今只有30多年历史。其酿造特点如下：用纯菌种接种到大发酵罐进行发酵，靠自动翻腾开耙或者通入无菌气体搅拌，采用压滤机榨酒，热交换器煎酒，大酒罐陈酿等而酿成。因新法酿酒史甚短，限于篇幅，所以新工艺酿造黄酒的内容在此暂不讨论。

二、淋饭酒和摊饭酒

淋饭酒的酿造方法是：将白糯米用水浸渍2天，蒸成饭，用冷水浇淋降温至35℃左右，拌入酒母、麦曲和水，经糖化酒化发酵45天左右即成酒。例如，淋饭酒母、苏州粳米仿绍酒等，都是用淋饭法酿造的。这种酒的特点是，酿造周期短，刚酿成未经煎酒的新酒，可作为“酒母”，大量用于酿造摊饭酒。成熟的淋饭酒虽然风味差，口感单调，但是出酒率高，价格便宜，面市快，所以产销状况自古以来一向看好。

摊饭酒的酿造方法是，将精白糯米用水浸渍16～20天左右，取出米浆水，把米蒸成饭，将饭摊在竹席上散热降温至35℃左右，然后拌入米浆、麦曲、淋饭酒母和适量的水进行糖化酒化发酵，大约经过60～80天即成酒。例如，元红酒、加饭酒等，都是用摊饭法酿造的。这种酒的特点是，采用冬浆冬酿古老的传统工艺。由于酿造周期长，发酵过程中的物质变化，如淀粉水解，蛋白质和脂肪分解，多种有机酸和增香物质如酯、高级醇、醛、酮等的生成都更加完善，低沸点，易挥发，有刺激性的成分更少，所以摊饭酒的风味细腻柔和，色、香、味等的美感都很鲜明突出。

三、加饭酒和喂饭酒

如果仅从酒名方面简单理解，笔者相信会有人认为，加饭酒和喂饭酒是同种异名酒，其实非也。

加饭酒的酿造方法是，采用摊饭法操作，但是投饭量比一般摊饭法多，加水量少，酿造过程属于浓醪发酵。由于配料时加水量少，所以拌料不容易均匀，只能用手工操作，劳动强度很大。酿造加饭酒还有一个特点，就是在主发酵结束时，要加入淋饭酒醪和糟烧白酒，这样做可以使酒醪的发酵力加强，酒度升高，防止酸败。加饭酒的品质特点是，因为酿造周期长，酒度又高，所以酒质醇厚，风味很好。

喂饭酒的酿造方法是，把酿酒用的原料米分成数份，第一份最多，用淋饭法酿造淋饭酒母，约经27～28h醇成后，即可以进行首次喂饭。喂饭后要立刻打散搅匀，以后大约每隔24h开耙一次，约第4耙过后，可灌坛进行后发酵，从而最终酿成喂饭酒。如果是多次喂饭操作，则每次喂饭前后的时间相隔约24h，其操作方法相同。喂饭法酿酒的起源至晚始于汉朝，三国时曹操献“九酝春酒法”，就是很好的证明。喂饭酒的品质特点是，香气足，风味雅，口感爽。

四、黍米酒和红曲酒

用黍米酿酒的方法，可以说是中国北方特有的产物。从史料记载方面来看，迄今约有4000年历史。黍米性粘似糯米，据说只有用龙眼黍米作原料，方为最好。

用黍米酿酒的方法很特殊，黍米经过浸泡之后，不是蒸熟而是煮粥。先用大火煮粘，再用小火煮1.5～2h。因煮好的粥很粘烂、“粥”古称糜，故至今用古名称煮黍粥为煮糜。待糜降温至35℃左右时，便可以拌入麦曲或麸曲，进行糖化约1h，然后加入酒母醪发酵。自落缸后大约经30h，即可以进行首次开耙，再过12h进行第2次搅拌。在一般情况下，整个发酵周期约7天。将成熟的酒醪经压榨、澄清、灭菌、贮存等即可饮用。黍米酒有清酒型和老酒型两种，前者清香醇和，后者褐紫带红，具有特殊焦糜风味，香甜爽口，浓厚挂碗，无刺激感。黍米酒的产地主要在山东、山西、河北等省。例如，山东即墨黄酒就是很著名的珍品，其醇香独树一帜。

用红曲酿酒的方法是中国南方特有的产物，特别是福建、台湾、浙江、江西等省最为兴盛。由于酿造红曲黄酒所采用的原料及配方是可变的，所以酿造方法也有多种。今以酿造福建红曲黄酒为例，讨论如下：

福建红曲黄酒的酿造方法是，以糯米或籼米、水为原料。有的还加入黄酒酵母促进酒化反应，有的还加入乳酸提高酸度，加强抑制杂菌繁殖的能力。操作时，首先要进行浸米、浸曲、蒸饭并降温，然后采用摊饭法落缸。为了把缸中的饭团和曲块捏碎，传统操作法是用手“掏饭”和搅拌，然后在28～30℃情况下保温发酵约20天，此为前发酵。经前发酵后即可进入后发酵，整个酿造周期约80天。成熟的红曲黄酒色泽嫣红明亮，风味甜美醇和。

五、花色酒和花雕酒

花色酒是用黄酒浸泡福橘、花红、桂花等物料而酿成的再制调味酒。

花雕酒是因为用雕花酒坛包装陈酿黄酒而得名的。酒坛外通常雕绘的图案有人物故事、花草美景、吉祥彩画、动物图案等。

通过以上这些讨论，对于撰写“中国酿造黄酒科技发展史”来说，意义甚为重大。归纳起来，大致有以下益处：

第一，可以让不甚熟悉酿造黄酒工艺过程的人，能够弄清“中国酿造黄酒科技发展史”的来龙去脉，并有助于培养在浩如烟海的古籍和珍贵实物的发掘中，去掌握和识别这方面有力论据的能力。

第二，通过“概况”的提示，对于下面的撰写和研究来说，能够对全篇各要点瞭若指掌，并进而取得“按图索骥”和事半功倍的工作成果。

第二节　先秦时期酿造黄酒工艺史

在先秦时期的远古时代，古人是怎样酿造黄酒的？今人已很难将其操作过程做具体描述。其实，对于史前的所有酿酒操作，今人都无法进行具体描述，只能根据酿酒原理进行推测，即使是实地的考古发现也是如此。正因为如此，所以我国酿造黄酒的操作工艺过程，只能到了有史以来才能渐见真相。

在我国先秦古籍中，最初记有酿造黄酒工艺和酿酒理论的，始见于《书经》、《周礼》、《淮南子》等古籍中。虽然文字记述很简略，不容易透彻理解，但是其内涵却十分丰富，科技性很强，非常宝贵，也很可信。为了便于集中了解、分析和讨论有关酿酒工艺，现把已经收集到的史料原文分别摘录于下面：

《尚书·说命》:“若作酒醴,尔惟曲蘖。”

《诗·豳风·七月》:“八月剥枣,十月获稻。此为春酒,以介眉寿。”[1]

《周礼·天官·冢宰》:“酒正: 掌酒之政令,以式法授酒材;辨五齐之名: 一曰泛齐、二曰醴齐,三曰盎齐,四曰缇齐,五曰沈齐;辨三酒之物: 一曰事酒,二曰昔酒,三曰清酒;辨四饮之物: 一曰清,二曰医,三曰浆,四曰酏。”[2]

《淮南子·时则训》:“乃命大酋,秫稻必齐,麴蘖必时,湛熺必洁,水泉必香,陶器必良,火齐必得,无有差忒。”[3]

《礼记·月令》:“乃命大酋,秫稻必齐,麴蘖必时,湛炽必洁,水泉必香,陶器必良,火齐必得,兼用六物,大酋监之,毋有差贷。”[4]

在上面这些古文献原文中,最具史学意义、很值得首先探讨的是,《周礼注疏》(图1-5-1)中有关酿酒科技方面的内容。

图 1-5-1 《周礼注疏》

(上海古籍出版社,1990)

一、辨五齐之名

所谓“辨五齐之名”,就是指泛齐、醴齐、盎齐、缇齐、沈齐。

1. 泛齐　郑玄注:“泛者,成而渣浮泛泛然,如今宜成醪矣。”这是各种酿酒原料,落缸后不久,发酵即逐步趋于剧烈,所产生的CO_2气泡由醪内不断上升到醪面,推动着醪滓也泛然上浮。由于气泡在醪面破裂声响,酒香在醪面泛然溢出,所以此过程谓之“泛齐”。

[1]《诗经》,高亨注,上海,上海古籍出版社,1980。

[2] 汉·郑玄注:《周礼》,唐·贾公彦疏,　见阮刻十三经本,上海,世界书局,1935。

[3] 西汉·刘安等撰:《淮南子》,汉·高诱注,诸子百家丛书影印本,上海,上海古籍出版社,1989。

[4] 汉·郑玄注:《礼记正义》,唐·孔颖达疏,王梦鸥注释,台湾,商务印书馆,1977。

2. 醴齐　郑玄注:"醴犹体也，成而汁滓相将，如今恬酒矣。"汉刘熙《释名·释饮食》载:"醴齐，酿之一宿而成，体有酒味而已。"因为酒味薄，所以恬酒即甜淡之酒。这是发酵即将完成，酒醪中的汁、滓量比例正趋于相对稳定，上下一体，甜酒儿的醇香气味已明显飘溢，故此状态谓之"醴齐"。

3. 盎齐　郑玄注:"盎犹翁也，成而翁翁然葱白色，如今酇白矣。"这是酒醪发酵旺盛，气泡从醪内不断上升到醪面，破裂后在缸内闪现白光并发出翁翁回响之声，故谓之"盎齐"。至于"酇白"，酇是古地名，治所在今湖北光化县西北，又说在河南永城县西，那里古代可能产好酒。

4. 缇齐　郑玄注:"缇者，成而红赤，如今下酒矣。"缇系指橘红色，即酒醪发酵过程中醪液呈现的色泽。这种颜色可能是来自原料浸出，也可能是来自霉菌分解原料所致。由于醪液颜色改变，故名缇齐。至于"下酒"，系指过滤酒。

5. 沈齐　郑玄注:"沈者，成而滓沈，如今造清矣。"这是酒醪发酵完全之后，气泡消失，醪液不动，酒糟下沉而出现清酒的状况，故谓之"沈齐"。

笔者认为，要正确理解古人的"五齐"论述是不容易的。但是如果从酿造黄酒的原理和操作过程来看，酒正监督"五齐"的顺序应当是泛齐、盎齐、缇齐、醴齐、沈齐更为妥当，它符合从原料到酿成美酒的客观规律。

二、辨三酒之物

所谓"辨三酒之物"，就是指事酒、昔酒、清酒。

1. 事酒　郑玄注:"事酒，有事而饮也;事酒酌有事者之酒，其酒则今之醳酒也。"醳酒泛指饮用酒，如《史记·淮阴侯列传》裴骃集解引刘逵曰:"醳，酒也。"袁翰青认为，事酒大概就是一种很普通的酒，也许还是连糟在一起的[1]。笔者认为，若从礼仪方面思考，有事用好酒待客也很普遍，因此"事酒"不会都是很普通的酒。

2. 昔酒　郑玄注:"昔酒，无事而饮也;昔酒今之酋久白酒，所谓旧醳者也。"根据汉郑玄注的内容分析可知，商周时期的"昔酒"大概已是陈酿酒了。由于当时已有清酒，而且只有用清酒陈酿才能达到醇厚甘甜的程度，所以"昔酒"可能是用清酒陈酿的。酒类经过陈酿，酯化必然加深，香味变得更浓，口感变得更甘美，所以我国古人创造的黄酒陈酿工艺，在世界上是具有深远意义的。酒类陈酿看似简单，实际上是一项复杂的技术。

3. 清酒　郑玄注:"清酒，今中山冬酿接夏而成;清酒，祭祀之酒"。唐贾公彦《周礼疏》:"清酒久于昔酒，自然接夏也。中山郡名。"从酿酒技术水平而言，酒冬酿接夏而成的，酿造时间很长。如此之长的酿造周期，酒质安然不坏，可以作为祭祀之用，说明是用无糟清酒经消毒灭菌陈酿而酿成的。这种情况正是当时酿酒技术已很高超的证据。

三、辨四饮之物

所谓"辨四饮之物"，就是指一曰清、二曰医、三曰浆、四曰酏。

1. 清　郑玄注:"清，谓醴之泲者;稻醴清䓍，黍醴清䓍，粱醴清䓍，或以酏为醴。"《玉篇》载:"䓍，酒液也。"汉刘熙《释名·释饮食》:"醴齐，酿之一宿而成，体有酒味而已。"由此

[1] 袁翰青:《中国化学史论文集》，87页，北京，三联书店，1956。

可知，我国商周时期人们喝的粮食酒有多种，其中醴酒有清酒型和带糟型两类，但都是味薄的甜酒。如果从原料看，只有稻米酒、黍米酒和粱米酒多种。

2. 医　郑玄注:“医，以酏为醴。凡醴浊，酿酏为之则少清矣。”由此可知，商周时期的“医”也指饮料酒“醴”。其酿造方法是，以粮食煮粥为原料，如同今日山东省即墨黄酒那样，可见煮粥酿酒的由来极为悠久。醴酒新酿者浊，是由于发酵时间短，所以只是“体有酒味而已”，此话是很实在的。

3. 浆　郑玄注:“浆，今之截浆也。”“截”，《玉篇》：作“米汁”，即米汤。由此可知，商周时期人们喝的饮料，除了酒之外，还有米汤。浆与下面的酏似乎一样，都不是酒。

4. 酏　郑玄注:“酏，今之粥。内则有黍酏。酏饮，粥稀者之清也。”由此可知，商周时期人们喝的饮料“酏”，不是酒而是“粥之清”，即不带米粒的米汤“纯米汤”。

四、乃命大酋与六必齐

所谓“乃命大酋”、“六必齐”，就是指秫稻必齐、曲蘖必时、湛炽必洁、水泉必香、陶器必良、火齐必得。

1. 乃命大酋　在甲骨文和钟鼎文里，“酋”与“酒”字密切相关。又如汉许慎《说文解文》载:“酋，绎酒也，从酉;酉就也，八月黍成，可为酎酒;上礼有大酋，掌酒官也。”汉刘熙《释名·释饮食》:“酒，酋也。酿之米曲酉泽;久而味美也。”由以上古文献内容可知，绎酒即酿酒，酒熟古称酋;“乃命大酋”即受命主管酿酒官，专门监督酿酒事务。另外，还可以知道，我国到了商周时期，由国家管理酿酒的体系已经建立，并开始向渐臻方向发展，其中，包括对酿酒技术的管理。

2. 秫稻必齐　系指酿酒原料粘稻米，必须足熟，而且要颗粒饱满，不夹带杂质。可见，这项技术要求，自古迄今完全一样，历史极为悠久。

3. 麹蘖必时　“麹蘖”之名指的是古代用于酿造黄酒的糖化酒化发酵剂，与现代的酒曲不相同。古代的麹蘖可看成是酒母，因为它含有生淀粉酶的霉菌体和起酒精发酵作用的酵母。而人工制成的曲是糖化剂，这是因为代代相传选育之后，曲中只含有产生淀粉酶的根霉等霉菌，如果有酒化酵母，那一定是很少的，这就是用曲酿造黄酒时必须加入淋饭酒母的重要原因。

4. 湛炽必洁　“湛炽”，《吕氏春秋》作“湛饎”，《淮南子》作“湛熺”。湛是渍米，炽是炊蒸酿酒用的饭。因为说的是湛炽必洁，所以在此指的是渍米和蒸饭用的工具、设备等，都必须洁净。其实，从酿酒史的角度来看，所有用于酿酒用的工具、设备，都必须洁净。

5. 水泉必香　关于酿酒用水的重要性，本篇第二章已经讨论过。所谓“水泉必香”，说的是酿酒用水必须洁净、香甜、无异味、无污染等。

6. 陶器必良　在先秦时代，酿酒设备主要是陶瓷器，例如，缸、坛、罐、甑等。所谓“陶器必良”，就是说酿酒用的陶瓷设备必须良好无损，不破不漏，只有这样才能避免杂菌滋生、污染，保证能够酿得好酒。

7. 火齐必得　古人在制曲时，通常将曲料发酵温度的高低变化，以及这种变化对于曲蘖质量的影响，俗称为“火候”。所谓“火齐必得”，就是制曲时要把火候控制得恰到好处。自古以来，人们一致认为，只有控制好“火候”，才能制得好酒曲。

8. 兼用六物　所谓“兼用六物”，在此指的是要兼顾上面的“六必”，即必齐、必时、必洁、必香、必良、必得这六件事。笔者认为，上叙六事虽如此排列，但是如果从酿酒工艺原理思考，上列“六事”的顺序应改为秫稻必齐、水泉必香、陶器必良、湛炽必洁、曲蘖必时、火齐必得，较为合理妥当。

9. 毋有差贷　《淮南子》作无有差忒，虽然文字略有不同，但是毋有差贷与无有差忒的意思却完全相同，都是说，大酋负责监察酿酒六事，不可以有一点儿差误。

根据前面这4部古书中的这些论述内容分析可知，我国商周时期酿造黄酒的工艺成就，至少已有下列2项：

(1) 我国酿造黄酒的发酵理论体系已在商周时期建立起来了，这对于我国后来黄酒业的发展，意义十分重大。

例如，“五齐”、“六事”理论的核心内容是，先使部分谷物发酵成曲蘖，然后再用此曲蘖使更多的谷物糖化和酒化，最终酝酿成美酒。这种糖化和酒化同时进行的酿酒方法，是我们祖先一项伟大的发明。特别是已经提出用“五齐”来辨别酒醪发酵程度的理论，即可证明我国先秦时期的酿酒技术水平是很高的。这种高水平，为后来发明制酒药、麦曲、红曲，促使我国酿造黄酒的工艺方法更加多样化，发展前景更加广阔，优质酒纷纷涌现等，奠定了深厚的基础。

(2) 我国酿造黄酒的工艺流程至晚在商周时期已经很先进，这是酿酒技术已经发展到了很高水平的又一证明。

例如，由大酋监察的“六事”条文，其实是一个完整的酿造黄酒的工艺流程的论述。这个工艺流程由6道工序组成，其中包括酿酒用水的选择(水泉必香)和酿酒设备的检查清洗(陶器必良)这2道工序。如果把这个古代酿酒工艺流程与近现代酿造黄酒的工艺流程进行比较，则我们会发现它们是一脉相承的。也就是说，先秦时期酿造黄酒的工艺流程就是今日酿造黄酒工艺流程的祖型。

先秦时期由大酋监察的酿酒工艺流程，如图1－5－2所示。

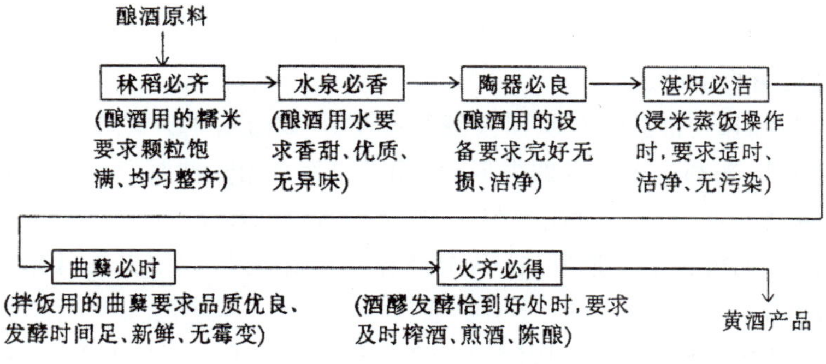

图 1－5－2　先秦时期酿造黄酒工艺流程

如果把先秦酿造黄酒工艺流程与近现代酿造黄酒工艺流程(图1－5－3)加以比较，我们就会发现它们是极其相似的。

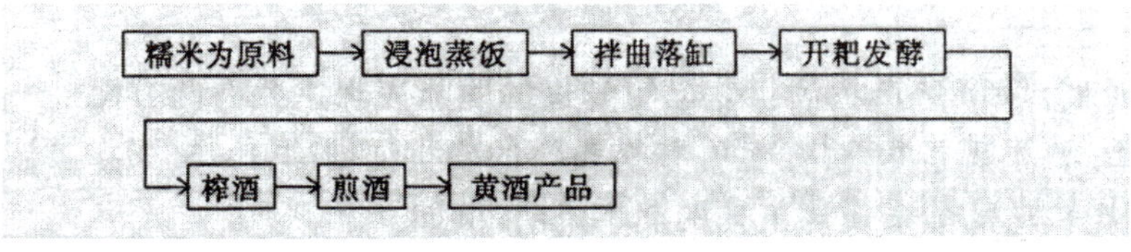

图 1－5－3　近现代酿造黄酒工艺流程

无论从理论上还是从操作规程上讲，先秦时期的这个酿造黄酒工艺流程(图1－5－2)，都是我国最早、最完美的例子。

第三节　秦汉时期酿造黄酒工艺史

在秦汉时期，我国制曲酿酒的生产技术水平已经比先秦时期更高了，其主要表现有下列三方面：一是制曲酿酒选用原料更广，二是制曲技术更加高明，三是酿酒工艺流程已更先进，所以酒的品种明显增加。

一、制曲酿酒选用原料广泛

在先秦时期，如果从古书上的记载来看，当时酿酒原料仅用稻米和黍米两种。可是到了两汉时期，除了采用稻米和黍米之外，麦类已是很重要的酿酒原料了。例如，在汉代的一些词书中，扬雄的《方言》、许慎的《说文解字》、刘熙的《释名》等，都有一些用麦类制曲的记录。在《方言》里有麸、麥弁等;《说文解字》里有"麸，饼曲也，从麦才声;麥穴，饼曲也，从麦穴声"。如果从文字上识别，麥弁是用大麦做原料，麥穴是用小麦做原料的。

在汉代，制曲酿酒时已见利用的原料还有下列品种。例如，在《后汉书·刘隆传》的一条注解里，就有:"稻米一斗得酒一斗为上樽，稷米一斗得酒一斗为中樽，粟米一斗得酒一斗为下樽也。"稷米、粟米与黍米虽然很相似，但是性质不尽相同，所酿成的黄酒品质自然也不同。

二、制曲技术更高明

汉代制曲技术更加高明的表现很多，其中酒曲的品种增加，酿酒广泛用曲，以及饼曲发明之后迅速发展等，都是很好的证明。例如，上面已经提到的，在扬雄的《方言》里还记有麥穴、麥卑、䴷、麥家等多种曲名，三国张揖《广雅》也有:"麸、麥穴、麥卑、麥弁、䴷、麥家，曲也。"若联系前面许慎《说文解字》所言，前面所提到的这些曲大概都是用麦制成的饼曲，其中"麸"是用小麦制成的，"麥卑"也是用小麦制成的。

根据当代学者们的研究认为，我国很多著名黄酒，如山东即墨黄酒、江苏无锡惠泉酒、浙江绍兴酒等，自古以来都是采用麦曲酿成的，而且只有采用麦曲酿造，酒的风味才能更具特色。由此可知，起源于我国先秦时代的制麦曲法，的确是一项宝贵的发明。而更有意义的是，这项发明在两汉时期得到了迅速发展。其中最突出的表现是，以麦制曲开始普及，饼曲酿酒开始取代曲糵酿酒。

近现代科学实验已经证实，我国酿造黄酒所利用的菌种主要是根霉、曲霉和酵母等，这些霉菌在饼曲内部具有更易繁殖和存活的特性。因此，汉代制曲技术的发展，对于我国黄酒业后来的兴旺发达，具有举足轻重的作用。

三、酿造黄酒技术更先进

在秦汉时期，我国酿造黄酒工艺已更先进的明显表现主要有两方面：一是在我国出土的汉画像砖中，已发现了很多完美的、酿造黄酒的确实证据(图1－5－4)。二是在现存的古籍中，可以找到很具体的酿造黄酒工艺的文字说明。例如:

图 1-5-4 河南省密县打虎亭汉代酿酒图

(引自河南省文物研究所:《密县打虎亭汉墓》,北京文物出版社,1993)

班固《汉书·食货志》卷下:"请法古,令官作酒,以二千五百石为一均,率开一卢以卖,雠五十酿为准。一酿用糙米二斛,曲一斛,得成酒六斛六斗。各以其市月朔米曲三斛,并计其贾而参分之,以其一为酒一斛之平。除米曲本贾,计其利而十分之,以其七入官,其三及糟醋灰炭给工器薪樵之费"[1]。

原始文献中的"卢"通"垆",指放置酒坛卖酒的土墩子,也指大小酒肆,此处当指专卖酒的"专卖店"。原始文献中的"雠"音"chóu",此处当指"售"。"贾"即指"商贾",又指物价,此处当指价钱。"参"此处指"三"。从这一文献内容可知,这是酿酒实践的真实记录。在我国酿酒工业史上,这是采用多少酿酒原料,搭配多少酒曲,能够酿成多少黄酒的最早记载。这一比例数值,从酿酒原理来看,基本上是符合酿酒理论的。如果将这一记载内容用酿酒工艺流程表达出来,则可以得到如图1-5-5所示的情况。

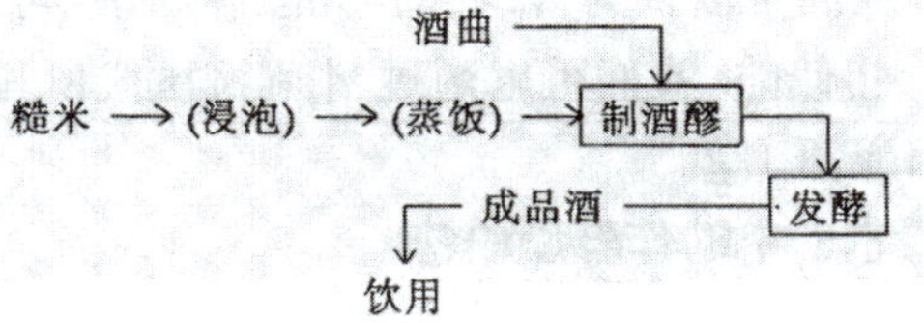

图 1-5-5 《汉书》上的酿酒工艺流程

[1] 汉·班固撰:《汉书·食货志》卷下,王雷鸣编著:《历代食货志注释》,112页,北京,农业出版社,1984。

当然，《汉书》上的这个酿造黄酒工艺流程并不是汉代酿酒工艺流程的标准式，它只是当时酿酒技术水平的一种表达而已。其实，汉代酿酒技术水平甚高的表现，在古籍中还有下面例子。

(一) 崔寔《四民月令》中的制曲酿酒工艺

> 据《四民月令》载："六月，是月廿日，可捣择小麦硙之，至廿八日溲，寝卧之，至七月七日当以作曲；七月四日命治曲室，具簿、持、槌，取净艾，六日馔治五谷、磨具，七日遂作曲；十月上辛日，命典馈渍曲，曲泽，酿冬酒；必躬亲洁敬，以供冬至、腊、正、祖，荐韭卵之祀"。[1]

《四民月令》中的这些记载，说的是六月用生小麦进行第一次制"粗曲"，到了七月又用"粗曲"制熟曲。这种两次制曲法在古书上很少见。但是《四民月令》中的制曲法也有几项技术是很宝贵的，至今仍然必须珍视。例如，"治曲室"，以便消毒杀菌，防止污染；"具簿、持、槌"，乃搭曲架之举，为培菌作准备；"取净艾"，即取艾汁，目的是用艾汁拌曲料；"渍曲"，是为了使曲霉菌能够旺盛繁殖，促使酒醪充分发酵。另外，据《四民月令》中的"必躬亲洁敬"和"以供冬至、腊、正、祖，荐韭卵之祀"说明，当时酿造黄酒的主要目的是，供饮用和供冬至、腊日、元旦祭祀等以及祭祖之用。

(二) 曹操与"上九酝法奏"酿酒工艺

在古书中，能够证明汉代酿造黄酒技术已经高明的，还有东汉时曹操的《上九酝法奏》，所论述的是一种类似近现代喂饭投料酿造黄酒的方法，叫做"九酝春酒法"。其原文内容如下：

> 北魏贾思勰《齐民要术·笨曲并酒》："魏武帝(曹操)'上九酝法奏'曰，臣县故令，九酝春酒法：用曲三十斤，流水五石。腊月二日渍曲，正月冻解，用好稻米……漉去曲滓便酿。法引曰：避诸虫，虽久多完。三日一酿，满九石米，正。臣得法酿之，常善。其上清、滓亦也可饮。若以九酝苦，难饮，增为十酿，易饮不病。……九酿用米九斛，十酝用米十斛，俱用曲三十斤，但米有多少耳。治曲淘米，一如春酒法"[2]。

曹操为了利用东汉帝王的名义来达到发号施令的目的，于公元196年迎汉献帝刘协都许昌，自已于公元209年进位丞相，后为魏王。公元220年曹操死，其子曹丕称帝，即追尊曹操为魏武帝。曹操的"上九酝法奏"是他把已故汝南县令郭芝的家酿"九酝春酒法"写成奏折，呈献给刘协。此奏折的内容因被北魏贾思勰收录到《齐民要术》中而得以流传至今，实属珍贵。

虽然汉代的"九酝春酒法"的原文早已失传，《齐民要术》上收录的内容也有许多省略之处，但是在《齐民要术》所收录的条文最后，有"治曲淘米，一如春酒法"的补充说明。这一补充说明非常重要，据此，我们可以认为，汉代的"九酝春酒法"与《齐民要术》上的"作春酒法"是相同的，至少是极其相似的。我们可以通过"作春酒曲"和"酿春酒法"的内容来了解汉代酿造黄酒的技术水平和酿酒工艺情况。

(三) 贾思勰《齐民要术》中的作春酒曲法

[1] 汉·崔寔撰:《四民月令》，见六、七、十月，缪启愉辑释，北京，农业出版社，1981。

[2] 汉魏·曹操撰:《上九酝法奏》，见北魏·贾思勰:《齐民要术》，石声汉选释:《齐民要术选读本》，448页，北京，农业出版社，1961。

为了便于讨论，兹将《齐民要术》中的“作春酒曲法”原文抄录如下：

“作秦州春酒曲法：七月作之，节气早者，望前作；节气晚者，望后作。

用小麦不虫者，于大镬釜中炒之。炒法：钉大橛，以绳缓缚长柄匕匙著橛上，缓火微炒。其匕匙，如挽棹法，连疾搅之，不得暂停，停则生熟不均。候麦香黄便出，不用过焦。然后簸、择，治令净。

磨不求细：细者酒不断；粗，刚强难押。

预前数日刈艾，择去杂草，曝之令萎，勿使有水露气。

溲面欲刚，洒水欲均。初溲时，手捏不相著者，佳。溲讫，聚置经宿，来晨熟捣。作木范之：令饼方一尺，厚二寸，使壮士熟踏之。饼成，刺作孔。

竖槌，布艾椽上，卧曲饼艾上，以艾覆之。大率下艾欲厚，上艾稍薄。密闭窗户。三七日，曲成。打破看，饼内干燥，五色衣成，便出曝之。如饼中未燥，五色衣未成，更停三五日，然后出。

反复日晒，令极干，然后高厨上积之。此曲一斗，杀米七斗”[1]。

1. 作秦州春酒曲工艺流程(图1－5－6)

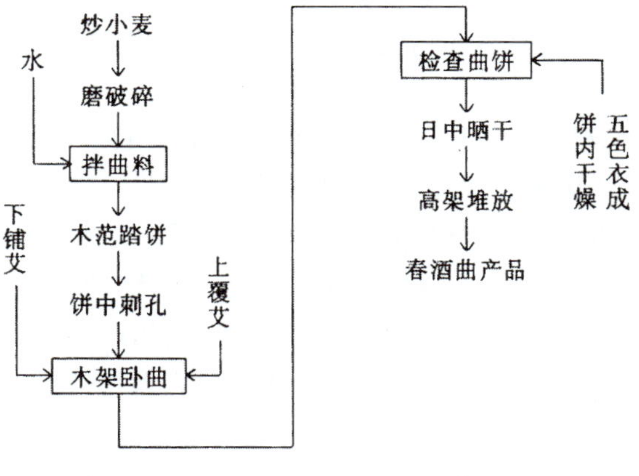

图 1－5－6　作秦州春酒曲工艺流程

2. 作秦州春酒曲操作方法

(1) 制曲时机　我国制曲时节，自古迄今，通常选择在立夏以后的七月份。在这段时间里，气温大多在30℃以上，相对湿度也特别适合曲霉菌繁殖，因此，“七月作之”是很科学的。但是季节变化不可能每年都一样，所以“节气早者，望前作”，即早升温，制曲时机应当提前，相反，就要晚些日子才制曲。古人这种灵活把握时机的传承习惯，流传至今，已有数千年历史了。

(2) 炒麦的方法　制曲用的原料选择“不虫者”是有道理的，至少具有防止杂霉菌进入曲料中的作用。这种选料要求，至今仍然遵照执行。至于炒麦不可焦的道理在于焦则炭化，使淀粉质等成分大量损失，从而影响曲霉菌繁殖的需要。防止炒焦的办法虽然很多，但是在古代，最容易办到的当然是勤翻动和用微火炒。

[1] 北魏·贾思勰撰：《齐民要术·笨曲并酒第六十六》，石声汉选释：《齐民要术选读本》，441页，北京，农业出版社，1961。

现代科学研究认为，用熟料制曲并不好，炒麦虽有增香、杀菌、除味的作用，但是营养成分损失很大。据说生料更适合曲霉菌的繁殖，也许就是因为这种原因，所以自汉代以来炒麦法逐渐被淘汰了。这是事物发展的规律，是实践出真知，优胜劣汰的范例。

(3) 磨麦的要求　磨麦的目的是使麦粒的内部能够暴露出来，内部物质能够吸收到水分，因而有利于为曲霉菌所利用。古人说"磨不求细"是有科学道理的。曲料太细，曲饼的透气性必然不好，所以自古迄今都要求曲料粗细以适中为宜。古人说"细者酒不断；粗，刚强难押"，这就是说，曲料太细时，榨酒总是榨不净；曲料太粗时，则物料粗硬，难以压得动。

(4) 拌料的要求　如果从表面现象看，拌料过程似乎很简单，其实要把曲料拌好并不容易。古人说"溲面欲刚，洒水欲均"，就是说拌成的曲料要干、硬些，洒入曲料的水要均匀。这是具有丰富实践经验之后，才能得出这样的科学性结论。古人认为，"初溲时，手捏不相著者，佳"，刚拌好的曲料用手一捏，松手之后不粘成团的为好。这种检查拌曲程度是否适度的方法，既符合科学要求而又简便易行，至今仍然被许多生产厂家所采用。总之，曲料太湿或太干都不能踩压成曲饼，太湿还很容易造成烂曲的弊病，故拌曲操作很重要，决不能掉以轻心。

(5) 木范踩饼法　在两汉时期，制饼曲的方法有手工捏饼法和木范踩饼法2种。如果从制曲发展史来看，手工捏饼法起源较早，但是木范踩曲法流传最广泛。所谓"木范"，就是成型用的木制无底曲盒，现代大多厂家仍然在使用。

制曲时，只要把拌好的曲料装入木范内，用脚踩成硬砖块状即可。古人说"饼方一尺，厚二寸"，这是饼厚二寸、周边各一尺的正方形曲饼。

(6) 木架卧曲法　记载中的"卧曲"古人又称"罨曲"，相当于现代的"培菌"工序。"竖槌，布艾椽上，卧曲饼艾上，以艾覆之"，就是竖柱搭架铺艾于架上，放曲饼于艾上，又用艾盖在曲饼上的意思。这种架上培菌的方法至今仍然容易见到，可见其传承历史非常悠久。

记载中的"密闭窗户。三七日，曲成"，就是关好曲房门窗，保温培菌，约二十一天，曲即成熟的意思。虽然曲已制成，但是出曲前要检查核实。把曲饼打破来看，饼内干燥，又有灰绿曲霉生成的五色衣出现时才出曲，否则要延长培菌时间，直到曲饼成熟才出曲。这种培菌方法与现代制曲培菌过程相似。

(7) 晒曲与贮藏　出曲之后，必须经过反复日晒至干燥时才能贮藏起来。古代的贮曲方法很多，本方法是存放在高架上。这种贮曲方法现在也还能见到。

(四) 贾思勰《齐民要术》中的作春酒法

1. 作春酒法原文

"作春酒法：治曲欲净，剉曲欲细，曝曲欲干。以正月晦日，多收河水。——井水苦咸，不堪淘米，下馈亦不得。

大率：一斗曲杀米七斗，用水四斗，率以此加减之。十七石瓮惟得酿十石，米多则溢出。作瓮随大小，依法加减。浸曲七八日始发，便下酿。

假令瓮受十石米者，初下以炊米两石，为再馏黍。黍熟，以净席薄摊令冷。块大者，擘破然后下之。没水而已，勿更挠劳！待至明旦，以酒杷搅之，自然解散也。初下即搦者，酒喜厚浊。下黍讫，以席盖之。

以后，间一日辄更酘，皆如初下法。第二酘，用米一石七斗；第三酘，用米一石四斗；第四酘，用米一石一斗；第五酘，用米一石；第六酘、第七酘，各用米九斗。

计满九石，作三五日停，尝看之，气味足者乃罢。若犹少米者，更酘三四斗。数日，复尝，仍未足者，更酘三二斗。数日，复尝，曲势壮，酒仍苦者，亦可过十石米。但取味足而已，不必要只十石。然必须看候，勿使米过，过则酒甜。

其七酘以前，每欲酘时，酒薄霍霍者，是曲势盛也，酘时宜加米，与次前酘等。虽势极盛，亦不得过次前一酘斛斗也。势弱酒厚者，须减米三斗。势盛不加，便为'失候'，势弱不减，刚强不消。加减之间，必须存意！

若多作，五瓮以上者，每炊熟，即须均分熟黍，令诸瓮遍得。若偏酘一瓮令足，则余瓮比候黍熟，已失酘矣。酘：当令寒食前得再酘乃佳，过此便稍晚。若邂逅不得早酿者，春水虽臭，仍自中用。

淘米必须极净；常洗手剔甲，勿令手有咸气；则令酒动，不得过夏"[1]。

2. 作春酒法工艺流程(图1－5－7)

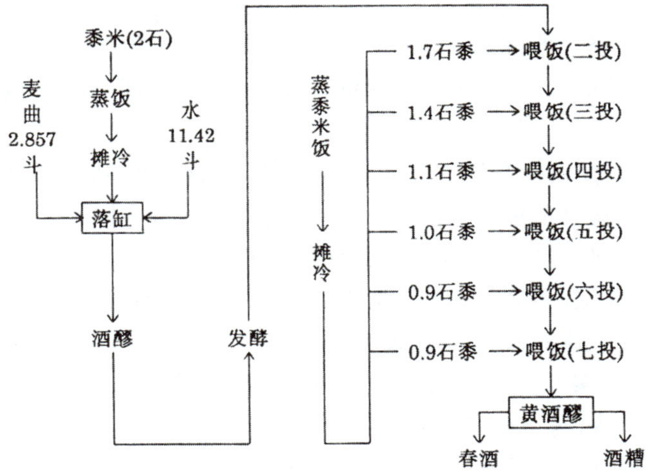

图 1－5－7　作春酒法工艺流程

3. 作春酒法操作方法

(1) 原料配比　因为本方法是使用北方特有的黍米为原料，其工艺过程与曹操进献"九酝春酒法"所说的内容极其相似，所以可以认为，本"作春酒法"是我国汉代北方典型的酿酒法之一。如果从地理条件来思考，《齐民要术》作者贾思勰是山东益都人，从益都到胶东的即墨县并不远，所以可以认为，本"作春酒法"是当今全国著名的即墨老酒的祖型。上面原文中的"酘"字，即今之"投"字。

根据"作春酒法"的配料进行分析，用黍米7斗配水4斗，曲1斗。因为首次投料量是2石，所以通过计算可知，应当配水11.42斗，麦曲2.875斗。这种配料方案是比较科学的，说明当时制曲技术已很高明。但是如果从工艺过程来思考，"作春酒法"采用的是喂饭法，这种方法在我国北方现在已经不见了。例如，山东即墨老酒、大连黄酒等，都不是喂饭法，而是一次性投料。我国酿造喂饭酒现在多见于江南，以江、浙两省最盛，例如，宁波黄酒、嘉兴黄酒、江阴黑酒、

[1] 北魏·贾思勰撰:《齐民要术·笨曲并酒第六十六》，见石声汉选释:《齐民要术选读本》，441页，北京，农业出版社，1961。

绍兴喂饭酒等，都是中外驰名的用喂饭法酿成的。

为什么原本起源于北方的喂饭酿酒法，现在却多见于江南呢?笔者认为，用黍米酿造喂饭酒并非不行，但是黍米颗粒小，蒸饭、拌料难以掌握。特别是在我国历史上，黍米生产属于自然淘汰品种，黍米不断减少，用黍米酿造喂饭酒也会随之越来越少，最后落得个被淘汰的结局，那是很自然的。

(2) 浸米蒸饭　在“作春酒法”原文中，只有洗米而没有浸米说明，这大概是一种疏漏。现代酿造即墨老酒不仅有洗米，而且还有用开水烫米，再浸米操作。浸米后是蒸饭工序。任何酿造黄酒工艺都必须把饭蒸好，准则是米心刚透，软硬合适为宜。据山东即墨酒厂介绍说，他们用的是煮饭法，将浸烫好的黍米加适量水，放入锅内煮，水干后用小火焖，此法的缺点是容易糊化。除了焖法外，现在还有煮粥法。

(3) 落缸制醪　落缸前要先蒸好饭和摊饭，热饭应降温到使麦曲中霉菌不受伤害为止。但饭不可以太冷，否则会影响霉菌尽快繁殖。古代没有温度计，不可能记载拌曲前的具体合适温度。如果按照现代酿酒工艺推测，热饭应当降温到32℃左右，即可以拌入麦曲。

落缸前还要做好第二件事，即曲饼粉碎和浸曲操作。“作春酒法”原文中说:“浸曲七八日始发，便下酿。”浸曲是很重要的一步，但是浸泡时间好像太长了，特别是遇到气温高的日子，浸曲时间不必如此长。

落缸制醪的时间，要选择在清明节以前才好。如果遇到不能在清明节前，那么，只要气温低，稍晚一些也可以。虽然酿造时间晚，春水的味道会不好，但是气温低，春水仍然可以用于酿春酒。这种选择酿酒时间的传统方法，至今约有2000年历史了。制醪前，选择瓷缸大小的方法，要根据投料量来决定，否则就会“米多则溢出”。例如，可容17石米的缸可以投料10石。古人这种选缸经验一直一脉传承下来，流传至今。

(4) 喂饭的方法　第一批饭投完之后，酒醪要用草席盖上进行保温发酵。现代酿造喂饭酒，约经过24h可以放水，再过4～5天可以喂饭。

“作春酒法”说，喂饭隔一天投一次，就像初酿那样。第二投用一石七斗米;第三投用一石四斗米;第四投用一石一斗米;第五投用一石米;第六投和第七投降为九斗米(以上的“米”，是指在蒸成饭之前的数量)。

合计投完了9石米，就要停止3～5天，尝尝酒醪看看，如果气味都好就罢了。如果米还太少，就要再投下3～4斗。过几天再尝尝看，如果还不够，再投下2～3斗。过几天再尝尝，如果麦曲的势力还很旺盛，酒还有些苦味，可以再投少量米，总计可以超过10石。只要酒的味道好就停投，不一定要投到10石米才停止。到底需要投多少米?基本办法就是随时留心观察，不要让投入的米过多，如果投得过量，酒就偏甜了(以上的“米”，是指在蒸成饭之前的数量)。

“作春酒法”说，在第七投以前各投，每次下投前，要看一下酒醪，如有“霍霍”的样子，说明曲势力旺盛，投时应多加些饭，可以加入与前一次相同的数量。但是尽管曲的势力很大，都不可以投入比上次多到一斗以上。如果曲的势力弱了，酒的味道已经厚重，则可以逐次少投3斗。麦曲的势力旺盛时，不多投饭，就会失去利用发酵力的机会;曲的势力弱时，不减少加入的饭，酒醪中就会有过剩的饭残留着。总之，任何增加或减少喂饭的数量，都必须根据具体情况，细心、留意地加以决定。

“作春酒法”说，如果每批酿酒量大，例如总数超过5缸，每批蒸熟的饭，就得均匀分成5份投入，让每缸都能分到。如果先投一个缸让它满足，其他缸等下批饭，那就会失去发酵力的机会。

根据以上对“作春酒法”的讨论，可知我国汉代酿造喂饭酒的技术水平的确是非常高的，它是我们祖先的一项卓越的成就。

第四节　魏晋南北朝时期酿造黄酒工艺史

我国两汉的历史自公元前206年至公元220年止；两晋的历史自公元265年至420年止。由于三国魏的历史是自公元220年至265年，这段历史处于两汉与两晋之间，总共只有45年，加上前面已有曹操(公元155～220年)“上九酝法奏”的九酿春酒法等例子，足可以说明东汉之后的三国魏期间的酿造黄酒工艺史情况，所以三国魏的酿造黄酒工艺史内容下面就不再讨论了，而把重点集中在两晋南北朝这段历史上。

一、两晋时期

在我国古籍中，能证明我国两晋时期，酿造黄酒工艺已达很高水平的文献资料至今仍然不少。例如，在晋葛洪的《西京杂记》中，就有用黍米杂菊花酿造黄酒的记载。这种酒是专门作为九月九日饮用的重阳节节日酒。在晋张华的《博物志》中，也记有一种用干姜、胡椒、安石榴汁配黄酒酿造“胡椒酒法”。据《博物志》说：“此胡人荜拨酒也。”荜拨，胡椒科多年生藤本植物，原产印度尼西亚、越南等地。由此可知，胡椒与荜拨是同科不同种，胡椒酒与荜拨酒也会有些不同，故它们是同类不同种的酒[1]。

(一) 作白醪酒法

1. 作白醪酒法原文　在两晋时期的古书上，如晋人崔浩(或浩母)的《食经》中，就有“作白醪酒法”的记载，其原文如下：

> “《食经》作白醪酒法：生秫米一石；方曲二斤，细剉。以泉水渍曲，盖密。再宿，曲浮起。炊米三斗酘之，使和调。盖满五日，乃好，酒甘如乳。九月半后可作也。”[2]

2. 作白醪酒工艺流程(图1－5－8)

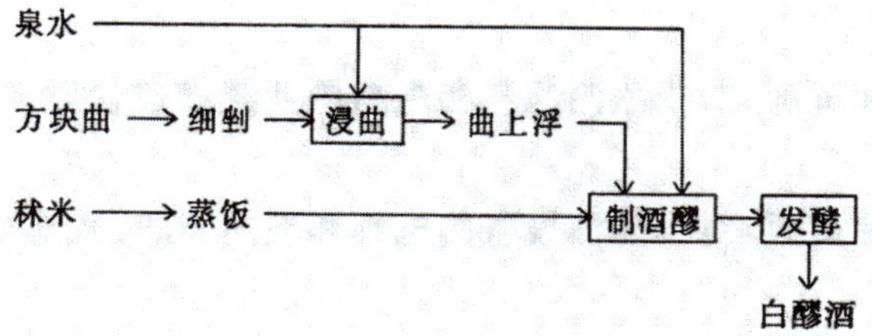

图 1－5－8　作白醪酒工艺流程

3. 作白醪酒的操作方法　根据上叙酿酒工艺流程及工序安排情况可知，晋代酿造黄酒的技术水平与近现代的情况很接近。如果我们对“作白醪酒”的原文作些解释，则其操作方法

[1] 晋·张华撰：《博物志》，见丛书集成初编，四库备要本·自然科学类，北京，中华书局，1980。

[2] 晋·崔浩撰：《食经》，见北魏·贾思勰撰：《齐民要术·笨曲并酒第六十六》，石声汉选释：《齐民要术选读本》，441页，北京，农业出版社，1961。

如下：

《食经》上的“作白醪酒法”是，用生糯米一石。方块曲二斤，剉细待用。先用泉水浸曲，密盖着，过两夜，如果曲浮了起来，即可待用。这时，可蒸熟三斗米饭(摊凉后)投到浸好曲的缸里，搅拌均匀后盖好。发酵满五天就可以成熟，其酒会像奶一样甘甜。这种酿酒方法，可选在九月十五日以后酿造。

(二) 作法酒方

在晋崔浩的《食经》中，还有一种酿造黄酒的方法，叫做“作法酒方”。可惜此法全文过于简略，似有文字逸失差错，故很难从工艺过程上去理解。但是作为一种酿酒方法，把它收录在下面，作为参考资料，仍然是有意义的。

> 崔浩《食经》：“七月七日作法酒方：一石曲，作燠饼，编竹瓮下，罗饼竹上，密泥瓮头。二七日，出饼，曝令燥，还内瓮中。一石米合得三石酒也。”[1]

二、南北朝时期

到了南北朝时期，如果根据北魏贾思勰《齐民要术》中的制曲酿酒内容讨论，则我们完全可以认为，当时的制曲酿酒工艺水平，是北魏以前各朝代都不能与之媲美的。在该书中，有关制曲酿酒的内容非常丰富，归纳起来，有以下特点，即类型多，论述详。

(一) 酿酒类型多

如果按书中固有章节分类，则有造神曲并酒、白醪酒、笨曲并酒、法酒、作女曲并酒。

如果按酿酒采用主要原料分类，则有黍米酒、稷米酒、粟米酒、粱米酒、秫米酒、稻米酒(包括糯米酒、粳米酒)等。

如果按酿酒季节分类，则有春酒法、冬酒法、秋酒法、夏酒法。

如果按酿酒特殊操作法分类，则有喂饭法、加糟传醅法、浸泡药酒法、焦曲法等。

(二) 论述酿酒过程详细

我国酿造黄酒，自古以来主要包括选料和浸泡，蒸饭和降温，配料落缸和发酵，榨酒和过滤，陈酿和包装等。但是这种完整的酿酒工艺模式，只是到了南北朝时期才在贾思勰的《齐民要术》中全面体现出来，达到了完善的高度。在《齐民要术》中，无论酿造哪种黄酒，都具有下列特点：

1. 无论酿造哪种黄酒，对于酿酒原料和配料的质量或数量要求，大多数工艺都已经能够提出具体数值。

2. 无论酿造哪种黄酒，对于酿酒设备的选择和使用方法，大多数工艺都已经能够提出具体措施。

3. 无论酿造哪种黄酒，对于各工序的操作法，大多数工艺都已经能够提出具体方法。

4. 无论酿造哪种黄酒，对于酿酒过程中的各种变化现象，大都已经能够从科技原理上进行解释。

为了能够更深入、具体地探讨我国南北朝时期酿造黄酒工艺的重大成就，下面以酿酒主

---

[1] 晋·崔浩撰：《食经》，见北魏·贾思勰撰：《齐民要术·法酒第六十七》，石声汉选释：《齐民要术选读本》，457页，北京，农业出版社，1961。

要原料为例，对《齐民要术》中的酿造黄酒方法，选择数例分别讨论如下。

(三) 酿造黍米酒的方法

1. 造神曲黍米酒方原文

> 《齐民要术·造神曲并酒》："造神曲黍米酒方：细剉曲，燥曝之。曲一斗，水九斗，米三石。须多作者，率以此加之。其瓮大小任人耳。桑欲落时作，可得周年停。
>
> 初下，用米一石；次酘五斗；又四斗，又三斗。以渐，待米消即酘，无令势不相及。味足，沸定为熟。气味虽正，沸未息者，曲势未尽，宜更酘之，不酘则酒味苦薄矣。得所者，酒味轻香，实胜凡曲。
>
> 初酿此酒者率多伤薄；何者？犹以凡曲之意忖度之，盖用米即少，曲势未尽故也，所以伤薄耳。所以专取桑落时作者，黍必令极冷也。"[1]

2. 造神曲黍米酒方工艺流程(图1-5-9)

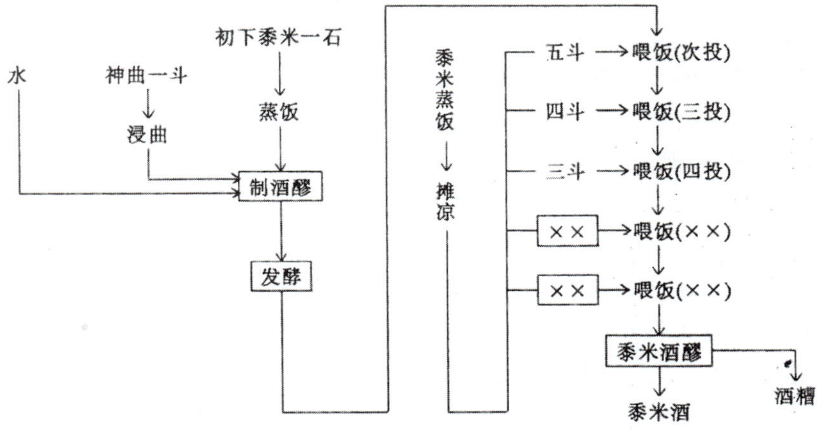

图 1-5-9 造神曲黍米酒方工艺流程

3. 造黍米酒操作原文今释

(1) 用神曲酿造黍米酒的方法是，先把曲饼研细，晒干，然后按每斗曲要加九斗水，能消化三石米的数量配料。如果想多酿酒，那就可以按照这个比例数增加配料量。至于酒瓮大小的选择，那可以按照个人的意思确定。酿造黍米酒，要选择在天冷桑树快要落叶时进行，这个时候酿成的酒，才能贮藏周年不坏。

(2) 第一次投料时，可以用一石米做成的饭。第二次投料只能用五斗米做成的饭。第三次投料只能用四斗米做成的饭。第四次投料只能用三斗米做成的饭。后来投料时，要等到发酵醪里的物料即将消化完全时才可以下新黍饭，但是下饭也不要太迟，那样会使曲的发酵力下降。

(3) 在发酵过程中，如果发现酒醪的酒味已经变浓，酒醪里也不见有向上翻气泡时，说明发酵已经完全，酒即将酿成了。如果酒醪的酒味已经变浓，但是醪内还在向上冒气泡，这说

[1] 北魏·贾思勰撰：《齐民要术·造神曲并酒第六十四》，见石声汉选释：《齐民要术选读本》，415页，北京，农业出版社，1961。

明曲的活力还很强，就应当再投入一些黍饭。如果不投，则酒的风味就不可能最好，就会出现酒味苦而淡薄的现象。只有掌握好发酵程度，酒的风味才能绵软芳香，比使用其他曲酿造黍酒效果好。

大多数初次学习使用神曲酿酒的人，通常都不敢多投饭，结果酒的风味太淡薄了。为什么会这样呢？就是人们把神曲当作普通曲看待了，于是投饭太少，曲的活力没有完全发挥出来，酒的风味也就淡薄了。

酿造黍米酒之所以要选择在桑叶快要脱落时进行，主要原因是酿造这种酒要求气温低，这样才能避免酒醪酸败。

4. 造黍米酒原文中值得讨论的内容

(1) 原料利用　我国利用黍、稷、粟酿酒的起源至晚始于商周时代，到了南北朝时期，可认为是已经发展到了鼎盛时期。以后则不断回落，至今全国用黍、粟进行酿酒的厂家已是寥寥可数了。稷的性质不宜酿酒，所以稷米酒早就失传了。现代小米酒很少的主要原因是原料供应不足。

关于用黍、粟酿酒在南北朝时期最盛的根据，我们可以用《齐民要术》中的记载来证明。在这部名著中，共有酿酒方法37例，其中：

用黍、稷、粟酿酒的是18例；

用稻米酿酒的是7例；

用秫米酿酒的是5例；

用粱米酿酒的是1例；

未详用何种原料酿酒的是6例。

固然《齐民要术》所记载的主要是我国北方的酿酒方法，但是在我国现存的古籍中，至今在这方面还不见有比《齐民要术》记述内容更充实的，所以认为南北朝时期用黍、粟酿酒最盛之说是有道理的。至少在我国北方是如此。

(2) 投饭的方法　对于用喂饭法酿酒来说，投饭操作特别重要。《齐民要术》中的“酌减投饭法”是很科学的，它具有防止投饭过多，造成发酵消化不尽，使酒偏甜的作用；又具有防止投饭太少，使酒曲的活力过剩，造成曲料浪费。总之，可以防止导致发酵不正常，造成酒的风味不好等后果。

(3) 酿酒时机的选择　我国古代酿造黄酒，虽然也有在夏、秋间进行的，但是传统习惯大多在冬、春季进行。因为酿造黄酒的周期很长，江南地区一般需要100天左右，黄酒属于低度酒，很容易败坏，所以气温对酿酒过程的影响很大。气温太高时，醪液很容易酸败。

在酿造过程中，如果气温居高不下，空气中和物料里的杂菌就会在酿酒系统中滋生繁殖，使酿酒用的浆水发粘变质，产生酸臭味，这就是俗称的酸败现象。古代没有制冷机器可以创造低温环境，只能依靠大自然的恩赐，所以酿造黄酒只能选择在冬、春季进行。具体做法是，浸米、蒸饭、浸曲、落缸制醪、发酵、开耙在冬季进行，把后发酵、榨酒、煎酒、装坛等安排在春季进行，这就是俗称的“冬浆冬水”酿造法。正因为如此，所以古人说“桑欲落时作，可得周年停”，是有科学道理的。

(四) 酿造粟米酒的方法

1. 粟米酒法原文

《齐民要术·笨曲并酒》:“粟米酒法：唯正月得作，余月悉不成。用笨曲不用神曲。粟米皆得作酒，然青谷米最佳。治曲、淘米，必须细净。

以正月一日，日未出前取水。日出即晒曲。至正月十五日捣曲作末，即浸之。

大率：曲末一斗，堆量之;水八斗;杀米一石。米，平量之。随瓮大小，率以此加，以向满为度。随米多少，皆平分为四份。以初至熟，四炊而已。

预前经宿，浸米令液。以正月晦日，向暮炊酿;正作馈耳，不为再馏。饭欲熟时，预前作泥置瓮边，馈熟即举甑，就瓮下之。速以酒杷，就瓮中搅作三两遍。即以盆合瓮口，泥密封，勿令漏气，看有裂处，更泥封。

七日一酘，皆如初法。四酘毕，四七二十八日，酒熟。此酒要须用夜，不得白日，四度酘者，及初押酒时，皆回身映火，勿使烛明及瓮。酒熟，便堪饮。未急待，且封置，至四五月押之尔佳。押讫，还泥封，须便择取。阴屋贮置，亦得度夏。

气味香美，不减黍米酒。贫薄之家，所宜用之。黍米贵而难得故也。”[1]

2. 粟米酒法工艺流程(图1－5－10)

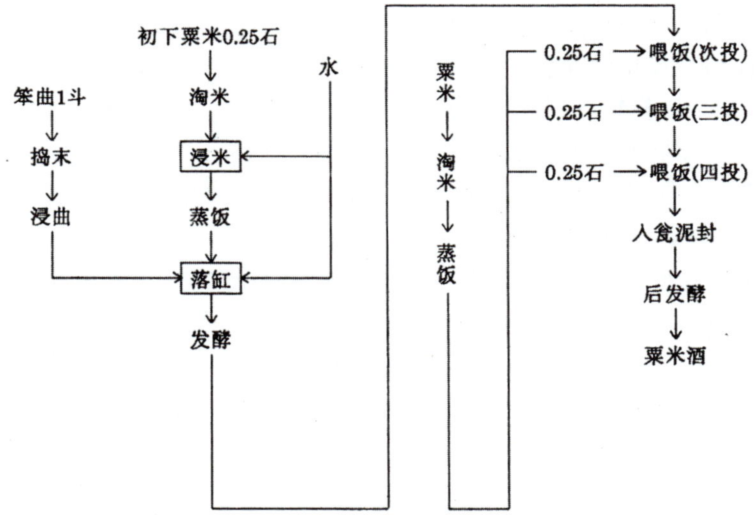

图 1－5－10　粟米酒法工艺流程

3. 粟米酒法操作原文今释

(1) 酿造粟米酒的方法，只有正月可以作，其他月份不可以。酿酒用的曲只用笨曲，不用神曲。虽然各种粟米都可以酿酒，但是用青谷米最好。整治酒曲和淘米，都要精细并注重洁净。

(2) 在正月初一日太阳出来以前，取酿酒用水。太阳出来以后晒曲。到了正月十五日，把酒曲捣成末，然后用水浸。酿酒物料的一般配比是：曲末满一斗，用水八斗，可消化刚满斗的米一石。根据瓮的大小和上叙物料配比原则，增减配料。总之，料要装到瓮将要满时为止。每

[1] 北魏·贾思勰撰:《齐民要术·笨曲并酒第六十六》，见石声汉选释:《齐民要术选读本》，447页，北京，农业出版社，1961。

批物料要分成四等份，从初酿到酒成熟，分四次蒸熟投料即可。

(3) 要在酿酒开始的前一天浸米，过夜后让米软透。正月底的一天傍晚蒸酿酒用的饭，现蒸即用，不要用再馏的。饭快熟之前，要先和好一些泥放在酒瓮边待用。饭蒸好了，就连蒸笼一起移到瓮边，跟着把饭放到瓮里，并用耙在瓮里搅两三遍。然后用盆覆盖瓮口，并用已和好的泥密封起来，不要让它漏气。如果见到封泥有裂缝，要换泥再封。

酿造过程中的投饭方法是，七天一投，操作方法像初投那样。投完四次饭之后，再过二十八天酒就熟了。

(4) 酿造这种酒要在夜间进行，不要在白天。酿酒过程中的四次投饭和酒熟了首次榨酒时，操作时都要以身挡住火光，不要让光线照射到瓮里。酒熟了即可以饮用。但是如果不急着饮用，也可以把它封存起来，等到四五月间才取出来榨酒。先取出一些酒来榨，其余的又封存起来，需要时再取出来榨。其实，只要把酒放在阴凉干燥处贮存，酒就可以经夏不坏。

(5) 粟米酒香且美，风味并不比黍米酒差。但是由于黍米少，价格贵，难得到，所以贫穷人家改用粟米酿酒是很适宜的。

4. 粟米酒法原文中值得讨论的内容

(1) 原料开拓　无论何人酿酒，其首要目标之一就是选择优良原料。原料受品种、产地、价格等因素影响，例如，本方法遇到了“黍米贵而难得”，只好改用粟米酿酒的做法是很正确的。这是我国很早已知开拓原料范围的典范，迄今仍然具有借鉴意义。

(2) 关于配料及操作法问题　如果按照酿酒原理考虑，粟米酒法把每批原料平分为四份，然后进行先后蒸饭投料，这种做法是不科学的。因为任何酿酒过程，其糖化和酒化作用都是由强到弱的。若从酿酒理论讲，发酵变弱之时投料应当少一些，但是酿造粟米酒法四次投料都一样，这样做容易使后期发酵不彻底，原料利用率低，并致使所酿成的粟米酒品质难如人意，因此是不可取的办法。

(3) 关于操作过程的时间安排问题　酿造粟米酒的原文说：“正月十五日捣曲作末，即浸之”，又说：“正月晦日，向暮炊酿”，这种中旬浸曲而月底蒸饭酿酒的方法，至少浸曲时间不一定能恰到好处，是不科学的。

(五) 酿造白醪酒的方法

1. 酿白醪法原文

> 《齐民要术·白醪酒》：“酿白醪法：取糯米一石，冷水淘净。漉出，著瓮中，作鱼眼沸汤浸之。经一宿，米欲绝酢。炊作一馏饭，摊令绝冷。取鱼眼汤，沃浸米泔二斗，煎取六升。著瓮中，以竹帚冲之，如茗渤。
>
> 复取水六斗，细罗曲末一斗，合饭一时内瓮中，和搅，令饭散。以毡物裹瓮，瓮口覆之。经宿，米消，取生疏布漉出糟。别炊好糯米一斗作饭，热著酒中为“汛”，以单布覆瓮，经一宿，汛米消散，酒味备矣。若天冷，停三五日尔善。
>
> 一酿：一斛米，一斗曲末，六斗水，六升浸米浆。若欲多酿，依法别瓮中作。不得并在一瓮中。
>
> 四月、五月、六月、七月皆得作之。其曲，预三日以水洗令净，曝干用之。”[1]

[1] 北魏·贾思勰撰：《齐民要术·白醪酒第六十五》，见石声汉选释：《齐民要术选读本》，421页，北京，农业出版社，1961。

2. 酿白醪法工艺流程(图1－5－11)

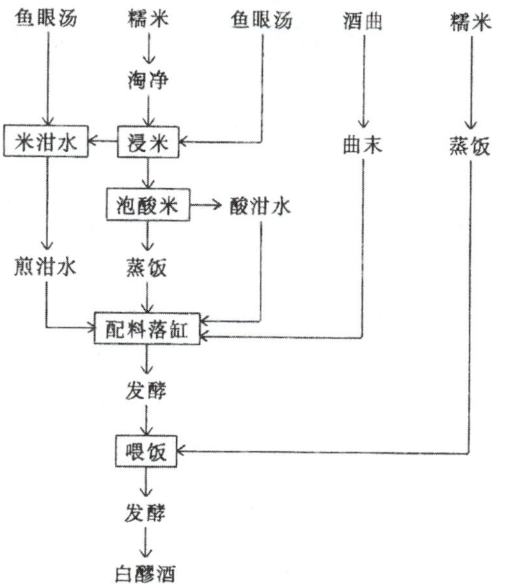

图 1－5－11　酿白醪法工艺流程

3. 酿白醪法操作原文今释

(1) 酿造白醪酒的方法　取糯米一石，用冷水淘洗，然后放进瓮里，用鱼眼沸的热水浸着，过一夜浸着的米就会变酸。捞出米来蒸作一馏饭，将饭摊冷。取出酸浆水。用鱼眼汤冲泡米泔水二斗，煎干成六升，放瓮里，用竹帚将饭搅均匀。

再取水六斗，细曲末一斗，同时加入瓮中的饭里，调和搅动，使饭团散开。用毡类的东西将瓮裹住，将瓮口包好，以进行保温。过一夜，瓮里的米消化了，用生疏布将糟滤出去。

(2) 另取好糯米一斗蒸饭，趁热放酒里作为引子用。放完新料后，用单层布盖瓮，过一夜，米团消化完了，酒味也就具备了。如果天气冷，那就多等待三五天，效果会更好。

(3) 每酿一批酒，大约用十斗米，一斗曲末，六斗水，六升浸米浆。如果想多投料酿酒，可以仿照这个比例增加，但要在另外瓮中进行，不可以合在一个瓮里酿酒。这种酿酒方法，四月、五月、六月、七月都可以进行，但是所用的曲要提前三天洗净、晒干才用。

4. 酿白醪法原文中值得讨论的内容

(1) 原料利用　这是我国最早明确选用糯米为原料酿造黄酒的例子之一，其科学性至今都是非常正确的。这也是我国古人采用米浆水酿造黄酒的最早例子之一。虽然制作浆水的记载内容较简单，但是已经谈论当时使用浆水酿造黄酒的说明是十分清楚的。

(2) 使用浆水酿造绍兴酒至少有下列作用和益处：

第一，浆水中的有机酸可以调节酒醪的酸度，因浆水又含有多量氨基酸和微生物生长素，所以对酵母的繁殖非常有利。

第二，浆水具有抑制杂菌繁殖的能力，也就是说，具有提高绍兴酒风味的作用。

第三，浆水中丰富的营养成分是形成黄酒类具有特殊风味的重要来源，也是充分利用有用物质的重要方面，应当倍加珍视。

(3) 喂饭操作和发酵控制的问题　在酿造白醪酒的原文中，有："经宿，米消，取生疏布漉出糟。别炊好糯米一斗作饭，热著酒中为'汛'……经一宿，汛米消散，酒味备矣。"从酿酒科技原理看，米饭经一夜糖化酒化之后，其原料利用率是不可能达到较好程度的，更不可能有酒味足的现象。此时如果将酒醪进行过滤，除糟留液，向酒液里再投入新饭发酵，那显然会是一种极大的浪费，是不可取的。

(六) 酿造神曲粳米酒的方法

1. 神曲粳米醪法原文

《齐民要术·神曲并酒》："神曲粳米醪法：春月酿之。燥曲一斗，用水七斗，粳米二石四斗。

浸曲发，如鱼眼汤。净淘米八斗，炊作饭，舒令极冷。以毛袋漉去曲滓，又以绢滤曲汁于瓮中，即酘饭。候米消，又酘八斗。消尽，又酘八斗。凡三酘，毕。若犹苦者，更以二斗酘之。

此合醅饮之可也。"[1]

2. 神曲粳米醪法工艺流程(图1－5－12)

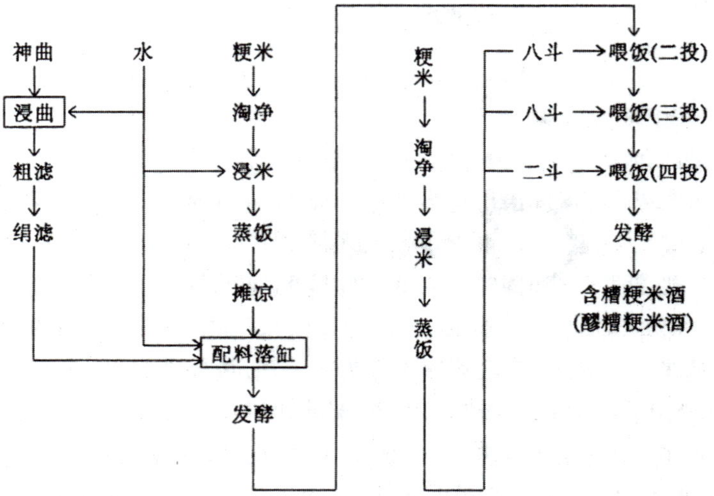

图 1－5－12　神曲粳米醪法工艺流程

3. 神曲粳米醪法操作原文今释

(1) 酿造神曲粳米醪糟的方法　此法要在春季三个月里酿造。用干曲一斗，水七斗，粳米二石四斗。

(2) 先将酒曲浸泡到开始萌发，产生出鱼眼般的气泡；又淘净八斗粳米，蒸为饭，摊凉待用。用粗袋子滤去曲滓，取用曲汁，又用绢布将曲汁过滤一遍，并把曲汁放入瓮中，然后向瓮中投入米饭。等到米饭都消化了，再向瓮中投入第二批用八斗米蒸成的饭。等到第二批米饭都消化完了，再向瓮中投入第三批用八斗米蒸成的饭。如果饭都消化完，酿成的酒还有酸苦味，则应当再向瓮中投入第四批用二斗米蒸成的饭。

[1] 北魏·贾思勰撰：《齐民要术·神曲并酒第六十四》，见石声汉选释：《齐民要术选读本》，416页，北京，农业出版社，1961。

(3) 这样酿成的酒可以连糟一起饮用。

4. 神曲粳米醪法原文中值得讨论的内容

(1) 原料利用　这是我国最早选用粳米为原料酿造黄酒的明确记载之一。这对于开拓酿酒原料范围来说，具有一定的启发性意义。我国现在有不少酿酒厂就是采用粳米为原料酿酒的。

(2) 酒曲利用　根据酿造神曲粳米醪的原文可知，先浸曲，而后二次过滤只取“曲汁”的酿酒法是不科学的。曲中许多有益霉菌和酵母还没有发挥作用，即被白白地过滤掉了，这无疑是一种损失，是不可取的。曲也是酿酒原料，不能丢弃。

(七) 酿造粱米酒的方法

1. 粱米酒法原文

> 《齐民要术·笨曲并酒》：“粱米酒法：凡粱米皆得用，赤粱、白粱者佳。春、秋、冬、夏四时皆得作。
>
> 净治曲，如上法。笨曲一斗，杀米六斗。神曲尔胜。用神曲，量杀多少，以意消息。春、秋，桑叶落时，曲皆细剉；冬则捣末，下绢筛。
>
> 大率：一石米，用水三斗。春、秋、桑落三时，冷水浸曲。曲发，漉去滓。冬即蒸瓮使热，穰茹之。以所量水，煮少许粱米薄粥，摊待温温，以浸曲。一宿曲发，便炊，下酿，不去滓。看酿多少，皆平分米作三份：一份一炊。净淘，弱炊为再馏，摊，令温温煖于人体便下。以杷搅之，盆合泥封。夏一宿，春秋再宿，冬三宿，看米好消，更炊酘之，还泥封。第三酘亦如之。三酘毕，后十日，便好熟。押出。
>
> 酒色漂漂，与银光一体。姜辛、桂辣、蜜甜、胆苦，悉在其中。芬芳酷烈，轻儁遒爽，超然独异，非黍秫俦也。”[1]

2. 粱米酒法工艺流程(图1－5－13)

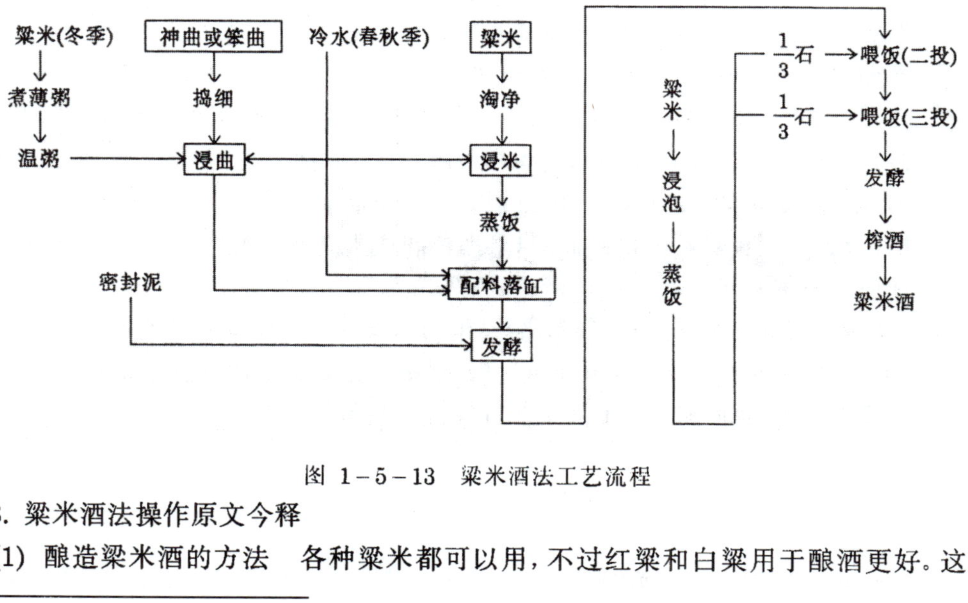

图 1－5－13　粱米酒法工艺流程

3. 粱米酒法操作原文今释

(1) 酿造粱米酒的方法　各种粱米都可以用，不过红粱和白粱用于酿酒更好。这种方

[1] 北魏·贾思勰撰：《齐民要术·笨曲并酒第六十六》，见石声汉选释：《齐民要术选读本》，445页，北京，农业出版社，1961。

法，春、夏、秋、冬都可以酿造。

(2) 要按通常方法，将酒曲筛选、整治洁净。一斗笨曲，可以消化六斗粱米，如果改用神曲，则要根据神曲的消化力，估量应当投入多少粱米最好。治曲时，如果是在春天、秋天或桑树落叶时，可以把曲捣碎，如果是在冬天，则要把曲捣成末，然后用绢筛过筛。

(3) 在一般情况下，一石粱米要配用三斗水。如果是在春天、秋天或桑树落叶时酿酒，可用冷水浸曲。当曲已经萌发时，即可以滤去滓。冬天酿酒时，要用蒸汽将瓮蒸热，然后用麦糠保温。冬天酿酒浸曲的方法是，用适量的水和粱米煮稀粥，当粥温降到温温时即可以用于浸曲了。曲浸一夜就会萌发，所以要及时蒸饭用于酿酒，曲滓可以不滤去。估量好每批要用的粱米数之后，要把它平均分成三份，每投一次蒸一份。蒸饭前先把粱米淘净，预蒸后再馏，然后摊凉到大约如人体温的样子便下酿。要用耙子搅一搅，然后再用盆和泥，将瓮口密封起来进行发酵。在一般情况下，夏天过一夜，春、秋过二夜，冬天过三夜之后，就可以开封口看看，如果粱米饭已经消化了，就可以再蒸饭投料了。投完了料，又把瓮口密封好进行发酵。第三次投饭的方法，也如同上叙操作。

三份饭都投完之后，大约十天，粱米酒已经熟了，可以进行榨酒。

(4) 成熟的粱米酒色泽闪亮，银光十足。酒的风味，如姜辛、桂辣、蜜甜、胆汁苦，各种滋味尽在其中，散发着酷烈的芬芳，甘美清爽的酒气，超然醇厚的特色独树一帜，是黍米酒和秫米酒不能媲美的。

4. 粱米酒法原文中值得讨论的内容

(1) 原料利用　粱米在此指高粱米。所谓“赤粱白粱者佳”，就是说选用红高粱米或白高粱米酿酒好。

高粱是我国非常古老的农作物，古书上称蜀黍或秫黍。例如，1955年，我国在辽宁省辽阳三道壕西汉遗址内就发现了一堆炭化高粱;1972年，郑州博物馆在郑州大河村发现了一瓮新石器时代的炭化高粱;1955年，我国考古工作者在河北省石家庄市庄村发现了两堆战国时期的炭化高粱等等。但是最早具体记载用高粱酿酒的，始见于《齐民要术》中的本例子，所以这的确是非常可贵的。现在高粱只用于酿造白酒。

(2) 笨曲和神曲的利用方法　《齐民要术》中有“笨曲”三种，“神曲”五种，“白醪曲”、“黄衣”、“黄蒸”、“女曲”各一种。“黄蒸”、“黄衣”生长的主要是毛霉，糖化作用和水解蛋白质作用强，酒化作用弱，所以用于制豆酱和面酱，产品甜鲜。“粱米酒法”说:“笨曲一斗，杀米六斗。神曲尔胜。用神曲，量杀多少，以意消息。”这段话至少可以说明，笨曲和神曲是可以互为运用的，它们的糖化酒化作用相似，只是糖化酒化速度不同而已，这种不同来源于制曲工艺过程和曲的性质不同。

(3) 关于薄粥浸曲的意义　在“粱米酒法”中，有“煮少许粱米薄粥，摊待温温，以浸曲”的话。笔者认为，这种浸曲方法是有科学史意义的，温粥不但可以促使酒曲加快萌发，还可以尽早及时提供霉菌所需“营养品”，对酿酒工艺过程有益无害。

第五节　唐朝时期酿造黄酒工艺史

唐、宋两朝在我国历史上相沿约700年，其中五代十国虽然史书上有记载，但是只有67年，所以史学家们很少把五代十国单独提出来讨论。对于酿造黄酒工艺发展史来说，也只好如此。

一、造腊酒工艺

现在首先来探讨唐朝的情况。唐朝制曲酿酒技术又有许多提高，其表现是多方面的。例如，在制曲原料中常常加入中草药，以及把麸皮用于制曲等方面已经萌芽，这部分内容本篇前面已经提到。又如药酒大量涌现和葡萄酒迅速发展的表现，这两方面内容将分别在“药酒篇”和“葡萄酒篇”中讨论。

(一) 造腊酒工艺原文

> 唐韩鄂《四时纂要·十二月》:“造腊酒：腊日取水一石，置不津器中，浸曲末三斗，便下四斗米饭。至来年正月十五日，又下三斗米饭。又至二月二日，又下三斗米饭。至四月二十八日外开之。其瓮但露着，不用穰草，则三伏停之，不败。”[1]

(二) 造腊酒工艺流程(图1-5-14)

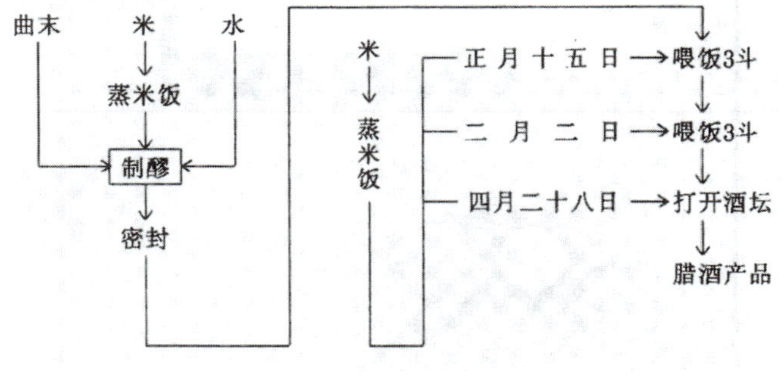

图 1-5-14　造腊酒工艺流程

(三) 造腊酒原文今释

酿造腊酒的方法　十二月八日(腊日)取水一石，放入不破不漏的酒瓮中，又放入浸好的曲末三斗，再投入蒸好的米饭四斗，密封酿造。到翌年正月十五日，打开酒瓮即放入三斗蒸好的米饭，密封酿造。接着，到了二月二日，打开酒瓮，又投入三斗米饭。一直到了四月二十八日，即可以开瓮饮用。在酿造腊酒过程中，酒瓮的瓮身可以裸露着，而不必用稻草或麦秆包裹着进行保温，这样酿成的酒可以保存到三伏天不坏。

(四) 造腊酒原文中值得讨论的内容

(1) 置不津器中　所谓“不津器”，在此指不破不漏的酒瓮。自古迄今，我国对酒瓮的要求是不破不漏。检查酒瓮完好的传统方法是，在酒瓮外表涂布一层白灰，一旦破漏，白灰立即湿润。酒瓮破漏有两大害处，一是黄酒白白漏掉，一是杂菌乘机从破漏处进入，很容易造成整瓮酒酸败。

(2) 其瓮但露着，不用穰草　对于酿造黄酒来说，制曲过程与酿酒过程对温度的要求不同：前者温度变化必须适合霉菌繁殖的需要；后者生化反应缓慢，温度高低变化不大，酒瓮散热快对黄酒陈酿有好处。

---

[1] 唐·韩鄂撰:《四时纂要》,244页,缪启愉修订,北京,农业出版社,1981。

二、唐诗中的黄酒

在我国历史上，唐朝是诗歌盛世的高峰时代，时世造就了一大批伟大诗人，把祖国的大好河山、人情世故描写得有声有色，其中包括酒文化。例如，李白、杜甫、白居易、李贺、贺知章、皮日休、陆龟蒙、王维、李绩、元稹、高适、韩愈等。在这些诗人的诗歌中，虽然有关酿酒工艺的内容甚少，但是透过诗歌章句，我们很容易明白，只有酿酒业相当发达，才能有条件使诗人饮酒赋诗达到如此令人神往的境地。今以李白(图1－5－15)等诗人的酌酒诗为例，表明如下：

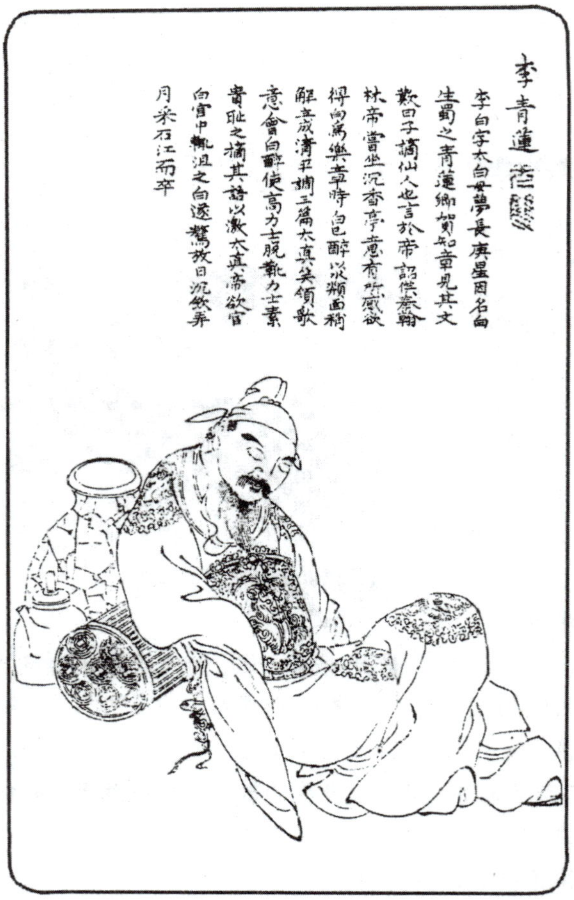

图 1－5－15　酒中仙李白酒醉谪仙靴

(引自清初金古良绘制:《南陵无双谱》，尝奇轩合编之一)

李白“月下独酌”[1]：

天若不爱酒，酒星不在天。
地若不爱酒，地应无酒泉；

[1] 明清辑本《全唐诗》，王全点校，北京，中华书局，1960。

花间一壶酒，独酌无相亲。
举杯邀明月，对影成三人。

王驾“社日”：

鹅湖山下稻粱肥，豚栅鸡埘半掩扉。
桑柘影斜春社散，家家扶得醉人归。

杜甫“酒中八仙歌”：

李白斗酒诗百篇，长安市上酒家眠。
天子呼来不上船，自称臣是酒中仙。

杜牧“清明”：

清明时节雨纷纷，路上行人欲断魂。
借问酒家何处有？牧童遥指杏花村。

白居易“同李十一醉忆元稹”：

花时同醉破春愁，醉折花枝当酒筹。
忽忆故人天际去，计程今日到梁州。

李颀“送陈章甫”：

东门酤酒饮我曹，心轻万事如鸿毛。
醉卧不知白日暮，有时空望孤云高。

岑参“凉州馆中与诸判官夜集”：

花门楼前见秋草，岂能贫贱相看老！
一生大笑能几回，斗酒相逢须醉倒。

李白“客中作”：

兰陵美酒郁金香，玉碗盛来琥珀光。
但使主人能醉客，不知何处是他乡。

李贺“将进酒”：

琉璃钟，琥珀浓，小槽酒滴真珠红。
烹龙炮凤玉脂泣，罗屏秀幕围香风。

聂夷中“饮酒乐”：

我愿东海水，尽向杯中流。
安得阮步兵，同入醉乡游。

第六节　宋朝时期酿造黄酒工艺史

到了两宋时期，我国酿造黄酒的工艺技术和理论水平比唐朝更高，其表现是多方面的。例如，制曲酿酒的专著大量增加，名酒曲和名牌黄酒大量出现等，都是远远地超过前代的。在两宋时期，著名的“酒经”、“酒志”有以下多种：

朱翼中的《北山酒经》、苏轼的《东坡酒经》、李保的《续北山酒经》、范成大的《桂海酒志》、林洪的《新丰酒经》、张能臣的《酒名记》、窦苹的

《酒谱》和何剡的《酒尔雅》等。

在这些有关酒事的专著中,《北山酒经》是最著名的,长期以来一直被人们视为经典,风行中外。从《北山酒经》中的制曲酿酒工艺理论内容可知,我国宋代时期酿造黄酒的技术水平是很高超的,其主要表现有下列各方面。

一、朱翼中《北山酒经》论酿造黄酒工艺

在《北山酒经》(图1-5-16)中,酿造黄酒的工艺过程包括以下十五道工序:即淘米、卧浆、煎浆、汤米、蒸醋糜、用曲、合酵、酴米、蒸甜糜、酘醹、酒器、上槽、收酒、煮酒、火迫酒。如果把朱翼中《北山酒经》中各酿酒工序组合起来看,再与现代酿造黄酒工艺过程比较,我们会很自然地发现,两者极为相近。所谓"相近"就是不全相同,例如,《北山酒经》中十五道工序的排列顺序与酿酒生产的真实过程有些不一致,酿酒术语古今也有些不同。下面按照酿造黄酒的生产工艺过程为序,将《北山酒经》中的各道工序作适调整后,用十二道工序操作法分别探讨如下。

(一) 淘米[1]

1. 淘米即洗米　淘米包括原料选择和除杂操作。酿造黄酒的主要原料是稻米和水。在宋代,南方主要用糯米,其次用粳米酿酒,在北方多用黍米或粟米酿酒。

> 据《北山酒经·淘米》载:"造酒治糯为先,须令拣择,不可有粳米。若旋拣实为费力,要须自种糯谷,即全无粳米,免更拣择。古人种秫盖为此。"

2. 选糯米为原料及初加工　由于糯米所含的淀粉质几乎都是支链淀粉,吸水性强,蒸煮容易糊化,酿成黄酒后,酒中含低聚糖、糊精等香甜成分较多,所以酒的风味醇厚高雅。由此可知,宋朝人"造酒治糯为先"是符合科学道理的,今人选料仍然珍重糯米和"治糯为先"的淘米原则由来久远,而今人初加工糯米的方法,更是源于古代的。例如:

> 据《北山酒经·淘米》言:"凡米不从淘中取净,从拣中取净。缘水只去得尘土,不能去砂石、鼠粪之类,要须旋、舂、簸令洁白。走水一淘大忌久浸。盖拣、簸既净,则淘数少而浆入。但先倾米入箩,约度添水,用杷子靠定箩唇取力直下,不住手急打斡,使水、米运转自然匀净,才水清即住。如此则米已洁净亦无陈气,仍须隔宿淘控,方始可用。盖控得极干即浆入而易酸,此为大法"。

3. 淘米要点　淘米操作法看似简单,其实不然。淘米的目的有两方面:首先要淘净,必须洗掉尘土、砂石和杂质,还要防止米粒破碎,提高原料利用率。其次是不可以把有用成分全洗掉,例如少量蛋白质、脂肪、糖分等,这些成分的存在对于将来酸浆水的形成和品质的提高起很大作用。酸浆水是制酒醪时不可缺少的配料之一。

(二) 卧浆和煎浆[2]

1. 卧浆和煎浆　就是制造浸米酸浆水的方法。古代浸米的方法与现在不同,现代仅用

[1]、[2] 北宋·朱翼中撰:《北山酒经》,枚庵漫士古欢堂秘册,见[日]田中静一:《中国食经丛书》(上),128页,东京都,书籍文物流通会,1972。

清洁水，古人则用特制酸浆水。制作酸浆水的方法古人称“卧浆”，把用于浸米的浆水煮热或煮沸，古人称“煎浆”。

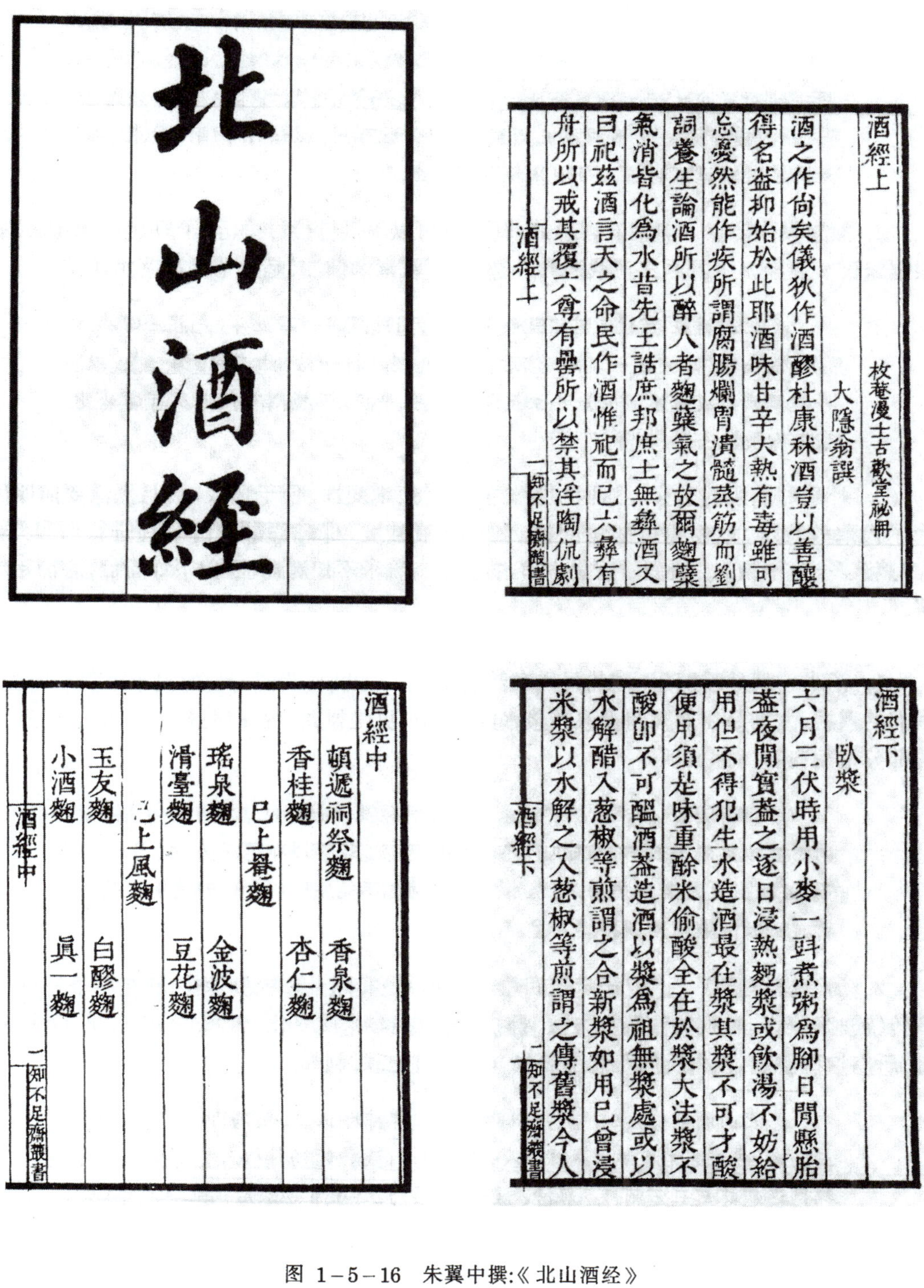
北山酒經

酒經上　　校菴漫士古歡堂秘冊
大隱翁譔
酒之作尚矣儀狄作酒醪杜康秫酒豈以善釀
得名蓋抑始於此耶酒味甘辛大熱有毒雖可
忘憂然能作疾所謂腐腸爛胃潰髓蒸筋而劉
詞養生論酒所以醉人者麴蘗氣之故爾麴蘗
氣消皆化爲水昔先王誥庶邦庶士無彝酒又
曰祀茲酒言天之命民作酒惟祀而已六彝有
舟所以戒其覆六尊有罍所以禁其淫陶侃劇
酒經上　一　知不足齋叢書

酒經中
頓遞祠祭麴　香泉麴
香桂麴　杏仁麴
已上罨麴
瑤泉麴　金波麴
滑臺麴　豆花麴
已上風麴
玉友麴　白醪麴
小酒麴　眞一麴
酒經中　一　知不足齋叢書

酒經下
臥漿
六月三伏時用小麥一㪷煮粥爲脚日間懸胎
蓋夜間實蓋之逐日浸熱麪漿或飲湯不妨給
用但不得犯生水造酒最在漿其漿不可才酸
便用須是味重酴米偷酸全在於漿大法漿不
酸即不可醞酒蓋造酒以漿爲祖無漿處或以
水解醋入葱椒等煎謂之合新漿如用已曾浸
米漿以水解之入葱椒等煎謂之傳舊漿今人
酒經下　二　知不足齋叢書

图 1-5-16 朱翼中撰:《北山酒经》

(引自[日]田中静一:《中国食经丛书》(上),东京都,书籍文物流通会,1972)

《北山酒经·卧浆》言:"卧浆者,夏月所造酸浆也,非用已曾浸米酒浆也。六月三伏时,用小麦一斗煮粥为脚,日间悬锅盖,夜间实盖之,逐日浸热面浆或饮汤,不妨给用但不得犯生水。造酒最在浆,其浆不可才酸便用,须是味重,酴米偷酸全在于浆。大法,浆不酸即不可酝酒,盖造酒以浆为祖。无浆处,或以水解醋入葱、椒等煎,谓之合新浆;如用已曾浸米浆以水解之,入葱、椒等煎,谓之传旧浆,今人呼为酒浆是也。酒浆多浆臭而无香辣之味,以此知,须是六月三伏时造下浆,免用酒浆也。酒浆寒凉时犹可用,温热时即须用卧浆。寒时如卧浆欠缺,绝不得已,亦须且合新浆用也。"

2. 煎浆操作要点　煎浆的含意如前所叙,可以不再进行讨论。至于"煎浆"操作法,如果根据朱氏《酒经》中的原文记载来看,一是为了消毒杀菌,二是为了提高浆水品质。

《北山酒经·煎浆》言:"假令米一石,用卧浆水一石五斗。先煎三四沸,以笊篱漉去白沫,更候一二沸,然后入葱一大握、椒一两、油二两、面一盏,以浆半碗调面打成薄水,同煎六七沸。煎时不住手搅,不搅则有偏沸及有爆着处。浆熟即便漉去葱、椒等。"

3. 卧浆和煎浆的意义　这两项操作是为了使米变性,便于蒸饭,而且更重要的原因是为了提取酸浆水,以便用作酿酒配料,调节醪液酸度,保障酒醪发酵顺利进行。所以朱氏在"煎浆"一节中指出:"造酒看浆是大事,古谚云:看米不如看曲,看曲不如看酒,看酒不如看浆。"

(三) 汤米[1]

1. 汤米　就是浸渍用于制酒母或酿酒的米。自古以来,我国传统的浸米过程一向受到人们的重视,尤其是在制浆和提取酸浆水的操作中更是如此。现在根据朱氏《北山酒经》中的部分记载内容,讨论如下:

《北山酒经·汤米》言:"汤米:须看时候及米性新陈。春间用插手汤,夏间用宜似热汤,秋间即鱼眼汤,冬间须用沸汤。若冬月却用温汤,则浆水力慢不能发透,夏月若用热汤,则浆水力紧汤损也不能发透。所贵四时浆水温热得所。汤米时,逐旋倾汤接续入瓮。"

2. 汤米操作要点　上叙汤米虽四季通行,但是实际上传统浸米操作都在冬季进行。我国传统浸米操作,特别关注落缸方法、翻缸方法、观察米质变化、米和浆分离、清水冲洗残浆等。所有这些要点,在朱氏的《北山酒经》中都有记载。例如:

《北山酒经·汤米》言:"米新即倒汤,米陈即正汤。倒汤者,坐浆汤米也。正汤者,先倾米在瓮内,再倾浆入也;汤米时,逐旋倾汤接续入瓮,急令二人用棹篦连底抹起三五百下,米滑及颜色光粲乃止;寻常汤米后,第二日生浆泡,如水上浮沤,第三日生浆衣,寒时如饼,煖时稍薄,第四日便尝,若已酸美有

[1] 北宋·朱翼中撰:《北山酒经》,枚庵漫士古欢堂秘册,见[日]田中静一:《中国食经丛书》(上),128页,东京都,书籍文物流通会,1972。

涎，即先以笊篱掉去浆面，以手连底搅转，令米粒相离，恐有结米，蒸时成块，气难透也。”

以上这段话与现代浸米过程很相似，所不同的是古人采用开水或热水冲泡浸米。现在的浸米方法如下：先把陶瓷缸洗净消毒，倒入一定量清水和半份米，然后用木楫撬松，并捞去上浮的杂质，再添加清水和剩下的米。配料完成之后，米立即吸水膨胀，缸内水位下降，此时要及时添加清水，保持水面高出米的表面约5～6cm。如此浸泡之初，米中常有气泡上升，后来气泡不断减少，大约经过18～19天，水面开始变为清澈，用手取米粒一捏，若能成粉状，说明浸米工作已经完成。

此时，用尖头圆木棍将米层撬松，再用米抽轻轻插下去，这两项操作都要防止米粒破碎。接着用铜勺将米抽内的米取出，再将米抽向上抽起，防止米粒和米浆结块，最后又将米抽插下，汲出米浆，达到米和米浆分离的目的。所制得的米浆要适当加些清水稀释，加缸盖保温，使之隔夜发酵变酸。新鲜的酸浆水是制酒醪时很重要的配料，古称“酒浆”，含有大量乳酸菌和酵母菌等，这种酒浆不能搁置24h之后才用。一旦酒浆供应短缺时，可以采用卧浆和煎浆的方法进行补充。

(四) 蒸醋糜

这里的蒸醋糜，就是蒸熟用于酿酒母的米饭。所谓“蒸醋糜”，大概与浸泡后的米呈酸味有关。蒸饭的目的是使淀粉质糊化，同时也具有杀菌作用。对于如何蒸好饭的问题，《北山酒经》中都有较全面的论述，例如，灶釜安装要端正、锅中上水要适宜、饭甑筛箅要完好、烧火及火候控制要恰到好处等。在《北山酒经》中，对于如何将浸好的糯米分层入甑蒸好的论述也很正确，“须候釜沸气上，将控干酸米逐旋以勺轻手续续趁气撒装，勿令压实。一石米约作三次装，一层气透又上一层，每一次上米用炊帚掠拨周围上下生米在气出处，直候气匀无生米……以余浆洗案令洁净，出糜在案上，摊开令冷。”根据所记述的内容可知，这是一种摊饭酿造黄酒法。

(五) 用曲[1]

1. 用曲　就是使用酒曲的方法。在北宋以前，例如在《齐民要术》中，古人用曲的方法都是把饼曲捣碎，用水浸泡和过滤，然后去渣取汁投入缸中，再向缸中投入米饭酿酒。这种方法的缺点是，饼曲是用小麦等原料制成的，其本身也是酿酒的好原料；曲渣中仍然有很多有益霉菌，应当充分利用。所以赵宋以前的做法并不科学，即原料的利用率不高。至晚到了北宋初年，用曲的方法出现了突破性的改变，即采用连渣拌饭法。例如：

《北山酒经·用曲》载：“古法先浸曲，发如鱼眼汤。净淘米，炊作饭，令极冷，以绢袋滤去曲滓，取曲汁于瓮中，即投饭。近世不然，炊饭冷，同曲搜拌入瓮。曲有新陈。陈曲力紧，每斗米用十两，新曲十二两或十三两。腊脚酒用曲宜重。”

2. 用曲操作要点　在《北山酒经》中还有下列一些讲究。例如，酿酒必须用干曲而不能用湿曲，用新曲酿酒曲要先擘破焙干，还要放置一夜才能用，嫌酒味甜可再加些曲入醪内，

[1] 北宋·朱翼中撰：《北山酒经》，校庵漫上古欢堂秘册，见[日]田中静一：《中国食经丛书》(上)，131页，东京都，书籍文物流通会，1972。

酿酒可用两色曲，可以根据季节变化而采用细末曲或小块曲等。现摘录后两项原文内容，供参考：

> 《北山酒经·用曲》言："张进造供御法酒使两色曲，每糯米一石用杏仁罨曲六十两，香桂罨曲四十两。一法，酝酒罨曲、风曲各半亦良法也。四时曲粗细不同，春冬酝造日多，即捣作小块子，如骰子或皂子大，则发断有力而味醇酽；秋夏酝造日浅则差些，欲其曲、米早相而就熟，要之曲细则味甜美，曲粗则硬辣，若粗细不匀，则发得不齐，酒味不定。大抵寒时化迟，不妨宜用粗曲；暖时曲欲得疾发，宜用细末。"

(六) 合酵[1]

1. 合酵　就是制干醅为"曲"(酵)并准备制醪的方法。我国酿造黄酒，按发酵过程的大阶段讲，前期主要是糖化而后期是酒化。但是在酿酒实践中，糖化和酒化是很难截然分开的。这就是说，发酵醪上层里面所含的糖化菌和酵母菌是大量并存的，而且一定是优良菌种。如果将其撇出来制成干品，那必然是一种好酒曲。虽然古代人们并不知其所以然，但是这种关注的起源是很早的。例如，在北魏贾思勰的《齐民要术·笨曲并酒》中，就已有"作春酒法：每欲酘时，酒薄霍霍者，是曲势盛也，酘时宜加米；势盛不加，便为'失候'，势弱不减，刚强不消。加减之间，必须存意！"这说明当时人们已知，"曲势"现象是酿酒过程中成败的关键之一，可惜当时还不知采用"合酵"干醅法。到了北宋初年，才出现传醅"合酵法"的详细记载。例如：

> 《北山酒经·合酵》言："北人造酒不用酵，然冬月天寒，酒难得发多撷了，所以要取醅面正发醅为酵最妙。其法：用酒瓮正发醅撇取面上浮米糁控干，用曲末拌，令湿匀，透风阴干，谓之干酵。凡造酒时，于浆米中先取一升已来用。本浆煮成粥放冷，冬月微温，用干酵一合、曲末一斤，搅拌令匀，放暖处，候次日搜饭时入酿。"

2. 合酵传醅的意义　根据上叙"合酵"内容的论述说明，我国古人深知，酿酒过程是由"酵"定向的。因记载中有"北人造酒不用酵"的话，所以制干醅曲的发明大概起源于南方，它是传醅方法的一种好形式。又因为《北山酒经·合酵》原文中还有"取正发酒醅二三勺拌和尤捷，酒人谓之传醅免用酵也"，所以北方人当时虽然不用干酵酿酒，可是也已经知道用撇取酒醪上层的醪液作为菌种，将其拌人固醪中进行"传醅"了。这也是加速固醪发酵的一种好方法。

(七) 酴米[2]

1. 酴米　就是酿造淋饭酒母的方法。自古以来，我国酿造淋饭酒时，通常都要添加淋饭酒母以促进酒化，也会使淋饭酒的风味更加醇美。但是由于酿酒科技随着历史的前进而发展，所以我国现在酿造淋饭酒母的方法有两类：即传统酿造法和纯菌种扩大培养法，后者又有速酿酒母、高温糖化酒母和稀醪酒母。现在我们要讨论的是传统酿造淋饭酒母法。传统淋

[1] 北宋·朱翼中撰：《北山酒经》，枚庵漫士古欢堂秘册，见[日]田中静一：《中国食经丛书》(上)，131页，东京都，书籍文物流通会，1972。

[2] 北宋·朱翼中撰：《北山酒经》，枚庵漫士古欢堂秘册，见[日]田中静一：《中国食经丛书》(上)，132页，东京都，书籍文物流通会，1972。

饭酒母至晚始见于北宋，在《北山酒经》中称“酴米”、又称脚饭，至近现代称酒酿或酒娘。例如：

《北山酒经·酴米》言：“酴米酒母也，今人谓之脚饭。蒸米成糜，策在案上，频频翻，不可令上干下湿，大要，在体忖天气温凉时放微冷，热时令极冷，寒时如人体。金波法：一石糜用麦蘖四两，炒，令冷。糁在糜上，然后入曲酵，一处众手揉之，务令曲与糜匀。若糜稠硬，即旋入少冷浆同揉，亦在随时相度。大率：搜糜只要拌得曲与糜匀足矣，亦不须搜如糕糜，京酝搜得不见曲饭所以太甜。曲不须极细，曲细则甜美，曲粗则硬辣，粗细不等则发得不齐，酒味不定。大抵寒时化迟，不妨宜用粗曲，可骰子大；暖时宜用细末。欲得疾发，大约每一斗米使大曲八两、小曲一两，易发无失，并于脚饭内下之，不得旋入生曲，虽三酘酒亦尽于脚饭中下。计算斤两，搜拌曲糜，匀即搬入瓮。瓮底先糁曲末，更留四五两曲盖面。将糜逐段排垛，用手紧按瓮边，四畔拍令实，中心剜作坑子。入刷案上曲水三升或五升，已来微温，入在坑中并泼在醅面上以为信水。

大凡酝造，须是五更初下手，不令见日，此过渡法也。下时东方未明要了，若太阳出即酒多不中。一伏时揭开瓮，如渗信水不尽，便添蔗席围裹之。如沥尽信水发得匀，即用耙子搅动，依前盖之，频频揩汗。三日后用手捺破头尾，紧即连底掩搅令匀，若更紧即便摘开，分减入别瓮，贵不发过。一面炊甜米便酘，不可过宿，恐发过无力，酒人谓之摘脚。脚紧多由糜热，大约二三日后必动。如信水渗尽醅面，当心崩起有裂纹，多者十余条，少者五七条，即是发紧，须便分减。大抵冬月醅脚厚，不如夏月醅脚要薄。如信水未干，醅面不裂，即是发慢，须更添席围裹候一二日。如尚未发，每醅一石用勺取出二斗，以来入热蒸糜一斗在内，却倾取出者。醅在上面盖之，以手按平，候一二日发动。据后来所入热糜计合用曲，入瓮一处拌匀，更候发紧掩捺，谓之接醅。若下脚后依前发慢，即用热汤烫臂膊，入瓮搅掩令冷热匀，停须频蘸臂膊，贵要接助热气，或以一二升小瓶贮热汤，密封口，置在瓮底，候发则急去之，谓之追魂。或倒出在案上，与热甜糜拌，再入瓮，厚盖合，且候隔两夜，方始搅拨。依前紧盖合，一依投抹次第，体当渐成醅，谓之搭引。或只入正发醅脚一斗许在瓮，当心却发慢醅，盖合，次日发起搅拨，亦谓之搭引。造酒要脚正，大忌发慢，所以多方救助。冬月置瓮在温暖处，用蔗席围裹之，入麦秆、黍穰之类，热时去之。夏月置瓮在深屋底不透日气处，天气极热，日间不得掀开，用砖鼎足阁起，恐地气，此为大法。”

2. 酿酴米(酒母)工艺流程(图1－5－17)

3. 酿酴米(酒母)工艺原文中值得探讨的内容

(1) 如果从酿“酴米”工艺的全过程来看，这个工艺流程与近现代酿造淋饭酒母的方法极为相似。例如，原料的配比、用曲药的方法、落缸搭窝操作、保温发酵和开耙搅拌操作等，都是古今一脉相承的，每项操作都是大同小异的。

(2) 在酿“酴米”的整个论述中，虽然古今科技用语有些不同，但是其科技内涵是相同的。例如，蒸甜糜即蒸饭，曲酵即曲药，入瓮作坑就是落缸搭窝，添蔗席围裹就是用蔗草保温培养的意思等。

在酿“酴米”的论述中，还首次出现了“大曲”和“小曲”的概念：“每斗米使大曲八两，小曲

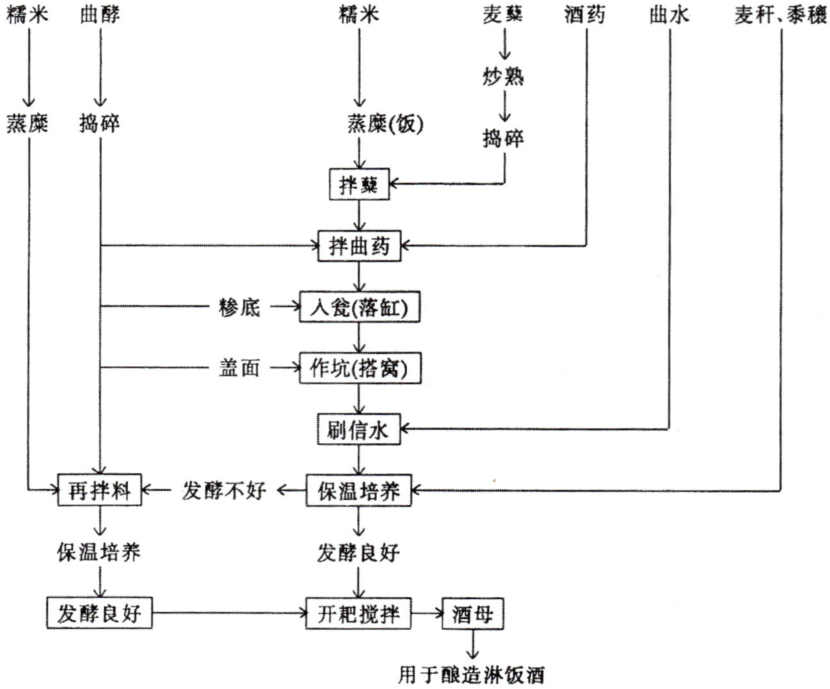

图 1-5-17 酿酴米(酒母)工艺流程

一两”。这可能是我国现在“大曲”和“小曲”名称由来的开始。“大曲”和“小曲”与《齐民要术》上的“笨曲”和“神曲”比较，在学术上具有更通俗易懂的特点。但是在《北山酒经》中，不见有“大曲”与“小曲”的制法或区别的论述，因此无法判断古今传承关系。

(八) 蒸甜糜[1]

蒸甜糜，就是蒸熟用于酿酒的米饭，俗称“甜糜”。

> 据《北山酒经·蒸甜糜》载:“凡蒸酘糜，先用新汲水浸破米心，淘净，令水脉微透，庶蒸时易软。然后控干，候蒸气上，撒米装填，米比醋糜松，利于炊。候装彻气上，用木篦锨帚，掠拨甑周，回生米在气出紧处，掠拨平整，候气匀溜。用篦飞搅，再溜气匀，用汤泼之，谓之小泼。再候气匀，用篦飞搅，候米匀熟，又用汤泼，谓之大泼。复用木篦搅斡(和)，随篦泼汤，候匀软稀稠得所。取出盆内以汤微洒，以一器盖之，候渗尽出在案上。飞梢二三遍，放令极冷。”

根据上叙可知，宋代时期的蒸饭方法与现代很相似，其中稍有不同的是，现代只有当饭粒偏生偏硬时，才泼汤水再蒸。另外，古人蒸饭时泼汤2～3次似乎太多了。还有，熟饭出在案上，放置极冷，也与现代不同，温度太低，发酵速度慢。

(九) 酘醹[2]

[1] 北宋·朱翼中撰:《北山酒经》，枚庵漫士古欢堂秘册，见[日]田中静一:《中国食经丛书》(上)，133页，东京都，书籍文物流通会，1972。

[2] 北宋·朱翼中撰:《北山酒经》，枚庵漫士古欢堂秘册，见[日]田中静一:《中国食经丛书》(上)，134页，东京都，书籍文物流通会，1972。

1. 酘醹 就是投料制醪发酵的方法,包括投饭、拌曲、加水,制醪操作等。

在我国,酿造黄酒的配料和投料方法,历来因传统工艺过程不同而异。此处《北山酒经》中所论述的酿酒工艺过程,是一种典型的喂饭酿酒法。喂饭法最明显的特点是,投饭是分批进行的,根据发酵情况,估算好添加量,现蒸现投。所谓“酘醹”,就是投饭酿造醇厚美酒的意思,最初记载始见于《诗·大雅·行苇》:“曾孙维主,酒醴维醹;酌以大斗”。至于喂饭法的操作,在《北山酒经》中已有详细论述。例如:

《北山酒经·酘醹》言:“酘醹最要是,应不可过不可不及,脚热发紧不可摘开,发过无力方投。非特酒味薄不醇美兼曲末少,咬甜糜不住,头脚不是应多致味酸。若脚嫩力小酘早,甜糜冷不能发透,折断多致延慢,酒人谓之撷了。须是发紧,迎甜便酘,寒时四六酘,温凉时中停酘,热时三七酘。酝法总论:天暖时二分为脚,一分投;天寒时中停投,如极寒时一分为脚,二分投;大热时更不投。一法,只看醅脚紧慢加减,投亦治法也。若醅脚发得恰好,即用甜饭依数投之。若用黄米造酒,只以醋糜一半投,谓之脚搭脚,如此酝造暖时尤稳。若发得太紧,恐酒味太辣,即添入米一二斗。若发得太慢,恐酒太甜,即添入曲三四斤,定酒味,全在此时也。”

2. 关于“脚嫩”、“脚发”、“脚紧慢”的含意 这是古人判断酒醪成熟程度,决定再投料时候的俗语。制醪时,古人先投部分曲饭进行发酵,当这部分曲饭发酵成醪时,人们即可以根据酒醪的发酵情况来确定追加投料量了。所谓“脚”,就是发酵过程中的底料,“脚嫩”就是底料还未发酵好之意。由此可知,宋代酿造喂饭酒的方法与今日情况相似,堪称一脉相承的典型。投料完成之后,正确判断酒醪成熟的方法,在《北山酒经》中有下列记载:

如《北山酒经·酘醹》载:“如米粒消化而沸未止,曲力大更酘为佳。若沸止醅塌,即便封泥起,不令透气。夏月十余日,冬深四十日,春秋二十三四日,可上槽。大抵要体当天气冷暖,与南北气候,即知酒熟有早晚,亦不可拘定日数。酒人看醅生熟以手试之,若拨动有声,即是未熟,若醅面干如蜂窠眼子,拨扑有酒涌起,即是熟也。供御祠祭,十月造酘后二十日熟;十一月造酘后一月熟;十二月造酘后五十日熟。”

(十) 酒器[1]

1. 酒器 此处指酒坛及清洗消毒方法。为了保证黄酒酿成之后,新酒能够安全进入陈酿阶段,也为了黄酒的风味能够更加醇厚,装酒用的酒坛必须经过严格清洗消毒之后才能装酒。在我国酿酒史上,古人已知必须清洗酒坛,起源于先秦时代。例如,《淮南子》、《礼记》等古籍上已有记载。但是,详细记载消毒酒坛法的却始见于《北山酒经》中。例如:

“酒器:东南多瓷瓮,洗刷净便可用,西北无之,多用瓦瓮。若新瓮,用炭火五七斤罩瓮其上,候通热以油蜡遍涂之。若旧瓮,冬初用时须熏过。其法,用半头砖挡脚安放,合瓮砖上,用干黍穰文武火熏于甑釜上,熏至瓮边黑汁出为

[1] 北宋·朱翼中撰:《北山酒经》,校庵漫士古欢堂秘册,见[日]田中静一:《中国食经丛书》(上),135页,东京都,书籍文物流通会,1972。

度，然后水洗三五遍，候干用之。更用漆之尤佳。”

2. 清洗要点及意义　在一般情况下，瓷瓮比陶瓮胎质好，又有釉面保护，所以只需刷洗洁净即可用于装酒；新瓮质量也较好，但是会有空隙小洞，所以要用炭火烧加以消毒，还要用油蜡涂擦，才能用于装酒；旧瓮已经用过，瓮上空隙里自然会有多种微生物和杂物存在，所以要用文武火熏，直至把黑汁迫出来，经过如此消毒之后，再用清水刷洗洁净，也就可以用于装酒了。

（十一）上槽和收酒[1]

1. 上槽　这里指的是将熟酒醪装入榨床的操作。

我国古代分离酒与糟的方法有多种。例如，用勺或碗撇清酒、用布过滤、用竹箅或席过滤等。但是用榨床压榨过滤法，古书上有案可稽的最早记载，始见于北宋。例如：

> 《北山酒经·上槽》："大约造酒，自下脚至熟，寒时二十四五日，温凉时半月，热时七八日便可上槽。仍须匀装停铺，手按压板正下砧箪，所贵压得匀、干并无溅失。"

2. 榨酒　古人榨酒用木榨床（图1－5－18）。这种利用杠杆原理制造的榨酒设备，是很实用的一种古代机械，在当时是很先进的。操作简单，把酒醪装入绢袋，再上槽装入木箱里，放上压板下压即可。酒液损耗少，绢袋和木榨箱密封性好，可以防止酒液蒸发，设备及绢袋等可以反复使用。

3. 收酒　古人收酒方法也很巧妙。在木榨箱内有上下连通的孔。酒液从绢袋流出来之后，顺着连通的孔流到底层出口处，由"小杖子"引下，进入酒坛里（图1－5－19）。这种收集酒液的情况在《北山酒经·收酒》中有记载："上榨以器就滴，恐滴远损酒，或以小杖子引下。"由此可知，宋代的酿酒技术是很全面的，即使是"收酒"的细节也都想到了。

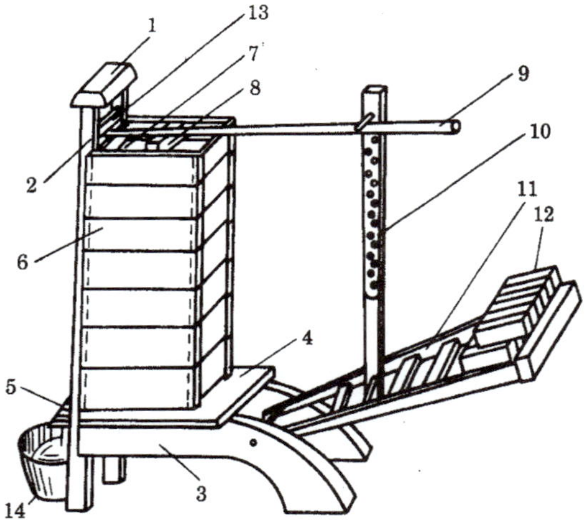

图 1－5－18　木榨床

1. 顶杆　2.立架　3. 支脚　4. 底板　5. 榨舌
6. 榨框　7. 榨板　8. 枕木　9. 压杠　10. 拉杆
11. 加压架　12. 加压石块　13. 横木　14. 酒缸

（引自无锡轻工学院：《酿酒工艺学》，中国财政经济出版社，1964）

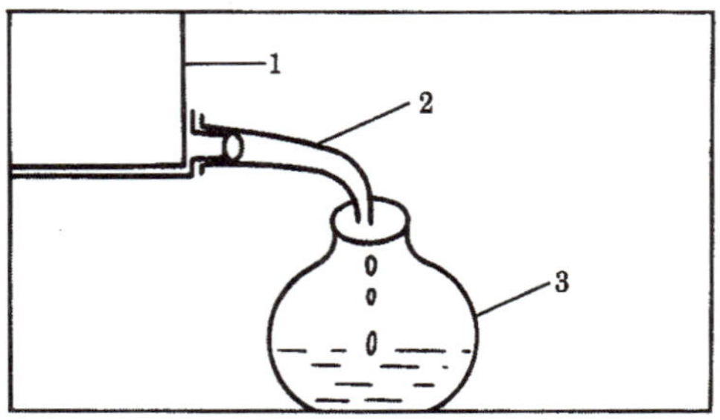

图 1－5－19　收集酒液

1. 榨箱　2. 小杖子　3. 酒坛

[1] 北宋·朱翼中撰：《北山酒经》，枚庵漫士古欢堂秘册，见［日］田中静一：《中国食经丛书》（上），135页，东京都，书籍文物流通会，1972。

(十二) 煮酒[1]

1. 煮酒　就是把生酒煮熟的方法。煮酒又称煎酒，主要起加热杀菌作用，破坏残存酶的活力，除去生酒杂味，加速黄酒成熟，促进酒中蛋白质和胶体物质凝固，使黄酒色泽清亮，成分稳定，便于长期保存而不变质。

2. 煮酒操作　生酒要先澄清才能煮，煮酒要煮熟，但也不可以过熟，不熟容易变质，过熟会造成酒精大量损失。在正常情况下，煮酒温度大约在80℃。当然，宋代不可能用温度计控制煮酒过程，只能把煮酒经验记录下来。这种记录虽然比较简单，有些内容不可理解，但是很实在。例如：

> 《北山酒经·煮酒》言："凡煮酒，每斗入蜡二钱、竹叶五片、官局天南星丸半粒，化入酒中，如法封系，置在甑中。然后发火，候甑箄上酒香透，酒溢出倒流，便揭起甑盖，取一瓶开看，酒滚即熟矣。便住火，良久方取下。"

在上叙这段记载中，虽然加蜡、竹叶和官局天南星丸的原因不全明白，但是可以改善黄酒的色泽和风味。

二、朱翼中《北山酒经》中的酿造喂饭酒工艺流程(图1－5－20)

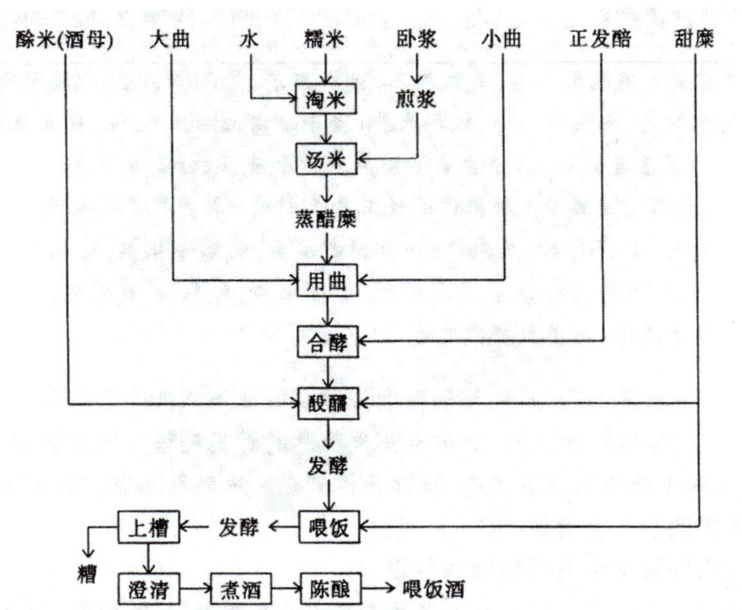

图 1－5－20　《北山酒经》中的酿造喂饭酒工艺流程

三、宋朝名酒倍增是酒业发达的标志

与前代比较，宋代古籍中出现的名酒数量已远远地超过了唐代。这种情况从一个侧面有力地说明，宋代的酿酒业的确是更加兴盛发达了，这也说明当时的酿酒技术已经取得了更加

[1] 北宋·朱翼中撰：《北山酒经》，枚庵漫士古欢堂秘册，见[日]田中静一：《中国食经丛书》(上)，135页，东京都，书籍文物流通会，1972。

显著的进步。据不完全统计得知,宋代文献中著录的名酒有数百种。例如:

朱翼中《北山酒经》	酒5种
西湖老人《繁胜录》	酒27种
周密《武林旧事》	酒54种[1]
张能臣《酒名记》	酒约180种[2]

第七节　明朝时期酿造黄酒工艺史

明朝时期,在我国历史上相沿了270多年之久,距今相去不算太远,古籍中许多酿造黄酒的资料和著作尚能查到,大多数酿酒设备,尤其是非关键性的设备和工具,今日还在运用之中。但是有关史料特别分散,不可能在短时间内全部查到,许多酿酒设备分别散见于全国各地。如果要实地调查研究,也存在着时间和经费上的问题,所以现在只能尽力而为了。

一、酿造香雪酒

(一) 酿造香雪酒原文

在明高濂的《饮馔服食笺·酿造类》中,有酿造"香雪酒"的例子,原文如下:

> "香雪酒:用糯米一石,先取九斗,淘淋极清,无浑脚为度。以桶量米准作数,米与水对充,水宜多一斗,以补米脚,浸于缸内。后用一斗米,如前淘淋,炊饭埋米上,草盖覆缸口。二十余日,候浮,先沥饭壳,次沥起米,控干,炊饭。乘热用原浸米水澄去水脚,白曲作小块二十斤拌匀。米壳蒸熟放缸底。如天气热,略出火气,打拌匀后,盖缸口。一周时打头耙,打后不用盖,半周时打第二耙。如天气热,须再打出热气,三耙打绝,仍盖缸口,候熟。如用常法,大抵米要精白,淘淋要清净,耙要打得热气透,则不致败耳。"[3]

这种"香雪酒"的酿造方法,显然与现在浙江绍兴等地所酿造的香雪酒有所不同。明朝的香雪酒实际上是一种特殊的酿造酒,而现在绍兴等地的香雪酒是一种用酒药落缸,用麦曲搭窝发酵,然后加入陈年糟烧酒而酿成的。现代香雪酒是一种酒度和糖含量都很高的甜黄酒。

(二) 酿造香雪酒的工艺流程(图1-5-21)

(三) 酿造香雪酒原文中值得讨论的内容

1. 古今香雪酒　如上所叙,古今香雪酒的酿造方法的确有所不同。但是这两种酒都是采用淋饭法进行酿造的,所以足可以认为,古今香雪酒是一种同类同名而不同品种的酒。现代香雪酒之所以香甜醇厚超群,其主要原因之一是,高浓度酒可以溶入更多的芳香成分,使酒的风味更美。

2. 投饭盖米和米壳蒸熟放缸底的作用　在酿造香雪酒的工艺流程中,有"投饭盖米"的

[1] 宋·周密撰:《武林旧事》卷六,据上海进步书局,见《笔记小说大观》第九册,扬州,江苏广陵古籍刻印社,1983。

[2] 宋·张能臣撰:《酒名记》,元·陶宗仪:《说郛》卷九十四,见《说郛三种》,上海,上海古籍出版社,1988。

[3] 明·高濂撰:《遵生八笺·饮馔服食笺》,124页,北京图书馆善本,北京,中国商业出版社,1985。

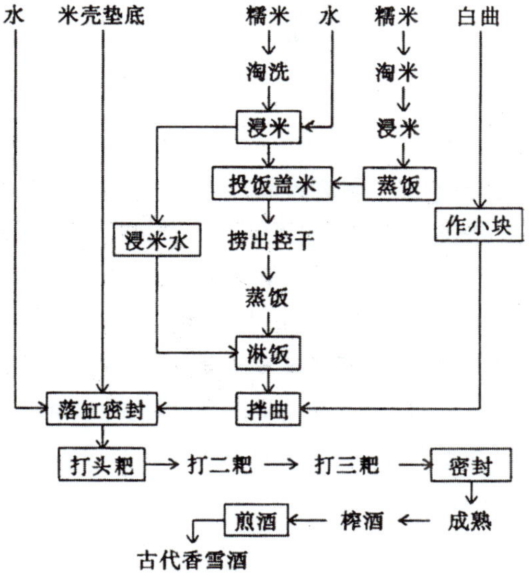

图 1-5-21　酿造香雪酒的工艺流程

操作过程。其方法是用少量熟米饭盖在生米上，经浸泡20多天后捞出来蒸熟作为落缸原料。这种方法很像《北山酒经》中的"汤米"，但又有一些区别，"汤米"是用开水或热水冲泡生米，浸酸后捞出来蒸熟，作为落缸原料的。古代这两种方法哪一种好?笔者没有第一手资料，不敢轻易地下结论，但是这两种方法与近现代浸米取酸浆水的操作程序和目的相似，具有很明显的形影相随关系，但也有显然不同之处。

在酿造香雪酒的工艺流程中，有"米壳垫底"落缸的操作过程。所谓"米壳垫底"，就是以米糠或谷壳垫缸底的意思，这是自古已有的制曲酿酒方法。若根据制香雪酒的工艺流程分析，米糠蒸熟垫缸底至少起着两种作用：一是增加透气性，促进发酵;二是作为原料加入，可以提高原料利用率和出酒率。但是"米壳"不对，谷才有壳，米有糠。

二、古代酒类或酒名的俗称

在明李时珍的《本草纲目》中，关于酒类或酒名的俗称，有以下记载：

> 《本草纲目·谷部》："酒之清者曰酿，浊者曰盎;厚者曰醇，薄者曰醨;重酿曰酎，一宿曰醴;美酒曰醑，未榨曰醅;红曰醍，绿曰醽，白曰醝。"[1]

古人的这种归纳和注释，对于我们正确识别古代各种酒来说，具有相当重要的意义。

第八节　清朝时期酿造黄酒工艺史

在清朝时期，我国酿造黄酒的技术水平又有很明显的进步。例如，论述黄酒陈酿、评价黄酒品质优劣，还有论缸、论坛、论米、论酒娘、论开耙、论榨酒、论煎酒、论医酒、论糟烧以及回收杂酒法等等，都有具体表现。例如：

[1] 明·李时珍撰:《本草纲目·谷部》第三册，第二十五卷，1556页，刘衡如校，北京，人民卫生出版社，1978。

一、顾中村品评黄酒

据《养小录·论酒》载:“酒以陈者为上,愈陈愈妙,暴酒切不可饮,饮必伤人,此为第一义。酒戒酸、戒浊、戒生、戒狠暴、戒冷,务清、务洁、务中和之气。或谓余论酒太严矣。然则当以何者为至?曰:不苦、不甜、不咸、不酸、不辣,是为真正好酒。又问:何以不言戒淡也?曰:淡则非酒,不在戒例。又问:何以不言戒甜也?曰:昔人有云,清烈为上,苦次之,酸次之,臭又次之,甜斯下矣。夫酸臭岂可饮哉!而甜又在下,不必列戒例。又曰:必取五味,无一可名者,饮,是酒之难也,尔其不饮耶?余曰:酒虽不可多饮,又安能不饮也。或曰:然则饮何酒?余曰:饮陈酒,盖苦、甜、咸、酸、辣者必不能陈也。如能陈,即变而为好酒矣,是故‘陈’之一字可以作酒之姓矣。或笑曰:敢问酒之大名尊号?余亦笑曰:酒姓陈,名久,号宿落。”[1]

顾仲上面的这些评论,很明显地是有科学道理的。如‘酒戒酸、戒浊、戒生……务清、务洁、务中和之气”,这些原则至今仍然是评价黄酒品质优劣的重要条件。又如酒经陈酿“即变而为好酒”,也是很正确的。但是在顾仲的“论酒”中也有不适当之处:例如,刚酿成的酒称暴酒,顾氏认为“暴酒切不可饮”;又如好酒“必取五味”齐全,如果“无一可名者”,即连一味也不具有的就不是饮用酒;又如酒“不言戒甜”,认为“甜又在下”,不必列戒例等,这些结论是不全面的。人所共知,好酒与新酒勾兑后酒质可能会变好,新酒与新酒勾兑酒质也可能变好。还有“甜味”自古以来都是酒的美味之一。例如,福建龙岩的沉缸酒、浙江绍兴的善酿酒等,都是风味香甜的黄酒,特别是香雪酒含糖分可达20g/100mL。

二、佚名氏《调鼎集》论酿造黄酒

(一) 论选缸和维修缸

在清佚名氏《调鼎集·论缸》中,有:“缸有新有陈,有损有开,有坯漏大小,须详细察之。新、陈原无二致,然新者不无耗,不若陈者之为妙也。损不过细径,而开甚大,须用铁锔连合好,敷以铁砂,可保无虞。至于横断之开,即用铁锔、铁砂,终属无用,须检弃之。陈缸之漏,或由于砂疤,新缸之漏,或由于沙子,皆可修补。坯漏者本身之土原松,渗漏之处在在皆有,无从着手,如何可修?即勉强修之,亦属无益,急宜检去。至缸底犹为要紧,若少疏忽;漏必罄尽,既经修补明白,即用油灰擦上,水灰盖之。腰间、口脖,以毛竹为之,尤为结实。

空缸存贮,如遇大水,即以水灌满,便无妨碍。满酒坛不宜浸水,浸水必坏。”[2]

以上论述内容,特别具有实用意义,而且通俗易懂,可不必多加解释。但是在空缸存贮下面,有“满酒坛不宜浸水,浸水必坏”的话,此话的后半句可以有数种解释。笔者认为,后者较

[1] 清·顾仲撰:《养小录·论酒》卷三上,5页,学海类编本,北京,中国商业出版社,1984。
[2] 清·佚名氏撰:《调鼎集·酒谱》卷八,664页,据北京图书馆善本,北京,中国商业出版社,1986。

为正确。

另外，我国传统修补缸或坛的方法，自古有一套经济实用技术，在民间广泛流传。其详细维修操作过程如下：凡是裂口处，可先用铁锔钩紧，凡是砂眼或破漏小孔，可先在破漏处用钢锥凿去松软胎质及釉质，然后在破漏处涂满生铁砂末和盐卤等混合物，再将烧成白色的粉状砻谷糠灰撒在涂抹物上，再在上面涂上一层桐油脚，经干燥硬化后，就会坚实如新，不致于渗漏了。这是我国劳动人民独创的一项技术。

(二) 论开耙

《调鼎集·开耙》："开耙有冷作、热作之分。缸面有细裂缝即是热作，或无裂缝更热，先用手蘸尝味，甜时即可开耙。若到涩苦开耙，即酸矣。如果势太猛，叠次打耙恐或误事，须用陈老酒倒入，以势平为度。缸面裂缝太大，即是冷作，不可开动，甚至月余而开者，往往而有之。至于水管水，饭管饭，便为冻死，急用好烧酒一茶壶约四五斤，炖热，连茶壶沉入缸底，自然起发如故。热作酒气旺，故力足而味香。冷作酒气弱而味木。"[1]

我国酿造黄酒的传统发酵法是在大缸中分散敞口进行的，开耙问题是发酵的关键，必须依靠技术力量才能掌握好。恰巧，上面的论述内容正是这一关键的核心，所以其意义尤为重大。这一论述的重大意义如下：

(1) 据笔者所知，这是我国古籍中既早又好的关于开耙操作的记载，对于后代酿造黄酒操作技术的提高影响很大。

(2) 人们可以根据论述内容，鉴别发酵程度和确定开耙时间，这对于提高黄酒品质具有借鉴意义。

(3) 人们可以根据论述内容，采取相应的技术措施和补救方法，正确处理开耙前发酵不正常现象。

(4) 人们可以根据古人的论述和自己的爱好，选择酿酒工艺，最终确定是酿造热作酒，还是冷作酒。

(三) 论榨酒(图1－5－22)

《调鼎集·榨酒》："出外者，已经加饭四十日可榨，家酒六十日。先用小箩割清，次用细袋盛贮，以箬缚口，放入榨内，竹列间之。加细袋，多余其顶，夫可用样签插边。俟其流，榨套、样签可去。然后用千金套，上蝴蝶，再等一回。逐渐加上石块，但必须次第增加，避免破裂。等到不出，解去其箬，将袋三折，仍放入榨，竖起俟列，照前式。此次可将石块一齐压上，直至酒液压榨出来，须时留心为妙。"[2]

为了更好地理解《调鼎集·榨酒》中的论述，兹将近现代传统榨酒过程叙述如下：

第一步是将熟酒醪装入绸袋内，用竹丝扎紧袋口，并平整地放入榨箱中。酒醪靠自身重量互相挤压，必然会自动榨出一些酒来。所谓“出外者”就是作为外卖用的酒；“以箬缚口”就是用竹丝扎袋口；“多余其顶”就是留几袋放在最上面，使中间高一些。经过数小时自动榨出

[1] 清·佚名氏撰：《调鼎集·酒谱》，658页，据北京图书馆善本，北京，中国商业出版社，1986。
[2] 清·佚名氏撰：《调鼎集·酒谱》，659页，据北京图书馆善本，北京，中国商业出版社，1986。

之后，即可以加石块初榨。加石块不可操之过急，要“逐渐加上”和“次第增加”，以防止绸袋破裂。初榨时间约6～8h，初压出的酒称“流清”。初压之后就可以去掉石块，打开榨箱，“解去其箬，将袋三折”，这就是解去竹丝进行“二折三”(图1－5－23)的方法。将两个叠好的绸袋平整地再次放入榨箱内，准备进行第二次压榨。第二次榨酒同第一次一样，铺好绸袋以后，要铺上厚木板盖，加枕木，上杠杆，就是所谓的“用千金套，上蝴蝶”等。第二次压榨时间约14～16h，压出来的酒俗称“压清”。把“流清”和“压清”放入大酒缸里，混合均匀，即得“清酒”。将清酒澄清2～3天，即可用于煎酒。

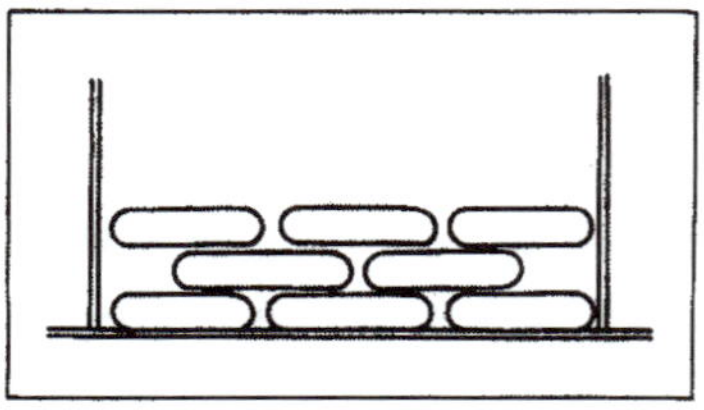

图 1－5－22　榨箱中绸袋折叠法

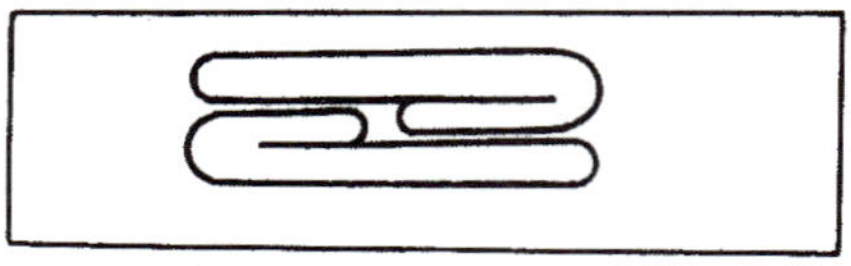

图 1－5－23　“二折三”方法

如把《调鼎集》上的论述与近现代的榨酒方法加以对照比较，即可发现，古今的操作技术特别相似，说明传统的榨酒方法，传承至今已有数百年历史了。如果《北山酒经》中的“榨酒”也是如此，那我国传统的榨酒史已有千余年了。

(四) 论煎酒

《调鼎集·煎酒》:“煎酒之先一日，预炼黄泥，用蕴头糠和，如遇冰雪用草盖之，并涮汤灰白坛。更将压底放于清缸，不致浑脚泛上。即用蜡坛将酒盛贮，以便起早举火。冬月三更起来，春日日长只要亮时。每作两日，每日两人，如出外之酒，须加一人包泥。先将蜡坛放于淘镬，以帽头盖好，用碗抽接油，油急而气直冲出，其酒自清而熟，可以抬起。换生冷蜡坛放下，便无过生过熟之弊，即生翻白花之谓。

如出外之酒，不宜去油，去其帽头，以蜡盖盖之。坛必蒸透，既透，用牌印写字号，以干净白布仔细擦抹，或坛于未蒸时用印，有云更清而坚。灌酒时必须留心，不致倾泼于地，且必双灌，以免溅溢。灌酒之后先用荷叶，次用竹箬，以篾缚紧，剪去四边，将黄泥泥好，其泥头如出外者，要高而大，家酒不拘。出外之酒，其坛要用瓦灯盏，亦有用瓦片者。缸底浑脚蒸熟，加糟可吃，或泼在白糟上，一样烧烧酒。起早落夜必须新灯、好烛，亮则酒无倾出之弊，新灯则酒气不致冲入，免火烛之患。”[1]

在上面的“论煎酒”中，所谓“压底放于清缸”，就是用滤布或其他可以压住缸底杂物的用具。所谓“蜡坛”就是用油蜡涂抹酒坛的意思，“蜡坛”的方法始见于北宋朱翼中的《北山酒经》中。蜡坛的作用在于防潮。在“论煎酒”原文中，蜡坛写作“镴坛”，就是用锡、铅合金涂抹酒坛，这是不合理的。所谓“淘镬”，应当是指高温热水及盛热水的铁锅。“淘镬”是用于煎酒的。

[1] 清·佚名氏撰:《调鼎集·酒谱》，661页，据北京图书馆善本，北京，中国商业出版社，1986。

我国传统煎酒过程是，把装清酒的锡壶放入高温热水中加热，即放入“淘镬”中加热，“酒熟”后抬出来，灌进已杀菌的酒坛里，放入增香荷叶，用竹丝扎紧酒坛和坛盖，用黄泥密封坛口即成。如果把古今煎酒过程联系起来看，可知它们的操作法过程是很相似的。这说明我国的煎酒方法，迄今已传承千余年了(《北山酒经》中已有论煮酒)。

(五) 论糟烧白酒回收法

《调鼎集·糟烧》:“白糟四五十斤，以砻糠拌匀，次第入甑上加敞口锅贮水，名曰‘天湖’，内有口子出酒。其‘天湖’之水，每甑二放或三放不等，看流酒之长短，时候之冷热，大约花散而味淡即止。将糟倒入石臼，如存缸者，不可放水。随便用者，将蒸下热汤倾入两搀斗(图1－5－24)，名曰‘假干头’。……买糟之人，每人给酒工三文，名曰‘脚钱’。行贩亦如之。

烧酒瓶要时刻留心，倘或满出流至灶下，便有火灾之虞。”[1]

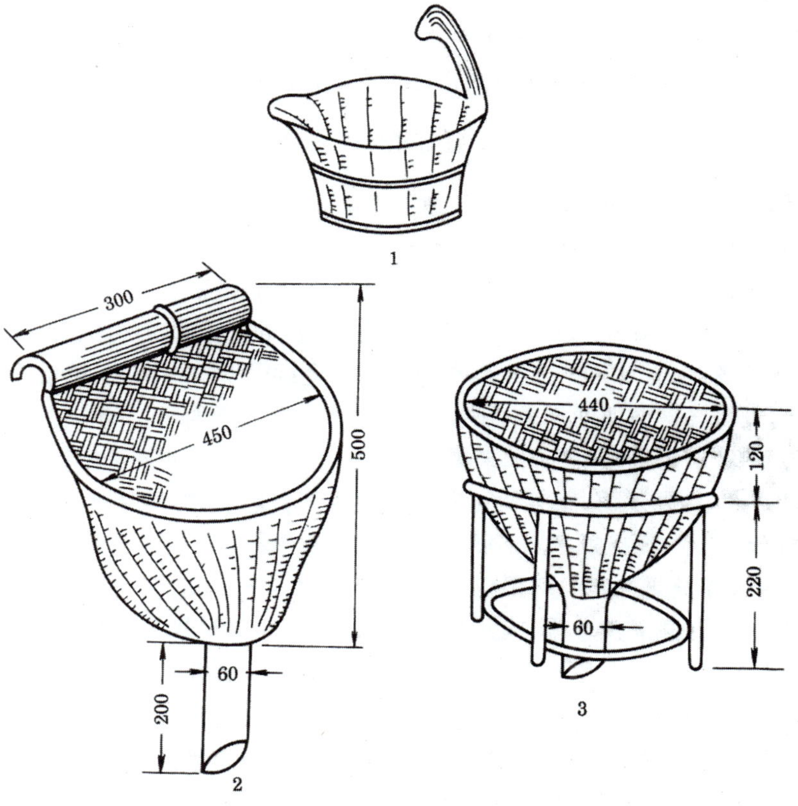

图 1－5－24　古代搀斗与漏斗(单位: mm)

1. 搀斗　2～3. 漏斗

(引自无锡轻工业学院:《酿工艺学》，中国财政经济出版社，1964)

上面所论述的，是蒸馏酒糟回收糟中酒精的工艺过程。蒸馏之后所得到的酒是“烧酒”，所以会“流至灶下，便有火灾之虞”。烧酒即今日高酒度白酒。蒸馏之前的酒糟称白糟，蒸馏之

[1] 清·佚名氏撰:《调鼎集·酒谱》，660页，据北京图书馆善本，北京，中国商业出版社，1986。

后的酒糟主要是出售给小商贩转卖，也可以肥田，所以有"买糟之人"出现。

在"论糟烧"中，所谓"糟烧"就是蒸馏酒糟所得烧酒的简称；所谓"天湖"，就是蒸馏器上朝天开口的冷却器；所谓"每甑二放或三放不等"，就是天湖中冷水吸热后应换掉，但换几次不固定，其原因是"天湖"中的水温基本上是固定的，然而天气和天然水温是多变的，所以换水次数要随气温和天然水温的变化而改变。

第九节　近现代酿造黄酒工艺进展

黄酒是我国也是全球最古老的饮用酒类之一，而且是我国典型的民族工业品特产，历史悠久，品种很多。如果按照酿酒方法分类，则现在仍然有传统酿造黄酒工艺和现代化酿造黄酒工艺两类。它们的主要不同点如下：

1. 传统酿造黄酒工艺采用传统方法制曲和酿酒，以手工操作为主。

2. 现代化酿造黄酒工艺采用纯菌种、大设备、自动化等高科技酿酒，所生产的黄酒，俗称新工艺黄酒或纯菌种黄酒。

我国黄酒的品种很多，酿造方法也有些不同，本书限于篇幅，不可能对每一种黄酒进行探讨，只能选择部分有代表性的或具有地区特色的黄酒类进行讨论，例如，绍兴酒、黍米黄酒等。

一、酿造淋饭酒母

绍兴酒简称"绍酒"，又名"鉴湖名酒"或"老酒"，因其产地在浙江省绍兴市故名。绍兴酒是我国名酒中历史最悠久的品种之一，也是最古老的黄酒品种。据成书于秦始皇八年(公元前239年)的《吕氏春秋·顺民》载："越王苦会稽之耻……有甘脆，不足分，弗敢食。有酒，流之江，与民同之。"当时的"会稽"即今日的绍兴市地区，说明在春秋时代绍兴地区已盛产黄酒了。南北朝梁元帝萧绎(公元508～554年)在他写的《金缕子》书中，有一段话："有银瓯一枚，贮山阴甜酒，时复进之。"说他幼年读书时边读书边饮山阴甜酒的事。当时的"山阴"即今日绍兴的另一古名，甜酒即甜黄酒。在宋代朱翼中的《北山酒经》中，似有"东浦产最良酒"一语[1]，指的也是绍兴黄酒。由此说明，绍兴酒在宋代已是榜上有名了。清朝康熙年间编辑的《会稽县志》载："越酒行天下，其品颇多。"清鹤云《食品佳味备览》中说："绍兴的女儿酒好。"这是绍兴酒已经发展到了鼎盛时期的可靠标志之一。顺便提一下，我国产"女儿酒"的习俗并非仅绍兴才有。宋代庄绰《鸡肋编》卷下载："广南富家生女，即蓄酒藏之田中，至嫁女方取饮，名曰女儿酒。"[2]笔者认为，女儿酒虽然史册上有名，但是它毕竟属于锦上添花的品种而已。最大宗、最盛行的品种，例如，状元红酒、加饭酒、善酿酒、香雪酒和某些花色酒，才是自古流传下来的最值得赞颂的名酒。这些名酒的区别主要是由于配料和操作法的不同所致。但是无论酿造哪一种绍兴酒，根据传统配料项目可知，必须首先制造麦曲、酒药和淋饭酒母，酒药也是酿造淋饭酒母的发酵剂。有了酒药、麦曲和淋饭酒母就可以酿造各种绍兴酒了。

(一) 制酒药

酒药又称白药、酒饼、小曲等，主要有白药和药曲两类。酒药是我国古代劳动人民独创的

[1] 袁翰青：《中国化学史论文集》，北京，三联书店，1956。

[2] 宋·庄绰撰：《鸡肋编》卷下，唐宋史料笔记丛刊，北京，中华书局，1983。

用于保藏优良菌种的载体。由于酒药中含有多种有益微生物，所以它是形成黄酒独特风味的重要因素之一。

由于制酒药的操作方法本篇第四章已经讨论过，可供参考，所以就不赘述了。但是有几个问题，笔者认为值得重视。

(1) 我国传统酒药富含根霉、毛霉和酵母，还有多种其他有益霉菌，它们是促使中国黄酒具有特殊风味的关键因素，是世代相传至今的瑰宝，因此，对其进行深入研究意义十分重大。虽然纯菌种制酒药的方法是现代化发展主流之一，但是不可偏废，而忽视对传统方法的研究。

(2) 黄酒是我国最古老的酒类，是非常典型的低度酒。低度酒要比高度酒在对人体健康方面有益得多。低度酒生产已是世界酒类生产的重要发展方向，其中包括啤酒和葡萄酒等。我国用传统方法酿造的黄酒极具特色，只要很好地继承优良传统，加强酿造技术方面的研究，提高消费认识水平，是完全可以与世界上各种低度名酒媲美的。

(二) 制麦曲

我国酿造黄酒所使用的麦曲，其传统制法几乎都是生料制成的草包曲、挂曲或块曲，散曲较少。这部分内容本篇“第四章”已经讨论过，可供参考，在此不叙述。

(三) 酿造淋饭酒母工艺流程

淋饭酒母是酿造摊饭酒和喂饭酒时非常重要的必用酒母醪。也可以说，淋饭酒母就是淋饭酒的“中间体”，只要把成熟的酒母醪经过压榨、煎酒、装坛等操作，即可直接酿成淋饭酒。淋饭酒母也可以掺入到酿造摊饭酒的主发酵结束时的醪液中，从而使酒醪的后发酵更加完满，成品酒的风味更加香甜爽口。

因为淋饭酒母的主要作用是，在酿造摊饭酒和喂饭酒时，使酒精发酵能够顺利进行，所以淋饭酒母俗称酒娘或酒母。作为酿造黄酒的酒母，除了淋饭酒母外，现代又有速酿酒母、高温糖化酒母、通风培养酒母和阿米诺酒母等。这是酿酒科技史上不断发展的一种可喜现象和标志。

酿造淋饭酒母，按传统习惯必须在小雪至大雪之间进行。在此期间酿成的酒母，必须能够满足酿酒厂整个冬季100天的需要。这种集中酿造酒母的传统习惯有许多好处，例如，操作可以连续化，生产管理便于掌握等。但也有一些缺点，例如，先用的酒母鲜嫩、发酵力强，后来用的酒母老、发酵力弱等。酿造淋饭酒母的工艺流程，如图1－5－25所示。

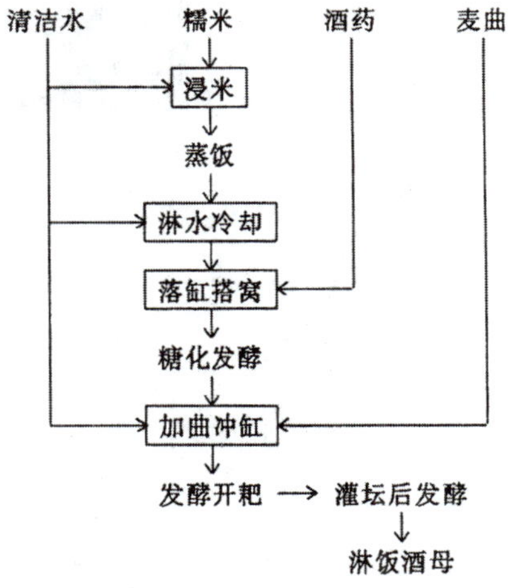

图 1－5－25　酿造淋饭酒母工艺流程

(四) 酿造淋饭酒母操作法

1. 配料　酿造淋饭酒母时，配料量以每缸为单位，投料量如表1－5－1所示。

表 1-5-1　酿造淋饭酒母配料量表(每缸)

物料名称	用量/kg	物料名称	用量/kg
糯米	125	酒药	原料米的0.15%～0.2%
块麦曲	原料米的15%～18%	饭水总量	约375

2. 浸米、蒸饭、淋水　在清洁的陶缸中装好清洁水，将米倒入缸中，要使水面高出米面5～6cm为宜。根据气温高低来确定浸米时间，一般控制在42～48h之间。然后捞出来用清水冲洗，淋净米浆。蒸饭在常压下进行，古代用木甑桶装浸好的米，然后烧开水，通过蒸汽蒸饭，现代用蒸饭机进行蒸饭。要求饭粒无白心，熟而不糊，颗粒松软完整。为了让热饭迅速降温，达到落缸要求，增加米饭含水量，使饭粒光滑松散，有利于糖化发酵，本方法用洁净水淋热饭。浇淋后的饭温要求在30℃左右，冬天可以高至32℃。

3. 落缸搭窝　落缸前要将发酵缸及工具清洗干净，发酵缸要用石灰水和开水消毒灭菌。然后将沥尽水的温米饭投入缸中，如果米饭温度在27～30℃之间，冬天饭温达32℃，此时即可拌入配好的酒药粉末。酒药不能一次全加入，要留一部分搭窝完成后撒在饭窝上面。米饭拌药一定要均匀。饭窝要搭成V或U的凹状圆喇叭形(图1－5－26)。搭窝的目的是，增加米饭与空气的接触面，有利于好气性糖化霉菌的繁殖，另外糖化发酵液可以流入饭窝的凹槽中，使饭窝疏松通气，糖化发酵得更好。总之，搭窝要认真，拌药要均匀，落缸搭窝完成之后要及时保温。

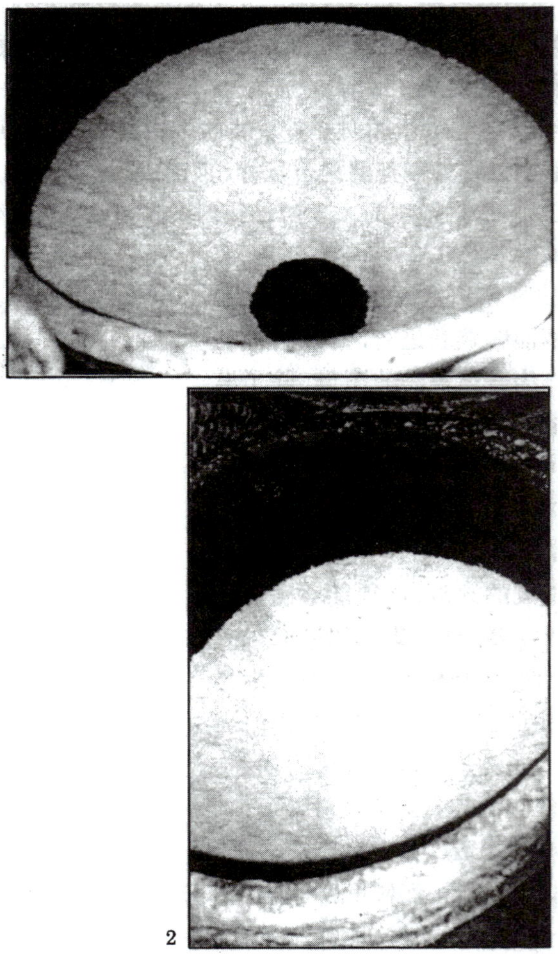

1　2

图 1－5－26　落缸搭窝图

1. 刚搭窝时　2. 发酵后未冲缸前

(引自[日]石毛直道:《酒と饮酒の文化论文集》，花井四郎拍摄于浙江绍兴)

4. 糖化和加曲冲缸 在适宜的温度和湿度条件下，酒药中的根霉等糖化菌类遇到蒸熟的糯饭，就会迅速地繁殖起来，同时淀粉酶会将淀粉分解成葡萄糖并流入饭窝凹槽内。由于根霉、毛霉所产生的乳酸、延胡索酸等也会流入饭窝凹槽内，使窝内甜酸液的pH值维持在3.5左右，抑制了产酸细菌的活动，故使糖化过程处于稳定状态。这是很重要的生长过程，一定要加强管理。一般经过36～48h糖化之后，酿缸窝槽中的甜酸液大约已充满4/5，还原糖为15%～25%，酒精含量为3%以上，此时酿窝即将成熟，可以准备冲缸了。

冲缸之时，要按规定加入麦曲和水，经充分搅拌，酒醪由半固态转为稀醪，pH约为4以下，品温下降10℃左右，此时必须及时保温，使发酵保持稳定。

5. 发酵开耙 经冲缸保温之后，酵母菌大量繁殖并开始逐步进入酒精发酵阶段。酒醪温度必然迅速上升，当品温达到一定值时，米饭及部分麦曲会由缸内浮到液面而形成泡盖，使醪温不易散发，于是就要用木耙搅拌，这就是俗称“开耙”操作。开耙的目的很清楚，一是为了降低发酵温度，使各部位醪温趋于一致；二是开耙打破泡盖，排除发酵醪液中积聚的CO_2，更新新鲜空气接触面，增加醪内氧气，促进酵母繁殖，防止发酵醪溢出缸外。根据醪温变化和发酵现象，掌握好开耙时间很重要，开耙太早发酵层次被打乱；开耙太迟醪液外溢，供氧不足，发酵停顿，这两种情况都不好。经过首次开耙之后，大约每隔3～5h再开耙搅拌一次，使醪温保持在26～30℃之间。

6. 后发酵 自落缸起，约经过7天，即可灌坛进行后发酵。灌坛的目的是，减少酒醪与空气接触面，降低发酵速度和温度，提高酒母质量，此过程俗称养醅阶段。约经过20～30天后发酵，醪中酒精含量可达15%以上，此醪便可作为酒母使用了。优良淋饭酒母的化学成分，如表1－5－2所示。

表 1-5-2 优良淋饭酒母的化学成分

项目	例1	例2	项目	例1	例2
酒精(以20℃时体积分数)	15.44	15.92	淀粉	4.422	3.886
总酸(以琥珀酸计)	0.379 9	0.391 6	pH	3.9	4.2
糖分(以葡萄糖计)	0.393 6	0.189 9			

(引自绍兴酒厂，1965年冬酿试验资料)

讨论了麦曲、淋饭酒母、酿造黄酒设备(见本篇“第三章”所叙)等基本条件之后，现在已可以讨论酿造绍兴酒的某些具体品种了。

二、酿造元红酒

元红酒又名状元红，是绍兴酒中最主要的品种之一，销售面很广，产量最多，流传最广，是风味很优良的品种。元红酒与一般黄酒不同之处是，以摊饭法操作，用淋饭酒母醪落缸酿成，经陈酿后出售。酿造元红酒的周期是，每年小雪浸米，大雪蒸饭，然后落缸，约经过70天酿成，到了立春前停止生产。

(一) 酿造元红酒工艺流程(图1－5－27)

(二) 操作方法

1. 配料 酿造黄酒相当重视配料比例，因为通过配料变化，即可演化新品种，许多绍兴名酒都是如此而获得成功的，如元红酒、善酿酒等。元红酒的配料量，如表1－5－3所示。

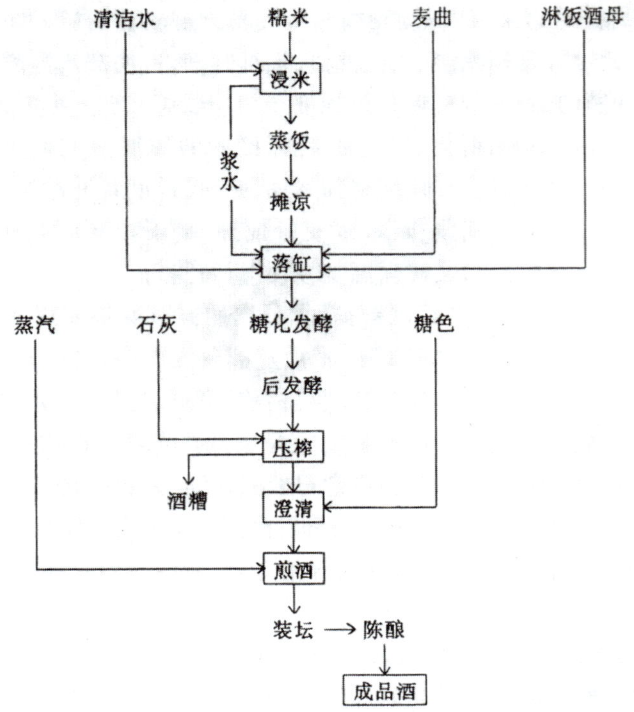

图 1-5-27 酿造元红酒工艺流程

表 1-5-3 酿造元红酒配料量 单位: kg/缸

名称	用量	名称	用量	名称	用量
糯米	144	淋饭酒母	5～10	清水	112
麦曲	22.5	浆水	84		

酿造绍兴酒通常每缸总用水量是196kg，其中米浆水和清洁水的比例是3∶4，即所谓按“三浆四水”的原则。这种浆水搭配原则是酿酒师们通过长期实践经验而总结出来的，是很有科学道理的。北宋朱翼中在《北山酒经》里说:“造酒最在浆，其浆不可才酸便用，须是味重，酴米偷酸全在于浆。大法，浆不酸即不可酝酒，盖造酒以浆为祖。”“如浆酸，亦须约分数以水解之。浆味淡，即更入酽醋。”[1]由此可知，我国酿造黄酒特别重视浆水的酸度，其由来是相当悠久的。

这种使用添加酸浆来调节发酵液酸度的方法，是保护酵母菌旺盛繁殖，抑制杂菌生长的重要举措，也是近现代酿酒工业用乳酸或醋酸调节酵母醪酸度，确保酵母菌旺盛繁殖和抑制杂菌生长的先驱。这项技术的科学史意义是，说明我国古代劳动人民早在北宋时期，对此种方法的掌握已达到融会贯通的程度了。

2. 洗米、浸米和酸浆水　洗米的目的在于除去糠皮和杂质。浸米的目的在于使米粒疏松，使淀粉质吸水膨胀，便于蒸饭易熟和糊化，而更重要的是可获得用于配料时必用的酸浆

[1] 北宋·朱翼中撰:《北山酒经》，枚庵漫士古欢堂秘册，见[日]田中静一:《中国食经丛书》(上)，128页，东京都，书籍文物流通会，1972。

水。酸浆水是调节醪液酸度，促使酿酒发酵正常的重要条件之一。

酸浆水的形成是：传统浸米大约需要13～20天，在这样长的时间里，少量糯米淀粉糖化溶入水中，被乳酸菌利用并发酵成有机酸，与此同时，糯米蛋白质受系统中微生物蛋白酶的分解而成了氨基酸。随着浸米时间的延长，米浆水中的总酸量和氨基酸成分不断增加，最后终于制得了可用于酿酒的酸浆水。

根据生产实践和技术测定可以证明，酸浆水对于酿造绍兴酒具有以下作用：

(1) 可以调节发酵醪酸度，保护酵母菌繁殖，抑制有害菌繁殖生长，使酿酒过程能够顺利进行。

(2) 浆水中富含氨基酸和生长素，可以为酵母菌提供良好的养料。

(3) 可以改善酒的风味和提高出酒率。

3. 蒸饭和冷却　蒸饭的目的是使糯米的淀粉晶体结构改变，吸水、蒸熟、糊化后，有利于糖化发酵，蒸煮过程还具有杀菌作用。蒸饭时间的长短，因米质、浸米程度、蒸汽压和蒸饭设备等不同而异。据传统经验认为，蒸好的米饭以内部无白心，外硬内软，颗粒疏松，不粘不糊，透而不烂，均匀一致为宜。为了增加出饭率及解决饭粒偏硬的问题，通常在蒸汽全部透出饭面不久，用花壶浇入适量温水，此效果非常好，但是如果遇到米饭发粘，则不能再浇温水。

然而米饭质量好坏、出饭率高低与蒸饭设备结构、蒸饭方法等有关。古代蒸饭用陶瓷甑、木甑桶，采用烧开水产生的蒸汽，以间歇方式蒸糯米。甑桶呈圆筒形，上口大底口小，蒸汽从底部上来，穿过箅子进入米层，用热汽将生米做成熟饭，虽然操作时劳动强度很大，产量很小，但是经济实惠，实用性强，设备谁都可以建造。在科学史上，甑是现代蒸饭机的祖型，其中以陶甑的起源最早。木甑至晚始于宋朝，例如，陆游《剑南诗稿》卷六有：《宿彭山县通津驿大风邻园多乔木终夜有声》诗一首，其中有："陶盎治米声叟叟，木甑炊饼香浮浮。芼姜屑桂调甘柔，稚鳖煮臛长鱼脯。"诗中所言"木甑"，即今甑桶的古名[1]。

4. 落缸　酿造元红酒和加饭酒都是运用摊饭法生产的，它们之间的差别仅仅在于原料配比和某些具体操作有所不同而已。摊饭法是酿造黄酒传统的方法之一，大多数都在当年11月下旬至翌年2月初进行，即所谓"冬浆冬水"，低温发酵。实践经验和技术检测都可以证明，低温发酵虽然酿酒周期较长，但是对于防止醪液酸败或改善黄酒色、香、味等都有益处。

落缸的顺序是，先将清水放入缸内，然后投入米饭、麦曲和淋饭酒母，最后冲入浆水充分搅匀。采用酸浆水配料是摊饭酒发酵的重要特色。为了保证成品酒的酸度能在0.45g/100mL以下，必须把浆水和清水的配比量按3：4投入，使发酵的酸度保持在0.3～0.35g/100mL之间。传统摊饭法发酵采用自然培养的生麦曲作糖化剂，通常下缸后15～20h，还原糖含量即可高达8%左右。生麦曲所含酶系很丰富，糖化代谢产物种类多，对于提高黄酒风味的作用不小，应多予重视。落缸完毕时，醪液品温可控制在25～28℃之间，要根据气温变化加以掌握，防止高温"烫酿"操作之误。

5. 发酵　如果仅从原料讲，凡是大米都可以酿造黄酒，但是自先秦时代起，我国古人已知使用糯稻最优良。糯米含淀粉80%以上，而且都是支链淀粉，直链淀粉不足1%，其他稻米则含直链淀粉多，因而略逊一筹。支链淀粉结构疏松，易于吸水、蒸饭、糊化，容易被霉菌分解，故宜于酿酒。在酒醪发酵时，虽然糖化剂中的各种酶对糊精、淀粉的糖化作用不同，但是

[1] 宋·陆游撰:《剑南诗稿》，见《陆游集》，北京，中华书局，1976。

最终大部分淀粉都被分解成葡萄糖的过程是相同的。其分解反应过程如下：

$$\underset{\text{淀粉}}{[C_6H_{10}O_5]_n} \xrightarrow{\text{淀粉酶}} \underset{\text{糊精}}{[C_6H_{10}O_5]_x} \xrightarrow{xH_2O} \underset{\text{麦芽糖}}{C_{12}H_{22}O_{11}} \xrightarrow{\text{麦芽糖酶}} \underset{\text{葡萄糖}}{C_6H_{12}O_6}$$

$$C_6H_{12}O_6 \xrightarrow[\text{(酵母)}]{\text{酒化酶}} 2C_2H_5OH + 2CO_2$$

淀粉是白色无定形粉末，用淀粉酶水解可以得到麦芽糖，在有机酸的作用下，能够彻底水解为葡萄糖。因此，在现代化酿造黄酒时，常采取加入一定量的耐酸性商品糖化酶的方法，作为补充黄曲霉糖化型淀粉酶之不足，这样做可以提高出酒率。

自古以来，人们之所以采用糯米为原料，是由于不同稻米的淀粉含量及淀粉质都不相同的缘故。粳糯淀粉几乎都是支链淀粉，籼米含直链淀粉可达23%～35%，含支链淀粉比粳糯少。直链淀粉能溶于热水而不呈糊状，分子量比支链淀粉小，是由葡萄糖以α－1，4－糖苷键结合而成的链状化合物，由分子内的氢链使链卷成螺旋状的，可被淀粉酶水解成麦芽糖。其结构及形状示意图，如图1－5－28所示。

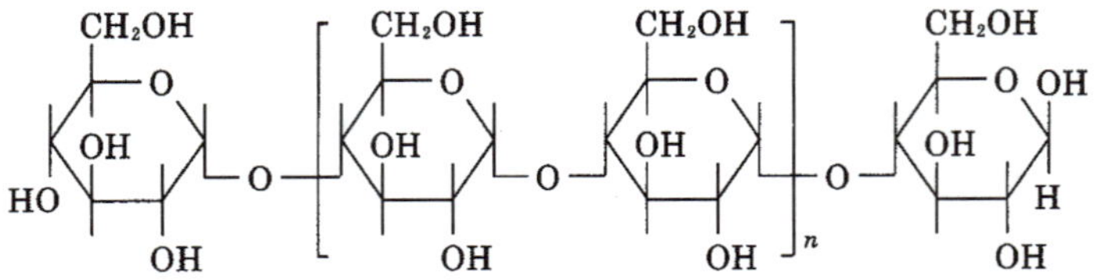

1

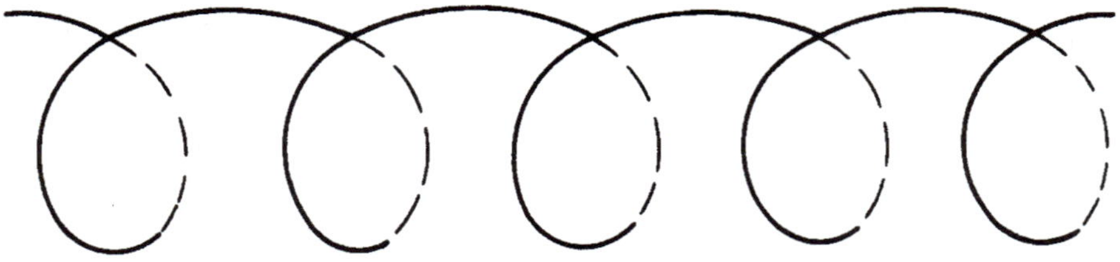

2

图 1－5－28　直链淀粉的结构式及形状示意图

1. 直链淀粉的结构式　2. 直链淀粉的螺旋状示意图

支链淀粉不溶于水，吸收热水则膨胀而呈糊状，分子间除了由葡萄糖以α－1，4－糖苷键相连外，还有以α－1，6－糖苷键相连的键，所以支链淀粉是带有分支的。其结构情况是，大约相隔20个葡萄糖单位有一个分支，用淀粉酶水解支链淀粉时，只有外围的支链可被水解为麦芽糖。其结构及形状，如图1－5－29所示。

淀粉部分水解时，其产物叫糊精。淀粉初步水解时得到的糊精分子仍较大，遇碘显蓝色，如果继续水解成更小分子的糊精，遇碘显红色，叫红糊精。红糊精再经水解，可得更小分子，它遇碘不显色，叫无色糊精。无色糊精有还原性。正因为直链淀粉与支链淀粉的物理化学性质不同，所以在选择原料时一定要严格，不要把性质不同的原料混在一起使用。例如，糯米中不要掺其他米，以免浸米、蒸饭、糊化不均匀，糖化和酒化过程不一致，使出酒率下降，酒的风味不好。

配料下缸后，便开始糖化发酵，传统方法在缸中进行。因缸口大，调温容易，开耙操作方

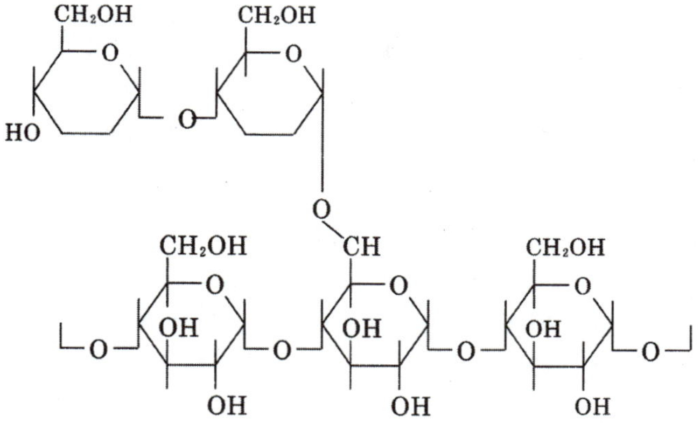

1

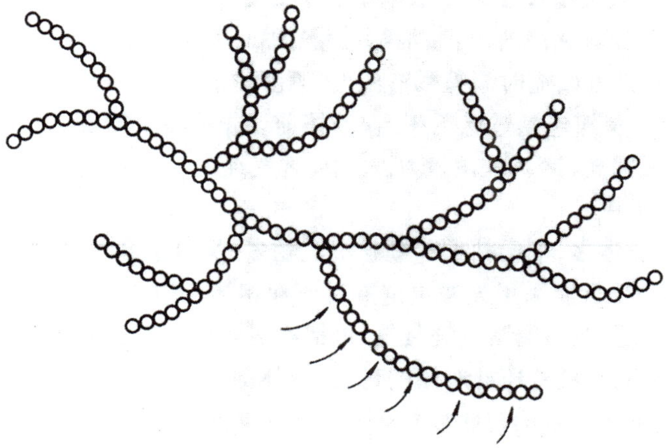

2

图 1-5-29　支链淀粉的结构式及形状示意图

1. 支链淀粉的结构式　2. 支链淀粉的形状示意图

○代表一个葡萄糖单位　∞代表一个麦芽糖单位　↗代表可被淀粉酶水解部分

便，一般经过10余小时即可进入主发酵阶段。当醪温上升到适合高度时，要及时进行开耙操作。我国传统开耙方式有高温法和低温法两种，其中以开头耙最重要。根据历代相传习惯而论，高温开头耙在品温约35℃时进行，由于高温开耙醪温高，高温发酵酵母活力早衰，酿成的酒含糖量多，口味浓甜，俗称热作酒。相反，低温开头耙在品温约30℃时进行，醪温低，发酵较安全，酿成的酒不甜，味道偏辣，俗称冷作酒。在正常情况下，摊饭法发酵开耙温度控制和时间间隔情况，如表1－5－4所示。

表 1-5-4　　摊饭法发酵开耙温度控制情况参考表

耙　次	间隔时间/h	开耙前醪液温度/℃
头耙	落缸后约15～20	热作35～37;冷作25～30
2 耙	3～4	33～35
3 耙	3～4	30～32
4 耙	3～4	27～30

开头耙之后，醪温一般下降4～8℃，以后各次开耙应根据发酵具体情况而定。头耙、二耙主要依据醪温高低决定开耙行动，三、四耙则主要根据酒醅发酵成熟程度进行，四耙以后一般每日搅拌2～3次，直到品温接近室温时停止。一般主发酵5天左右，为了减少搅拌过程中酒精的挥发损失，在气温低下时应尽量少开耙，酒醅成熟时应及时灌坛，进行后发酵。

6. 后发酵　俗称缸养。进行后酵时，醪液酒精含量已高达13%～14%，虽然醪中仍有淀粉和糖分，但发酵速度很慢，因此后发酵要经过2～3个月才能完成。

后发酵可以继续在缸中进行，也可以灌坛分装进行，两种方法都各有其优缺点。用酒坛后发酵的优点是，酒坛可以堆积在室外，减少占房用地，酒坛口小，密封容易，酒精损失少，还能防止杂菌侵入。后发酵受气温影响很大，在气温低的情况下，初堆坛时可以码放在向阳处，以加快发酵速度，后期气温转暖，应当转移到阴凉处，这样做可以防止酸败和避免高温发酵太快，贮期缩短，使压榨工序一时间积料太多，造成意外损失。但是现代化后发酵与传统方法很不相同，现在采用大发酵罐生产。大罐圆柱形锥底，用4mm不锈钢板或6～8mm碳钢板制造，后者内壁涂衬无毒防腐涂料，可装酒醪数量很大。用大罐后发酵的优点是，占地少，产量大，罐内安装调温管道可以随时调整醪液温度，酒醪输送可以通过管道实现机械化。

7. 压榨、澄清　压榨包括过滤工序。在开榨前要先检测酒醅成熟程度，酒醪成熟时糟粕全沉，上层酒液清澈明亮，酒味较浓，酸度适中，香气纯正，口感微苦，色泽黄亮不浑，如此情况即可开始过滤和压榨。

由于酒醅上层液体多，下层粘稠稀糊状沉淀物多，又由于黄酒是食品，糟也有多种用处，所以不能添加助滤剂，只能采用先滤出清液后压榨相结合的方法，才能达到固、液分离的目的。传统的压滤方法是，把酒醅装进绸袋里，再把物料放进木榨箱(床)中，利用杠杆原理压榨，先压出的酒液叫“清流”。随着压滤时间的延长，液体部分不断减少，酒糟比例同时增加，滤层加厚，过滤阻力加大，这些都是符合过滤基本原理的。为了使滤出的酒液始终保持清亮，不发生破袋，加压过滤不可过早过急，要等到滤层形成加厚时，才逐级加大压力，直到糟板形成干燥为止。

传统木榨方法虽然优点很多，但是缺点也不少。例如，木质设备加压不可过大，压滤时间很长；设备小，上料量少，生产能力低，一个中型厂也要置百台木榨，占地太大；压滤时必须用大量榨石或铅锭，搬上搬下劳动强度很大等等。因此，近些年来已出现了普遍的改革热潮，例如，改用螺旋式压榨机、水压机、气膜式板框压滤机等，效果良好。

对于传统热作酒生产来说，无论酒醪酸度如何，在榨酒即将进行的前一天，通常都要向酒醪中投入一定量的陈石灰。这样做的原因是，可以降低醪液酸度，加速生酒沉淀澄清，还可以改变成品酒风味。

我国古代酿造黄酒时，尤其是酿造热作酒，不管酒醪的酸度高低如何，传统习惯都要添加一定量的石灰。而且，所使用的石灰，必须在缸中存放一年以上，其纯度越高越好。我国酿造绍兴酒添加石灰的习惯，至晚起源于宋朝，已有千年历史。例如:

> 宋庄绰《鸡肋编》卷上载:“二浙造酒，皆用石灰，云：无则不清。尝在平江常熟县，见官务有烧灰柴，历漕司破钱收买。每醅一石，用石灰九两。以朴木先烧石灰，令赤，并木灰令冷，投醅中。二浙造酒，非用石灰则不澄而易败。”[1]

[1] 宋·庄绰撰:《鸡肋编》卷上，唐宋史料笔记丛刊，北京，中华书局，1983。

加石灰的方法是，在榨酒前一天加入，使用量为酒醪量的0.3%～0.5%左右。添加石灰的好处有：降低酒液中酸度，加速固形物沉淀，酒液澄清，提高成品酒的风味。

澄清是酿造黄酒过程中一道很重要的工序。通过澄清可以除去不溶性蛋白质、纤维素、生物菌体、淀粉糊精、酶和其他固形物，还可以挥发掉一些低沸点有机物成分等。在澄清过程中，为了防止酒液再度发酵而出现浑浊不清的现象，澄清时的酒温要低，澄清时间要短，一般以3天左右为宜。在成熟的发酵醪中，如果已发现有中度超酸时，则可在压滤澄清酒液操作中，加入Na_2CO_3、K_2CO_3、$CaCO_3$或者$Ca(OH)_2$的清液进行中和，并尽快煎酒杀菌，防止成品继续变质。

经过澄清后的酒液，绝大部分的固形物已被除去，但是某些微小颗粒仍然会悬浮在液相中。对此问题，现在的酿酒厂家已有采用硅藻土先粗滤，然后再用纸板或棉饼精滤的办法，效果较好，酒液透亮。

8. 煎酒、包装　煎酒是酿造黄酒过程中的杀菌工序，古代称煮酒，现在也还有叫煮酒的。煮酒之名的起源甚早，至晚在北宋朱翼中的《北山酒经》中已有记载。例如：

> “凡煮酒，每斗入蜡二钱、竹叶五片、官局天南星丸半粒，化入酒中，如法封系，置在甑中。然后发火，候甑箅上酒香透，酒溢出倒流，便揭起甑盖，取一瓶看，酒滚即熟矣。”

煎酒的作用是，通过加热杀菌，可以使酒中微生物灭绝，残存的酶失去活力，高分子蛋白质和溶胶物质凝固，加速黄酒老熟，改善黄酒风味，使酒液更清亮，使黄酒成分更稳定，不易变质等。因此，掌握好煎酒温度和时间特别重要。

根据传统习惯与经验已知，煎酒温度一般应当控制在80～90℃左右。如果根据日本清酒的杀菌温度60℃、时间2～3min考虑，我国所采用的杀菌温度显然是很高的。笔者认为，日本人可能还有其他杀菌技术配合，因此，我国也应当寻找新的杀菌技术，在固有的基础上降低煎酒温度。

煎酒温度低一些好的原因是，高温会促使尿素等氨甲酰化合物在酒液中相继生成。氨甲酰化合物与乙醇起化学反应，会生成具有致病作用的氨基甲酸乙酯，其反应式如下：

$$\underset{\text{氨甲酰化合物}}{R\cdot\overset{\overset{\displaystyle O}{\|}}{C}\cdot NH_2} + \underset{\text{乙醇}}{C_2H_5OH} \xrightarrow{\text{酸性}} \underset{\text{氨基甲酸乙酯}}{NH_2\cdot\overset{\overset{\displaystyle O}{\|}}{C}\cdot O\cdot C_2H_5} + R\cdot H$$

氨甲酰化合物主要有尿素、L－瓜氨酸、氨甲酰天冬氨酸、氨甲酰磷酸等，它们都会与乙醇起化学反应。例如，尿素在尿素羧化酶的作用下也会生成氨基甲酸乙酯，其反应式如下：

$$\underset{\text{尿素}}{H_2N\cdot\overset{\overset{\displaystyle O}{\|}}{C}\cdot NH_2} + \underset{\text{乙醇}}{C_2H_5OH} \xrightarrow{\text{尿素羧化酶}} \underset{\text{氨基甲酸乙酯}}{NH_2\cdot\overset{\overset{\displaystyle O}{\|}}{C}\cdot O\cdot C_2H_5} + \underset{\text{氨}}{NH_3}$$

酒液中的尿素主要来自发酵过程，由酵母代谢生成的，少量尿素来自原料、辅料和水。尿素还来自压滤后的酒液贮存陈酿过程中。当酵母细胞内的精氨酸酶活力提高时，尿素也会加快生成。因此，削弱酵母精氨酸酶的活力，是减少氨基甲酸乙酯生成的重要途径。现在已知，煎酒温度的变化是与酒液pH值、酒液中酒精含量以及煎酒时间密切相关的。如果灭菌温度高，酒精含量高，酒液pH值低，则煎酒时间应当缩短。灭菌温度和时间对氨基甲酸乙酯生成的影响，如表1－5－5所示。

表 1-5-5　　灭菌温度和时间对氨基甲酸乙酯生成的影响

灭菌温度/℃	90			80			70		
灭菌时间/min	10	20	30	10	20	30	10	20	30
氨基甲酸乙酯含量/(mg/L)	49.1	51.3	94.8	27.2	33.6	34.4	17.9	20.1	20.2

注：黄酒试样中尿素含量为60mg/L。

(引自顾国贤主编:《酿造酒工艺学》第2版，北京，中国轻工业出版社，1996)

黄酒灭菌后应当趁热灌坛包装，包装前要做好清洗灭菌工作。及时灌坛包装的好处是，减少杂菌的侵入和酒液挥发的损失。传统绍兴酒的包装方法是，灌坛后应立刻用荷叶、箬壳封口，然后套上泥头，在坛外刷上白灰浆，以便日后易于检查酒坛破漏情况，同时也可起到装饰美观的作用。近些年来，由于用酒坛包装缺点很多，所以有的厂家正在进行大容器包装试验，能否成功，尚有待于今后实践的结果。

9. 黄酒的陈酿　新酒酿成之后，因为酒液中还有许多不稳定的因素存在，所以酒的口感粗涩，味道辛辣，风味单调，香气不足等，对此必须设法加以改善。根据生产实践，古人发现，只要管理得当，新酒经过贮存是完全可以酝酿成美酒的。新酒的这种贮存过程，俗称"陈酿"。普通黄酒要求陈酿1年，名优黄酒要求陈酿3～5年。经过贮存的黄酒，色泽加深，醇、醛类等物质酯化、氧化、缩合，会使酒的风味更加柔和、绵软，优雅的香气更加突出、浓厚，甜、酸、苦、涩、辣五味更加调和、适口。

但是陈酿也有诸多弊病，例如，色泽不断加深，酒的风味变淡，酒精挥发损耗加大等。特别是酒液中的尿素和乙醇继续起化学反应，生成有害的致病物质氨基甲酸乙酯，这是值得格外重视的。据顾国贤《酿造酒工艺学》记载说：成品酒中含尿素越多，贮存温度越高，贮存时间越长，所生成的氨基甲酸乙酯就越多。这种情况从表1－5－6中的检测数据变化，即可以得到证明。

表 1-5-6　　不同贮存期的黄酒中含氨基甲酸乙酯的数量变化　　单位：mg/L

贮存期	传统工艺酿成杀菌后的酒	新工艺酿成杀菌后的酒	1987年酿成1990年4月测定	1984年酿成1990年4月测定	1981年酿成1990年4月测定	1960年酿成1990年4月测定
氨基甲酸乙酯	25	31	106.0	296.8	314.8	1255.0

(引自顾国贤:《酿造酒工艺学》第2版，北京，中国轻工业出版社，1996)

因为黄酒陈酿会生成损害人体健康的成分，所以陈酿周期并非越长越好，旧传统观念应当改变，风味品质要兼顾。

三、酿造黍米黄酒

我国用黍米酿酒起源于先秦时期，但是古籍中出现详细记载用黍米酿造黄酒的，却始见于北魏贾思勰的《齐民要术》中。我国近现代酿造黍米黄酒的方法已经与古代不尽相同，常用的是"煮粥法"，所酿成的有清酒和老酒两种。兹以山东即墨的即墨黄酒为例，讨论如下。

现在用黍米酿酒的厂家已经不多了，这与黍米的产量很低有关。至今仅山东、山西及河北有些酿造，而以即墨老酒闻名遐迩。即墨老酒风味独特，呈焦米芳香，微苦而回味深长，多年来都被评为全国优质酒。即墨黍米清酒也很有特色，晶明透亮，香馥醇和，与之齐名的还有青岛的黍米黄酒，两地酿酒水源都来自崂山。

(一) 酿造老酒或清酒工艺流程(图1-5-30)

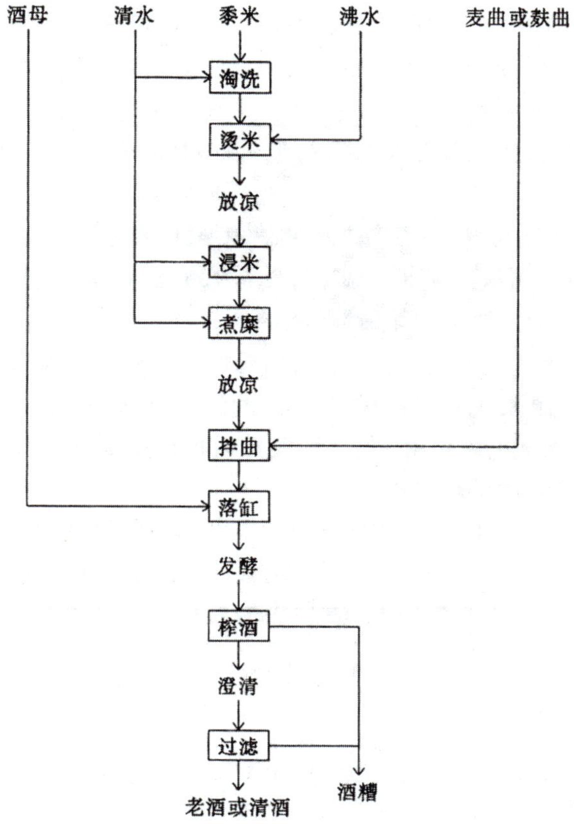

图 1-5-30　酿造老酒或清酒工艺流程

(二) 酿造老酒或清酒操作法

1. 原料的选择和加工　黍原产于我国，已有数千年栽培史。据传统经验认为，山东大粒黑脐龙眼黍米是酿造即墨黄酒的最佳原料。此米的品质松软，易吸水，汽蒸容易糊化，含淀粉质多，出酒率高。酿酒用水也很重要，即墨和青岛酿酒厂家都选用得天独厚的崂山水为水源，清澈甘甜，极其适合于酿制美酒。

2. 酒曲和酒母的选用　酿酒用的曲有多种，传统麦曲、酒药、麸曲、麸皮酒糟混合曲等都可以运用。据说采用传统麦曲较好。如果是采用纯菌种制成的曲，其制曲方法与一般酒厂的制法相同。

酿造即墨黄酒所用的酒母，可以用淋饭酒母，也可以用酒精酵母种，通过三级扩大培养法制成酵母液，接种量为原料重的8%左右。

3. 酿造老酒与清酒的区别　酿造老酒与清酒的操作过程基本上相同，但也有一些差别。例如：

酿造清酒时，大锅中先煮开水，水开后即加入浸好的黍米，边搅边加，约20min加完50kg。开始煮糜用大火，至呈粘性粥时改用小火，此其间每15min用木榻搅粥一次，约煮1.5～2.0 h，完成煮糜操作。

酿造老酒时，大锅里加水较多，水开后加米，但煮糜一直用大火，搅拌不能停，直到粥糜由黄色转深为焦化时才改用微火，此时也只能保持2～3min就迅速出锅。以后的酿酒过程，老酒和清酒一样。

4. 烫米和煮糜的作用　黍米的颗粒虽小，但相对来说谷皮较厚，冷水浸泡不容易渗透到内部，煮糜也就难以恰到好处了。因此，黍米淘洗后要烫米和浸米。烫米以后要放凉到大约40℃才加水浸米，如果高温加入冷水，容易使部分米粒因冷热剧变而裂开，造成部分淀粉质流失。煮糜的方法前面已经谈过，在此不赘述了。因古代煮粥称煮糜，所以此操作“煮糜”大概是沿袭古称罢了。

5. 拌曲和加入酒母的方法　煮糜之后要放凉至60～65℃左右才能拌曲，料温太高会使曲霉菌灭亡，料温太低会落缸后不易发酵。加曲量大约是黍米原料重的7.5%，加完曲要充分搅拌均匀，堆积糖化大约1h之后才能加酒母落缸。

6. 糖化和酒化发酵过程　落缸品温高低要依季节气温变化而定，一般春季为27～28℃，夏季要比气温低几度才好，秋季与春季相似，冬季为28～30℃。落缸之后大约经过30h可首次开耙搅拌，第42h搅拌第2次。因为是分段糖化和发酵，所以在一般情况下发酵周期为7天，最高发酵温度不可超过37℃。

7. 榨酒和澄清操作　榨酒的方法与一般黄酒的榨法相同，但要求酒醪成熟后不能搁置，以防醪液变酸，酒质败坏。逐次榨出来的酒要先后放入酒缸中混合均匀，大约经过6～8h澄清，即可以撇清出售，不必经过煎酒杀菌。酒缸底的浑酒采用过滤或返入熟醪中回收都可以。

参考文献

原始文献

战国末·吕不韦撰:《吕氏春秋·勿躬篇》，参见陈奇猷:《吕氏春秋校释》，上海，学林出版社，1984。

西汉·刘向校定:《战国策·魏策二》，参见钱超尘:《战国策译注》，北京，北京燕山出版社，1982。

汉朝人修纂:《黄帝内经素问》，唐·王冰校，郭霭春校注语释，天津，天津科学技术出版社，1981。

清·高士宗:《黄帝素问直解》第二版，于天星按，北京，科学技术文献出版社，1982。

西汉·刘安撰:《淮南子·说林训》，汉·高诱注，诸子百家丛书本，上海，上海古籍出版社，1989。

东汉·许慎撰:《说文解字》，天津，天津市古籍书店影印本，1991。

晋·江统撰:《酒诰》，清·陈梦雷原辑:《古今图书集成·食货曲》，台北，中华书局影印，1957。

唐·徐坚撰:《初学记》第三册，北京，中华书局，1962。

宋·李昉等撰:《太平御览·饮食部一·酒上》，北京，中华书局，1960。

宋·寇宗奭撰:《本草衍义》，见丛书集成·第1430册，上海，商务印书馆，1939。

北宋·朱翼中撰:《北山酒经》，枚庵漫士古欢堂秘册，见[日]田中静一:《中国食经丛书》(上)，东京都，书籍文物流通会，1972。

宋·窦苹撰:《酒谱》，见元·陶宗仪:《说郛》卷九十四，上海，上海古籍出版社，1988。

明·宋应星撰:《天工开物·曲蘖第十七·酒母》，据明崇祯十年刊本，上海，上海古籍出版社，1988。

汉·郑玄注:《周礼注疏》，唐·贾公彦疏，阮刻十三经注疏本，上海，上海古籍出版社，1990。

汉·郑玄注:《礼记正义》，唐·孔颖达疏，阮刻十三经注疏本，国学整理社，上海，世界书局，1935。

宋·虞宗撰:《食珍录》，见《吴氏中馈录》等外四种，中国烹饪古籍丛刊，北京，中国商业出版社，1987。

西汉·司马迁撰:《史记·货殖列传》，北京，中华书局，1972。

汉·班固撰:《白虎通义·考点篇》，唐·颜师古注，国学整理社，上海，世界书局，1935。

晋·葛洪撰:《西京杂记》，明·程荣校，据汉魏丛书本影印，北京，中华书局，1985。

汉·班固撰:《汉书·食货志下》，王雷鸣编著:《历代食货志注释》，北京，农业出版社，1984。

宋·李保撰:《续北山酒经》,据元·陶宗仪:《说郛》卷九十四,上海,上海古籍出版社,1988。
清·李斗撰:《扬州画舫录》,周光培点校,扬州,江苏广陵古籍刻印社,1984。
汉·班固撰:《汉书·楚元王传》,唐·颜师古注,国学整理社,上海,世界书局,1935。
清·曾懿撰:《中馈录》,古欢室全集本,北京,中国商业出版社,1984。
明·李时珍撰:《本草纲目·谷部》,刘衡如校,北京,人民卫生出版社,1978。
汉·崔寔撰:《四民月令》,缪启愉辑释,北京,农业出版社,1981。
汉魏·曹操撰:《上九酝法奏》,见北魏·贾思勰:《齐民要术·笨曲并酒》,北京,农业出版社,1961。
晋·张华撰:《博物志》,见丛书集成初编,自然科学类,北京,中华书局,1980。
晋·崔浩撰:《食经》,见北魏·贾思勰:《齐民要术·笨曲并酒》,石声汉选释:《齐民要术选读本》,北京,农业出版社,1961。
北齐·魏收撰:《魏书·炎韦传》,北京,中华书局,1973。
唐·魏徵等撰:《隋书·鞂鞨传》,北京,中华书局,1973。
明·陈继儒撰:《偃曝谈余》卷下,据宝颜堂秘笈,石刻本。
明·王三聘辑:《古今事物考》,上海,上海商务印书馆,1937。
战国·屈原撰:《楚辞》,汉·王逸撰注,洪兴祖补注,北京,中华书局,1983。
明清辑本:《全唐诗》,王全等点校,北京,中华书局,1960。
元·贾铭撰:《饮食须知·水火》,据丛书集成本校订,北京,中国商业出版社,1985。
明·高濂撰:《饮馔服食笺·论泉水》,北京,中国商业出版社,1985。
清·朱彝尊撰:《食宪鸿秘·饮之属》,北京,中国商业出版社,1985。
元·佚名氏撰:《居家必用事类全集》,中国烹饪丛刊本,北京,中国商业出版社,1986。
北魏·贾思勰撰:《齐民要术·法酒》,见石声汉选释:《齐民要术选读本》,北京,农业出版社,1981。
清·徐珂撰:《清稗类钞·饮食类》第一三册,北京,中华书局,1986。
汉·郑玄注:《大戴礼记·夏小正》,上海,上海古籍出版社,1990。
《诗经　楚辞》,孔一标点,上海,上海古籍出版社,1998。
汉·刘熙撰:《释名·释饮食》,丛书集成本,上海,商务印书馆,1939。
唐·虞世南撰:《北堂书钞》,四库全书本·子部·书类。
春秋·左丘明撰:《左传》,玉守谦译注,贵阳,贵州人民出版社,1990。
唐·韩鄂撰:《四时纂要·六月》,缪启愉修订,北京,农业出版社,1981。
晋·嵇含撰:《南方草木状》,据丛书集成初编本,上海,商务印书馆,1939。
唐·刘恂撰:《岭南录异》,据榕园丛书刻本,广州,广东人民出版社,1983。
清·佚名氏撰:《调鼎集》,据北京图书馆善本,北京,中国商业出版社,1986。
明·宋诩撰:《宋氏养生部》,据北京图书馆明刻善本,北京,中国商业出版社,1989。
汉·郑玄注:《周礼·考工记》,唐·贾公彦疏,阮刻十三经本,上海,上海古籍出版社,1990。
明·刘基撰:《多能鄙事》,据上海荣华书局1917年刊本,见[日]田中静一:《中国食经丛书》,(下),东京都,书籍文物流通会,1972。
《尚书正义》,见十三经注疏本,国学整理社,上海,世界书局,1935。
汉·扬雄撰:《方言》,据丛书集成初编·语文类,上海,商务印书馆,1939。
清·顾中村撰:《养小录·论酒》,据学海类编本,北京,中国商业出版社,1984。
宋·周密撰:《武林旧事》,据上海进步书局本,扬州,江苏广陵古籍刻印社,1983。
宋·张能臣撰:《酒名记》,见元陶宗仪:《说郛》卷九十四,上海,上海古籍出版社,1988。
宋·庄绰撰:《鸡肋编》卷下,唐宋史料笔记丛刊,北京,中华书局,1983。
宋·陆游撰:《剑南诗稿》,见《陆游集》,北京,中华书局,1976。
宋·苏轼撰:《东坡酒经》,清·王文浩注,见《苏轼文集》卷六十四,北京,中华书局,1982。
元·宋伯仁撰:《酒小史》,见元·陶宗仪辑:《说郛》第九十四,上海,上海古籍出版社,1988。

研究文献

傅金泉:《中国酒曲集锦》,北京,中国轻工业协会发酵学会,1985。
顾国贤:《酿造酒工艺学》,北京,中国轻工业出版社,1996。
大连轻工业学院:《酿造酒工艺学》,北京,轻工业出版社,1982。
无锡轻工业学院:《酿酒工艺学》,北京,中国财政经济出版社,1964。
洪光住:《中国食品科技史稿》,北京,中国商业出版社,1984。
赵匡华等:《中国科学技术史·化学卷》,北京,科学出版社,1998。
袁翰青:《中国化学史论文集》,北京,三联书店,1956。
张子高:《中国化学史稿·古代之部》,北京,科学出版社,1964。
丁颖:《稻作论文选集》,北京,农业出版社,1983。
方心芳:"曲蘖酿酒的起源与发展",见《科技史文集》第4集,上海,上海科学技术出版社,1980。
浙江省工业厅:《绍兴酒酿造》,北京,轻工业出版社,1958。
傅金泉:"我国酒曲的分类及其应用",北京,《食品与发酵工业》,1980(1)。
张子高:"论我国酿酒起源的时代问题",北京,《清华大学学报》,1960(2)。
曾纵野:"我国酿酒探源",哈尔滨,《黑龙江发酵》,1977(3)。
中国科学院微生物研究所:《菌种保藏手册》,北京,科学出版社,1979。
周嘉华:《中国科学技术史·化学卷》,北京,科学出版社,1998。
杜石然:《中国科学技术史稿》上册,北京,科学出版社,1982。
山东经济植物编写组:《山东经济植物》,济南,山东人民出版社,1978。
乐爱华:"根霉的研究",北京,《微生物通讯》,1959(2)、(3)。
方心芳:"小曲生产添加中草药和辣蓼的作用",见《黄酒酿造》,北京,轻工业出版社,1960。
绍兴酒厂:"绍兴酒药的制法",见傅金泉:《中国酒曲集锦》,北京,中国轻工业协会发酵学会,1985。
周恒刚:"邛崃米曲的制法",见《糖化曲》,北京,中国财政经济出版社,1964。
四川商业厅糖酒贸易局:"四川无药糠曲的制法",见傅金泉:《中国酒曲集锦》,北京,中国轻工业协会发酵学会,1985。以下同此。
上海藕粉食品厂:"浓缩甜酒药制法",见傅金泉:《中国酒曲集锦》。
金华地区酿酒科技情报组:"嘉兴熟麦曲操作法",见傅金泉:《中国酒曲集锦》。
衢州酒厂:"绍兴酒所用麦曲的操作法",见傅金泉:《中国酒曲集锦》。
苏州东吴酒厂:"推曲的操作法",见傅金泉:《中国酒曲集锦》。
金华地区酿酒科技情报组:"厚层通风法制麦法",见傅金泉:《中国酒曲集锦》。
福建省轻工业厅:"厦门白曲的制法",北京,《发酵》,1959(1)。
贵州轻工业厅科研所:"贵州麸皮根霉曲的制法",见浙江衢州,《酿酒科技》,1982(1)。
曾纵野:《中国名酒志》,北京,中国旅游出版社,1980。
[日]田中静一:《中国食经丛书》(上、下册),东京都,书籍文物流通会,1972。
[日]石毛直道:《酒と饮酒の文化论文集》,东京都,平凡社,1998。
[日]中山時子:《中国饮食文化》,东京都,角川书店,1983。
[日]山崎百治:"中国产曲之研究",翟克译,北京,《农声》,132页,1930。
[日]田中静一:《中国食物事典》,东京都,柴田书店,1991。
[日]坂口谨一郎:"发酵——东亚人的智慧",见石毛直道:《東アジアの食の文化》,东京都,平凡社,1981。

第二篇

制红曲、酿红酒科技发展史

制红曲、酿红酒，是中国人的一大发明，在全世界微生物学开发利用发展史上具有极其重要的意义。特别是红曲的发明，不仅用于酿造红酒，而且在制药、酿醋、造腐乳、提取食品色素、酿造酱油等方面也有很广泛的应用。因此，红曲的问世，是我国制曲技术的重大科技成就，对于开创世界食品新领域具有深远的意义。

第一章　制红曲、酿红酒所用原料与设备史

第一节　制红曲、酿红酒所用原料史

一、制红曲所用原料史

制红曲的原料主要有三种：稻米、曲菌种、上等好醋。

1. 稻米　选择制曲稻米的原则要根据需要来决定。制造轻曲或库曲时，最好使用籼稻米。籼米又分为早籼米和晚籼米。福建许多制曲厂认为，使用早籼米更好些。如果是制色曲，则采用陆稻米或好粳米。如果是使用纯菌种制红曲，则采用糙籼米或晚籼米。近年来，又有用玉米制红曲的新方法出现。总之，对制曲用米的选择要因果相随，不可一概而论。至于我国使用稻米制红曲的起源和发展史证据，可以参考本书“酿造黄酒所用酒曲史”和本篇后面“制造红曲源流史”的相关论述，在此不赘述。

2. 曲菌种　制红曲所用的红曲菌种，自古以来都是世代相传的，而近现代则已经开始使用优选到的优良红曲霉菌种了。我国自古相传红曲霉菌种的产地可能不少，根据古书上已有记录的实际情况推测，福建、江西、浙江是盛行地带。其中，福建省的建瓯、松溪、政和、古田等地所制作的“土曲”，即红曲霉曲种，历来是驰名中外的。“土曲”又名“窑曲”、“糯米土曲糟”、“乌衣红曲”或“建糟”，其原始曲种来自当地世代相传的“曲公”和“曲母”。据说这种世代相传的方法，已有近千年的历史，有关详细内容，请参见本篇“制造红曲源流史”。

3. 上等好醋　用谷物制曲酿醋是我们祖先发明的，至今约有2000年历史，有关详细内容，请参见笔者1984年编著的《中国食品科技史稿》一书。但是我国自何时开始使用老陈醋调节pH值制红曲的，在明朝以前的古书中，笔者至今没有找到证据。古代制红曲时，调节pH值的另一种原料是使用明矾水，其最早记录始见于明朝宋应星的《天工开物》中，详细内容，请参见本篇“制造红曲源流史”。

二、酿造红酒所用原料史

酿造红酒的原料主要是稻米、黍米和红酒曲。

据笔者调查已知，我国自古以来酿造红酒时所用的谷物原料，几乎与酿造黄酒时所用的原料完全相同。这种情况从一个侧面表明，把红曲与红酒列入黄酒类里的分类法，在许多方

面是有道理的。但是，本书没有这样做，而是把制红曲、酿红酒单独列为一类，这样会更有意义。

在古籍中，我国酿造红酒时，主要用糯米。例如，元朝佚名氏《居家必用事类全集·酒曲类》载："天台红酒方：每糯一斗，用红曲二升……"又明朝高濂《饮馔服食笺·酿造类》载："建昌红酒：用好糯米一石，淘净倾缸内，中留一窝……用红曲一升，白曲半升，取酵也作五份……"到了近现代所用谷物原料已经有多种。例如，福建红酒使用糯米酿造，浙江温州乌衣红酒使用粳米酿造，国内有些厂家现在已有用黍米或籼米酿造红酒的了。

我国酿造红酒时用曲的方法与酿造黄酒时用曲的方法不同。最明显的表现是，有的酿酒工艺仅用红曲酿造，有的酿酒工艺则用红曲又加白曲酿造。例如，前面所列举的"天台红酒方"和"建昌红酒法"就是如此。我国近现代酿造红酒时，用曲的方法大多沿用红曲又加白曲酿造，其原因是红曲霉的糖化力较弱。由此可知，我国古人的酿酒经验是很丰富的，他们用加入少量白曲的方法来提高红酒品质的做法是很高明的。

第二节　制红曲、酿红酒所用设备史

一、制红曲所用设备史

制红曲、酿红酒所用设备与酿造黄酒所用设备几乎完全相同。但是酿造红酒之前的制红曲阶段属于制散曲类型，没有制成砖坯、做成饼坯、团成圆粒等操作，也没有草包、绳挂、篮子盛等过程，所以常用设备更加简单。所用设备史可以参考"酿造黄酒所用设备史"。制红曲所用传统设备如下：

陶瓷缸和坛：用于淘米、浸米、酿酒过程和装红曲产品等。

炉灶、锅和木甑桶：用于蒸饭、煮东西、消毒工具等。

大小竹匾和竹篮：用于制曲过程的晾晒、清洗东西等。

其他：通风制曲设备、保温或包装用的麻袋、水桶、木铲、曲房用的工具设备等，也都与制其他酒曲相同。

二、酿造红酒所用设备史

酿造红酒时常用的设备也比较简单，除了酿红酒时的陶瓷缸和坛外，主要传统设备还有下面数种：

陶瓷盆和坛：用于拌料、包装红酒等。

竹匾和木甑：用于淘洗、晾晒、扬簸和蒸饭(图2－1－1、图2－1－2)等。

木酒桶：用于盛放酒醅或红酒，桶

图 2－1－1　用竹匾扬簸去稻壳
(引自卢勋拍摄于云南省少数民族地区)

图 2-1-2 木饭甑

(笔者拍摄于福建省建瓯县制红曲厂)

圆形，大小不一。

抽酒竹篓：圆筒形，高约40～50cm，直径约20～30cm，用于抽酒。

木制漏斗：用于灌饭入坛或灌酒入坛等。

榨酒设备：采用杠杆压榨原理，用于分离酒与糟。

装酒醪绸袋：用于包装熟酒醅，以利于榨取红酒。

以上这些设备的运用发展史内容，本书第一篇已经讨论过了，在此不赘述。

第二章　制红曲科技发展史

曲，是一种利用微生物的发酵作用，能将稻米、小米、大麦、小麦、豆类等分解成食品或食品原料的制品。在通常情况下，中国人口头上所说的或书籍上所记载的“曲”，其所含曲霉的微生物区系，实际上指的都是“有益霉菌”、“有益酵母”等。例如：

用于酿造黄酒的酒曲中，其糖化菌有中国根霉(*Rhizopus chinensis* Saito)、东京根霉(*Rhizopus tonkinensis* Vuillemin)、日本根霉(*Rhizopus japonicus* Vuillemin)等。其中：

用于制作腐乳的有腐乳毛霉(*Mucor wutungkiae* Fang)；

用于酿造酱油的有中国米曲霉(*Aspergillus oryzae*. Cohn var.)；

用于酿醋的有纹膜醋酸菌(*Acetobacter aceti* Beijerinck)；

用于制造红曲的有红曲霉(*Monascus purpureus* Went)。

所谓“红曲”，它是一种利用红曲霉的发酵作用而制成的红色稻米。由于它的颜色鲜红，宛如朱砂，故古名丹曲。红曲霉能产红曲霉红素，无毒性，是饮食物与药物中的佳品。用红曲调制的叉烧肉，色泽鲜艳优美，风味独特，令人垂涎欲滴。

明李时珍引《丹溪补遗》中的记载时说：“以白米饭受湿热郁蒸变而为红，即成真色，久亦不渝，此乃人窥造化之巧者也。”因为制曲前的原料是雪白稻米，而产品却是一种紫红色或红色的食物，这种截然不同的变化常给人以神奇、奥秘的感觉，所以很多中外学者和爱好者都称它是中国人巧夺天工的发明。

红曲霉的菌丝生长状貌很稠密，早期无色，后变成红色。它的繁殖特点是可以生成有性的子孢和无性的分生孢子，子囊成熟后，囊膜很快破裂消失，囊内的孢子便游离到被子器中，形成被子器中包裹着无数孢子的现象。甲醇、乙醚、丙酮、氯仿、醋酸和酒精等，都能溶解红曲霉红素。红曲霉能利用葡萄糖、蜜二糖，也能分解蛋白质，例如，它分泌的蛋白酶能把豆腐中的蛋白质分解为多种氨基酸及芳香成分，故广泛应用于酿制腐乳。

据《丹溪补遗》及其他古籍记载，福建省的建瓯、松溪、政和及古田县一带的红曲产品是全国最驰名的，尤其是古田红曲更是如此。但是古田红曲所沿用的“曲种”，大概多数是来自福建建瓯等地的“土曲”。“土曲”有两种：一是冬天在窑洞里制作的“窑曲”；一是夏天在坪、板上制造的“坪曲”。因为“土曲”黑里透红，所以又名乌衣红曲。从菌源方面分析，土曲又区分为“曲公”和“曲母”。根据建瓯土曲和古田红曲的亲缘关系表明，建瓯土曲的“曲公”和“曲母”可能就是古田红曲的祖先。

据福建省轻工业研究所林秀俊、郑光耀的介绍，在建瓯县的玉山、阳泽一带的农户中，有经验的人们都是在夏季里才进行“曲公”和“曲母”生产的。笔者于70年代曾到建瓯作调查研究，深感建瓯人的创造精神是很可贵的。他们的传统制曲法大致如下：

制曲时，人们将稻米蒸成米粒稍硬的熟米饭，降温搓散后，拌入上等老陈醋和世代相传的菌种。用竹箬把米饭包起来，悬挂于阴凉通风的屋檐下，任其天然生霉。待霉菌旺盛繁殖直到曲粒成熟时，选取曲粒完整、质地稍硬、色泽纯青红者为青籽曲公。此青红色的出现乃黑曲霉的作用所致。又在同一曲堆里，选出曲粒完整、质地稍硬、色泽微红者为红籽曲母。此微红色的出现乃红曲霉的作用所致。据说，曲公和曲母的制作过程并非仅靠“白米饭天然生霉”即可，除了严格控制温度、湿度、酸碱度外，巧妙地接种菌种的过程也是必不可少的。例如，现在当人们想制红曲而无法取得“曲公”和“曲母”时，就是用乌衣红曲作为菌种的。

近年来，各厂家制造红曲的方法已经发生了较大的变化，都在逐步向纯菌种制曲的方向发展。人们从红曲产品中筛选优良红曲霉为菌种，用工业醋酸作为pH值的调节剂，用自动化仪器设备来控制制曲温度和湿度，进行红曲生产。例如，福建省轻工业研究所、福建省粮油研究所、福建省南平微生物实验站等，就是首先这样做的。他们还将精心选育到的多株红曲霉菌种，推荐给各生产厂家运用，效果都很好。

现在，不仅我国各地都有生产红曲的厂家，而且世界上许多国家都能生产了。因此，探索我国发明发展红曲科技史，对于弘扬中国发明红曲的伟绩，具有非常重大的意义。

第一节　我国巧夺天工发明红曲史

我国利用微生物的发酵作用制曲和生产食品的历史是非常悠久的。仅从记叙殷商古事的“若作酒醴，尔惟曲糵”的话来分析，至少已有3000多年历史了。在这漫长的制曲技术发展史上，红曲就是我国古代人民首先培育成功的一株举世无双的艳红新花，是巧夺天工的一项发明。

根据我国制曲技术起源很早的历史情况推测，我国发明红曲生产技术的起源应当是很早的。但是，在我国早期的古文献中，至今仍然不见有这种记载。

若从较早出现的史料看，在北魏杨衒之的《洛阳伽蓝记》中已有“红酒”的记载；在唐徐坚《初学记》中有“王粲七释曰：西旅游梁，御宿素餐，瓜州红曲参糅相拌，软滑膏润，入口流散”[1]。王粲是东汉末著名的文学家，“瓜州”在今日甘肃省敦煌一带。如果此史料可信的话，那么，我国发明红曲的史源将是很悠久的，至晚在东汉末我国陇西一带已有红曲供人们享用了。但是这两条史料只能供参考，因为前者“红酒”之名很难认定就是用红曲酿造的；后者乃唐朝人追叙汉代之事，不可轻信。特别是在北魏贾思勰的《齐民要术》中，制曲酿酒的方法很多，唯独没有红曲酿酒法，这也是使人不能轻信上叙记载的重要原因之一。

但是，制红曲法始于唐朝的理由是较充分的。除了前面提到的徐坚《初学记》中有“红曲”外，还有五代陶谷《清异录·馔馐门》中有：“酒骨糟：孟蜀尚食掌食典一百卷，有赐绯羊。其法：以红曲煮肉，紧卷石镇，深入酒骨腌透，切如纸薄，乃进。(自)注云：酒骨，糟也。”[2]孟蜀乃五代后蜀别称，因孟知祥据蜀称帝，故谓孟蜀。按：公元925年孟知祥为后唐西川节度使，933年受后唐封为蜀王，次年称帝。后蜀的起讫年代为公元934—965年，仍是我国唐

[1] 唐·徐坚撰:《初学记》第三册，北京，中华书局，1962。

[2] 五代·陶谷撰:《清异录》，31页，据涵芬楼藏版，宝颜堂秘笈，北京，中国商业出版社，1985。

朝(618—907)之后不久,根据发明必定先于记录的道理来看,我国唐朝已有红曲的结论是可信的。而且,陶谷出生于唐朝,乃唐陶颜谦之孙,字秀实,小名铁牛,古代新平(今陕西彬县)人。他历任后晋、后汉、后周翰林学士、户部侍郎,入宋后转任礼部尚书、户部尚书等职,开宝三年(970)卒。据《宋史》记载说:"谷强记嗜学,博通经史,诸子佛老,咸所总览。"又说:《清异录》是他杂采隋、唐、五代典故写成的随笔,内容丰富真实。这就是说,"红曲煮肉"是渊源于隋、唐或五代的。我国制曲酿酒技术在隋、唐以前已经非常高明,所以唐朝已有红曲以及红酒的结论,是很可信的。

到了宋代,红酒和用红曲、红糟烹调菜饭方面的史料已经不断出现。例如:

宋庄绰《鸡肋编》卷下载:"江南闽中,公私酝酿皆红曲酒,至秋尽食红糟,蔬菜鱼肉率以拌和,更不食醋。信州冬月以红糟煮鲮鲤肉卖。鲮鲤,乃穿山甲也。"[1]

宋陆游《剑南诗稿》卷十七:"冬夜与溥庵主说川食戏作[2]:

未论索饼与馈饭,最爱红糟并缹粥。

东来坐阅七寒暑,未尝举箸忘吾蜀。"

宋浦江吴氏《中馈录》:"鱼酱法:用鱼一斤,切碎洗净后,炒盐三两,花椒一钱,茴香一钱,干姜一钱,神曲二钱,红曲五钱……;黄雀鲊:每只治净,用酒洗,拭干,不犯水。用麦黄、红曲、盐、椒、葱丝,尝味和为止……;胡萝卜鲊:切作片子,滚汤略焯,控干,入少许葱花、大小茴香、姜、橘丝、花椒末、红曲……;茭白鲊:鲜茭切作片子,焯过,控干,以细葱丝、莳萝、茴香、花椒、红曲,研烂并盐拌匀……"[3]。

宋林洪《山家清供》卷上:"玉灌肺:真粉、油饼、芝麻、松子、核桃,去皮,加莳萝少许,白糖、红曲少许……"[4]。

但是,制造红曲的详细记载始见于元朝。在元朝的古籍中,还首次见到了用红曲入药和用红曲酿醋的记载。兹分别讨论如下:

元忽思慧《饮膳正要》卷三:"红曲:味甘平,无毒,健脾益气,温中,腌鱼肉内用。"

元鲁明善《农桑衣食撮要·六月》:"将陈仓粳米三斗或五斗淘净,水浸七日,每日换水一遍。七日后蒸熟,候饭冷,于席箔上摊开,以楮叶盖覆。发黄衣遍,晒干。临下时簸净。每黄子一斗用水二斗,入瓮内。又用红曲一合,温水泡下,将瓮口封闭。二十日看一遍,候白衣面坠下。或白衣不下,澄清。以味酸为度,去白衣。将醋锅内熬一沸,又炒盐少许,候冷,用洁净瓶瓮收贮,以泥封之,可留一二年。"

[1] 宋·庄绰撰:《鸡肋编》卷下,肖鲁阳点校,《唐宋史料笔记丛刊》,北京,中华书局,1983。

[2] 宋·陆游撰:《剑南诗稿》卷十七,北京,中华书局,1976。

[3] 宋·吴氏撰:《吴氏中馈录》,9~23页,据元·陶宗仪:《说郛》,清·陈梦雷等:《古今图书集成》,见中国烹饪古籍丛刊,北京,中国商业出版社,1987。

[4] 宋·林洪撰:《山家清供》卷上,44页,据《夷门广牍》本,见中国烹饪古籍丛刊,北京,中国商业出版社,1985。

以上是用红曲入药和酿醋的记载[1]。下面要特别讨论的是，元朝佚名氏《居家必用事类全集·己集·酒曲类》中的“造红曲法”。

一、元佚名氏《居家必用事类全集》中的造红曲法

(一) 造红曲法原文

凡造红曲，皆先造曲母。

造曲母：白糯米一斗，用上等好红曲二斤。先将秫米淘净，蒸熟作饭，用水和合，如造酒法。搜和匀下瓮，冬七日，夏三日；春秋五日，不过，以酒熟为度。入盆中擂为稠糊相似，每粳米一斗只用此母二升。此一料母，可造上等红曲一石五斗。

造红曲：白粳米一石五斗，水淘洗，浸一宿。次日蒸作八分熟饭，分作十五处。每一处入上项曲二斤，用手如法搓操，要十分匀，停了，共并作一堆。冬天以布帛物盖之，上用厚荐压定，下用草铺作底，全在此时看冷热。如热，则烧坏了，若觉大热，便取去覆盖之物，摊开。堆面微觉温，便当急堆起，依原样覆盖。如温热得中，勿动。此一夜不可睡，常令照顾。次日日中时，分作三堆，过一时分作五堆，又过一两时辰，却作一堆，又过一两时，分作十五堆。既分之后，稍觉不热，又并作一堆。候一两时辰，觉热又分开。如此数次。第三日用大桶盛新汲井水，以竹箩盛曲，分作五六份，浑蘸湿便提起。蘸尽，又总作一堆。俟稍热，依前散开，作十数处摊开。候三两时，又并作一堆，一两时又散开。第四日，将曲分作五七处，装入箩，依上用井花水中蘸，其曲自浮不沉。如半沉半浮，再依前法堆起，摊开一日，次日再入新汲水内蘸，自然尽浮。日中晒干，造酒用[2]。

(二) 造红曲法工艺流程(图2-2-1)

(三) 造红曲法原文中值得讨论的内容

1. 造曲母的方法　根据“造曲母”的内容我们很容易明白，此过程就是“上等好红曲”菌种扩大培养的工艺。但是原文中有多处不符合酿造科学道理，例如，一开始用“糯米”作原料，中间则用“秫米”，后来又改写成“粳米”，同一过程中所用的原料不可能中途突然改变。这种不统一的现象也许是后人抄录、印刷过程中造成的。

另一处不符合酿造道理的是，把“搜和匀下瓮”放在“入盆中擂为稠糊相似”前面，“入盆”是接种菌种，“下瓮”是进入酿造工序，先接种菌种后入瓮酿造是制曲酿酒的基本规律，一旦颠倒，就很容易造成费解了。

2. 造红曲的方法　元朝时期这种“造红曲法”是很先进的，无论配料量还是工艺流程方面，搭配都很合理。这就再一次证实，我国制红曲法的起源一定很早。但是这种制红曲工艺也还是有不成熟的表现，例如，不见有像明朝那样，使用食醋或明矾水进行pH值调节的操作。

一直到了明朝，制红曲的史料才大见增加。其中明隆庆五年聚好堂刻本吴氏的《墨娥小录》、李时珍的《本草纲目》、邝璠的《便民图纂》、刘清田的《多能鄙事》以及宋应星的

[1] 元·鲁明善撰:《农桑衣食撮要·六月》，王毓瑚校注，北京，农业出版社，1962。

[2] 元·佚名氏撰:《居家必用事类全集》，38页，据北京图书馆特藏室明刻本，北京，中国商业出版社，1986。

《天工开物》等，这些古籍都是比较重要的参考依据和研究对象。

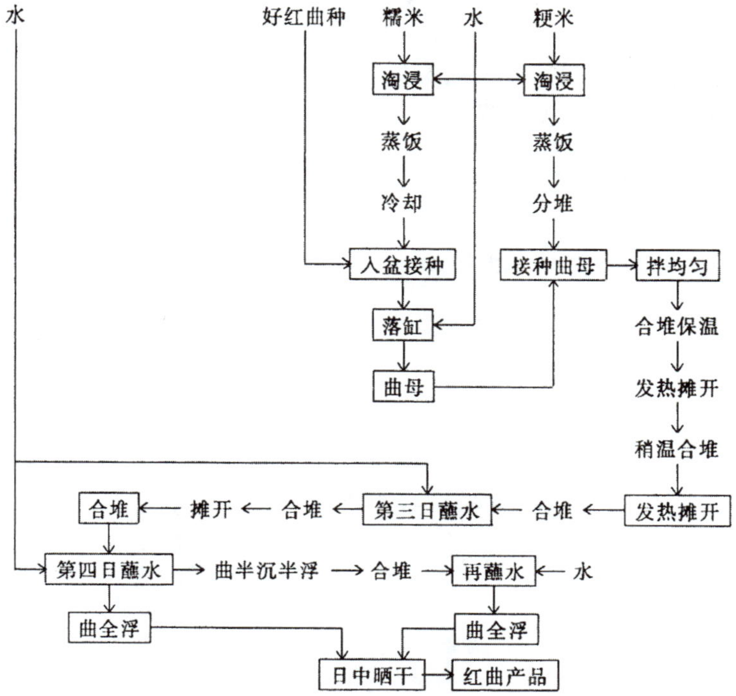

图 2-2-1　造红曲法工艺流程

二、明吴氏《墨娥小录》中的造红曲方

《墨娥小录》中的“造红曲方”原文如下：

造红曲方：无糠粞舂白粳米，水淘净，浸过宿，翌日炊饭，用后项药、米乘热打拌。药：每米一石用曲母四升，磨研;海明砂一两、黄丹一两、无名异一两、滴醋一大碗。一处调和打拌，上坞，或一周时或二周时，以热为度。测其热之得中，则准自身肌肉，开坞摊冷……

洒水打拌，聚起，候热摊开，至夜分开摊。第二日聚起，洒水打拌，再聚，热即摊冷，又聚，热又摊，至夜分开摊。第三日下水，澄过，沥干，倒柳匾内，候收水，作热摊开，冷又聚，热又摊，至夜分开摊。第四日如第三日。第五日下水，澄过，沥干，倒柳匾内，候收水，分开薄摊三四次。若贪睡失误以至发热，则坏矣[1]。

三、明李时珍《本草纲目》中的红曲

(一) 制“红曲”原文

红曲本草不载，法出近世，亦奇术也。其法：白粳米一石五斗，水淘，浸一宿，作饭。分作十五处，入曲母三斤，搓揉令匀，并作一处，以帛密覆。热即去帛

[1] 明·吴氏撰：《墨娥小录》，聚好堂刊本影印，北京，中国书店，1959。

摊开，觉温急堆起，又密覆。次日日中又作三堆，过一时分作五堆，再一时合作一堆，又过一时分作十五堆，稍温又作一堆，如此数次。第三日，用大桶盛新汲水，以竹箩盛曲作五六份，蘸湿完又作一堆，如前法作一次。第四日，如前又蘸，若曲半沉半浮，再依前法作一次。又蘸，若曲尽浮则成矣。取出日干收之。其米过心者谓之生黄，入酒及酢醢中，鲜红可爱。未过心者不甚佳。入药以陈久者良[1]。

(二) 制“红曲”工艺流程(图2－2－2)

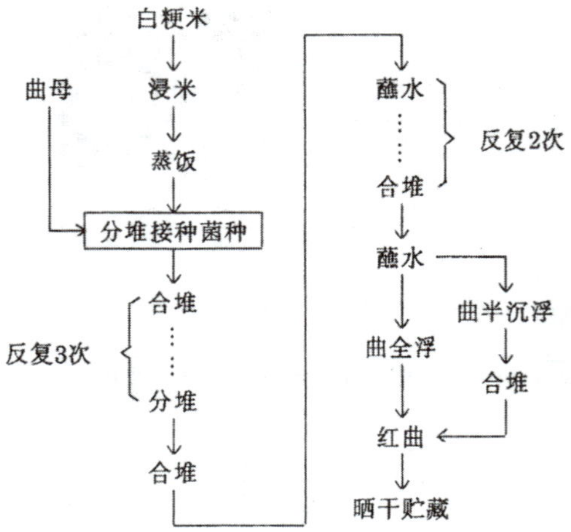

图 2－2－2 制“红曲”工艺流程

四、明宋应星《天工开物》中的丹曲

(一) 制“丹曲”原文

凡丹曲一种，法出近代。其义臭腐神奇，其法气精变化。世间鱼肉最朽腐物，而此物薄施涂抹，能固其质于炎暑之中，经历旬月蛆蝇不敢近，色味不离初，盖奇药也。

凡造法用籼稻米，不拘早、晚。舂杵极其精细，水浸七日，其气臭恶不可闻，则取入长流河水漂净，漂后恶臭犹不可解，入甑蒸饭则转成香气，其香芬甚。凡蒸此米成饭，初蒸半生即止，不及其熟。出离釜中，以冷水一沃，气冷再蒸，则令极熟矣。熟后，数石共积一堆拌信。

凡曲信必用绝佳红酒糟为料，每糟一斗入马蓼自然汁三升，明矾水和化。每曲饭一石入信二斤，乘饭熟时，数人捷手拌匀，初热拌至冷。候视曲信入饭，久复微温，则信至矣。凡饭拌信后，倾入箩内，过矾水一次，然后分散入篾盘，登架乘风(参见图2－2－3)。后此风力为政，水火无功。

凡曲饭入盘，每盘约载五升。其屋室宜高大，防瓦上暑气侵迫。室面宜向南，防西晒。一个时中翻拌约三次。候视者，七日之中，即坐卧盘架之下，眠不敢安，中宵数起。其初时雪白色，经一二日成至黑色，黑转褐，褐转代赭，赭转

[1] 明·李时珍撰:《本草纲目》，1547页，尚志钧校订，北京，人民卫生出版社，1957。

红，红极复转微黄。目击风中变幻，名曰生黄曲，则其价与入物之力皆倍于凡曲也。凡黑色转褐，褐红，皆过水一度，红则不复入水。

凡造此物，曲工盥手与洗净盘簟，皆令极洁，一毫滓秽，则败乃事也。”(图2－2－3、图2－2－4)[1]

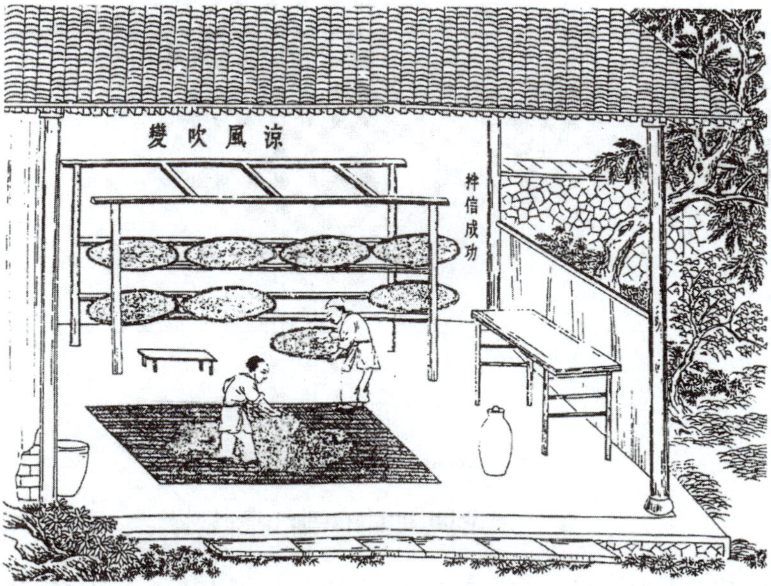

图 2－2－3　宋应星《天工开物》制丹曲图
(引自《喜咏轩丛书》刊本《天工开物·丹曲》插图)

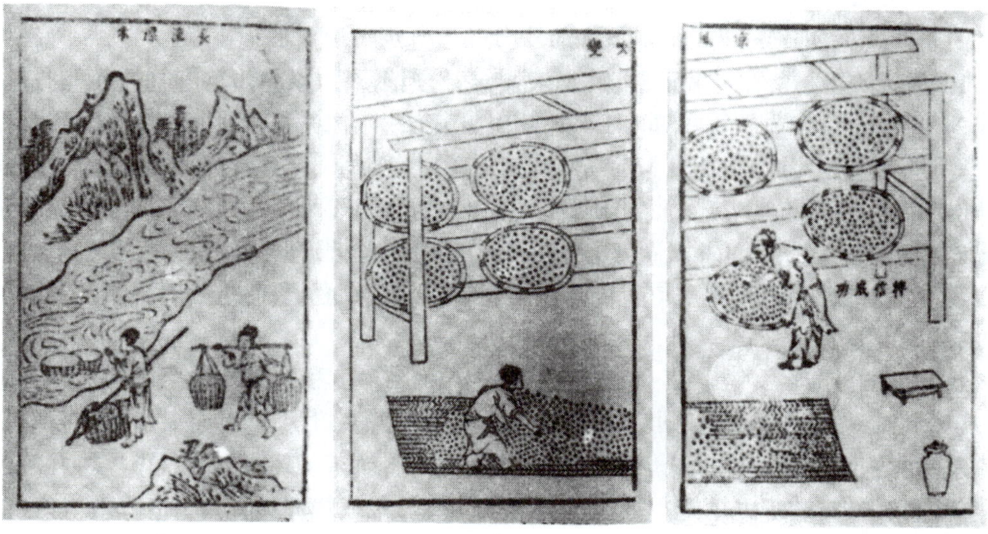

1　　2　　3

图 2－2－4　宋应星《天工开物》制丹曲图
1. 长流漂米　2. 降温拌匀　3. 制曲成功
(引自明崇祯十年刊本《天工开物·丹曲》插图)

[1] 明·宋应星撰:《天工开物·曲蘖第十七》卷下，据明崇祯十年李氏墨海楼藏本，上海，上海古籍出版社，1958。

(二) 制“丹曲”工艺流程(图2-2-5)

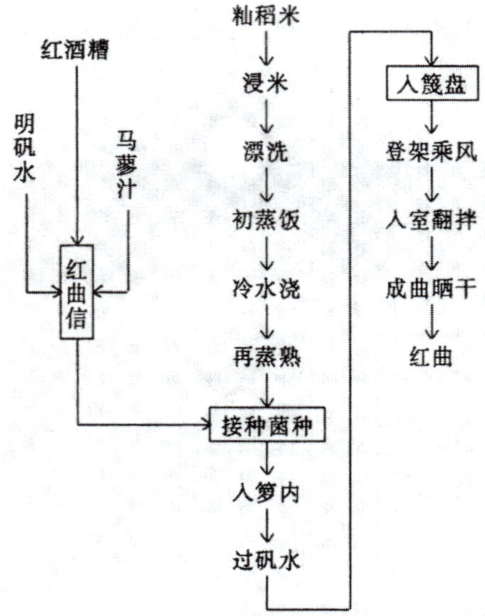

图 2-2-5 制“丹曲”工艺流程

五、试论明朝时的制红曲技术

根据上面4种制红曲法的内容进行分析，可知我国在明朝时，人们对于红曲霉的繁殖特性已经有很多了解，并在生产实践中创造了许多先进的制红曲技术。例如，选料时的精心，pH的控制，温度和湿度的调节，培菌过程的操作方法等等。这些技术在当时世界上是独占鳌头的，其先进性也就可想而知了。

对于明朝人的这些制红曲高明技术，现分别进一步讨论如下:

1. 选料的用心所在　我国制曲时经常都是选用糙米为原料作培养基的，唯制造红曲法不同，必用精白稻米为原料。正如宋应星所说:“凡造法用籼稻米，不拘早、晚(稻)，舂杵极其精细。”李时珍也说:“其法用白粳米”。究其必选用精白米的原因，这可能是由于精白米含糠量少，相对说来，含脂肪量少，含淀粉质就多，这正好适合于红曲霉的繁殖需要，即淀粉酶的活力强而脂肪酶的活力弱的生理需要。另外，由于精白米含脂肪量少，脂肪在空气中极容易氧化变质，所以相对而言原料变质的机会也减少了，这对于红色素的生成和艳丽红色的加深来说，也是很重要的。

2. 温度和pH的控制　在《墨娥小录》中有这样的话:“测其热之得中，则准自身肌肉……若贪睡失误以至发热，则坏矣。”在没有控制仪器的古代，这种用人的体温作衡量标准来测定约37～38℃曲温的办法，的确是很实用而又有科学道理的。但是仅用这种办法还不能确保曲温稳定可靠，所以古人郑重指出，贪睡是很容易造成烧曲的。其实曲温太低，红曲霉会停止繁殖，所以看曲者必须勤于观察，在曲房附近住下过夜，以便及时处理异常现象。根据现代科学实验得知[1]:

红曲霉繁殖的最佳温度是37～38℃;

[1] 中国科学院微生物研究所:“11株红曲霉推广菌株特性介绍”，见《福建酿酒通讯》，1973(1)。

红曲霉繁殖时品温低于25℃不繁殖，超过40℃烧曲；

红曲霉繁殖的最佳pH是3～5；

红曲霉繁殖时pH小于3不繁殖，pH超过5不产红色素。

红曲霉同其他曲霉相比较时，有较大耐酸性介质的特性，这是我国古代劳动人民首先发现的。在宋应星的《天工开物》中有："凡造法用籼稻米……水浸七日，其气臭恶不可闻；明矾水和化；过矾水一次"等内容。水浸七日产生臭恶气味，这是乳酸菌大量繁殖的结果，这样做可以增加物料的酸性浓度。明矾，就是硫酸钾和硫酸铝的含水化合物[$K_2SO_4 \cdot Al_2(SO_4)_3 \cdot 24H_2O$]，无色透明晶体溶于水，生成氢氧化铝等胶状物之后沉淀，可作净化剂，可使物料酸性浓度增加。红曲霉在繁殖初期很难与别的霉菌竞争，但是当pH达到约3.5时，它却能压倒一切而旺盛繁殖。采用乳酸发酵和运用明矾水的方法，就是使物料呈酸性，使不耐酸性的各种霉菌死亡或受到抑制，达到顺利制成红曲的目的。这种创造性的发现和利用，对于研究利用红曲霉来说，具有一定的借鉴意义。

3. 湿度的控制　红曲霉同其他曲霉比较，具有耐湿度大的特点。李时珍在《本草纲目》中说："用大桶盛新汲水，以竹箩盛曲作五六份，蘸湿完又作一堆。……第四日，如前又蘸，若曲半沉半浮，再依前法作一次。又蘸，若曲尽浮则成矣。"这种采用加大曲中湿度的方法，就是利用这个特性的实践。但是曲料湿度太大或太小也不好。曲料湿度太大时，分解产物中的糖类、氨基酸等有机酸或其他成分，将会被红曲霉进一步分解成易挥发性醇类而挥发掉，损失太大。曲料湿度太小时，红曲霉不能很好地将米粒内部成分进行分解，成品曲的质量必然很差。所以我国古代劳动人民采用分段加水的办法来适应红曲霉的繁殖，这是一种创造性的发现和利用，在生物学史上是很有意义的。

4. 良种优选和污染控制　在《天工开物》里，宋应星说："凡曲信必用绝佳红酒糟为料。"他又说："凡造此物，曲工盥手与洗净盘簟，皆令极洁，一毫滓秽，则败乃事也。"使用绝佳红酒糟为接种菌料，这是我国古代劳动人民最早创造出来的一种不断精选优良曲种的科学方法，的确是很高明的。至于严防污染的高度要求，直至今日仍然是制曲时最重要、最严格的纪律，必须遵守。由此可知，宋应星对于制曲技术的认识是很深刻的。

在清朝，古籍中因记有制红曲工艺的书很少，而且内容也不如明朝的丰富，例如，沈李龙的《食物本草会纂》、杨时泰《本草述钩元》、方以智的《物理小识》等就是如此，所以下面就不再深入讨论了。但是在清朝，福建省不少地方志的物产志中都记有红曲的内容，例如福建通志、古田县志等，此事可以证实红曲自古就是福建很重要的地方名特产。当然，江西、浙江、台湾等省也盛产红曲。

第二节　近现代研制红曲的进展

现在，我国是世界上生产红曲最多的国家，对于红曲霉属的研究也很深入，已有很多科研成果运用于生产实践中，很多厂家不仅能大量制备优良的红曲霉属菌种，而且能大量生产以下3类产品：

1. 库曲　此种曲颗粒较重，色素少而色泽红，制造周期短。此产品主要用于酿造黄酒、果酒、药酒，也可以作为食品着色剂，用于腌制鱼产品和加工罐头等。

2. 轻曲　此种曲颗粒很轻，色素多且色泽艳红，制造周期较长。此产品主要用于制造红色腐乳、酿造药酒、生产红醋等，也可以作为各种食品的着色剂，用于烹调菜肴和生产酱腌菜等。

3. 色曲　此种曲颗粒最轻，色素最多，色泽呈绛红色，但制造周期最长。此产品主要用于制造红色腐乳、酿造药酒，作为各种食品的着色剂，用于烹调菜肴、制造罐头、作为药材，还大量作为出口商品。

根据全国红曲生产实际情况和中国科学院微生物研究所以及其他研究单位的研究资料表明，我国红曲霉属资源是非常丰富的。许多优良菌种在固体形态和同化糖生酸方面虽然有些差异，但是它们的生活史是完全一致的，其无性繁殖和有性繁殖都是按下面方式进行的。

一、红曲霉有性世代和无性世代繁殖生活史

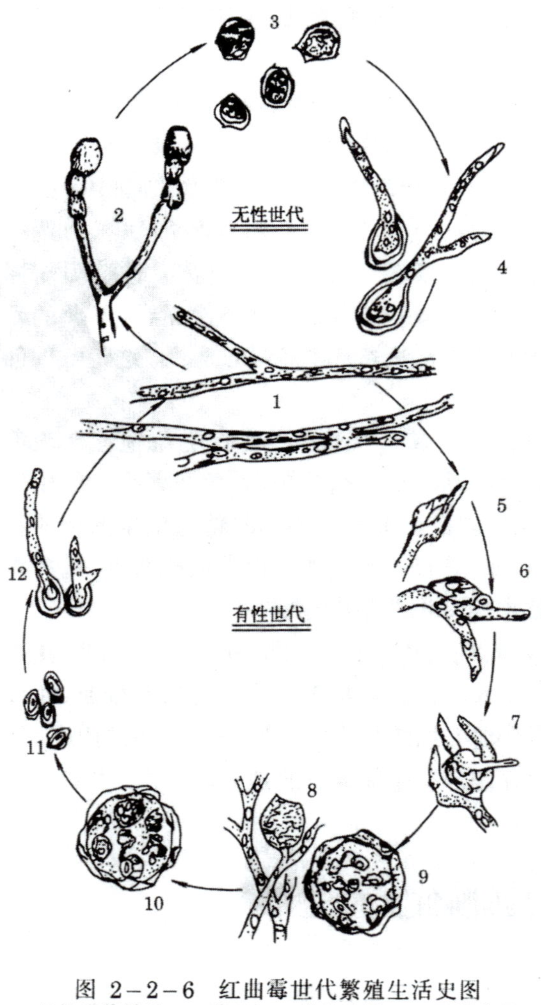

图 2－2－6　红曲霉世代繁殖生活史图
无性世代繁殖：1. 菌丝　2. 分生孢子　3. 子囊孢子　4. 子囊孢子萌发
有性世代繁殖：1. 菌丝　5. 多核雄器　6. 原始雄器　7. 雄器　8. 产囊器　9. 原被子器　10. 被子器　11. 子囊孢子　12. 子囊孢子萌发

（一）红曲霉世代繁殖生活史图（图 2－2－6）[1]

（二）无性世代繁殖过程

此过程由菌丝(1)生发开始(2)。菌丝来源于子囊孢子(3)萌发(4)或子囊孢子(11)萌发(12)。有了菌丝之后，即生出分生孢子梗并在其顶部产生分生孢子(2)，乃单生或以向基式生出2～6个成链。分生孢子大多数为梨形且多核，成熟(3)即可萌发(4)，(4)萌发后又成菌丝。往后，也就如此重复地进行繁殖，构成了它的无性世代生活史。

（三）有性世代繁殖过程

此过程也由菌丝(1)生发开始，菌丝也来源于分生孢子(3)萌发(4)或子囊孢子(11)萌发(12)。有了菌丝之后，即在菌丝顶端或侧枝顶端首先生成一个单细胞多核的雄器(Antherdium)(5)，后来在雄器下面的细胞会以单轴方式又生出一个细胞，这个细胞就是原始雄器(6)即产囊器(Ascogonium)的前身。由于雌性器官的生长和发育，导致雄器向下推压，使雄器长成与柄把呈40°～120°弯角(7)，这时在雌性器官的顶部又生出一隔膜，继而分成两个细胞，顶上的细胞为受精丝(Trichogyne)，另一细胞即产囊器(8)。当受精丝尖端与雄器接触之后，接触点的细胞壁解体，产生一孔。雄器内的核和细胞质通过受精丝进

[1] 杨云鹏:《中国药用真菌》，37页，哈尔滨，黑龙江科学技术出版社，1981。参见中国科学院微生物研究所:“11株红曲霉推广菌株特性的介绍”，福州，《福建酿酒通讯》，1973(1)。

入产囊器。此时两器只进行质配，细胞核只是成对排列，并不结合。

质配后，在两性器官下面的细胞会生出许多菌丝将其包围，形成原被子器(9)，并向被子器的成熟方向发展。被子器(Perithecium)内的产囊器不断膨大，并长出许多产囊丝，每个产囊丝长成许多双核细胞，核配于此时发生。经过核配的细胞即成子囊母细胞。每个子囊母细胞中的核经过3次分裂即形成8个核，每个核发育成一个单核的子囊孢子，子囊母细胞即变成子囊，因此，每个子囊中都含有8个子囊孢子。这时被子器已经发育成熟(10)，其中子囊消解，子囊孢子成堆地留在被子器内(10)，好像只有一个子囊。当被子器外壳破裂后，子囊孢子纷纷散出(11)，子囊孢子萌发后(12)又形成多核菌丝(1)，构成了它的有性世代生活史[1]。

二、近现代研究红曲霉获得的优良菌株

近几十年来，我国生产和科研人员在继承、弘扬和发展红曲生产与研究方面，的确取得了许多可喜的成绩。归纳起来，主要有下列各项：

1. 10多年来，我国在研究红曲霉和红曲生产方面，已经有20多篇优秀论文发表，这对于提高红曲生产水平具有深远的意义。

2. 在60年代，中国科学院微生物研究所根据科研与生产的需要，面向全国对红曲霉的生理特性和红曲的应用情况进行了取样研究。他们从分离研究的150多株红曲霉菌种中，选出了11株优良菌种，向全国推广，成绩斐然。这11株优良红曲霉的部分特性如下[2]。

(一) 11株优良红曲霉的菌号和生产特性

AS3.913、AS3.914、AS3.973、AS3.983：这4株菌种产生红色素的能力强，可以作为生产色曲的菌种。

AS3.555、AS3.920、AS3.972、AS3.976、AS3.986、AS3.987、AS3.2637：这7株菌种的糖化力强，可以作为酿酒制曲时的菌种。

AS3.972、AS3.986、AS3.987：这3株菌种的糖化力强，产生红色素深，可作为生产色曲或酿酒制曲时的菌种。

以上这11株菌种中，AS3.555及AS3.976在分类上属于变红红曲霉(*M. serorubescens*)群，其他各株均属于红曲红曲霉(*M. anka*)。AS××××为中国微生物菌种保藏菌号[3]。

(二) 11株优良红曲霉的个体形态(表2-2-1)

表 2-2-1　　11株优良红曲霉的个体形态一览

菌号	菌丝	分生孢子	被子器	子囊孢子
AS3.555	分隔，分枝，含脂肪粒，宽1.7～5.3μm，无色或黄绿色	少见	圆球形，直径21.4～38μm，结实少	卵形，4.7μm×6.8μm
AS3.913	分隔，分枝，含脂肪及红色颗粒或红色素，宽1.75～7μm	梨形，(7～8.5)μm×(8.5～10)μm	圆球形，直径25～35μm，杏黄色或无色	卵形，(4.2～5.2)μm×(6～7)μm，杏黄色或无色
AS3.914	分隔，分枝，顶端红色，老细胞有红色颗粒，宽3.5～5.3μm	圆形，直径5.2～7μm；梨形，(5.2～7)μm×(7～8.5)μm	圆球形，直径26～44μm，无色或带红色	卵形，5.2μm×7μm，无色或带红色
AS3.920	分隔，分枝，无色或黄绿色，含脂肪粒，宽2.6～7μm	少见	圆球形，直径30～52μm，黄褐色或红色	卵形，(4.3～6)μm×(5.2～8.5)μm，黄绿色或淡红色

[1]、[2] 中国科学院微生物研究所："11株红曲霉推广菌株特性的介绍"，福州，《福建酿酒通讯》，1973(1)。
[3] 中国微生物菌种保藏管理委员会：《中国菌种目录》，360～362页，北京，轻工业出版社，1983。

续表

菌　号	菌　　丝	分生孢子	被 子 器	子囊孢子
AS3.972	分隔，分枝，含脂肪粒，红色颗粒或红色素，宽1.7～7μm	少见	圆球形，直径18～40μm，杏黄色或红色	卵形，4.3μm×6μm，黄绿色或杏黄色
AS3.973	同上	梨形，7.8μm×9.4μm	圆球形，直径25～40μm，杏黄色或带红色素	卵形，5.2μm×7μm，黄绿色或杏黄色
AS3.976	分隔，分枝，含脂肪粒，多着杏黄色，宽1.7～5.2μm	梨形(5.2～7)μm×8.5μm	圆球形，直径30～60μm，浅黄色至杏黄色	卵形，(4.2～5.2)μm×(6～7)μm，黄绿色
AS3.983	分隔，分枝，含脂肪粒，红色颗粒或红色素，宽1.7～8.5μm	少见	圆球形，直径23～35μm，杏黄色或带红色素	卵形，(4.2～5.2)μm×(6～7)μm
AS3.986	同上	梨形，(7～8.5)μm×(8.5～10.5)μm	圆球形，直径25～50μm，杏黄色或带红色素	同上
AS3.987	同上	梨形同上，但含红色颗粒或红色素	圆球形，直径25～41μm，杏黄色或带红色素	卵形，(3.5～5.2)μm×(5.2～7)μm
AS3.2637	分隔，分枝，含脂肪粒，淡红色颗粒，宽1.7～8.5μm	少见	圆球形，直径22～44μm，浅杏黄色或带红色素	卵形，5.2μm×7μm，黄绿色

(引自中国科学院微生物研究所:“11株红曲霉推广菌株特性的介绍”，《福建酿酒通讯》，1973(1))

(三) 11株优良红曲霉的优异特性

1. 11株优良红曲霉能利用多种糖类生长的特性　根据研究得知，这11株红曲霉都能利用淀粉、糊精、蜜二糖、纤维二糖、蕈糖、甘露醇、果糖、木糖、葡萄糖、L－阿拉伯糖等糖类生酸。但是这11株红曲霉对棉子糖、麦芽糖、蔗糖、半乳糖和山梨糖的利用则因菌株不同而异，有强(＋)有弱(－)。兹用表2－2－2说明如下。

表 2-2-2　　11株优良红曲霉利用5种糖生酸的差异

菌号＼糖类	棉子糖	麦芽糖	蔗糖	半乳糖	山梨糖
AS3.555	－	－	－	－	＋
AS3.913	－	＋	－	－	＋
AS3.914	－	＋	－	＋	＋
AS3.920	－	＋	－	－	＋
AS3.972	－	＋	－	＋	＋
AS3.973	＋	＋	－	＋	＋
AS3.976	－	－	－	＋	＋
AS3.983	－	＋	＋	＋	＋
AS3.986	＋	＋	－	－	－
AS3.987	＋	＋	－	＋	＋
AS3.2637	＋	＋	－	－	－

(资料来源同表2－2－1)

2. 11株优良红曲霉生酸能力的特性　据日本人住木谕介说，红曲霉生成的有机酸是琥珀酸和少量的葡萄糖酸。中国科学院微生物研究所1964年就不同类型红曲霉代谢产物中有机酸情况，进行纸上层析测定，结果主要是琥珀酸和柠檬酸，其量都很小，而这11株优良红曲霉的生酸总量，以琥珀酸计的话，其情况如表2－2－3所示。

3. 11株优良红曲霉的糖化力、糊精化力和色度等特性　红曲应用于酿酒时，起作用的淀粉酶中主要包括糊精化酶、糖化酶和麦芽糖酶。这三类酶的活性常因菌株不同、所用培养

表 2-2-3　　11株优良红曲霉生酸能力①

菌　号	培养液空白滴定②	样品滴定②	消耗量③	总酸量(以琥珀酸计)/(g/100mL)
AS3.555	1.20	1.85	0.65	0.076
AS3.913	1.20	2.30	1.10	0.130
AS3.914	1.20	2.35	1.15	0.135
AS3.920	1.20	2.55	1.35	0.159
AS3.972	1.20	1.90	0.70	0.083
AS3.973	1.20	2.30	1.10	0.130
AS3.976	1.20	1.95	0.75	0.088
AS3.983	1.20	1.90	0.70	0.083
AS3.986	1.20	2.00	0.80	0.094
AS3.987	1.20	1.80	0.60	0.070
AS3.2637	1.20	1.95	0.75	0.088

(资料来源同表2－2－1)

注：① 用15°Bx麦芽汁30mL，入100mL三角瓶中，以8kPa灭菌，接种后于35℃下培养7天。

② 以15°Bx麦芽汁5mL，用0.1mol/L NaOH滴定的体积(mL)。

③ 将样品滴定数减去培养液空白滴定数所得值(mL)。

基不同而异，其所形成的色度也不一定与糖化力强弱一致，所以在选择这11株优良红曲霉制曲酿酒时，要根据目的需要分别对待。凡是糖化力在1 300以上的菌株，都适合用于制曲酿酒。关于糖化力强弱、色度深浅的确定，可以参见表2－2－4所示。

表 2-2-4　　11株优良红曲霉制曲后的质量测定结果

菌　号	曲外观色泽①	曲米粒断面	曲米粒	出曲量/g②	糖化力③	糊精化力③	色度④
AS3.555	谷鞘红至苋莱红	苋莱红	饱满	7.8	1 332	240	合格
AS3.913	葡萄酱紫色	苋莱红至葡萄酱紫	饱满	9.4	1 260	270	上等
AS3.914	苋莱红	同上	饱满	9.1	1 125	>270	上等
AS3.920	酱紫色	苋莱红	饱满	7.7	1 404	210	较次
AS3.972	酱紫色	酱紫色	饱满	9.0	1 368	240	上等
AS3.973	酱紫色	酱紫色	饱满	8.5	1 008	>270	上等
AS3.976	山茶红间白色	粉白色	饱满	7.8	1 440	270	不合格
AS3.983	葡萄酱紫色	苋莱红	饱满	10.5	1 260	240	合格
AS3.986	葡萄酱紫色	酱紫色	饱满	8.3	1 332	210	上等
AS3.987	葡萄酱紫色	酱紫色	饱满	8.3	1 368	210	上等
AS3.2637	苋莱红	苋莱红至葡萄酱紫	饱满	9.5	1 332	210	合格

(资料来源同表2－2－1)

注：① 颜色名称根据科学出版社1959年出版的“色谱”。

② 原饭(含水36％)每份30g，此为每份出干曲量(g)。

③ 糊精化力的单位为min。糖化力单位为mg葡萄糖/($g_{曲}$·h)。

④ 色度：指干曲研成粉，用50％乙醇浸成1％的浓度，1h后与金(Au)1％的水溶液对照，色泽正者为合格，较浅者为次，粉红者为不合格，若稀释1倍后色泽仍合格者为上等。

三、用新技术改革传统制曲法进展

自1983年至1986年，福建古田红曲厂开始改革传统的制曲工艺，获得成功。他们采用大罐浸米、机器蒸饭、厚层通风制曲法，又采用微机调控制曲温度，使红曲生产实现了自动化，发酵周期由9天缩短至6天，投料量每次由300kg提高到600kg，产品优质率由83.7%提高到94.16%，这是我国制红曲史上一项卓有成效的创举。

在弘扬和发展红曲生产新工艺方面，福建省南平微生物实验站所取得的成绩令人瞩目。他们经过多年努力，终于从许多含红曲霉菌的样品中，分离筛选到了1株纯白色绒状优良红曲霉菌种，已命名为“红曲霉116”。

为了验证红曲霉116的优良性能，他们通过多种对照性试验，终于发现，红曲霉116生命力很强，繁殖速度很快，糖化力很高，运用于制红曲时产品色度很好，产品合格率很高。用红曲霉116制成的红曲运用于酿酒，成品酒的质量优良，出酒率也高于其他红曲酿酒。总之，红曲霉116与传统菌种比较，它是很优良的，其最明显的优势如下[1]:

(1) 红曲霉116可以直接作为菌种制曲，不必再用精制的土曲作曲种。

(2) 红曲霉116可以通过“三级”扩大培养，直接制红曲，不必再用曲糟制红曲。

(3) 用红曲霉116制曲时，可用廉价工业醋酸调节pH，不必再用陈年米醋了。

第三节　近现代制红曲的方法

近现代制造红曲的方法有两大类，即传统制法和纯菌种制法。从现有情况看，大多数厂家仍然沿用传统方法制曲。虽然有些改进，但变化不大。传统制曲法是，以“糯米红土曲糟”为传醅曲母，用上等好醋调节物料pH，选上等粳米或陆稻米为原料，通过精心培菌而成。这类制曲法虽然操作繁琐，产品质量不稳定，耗粮较多，有污染问题，但是生产规模可大可小，生产工具设备简单，投资少，见效快，产品曲香好，色泽优美，发酵力强，因此仍然占有很重要的地位。由于红曲的用途很广，国内外很畅销，国际竞争力强，所以具有广阔的发展前景，应当加强研究，把传统优势和现代化生产方法结合起来，扩大生产，使祖国这种独特产品的发展前景更加美好。下面介绍一些制红曲法，供参考。

一、建瓯土曲的制法

福建省自古盛产土曲的县、市有建瓯、政和、松溪、古田等，因为大多数都用传统老法生产，所以俗称土曲。据笔者现场调查所知，制土曲法是祖祖辈辈世代相传的古老方法。据当地人们说，至晚在明朝初年就已经有土曲生产了。正因为如此，所以可以认为建瓯制土曲的历史是相当悠久的。

土曲一般在大暑、小暑期间制造，凡是在“窑洞”里制成的俗称“窑曲”，在曲房楼板上制成的称坪曲(图2－2－7)。这两种红色土曲的优点是，糖化力和液化力都强，酿酒时的发酵力也强。从分离到的菌种表明，土曲中的霉菌有黑曲霉、红曲霉和酵母菌，可以直接用于酿酒，也可以作为菌种用于制红曲。

(一) 制土曲工艺流程(图2－2－8)

(二) 制土曲操作方法

根据前面设计的工艺流程可知，制土曲之前必须先用前一年保存的菌种制曲公粉，再用曲公粉制曲母，用曲母制曲母浆。然后用曲公粉和曲母浆制土曲。

[1] 陈易之等:“红曲霉116优良菌株及纯种制曲的研究”，北京，《中国酿造》，1982(6)。

图 2－2－7　建瓯制红曲的土窑外景
(笔者拍摄于福建省建瓯县)

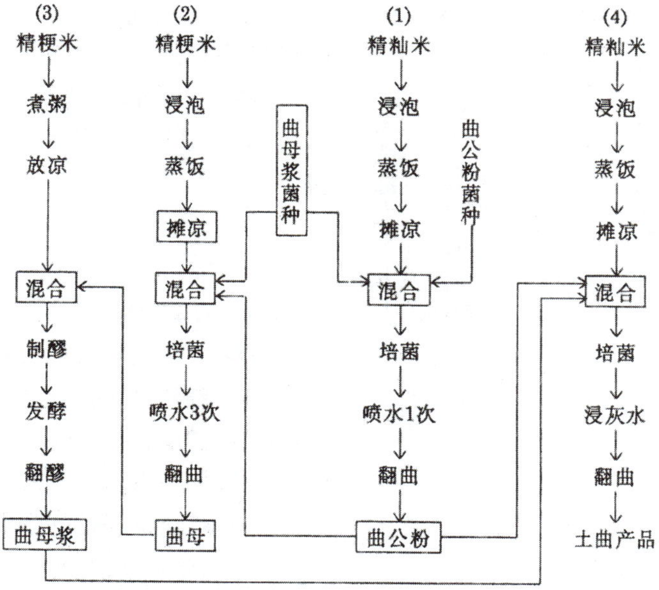

图 2－2－8　制土曲工艺流程

1. 曲公粉的制法　将50kg籼米浸入20℃水中约1～1.5h，即可捞出来蒸饭，当蒸汽全面透出后再蒸约5min，如果饭粒完整、内无白心时，即可停蒸放凉。当饭温降到40℃时，即可拌入曲公粉菌种约35～40g，曲母浆菌种约150～200g，然后装入大肚形竹篓里，送进38～40℃

的曲房中进行保温培菌。培菌期间，要喷水一次，凡是曲温上升到43℃时，必须及时翻曲降温。如此培菌大约3～4天，黑曲霉就会旺盛繁殖，一般到了第5天即可出曲，曲粒轻、色纯青红者为上等，经磨粉得曲公粉。

2. 曲母的制法　将50kg籼稻米浸入20℃水中约1～1.5h，捞出来蒸饭，当蒸汽全面透出后再蒸约5min，如果饭粒完整、内无白心时，即可停蒸放凉。当饭温降到40℃时，即可拌入前面制成的曲公粉约1～2g，曲母浆菌种约350～400g，然后装入大肚形竹篓里，送进38～40℃的曲房中进行保温培菌。培菌期间，头3天每天喷水一次，每当曲温上升到43℃时，必须及时翻曲降温。如此培菌至第5～7天，即可出曲。曲粒轻、硬、完整、色泽微红者为上等。

3. 曲母浆的制法　籼米约1.5kg，加水约7kg，煮成微烂稀粥后，放凉至32～33℃，拌入红曲母约1kg。使稀醪发酵约7天，当醪液有酒气兼辣味感时，即得曲母浆产品。

4. 接种制土曲的方法　本制曲法采用中等籼米为原料，淘净后用15～20℃的水温浸泡约2～2.5h，捞出来沥干后用蒸笼蒸饭。当蒸汽全面透出时再蒸约10min，以米粒刚透、内无白心为宜。

将米饭用木铲搓散，放凉至34～35℃，按每50kg籼米加入曲公粉35～40g，曲母浆150～200g，又加入上等醋调成混合料，使pH达到3～4。物料拌匀后装入已消毒好的大肚形竹篓内，送入38～40℃的曲房中进行保温培菌24h。第2天，把曲饭倒在曲房洁净的地板或木板上，翻曲成堆，进行保温培菌。当曲温上升到42～43℃时，说明黑曲霉已经旺盛繁殖，此时必须及时翻曲降温。到了第3天，曲粒上会出现白里带红，俗称“蛋花斑”的好现象，此时要进行翻曲，使黑曲霉的繁殖更加快速均匀。到了第4天，将曲饭再次装入竹篓里，用冷水浸一下，沥干后送入38～40℃的曲房里，进行保温培菌48h。到了第6天，把竹篓曲提出来，放进石灰水中浸一下，沥干后又送入38～40℃的曲房里，进行保温培菌24h。到了第7天，把竹篓里的曲倒在洁净的曲房地板或木板上，每天翻曲2次。当曲粒外观达到纯青红，内部红色偏暗，曲粒轻而坚挺，有特殊曲香时，说明黑曲霉繁殖良好，可以出曲了。晒曲宜在弱阳光下晾晒，含水分约7%～10%，即可收贮待用。如能妥善保管，储期可达3年。

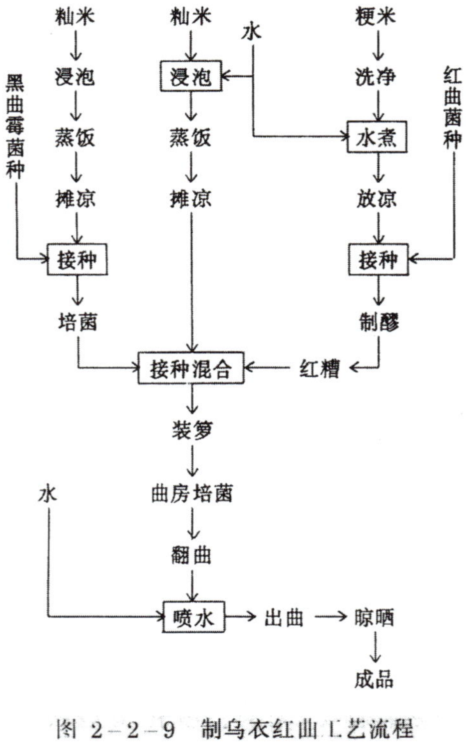

图 2-2-9　制乌衣红曲工艺流程

二、制乌衣红曲的方法

乌衣红曲与建瓯土曲本是同种产品，但是到了近现代，乌衣红曲的传统制法已有许多变化。例如，菌种已不再使用现制的曲公粉和曲母浆，培菌时的浸水和浸灰水已改用喷水法等。近现代制乌衣红曲的工艺流程，如图2-2-9所示。

(一) 制乌衣红曲工艺流程

(二) 制乌衣红曲操作方法

从图2-2-9这个工艺流程图的情况可知，在制乌衣红曲之前，必须先制备红糟和黑曲霉菌种。由于制备黑曲霉菌种的过程与制造乌衣红曲的过程相同，而且制备黑曲霉菌种只是一种常规的扩大培菌过程而已，所以下面只讨论制备红糟而不叙述制备黑曲霉的内容了。

1. 制红糟的方法　红糟又名红醪糟、红糟娘。其制备方法如下:

先用铁锅把22.5kg清水烧开，然后放入洗净的粳米7.5kg，继续煮沸，撇去水面浮沫，当米身煮裂时即停煮，不可煮烂成粥。把锅中的煮米及汤倒入洁净木盆中，放凉至32℃时，加入红曲3.5kg，拌匀后灌入洁净并用蒸汽杀菌过的大口酒坛或酿酒缸中。灌坛后的前10天，只防尘不加盖，每日早晚用洁净棍棒各翻搅一次。若气温高于25℃，大约酝酿15天即可使用。一般要求红糟中酒精含量约14%时可以使用，检验的方法可以用口品尝，如果甜味浓又有刺激性辣味，说明酝酿尚未成熟，不可使用。若过早使用，红曲霉仍在旺盛繁殖之中，用于制乌衣红曲后，成品全呈红色，品质必然低下。

2. 选料与蒸饭的操作方法　将籼米倒入缸中浸泡，如水温是15～20℃时约浸泡2h，水温是20℃以上时约浸泡1～1.5h，一般以米粒能用手指捻碎为止。将米捞出来以后放在竹箩内，用清水漂洗除掉杂质，经控干水滴后用蒸笼蒸饭，一般蒸汽全透出笼缝后，再蒸5min，即成曲饭。检验方法是，曲饭米粒以未开裂，粒中无白心为好。

3. 摊饭与接种　将曲饭摊在无菌的竹席上散凉至34～36℃，然后按每50kg籼米计算，加入黑曲霉菌种约4g，加红糟约630g，拌均匀之后即可装箩。

4. 装箩与翻曲　竹箩要先杀菌才能装入曲饭，装好后要用手轻轻摊平，然后送入曲房内，用洁净麻袋进行保温。如果室温高于22℃，约经24h，品温可上升到43℃。此时米饭会有1/3呈现白色菌丝，少数饭粒上已有红色斑点，应当及时翻曲降温，曲温不能超过43℃。

5. 堆曲与平摊　在培菌期间，堆曲和平摊都是翻曲过程，其目的在于保持培菌温度相对稳定。从物理化学角度看，本培菌过程同许多制曲程序一样，是一个放热反应，又是一个温度高、霉菌繁殖快的生化过程。堆曲之后，曲饭厚度增加，保温性好，散热慢，品温必然上升，结果曲霉繁殖更快，放热更多。由于曲温太高会造成烧曲，所以必须及时降温。最简便的方法就是将曲饭平摊散热，或利用曲霉耐水的特性而采用浸水或喷水降温。在此先讨论平摊操作，将喷水方法留在下面专门探讨。曲饭平摊之后，散热面加大，降温很快，但低温曲霉繁殖很慢，生产周期延长，所以培菌温度不能太低。每当品温降到一定程度时，就要及时堆曲升温。

正如上面所说的原理那样，曲饭装箩经24h培菌之后，当品温上升到40～42℃时，要进行翻曲就得把曲料从箩里倒出来，放在曲房内洁净的地板或木板上散热。当品温第一次下降到38℃时，为了保持曲霉高温繁殖的势头，必须及时将曲料拌匀并作堆升温。当品温第2次上升到36℃时，依照上面方法翻曲一次，散热之后又堆成堆。第3次品温上升到34℃时，依照上面方法翻曲一次，散热之后又堆成堆。如此重复数次，直到曲子制成为止。每次翻曲，时间间隔大约1.5h。翻曲工具是一种带齿的木耙子，耙齿经过的地方曲料下凹，齿间经过的地方曲料凸起，形成波浪状，增大散热面。可想而知，上面的这种操作过程，与古代做法是何等的相似。

6. 喷水的作用与方法　在培菌过程中，曲料浸水或喷水操作很重要。其原因主要有3个: 一是可以使高温曲料尽快降温;二是可以增加曲料湿度，以适合曲霉繁殖的需要;三是可以淋去部分曲中粘稠物质，增加曲料的透气性。但是喷水过多会造成烂曲，喷水太少则曲霉不易繁殖，曲粒僵硬。在一般情况下，白天喷水，晚上不喷水，每天喷水3～4次，每50kg籼米，每次约喷水4～6kg。品温不可以超过42℃，曲温高时必须及时喷水，翻曲降温。在通常情况下，无论热天还是冷天，每50kg籼米制曲，仅喷水一项共需清洁水约23～25kg。

7. 出曲与晒曲　本制曲周期，每批约6～7天。当品温稳定不变时，说明养料用完，曲霉繁殖停止，可以出曲了。乌衣红曲湿料搬出曲房后，一般放在竹簟上晾晒，当含水量降至14%～12%时，即可收贮待用。在贮藏期间要经常检查，以防返潮变质。

根据原食品工业部四川糖酒研究室测定，如此制成的乌衣红曲，其质量指标如表2－2－5所示。

表 2-2-5　乌衣红曲感官鉴定和直接、间接测定的质量指标

项　目	结　果	项　目	结　果
曲粒外观	曲红衣黑	液化力	531.6
曲粒中心	心白夹红斑	糖化力	383.0
皮张(菌膜、菌丝厚薄)	有菌丝	淀粉利用率/%	29.26
泡度(曲块疏松度)	有泡度	淀粉糊精酶活力	133.3
成品味道	有酸味	淀糖分解酶活力	57.0
曲块中菌丝	不结块，无丝	麦芽糖酶活力	7.75
酸度	1.44	最终糊精酶活力	10.5
pH	5.9(比色法)	酵母数/(10^6个/g曲)	18.56

(引自轻工业部科研院:《黄酒酿造》，轻工业出版社，1960)

表2－2－5部分项目注:

酸度: 每1g乌衣红曲在30℃条件下所生相当酸的物质的量(mmol)。

液化力: 每1g乌衣红曲在30℃条件下每小时所液化淀粉的量(mg)。

糖化力: 每1g乌衣红曲在30℃条件下每小时糖化淀粉所生还原糖的量(mg)。

淀粉糊精酶活力: 每1g大米经培养26h后，在30℃条件下每小时所液化淀粉的量(mg)。

淀粉糖分解酶活力: 每1g大米经培养26h后，在30℃条件下每小时糖化淀粉所生麦芽糖的量(mg)。

麦芽糖酶活力: 每1g大米经培养26h后，在30℃条件下每小时作用于麦芽糖所生还原糖的量(mg)。

最终糊精酶活力: 每1g大米经培养26h后，在30℃条件下每小时作用于最终糊精所生麦芽糖的量(mg)。

三、纯菌种制红曲的方法

自古以来，我国各地制红曲的传统方法，其工艺过程都是很繁杂的。首先必须用前一年保存下来的土曲制曲种，再用曲种制曲公和曲母，然后用曲母制曲母浆，最后才用曲公粉、曲母浆和陈年老醋制红曲。由于这种传统的生产方法都以手工操作为主，生产周期长，原料利用率低，产品质量不稳定，加上飞扬的霉菌孢子对职工健康有不良影响，所以要继承发展祖国这一宝贵产业，就必须努力改革其旧的生产途径。从现在已经取得的科研成果来看，采用纯菌种制红曲的方法是很可取的。

例如，自60年代以来，中国科学院微生物研究所等许多科研单位，已经从数百个样品中分离到了160多株红曲霉良种，又从这些良种中优选到了10多株红曲霉菌种，通过生产实践证明，效果是很好的。这种用纯菌种制红曲的方法有以下优点：一是只需要把菌种经三级扩大培养即可，不必由土曲制曲公粉和曲母浆；二是可以用工业醋酸调节pH，不必用陈年老醋；三是可以用现代化方法进行工业化生产红曲。但是从目前情况来看，采用纯菌种制红曲的方法仍然有许多需要解决的问题，否则产品质量很难提高。

我国目前运用纯菌种制红曲的方法有多种，已见于报道的有上海酿造科学研究所提倡的用饴糖液、蛋白胨、琼脂、冰醋酸等为培养基的制红曲法，有浙江义乌酿酒厂采用的“低温酿制红曲法”，有福建南平微生物实验站推广的“红曲霉116优良菌株纯种制红曲工艺”等。现将后者，介绍如下[1]。

[1] 陈易之等:“红曲霉116优良菌株及纯种制曲的研究”，北京，《中国酿造》，1982(6)。

(一) 红曲霉116菌株制红曲工艺流程(图2-2-10)

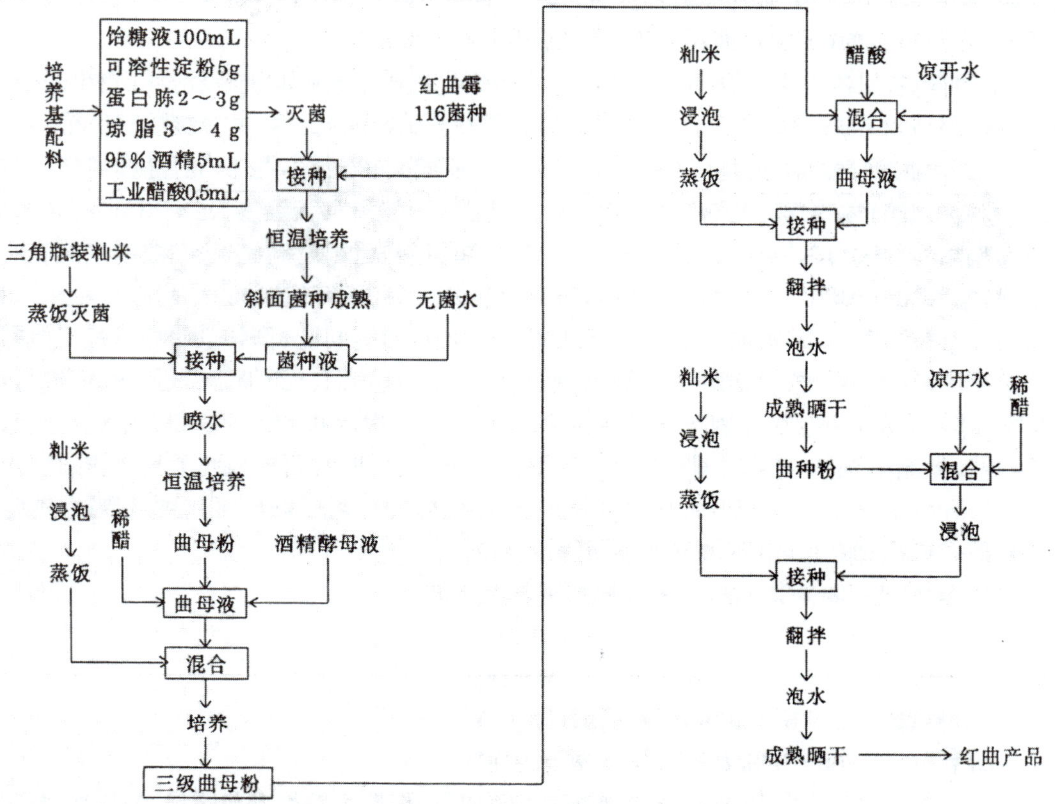

图 2-2-10　红曲霉116菌株制红曲工艺流程

(二) 红曲霉116菌株制红曲操作法

1. 一级试管斜面培养方法　试管培养基取8～10°Bé饴糖液100mL，加入可溶性淀粉5g，蛋白胨2～3g，琼脂3～4g，95%酒精5mL，工业醋酸0.5mL，后两种成分在培养基加热溶解后加入，加酒精的目的是对红曲霉菌种进行耐酒精驯化，加醋酸的目的是调整培养基pH。试管培养基组成后要进行常规灭菌，常压下蒸2次，每次1h，然后冷却至34℃时接种红曲霉116菌种。接种要在无菌箱内进行，然后置于32～34℃的恒温箱中培养9～13天，经取样用显微镜观察认定子囊孢子成熟时，即可由恒温箱中取出待用。

2. 二级曲母培养在三角瓶中进行　取籼米按每瓶40g投料，经洗净浸泡1h后，分别装入500mL的三角瓶中，塞上棉塞，用蒸笼蒸到四周汽直上时再蒸约5min，饭冷至32～34℃时，移入接种箱中接种菌种。在接种前，试管菌种要倒入20mL的无菌水中打散搅匀，制成菌种液。每个三角瓶培养基接种2mL菌种液，经充分混合后，置于32～34℃恒温箱中进行培养。约4天后取出来放入无菌箱内，用10%　pH为3.5～4.5的无菌水喷入瓶中，以补充曲饭水分。此后每天早、中、晚各摇匀一次，约培养9～10天即可成熟，取出来干燥，研成曲母粉待用。

3. 三级曲母培养在面盆里进行　按需要量取籼米洗净，经浸泡1h后捞出来沥干，蒸到蒸笼四周汽直上时再蒸约5min，取下冷却至32～34℃待用。在接种前，要将用三角瓶培养好的曲母粉浸泡在30mL含3%醋酸和0.2%酒精酵母液中。在接种室里，把米饭和菌种移入已消毒的面盆里拌匀，盖上消毒过的湿布，放入32～34℃的恒温箱内进行培养，约24h，检查，若米饭上布满白色菌点，应及时拌和，又经24h，取出拌和一次，并喷少许无菌水。以后每天取出来，拌和2次，并根据曲饭干湿程度喷水若干。如此约培养8～9天，取样，用显微镜观察认定子囊孢子已经成熟时，即可取出干燥，并研成曲母粉待用。

4. 曲种的制备方法　取籼米100kg，放在竹箩内置于水池中淘洗，浸泡1h，捞出来沥干，倒入木蒸桶内，蒸至米粒无白心、刚透时，把米饭倒入洁净的大木盆内，搓散，晾凉至45℃左右待用。取曲母粉250～400g，凉开水3～4kg，工业醋酸100mL，将它们混合搅均匀后，与米饭同时移入接种室内混合接种。把拌均匀的曲饭装入竹篓，移入温度为25～30℃的曲室里进行保温培养，约经16～18h，品温上升到42℃时，将曲饭从竹篓里倒出来，在曲室里的曲埕上翻曲降温至34～36℃。然后继续堆曲，进行保温培养，品温不可超过42℃。此后约经4～6h翻曲降温至28℃左右，又堆曲升温，如此反复多次。大约经培养44h，即转入吸水阶段，红曲霉已开始产生微红色素。将曲饭装入竹篓里，放到洁净水中稍浸泡，沥干后又送入曲室进行保温培养。此后每隔10h泡水、培养一次，连续3次，俗称头水、次水和完水。次水和完水也可以改用喷入7％米酒的操作，俗称次酒和完酒。喷酒的好处是，红曲霉菌种得到了耐酒精的驯化。完水之后应再培养2天，每天翻曲2次，此时已进入后熟阶段，可以取样，用显微镜观察鉴定。若子囊孢子成熟，即可以出曲种晒干，经研粉后待用。

5. 接种制红曲操作方法　制红曲的用料配方如下:

籼米	100kg
洁净水	2～4kg
工业醋酸	150～200mL(最适pH为3～5)
曲种粉	300～500g(冬天多用，夏天少用)

后三种原料经混合均匀后，要浸泡24h才能使用。按照上叙配方和所规定的操作程序进行生产红曲时，其生产过程与制曲种的过程完全相同。同样需要经过堆曲和翻曲等操作来控制培养温度，要经过头水、次水、完水，或次酒、完酒等操作来调整曲饭湿度，要用工业醋酸来调整pH值，最后还要用显微镜来鉴定红曲的后熟情况。当确定红曲霉子囊孢子已经成熟时，即可以出曲晒干并入库了。红曲要贮放在通风、阴凉、干燥的地方，要经常检查品质变化情况，如春、夏间气温高、湿度大，要及时再次晾晒防潮，如能妥善保管，一般保质期可达3年。

第三章　酿造红酒科技发展史

根据本篇“制曲史”的考证内容可知，在我国历史上虽然“红曲”和“红酒”名称出现很早，但是酿造红酒工艺在古籍中的出现并不是相随早现的。这种名称出现很早而酿酒工艺出现很晚的现象，乃事物发展的正常规律，无可厚非。

第一节　古代酿造红酒源流考

一、元朝时期酿造天台红酒

据笔者所知，我国古籍中最先记载用红曲酿造红酒的书是，元朝佚名氏《居家必用事类全集》，具体内容如下。

(一) 天台红酒方原文

《居家必用事类全集·酒曲类》：“天台红酒方：每糯米一斗，用红曲二升，使酒曲一两半或二两亦可。洗米净，用水五升，糯米一合。水煎四五沸放冷，以浸米，寒月两宿，暖月一宿。次日漉米，炊十分熟。先用水洗红曲，令净，用盆研，或捣细亦可，别用温汤一升发起曲，候放冷入酒。曲可不发只捣细，拌令极匀熟，如麻蓉状，入缸中。用浸米泔拌，用手擘极碎，不碎则易酸。如欲用水多，则添些水，经二宿后一一翻，三宿可榨，或四五宿可以香。更看天气如何，如天气寒暖，稍许之榨了，再倾糟入缸内。别用糯米一升，碎者三升，以水三升煮为粥，拌前糟。更酿一二宿，可榨。和前酒饮。如欲留过年，则不可和。若更用水拌糟浸，作第三酒亦可”[1]。

(二) 酿造天台红酒工艺流程(图2-3-1)

根据查到的“天台”地名可知，这是浙江东部灵江上游天台山的人们所采用的一种酿造红酒工艺。历史上著名的天台云雾茶也是产自天台山并盛极一时的。

(三) 天台红酒方原文中值得讨论的内容

1. 酿造天台红酒方的工艺特征表现分析　这是一个非常成熟的酿酒工艺模式，无论物料搭配、操作程序，还是提高原料利用率措施等，其设计方案都是很合理的。由此推测可知，我国制红曲、酿红酒的起源一定是早于元朝的。

[1] 元·佚名氏撰：《居家必用事类全集》，44页，据北京图书馆特藏明刻本，北京，中国商业出版社，1986。

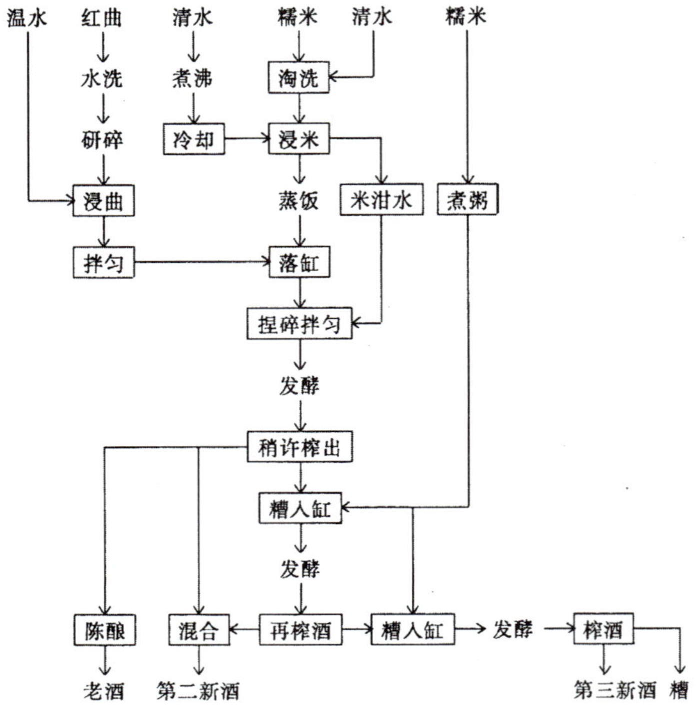

图 2-3-1 酿造天台红酒工艺流程

2. 多次投料发酵的原因分析 因为天台红酒方酿造过程中有二次或三次投料发酵的情况。首次投料"每糯米一斗，用红曲二升"，此用曲量是多的，所以发酵速度很快，"三宿可榨，或四五宿可以香"。发酵速度快，酿酒周期短，成品酒的风味会差些，原料利用率也会低下。古人采用的补救方法是，重新煮糯米粥，拌糟，再发酵几次。这种方法固然可以提高原料利用率，但不能提高红酒的品质和风味，所以快速发酵和酒糟重复利用自有其相悖的一面，不可多采用。也许就是因为天台红酒方工艺缺点大的缘故，所以明朝出现的是"建昌红酒"工艺，而"天台红酒方"从此消失了。

二、明朝时期酿造建昌红酒

(一) 酿造建昌红酒原文

明高濂《饮馔服食笺·酿造类》:"建昌红酒：用好糯米一石，淘净倾缸内，中留一窝，内倾下水一石二斗。另取糯米二斗，煮饭摊冷，作一团放窝内，盖讫。待二十余日，饭浮浆酸，漉去浮饭，沥干浸米。先将米五斗淘净，铺于甑底，将温米次第上去，米熟，略摊，气绝，翻在缸内中，盖下。取浸米浆八斗，花椒一两，煎沸出镬，待冷。用白曲三斤，搥细，好酵母三碗，饭多少，如常酒放酵法，不要厚了。天道极冷放暖处，用草围一宿。明日早将饭分作五处，每放小缸内，用红曲一升，白曲半升，取酵亦作五份，每份和前曲饭同，拌匀，踏在缸内，将余下熟米尽放面上，盖定，候二日打耙。如面厚，三五日打一遍，打后，面浮涨足，再打一遍，仍盖下。

十一月二十日熟，十二月一日熟，正月二十日熟，余月不宜造。榨取，澄清，并入白檀少许，包裹泥定。头糟用熟水，随意加入，多二宿便可榨。”

(二) 酿造建昌红酒工艺流程(图2-3-2)

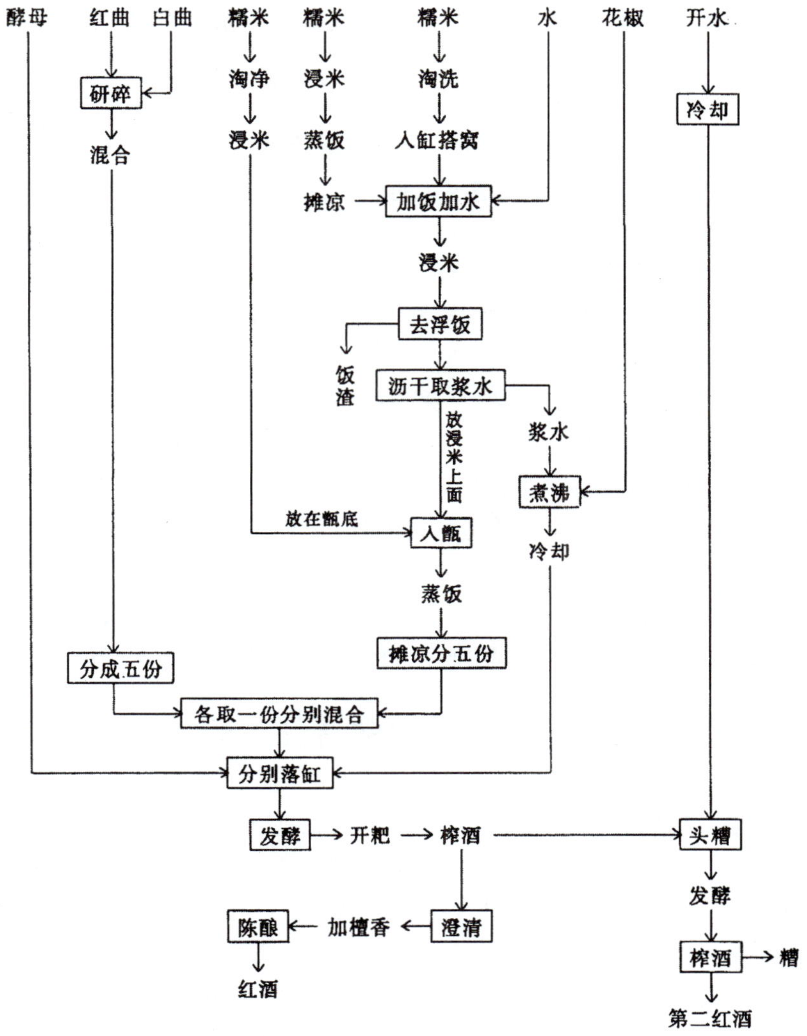

图 2-3-2　酿造建昌红酒工艺流程

根据查到的“建昌”地名可知，这是江西省与福建省交界处的南城、资溪一带的一种酿造红酒工艺。但是笔者发现，由中国商业出版社出版的，明高濂《饮馔服食笺》陶文台注释说：“明代建昌属四川”。在我国历史上，以“建昌”为地名的有三处：一处在今四川省大渡河以南，西昌以东地区，元朝时置建昌路，明朝洪武时改建昌卫，清朝雍正时改宁远府；一处在今江西省南城县、资溪县地区，明初置肇昌府，后改为建昌府，1912年废除；另一处在今辽宁省西南部、大凌河上游，靠近河北省边界处，清朝时置建昌县，1914年改凌源县，1931年由凌源县和朝阳县析置凌南县，解放后复设建昌县。

但是在明朝时期，只有江西才有制红曲、酿红酒的旁证，例如，宋应星《天工开物》载：“凡丹曲一种……”，而四川和辽宁迄今未见有类似记录，所以“建昌红酒”的产地当时应是在江西南城、资溪一带。宋应星为江西奉新人，高濂为浙江杭州人，两省相邻，信息互通，把酿酒方载入书中是很自然的事。

(三) 酿造建昌红酒原文中值得讨论的内容

1. 浸米的方法　这是一种生米和熟饭共浸的方法，与《饮馔服食笺》中酿造“香雪酒”时的浸米方法相同，都是出自高濂的手笔。这种浸米方法的好处是，部分熟饭加入之后原料中糊化淀粉能直接被有益微生物利用，对于尽快制得酿酒酸浆水有利。但是这种浸米方法也有造成生米熟饭不一致的弊病，使酒饭粘稠，透气性不好，所以这种方法没有流传到现在。

2. 蒸饭的方法　在酿造建昌红酒过程中，因为有两种不同的浸米，一种是制酸浆水的浸米，一种是通常浸米，要把这两种米放在一起蒸成饭，因米的软硬不同是很难蒸好的。所以古人把“通常浸米”放在甑底先受热，把制酸浆水的浸米撒放在通常浸米上面的做法是很明智的。

3. 添加曲和酵母的方法　红曲虽然具有较强的酒化作用，但是糖化力却不如黄酒白曲强，因此适当添加一点白曲的做法非常重要。这样做的好处是，添加白曲既可以促进糖化，还可以提高原料利用率，是一种重要的技术措施，所以此法流传至今已成为一种不可或缺的原则。至于添加酵母的作用，主要在于促进酒化，提高红酒的品质。

4. 落缸的方法　酿造建昌红酒时，所采用的是化整为零“五等份落缸法”，即把全部物料、红曲、白曲和酵母都先后分成五份，然后各取一份进行组合调配落缸，分别发酵。采用这种方法的优点是，便于搅拌和控制发酵温度，但是占用设备多、场地大，有碍扩大生产。

5. 头糟再酿造的方法　酒糟再酿造的目的有两个，一是回收糟中残留的红酒，二是使糟中未糖化酒化的原料继续发酵成红酒。建昌红酒糟再酿造的方法是向糟中加入温开水。这种方法现在很少采用，因为所得到的酒很薄，如果采用前批薄酒代替温开水循环酿造法，即把前一批得到的薄酒加到第二批红酒糟中进行循环发酵，所得到的头糟红酒一定会更优美。

第二节　近现代酿造红酒概况

我国近现代酿造红酒的工艺水平在世界上可以说是已经达到了相当先进的程度，门类齐全，品种很多。如果按照酿酒主要谷物原料分类，则有糯米红酒、小米红酒、粳米红酒、籼米红酒；如果按照所加红曲(添加白曲、药曲除外)品种分类，则有半紫红酒、乌衣红酒、硬颗粒红曲酒、黄衣红酒；如果按照酿酒操作特征分类，则有淋饭红酒、摊饭红酒、喂饭红酒、甜酿红酒、踏饭红酒、台湾红露酒；如果按照酒醪的风味特点分类，则有半辣醅红酒、辣醅红酒、甜醅红酒；如果按照酿酒工艺形式分类，则有传统酿造红酒法和新工艺大罐发酵气动开耙酿造红酒法等。现在以酿酒操作特征分类法，分别讨论近现代酿造红酒工艺概况如下。

一、龙岩淋饭法酿造沉缸红酒工艺

(一) 龙岩淋饭法酿造沉缸红酒工艺流程(图2-3-3)

(二) 酿酒原料

1. 糯米　选择上等糯米为原料，其精白度大约在88%～90%，淀粉质含量在70%以上，要求新鲜，无霉变，杂米少，颗粒完整，结实饱满。还要求米质糯性强，蒸熟后松软而有弹性。

2. 米烧酒　酿造沉缸酒的工艺特点与酿造其他淋饭酒不同，采用的是两次向酒醅中加入米烧酒。由此可知，米烧酒虽是“原料”，实际上具有“勾兑”酒的性质，所以米烧酒的品质与沉缸酒的风味形成关系甚为密切。

最初，作为酿造沉缸酒的米烧酒俗称“老酒”，用好大米酿成，酒精含量约14%。后来经过

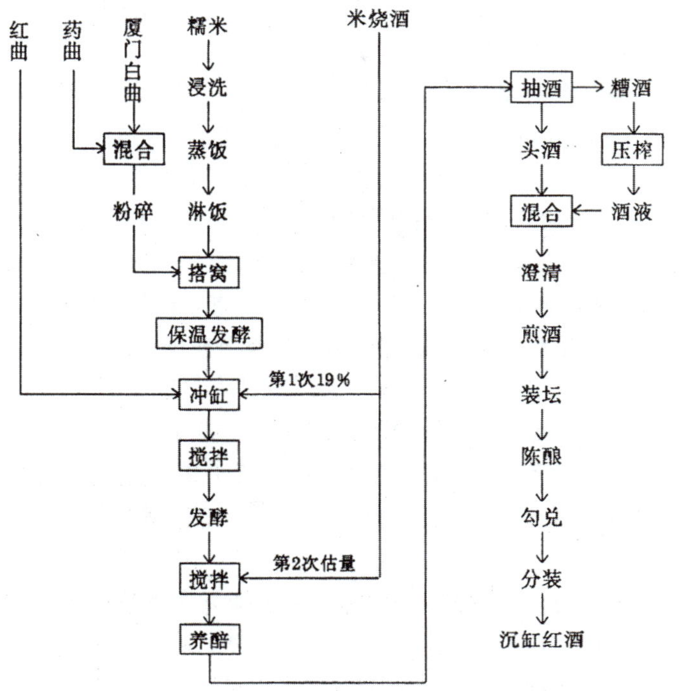

图 2-3-3　龙岩淋饭法酿造沉缸红酒工艺流程

发展，要求向酒醅中加入的是酒精含量约50%的米烧酒，俗称“三干酒”。所谓“三干酒”，就是把一批糯米分成三等份，第一份先酿成低酒度的糯米酒，然后把这份糯米酒加入到第二份酒醅中，酿成稍高一些酒度的糯米酒，把第二份糯米酒加入到第三份酒醅中，酿成再高一些酒度的糯米酒。最后，用蒸馏器，制得了酒精含量约50%的米烧酒，用于酿造沉缸酒。

3. 酿酒用曲　选择酒曲也有一些讲究，除了一定要用红曲外，还要使用白曲和药曲。

(1) 红曲　通常选用轻曲和库曲，产地来自福建古田红曲厂。要求外表青紫色，内部半透心、断口面饱满、色紫外略带白，置水中能漂浮不沉。

(2) 厦门白曲　为了促进糖化，必须使用白曲搭窝。白曲产地来自厦门酿酒厂，但也能自己制造。厦门白曲的发酵力、糖化力强，出酒率很高，用曲量少，操作简单，发酵温度容易控制，是一种好的选择，详细情况请参见本书“第一篇”。

(3) 药曲　酿造沉缸酒使用的药曲历来自制自用。制药曲的方法与本书“第一篇”中制酒药、酒饼相似。据说使用中药材30多种，成品具有特殊的酒药香气，质地疏松，略带黄色。药曲菌种是世代相传的。

酿造沉缸酒的原料配方，如表2-3-1所示。

表 2-3-1　酿造沉缸酒的原料配方　单位：kg

原料名称	用　量	原料名称	用　量	原料名称	用　量
糯米	50	红曲	2.5	厦门白曲	0.16
米烧酒	42	药曲	0.23	洁净水	42

(三) 操作方法

1. 糯米浸洗　首先把糯米淘洗干净，然后用洁净的陶瓷缸浸泡。夏秋间气温高，约浸泡

12h;冬春间气温低，约浸泡16h。如果用手能把浸泡中的米粒捻碎，即可捞出控干，进行清水冲洗。当洗出的清水不见浑时，即可控干待用。

2. 蒸饭淋饭　将浸好的米撒入甑桶内摊平，然后开始蒸饭，当蒸汽透出米层时又撒入糯米，如此重复，层层加米，直到加完为止，盖好甑桶盖，约蒸30～40min。如饭粒偏硬，可以向饭中洒点水，延长蒸饭时间。饭蒸好后，把它平放到已摆好木架的空缸上，进行淋水降温。淋水后的饭要抬到另一口缸上，用第1次淋饭的温水复淋，这样做的目的是使饭温各处一致。

3. 搭窝　将饭抬到缸边，边下饭边撒入厦门白曲和药曲的混合曲，然后用手翻拌均匀，动作要快，时间要短，翻拌好之后，用木楫迅速搭成U形窝，夏天窝口大一点，天气冷窝口小一些。搭好窝之后，用竹帚扫下缸壁饭粒，用净布擦干缸边，放好温度计，进行保温发酵。

4. 首次加酒及红曲　落缸后24h，饭粒会出现白色菌丝，此时要特别注意控制好温度变化。品温控制在35～37℃之间，不能超过37℃。在一般正常情况下，保温发酵24～26h可以查看，此时饭粒已软化，用手指轻压饭面会下陷并且会有气泡，窝底有酒液。大约保温发酵48h，可以达到加酒的时候。

首次加酒时，只加入总配量的19%，目的是为了降低发酵温度，避免醪中酸度太大。加酒之后加入红曲，用手翻拌均匀，擦净缸边饭粒，即可加盖，进行保温发酵。

5. 翻醅搅拌　加入米烧酒之后，约24h，即可以进行首次翻醅搅拌。每天可以翻动2次，气温低的时候可以只翻一次。翻醅时要注意品尝醅液的味道，以清甜浓厚，苦涩味少，甜酸感觉很好为佳。

6. 再加米烧酒　当酒醅含糖量约28%，酒精含量约9%，总酸量约0.5g/100mL时，即可以进行第2次添加米烧酒。其方法是，把首次用后剩下的81%米烧酒全部倒入醅里，搅拌均匀。然后将酒缸壁擦干净，加缸盖密封好，进行养醅。

7. 养醅　养醅一般60天左右。其目的是继续进行微弱的糖化酒化反应，使成品酒更加醇厚香甜，使米烧酒的强烈刺激感减弱，增加沉缸酒的柔和感。养醅期间要经常检查酒缸是否有破漏现象，发现问题要及时处理。

8. 抽酒和榨酒　现代分离酒液和酒糟的方法不少，但分离的原则都是一样的，即先抽酒，把容易做到的事先做了，然后榨酒。抽酒的方法有撇清法和分离筛过滤法。先得到的清酒分别打入澄清槽内进行沉淀除渣，剩下的糟酒送到压榨车间待榨。

榨酒的方法现代也有许多种。传统方法是将糟酒装入绸袋内，用木榨压出酒液。详细情况请参见本书“第一篇”。

9. 煎酒和陈酿　煎酒的方法现代也已经有许多种，如列管式煎酒法、蛇管式煎酒法、传统壶式煎酒法等。煎酒的目的在于灭菌，保证安全通过陈酿期。煎酒温度一般控制在85～90℃之间，不可以用过高的温度。将煎好的酒立刻灌入刚刚消毒过的热酒坛里，不可以灌入冷酒坛中，以防止酒坛破裂。每坛酒约装30kg，低温下密封坛口，然后即进行陈酿。陈酿周期1～3年，在这期间，酒精含量约从18.5%降到14.1%～16.1%，含糖量从22.5g/100mL提高到27g/100mL左右。

(四) 成品酒特点

龙岩沉缸酒属甜型黄酒，色红褐鲜艳透明，有琥珀光泽。内销酒仅贮存2年，外销酒贮存3年，超过3年贮存期的则焦糖味突出，故需适时饮用。

沉缸红曲酒的香气是红曲曲香、中草药香、米酒香在酿造过程中，酒醅经过3次沉浮变化，又经过陈酿而形成的，故得此名。评酒家认为，沉缸酒的甜味虽浓，但无粘稠感，酒的清醇风味和酸鲜味以及曲的苦味都配合得很和谐得当，触舌毕现诸味，妙味横生，脍炙人口。

二、闽北淋饭法酿造红酒工艺

(一) 闽北淋饭法酿造红酒工艺流程(图2-3-4)

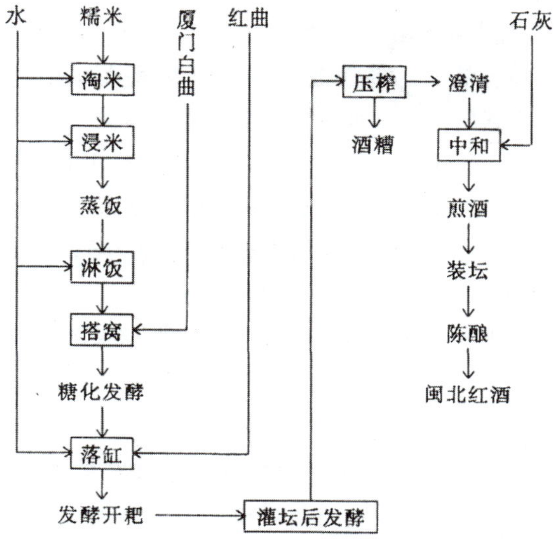

图 2-3-4　闽北淋饭法酿造红酒工艺流程

(二) 酿酒原料

1. 糯米　所谓"闽北"，这里指的是福建省北部的建瓯、政和、松溪、南平等地。这一带山青水秀，土地肥沃，所产糯米颗粒大，糯性好，含淀粉质在70%以上，很适合于酿造淋饭法红酒。

2. 红曲　闽北是红曲著名产地，用于酿造糯米红酒的有窑曲和坪曲两大类。对于酿造闽北红酒来说，常采用的是当地自产自用的乌衣红曲。这种曲表面呈青黑色，皮张有菌丝，闻有鲜香带酸味，其糖化力和液化力都很强，发酵性也好[1]。

3. 白曲　酿造闽北红酒时，常用白曲促进糖化。这里的"白曲"并不是白酒曲，而是白药曲，传统白曲用大米、米糠、蓼草、中药材、白土等制成。目前，许多酿酒厂家已经不自制白曲了，而是采用厦门白曲来代替，效果很好。

酿造闽北红酒的原料配方，如表2-3-2所示。

表 2-3-2　闽北红酒的原料配方　单位: kg

原料名称	用　量	原料名称	用　量
糯米	50	白曲	0.125
红曲	3.5	水	38

(三) 操作方法

1. 淘米和浸米　精白糯米外表会附着糠皮和尘土，必须清洗掉才不会影响浸米和蒸饭操作。传统洗米用手工，近现代用洗米机，但是不管用哪种方法，都要淋洗到流出来的洗米水，以无浑白色为度。

[1] 林秀俊:"古田红曲和建瓯土曲"，北京，《中国酿造》，1982(3)。

在通常情况下，洗米和浸米都是前后相继的。浸米时间长短与糯米品质、水温及气温高低有关。一般浸米时间是12～16h。浸米时，缸要先洗刷干净，水位要高出米平面，操作要小心，防止米粒破碎。浸好时，要控干浸米水和淋洗水。

2. 蒸饭和淋饭　蒸饭的首要操作是，把米撒放入甑中，要层层放入，均匀撒平，直至上完一甑为止。每甑在常压下约蒸15～20min，如果饭硬，可以洒点儿水再蒸，蒸好了要焖一会儿才能出甑，以便使饭的成熟程度都一样。

淋饭的方法在竹筛上进行，也可以用竹筐。淋饭的目的有两个，一是降温，以便落缸；二是冲掉米粒外表粘性，以便搭窝后富有透气性。

3. 搭窝糖化　搭窝的方法与酿造淋饭黄酒时的搭窝操作相同，天热时中间的凹窝要大一些，天冷时小一点儿。在搭窝操作的同时，要拌入厦门白曲，以拌均匀为好。搭好窝时的品温约28～30℃，要适当保温，以防止起发太慢。大约经过26～40h，会出现甜酒酿。

4. 落缸拌红曲　落缸前要先把红曲洗净并浸泡大约2h，然后加入糖化醪中，再加入适当的水，然后搅拌均匀，进行保温发酵。醪温大约控制在28～32℃，时间约20h。

5. 开耙和灌坛　落缸发酵完成后，即可以灌坛进行后发酵。灌坛之前，空坛要先洗净消毒，灌坛之后要密封坛口，静止停放大约70～80天，然后进行榨酒。榨酒的方法与榨其他黄酒的方法相同。

6. 澄清和中和　所榨出来的红酒要经过静止澄清，以便再次除去残留的固形物。清澈的红酒液往往偏酸性，为了提高红酒风味和顺利陈酿，通常要向清酒液中投入一些石灰，以便进行中和。投入石灰的数量，要根据红酒的物化性质来决定。

7. 煎酒和陈酿　这两方面的操作与酿造其他黄酒或红酒的操作相同，在此不赘述了。

(四) 成品酒特点

闽北淋饭型红酒的优点很多，因可以长久贮存陈酿，故称“陈年蜜酒”，亦称陈酿三年的淋饭红酒为“三冬蜜酒”。这种酒甜美醇和，酒液艳丽明亮，具有红酒的独特风格。

三、金华摊饭法酿造踏饭红酒工艺

(一) 金华摊饭法酿造踏饭红酒工艺流程(图2-3-5)

(二) 酿酒原料

1. 糯米　据傅金泉的《中国红曲及其实用技术》说：金华踏饭红酒的主要产区在浙江省金华、兰溪、义乌等地，因是用脚将糯米饭和曲先在木盆中踏粘，然后落缸酿成的，故得此名[1]。金华等地是糯米著名产区，所产糯米糯性好，杂米少，品质纯，颗粒饱满，蒸饭易熟，气味香，含淀粉质多，出酒率高。

2. 红曲和麦曲　酿造金华踏饭红酒所使用的红曲，大多数来自福建古田等地，常用的是乌衣红曲、半紫红红曲。另一种曲是传统麦曲。

麦曲的制法在本书“第一篇”已经讨论过，详细情况请参见有关章、节。自制麦曲时，以小麦为原料，用辣蓼汁液混合，用脚踏实，手工成型制成小方块。所制成的麦曲外观呈黄绿色，晒干即可以用于酿酒。

金华摊饭法酿造踏饭红酒的原料配方，如表2-3-3所示。

[1] 傅金泉：《中国红曲及其实用技术》，125页，北京，中国轻工业出版社，1997。

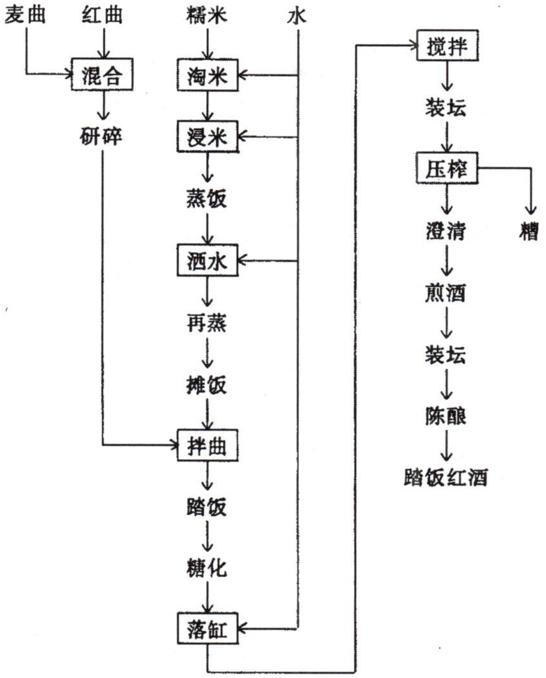

图 2-3-5　金华摊饭法酿造踏饭红酒工艺流程

表 2-3-3　　金华摊饭法酿造踏饭红酒的原料配方　　单位：kg

原料名称	用　量	原料名称	用　量
糯米	50	麦曲	2
红曲	3	水	67

(三) 操作方法

1. 淘米和浸米　洗米和浸米方法与酿造其他黄酒或红酒时的操作方法相同，必须把糯米上附着的糠皮和尘土冲洗干净。浸米的方法是，水位必须高过米平面5cm左右。米只有全部浸入水中，才会吸水程度相同，无硬软不均匀现象。浸米时间长短与气温及水温高低有关，还与米的品质有关。在通常情况下，约需浸泡12～18h。

2. 蒸饭和洒水　蒸饭前，把米装入甑的操作很重要，只能一层一层地撒进去。要根据上汽情况撒米，上一次汽撒一层米，这样做才会使米的生熟程度均匀一致。如果遇到浸米时间太短，蒸成的饭就会偏硬，补救的办法是向硬饭上洒入适当的洁净水，盖好甑盖，再蒸到饭熟为止。如果一次蒸饭即成功，就不必进行洒水操作了。

3. 摊饭和拌曲　饭蒸熟后可以摊在洁净的竹匾里，当饭温降到30℃左右时，即可以进行拌曲操作了。在拌曲前，要先把红曲和麦曲混合研碎均匀，然后再撒入米饭里。要求拌曲要均匀，踏饭要分批进行。

4. 踏饭和落缸　将拌好曲的饭分成3份，第一份可以在糖化缸中踏粘成块，第二和第三份则在木盆里分别踏块，然后再放入糖化缸中进行糖化。在糖化期间，缸口要用木盖盖好。下缸后约经30h，物料会因糖化而体积发生膨胀，当膨胀即将回落时，就可以进行加水制醪发酵了。

5. 搅拌和装坛　在醪液发酵期间，每日搅拌1次或2次，以使品温保持在32～34℃之间。如此操作过程大约需要经过5～7天时间，发酵才会趋于稳定，此时可以将醪液灌入消毒过的酒坛中进行后发酵。在密封坛口的情况下，后发酵时间大约要经过60天才能成熟。

6. 榨酒和澄清　传统的榨酒方法采用杠杆式木制榨酒机，有绞绳式和榨石重力压出式两种。现近代大多数采用过滤机，先撇清酒再进行过滤。榨出的清酒要集中在一起澄清，去掉固形物。

7. 煎酒和陈酿　古代煎酒的方法主要有两种：一是壶式煮酒法，把黄酒或红酒灌入壶中，然后放进开水中滚动"煮熟"，第二种方法是，把酒装入小酒坛里，然后放进大深锅中的铁箅上，锅内的水淹到小酒坛的下半截，当水烧开后即形成半煮半蒸形式，"酒熟"即出锅放凉，密封坛口，陈酿为美酒。煎酒时间的控制原则是，酒熟即出锅，不可以长时间"蒸煮"，这种方法起源于宋朝。

在傅金泉的《中国红曲及其实用技术》里，谈到了一种"石板厨"煎"金华踏饭黄酒"新工艺。这种"石板厨"煎酒设备的构造和煎酒原理在书中介绍了，但是笔者始终没有看明白。书中说："每批约蒸3～4h便可出厨"。煎酒时间如此之长，是不大合理的[1]。

红酒在陈酿之前，必须用盆泥密封坛口，并且写明生产日期和批号，以便于陈酿管理和出售。

(四) 成品酒特点

因为金华踏饭酒的酿造方法具有先"固态糖化"，而后又具有"稀醪发酵"的过程，酿造时间长，所以成品酒的风味香甜可口，饮后绵软悦人，很受人们的喜爱。

四、台湾酿造红露酒工艺

(一) 台湾酿造红露酒工艺流程(图2-3-6)

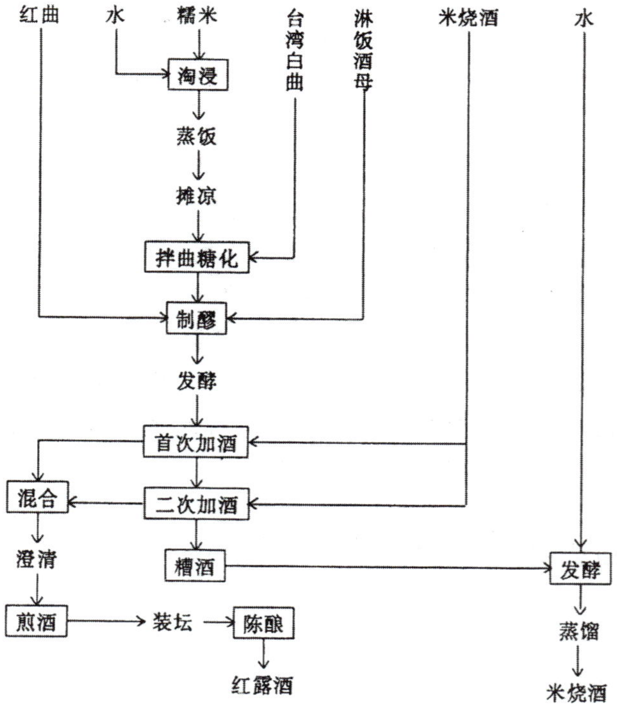

图 2-3-6　台湾酿造红露酒工艺流程

[1] 傅金泉：《中国红曲及其实用技术》，127页，北京，中国轻工业出版社，1997。

(二) 酿酒原料

1. 糯米　对于糯米的选择、淘洗、浸泡方法，完全与酿造其他红酒相同，在此不赘述。

2. 红曲和白曲　酿造红露酒时，先用的是台湾白曲。这种曲据说始创于1931年，后来首先传到厦门，成为厦门白曲的祖型。至于酿造红露酒时所用的红曲，主要运用古田红曲中的轻曲和库曲，但也有用台湾红曲的。

3. 淋饭酒母和米烧酒　淋饭酒母的酿造方法，请参见本书“第一篇”。米烧酒可以用自酿的米酒，也可以利用回收糟酒时蒸馏残糟得到，其酒精含量有25％和50％的两种。

酿造红露酒的原料配方，如表2－3－4所示。

表 2-3-4　酿造红露酒的原料配方　单位: kg

原料名称	用　量	原料名称	用　量	原料名称	用　量
糯米	50	红曲	2.5	洁净水	45
米烧酒	44	厦门白曲	0.18	淋饭酒母	3.5

(三) 操作方法

1. 淘米至摊饭前的操作　从淘米到摊饭共4道工序，对于酿造各种摊饭酒来说，其操作方法几乎都是相同的，本工艺也不例外。因此，请参见“金华摊饭法酿造踏饭红酒”有关部分。

2. 拌曲糖化　当米饭的温度降到27～28℃时，即可以拌入研细的台湾白曲。大约保温糖化24h，即可以用于制醪发酵了。

3. 制醪和发酵　制醪操作的第一步是加入淋饭酒母约3.5kg，搅拌均匀后继续培养约24h，最后加入红曲，进行发酵。发酵温度约35℃，发酵时间约5天，酒精含量约达到12％，此时已可以进行加酒操作了。

4. 两次加米烧酒的方法　第一次先向酒醪中投入全部米烧酒的60％，搅拌均匀后保温培养2天，然后将酒与糟分离，得到了首批清酒液。将剩下的湿糟和40％的米烧酒混合在一起，搅拌均匀后又保温培养2天，然后进行榨酒，得到了第二批清酒液。把2次获得的清酒液混合在一起，搅拌均匀后澄清，即得红露酒(图2－3－7)。

5. 煎酒和陈酿　将红露酒灌入煎酒器中“煮熟”之后，立刻装入已消毒的热酒坛里，冷却后，用泥密封坛口，即可进行陈酿。陈酿时间一般为2年。

图 2－3－7　台湾清朝时期的老红酒商标

(引自[日]石毛直道:《酒と饮酒の文化论文集》，185页，吉田元据“京都府立资料馆藏”资料)

(四) 成品酒特点

台湾红露酒色泽红褐，有光泽，味甜美，香浓郁，酒液入口柔和，回味绵长，是人们十分喜爱的品牌。

总之，我国酿造红酒的方法还有多种，例如，福建酿造红曲老酒、福安酿造红曲蜜沉酒、温州酿造乌衣红酒、新工艺大罐发酵酿造红酒、酿造各种红曲药酒等。由于这些酿造工艺的操作方法有许多相同或相似之处，所以就不再继续往下讨论了，将来有必要时再研讨。

参 考 文 献

原始文献

五代·陶谷撰:《清异录》，据上海涵芬楼版本，上海，商务印书馆，1930。

北宋·朱翼中撰:《北山酒经》，见[日]田中静一:《中国食经丛书》(上)，东京都，书籍文物流通会，1972。

唐·徐坚撰:《初学记》第三册，北京，中华书局，1962。

宋·庄绰撰:《鸡肋编》卷下，肖鲁阳点校，北京，中华书局，1983。

宋·陆游撰:《剑南诗稿》卷十七，北京，中华书局，1976。

宋·吴氏撰:《吴氏中馈录》，据元·陶宗仪:《说郛》本，北京，中国商业出版社，1987。

宋·林洪撰:《山家清供》卷上，据《夷门广牍》本，北京，中国商业出版社，1985。

元·鲁明善撰:《农桑衣食撮要》，王毓瑚校注，北京，农业出版社，1962。

元·佚名氏撰:《居家必用事类全集》，据北京图书馆特藏明刻本，北京，中国商业出版社，1986。

元·忽思慧撰:《饮膳正要》，据上海涵芬楼版本影印，北京，中国书店，1985。

明·吴氏撰:《墨娥小录》，据聚好堂刊本影印，北京，中国书店，1959。

明·宋应星撰:《天工开物》，钟广言注释，广州，广东人民出版社，1976。

明·李时珍撰:《本草纲目》第三册，尚志钧校订，北京，人民卫生出版社，1957。

明·高濂撰:《遵生八笺·饮馔服食笺》，成都，巴蜀书社，1992。

北魏·杨衡之撰:《洛阳伽蓝记》，周祖谟校释，北京，科学出版社，1958。

研究文献

洪光住:"红曲——我国巧夺天工的发明"，北京，《食品酿造科学》，1981(1)。

傅金泉:《中国红曲及其实用技术》北京，中国轻工业出版社，1997。

傅金泉:《中国酒曲集锦》，北京，中国轻工业协会发酵学会，1958。

中国科学院微生物研究所:"11株红曲霉推广菌株特性介绍"，福州，《福建酿酒通讯》，1973(1)。

杨云鹏:《中国药用真菌》，哈尔滨，黑龙江科学技术出版社，1981。

中国微生物菌种保藏管理委员会:《中国菌种目录》，北京，轻工业出版社，1983。

陈易之等:"红曲霉116优良菌株及纯种制曲的研究"，北京，《中国酿造》1982(1)。

林秀俊:"古田红曲和建瓯土曲"，北京，《中国酿造》，1982(3)。

[日]石毛直道:《酒と饮酒の文化论文集》，东京都，平凡社，1998。

林秀俊:"建瓯土曲"，北京，《食品工业》，1959(16)。

轻工业部科学研究院:"乌衣红曲及黄衣红曲"，见:《黄酒酿造》，北京，轻工业出版社，1960。

上海酿造科学研究所:"纯种培养红曲"，上海，《工业微生物》，1977(1)。

刘波:"我国古代菌类知识和利用"，太原，《山西师范学报》，1958(1)。

周国范:"玉米生产红曲"，哈尔滨，《调味副食品科技》，1983(7)。

第三篇

酿造白酒科技发展史

本篇所要讨论的“白酒”，系指蒸馏酒，俗称烧酒，有大曲白酒、小曲白酒、麸曲白酒等，但不包括古代属于黄酒类的白酒和烧酒。这是因为以“白酒”命酒名的现象始见于先秦时代，以“烧酒”命酒名的现象出现也很早，而且这种现象自古迄今均有存在，但它们实际上是属于黄酒品种。当我们遇到这种情况时，需要加强鉴别和研究，不可简单地视为也是本篇所要讨论的蒸馏酒。为了简要证实我国古代已有上叙情况存在，今列举数例如下：

《周礼·天官·酒正》：“辨三酒之物，一曰事酒，二曰昔酒，三曰清酒。”郑玄注：“昔酒，今之酋久白酒，所谓旧醉者也。”[1]在北魏贾思勰的《齐民要术》中，也有白醪酒、河东颐白酒法、酿白醪法。在宋李保的《续北山酒经》中，也有白酒曲法。在元朝宋伯仁的《酒小史》中，又有顾氏三白酒和凤州清白酒等[2]。

1972年，湖南省长沙的马王堆一号西汉墓中，曾出土了许多竹简，其中108号上就写有“白酒二资”的话[3]。

很明显，上面这些例子中的“白酒”，都不是蒸馏酒而是黄酒。因浅见以为，今后大概不会有人认为上面所列举的这些“白酒”是蒸馏酒，故此类问题下面不赘述。下面需要首先关心的是，我国酿造白酒起源于何时的问题。

[1] 汉·郑玄注：《周礼注疏》，唐·贾公彦疏，十三经注疏本，上海，上海古籍出版社，1990。
[2] 元·宋伯仁撰：《酒小史》，见元·陶宗仪：《说郛》卷九十四，上海，上海古籍出版社，1998。
[3] 湖南省博物馆等：《长沙马王堆一号汉墓》上集，北京，文物出版社，1973。

第一章　酿造白酒起源考

第一节　酿造白酒起源各论

中国的酒类虽然很多，但主要国产酒是黄酒和白酒。黄酒的酒精含量一般低于15%，自古直接作为饮料，而且依传统习惯“热饮”者居多，故民间常称此热酒为“烧酒”或“温酒”。如果想要饮用高浓度酒，就必须采用蒸馏器进行蒸馏，所以要想知道白酒的起源，除了需要深知古文献中已有记载之外，还需要用蒸馏器作佐证。近些年来，关于我国白酒起源的问题，中外学者有认为起源于唐朝、或东汉、或宋朝等。现对这些学说与见解，作探讨如下。

一、起源于唐朝之说

袁翰青在《中国化学史论文集》中说：我国早期酿造烧酒的记载，在唐朝时期已有下列多项根据[1]：

> 白居易在他的四川忠州荔枝楼对酒诗里有：“荔枝新熟鸡冠色，烧酒初开琥珀香。”雍陶有这样两句诗：“自到成都烧酒熟，不思身更入长安。”唐朝李肇著《国史补》一书中有：“酒则有剑南之烧春。”烧想必就是烧酒的别名。

据方心芳调查说，山西汾阳杏花村蒸馏酒在唐朝时已很著名。袁翰青相信这个调查。他说，由于文字和传说的证明，我们认为我国在元朝方有蒸馏酒之说是不可信的，蒸馏酒的制造可能不晚于第8世纪的唐朝。

由于明朝李时珍《本草纲目》的记载：“烧酒：以甑蒸取，其清如水，味极浓烈，盖酒露也。”自袁翰青上面结论出现后，学术界从此出现了对蒸馏酒起源问题的争论。认为我国蒸馏酒创始于唐朝的，有下列作者和论文：朱宝镛“酿酒工业的变迁”[2]；曾纵野：“我国白酒起源的探讨”[3]；李正中“烧酒的来源和杜诗的解释”[4]；吴德铎“解开烧酒起源之谜”[5]等。

笔者认为，仅从“传说”和“烧酒”二字断言，又无蒸馏设备可作旁证而下的结论，因过于

[1] 袁翰青：《中国化学史论文集》，96页，北京，三联书店，1956。
[2] 朱宝镛：“酿酒工业的变迁”，见《全国酒曲微生物学术研讨会论文》，1981。
[3] 曾纵野：“我国白酒起源的探讨”，见《黑龙江发酵》，1978(3)。
[4] 李正中：“烧酒的来源和杜诗的解释”，见《河北日报》，1961，12，4。
[5] 吴德铎：“解开烧酒起源之谜”，见《明报月刊》，1988(7)。

简单而缺乏说服力，实难以令人苟同。我国蒸馏酒的起源，也就是说，白酒的出现较晚，不可能始于唐朝，其理由本文后面还要讨论。对于诗文中的“烧酒”，例如，前面提到的“烧酒”，不能排除它是指“温酒”，中国人自古有饮热黄酒的习惯。台湾中央大学的刘广定认为：“从诗文的字面来揣测其含义是不当的，不能看到‘烧酒’、‘蒸酒’就认为是指蒸馏酒。”[1]方心芳认为，唐代诗文中的“这些片言只语，既提到烧酒，又指明烧酒的产地多在四川。四川至今仍将蒸馏酒称为烧酒。但在唐朝，四川是否果真有蒸馏酒？关于这个问题，还找不到史料或文物的证据。”[2]

二、起源于东汉之说

近些年来，又出现了一种新论断。例如，上海社会科学院历史研究所的吴德铎，根据上海博物馆收藏的一件青铜器(图3－1－1)，进行了研究推断，认为那是东汉青铜蒸馏器，并在国际会议上作了报告[3]。对于这件青铜器，上海博物馆的马承源曾经用酒醅做蒸馏试验。他们两人的结论一致，说“这是一件汉代蒸馏器”。马承源的论文，也在国际会议上宣读，还在《上海博物馆集刊》1992(6)上发表[4]。

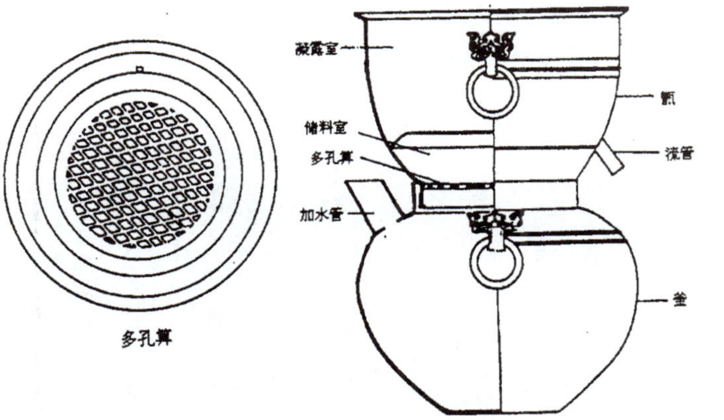

图 3－1－1　上海博物馆收藏的青铜器

(引自马承源：“汉代青铜器的考察和实验”，见《上海博物馆集刊》第6期，1992)

笔者浅见认为，上海博物馆收藏的这件青铜器，与中国古代同类青铜器有许多相同之处。没有三足，敞口无盖，个体很小，上下体靠细腰连接，这是中国传统甑类的标志。可是如果稍加观察，就会发现此器存在着下列诸多疑问。

据马承源宣读的论文说：“此蒸馏器的用途可能是多方面的，它既可以蒸馏酒，又可以提取花露或蒸取某种药物的有效成分等等。”[5]可是笔者发现，此青铜器无密封盖，也没有冷却器，这就是说，没有蒸发室和热交换器，所以不能收集到酒、或花露、或药液成分。马承源说：“我们配制了一个能密合于甑口的金属圆顶盖。”此举是“现代化”的构想，是节外生枝的做法，不可以如此改变客观存在而做试验。但是此事已经产生相当大的影响。例如，周嘉华

[1] 刘广定：“元代以前中国蒸馏酒的问题”，见《中国科技史论文集》，台北，联经出版社，1995。
[2] 方心芳：“曲蘖酿酒的起源与发展”，见《科技史文集》第4集，上海，上海科学技术出版社，1980。
[3] 吴德铎：“阿剌吉与蒸馏酒”，见《辉煌的世界酒文化》，成都，成都出版社，1993。
[4] 马承源：“汉代青铜蒸馏器的考查和实验”，见《第六届中国科学史国际会议论文集》，英国剑桥，1990。
[5] 马承源：“汉代青铜蒸馏器的考古考察和实验”，见《上海博物馆集刊》，1992(6)。

说:“上海博物馆所收藏,东汉时期的以青铜铸造的蒸馏器是国内目前已知的最早期的蒸馏器实物;马承源的研究是细致、严谨的,他的部分结论,例如‘用它来制取蒸馏酒,可能是不敷需要,因此它应是用来蒸馏药物或花露水之类的物质’,极有参考价值。”[1]然而笔者认为,这青铜器的构造和“实测数据”本身,实有可疑之处。现将浅见叙述如下:

由于这件青铜器釜颈的内径实测数值是17.4cm,这个数值就是多孔箅的外径。可是多孔箅有孔部分的直径,笔者估算下来顶多只有10cm(ϕ10cm),其面积是$\pi R^2=78.5cm^2$。在这小小的面积上,笔者根据马承源论文中的插图计算,有孔102个,还不包括半孔部分,这种铸孔技术发生在汉朝是不可思议的。还有,这样薄的多孔箅,竟然保存了2000年不坏,也是不可思议的。据说这件青铜器是经专家鉴定的,定为东汉早期或中期制品。浅见以为最好还是再鉴定一次,否则总觉得它不是东汉的制品,不可能是蒸馏器。台湾中央大学的刘广定认为:“虽然有实验证明其可以用为蒸馏,实恐不然,因无冷却装备,不适于蒸酒,也不适于蒸花露,浅见以为只是蒸炊用的蒸锅。”[2]笔者认为,如果把青铜器上体上的出口小管堵住,那它就是一套过滤器。方心芳与方闻一认为:“出土的东汉蒸馏器,以我们的知识论,它不是蒸馏器。”[3]

另外,认为我国蒸馏酒出现于东汉的还有余德章[4]和周嘉华[5]等,他们认为,在四川新都和彭县出土的画像砖雕刻的是东汉蒸馏制酒图(图3-1-2),装有天锅,是在酒舍里进行的。可是笔者翻来覆去地看,始终看不出古人是在蒸馏制酒,也找不到画面上有“天锅”的踪影。

图 3-1-2 四川新都出土东汉酿酒图

(引自《四川名酒史志丛书·全兴大曲史话》,巴蜀书社,1988)

[1] 周嘉华等:《中国科学技术史·化学卷》,565页,北京,科学出版社,1998。

[2] 刘广定:“中国始有蒸馏酒的年代问题”,台北,《第四届中国饮食文化学术研讨会论文集》,1995。

[3] 方心芳、方闻一:“中华酒文化的创始与发展”,成都,《辉煌的世界酒文化论文集》,1993。

[4] 余德章:“从四川汉画像砖看汉代酿酒”,见《文物》,1987(4)。

[5] 周嘉华等:《中国古代化学史略》,武汉,湖北科技出版社,1992。

三、起源于南北朝之说

孟乃昌认为，我国南北朝时期已有蒸馏酒。他据一错误版本的《齐民要术》说：在贾思勰的《齐民要术·笨曲并酒》里有“酎酒”，这“酎酒”条里有：“能饮好酒一斗者，唯禁得半升；三升不浇必死。”据此话，他推断说：这种酎酒“从效果上看只能是蒸馏酒，否则哪里会有二十倍的效力？”[1]据查，正确版本的《齐民要术·笨曲并酒》专章里的确有“穄米酎法”，原文是这样的：“先能饮好酒一斗者，唯禁得升半，饮三升大醉。三升不浇必死。”台湾中央大学的刘广定也发现这一条错，他说：“这酎酒只比一般酒浓六倍多，不会是蒸馏酒。”古代的酎酒是一种重酿酒，因长期厌氧贮存陈酿，使后发酵更充分，酒度偏高是很自然的，但绝对不会是蒸馏酒。

孟乃昌在《中国蒸馏酒年代考》中还列举了唐朝白居易《问刘十九》诗：“晚来天欲雪，能饮一杯无？”。对于此诗，他说：“一杯之‘杯’不仅是求平仄声，只因杯里盛的是蒸馏酒。”笔者查到了原诗是：“绿蚁新醅酒，红泥小火炉。晚来天欲雪，能饮一杯无？”。据诗的本身可知两点，其一，新醅酒是带糟的，糟酒不可能是蒸馏酒；其二，“能饮一杯无？”主要是思念朋友情，担心下雪天寒冷，无酒饮用以暖身，不是喝不下一杯“蒸馏酒”。另外还有一例，孟乃昌列举葛洪《神仙传》里的：麻姑以水一斗合酒一升，搅之，以赐经家人，人饮一升许皆醉。由此他推断说：“人饮一升许皆醉”的酒是蒸馏酒。笔者浅见以为，自古以来古书上的神仙故事虚构者多，不可轻信。

四、起源于宋朝或金代

1959年，李约瑟与何炳郁从安西万佛峡榆林窟的三号窟壁画中发现一幅壁画(图3－1－3)，1980年李约瑟在他的《中国科学技术史》第四卷中说：“那是一幅西夏时的蒸馏制酒图。但是据台湾中央大学的刘广定研究说：“三号窟的壁画乃元代人之作而不属宋代西夏(1032～1227)时期。细观其图，并无冷却的装置，是否确为蒸馏图？甚可怀疑。”[2]笔者认为，榆林窟的这幅壁画的确不像是蒸馏制酒图；但很像古代炼丹时用于置放丹炉的丹台或丹坛。中国古代炼丹术具有浓厚的迷信色彩，各种丹坛的设计与丹炉的安放，炼丹家们都有自己的一套说教。因此，各种丹坛、丹炉的布局，与蒸馏制酒设备的造型和安装方法，几乎无相似之处(图3－1－4)[3]。

图 3－1－3　安西榆林窟疑似制蒸馏酒壁画

(引自刘广定：“中国始有蒸馏酒的年代问题”，见《第四届中国饮食文化学术研讨会论文集》，台湾，中国饮食文化基金会，1995)

[1] 孟乃昌：“中国蒸馏酒年代考”，见《中国科技史料》，1985(6)。

[2] 刘广定：“元代以前中国蒸馏酒的问题”，见《中国科技史论文集》，台北，联经出版社，1995。

[3] 涵芬楼影印《道藏·洞神部众术类·丹房须知》总第588册，上海，涵芬楼，1926。又见赵匡华：《中国科学技术史·化学卷》，406～408页，北京，科学出版社，1998。

(1) 龙虎丹坛
(引自《丹房须知》)

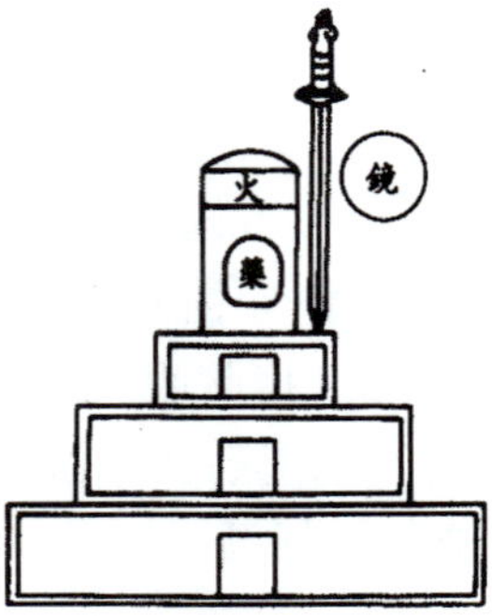

(2) 丹坛布局
(引自《感气十六转金丹》)

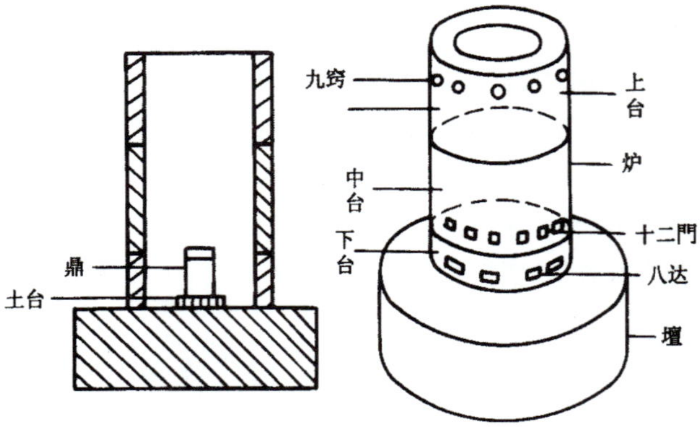

(3) "九还金丹法"所用丹炉
(引自陈国符:《道藏源流续考》,台北文明书局,1983)

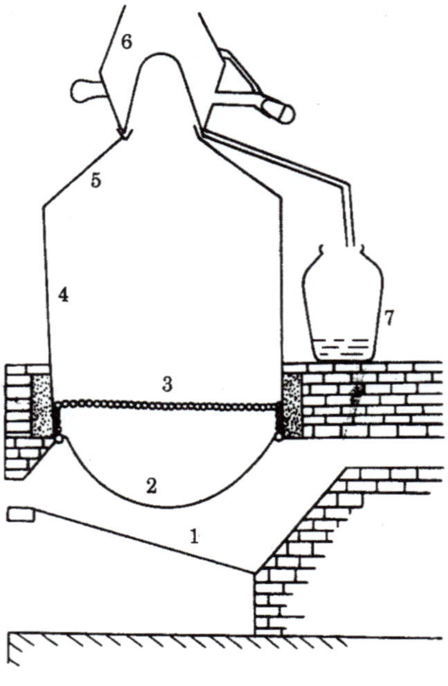

(4) 用于蒸馏湿醪的传统蒸馏器
1. 灶 2. 烧水锅 3. 多孔箅 4. 蒸馏器 5. 冷凝器(锡壶) 6. 引酒管 7. 酒坛及酒
(引自黄海化学工业研究社:《高粱酒之研究》,天津塘沽,龙门联合书局,1932)

(5) 用于蒸馏湿醪的旧式蒸馏器

1. 燃火 2. 烧水锅 3. 酒坛及酒 4. 引酒管 5.手把 6. 冷凝器 7. 蒸馏器 8. 灶

(引自无锡轻工业学院:《酿酒工艺学》,中国财政经济出版社,1964)

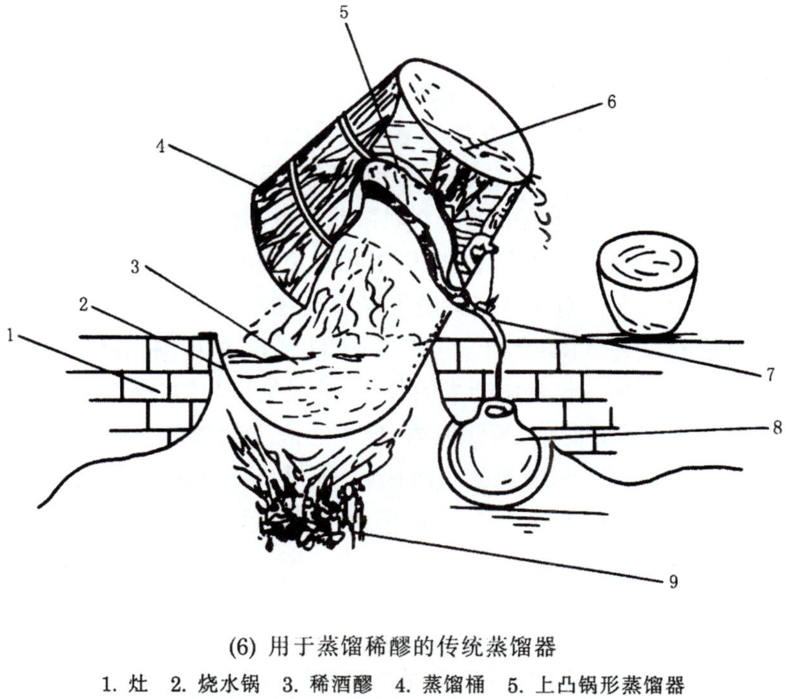

(6) 用于蒸馏稀醪的传统蒸馏器

1. 灶 2. 烧水锅 3. 稀酒醪 4. 蒸馏桶 5. 上凸锅形蒸馏器

6. 冷却水 7. 引酒管 8. 酒坛及酒 9. 燃火

(引自洪光住:《中国食品科技史稿》,中国商业出版社,1984)

图 3－1－4 中国古代炼丹设备与传统蒸馏器无相似之处比较图

蒸馏酒在中国出现的年代问题，从两汉到唐朝、又从宋朝到元代，各种说法都有。唐朝以前没有蒸馏酒是可以肯定的，现在来探讨一下唐、宋以来有无蒸馏酒。

曹元宇在《中国化学史话》中说："白居易诗中的'烧酒初开琥珀香'和雍陶诗中的'自到成都烧酒熟'，虽然都提到'烧酒'字眼，但几乎还不是指现代的烧酒。根据一些文献，北宋时代可能已有烧酒，但南宋有烧酒是无可置疑的。"曹元宇的理由如下：

> 南宋宋慈《洗冤集录》说："虺蝮伤人，……令人口含米醋或烧酒吮伤，以吸拔其毒，随吮随吐，随换酒醋再吮，俟红淡肿消为度。"[1]

曹元宇认为，烧酒含较多的乙醇，是蛇毒的解药，所以文中的烧酒应是现代的烧酒。包启安在"白酒的起源及蒸馏酒的演进"一文中，也持曹元宇的观点[2]。以酒当药在我国的起源可以追溯到先秦时代，视醋为药在我国的起源也很早，例如，唐《新修本草》中就有"酢酒为用……谓为华池左味"的话。由此可知，用酒、醋吸含蛇毒之血的方法纯属传统习惯，解毒的作用甚小，而解除吸出者口中腥味的作用却很大。因为任何酒都可以作为吸出者解除血腥味之用，所以只靠"烧酒"二字就说这种酒是现代烧酒的结论，说服力是甚小的。

然而，宋代的确是一个不同凡响的时代。例如，中国炼丹家设计建造的各种实验设备已一应俱全。有实验用的台座丹坛或丹台，有适合于加热用的反应器和升华器丹釜、盒子、神室、水火鼎、飞汞炉等，有适合于冷却用的水海、水笕，还有抽汞器和石榴罐以及高明的控制火候的技术等。但是只要我们细看一下这些设备的配套组合便知，它们都不能适合于液相或湿醅蒸馏制酒，中国炼丹家的目光完全不在这个方面。又如北宋时期，中国人已经从阿拉伯人那里学会了水蒸汽蒸馏萃取花露的方法，这种方法与蒸馏制酒法几乎相同，但是它没有受到重视和利用。这一切现象大概可以说明，中国蒸馏制酒法起源不会早的原因。当然，中国黄酒业特别发达也是白酒业晚出的重要原因之一。

但是两宋时期毕竟是具有优良技术条件的时代，所以许多学者认为，两宋时期大概已有蒸馏酒生产。例如，日本学者篠田统在他的名著《中国食经丛书》上册里，就有"宋元造酒史"一节。书中引宋吴自牧《梦粱录》卷十三"水晶红白烧酒"之句说："这应是一种含酒精量较多的蒸馏酒"[3]。然而如果把此话的前后文联系起来看，其原文是："天晓诸人出市……孝仁坊口，水晶红白烧酒，曾经宣唤，其味香软，入口便消。六部前丁香馄饨，此味精细尤佳。"可见说的是点心食品类。中国自古有用酒烧菜的习惯，故名烧酒；还有用酱或酱油烧菜的习惯，故名红白。因为此段话的原文是在"天晓诸人出市"条目项下，早市供应点心食品是中国人的老传统，大清早起来喝白酒少见也是中国人的传统，故浅见认为"水晶红白烧酒"是早点食品，不可能是蒸馏酒。另外，篠田统在"宋元造酒史"中还说："宋代四川的剑南烧春"很可能也是一种蒸馏酒，因为四川、贵州、云南地处西南地区，那里自古与南亚早有许多文化交流，可能会先有蒸馏酒。由于这是一种推测，所以只能作为参考而已。

据台湾学者陈良佐考证说，宋初问世的《物类相感志》是僧人赞宁编著的，而不是苏轼所作[4]。书中有"酒中火焰，以青布拂之自灭"之句，[日]花井四郎和陈伟明认为那是蒸馏

---

[1] 曹元宇：《中国化学史话》，南京，江苏科学技术出版社，1979。

[2] 包启安："白酒的起源及蒸馏酒的演进"，见《中国白酒协会会刊》，1992(5)。

[3] [日]篠田统：《中国食经丛书·宋元酒造史》，360页，东京都，八坂书房，1978。

[4] 陈良佐："从'格物粗谈'看宋明间的'格物致知'"，见《近代中国科技史论文集》，台北，中央研究院近代史所，1991。

酒[1]。但是如果把这句子的前后引文联系起来看，则内容如下：

> 煮蟹用蜜涂之，候干煮之则青。或用北五味煮之、或用硇砂水涂，候干煮之。酒中火焰，以青布拂之自灭。做饭入朴硝在内，则各粒而不相粘。

台湾学者刘广定说，这是描述烹饪时之技巧，“酒中火焰”也可以解释成炒菜时加酒则可能因翻动而起火，以青布拂之即灭，不会持久燃烧，不必惊慌。笔者以为黄酒蒸汽和烹调油挥发混合物也会起火，仅酒中火焰很难说明这酒是蒸馏酒。

另一例是日本学者篠田统认为，在宋人田锡的《曲本草》中有：“暹罗酒，以烧酒复烧二次……”的话，他说记载中的烧酒是蒸馏酒。但是这件事现在已有两个已知结论可以帮助我们回答疑点。据台湾学者黄时鉴和刘广定考证说，《曲本草》非北宋名臣所撰而是明初作品[2]。另外，因为《曲本草》说的是“暹罗酒”，即泰国酒，与本讨论无关。总之，中国至宋代仍不见有蒸馏酒。

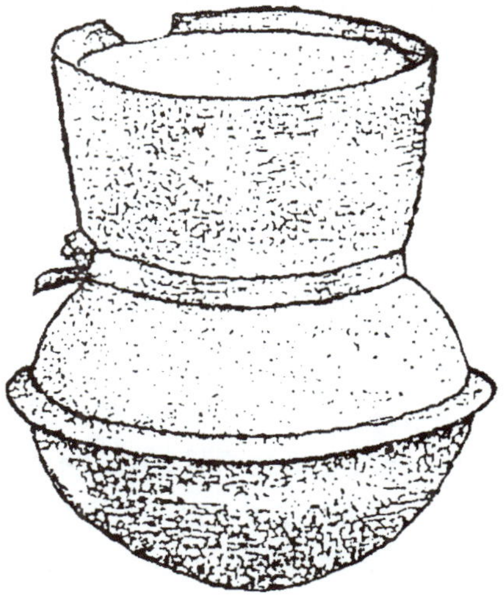

图 3－1－5 金代铜蒸锅

(引自《考古》，1980(5))

有人认为，1975年我国在河北省承德附近青龙县出土的金代铜质蒸馏锅是用于制蒸馏酒的(图3－1－5)，如方心芳[3]、禹明先[4]及日本的岛尾永康[5]等。笔者认为，从金代蒸馏锅的结构尺寸来看，这套蒸馏锅的高仅41.6cm，蒸馏锅虽有冷却器，但直径不到26cm，这样小的蒸馏锅如果能蒸出酒来的话，那它也不能用于一般生产。这件事说明，金代时期蒸馏技术水平是很低的。此外，从蒸馏锅的构造来看，它与我国各种传统蒸馏设备似乎没有相承关系。因此笔者认为，这件青铜器的用处何在，有待于将来继续研究[6]。台湾学者刘广定说：“前因缺乏文献资料可说明金代已有蒸馏酒，而推测是蒸制香露或制药之用。”由此看来，中国古代始有蒸馏酒的时期，还是明李时珍的话正确。

五、起源于元朝

> 明李时珍《本草纲目·谷部》卷二十五载：“烧酒：烧酒非古法也。自元时始创其法，用浓酒和糟入甑，蒸令气上，用器承取滴露。凡酸坏之酒，皆可蒸烧。近时惟以糯米或粳米或黍米或秫或大麦，蒸熟和曲酿瓮中七日，以甑蒸取，其清如水，味极浓烈，盖酒露也。”李时珍又说：“烧酒，纯阳毒物也。面有细

[1] [日]花井四郎：《黄土に生まれた酒》，182页，东京都，东方社，1992。

[2] 刘广定：“《曲本草》非宋代著作考”，见台北《国立中央图书馆馆刊》，1991(1)。

[3] 方心芳：“关于中国蒸馏器的起源”，见《自然科学史研究》，1987(2)。

[4] 禹明先：“中国酿酒科技史之探讨”，见浙江大学：《’94国际酒文化学术研讨会论文集》，1994。

[5] [日]岛尾永康：《中国化学史》，东京都，朝仓社，1994。

[6] 笔者注：在《中国食品科技史稿》上，笔者曾认为此器可能是用于蒸馏马奶酒的，现联系本书“第八篇”的内容来看，理由似不充分。

花者为真。与火同性，得火即燃，同乎焰消。北人四时饮之，南人止暑月饮之。其味辛甘，升扬发散；其气燥热，胜湿祛寒。”[1]

李时珍的话可以作如下简要理解：我国自元朝时始有制蒸馏酒的方法。最初的操作方法是，用浓酒或酸酒拌糟，然后装入甑内，用加热的蒸汽把酒蒸出来，利用冷却器和集酒用具，把酒露收集起来即成。到了明朝，制蒸馏酒的方法已经有许多进步，采用糯米、或粳米、或黍、或秫、或大麦蒸熟，拌曲后装入瓮中发酵七天，成熟后装入甑中蒸出酒。此酒清澈透明如水，味道极浓烈，这就是所谓酒露也。酒露性浓烈与火同，得火即燃烧，同于焰硝。透过李时珍的这些论述，我们可以明白以下问题：

(1) 李时珍只告诉我们，制蒸馏酒的方法创始于元朝，但是没有告诉我们，他根据什么事实下此结论，所以我们现在还必须找到“自元时始创”的证据。

(2) 因为元朝制蒸馏酒方法是浓酒拌糟入甑采用湿态法，这说明当时的蒸馏技术与传统酿酒工艺关系不密，此技术不是固有的，可能是学来的，所以这件事可以作为我国元朝以前仍无制白酒法的旁证。

(3) 到了明朝，制白酒法已是酿酒工艺过程中最后一道工序。这一点可以说明，把“和曲酿”成的酒醪，直接进行蒸馏已获成功，这是白酒生产连续化的祖型。这种进步出现于明朝说明，元朝时期仍然没有先用谷物拌曲发酵而后蒸馏制白酒法。

(4) 如果从酿酒原料来看，明朝李时珍时期用于蒸馏白酒的酒醪有糯米醪、或粳米醪、或黍醪、或秫醪、或大麦醪等，其中只有大麦醪与现代大曲白酒醪最接近。这种情况说明，李时珍时期以黄酒醪制白酒的工艺模式，一开始仍占主导地位，大曲白酒法已经处于萌芽发展时期。

(5) 李时珍说：“酒露”其清如水，味极浓烈；烧酒与火同性，得火即燃。这必须是酒精含量很高的白酒才会具有的性质。透过这一现象说明，明朝的蒸馏技术水平是较高明的，这是白酒业迅速发展的结果。但是元朝(1271～1368年)至李时珍(1518～1593年)时期大约200年，这段历史并不短，所以传统发酵蒸馏技术虽然较高，却仍然不能因此把白酒起源上溯到了元朝以前。

从李时珍《本草纲目》中的这些论述内容可知，我国蒸馏制白酒的技术虽然可能受外来技术的影响或促进，但是传统白酒业的起源和发展，是在酿造黄酒业基础上发展起来的，蒸馏技术并没有长时间停留在“酒拌糟”的水平上。

现在让我们来讨论前面已经提出来的第一个问题，即我国蒸馏制白酒始于元朝的证据。

近些年来，不少学者在探讨我国白酒起源或发展时，常要提到元朝忽思慧《饮膳正要》里的“阿剌吉酒”和佚名氏《居家必用事类全集》里的“南番烧酒法，又名阿里乞”，以及元朝朱德润《轧赖机酒赋》中的“轧赖机酒”。他们认为，这3种史料里的酒都是采用成熟的蒸馏方法制造的，这就证明我国当时已有成熟的蒸馏设备和技术了。由于事物由出现到成熟需要很长时间，所以不少学者据此认为，我国唐朝时的“烧酒初开琥珀香”和“自到成都烧酒熟”里的“烧酒”就是蒸馏酒，并因此推测说，我国白酒之起源可以上溯到唐朝，至晚始于宋代。

为了准确认识这3种史料内的蒸馏酒和可以说明哪些问题，现在把这3种史料的原文抄录于下面。

[1] 明·李时珍撰：《本草纲目·谷部》卷二十五，1567页，刘衡如校，北京，人民卫生出版社，1978。

1. 阿剌吉酒

忽思慧《饮膳正要》卷三:“阿剌吉酒：味甘辣，大热有大毒，主消冷坚积，去寒气。用好酒蒸熬取露，成阿剌吉。”[1]

2. 南番烧酒法·番名阿里乞

右件不拘酸甜淡薄，一切味不正之酒，装八分一瓶，上斜放一空瓶，二口相对。先于空瓶边穴一窍，安以竹管作嘴，下再安一空瓶，其口盛住上竹嘴子。向二瓶口边，以白瓷碗碟片遮掩令密，或瓦片亦可。以纸筋捣石灰厚封四周。入新大缸内坐定，以石灰实满，灰内埋烧熟硬木炭火二三斤许，下于瓶边，令瓶内酒沸。其汗腾上空瓶中，就空瓶中竹管却溜下所盛空瓶内，其色甚白，与清水无异。酸者味辛甜，淡者味甘。可得三分之一好酒。此法腊煮等酒皆可烧(图3－1－6)[2]。

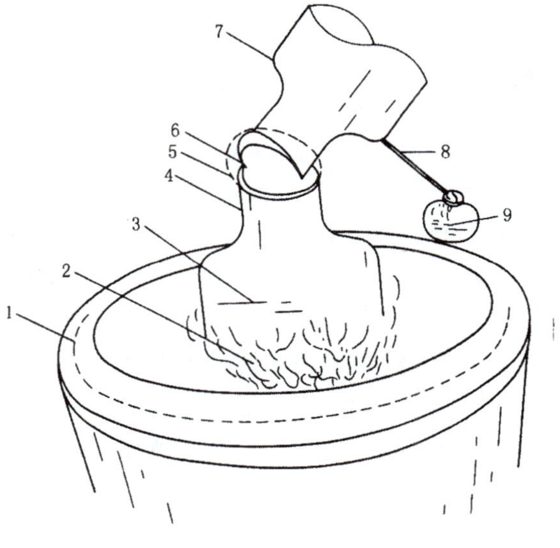

图 3－1－6　南番烧酒法蒸馏制酒设备安装示意图

1. 盛炭火的大缸　2. 炭火燃烧　3. 待蒸馏的酒　4. 装待蒸馏酒的瓶　5. 密封灰料
6. 两瓶口衔接处　7. 斜放空瓶“冷却器”　8. 窍孔及引酒竹管　9. 蒸馏酒及酒坛

3. 轧赖机酒赋·轧赖机酒

原序：至正甲申冬，推官冯仕可，惠以轧赖机酒，命仆赋之，盖译语谓重酿酒也。

原文：……法酒人之佳制，造重酿之良方，名曰轧赖机而色如酎，贮以札索麻而气微香。卑洞庭之黄柑，陋列肆之瓜姜，笑灰滓之采石，薄泥封之东阳。观其酿器，扃钥之机，酒候温凉之殊，甑一器而两圈，铛外环而中洼，中实以酒，仍衔合之无余，少焉火炽既盛，鼎沸为汤。包混沌于郁蒸，鼓元气于中央，

[1] 元·忽思慧撰:《饮膳正要》，据上海涵芬楼本影印，北京，中国书店，1985。
[2] 元·佚名氏撰:《居家必用事类全集》己集，据北京图书馆特藏本影印，北京，中国商业出版社，1986。

熏陶渐渍，凝结为炀。滃渤若云蒸而雨滴，霏微如雾融而露瀼，中涵既竭于连熬，顶馏咸濡于四旁。乃泻之以金盘，盛之以瑶樽……[1]

4. 讨论

这前后3种烧酒法的原文中，值得讨论的内容如下：

(1) 蒸馏器　在《饮膳正要》的原文中，因为没有说明“蒸馏器”的大概样子，所以此内容无可讨论之处。但是从“用好酒蒸熬取露”这几个字来看，那的确是在叙述蒸馏制白酒的。

在“南番烧酒法·番名阿里乞”的原文中，“蒸馏器”是把2个大瓶以口对口衔接密封组装起来的(参见图3－1－6)。下面那个大瓶里面装的是待蒸馏的酒液，如果不考虑大瓶会被炭火烧裂的话，则大瓶可以直接坐在盛炭火大缸里面的火焰上。上面那个大瓶是空的，斜放着，作为冷凝器，靠空气冷凝瓶内的酒蒸汽。大瓶斜放的目的是，冷凝后的酒液能自动流到瓶肩的凹处。“瓶肩”凹处凿了一个孔，安上了竹制引酒管，冷凝的白酒就会从管里流入酒坛中。蒸馏操作是，往盛炭火缸里坐上装有待蒸酒的大瓶，当瓶内的酒沸腾时，白酒沸点比水低，先汽化上升到上面那个空瓶里，空瓶外气体吸热，将瓶内白酒蒸汽冷凝为液体，从孔窍处流入酒坛中。当下面那个大瓶内的液体中没有白酒时，将残液倒掉，换上新的，即可以如上叙方法进行第2批或第3批的蒸馏，直到完成任务为止。“南番烧酒法”的蒸馏过程虽然不能用于古代中国酒坊的酿酒生产，但是蒸馏原理正确，可以看成是一种原始蒸馏工艺。

在《轧赖机酒赋》原文中，有“甑一器而两圈，铛外环而中洼，中实以酒”的话，这说明其“蒸馏器”可能是由“甑”和“铛”组成的。它可以蒸馏薄酒、酸酒或其他液态酒，所得到的新酒就是“轧赖机酒”，即高酒度白酒。可是由于《轧赖机酒赋》里的叙述过于简单，使我们无法判断当时“蒸馏器”的构造。根据“轧赖机酒赋”的原文推测，虽然其叙述的确是谈论蒸馏制白酒，但是可以肯定，它不能用于蒸馏中国传统“酒醅”，故只能看成是一种原始蒸馏器。

关于《轧赖机酒赋》中的“蒸馏器”及蒸馏过程内容，笔者发现《中国科学技术史》中有新解。现将该书中部分引文摘抄如下：“观其酿器，扃钥之机。酒候温凉之殊甑，一器而两圈铛，外环而中洼，中实以酒，乃槭合之无余。少焉，火炽既盛，鼎沸为汤。包混沌于郁蒸，鼓元气于中央。薰陶渐渍，凝结为炀。滃渤若云蒸而雨滴，霏微如雾融而露熬。中涵既竭于连熝，顶溜咸濡于四旁。乃泻之以金盘，盛之以瑶樽……”[2]

对于《中国科学技术史》上的这一段引文，笔者浅见认为有几处值得商榷。例如，“酒候温凉之殊甑，一器而两圈铛，外环而中洼，中实以酒，乃槭合之无余。”从文理方面看，是欠通顺的。笔者管见认为，“酒候温凉之殊，甑一器而两圈，铛外环而中洼，中实以酒，仍衔合之无余”较为合情理。“甑一器而两圈，铛外环而中洼”正是描写“蒸馏器”是由甑和铛组成的。其中，甑自古有上下两圈，铛就是锅，自古外沿呈环形，中间凹，这些是有实物可为佐证的。至于“乃槭合之无余”的意思，看来也是有问题的。据笔者所查版本获悉，不见有“乃”字而都是“仍”字，“槭合”在此可作“衔合”讲。“仍衔合之无余”，就是甑与铛配套衔接处，应当严密到“无余”缝的程度。除上叙之外，“滃渤若云蒸而雨滴，霏微如雾融而露熬。中涵既竭于连熝，顶溜咸濡于四旁。”也是有问题的。据笔者所查版本获悉，“露熬”在古书里原文是“露瀼”，“连熝”则是“连爊”，就是“凝露多”和“连续熬”之意。由此看来，引用古文献值得注意的是，必先

[1] 元·朱德润撰：《轧赖机酒赋》，见清·陈梦雷原辑：《古今图书集成》第698册，上海，中华书局，1934。

[2] 周嘉华等：《中国科学技术史·化学卷》，556页，北京，科学出版社，1998。

彻底弄懂原文字句及其意义，而后标点原文，方不致张冠李戴，诠释原文，方不致望文生义，出现悖谬。

(2) 关于作为蒸馏制白酒的原料　在《饮膳正要》、《南番烧酒法》和《轧赖机酒赋》原文中，用于制白酒的待蒸馏原料都不是中国传统熟酒醪，而是味道不正的酒、酒度低的酒或一般成品酒。这种情况说明，当时这些蒸馏器与中国传统酿酒过程蒸馏酒醅的工艺无关，不能用于生产实践。所以这些"蒸馏器"，好像是实验室里的小仪器那样，是蒸馏制白酒技术处于萌芽的标志。这种情况也正好说明，我国在元朝以前无蒸馏器用于蒸馏传统酒醅的结论，是有根据的。

(3) 酒的名称　在以上3种史料原文中，酒名不是烧酒、白酒等中国传统名称，而是阿剌吉、轧赖机、南番烧酒或阿里乞。袁翰青认为，这些名称是外来语，是东南亚Arrack的译音，这种酒是用棕榈汁和稻米酿造而成的一种蒸馏酒[1]。在此，袁翰青有一个明显的失误，因为元忽思慧《饮膳正要》里的"阿剌吉"和朱德润《轧赖机酒赋》里的"轧赖机酒"不是用"棕榈汁和稻米酿造而成的"，而是用味道不正的酒或者是成品酒蒸馏制成的。这就是说，前面这些"酒名"和"蒸馏技术"可能都是从国外传来的，而试"生产"是在中国进行的，是中外酒文化交流的典型产物。这恰恰是中国元朝以前还没有制蒸馏酒技术，正处在学习阶段的又一证明。

第二节　试论酿造白酒始于元朝

笔者认为，元忽思慧《饮膳正要》中出现的"阿剌吉酒"、朱德润《轧赖机酒赋》中出现的"轧赖机酒"、《居家必用事类全集》中出现的"阿里乞酒"，都不能作为中国始有蒸馏酒的证据，也不能作为推测中国元朝以前已有蒸馏酒生产的证据。

在笔者长期累积的史料中，元东垣李杲编辑《食物本草》、明李时珍修订、明姚可成补辑、当代郑金生等点校的这本书中，有下面一段很具体明确的记载：

> 《食物本草·酿造类》卷十五："烧酒，其酒始自元时创制。用浓酒和糟入甑，蒸令气上，用器承取滴露。凡酸坏之酒，皆可蒸烧。近时惟以糯米、或粳米、或黍米、或秫、或大麦，蒸熟和曲酿瓮中七日，以甑蒸取，其清如水，味极浓烈，盖酒露也。"[2]

相比之下，李东垣《食物本草》中的这一段记载与李时珍《本草纲目》中的记载，虽叙述稍微不同，但内涵一样。如《食物本草》书中有"烧酒，其酒始自元时创制"，此话与《本草纲目》里所言相同。造成这种情况有两种可能，其一是《本草纲目》中的话来自《食物本草》，其二是《食物本草》和《本草纲目》中的话都出自李时珍的手笔。如果是前者，则说明我国蒸馏制白酒始于元朝或稍早时期，例如，南宋末。如果是后者，由于李时珍是古代伟大科学家，治学严谨，而且元朝历史并不长，所以他说："烧酒非古法也，自元时始创其法"的结论，是完全可信的。

[1] 袁翰青：《中国化学史论文集》，95页，北京，三联书店，1956。

[2] 元·李杲编辑：《食物本草》，302页，明·李时珍修订，姚可成补辑，北京，中国医药科技出版社，1990。

□第一节　酿造白酒主要原料史
□第二节　酿造白酒主要辅料史

第二章　酿造白酒的主要原料和辅料史

酿造白酒的主要原料，包括制曲原料和酿造酒母的原料，例如，小麦、大麦、豌豆、麸皮、高粱、曲母种等；还包括酿造白酒的原料，例如，高粱、玉米、粳稻、糯稻、小麦、大麦、荞麦、甘薯、马铃薯等。

酿造白酒的主要辅料有高粱壳、稻谷壳(砻糠)、鲜酒糟等。需要添加这些辅料的原因是，在湿醪发酵法酿造白酒过程中，这些辅料的某些成分和物理特性对于酒醅的淀粉质浓度具有调节作用，能够使酒醅的浆水和酒精浓度保持在最佳状态。由于加入辅料可以使酒醅的疏松度提高，可以增加糖化酒化反应的接触面，对于发酵和酒液蒸出过程都很有好处，所以添加辅料的技术措施也是我国酿酒业的重要科研成果之一，很值得继续加深研究。

第一节　酿造白酒主要原料史

如前所叙，酿造白酒的主要原料有小麦、大麦、荞麦、糯米、粳米、高粱、玉米、麸皮、甘薯等。在这些物料中，除了高粱、玉米、荞麦、甘薯尚未作适当探讨之外，其他物料都已在本书“第一篇”中讨论过了，故在此不赘述。现在对于没有探讨过的物料，分别讨论如下。

一、高粱及其用于酿酒史

高粱，在我国古代诸家本草或农书等著作中，其名蜀黍、蜀秫、芦粟、荻粱、红粮等。作为粮食作物，它在我国受到重视和得到发展较晚。据明李时珍《本草纲目·谷部》卷二十三载：“蜀黍，俗名蜀秫、芦穄、高粱，不甚经见，而今北方最多；茎高丈许，状似芦荻而内实，叶亦似芦，穗大如帚，粒大如椒(花椒)，红黑色，米性坚实，黄赤色。有二种：粘者可和糯秫酿酒作饵，不粘者可以作糕煮粥……其谷壳浸水色红，可以红酒。”(图3－2－1)[1]

由此可知，高粱生产之发展始见于16世纪以后，产区南方少而北方最多，始用高粱酿酒至晚已见于明朝。不过从这条史料看，我们仍然没有理由说，明朝已有用高粱酿造白酒法。从现在实际情况看，河北、山东、东北各省盛产高粱，这说明李时珍的记载是十分准确可信的。在国外，高粱盛产于非洲和印度等。

[1] 明·李时珍撰：《本草纲目》，1477页，刘衡如点校，北京，人民卫生出版社，1978。

在国际上，关于栽培高粱的原产地之事历来有许多争论。大多数学者认为，高粱的原产地在非洲赤道线两侧，特别是苏丹、埃塞俄比亚当是高粱的故乡。据研究说，苏丹和埃塞俄比亚栽培高粱距今已有7000年历史，埃及也有5000年。

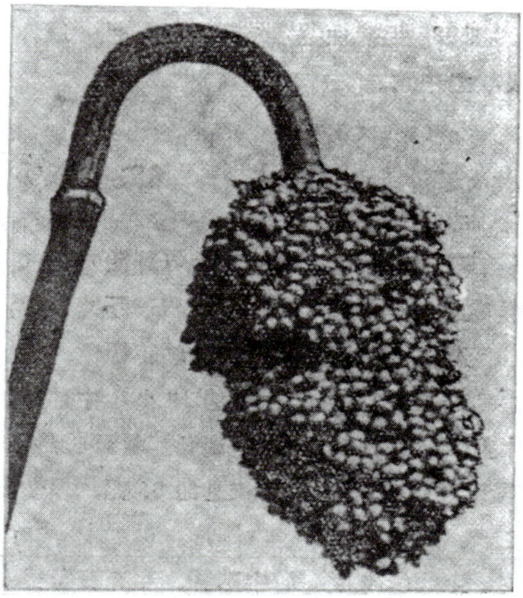

图 3－2－1　中国绵秆大弯头高粱(新疆)

(引自辽宁省农业科学院:《中国高粱品种志》下册，农业出版社，1983)

自从我国考古发掘中多次发现了新石器时代至唐朝以前中国已有栽培高粱之后(表3－2－1)，高粱由印度传入的见解受到了怀疑，高粱原产于中国的理由受到了重视和肯定。

表 3-2-1　　中国考古发现高粱主要资料

发现地点	品种类型	距今年代	参考资料	附注
山西万泉县	栽培高粱	新石器时代	《考古学报》1957(2)	
江苏新沂三里墩	高粱秆和叶	西周	《考古》1960(7)	
河北石家庄	高粱植株	春秋战国	《考古学报》1957(1)	
陕西西安市	高粱植株	西汉	《考古》1979(2)	
辽宁辽阳三道壕	栽培高粱	西汉	《考古学报》1957(1)	有照片
河南洛阳烧沟	高粱植株	西汉	《洛阳烧沟汉墓》	
河南洛阳老城	高粱碎块	西汉	《考古》1964(8)	
陕西咸阳马泉	高粱植株	西汉	《考古》1979(2)	
新疆焉耆唐王城	高粱植株	唐朝	《考古》1959(2)	

在我国两晋以前的古籍中，“高粱”、“膏粱”和“粱”的含义大致有四种。一说指地名，如《左传·僖公九年》载:“齐侯以诸侯之师伐晋，及高粱而返。”记载中的“高粱”是春秋战国时晋国一地名，在今山西临汾东北处。二说指物名，如《说文解字》载:“粱，米名也。”三说指饭菜，如《左传·哀公十三年》载:“吴申叔仪乞粮于公孙有山氏……对曰: 粱则无矣，粗则有之”。孔颖达疏:“食以稻粱为贵，故以粱表精;若求粱米之饭则无矣，粗者则有之。”又《孟子·告子上》载:“诗云: 既醉以酒，既饱以德。言饱乎仁义也，所以不愿人之膏粱之味也。”赵

岐注:"膏粱,细粱如膏者也。"又《礼记·内则》:"饭: 黍、稷、稻、粱、白黍、黄粱。"四说指农作物,如《诗·小雅》载:"黄鸟黄鸟,无集我谷,无啄我粟;黄鸟黄鸟,无集于桑,无啄我粱。

例如,上面第三、四说的例子还很多。但仅以上数例就足以说明,栽培和食用高粱的客观存在,于我国的起源的确很早。至晚在商周时期,人们对于高粱和其他粮食作物的栽培及食用方法,已区分得清清楚楚了。我国可能是高粱的故乡之一。

在古籍中,"蜀黍"与高粱名称相关至晚始见于元朝。例如,元王祯《王祯农书》载:"蜀黍,蜀秫,春月种,不宜用下地。茎高丈余,穗大如帚,其粒黑如漆,如蛤眼。熟时收割成束,攒而立之。其子作米可食,余及牛、马,又可济荒。其梢可作洗帚,秸秆可以织箔、夹篱、供爨,无有弃者。亦济世之良谷,农家不可缺也"[1]。由此可知,《王祯农书》上描写的"蜀黍"正是高粱。

在我国食品科技史上,高粱可以用作主食、副食及工业原料,粘高粱可以制糕点,酿酒,制饴糖、食醋等。目前许多国家用高粱作家畜、家禽的饲料。以上这些情况,在我国古籍中也有记载,其中包括酿酒。例如:

> 明徐光启《农政全书·种植》载:"蜀黍,一名高粱……米有两种,粘者可和糯秫酿酒作饵。不粘者可作糕、煮粥,可济饥,亦可养畜。"[2]

如上所叙,我国用高粱酿造白酒至晚始于明朝,特别是在清朝乾隆年间已有非常明显的用高粱酿酒的技术记载[3]。

近些年来,我国举凡酿造高粱白酒时,北方多用粳高粱,南方多用糯高粱,加入稻米、豌豆、玉米、小麦等为原料。采用粳高粱、糯高粱或部分糯米为主要原料的好处是,在北方的粳高粱,南方的糯高粱中,所含淀粉量高,而且几乎都是支链淀粉,子粒结构疏松,很适合于糖化霉菌生长,故是酿造白酒的好原料。有关我国用于酿造白酒的粳、糯高粱品质,请参见本书"第四篇"。

二、玉米及其用于酿酒史

玉米在我国粮食生产史上并不悠久,但是其别名却不少,例如,番麦、御麦、红须麦、玉麦、玉米、包谷、包芦、包粟、玉蜀黍、棒子、珍珠米等等。迄今为止,关于玉米的原产地问题仍有争论,因没有发现野生种,所以原产地难以确定。有人认为,玉米的原产地在非洲,有人认为在美洲大陆。首先是人们在墨西哥南部的特万特佩克峡谷发现了公元前5000年时的玉米野生型果穗。其次,有人在危地马拉西部的马雅(Maya)高地也发现了古老的玉米栽培种。虽然有人坚持不同意原产地在中美,认为在南美,但是从大范围地域看,认为玉米原产地在美洲的说法是多数人都能接受的。

1492年11月,哥伦布在古巴首次发现了玉米,并把它带到了西班牙。此后的30年间,先后传到了法国、意大利,16世纪中传入非洲、亚洲并传入我国(图3-2-2)。

一般认为我国在明朝时传入玉米,最确切的记载是,明田艺蘅《留青日札》中有下列记载:

> 御麦出西番,旧名番麦,以其曾经进御,故名御麦。干叶类稷,花如稻穗,其苞如拳而长,其须如红绒,其粒如芡实,大而莹白。花开于顶,结实于节,

[1] 元·王祯撰:《王祯农书·百谷谱》,90页,王毓瑚校,北京,农业出版社,1981。
[2] 明·徐光启撰:《农政全书》,石声汉校注,上海,上海古籍出版社,1979。
[3] 笔者注: 见本篇"第三章"的"明、清时期酿造白酒史"。

真异谷也。[1]

图 3－2－2　玉米
(引自山东经济植物编写组:《山东经济植物》,山东人民出版社,1978)

田艺衡《留青日札》成书于1573年,因所描述的正是玉米,所以由此估计可知,我国栽培玉米当在16世纪中前期。可是另有一记载也值得注意,元末贾铭《饮食须知·谷类》卷二载:“玉蜀黍,即番麦,味甘性平。”从时间上讲,这一史料的出现早于哥伦布发现玉米,这是有待今后继续研究的。

据笔者所知,在全国著名的白酒厂家中,使用玉米为原料酿造白酒的有四川宜宾五粮液酒厂,还有四川绵竹县的剑南春酒厂。前者用高粱、粳米、糯米、玉米、荞麦为原料,后者用高粱、大米、糯米、玉米、小麦为原料。这两个大厂虽然都有很长的酿酒史,但是在早期的记录史料中,都未详谈使用玉米酿酒,真正记录使用玉米酿造白酒的始于1950年以来。

三、荞麦及其用于酿酒史

荞麦与各种禾本科谷物类不同,它是蓼科植物,适宜在气候寒冷或土壤贫瘠的地方栽培。这一特性激励着人们争相种植荞麦的积极性。

据研究说[2],荞麦的原产地在中国东北的黑龙江流域及西伯利亚的贝加尔湖一带。世界上产荞麦最多的国家是前苏联、波兰、法国、加拿大、奥地利等。虽然盛产荞麦的国家集中在欧洲,但是荞麦传入欧洲比较晚,大约始于13～14世纪。这种发展很快的事实说明,种植荞麦

[1] 明·田艺衡撰:《留青日札摘抄》,见《丛书集成初编》,上海,中华书局,1939。
[2] Bailey L H. Buckwheat in the Standard Cyclopedia of Horticulture.1922,1.

的前途是光明的，必有多种原因吸引着人们的追求。

据有关文献记载说，1396年德国首先引种荞麦，17世纪初开始传入比利时、法国、意大利和英国，1625年荷兰人把荞麦种传入美国，以后又传入加拿大和南美洲。

荞麦在中国的栽培史很久远，最早的记载始见于先秦时代，以后历代古籍中都有记载。例如：

> 《神农书·八谷生长篇》："荞麦生于杏，出于农石之山谷中。生二十五日秀，五十日熟，凡七十五日成。"又如南北朝北魏贾思勰《齐民要求·杂说》："凡荞麦，五月耕，经三十五日，草烂，得转并种。耕三遍，立秋前后，皆十日内，种之。"[1]

但是有人认为，荞麦传入中国内地的可信文献始见于南北朝以后，例如，唐朝孙思邈的《备急千金要方》和白居易的诗文中，所言及的内容都是很可信的。

> 孙思邈《备急千金要方·千金食治》："荞麦：味酸、微寒、无毒，食之难消。"
>
> 白居易诗《夜行》："霜草苍苍虫切切，村南村北行人绝。独出门前望田野，月色荞麦花如雪。"

荞麦的营养成分很全面，其带壳干子实含水分约12.8%，含蛋白质约10%，其他成分的含量是：淀粉60%～62%，脂肪1.8%～2.7%，纤维素13.3%，灰分2.1%。含维生素B_1和维生素B_2也很多，含磷和锌更多。而且荞麦中所含的蛋白质、淀粉比其他食物中的蛋白质、淀粉更容易被人体消化吸收，所以很适合于消化不良者食用。

荞麦的用途很广泛，子实磨粉可以制作各种面食、饼和糕点。在欧美各国，荞麦粉主要用于做面包。在日本，荞麦面条是很多人喜爱吃的美食。笔者曾在东京"神田出雲"吃"そは"面蘸酱湯拌生蛋等，算是驰名的地方风味小吃。荞麦花是蜜蜂采花蜜的重要对象，每多种一亩荞麦，可以多收蜂蜜4kg。荞麦的嫩叶可以充当蔬菜，也可以作为饲料。荞麦的子实皮是优良的"枕头芯"填料。在荞麦的茎、叶和子壳中，含氧化钾量约35%～40%，它是提取和制备碳酸钾的重要原料。荞麦的嫩苗、花朵和叶子中含有大量的芦丁，它是提取和制备苷糖化合物的重要原料，是治疗高血压的优良药材。

但是，用荞麦酿造白酒不见于古代，仅见于现代四川宜宾五粮液酒厂，这真是独特的选择，绝妙的举措。荞麦营养丰富，用于酿酒，对酒体柔和甘美及浓香四溢起着一定的作用。但荞麦含有芦丁、氧化钾等苦涩成分，会影响酒体风味，所以五粮液酒厂已改用小麦制曲，荞麦制曲已成为历史。

四、甘薯及其用于酿酒史

甘薯是旋花科越年蔓生草本植物，茎叶伏地生长，块茎在地下长大。值得留意的是，有的地区只能一次收成，将大小甘薯及薯秧从地里刨下来；有的地区则可以先把大块的甘薯挖出来食用，让小块的甘薯在地里继续长大，这是很有意思的现象。

---

[1] 北魏·贾思勰：《齐民要术》，见石声汉选释：《齐民要术选读本》，21页，北京，农业出版社，1981。

在我国，甘薯(图3－2－3)的俗称很多，有番薯、白薯、红薯、金薯、红蕃、地瓜等。有人认为，甘薯的原产地在亚洲，中国古籍晋嵇含《南方草木状》中已有甘薯的记载，但是多数学者认为《南方草木状》中的甘薯是薯蓣，属于薯蓣科。现在已有很多证据可以说明，甘薯传入我国始于明朝。有人认为，太平洋上的新喀里多尼亚岛(New Caledonia)是红薯的原产地，经调查始知那不是甘薯而是薯蓣。近代学者们的研究认为，甘薯的原产地在美洲的墨西哥、危地马拉地区，那里已发现有野生近缘品种，而且经过研究认为该地区已有5000年的栽培史。但是，又有人认为，秘鲁的利马古墓中已经出土了距今约4000年的甘薯，实物证据是更加可信的。

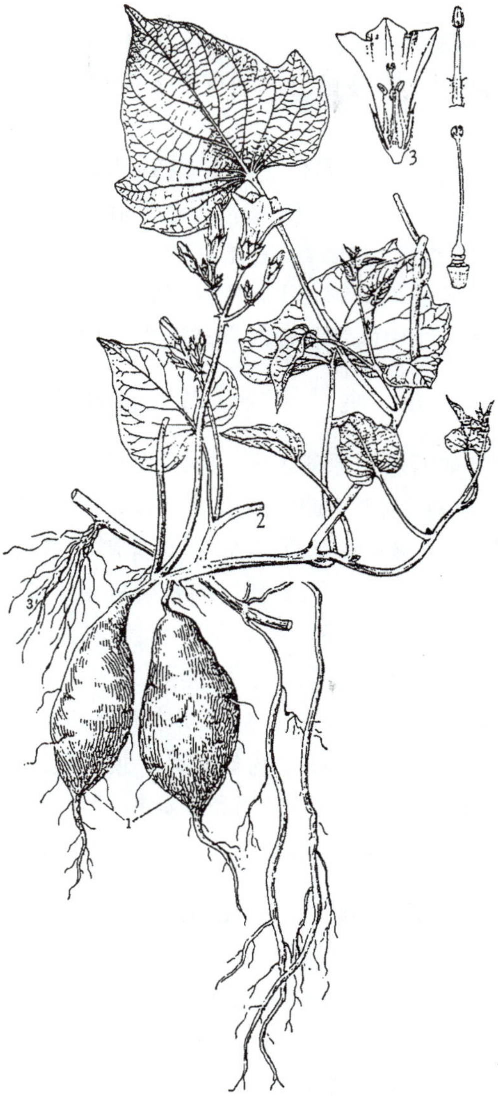

图 3－2－3 中国甘薯

1. 薯块 2. 薯蔓 3. 薯花

(引自中国科学院:《中国植物志》，科学出版社，1985;
江苏农业科学院:《中国甘薯栽培学》，上海科技出版社，1984)

甘薯传入我国至晚始于明朝，最明显的记载是明徐光启的《甘薯疏》和明周亮工的《闽小纪》。如《闽小纪》载："番薯，万历中闽人得之国外，初种于漳郡(今漳州市)，渐及于泉州、莆田……"。又据清陈世元《金薯传习录》中的点滴条文也能说明，甘薯传入我国始于明朝。例如：

> 《金薯传习录·采录闽侯合志》载："按：番薯种出海外吕宋(今菲律宾吕宋岛)，明万历间闽人陈振龙贸易其地，得藤苗及栽种之法入中国。值闽中旱饥，振龙子经纶(即陈经纶)，献于巡抚金学曾，令试为种，时大有收获，可充谷食之半。自是硗确之地遍行栽播。……本名朱薯亦曰地瓜，以得自番国故曰番薯，以金公始种之故又曰金薯。世元撰有《金薯传习录》。"[1]

由此可知，甘薯传入我国福建当在1583年前后，到19世纪末已经传到了黄河流域。现在全国许多省市区都大量栽种甘薯。我国已成为世界上生产甘薯最多的国家，每年约产甘薯2 500万吨。

在我国，甘薯的食用方法很多。一是作为主食，可以煮食、蒸食、烤食、煎食、炸食，同稻米一起煮粥或蒸饭，与面类熟食，也可以煮熟或蒸熟之后制作成干粮食品。二是作为食品工业的原料，可以磨细制淀粉、制饴糖、制糕点。三是甘薯嫩叶可以作蔬菜，薯秧、薯叶、薯渣可以作饲料。四是可以作为酿造工业的原料，用于酿酒、制醋、造酱等。我国用甘薯酿造烧酒始于明朝，其证据请参见本篇第三章中的"明、清时期酿造白酒史"。

五、豌豆和绿豆用于制曲史

我国酿造白酒，制曲与酿酒所用原料不同，小麦、大麦、豌豆等是制曲的主要原料，高粱、粳米或糯米是酿酒的主要原料。对于小曲白酒来说，糯米、黍米、粳米等，是酿酒的主要原料。以上这些制曲、酿酒原料，除了豌豆和绿豆之外，其他原料在本书"酿造黄酒科技发展史"中已经讨论过，可以参考，在此不赘述。下面要探讨的是豌豆用于制曲酿酒史。

豌豆，亦称"毕豆"、"小寒豆"、"麦豆"等。北魏贾思勰《齐民要术·大豆第六》载："小豆有绿豆、赤小豆、白小豆三种。黄高丽豆、黑高丽豆、燕豆、豍豆，是大豆类，豌豆、豇豆、鹿豆，小豆类也。"由此可知，我国栽培豌豆的历史很悠久。明李时珍《本草纲目·谷部》载："豌豆种出西胡，今北土甚多。"据《辞海》、《简明生物学词典》说：豌豆原产于欧洲和亚洲，我国各地均有栽培，嫩荚、嫩苗可作蔬菜，种子供食用和制淀粉，茎叶可作饲料或绿肥。可是在古籍中，至今没有查到用豌豆制曲的记载，用绿豆制曲的例子却不少。例如：

> 明戴羲辑《养余月令·六月》载："莲花曲：莲花三斤，白面一百五十两，绿豆三斗，糯米三斗，俱磨末，川椒八两，如常造踏；内府曲方：白面一百斤，黄米四斗，绿豆三斗。先将豆磨去壳，净末听用。次将黄米磨末，入面并豆末，和作一处。将收起豆壳浸水，倾入米、面、豆末内，和拌，如干，再加浸豆壳水，以捻成块为准。踏作方曲，要实。取晒六十日。每石米入曲七斤，不可太多。"[2]

---

[1] 明·陈世元撰：《甘薯传习录》卷上，11页，农业出版社编辑，北京，农业出版社，1982。

[2] 明·戴羲辑：《养余月令·六月》卷十一，113～114页，据明崇祯原版校刊本，北京，中华书局，1956。

第二节　酿造白酒主要辅料史

我国酿造白酒，无论酿造大曲酒还是小曲酒，大多数酒厂都采用稻壳(俗称砻谷糠或粗糠)、黍米壳、粟米壳、鲜酒糟、高粱壳或糠为辅料，只有少数酿酒厂采用花生壳、玉米芯、白薯秧等为辅料。如果是稀醪发酵酿造白酒，则有的厂家还会添加少量豌豆或大麦为辅料。

一、添加辅料的作用和方法

在我国大江南北，凡是采用湿醪发酵酿造白酒的，都要添加稻壳、黍壳、鲜酒糟等，作为填充辅料。添加辅料的主要作用如下:

1. 提高酒醪的疏松度　作为酿造白酒的原料，其所含淀粉量都很高，一旦经过蒸煮糊化，粘度必然加大，影响糖化发酵作用的进行。为了提高酒醪的疏松度，最好的办法就是向原料或酒醪里添加不会影响发酵作用的填充物。填充物的品种较多，古人通过长期实践，发现稻壳、黍壳、鲜酒糟、高粱壳较好，玉米芯、白薯秧等较差。据研究说，高粱壳含单宁成分多，会抑制发酵作用，白薯秧含果胶成分多，会在酿造过程中生成多种影响白酒质量的不良成分。还有，玉米芯含有大量缩戊糖，会在酿造过程中生成糠醛，使白酒风味下降。

2. 提高酒醪的含浆量和透气性　如前所叙，疏松的酒醪必然吃浆力强，保湿性好，透气性也好。透气性好除了有利于糖化发酵之外，还有一个很重要的好处，就是热蒸汽可以顺利地通过醪层并对酒醪加热，使酒液能够顺利地蒸发出来，便于冷凝收酒。如果酒醪不疏松，透气性不好，则不可能出现以上情况。

3. 添加辅料具有稀释淀粉促进发酵的作用　原料中加入辅料之后，经过拌料，总物料量增加，原料分散于总物料中之后，浓度下降。原料浓度下降，实际上就是淀粉浓度下降，两者是相依相随而变化的。淀粉扩散之后，与发酵菌接触面加大，发酵作用加强，升温加快。因此，添加辅料非常重要，不可短缺。

4. 添加辅料的方法　添加辅料之前，首先必须选料，然后是加工处理、清蒸、确定添加量和添加操作等。

(1) 选料和加工处理方法　如果是选用稻壳，因为稻壳疏松性好，价廉，容易得到，所以被广泛运用于酒醪发酵和蒸馏过程中。但是稻壳质地坚硬，吸水性差，含有较多的缩戊糖、杂质等，所以在使用前必须适当粉碎，以提高吸水性，还要清蒸30min，以减少有害物质。

黍壳或粟壳　在北方产区，黍壳或粟壳也被广泛运用于酿酒中。这两种辅料吸水性较好，含有较多的粗蛋白和其他成分，能赋予白酒以难得的醇香风味。但是这两种辅料的疏松性不如稻壳，所以最好将它与稻壳混合使用。为了减少有害成分对白酒品质的影响，在使用前，这两种辅料都要清蒸30min。

高粱米壳　高粱米壳和糠都可以作为酿造白酒的辅料，但用壳的居多。高粱米外壳坚硬，吸水性差，但对成品酒无明显的不良影响，所以许多酒厂，如陕西凤翔城西柳林镇的西凤酒，山西祁县酒厂的六曲香麸曲酒等，都采用高粱米壳为辅料。高粱米壳虽然含单宁量高，粗淀粉也不少，但是稍加粉碎和清蒸之后，同样是一种好辅料。

玉米芯及其他辅料　所谓“玉米芯”，就是玉米果穗去米粒后剩下的那个芯轴。玉米芯经粉碎后保浆性很好，但是含缩戊糖很高，在发酵过程中会生成醛类化合物，使成品酒略带苦焦味。白薯秧也可以作为辅料，但含果胶量很大，在黑曲霉的作用下，会生成甲醇。用花生米壳作辅料，也会生成甲醇，对人体健康有损伤作用。

(2) 添加辅料量和操作方法　在正常情况下，添加辅料的数量是相对稳定的。若用辅料太多，则浆水多，产酒多，但是能源消耗大，劳动强度大，设备利用率低，成品酒还会有辅料味，所以辅料用量必须严格控制。若辅料用量太少，则原料利用率低，会造成浪费。长期酿酒实践已经证明，所加辅料量与酿酒季节有关，与原料、辅料的物化性质、鲜糟的物化性质有关。在正常情况下，添加辅料量用糠粮比值来表示。酿造大曲酒比值为20%～25%，酿造优质大曲白酒为25%以下；酿造麸曲白酒时，其糠粮比值为20%～30%，其中，手工酿造法可超过25%，短期发酵酿造法不可超过25%，酿造优质白酒时不可超过20%。

添加辅料操作方法　对混蒸续楂法出池的酒醪，应先拌入粮粉，均匀后再添加辅料拌匀，不可以将粮粉与辅料同时拌入，但是可以把粮粉与辅料先拌。对于清蒸清楂或清蒸续楂法出池的酒醪，可以直接拌入辅料。

二、添加辅料源流考

我国酿造黄酒，用酒醅传种至晚始于宋朝。例如，北宋朱翼中《北山酒经·合酵》载："北人造酒不用酵……取醅面正发醅为酵最妙。"[1]这种传醅方法，可以认为是一种利用鲜酒糟为辅料的雏形。至于酿造白酒何时开始使用辅料的问题，从理论上推测，可能始于元朝或明朝初。但是据笔者查到的可靠证据说明，我国酿造白酒使用辅料的记载，始见于明朝中期。例如：

> 明宋诩《宋氏养生部》卷一："用腊酒糟或清酒糟每五斗杂砻谷糠二斗半，内甑中，以锡锅密覆，炀者举火，聚其气，从口滴下，即烧酒也。"[2]

宋诩的《宋氏养生部》成书于明弘治甲子年(1504年)。由此可知，我国用谷糠作辅料酿造白酒的历史是很悠久的。在清朝的古籍中，有关用谷糠作辅料蒸馏制烧酒的，也有可靠的证据。例如：

> 清佚名氏《调鼎集·茶酒单》卷八："糟烧：白糟四五十斤，以砻糠拌匀，次第入甑，上加镴甑贮水曰："天湖"，中有小口出酒。"[3]

《调鼎集》大约成书于清朝乾隆年间，全书共十卷，内容相当丰富。从全书编制看，"第八卷"是"茶酒单"，可以独立成册。

---

[1] 北宋·朱翼中撰：《北山酒经》，校庵漫士古欢堂秘册，见[日]田中静一：《中国食经丛书》(上)，131页，东京都，书籍文物流通会，1972。

[2] 明·宋诩撰：《宋氏养生部》卷一，18页，据北京图书馆明刻善本，北京，中国商业出版社，1989。

[3] 清·佚名氏撰：《调鼎集·茶酒单》，659页，据北京图书馆善本，北京，中国商业出版社，1986。

□第一节　部分传统设备考
□第二节　明朝时期酿造白酒史
□第三节　清朝时期酿造白酒史
□第四节　酿造高粱酒法的进展

第三章　明清以来酿造白酒史

本章所要讨论的内容，包括明朝和清朝两代。明、清两朝代历时540年，堪称历史很悠久。虽然历史悠久，但是在此期间，古籍中能够检索到有关酿造白酒科技发展史文献资料的却不多。因此，明、清时期酿造白酒科技发展史都集中在本章里讨论，而不分开。下面要先探索的是，部分用于酿造白酒的传统古老设备史。

第一节　部分传统设备考

同其他酿酒工艺过程一样，酿造白酒过程也需要多种酿酒设备。例如，用于破稻谷加工大米并产砻谷糠的“土砻”，用于分离大米和砻谷糠的飏扇，用于蒸馏制白酒的“酒桶”和造型多样的蒸馏器等，它们都是很重要的设备。现对部分传统设备分别作适当论述如下。

一、土　　砻

在70年代，厦门市林育周受笔者之托，在福建省南安市民间拍摄到了土法传统破稻谷加工大米并产“砻谷糠”的土砻，还有用于土法酿造白酒时蒸馏稀醪提取白酒的“酒桶”。如今，它们已成为我国酿造白酒史上濒临绝迹、不可多得的实物佐证。下面先讨论土砻，往后再讨论酒桶。

土砻是中国古代民间专门用于将稻谷粒磨研破，使砻谷糠与糙米能够迅速分离的一种设备(图3－3－1)。分离下来的砻谷糠就是稻谷壳，俗名粗糠，它自古以来是酿造大曲白酒时很重要的一种辅料。例如，前面谈到的《宋氏养生部》载:“用腊酒糟或清酒糟每五斗杂砻谷糠二斗半”，这砻谷糠就是稻谷壳，所言之事可能是我国用砻谷糠作辅料蒸馏制烧酒的最早例子。

在我国历史上，砻的起源非常早，如汉许慎《说文解字》载:“砻，礲也;礲，石硙也。”从文字结构看，汉朝的“砻”大概都是用石头凿制的，属于石磨类。到了元朝，农学家王祯对于“砻”的论述最为全面。例如:

> 《王祯农书·农器图谱集之九》:“砻，礧谷器，所以去谷壳也。淮人谓之砻(力董切)，江浙之间谓之砻(卢董切)。编竹作围，内贮泥土状如小磨;仍以竹木排为密齿，破谷不致损米。就用拐木窍贯砻上掉轴，以绳悬梁上，众力运肘转

之，日可破谷四十余斗。

北方谓之‘木礌’，石凿者谓之‘石木礌’。砻、礌字从石，初本用石，今竹木代者亦便。又有砻磨，上级甚薄，可代谷砻，亦不损米，或人或畜转之，谓之‘砻磨’。复有畜力挽行大木轮轴，以皮弦或大绳绕轮两周，复交于砻之上级；轮转则绳转，绳转则砻亦随转；计轮转一周，则砻转十五余周，比用人工既速且省。”

图 3－3－1　福建省南安市土砻

(林育周拍摄于福建南安市供稿)

《王祯农书》上记载的前面这一段文字，所叙述的正是林育周在福建省南安市发现的“土砻”。后面这一段文字所叙述的则是用石材凿成的“砻磨”和以畜力拉动皮弦带动“大砻”转的脱稻谷壳设备。在《王祯农书》上，这些设备的插图，如图3－3－2所示。

笔者小时候在农村长大，不仅见过土砻，而且经常帮助父母推着土砻磨稻谷加工大米，因而对于土砻的结构和机械加工原理了解得很清楚。土砻的外壳用竹篾编织成，壳内填入用红土拌麻丝并加入适量清水做成的混合物，经捶捣坚实后，制成圆形可转动的上扇和圆形不可转动的下扇以及砻体基座，整体土砻近似石磨。在土砻的上、下扇摩擦面之间，有人工植入的“竹牙”。这些竹牙是用微火炒熟的短竹片做成的，植入后按一定的走向规律排列(图3－3－3)。只有这样，才能将磨好的稻谷糠及糙米及时地排挤出来。在民间，土砻是由活动在乡村间的专业造砻师制造的，物美价廉。

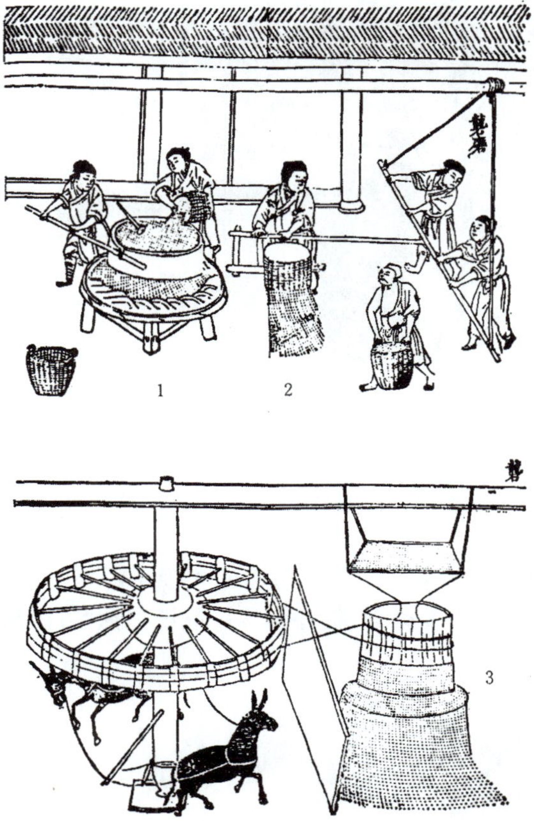

图 3－3－2 《王祯农书》上的砻磨、土砻和大砻
1. 砻磨 2. 土砻 3. 大砻

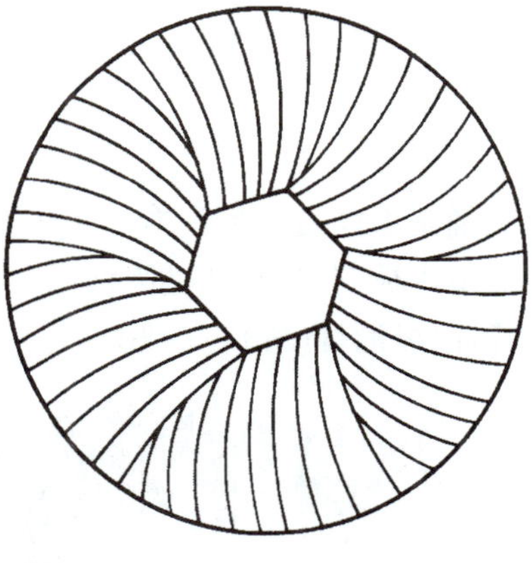

图 3－3－3 土砻下扇竹牙排列走向

二、飏 扇

所谓“飏扇”，它是我国古代一种用于分离各种谷物或其他物料的设备(图3－3－4)。特别是在古代，古人将稻谷或豆类等晒干之后，不同质量的颗粒或混入的杂质必须经过风选，才能入库。此时如果晒谷场上没有自然风可以吹散分离，就必须靠飏扇转动鼓风片来分离。例如，用飏扇分离糙米和砻谷糠的过程是这样的：古人用土砻将稻谷研破之后，糙米和谷壳(即砻谷糠，又名粗糠)虽然脱离了，但是仍然混合在一起。此时，古人用力鼓动飏扇内部的叶片使之高速转动生风，气流向前吹去，当糙米和粗糠由上向下落入气流中时，风力将粗糠吹向远方，糙米比重大不会被吹向远处，向下直落在操作者的身旁，只要用篓筐接住就可以了。被飏扇吹向远方的砻谷糠，自古以来是我国酿造白酒时，极其重要的辅料。

图 3-3-4 飏扇
(笔者拍摄于江酒省宜丰县)

三、酒　桶

酒桶是中国古代民间专门用于蒸馏稀醪发酵的熟酒醪而制取白酒的一种蒸馏器。这种蒸馏器用木板制造，外观呈圆桶形，桶内有锡锅热交换冷凝器，桶外用竹篾或铁箍捆紧，因形状似桶，故名酒桶(图3-3-5)。

图 3-3-5 福建省南安市民间明、清时期的酒桶
(林育周拍摄于福建南安市供稿)

酒桶内部的构造是，桶内有一个锡制锅形冷却集酒器，锅的凹面向下，锅底向上，锅沿向内卷起，形成一道汇酒槽；锡锅倾斜安装在酒桶内的半腰上，倾斜安装能使冷凝酒液沿着锡锅内的汇酒槽流向低处，经酒龙管，流到酒桶外的酒坛内。

整个酒桶要安装在灶台上，酒桶下面有一口铁锅，其口径与酒桶下沿直径相同，铁锅下面是烧火用的火膛。当蒸馏操作开始时，铁锅内放入多半锅的熟酒醪，铁锅下烧火，将酒醪烧热烧开，使酒蒸汽上升到锡锅内侧，经与锡锅外侧冷水进行热交换之后，酒蒸汽冷凝为酒液，从锡锅内侧往下流入汇酒槽内，沿着酒槽低处流出酒桶，进入酒龙管，流入酒坛内。

第二节　明朝时期酿造白酒史

如前所叙，明李时珍《本草纲目》载有："近时惟以糯米或粳米或黍米……和曲酿瓮中七日，以甑蒸取，其清如水，味极浓烈，盖酒露也。"很明显，如此酿成的酒都是小曲白酒，且数量不少。那么，明朝时期，中国有没有大曲白酒呢?笔者觉得中国明朝时期已有大曲白酒。例如:

> 明李时珍《本草纲目·谷部》："葡萄酒：葡萄有二样，酿成者味佳，有如烧酒法有大毒。酿者，取汁同曲，如常酿糯米饭法，无汁用干葡萄末亦可；魏文帝所谓葡萄酿酒，甘于曲米，醉而易醒者也。烧者，取葡萄数十斤，同大曲酿酢，取入甑蒸之，以器承其滴露，红色可爱。"

这"同大曲酿酢"5个字很重要，"酿酢"就是酿造之意，说明明朝已经发明了大曲酿造白酒法。由此看来，明徐光启《农政全书》中的"蜀黍，一名高粱……粘者可和糯秫酿酒"，很可能已经是指高粱烧酒了。虽然如此，上面这些证据仍然仅限于文字范围，更重要的问题是，应当要有蒸馏器。经过进一步努力寻找之后，笔者终于找到了可以证明我国明朝时期已用蒸馏器生产白酒的例子。例如:

> 明宋诩《宋氏养生部》卷一载："用腊酒糟或清酒糟，每五斗杂砻谷糠二斗半，内甑中，以锡锅密覆，炀者举火，聚其气，从口滴下，即烧酒也。锡锅储以冷水——太热必耗酒，遂宜泻去，而复易之，视酒薄止。"[1]

宋诩所记录的这条文献，可以译为下面短文:

> 取成熟的腊酒醅或清酒醅，每五斗加入砻谷糠二斗半，拌均匀后装入甑中，并把甑和烧水锅的结合部密封好。然后将水烧开，使醅中酒受热，汽化上升，在甑顶的锡锅内侧冷凝为液体，沿着锡锅内的汇酒槽，经过酒龙管，流入酒坛中。
>
> 甑顶的锡锅外侧，乃储存冷却水，使热酒蒸汽冷凝。用于热交换的冷却水水温不可以高，太高则酒汽不凝，便会挥发掉而造成损失。因此，冷却水水温稍高时，就要及时放掉，重新换上冷却水，直到从酒龙管流出来的酒，其酒味淡薄了，就停止蒸馏操作。

[1] 明·宋诩撰:《宋氏养生部》卷一，18页，据北京图书馆明刻善本，北京，中国商业出版社，1989。

宋诩祖籍江苏省松江人，其母朱氏，其父明朝官员，但无生平记载。从《宋氏养生部》书中所记载的这些内容看，其蒸馏器和蒸馏操作，与我国传统湿醅蒸馏设备及蒸馏操作方法很一致。例如，《宋氏养生部》中所描写的蒸馏器及其操作方法，与本篇前面已经谈到的，《黄海》上的蒸馏器(图3－1－4)中的4及其操作法相同，可以作为一脉相承的证据。

据方心芳和金培松“唐山高粱酒之酿造法·蒸馏器”说：“蒸馏器可分为四部分：锅、甑、盖，及锡壶是也；甑在锅上备盛醅子，由木板合成；锡壶为冷缩器，用锡焊成；锅下为一烧煤之灶，凹入地下约三尺余深(约1m)，锅上置甑，锅甑之间用一石灰袋接合之；甑上之盖，不时移动，仅用醅子接合之。法在装甑快满时，用手搓揉醅子少许，便成粘泥状，双手捧之，压置于甑口周边，此工作名之为打圈。圈子打好，甑装满后，置盖于甑上，用力压之，使不透气。锡壶座置于甑盖子上口，用豆面凝固，经久不掉。醅子下缸后八日，即可蒸酒。蒸馏手续：先将缸面涂泥剥去，再用木铲将醅子自缸中铲出，置于扬冷场上。若为大量，即将生高粱加入，拌均匀后装甑。若为小量，可直接装甑。灰多软粘，不易蒸馏，须先加谷糠少许，使之疏松，蒸汽易于透过。若小量软粘，亦须同样处理。上甑前，先将锅中水烧开，加上箅子，再用小簸箕盛醅子，轻轻撒在箅子上使平坦，铺一层约三四寸厚(约10～13cm)，待蒸汽上来再加。添加秘诀，一则要少，二则要虚。哪里有气透出，便加醅子在那里。切忌一次多加，以免醅子压紧，出酒不齐。装甑为烧锅内重要工作之一，皆由酒师施之。装好一甑，约需一小时。甑装满，圈子打就后，速将盖子抬上，用手压紧，再置锡壶。壶内加以冷水，出酒管接入酒坛，一人立凳上用木棍不住地拌搅壶内之水，水热后拔出木塞，使热水流出，再速加冷水。酒自锡壶座中流出，用酒坛承接。惟内壶中水热，酒馏出时，被挥发散去不少。一班烧锅，每日出酒六百斤左右(约300kg)。”[1]

根据上叙原始文献内容可知，“黄海”时代与现在比，虽然已有60多年，但是湿醅蒸馏制白酒的操作方法仍然很一致。所以，我们有理由相信，《宋氏养生部》所言蒸馏制白酒的论述，是很可信的。特别是向酒醅里添加‘砻谷糠”的操作，自明朝宋诩时代至今，也已有500年历史了。

因为整个蒸馏过程是间歇式的，所以酒桶和铁锅之间的结合部是可以掀开的，酒桶像是一个特殊的锅盖。当酒醅装好之后上酒桶时，酒桶和铁锅之间通常用草垫和湿布密封着。但是这种密封不可能严实，所以《宋氏养生部》说，冷却水要勤换，“太热必耗酒”，就是说，密封不严，水太热，酒就容易挥发掉。蒸馏完了一锅酒醅之后，要将铁锅内的酒糟取出来，换上新酒醅，再进行蒸馏制白酒。如此重复进行本操作法，既科学又实用。但是福建南安市的酒桶底部没有箅子，不适合于蒸馏湿酒醅制白酒。如果要用这种酒桶蒸馏湿酒醅，酒桶的构造就要进行改造。例如，提高酒桶高度，扩大酒桶容量，铁锅上酒桶下要安装箅子等。当然还可以根据蒸馏原理，模仿传统蒸馏器的构造，制成用于蒸馏湿酒醅的蒸馏器，这种技术在明、清时期是完全具备的。

一、全兴明代酿酒烧坊考古记

四川成都全兴明代酿酒烧坊坐落在市中心小角落，僻静的水井街上。从那古老的棚式建筑物和陈迹斑斑的损伤外表即能看出，它是一座饱经风霜已有数百年之久的酿酒烧坊(图3－3－6)。

[1] 黄海化学工业研究社调查研究报告第三号：《高粱酒之研究》，天津塘沽，龙门联合书局，1932。

图 3－3－6　成都全兴水井街酿酒烧坊(水井坊)外貌

1998年8月，全兴酒厂在水井街实施旧厂房改建工程时，发现厂房地下埋有古代酿酒遗迹。在四川省文化厅、成都市文化局领导下，成都市文物考古研究所与四川省文物考古研究所联合，展开了考古发掘工作。根据成都市文物考古研究所和四川省文物考古研究所的“四川成都水井街酒坊遗址发掘简报”说[1]:“水井街酒坊遗址分为三期10个地层。第一期遗存包括晾堂、路基及其以下部分地层，遗物有瓷片、陶片等，不见青花瓷，其年代不晚于明代。第二期遗存包括晾堂、第4～6层、酒窖、灶、蒸馏器基座及其外部的红砂石条墙基和木柱等，遗物有瓷片、陶片、石碾、石臼、兽骨、酒糟等，其年代为明代和清代(图3－3－7)。第三期遗存包括第1～3层、晾堂、酒窖、灶、灰沟等，遗物有瓷片、陶片、铁铲、竹签等，其年代为近现代。这一重大发现，堪称我国发现一座酿造大曲白酒工艺博物史馆(图3－3－8)”。

图 3－3－7　明代和清代的酒窖

(一) 酿酒烧坊遗迹现象概述

本遗址面积约1700m²，已发掘揭露的面积约280m²，采用“探方发掘法”考古。笔者应邀

[1] 成都市文物考古研究所等:“四川成都水井街酒坊遗址发掘简报”，见《文物》，2000(3)。

图 3－3－8　明代和清代时期的晾堂、酒窖、烤酒基座及现在仍在生产的酒醅

1. 晾堂　2. 酒窖(参见图3－3－7)　3. 烤酒基座(参见图3－3－9)　4. 现在酿酒酒醅

参加了“水井街全兴酿酒烧坊遗址考古发掘成果汇报会”。据国家文物局和考古专家说，发掘工作水平是“两个清楚，一个准确，一个达到”，即“地层划分比较清楚，平面布局比较清楚，年代划分比较准确，基本达到了考古学方面的要求”。这一评价说明，水井街全兴酒坊的考古成果是真实可信的。

迄今为止，因为这种大规模发现并有限发掘的情况在我国属于首例，所以意义重大。大曲酿造白酒法是中国人发明的，虽然起源不如中国酿造黄酒法悠久，但是其发展生命力、经济价值和社会效益却完全可以与黄酒生产媲美，某些方面甚至远远地超过黄酒生产。因此，水井街全兴酿酒烧坊的重大发现，对于研究我国酿造白酒科技发展史来说，有很高的价值。笔者认为，无论从文献记载还是从考古发现方面来看，由于四川省泸州老窖酒厂也在考古发掘中发现了“明代老窖”，所以大曲酿造白酒法应当说是聪慧有为的四川人首先发明的。现对遗迹现象作些探讨如下。

1. 所谓“烧坊”与“酒坊”　古人常称店铺或工场为“坊”，如制茶工场称茶坊，酿酒工场称酒坊。“坊”可能起源于西汉，如刘安《淮南子·齐俗训》:“炉槖埵坊设，非巧冶不能以治金”。又如宋周密《武林旧事·作坊》:“凡货物盘架之类，一切取办于作坊”。由于白酒古人称“烧酒”，所以成都水井街酒坊亦俗称烧坊。

2. 晾堂　在“遗址”发掘中，已发现晾堂3座。所谓“晾堂”就是晾晒物品的场所。但是，此处指酿造白酒的操作岗位，即“酿酒作坊”的活动场所，包括配料、拌料、晾酒糟等。

3. 酒窖　在先秦两汉时期，“窖”系指收藏物品的地室。后来有许多发展，“窖”的种类增加，有井窖、坑窖、棚窖、沟窖等。对于酿酒作坊或传统酿酒厂或传统酿酒车间来说，“窖”有两种：一种是用于发酵的坑叫坑窖，又称“发酵池”;另一种窖就是陈酿酒的地室或场所。全兴酿酒烧坊发掘出来的“窖”，都是用于发酵的坑窖。

4. 烤酒灶基座　如果用现代科技术语讲，烤酒灶基座是用于置放蒸馏器的。全兴酿酒烧坊发掘出来的圆形基座(图3－3－9)，笔者认为，根据烤酒原理要求，灶基应当有一小半在地面下，这是便于设灶口烧柴的需要，另一部分基座则应当高出地面，这是利于安放“蒸馏器”以及操作方便的需要。根据出土现场的实际情况来看，因为传统蒸馏器是圆形的，下方有“圆形水锅”一个，所以出土基座也是圆的(参见图3－3－9)。人们只要拿掉基座中心处的填充碎石，下凹的圆形位置正好可放入圆底水锅，整个传统蒸馏器可端端正正地挺立在基座上。这一切都是非常合情理的匹配，符合蒸馏科技原理的设备安装方法。

那么，为什么现在出土的烤酒灶基座，已不见高出于地面呢?这是因为古人在重建酿酒作坊时，为了平整室内地面的需要，将高出地面的基座部分铲除了，而留下了地面下的那一小部分。这种做法是很正常、很常见的。如果当时的烤酒灶基座都建在地面上，而没有地面下的那一小部分，那么，这种建灶的方法是不科学的。如果古人在平整室内时将基座全部铲除掉，那我们今日也就见不到这个遗迹了。

5. 炉灶　在全兴酿酒烧坊遗址中，已发现的炉灶坑共5座，有人也许会觉得多，其实很正常。在酿酒烧坊的正常活动中，必须有烧水做饭的炉灶，洗涤消毒用的炉灶，蒸煮原料的炉灶。如果酿酒规模较大，用于蒸煮原料的炉灶通常要建造多座。

6. 泥坑和灰坑　在全兴酿酒烧坊遗址中，已经发现的灰坑与泥坑4座。这是很正常的。用传统方法酿造白酒，通常有用泥封窖的操作习惯，此外，建窖和修窖也经常要用窖泥。至于灰坑，除炉灰坑外，按说应当有用于贮存石灰或搅和灰浆的灰坑。在传统酿造白酒烧坊里，石灰有多种用途，例如，消毒杀菌、建酒坊和酒窖等，都要使用石灰或灰浆。

图 3－3－9　中国传统烤酒基座(置蒸馏器的基座)

(二) 烧坊呈现的正是中国古代酿造白酒工艺的缩影

1. 地层堆积情况　据考古报告及现场调查可知，本次发掘后发现，地层堆积一般是10层。现代地面为第一层，往下发掘最深的那一层为第10层。第1～3层共计揭露出晾堂3座、酒窖8口、炉灶坑5座、灰坑与泥坑4个、烤酒灶基座1座。第4～10层发现的遗迹和遗物有灰坑、灰渣、瓷片、陶片、瓦片、井圈等。

2. 出土遗物　出土物以瓷片、陶片为主，瓷器和陶器也不少，其中以酒具最丰富。少数青花瓷器的内底或外底上有题款，如“永乐年制”、“成化年制”、“同治年制”、“永乐年造”等。

3. 发掘成果及意义　根据发掘到的遗迹、出土文物和各地层特征判定，专家学者们认为，全兴酿酒烧坊遗址可以上溯至明初，下至现在仍在酿造白酒的现场。

由于在全兴酿酒烧坊遗址中，已经发掘到了炉灶坑、泥坑、灰坑、酒窖、烤酒灶基座等，这些遗迹现象已经构成了酿造大曲白酒的充分条件，而且这些条件是连续的，所以专家学者们认为，全兴酿酒烧坊遗迹所体现的，正是中国古代酿造大曲白酒工艺过程的写照。

二、明代甘薯酿造烧酒法

在1982年，笔者从古籍中发现，我国明朝时期已经发明了用甘薯酿造烧酒的方法。例如：

> 徐有榘辑《种薯谱·制造》："徐玄扈《甘藷疏·造酒法》：藷根不拘多少，寸断晒晾半干，上甑炊熟。取出揉烂入缸中，用酒药研细搜和。按实缸中间作小坎，候浆到看老嫩，如法下水，用绢袋滤过，或生或煮熟任用。其入缸寒暖，酒药分两次，下水升斗，或用曲蘖，或加药物，悉与米酒同法。若造烧酒，即用藷酒入锅，盖以锡兜鍪蒸煮，滴槽成头子烧酒，或用藷糟造成常用烧酒，亦与米酒糟造烧酒同法。"[1]

徐光启，字子先，号玄扈，上海人，明朝科学家，曾著《甘薯疏》，此书虽亡佚，但徐有榘《种薯谱》中有不少引文，说的正是我国明朝已发明用甘薯酿造烧酒的方法。徐光启上面这段论述不仅可以证明我国明朝时期已有甘薯酿造烧酒法，而且还可以证明我国明朝时期已有两种酿造烧酒的类型——即小曲白酒法和大曲白酒法，都已经趋于成熟。例如：

(1) 根据"悉与米酒同法"和"藷酒入锅，盖以锡兜鍪蒸煮，滴槽成头子烧酒"可知，这是先酿造低度小曲酒，然后再蒸馏低度酒为烧酒的方法。这种方法是后来稀醪发酵直接用"酒桶"将熟酒醪放入铁锅中蒸馏出烧酒的祖型。

(2) 根据"亦与米酒糟造烧酒同法"，可知，这种酒醅中添加了酒糟酿造烧酒的方法，是后来酿造糟烧白酒和酒醅中添加稻谷糠、鲜酒糟等，酿造大曲白酒的祖型。

笔者少年时曾见过家父酿造甘薯烧酒，所以对于此法比较了解。然而应当说明，家父酿烧酒很有经验，但都是采用土办法，酿造烧酒的数量只有数坛，质量很好，芳香醇厚，所以常有亲友来求，几乎都是赠送，非商业酿酒。家父酿造甘薯烧酒还有一个原因，每年甘薯丰收吃不完之时，取用甘薯酿烧酒可以减少损失。由于笔者亲自见过酿造甘薯烧酒法，故知徐光启的酿造"甘薯烧酒法"是很可信的。鉴于一般人很难理解徐光启《甘薯疏·造酒法》和我国明、清时期民间酿造甘薯烧酒法的过程，笔者现将亲自见过的情况作一简要介绍如下：

> 选择没有霉变的好甘薯若干，洗净。徐光启说："藷根不拘多少"，指的也是好甘薯块根。铁锅底放些水，锅中水上放箅子，箅子上放甘薯，把水烧开，蒸熟甘薯。把熟甘薯摊凉后放入缸中，用木锤捣烂，然后加入酒药和少量无菌水，搅拌均匀后进行半干湿发酵。凭经验看酒醪发酵产生很多气泡时，即可以加入清水冲缸了。福建沿海地区盛产甘蔗，蔗户家中如有黑糖水，只要取些稀糖水，烧开放凉，就是很好的冲缸物料，不必再加清水。由于酵母菌可以直接酒化糖水，所以出酒率很高，酒的风味也很好。当酒醪发酵趋于平静时，酒糟必然下沉，这说明酒醪糖化酒化过程即将结束，可以进行蒸馏制烧酒了。
>
> 蒸馏制烧酒的方法前面已经谈过。就是把酒醪直接倒入铁锅内，盖上酒桶(蒸馏器)，密封漏缝，放进冷却水，取火把酒醪烧开，收集冷凝烧酒即可。整个酿造过程虽然简单，但很科学。农村只要有酒桶，都可以学着酿烧酒。

---

[1] [朝]徐有榘辑:《种薯谱》，见农业出版社编辑:《金薯传习录与种薯谱》，242页，北京，农业出版社，1982。

第三节　清朝时期酿造白酒史

到了清朝时期，烧酒的品种已经比明朝多了不少。例如，下面这段记载即可以说明一些问题。

> 清汪曰桢《湖雅·酿造之属》:"烧酒：湖录烧酒，以好酒糟烧之，取其上蒸之汽。南浔志以糟烧为上，粞烧次之，麦烧为下。按用大甑蒸取汽水，亦称火酒，以着火能燃也。又有以酸黄酒蒸者，与糟烧无异。白酒脚亦可蒸，较劣。或浸杨梅，曰杨梅烧，红枣曰枣子烧，绿豆曰绿豆烧，薄荷冰糖曰冰雪烧。"[1]

如果以酿酒原料而论，则《湖雅》中所说的烧酒应当是5种：即用酒糟为原料酿造之后蒸馏成的烧酒、用碎米为原料酿造之后蒸馏成的烧酒、用麦为主要原料酿造之后蒸馏成的烧酒、用酸黄酒蒸馏制成的烧酒、用白酒脚蒸馏制成的烧酒。至于后面那几种，例如杨梅烧、枣子烧等，那是浸泡酒。

我国酿造白酒与所用原料及菌种有关。如果从酿造原料考虑，则用高粱酿造烧酒的发展是很值得研究的。据笔者所知，我国酿造高粱烧酒至晚起源于明朝，清朝乾隆时期已有明明白白的文献记载。例如：

> 清梁章钜《浪迹丛谈》、《浪迹续谈》载:"服核桃：旧闻曾宾谷先生，每晨起必啖核桃一枚，配以高粱烧酒一小杯，酒须分作百口呷尽，核桃亦须分作百口嚼尽。烧酒之名，古无所考，始见白居易诗，'烧酒初开琥珀香'，则系赤色非今之白酒也。……今各地皆有烧酒，而以高粱所酿为最正。北方之沛酒、潞酒、汾酒，皆高粱所为，而水味不同，酒力亦因之各别。"[2]

梁章钜(1775～1849年)所言沛酒，系指今日江苏省西北端沛县特产，自古已很著名的沛酒;潞酒，系指今日山西省东南部潞城县特产，自古已很著名的潞酒;汾酒，系指今日山西省中部太原盆地西南汾河支流西侧的汾阳县特产，自古已很著名的汾酒，特别是杏花村汾酒更是驰名中外。根据梁章钜的这条记载还可以说明，我国清朝时期盛产高粱烧酒的地域已经相当广泛，指出唐诗中的"烧酒初开琥珀香"不是烧酒。

在清朝的古籍中，比较详细地谈论了蒸馏器和蒸馏操作法的书是《调鼎集》。这部书现藏北京图书馆善本部，作者不明。据初步研究认为，《调鼎集》大约成书于清朝乾隆年间，其中第八卷是"酒谱"，较详细地记载了蒸馏制烧酒的内容。例如：

> 糟烧：白糟四五十斤，以砻糠拌匀，次第入甑，上加镴甑贮水曰"天湖"，中有小口出酒。其"天湖"之水，每蒸二放、三放不等，看流酒之长短，时候之冷热，大约花散而味淡即止。将糟倒入石臼。如存缸者，不可放水。随便用者，将蒸下热汤倾入两捲斗，名曰"假干头"。倘行贩则不然，必须用烧滚汤倒入。自

[1] 清·汪曰祯撰:《湖雅》，据同治壬申(1872年)本，见[日]田中静一:《中国食经丛书》(下)，504页，东京都，书籍文物流通会，1972。

[2] 清·梁章钜撰:《浪迹丛谈》、《浪迹续谈》，见《笔记小说大观》第三十三册，扬州，江苏广陵古籍刻印社，1984。

己带栊下搀入，用木碓捣熟。本属每箩两蒸，行贩以箩半作两蒸，便于出卖时骗人。仍至两蒸，蒸下热汤盆出，即将里镬水盘入，其里镬以“天湖”放落之水补之，所谓行败也。另烧水者，即里镬水也。蒸半而日两蒸煮，名曰“割头”，此行败人皆如此，主人不管也。[1]

在上面这条文献中：“糟烧”是烧酒的俗称，因为是用带糟的酒醪入蒸馏器制烧酒的，故名；“镴蒸”是用锡、铅合金焊接成的蒸馏器，如果写成“镴甑”也可以；“天湖”是指蒸馏器上面那个朝天敞开的“小水池子”。本章前面讨论过的“酒桶”上的“天湖”在锡锅凸起上方；“中有小口出酒”是指天湖这个冷却器的汇酒槽上有一个可以出酒的小孔；“每蒸二放、三放不等”是指每间歇蒸馏一甑料，需更换冷却水2～3次不等；“看流酒之长短”是指出酒时间的长短，发酵良好的酒醪能多出酒，出酒时间长，否则反之；“时候之冷热”是指蒸馏制烧酒期间气温的高低，气温高冷却水就要多次更换；“花散而味淡即止”是指酒从酒龙中流入酒坛时，如果溅起的酒花是散开的，酒味道是淡的，那就要停止蒸馏，更换新酒醪了。

在清朝古籍中，有关烧酒的史料还很多。例如，清顾中村《养小录》卷上：“诸花露：仿烧酒锡甑、木桶减小样，制一具，蒸诸香露”。以上虽然说的是蒸花露，但是“仿烧酒锡甑、木桶减小样”是用比喻法写的，说明当时的确已有用于制烧酒的锡制蒸馏器了。清袁枚《随园食单》中有一段关于烧酒的精采描写，现摘引如下供参考：

《随园食单·茶酒单》：“既吃烧酒，以狠为佳[2]。汾酒乃烧酒之至狠者。余谓烧酒者，人中之光棍，县中之酷吏也。打擂台，非光棍不可；除盗贼，非酷吏不可；驱风寒，消积滞，非烧酒不可。汾酒之下，山东高粱烧次之，能藏至十年，则酒色变绿，上口转甜，亦犹光棍做久，便无火气，殊可交也。常见童二树家泡烧酒十斤，用枸杞四两，苍术二两，巴戟天一两，布扎一月，开瓮甚香。如吃猪头、羊尾、跳神肉之类，非烧酒不可。亦各有所宜也。”[3]

以上说的是，自古闻名遐迩的山西汾阳杏花村美酒，即汾酒。山东高粱烧酒也很好。汾酒是我国清香型白酒的典型，清香、醇厚、绵甜、滋润。在清朝王士雄的《随息居饮食谱》中，也有一段赞赏汾酒，介绍烧酒可以有防病健身，除湿驱寒的功效：

《随息居饮食谱·水饮类》：“烧酒一名汗酒，性烈火热，遇火即燃。消冷积，御风寒，避阴湿之邪，解鱼腥之气。阴虚火体，切勿沾唇。孕妇饮之，能消胎气。汾州造者最胜。凡大雨淋身，及多行湿露，或久浸水中，皆宜饮此，寒湿自解。如陡患泄泻，而小溲清者，乃寒湿病也，饮之即愈。”[4]

第四节 酿造高粱酒法的进展

在世界各国以淀粉质为原料酿造饮用酒的各种方法中，高粱烧酒法是中国人独创的。特

[1] 清·佚名氏撰：《调鼎集·茶酒单》第八卷，659页，据北京图书馆善本，北京，中国商业出版社，1986。
[2] 笔者注：“狠”，在此是指酒精含量高，浓烈无比的意思。
[3] 清·袁枚撰：《随园食单》，关锡霖注释，164页，广州，广东科技出版社，1983。
[4] 清·王士雄撰：《随息居饮食谱》，18页，据上海文瑞楼石印本，北京，中国商业出版社，1985。

别是糖化酒化同时进行和湿醅发酵法用水很少这两项技术，在酿酒工业进展中更是具有深远的意义和很高的科研价值。

如前所叙，中国酿造高粱酒的起源很早，但是关于酿造过程中的各种变化和曲的制造法等问题，国人的试验研究却开始甚晚。据笔者所知，有关酿造高粱烧酒法的调查研究报告始见于1930年，由创办于塘沽的“黄海化学工业研究社”率先展开，所取得的成果载于《黄海》刊物，有下列成果：

《黄海》第三号：高粱酒之研究；

《黄海》第七号：汾酒酿造情形报告；

《黄海》第八号：汾酒用水及其发酵醅之分析。

据“黄海化学工业研究社”的社长孙学悟说：“中国高粱酒制造法虽古，但关于发酵中主要的变化和曲之制法等问题，在国内尚未见有详细研究，兹觅得大连中央试验所高粱酒之试验报告记载颇详，特译出附后，以供国人参考。”记载中的“大连中央试验所”，其全称为“大连满铁会社中央试验所”，是日本人在20年代末创办的研究所。由此可知，日本人对于酿造高粱酒的研究与国人基本上同时。由于孙学悟的话是经过调查研究之后才说的，所以我国研究高粱烧酒法始于20年代末之说是很可信的。

1932年，当时的塘沽黄海化学工业研究社印刷发行的调查研究报告第三号：《高粱酒之研究》[1]。在《高粱酒之研究》中，有下列论著：

方心芳、金培松：“唐山高粱酒之酿造法”；

金培松：“华北酒曲中微生物之初步分离与观察”；

孙学悟：“改良高粱酒酿造之初步试验”；

方心芳译：“高粱酒曲之制法与其中化学成分之变化”；

方心芳译：“高粱酒发酵中主要成分之变化”。

上叙后两项的作者是，澁川镶藏和中西金三郎；满铁会社中央试验所酿造科。

因为以上5项调查研究报告论文可以证实我国在20年代，华北各地酿造高粱酒的实际水平和史学价值，所以这5项调查研究报告是本文下面最主要的参考资料，其所论及的内容都是很可信的。

一、高粱酒曲的原始制法

在20年代，我国东北、华北酿造高粱酒的风气已较盛行，酿酒作坊俗称烧锅，酿成之酒俗称白酒或高粱酒。烧锅房所用之曲，有自制曲和购买曲两类。例如，当时的辽阳就有利舛源和永聚源两家制曲作坊，专门制造酒曲出售。他们所产酒曲的品质，如表3－3－1所示。

表 3-3-1　　利舛源和永聚源酒曲的品质

烧锅房名称	每块曲平均重量/kg	水分/%	糖分/(g/100g曲)	淀粉含量/(g/100g曲)	糖化力/(g葡萄糖/100mL滤液)
利舛源	1.2	12.16	0.606	43.460	0.356
永聚源	1.5	11.52	0.559	46.613	0.328

糖化力试验法：取2％可溶性淀粉液25mL，内加1mL(取曲10g，加水100mL，振荡过滤取

[1] 黄海化学工业研究社调查研究报告第三号:《高粱酒之研究》，天津塘沽，龙门联合书局，1932。

汁)曲之浸出液。将浸出液与淀粉液混合均匀，然后放在55℃的恒温中糖化2h，取出来煮沸。将糖化液加水至50mL，经过滤后，取样测定糖化力。

从表3－3－1中测得的数值来看，当时辽阳出品的酒曲，其品质还是很好的。但是辽阳酒曲的制法不明，所以当时制曲的方法只能从“唐山高粱酒之酿造法”和“高粱酒曲之制法及其中化学成分之变化”中得知，其所论及的内容如下。

1. 制曲原料的配合和粉碎　唐山制曲原料主要是大麦、小麦与豌豆。豌豆昂贵或不足时，可用小豆代替，但据说不能全部替代。日本人当时的试验只用大麦和小豆，所制成的酒曲品质较差。因原料配合与所采用原料品种及气候条件有关，所以制曲原料之配合有多种。最普通之配合法如下：

大麦	十斗(每斗重6～6 .5kg)
小麦	二斗五升(每斗重7.5kg)
豌豆	二斗五升(每斗重8kg)

据当时“新华兴”曲仙说：凡少用小麦制成的曲，既不禁用，“生火”也小，天气热还好，若逢阴雨寒冷天气，则曲不能熟，曲块中留有生心，品质低下，不能使用。

原料粉碎先前用石磨。粉碎程度不能太粗，也不能太细。太粗，踩曲时生曲无粘性，不能成块；太细，料的粘性太大，生曲踩实后紧密结硬。料粗，曲菌繁殖很快，升温急速，曲菌未发育完全而曲中水分已干涸，所制成的曲品质低劣；料太细，生曲块发硬，曲菌不能深入到内部，升温不正常时，杂菌会迅速在曲块中繁殖，所制成的酒曲品质也低劣。在一般情况下，料之粗细由经验丰富的高手“曲仙”来认定。

2. 拌料和制砖形　踏曲用井字木模子，经踩实后即成砖形。木模子的大小尺寸如下：

外长	45cm		
内长	22cm	生曲长	22cm
外宽	26cm	成曲长	20cm
内宽	18cm	生曲宽	18cm
模高	5～6cm	成曲宽	16cm

踏曲之前要先拌料。曲料放在竹箩里，用一个约刚好能装1.75kg的小斗取料，将料放入盆中加水混合。传统加水量与曲料有一定比例，不能相差太远。但是加水量与许多因素有关，例如，物料粗细和固有干湿程度，天气冷热和相对湿度等，所以加水量不可能十分准确。大致说，每曲料50kg加水20kg。拌料要均匀还要快，要分批进行，不可以两批间交叉，也不可以剩余过夜还用，为的是保持物理性质一致。

先前传统踏曲很有趣，全面传承古代风气，如北魏贾思勰《齐民要术》载：“团曲之人，皆是童子小儿，有污秽者不使。”到了20年代，踏曲仍然是童子小儿，年龄最小者在10岁以下。每班人员分成两组，轮流作息。上岗时的人员分布情况(图3－3－10)如下：

① 和面　2～3人
② 端面　1至数人
③ 拌料　2～3人
④ 打水　2人
⑤ 装模　2人
⑥ 踩坯　12～20人

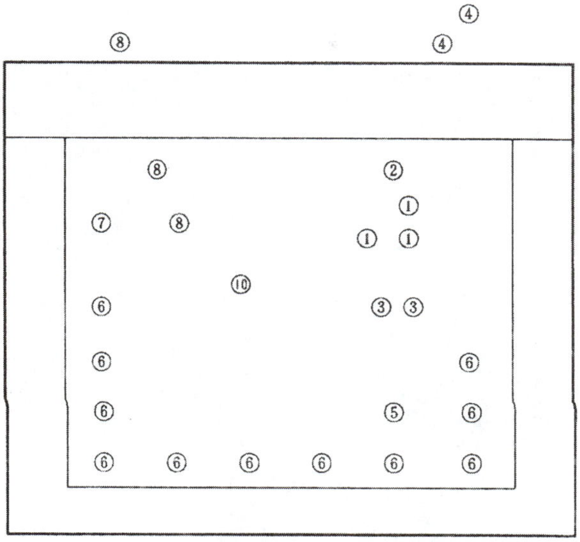

图 3－3－10　制坯上岗人员分布图

(引自万良适:"杏花村汾酒的大曲操作法")

⑦ 开坯　1人

⑧ 端坯　3人

⑨ 排坯　2人(在曲房)

⑩ 洗模　1人

踏曲时，小孩们口中唱着歌，两脚踩着曲，接送、翻转生曲，一片生气勃勃景象。但是前面的小孩踏的是使生曲紧密，后面的小孩踏的是使生曲表面丰满、光滑、平整。曲子踏好之后就脱模，并按时运到曲房中。

3. 曲房的构造　我国20年代的曲房与现代不同。当时的烧锅曲厂之曲房甚为简单(图3－3－11)。例如，唐山的新华兴曲房是草房，龙凤永的曲房是瓦房。砖墙有厚薄，门窗有大小，窗台高约66cm。据曲师们说，草房保温性和吸水性能比瓦房好，但是不耐用。曲房四周要安装容易开关的窗子，地面上要铺石灰，房内要备有木炭、炉子，一旦气温变冷，就要生火保暖。

图 3－3－11　近代曲房

(引自[日]田中静一:《中国食经丛书》,1940年篠田统拍摄于辽宁辽阳)

4. 曲之成熟及管理　生曲块制好之后，要按时运入曲房，按一定规则安放在铺有马莲草或高粱叶的地上。高粱叶或马莲草铺的厚度约8cm，起初放生曲块2层，中间用高粱秆6根间隔开，防止生衣粘连。近代制曲工艺过程如(图3－3－12)所示。

1

2

3

图 3－3－12　近代制曲工艺过程图

1. 配料　2. 成型　3. 送入曲房

(引自[日]田中静一:《中国食经丛书》，1940年篠田统拍摄于辽宁辽阳)

全房放满生曲块之后，应及时用席子围在曲块四周，紧闭门窗保温，等待生衣。大约经过20～30h，曲上白点斑斑出现，此时应将门窗打开，蒸发曲子表面水分，使曲块表面变干硬，此过程俗称放僵。曲块变硬之后，当日堆曲增高为3层，然后关好门窗，继续制曲，此过程俗称闷上。第4日又放僵、堆曲，堆高由3层增为4层。以后每日翻曲一次，曲高增加一层。大约经过10多天制造，酒曲不再生火，此为成熟标志，可以晒干出售或者直接用于酿酒了。

二、高粱酒曲中的微生物

要酿造好高粱酒，一定要有优良的菌种。但是在发明酿造高粱酒法之初，酒曲中有哪些优良菌种?古人是不知道的。

1931年，我国黄海化学工业研究社为了查明各地高粱酒曲中的微生物，首次由学者金培松等人负责，对山西太原汾酒曲、河北唐山大麦曲、河南开封大麦曲、山东济南小麦曲、山东烟台小麦曲、山东威海小麦曲、山东招远小麦曲、河南临颖白酒曲等，进行了分离研究。从所得结果来看，高粱酒曲中微生物种类很多，但已知的丝状菌类主要有华根霉(*Rhizopus chinensis* Saito)，东京根霉(*Rhizopus tonkinensis* Vuillemin)，李克犁头霉(*Absidia lichtheimi* Lendner);酵母菌类主要是鲁氏酵母(*Saccharomyces rouxii* Boutroux)，酿酒酵母(*Saccharomyces cerevisiae* Hansen)。

1. *Absidia*菌　在高粱酒曲中都大量存在，如果按照其繁殖力而论，本菌在同类型丝状菌属中可居首位，属于优良菌种(图3－3－13)。

本菌如果培养于半固态曲汁培养基上，初生菌丝纯白色，不久孢子囊柄变成金黄色，孢子囊变为黑褐色，菌体老熟时孢子四散呈灰色。此菌如果培养于液体培养基中，约经34h，即见无色透明菌丝悬浮于培养基中。不久，有的菌丝浮至液面，并向上生成白色丝体，名曰“气菌丝”；另一些菌丝沉没于液体中，并向下生长，菌丝无色，名曰“沉没菌丝”。气菌丝能生葡萄枝与孢子囊，而沉没菌丝则不能。*Absidia*的生理特性如下:

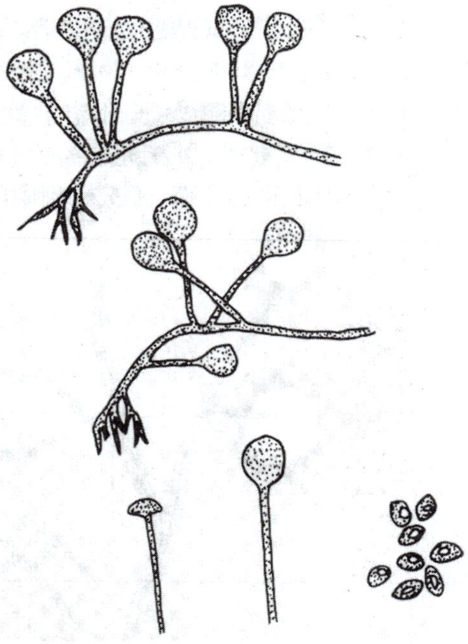

图 3－3－13　犁头霉菌外形
(引自金培松:“华北酒曲中微生物之初步分离与观察”，见《黄海》调查研究报告第三号，1932)

(1) 据研究得知，本菌的繁殖能力极强，在室温12～30℃之间时，能够在下列各培养基上于48h内旺盛发育繁殖:

燕米	大麦	高粱	豆饼
酒糟	甘薯	马铃薯	胡萝卜

(2) 本菌对于各种酸、酒精、食盐等均有较强的抵抗力。具体情况，如表3－3－2所示[1]。

本菌对于食盐水的抵抗力如下(浓度单位: °Bé):

食盐水浓度5～7°Bé，温度25℃时，第3天发育并结孢子。如果食盐水浓度9～13°Bé，温度25℃时，本菌不在培养基上发育。

2. 东京根霉(*Rhizopus tonkinensis*)　本菌自河南开封大麦曲中分离得到，本菌与唐山大麦曲中分离到的丝状菌类似，但不是同种。

(1) 本菌形态　本菌在麦曲汁和胡萝卜培养基上都能发育。初生时菌体白色，不久孢子

[1] 金培松:“华北酒曲中微生物之初步分离与观察”，见黄海化学工业研究社调查研究报告第三号:《高粱酒之研究》，天津塘沽，龙门联合书局，1932。

囊变黑褐色，老熟后变为灰色或黑色，表面有钙盐结晶析出。常态之孢子囊直接生长于金黄色之葡萄枝上，孢子多为圆形或卵圆形，外表光滑，呈灰色。

表 3-3-2　　李克犁头霉菌的抵抗力变化表

培养基名称	培养基浓度/体积分数%	培菌温度/℃	发育变化情况
硫　酸	1～2.4	25	第4天开始发育
	2.8～5.5	25	不发育
乳　酸	1～1.8	25	第3天开始发育
	2.0	25	第5天开始发育
	2.5	25	第7天开始发育
	3.0	25	不发育
酒　精	1～2.2	25	第2天开始发育
	2.75	25	第5天开始发育
	3.6	25	放久了稍见有沉没菌丝

(2) 变形孢子　试以白金丝将培养于试管中之常态孢子囊及孢子囊柄钩去，使之仅留下部菌丝体，置于温室中40～50天，则残留菌丝能抽出变形孢子囊与孢子囊柄。生长过程由残留菌丝分枝处首先膨大，长出孢子囊柄，其形状非为簇生，与其他丝状菌不同。不久，孢子囊柄顶端也膨大起来，并于此处抽出数枝孢子囊柄和孢子囊，有时还会在孢子囊上再抽出1～2枝孢子囊柄和孢子囊，形成无规则的复生体(图3－3－14)。

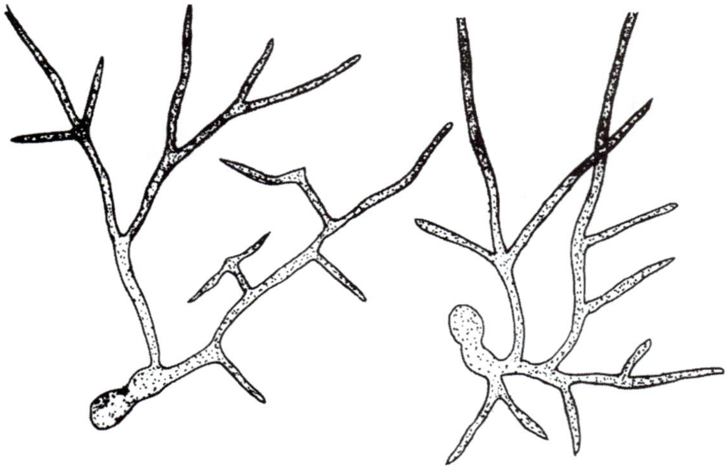

图 3－3－14　根霉菌孢子发芽后菌丝分枝情况

(资料来源：同图3－3－13)

(3) 菌丝情态　本菌之菌丝，初生为纯白色。若以曲汁着滴法培养，变形孢子囊上之孢子发芽后，菌丝生长如(2)所叙及插图之情形。但是，菌丝中之内容质排列起初很均匀，如果放于室温中5～6天之后，则内容质会凝固成圆形块状，而且排列不均(图3－3－15)。

3. 高粱酒曲中之酵母菌　据金培松等学者于1931年对唐山高粱酒曲、开封酒曲、临颖酒曲等进行分离研究得知，当时酒曲中之酵母可归为无子囊孢子菌属和有子囊孢子菌属两属。其中，以椭圆酿酒酵母(*Saccharomyces cerevisiae* Hansen)为最多，此菌属于有子囊孢子单细胞真菌属，其形态因培养基和培养时间不同而异，有圆形、卵形、椭圆形或腊肠形等。

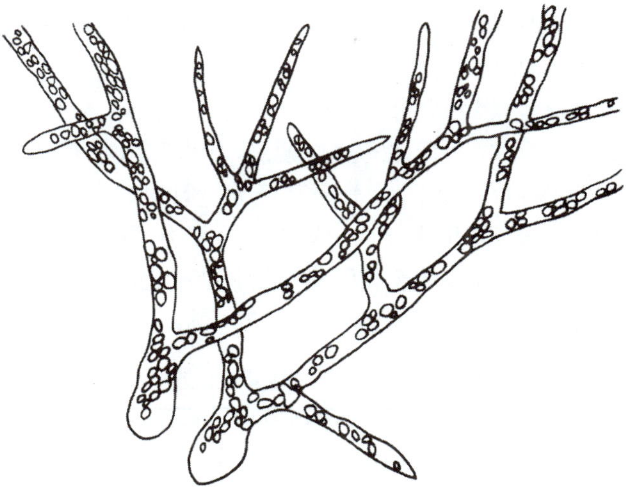

图 3－3－15　根霉菌菌丝内容质凝固后之状态
(资料来源：同图3－3－13)

(1) 有子囊孢子酵母之外形　据分离和培养研究得知，唐山酵母、开封酵母之细胞多为椭圆形，富含油滴，幼细胞含油滴尤多，而临颖酵母多为圆形，亦有含油滴和幼细胞含油滴多的特点。以上各种酵母，碘液对其均不能染色。若将唐山酵母和开封酵母培养于曲汁中，温度28℃，菌体皆为白色，表面润湿，边沿平滑，中央稍耸起，富有光泽。

(2) 子囊孢子之形成与发芽　在石膏培养基上，唐山酵母和开封酵母皆能在温度25～28℃之间，约22h形成孢子。此孢子用曲汁着滴法培养之后，子囊孢子即发芽并形成酵母菌聚落。

(3) 无孢子之酵母菌及生理特性　高粱酒曲中之酵母菌种类很多，有串状酵母菌属之酵母、汉逊氏酵母、醭酵母(*Mycoderma*)属之酵母等。这些酵母培养于曲汁培养基上，经24h都能开始发育，但不起发酵作用。如果将其培养于液体培养基中，则在24～72h之间开始有皮轮及起发酵作用。本无孢子之酵母菌对下列物质的抵抗力变化，如表3－3－3所示。

表 3-3-3　无孢子之酵母菌的抵抗力变化表　(温度20～25℃)

培养基名称	培养基浓度	酵母菌发育变化情况
醋　酸	0.1%～0.35%(体积分数)	发育，并起发酵作用
	0.4%(体积分数)	仅见发育，不起发酵作用
	0.4%～0.6%(体积分数)	不发育，不起发酵作用
乳　酸	1%～2.5%(体积分数)	发育，并起发酵作用
	2.5%～3.0%(体积分数)	仅见发育，不起发酵作用
	3.0%(体积分数)以上	不发育，不起发酵作用
酒　精	1%～2.5%(体积分数)	发育，并起发酵作用
	3.0%～4.5%(体积分数)	不发育，不起发酵作用
食　盐	1～4.5°Bé	可见发育，不见起发酵作用
	5°Bé	不见发育和发酵作用

三、酿造高粱酒发酵法

我国酿造高粱白酒法，最早采用的是续糙发酵工艺。

下缸的主要原料是生高粱、楂子和水。在酿造高粱酒的工艺过程中，生高粱是作为续楂物料用的。所谓“楂子”，就是蒸酒后的醪糟加入生高粱的混合物，但是碎高粱面也叫“楂子”，所以要注意识别。首酿没有楂子，所以必须初酿。

初酿的前夕，要用石磨将生高粱磨碎，同样也要把酒曲粉碎。酿酒那一天，取碎高粱25kg加水拌匀，堆积浸润。加水量有“一斤(500g)高粱，一斤水”之说，但实际上加水量比高粱量少。加水量与诸多因素有关，如高粱干湿、气温高低等，所以加水量不能固定不变。高粱润湿之后，翌日装入甑中约蒸1h即熟。用木铲取出置于扬冷场上，加蒸锅内热水约5kg拌均匀，同时破碎熟块。夏天物料要摊到很凉，冬天要温热，当料温调节到适宜程度时，就可以拌入预先加工好的曲末而进行下缸制醅了。初酿配料量和品温控制范围，如表3－3－4所示。

表 3-3-4　　初酿每甑配料量和品温控制范围

项目名称	高粱生料量/kg	润料水量/kg	酒曲数/块	拌熟料用水量/kg	下缸混合料量/kg	润料温度/℃	拌曲下缸温度/℃
用量或品温	25	同高粱量	40～50	25	65	常温～30	20～22

下缸的方法是用簸箕将拌好酒曲的混合料倾倒入缸内，装到大半缸时要用脚踏实。特别是气温高时要踏实，天冷可以稍松些。即将装满时，踏实后要用木铲压平，铺上约1.7cm厚的高粱糠一层，然后在糠上置泥约1.7cm厚。若天气冷还要在泥上再铺糠数厘米厚，起隔绝空气和保温作用。

下缸后的第2天就能上火，到了第3或第4天品温会达到最高的程度，约32～33℃。酿造高粱酒是中国人发明的特有的湿醪发酵法，物料下缸后不开耙不搅拌，直至发酵完成为止，即可以开缸取醪蒸酒。因为发酵不可能完全，技术特别原始，所以原料利用率不高。为了弥补缺点，通常采用酒醪多次发酵和续楂酿造法。

酒醪在缸中大约发酵8天，就可以取出来蒸馏制白酒。制完白酒后的首批糟粕有两大用途，2/3糟粕用于拌生高粱楂子，加水加酒曲入缸再发酵酿酒；1/3糟粕用于直接加酒曲下缸再发酵，酿造高粱酒。前者就是“续楂”酿造法之始，其后操作复杂，必须专门进行讨论。

(一) 续楂工艺发酵法

我国高粱酿酒方法各地虽稍有不同，但是操作程序相当一致，每天添加生高粱几石，出糟几个，出酒多少，出现问题如何处理等等，都有一定规律，决不可以紊乱。因为有规律，所以操作过程就有一些固定“行话”和名词，须先解释一下，不然下面的论述就很难明白。

(二) 酿造高粱酒续楂工艺流程

作坊：酿酒作坊，俗称烧坊、烧锅。

上甑：即装料入甑，如装醪糟一次，俗称一个。

楂子：熟醪拌生高粱楂入甑，蒸酒后的醪糟，俗称楂子。

续粮：熟醪拌生高粱楂操作，俗称续楂。

大量：预备下次要拌入生高粱楂的多量醪糟(楂子)，俗称大量。

小量：预备下次不拌入生高粱楂的少量醪糟(楂子)，俗称小量。

灰：小量蒸出酒之后的醪糟(楂子)，俗称灰。

糟：灰蒸出酒之后不再用的糟粕，俗称酒糟。

根据俗称关系，可作酿造高粱酒续楂工艺流程图解，如图3－3－16所示。

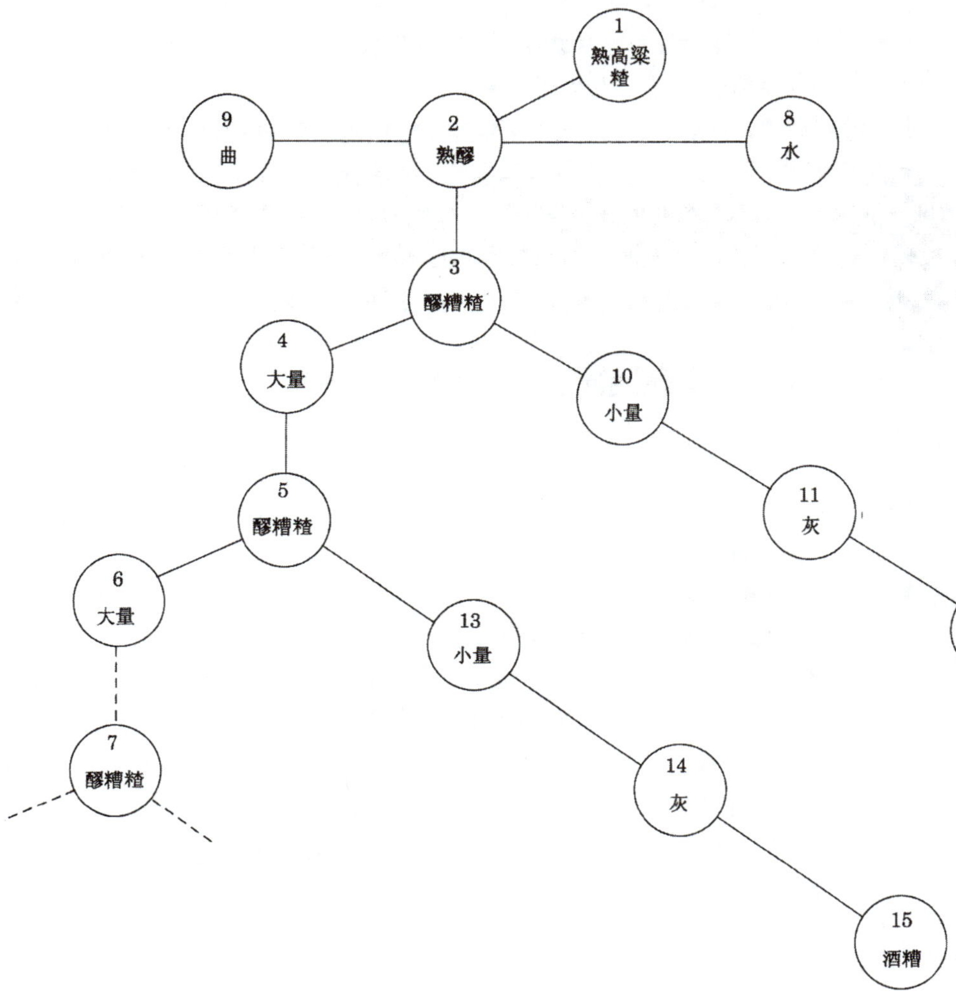

图 3－3－16　酿造高粱酒续楂工艺流程图解

在酿造高粱酒续楂工艺流程中，如果按照流程图上的阿拉伯数字顺序号进行说明的话，则其摘要如下：

1. 熟高粱楂　就是把高粱米粉碎为楂，然后蒸熟，以便作为酿造高粱酒的原料。此处指首批原料(1)。

2. 熟醪　此处指发酵成熟的酒醪。它是由熟高粱楂(1)，加水(8)和曲(9)，下缸发酵成熟后得到的。

3. 醪糟楂　就是由醪糟和高粱楂组成的物料。此处指熟醪蒸馏出高粱酒之后，从甑(2)里取出来的醪糟与高粱楂混合料。此醪糟楂往下将分成大量(4)和小量(10)。

4. 大量与小量　醪糟楂从甑(3)里取出来之后，将分成大小两份，多的那一份称大量，少的那一份称小量。大量加水、加曲，下缸发酵成熟之后，即可以上甑蒸馏出白酒，并从甑里取出醪糟楂(5)。

5. 醪糟楂　此处醪糟楂的含义与醪糟楂(3)相同。此醪糟楂最后将分成大量(6)和小量(13)。

6. 大量和小量　此处大量和小量的含义与(4)相同。醪糟楂从甑(5)分出大量之后，将加水和曲下缸发酵，成熟后蒸出白酒，即可从甑(6)里取出醪糟楂(7)。

7. 醪糟楂　此处醪糟楂的含义与醪糟楂(5)相同。

8. 水　就是指酿酒用水。从广义上讲，此类水应当包括各工序需要的酿酒用水。

9. 曲　就是指酿酒用曲。从广义上讲，此类曲应当包括各工序需要的酿酒用曲。

10. 小量　此处小量是从醪糟楂(3)里分出来的，其物料性质与醪糟楂(4)相同，但往后的用处不同。这种小量放凉之后，只加曲下缸发酵不加水，成熟之后不加生高粱楂，但是可以根据小量的疏松度适当加入一些谷壳。成熟小量蒸馏出白酒之后，醪糟只加曲再发酵，成熟之后即得灰(11)。

11. 灰　成熟的灰(11)上甑蒸出白酒之后，从甑里取出来的醪糟，就是不再利用于酿酒的糟粕，即酒糟(12)了。

到此为止，这个"工艺流程"上需要说明的操作事项，可以说已经全部说清楚了。至于醪糟楂(7)以后的操作方法，可参照(3)或(5)进行。至于小量(13)、灰(14)、酒糟(15)以后的操作方法，可参照(10)、(11)、(12)进行。

(三) 续楂操作方法实例论述

通过图3－3－16图解方法的表达形式，我们至少可以初步明白下面两件事：其一，本蒸馏制白酒操作是与蒸熟高粱楂的工序组合在一起同时进行的。这样做有两大好处，即可以节省部分热能，高粱楂可以使待蒸馏酒醅疏松不粘糊；其二，因酒醅是多次反复发酵酿酒的，所以能够起到提高原料利用率的重大作用。但是"图解方法"仍然有局限性，它不能全面地说明"续楂"过程中的传统规律，所以下面拟用一个酿造高粱酒的具体例子来详细说明。

题目：某酒厂定于某日要开始开车酿造高粱白酒，厂领导要求说，自开车之日起，必须在第25日那一天见到废糟。

各种准备工作完成之后。

第1天，工人蒸生高粱楂2甑，每甑5石。蒸熟后，加入与物料量近似的水使成大量，放凉后加入酒曲约40～50块粉料，拌匀后下缸进行发酵，此2甑定名为AB。

第2天，如"第1天"又蒸2甑，定名为CD。

第3天，如"第1天"又蒸2甑，定名为EF。

第4天，如"第1天"又蒸2甑，定名为GH。

第5天，如"第1天"又蒸2甑，定名为MN。

第6天，如"第1天"又蒸2甑，定名为OP。

第7天和第8天，公休日。

第9天，将第1天下缸的AB 2甑取出一甑半$(A+\frac{B}{2})$，加入生高粱楂7石5斗，拌均匀后分成3甑醪，并分别蒸馏取酒。蒸馏后的醪子，其中2甑各加入水约25kg，放凉后每甑加入酒曲约40～50块粉料使成大量，然后下缸发酵；另一甑料不加入水，放凉后拌入酒曲约40～50块粉料使成小量，然后下缸发酵。

第10天，将第1天下缸的$\frac{B}{2}$和第2天下缸C取出来，得$(\frac{B}{2}+C)$，加入生高粱楂7石5斗，拌均匀后分成3甑，并分别蒸馏取酒……以后的操作同"第9天"。

第11天，将第2天下缸的D和第3天下缸的$\frac{E}{2}$取出来，得$(D+\frac{E}{2})$，加入生高粱楂7石5斗，拌均匀后分成3甑，并分别蒸馏取酒……以后的操作同“第9天”。

第12天，将第3天下缸的$\frac{E}{2}$和第3天下缸的F取出来，得$(\frac{E}{2}+F)$，加入生高粱楂7石5斗，拌均匀后分成3甑，并分别蒸馏取酒……以后的操作同“第9天”。

第13天，将第4天下缸的G和第4天下缸的$\frac{H}{2}$取出来，得$(G+\frac{H}{2})$，加入生高粱楂7石5斗，拌均匀后分成3甑，并分别蒸馏取酒……以后的操作同“第9天”。

第14天，将第4天下缸的$\frac{H}{2}$和第5天下缸的M取出来，得$(\frac{H}{2}+M)$，加入生高粱楂7石5斗，拌均匀后分成3甑，并分别蒸馏取酒……以后的操作同“第9天”。

第15天，将第5天下缸的N和第6天下缸的$\frac{O}{2}$取出来，得$(N+\frac{O}{2})$，加入生高粱楂7石5斗，拌均匀后分成3甑，并分别蒸馏取酒……以后的操作同“第9天”。

第16天，将第6天下缸的$\frac{O}{2}$和第6天下缸的P取出来，得$(\frac{O}{2}+P)$，加入生高粱楂7石5斗，拌均匀后分成3甑，并分别蒸馏取酒……以后的操作同“第9天”。

上面操作的共同特点是，皆出2个大量，一个小量，还没有见糟。

第17天，将第9天下缸的2个大量取出来，拌入生高粱楂10石，拌均匀后分作4甑，并分别蒸馏取酒。蒸馏后的醅子，其中2甑适当加些水做成大量，余下2甑不加水做成小量。然后将第9天下缸的一甑小量取出来，不加生高粱楂，但可以添加谷壳，拌均匀后，蒸馏取酒，蒸馏后的糟粕加酒曲，拌均匀后下缸发酵做成了“灰”。

第18天，将第10天下缸的2个大量取出来，拌入生高粱楂10石，拌均匀后分作4甑，并分别蒸馏取酒。蒸馏后的醅子，其中2甑适当加些水做成大量，余下2甑不加水做成小量。然后将第10天下缸的一甑小量取出来……以后的操作同“第17天”。

第19天，将第11天下缸的2个大量取出来，拌入生高粱楂10石，拌均匀后分作4甑，并分别蒸馏取酒。蒸馏后的醅子，其中2甑适当加些水做成大量，余下2甑不加水做成小量。然后将第11天下缸的一甑小量取出来……以后的操作同“第17天”。

第20天，将第12天下缸的2个大量取出来，拌入生高粱楂10石，拌均匀后分作4甑，并分别蒸馏取酒。蒸馏后的醅子，其中2甑适当加些水做成大量，余下2甑不加水做成小量。然后将第12天下缸的一甑小量取出来……以后的操作同“第17天”。

第21天，将第13天下缸的2个大量取出来，拌入生高粱楂10石，拌均匀后分作4甑，并分别蒸馏取酒。蒸馏后的醅子，其中2甑适当加些水做成大量，余下2甑不加水做成小量。然后将第13天下缸的一甑小量取出来……以后的操作同“第17天”。

第22天，将第14天下缸的2个大量取出来，拌入生高粱楂10石，拌均匀后分作4甑，并分别蒸馏取酒。蒸馏后的醅子，其中2甑适当加些水做成大量，余下2甑不加水做成小量。然后将第14天下缸的一甑小量取出来……以后的操作同“第17天”。

第23天，将第15天下缸的2个大量取出来，拌入生高粱楂10石，拌均匀后分作4甑，并分别蒸馏取酒。蒸馏后的醅子，其中2甑适当加些水做成大量，余下2甑不加水做成小量。然后将第15天下缸的一甑小量取出来……以后的操作同“第17天”。

第24天，将第16天下缸的2个大量取出来，拌入生高粱楂10石，拌均匀后分作4甑，并分别蒸馏取酒。蒸馏后的醅子，其中2甑适当加些水做成大量，余下2甑不加水做成小量……。以后的操作同“第17日”。

到了第24日这一天，所有先前6天的料已经全部蒸完，形成了一个即将出糟的周期。其共同特点是，出2个大量、2个小量、1个灰。

第25天，将第17天下缸的2个大量取出来，拌入生高粱楂10石，拌均匀后分作4甑，并分别蒸馏取酒。蒸馏后的醅子，其中2甑适当加些水做成大量，余下2甑不加水做成小量。再蒸第17天下缸的2个小量，并出2个灰。最后将第17天下缸的一个灰蒸馏出酒，蒸馏后的醅子已成不能再利用的糟粕了。这就是题目所要求的第25日见糟的目标得以实现了。

第26天到第33日那一天，先前6天的投料续楂工作全部见糟，整个程序非常有序地进行，毫不紊乱。新的酿酒周期可以从第34日这一天开始。

前面讨论的都是投料、发酵、蒸馏工艺过程，没有谈到蒸馏器。现在让我们来探讨蒸馏器。

四、蒸馏器与蒸馏操作

（一）蒸馏器的构造

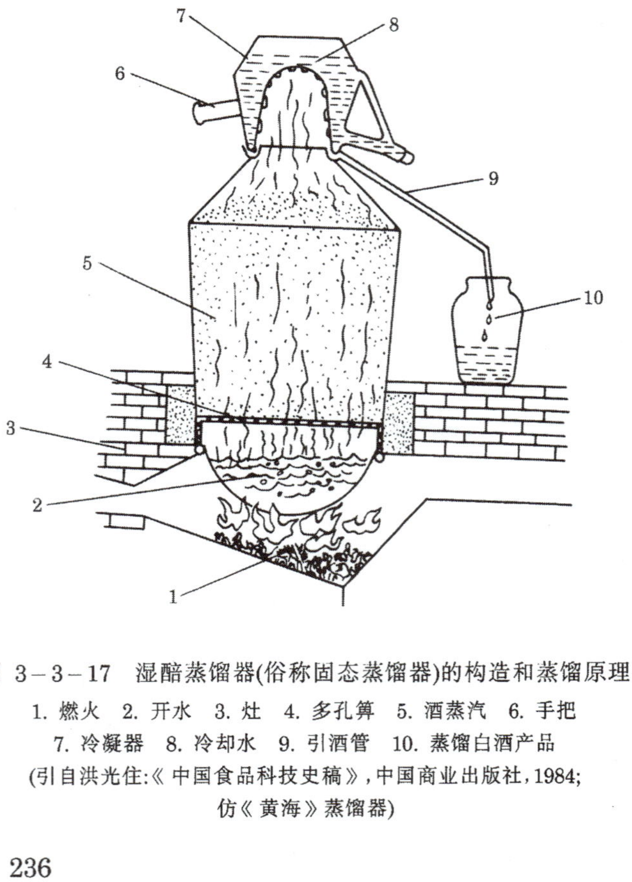

图 3－3－17　湿醅蒸馏器(俗称固态蒸馏器)的构造和蒸馏原理

1. 燃火　2. 开水　3. 灶　4. 多孔箅　5. 酒蒸汽　6. 手把　7. 冷凝器　8. 冷却水　9. 引酒管　10. 蒸馏白酒产品

(引自洪光住:《中国食品科技史稿》，中国商业出版社，1984；仿《黄海》蒸馏器)

要得到蒸馏酒必须运用蒸馏器。我国早期用于蒸馏制高粱烧酒的蒸馏器是由四部分设备，即锅、甑、盖和锡壶组成的(图3－3－17)。

1. 锅　安装在灶台上，蒸馏器的下面。由生铁或熟铁制成，深约300mm，口径约1 200mm。锅内装水，烧开产生蒸汽，并进入酒醅将酒汽化，使之上升到冷却器。锅下可以直接烧柴火受热。

2. 甑　安放在铁锅上，由木板或金属材料制成。下口径与铁锅口径相同约1 200mm，腰间由竹篾或铁箍捆紧，上部直径比下口径稍大，高约1 300mm。甑底有箅子，箅上可以放酒醅。一套甑可以使用10年以上。

3. 盖　就是甑盖，其形状为喇叭形，蒸馏操作时安放在甑上，其下口径与甑的上方直径相同，大约1 250mm，高65cm。盖的重要作用是防止酒汽化挥发，造成损失。

4. 锡壶　就是用锡制造的冷却器，壶上面内部可以装冷却水，壶内侧下沿有汇酒槽，冷凝的酒液从槽中经酒龙管流入酒坛中。在蒸馏操作时，锡壶安放在甑盖上方，起热交换和收集高粱酒的作用。

(二) 蒸馏操作过程

各种准备工作做好之后，首先把锡壶和甑盖拆下来。然后在甑底铺好箅子，用竹箕子取酒醅并把它均匀地摊撒在甑内(图3－3－18)。如果醅子过于软烂，应当适当拌入一些谷壳，使酒醅疏松，透气性好。装甑的要点是，装入量不可太多，厚薄要均匀一致，透气性要好，装好醅子之后要及时加甑盖和锡壶，检查密封程度，不要有泄漏情况。为了减少损失。从锡壶流出来的酒，用酒龙管引入酒坛内，坛口要用湿的多层布盖上，防止酒液挥发掉。

图 3－3－18　旧式传统蒸馏器

(引自[日]篠田统:《中国食物史》，115页，1939年拍摄于黑龙江省双城)

蒸馏制酒开始了，先将锅中之水烧开，蒸汽穿过箅子进入酒醅中。热汽把醅中之酒蒸发到锡壶内侧，经过热交换而冷凝下来，流入汇酒槽，又经酒龙管进入酒坛内。当从酒龙口流出来的酒液味道很薄时，说明甑内醅子里已经没有高粱酒了，此时蒸馏操作应该停止。在蒸馏操作过程中，锡壶内的冷却水不可以超过40℃，特别是夏天一定要勤换冷却水。

我国传统蒸馏制白酒的操作过程，都是间歇式工艺，每蒸馏一甑料大约需要1个多小时。所酿成之高粱酒亦与其他饮用酒相似，灌入酒坛包装之后，必须陈酿，酒质才能更加芳香醇厚。

参考文献

原始文献

汉·郑玄注:《周礼注疏》，唐·贾公彦疏，十三经注疏本，上海，上海古籍出版社，1990。

北魏·贾思勰撰:《齐民要术》，见石声汉选释:《齐民要术选读本》，北京，农业出版社，1981。

宋·朱翼中撰:《北山酒经》,见[日]田中静一:《中国食经丛书》(上),东京都,书籍文物流通会,1972。
元·宋伯仁撰:《酒小史》,见元·陶宗仪:《说郛》卷九十四,上海,上海古籍出版社,1988。
元·忽思慧撰:《饮膳正要》,据上海涵芬楼刊本影印,北京,中国书店,1985。
元·佚名氏撰:《居家必用事类全集》,据北京图书馆特藏刊本影印,北京,中国商业出版社,1986。
元·朱德润撰:《轧赖机酒赋》,见清·陈梦雷原辑:《古今图书集成》第698册,上海,中华书局,1934。
元·李杲编辑:《食物本草》,明·李时珍修订,姚可成补辑,北京,中国医药科技出版社,1990。
元·王祯撰:《王祯农书》,王毓瑚校,北京,农业出版社,1981。
明·李明珍撰:《本草纲目》,刘衡如校,北京,人民卫生出版社,1978。
明·徐光启撰:《农政全书》,石声汉校注,上海,上海古籍出版社,1979。
明·田艺衡撰:《留青日札》,见《丛书集成初编》,上海,中华书局,1939。
明·陈世元撰:《甘薯传习录》卷上,农业出版编辑,北京,农业出版社,1982。
明·戴羲辑:《养余月令》,据明崇祯原版校刊本,北京,中华书局,1956。
明·宋诩撰:《宋氏养生部》,据北京图书馆善本,北京,中国商业出版社,1989。
清·佚名氏撰:《调鼎集·茶酒单》,据北京图书馆善本,北京,中国商业出版社,1986。
清·汪曰祯撰:《湖雅》,据同治刊本,见[日]田中静一:《中国食经丛书》,东京都,书籍文物流通会,1972。
清·梁章钜撰:《浪迹丛谈》、《浪迹续谈》,见《笔记小说大观》第三十三册,扬州,江苏广陵古籍刻印社,1984。
清·袁枚撰:《随园食单》,关锡霖注释,广州,广东科技出版社,1983。
清·王士雄撰:《随息居饮食谱》,据上海文瑞楼石印本,北京,中国商业出版社,1985。

研究文献

袁翰青:《中国化学史论文集》,北京,三联书店,1956。
朱宝镛:"酿酒工业的变迁",见《全国酒曲微生物学术研讨会论文集》,1981。
曾纵野:"我国白酒起源的探讨",哈尔滨,《黑龙江发酵》,1978(2)。
李正中:"烧酒的来源和杜(甫)诗的解释",石家庄,《河北日报》,1961年12月4日。
吴德铎:"解开烧酒起源之谜",见《明报月刊》,1988(7)。
刘广定:"元代以前中国蒸馏酒的问题",见《中国科技史论文集》,台北,联经出版社,1995。
吴德铎:"阿剌吉与蒸馏酒",见《辉煌的世界酒文化》,成都,成都出版社,1993。
马承源:"汉代青铜蒸馏器的考查和实验",见《上海博物馆集刊》,1992(6)。
周嘉华等:《中国科学技术史·化学卷》,北京,科学出版社,1998。
刘广定:"中国始有蒸馏酒的年代问题",台北,《第四届中国饮食文化学术研讨会论文集》,1995。
方心芳、方闻一:"中华酒文化的创始与发展",成都,《辉煌的世界酒文化论文集》,1993。
余德章:"从四川汉画像砖看汉代酿酒",北京,《文物》,1987(4)。
周嘉华等:《中国古代化学史略》,武汉,湖北科技出版社,1992。
孟乃昌;"中国蒸馏酒年代考",北京,《中国科技史料》,1985(6)。
涵芬楼影印:《道藏·洞神部众术类·丹房须知》第588册,上海涵芬楼,1926。
曹元宇:《中国化学史话》,南京,江苏科学技术出版社,1979。
包启安:"白酒的起源及蒸馏酒的演进",见《中国白酒协会会刊》,1992(5)。
陈良佐:"从'格物粗谈'看宋、明间的'格物致知'",见《近代中国科技史论文集》,台北,中央研究院近代史所,1991。
方心芳:"关于中国蒸馏器的起源",北京,《自然科学史研究》,1987(2)。
黄海化学工业研究社调查研究报告第三号:《高粱酒之研究》,天津塘沽,龙门联合书局,1932。
成都市文物考古研究所等:"四川成都水井街酒坊遗址发掘简报",北京,《文物》,2000(3)。
禹明先:"中国酿酒科技史之探讨",浙江大学:《'94国际酒文化学术研讨会论文集》,1994。
[日]篠田统:《中国食物史研究·宋元酒造史》,东京都,八坂书店,1978。

[日]石毛直道:《酒と饮酒の文化论文集》,东京都,平凡社,1998。
[日]花井四郎:《黄土に生まれた酒》,东京都,东方社,1992。
[日]島尾永康:《中国化学史》,日本,朝仓社,1994。
[朝鲜]徐有榘辑:《种薯谱》,见农业出版社编辑:《金薯传习录与种薯谱》,北京,农业出版社,1982。
洪光住:《中国食品科技史稿》,北京,中国商业出版社,1984。
[日]篠田统:《中国食物史》,东京都,柴田书店,1972。

第四篇

现代制曲酿造白酒工艺进展

我国现代酿造白酒工艺，其最明显的进展是：大的酿酒企业规模越来越大，小的酿酒企业逐步减少；酿酒工艺仍然以传统工艺为主流，其他酿酒工艺处于次要地位；酿酒机械、设备正在向着半自动化或自动化方向发展；白酒品种越来越多，其中低酒精含量的品种增加较快。但是，至今不见有统一的白酒分类法。例如，《白酒生产技术大全》认为，白酒有酱香、浓香、清香、米香、凤香和其他香型，因为有"其他香型"，所以实际上不仅6类[1]。如果从酿酒工艺加以归纳，则可以分成以下3大类(表4－0－1)。

表 4-0-1　　现代酿造白酒工艺分类表

- 现代酿造白酒工艺分类表
  - 制大曲酿酒工艺
    - 传统制曲酿酒工艺
      - 酱香型高温制曲酿酒工艺
      - 浓香型高温制曲酿酒工艺
      - 清香型中温制曲酿酒工艺
    - 纯菌种制曲酿酒工艺
      - 制麸曲酿酒工艺
      - 制混合曲酿酒工艺
    - 酿造备用添加酒母
      - 酿造传统酒母
      - 酿造纯菌种酒母
  - 制小曲酿酒工艺
    - 制传统小曲酿酒工艺：请参见本书"第一篇"
    - 纯菌种制小曲酿酒工艺：请参见本书"第一篇"
  - 用酒母直接发酵酿酒工艺
    - 传统酒母发酵糖蜜酿酒工艺
    - 纯菌种酒母发酵糖蜜酿酒工艺

在表4－0－1这个分类表中，制大曲酿造白酒工艺最重要，因为我国绝大多数著名白酒产品都是用这种传统工艺酿造的。采用传统大曲酿酒工艺的优点很多，例如，采用不同制曲原料，调节不同制曲温度，利用不同传承菌种等，即可以制

[1] 沈怡方等：《白酒生产技术大全》，20页，中国轻工业出版社，1998。

得各种优良大曲，酿造出各种风味优美的大曲酒。传统制曲酿酒工艺的缺点是，酿酒技术原始，体力劳动强度大，原料利用率仍然较低，所以今后必须加强研究和改进。现在大企业经营的酒厂，酿酒技术已相当先进。

在学理上，大曲酿造白酒法又名曲霉糖化酿酒法。采用此法时，应当选择孢子多，菌丛低，生长快，糖化力强的霉菌为菌种。在我国大曲中，曲霉、根霉和酵母的类型虽然很多，但是黄曲霉(*Aspergillus flavus* Link)中的米曲霉(*Aspergillus oryzae* (Ahlburg) Cohn)，根霉中的华根霉(*Rhizopus chinensis* Saito)、台湾根霉(*Rhizopus formosaensis* Nakazawa)、日本根霉(*Rhizopus japonicus* Vuillemen)、米根霉(*Rhizopus oryzae* Went et Prinsen－Geerligs)和黑曲霉(*Aspergillus niger* van Tieghem)等，是最重要的。

在制小曲酿造白酒工艺类型中，有制传统小曲酿酒工艺和纯菌种制小曲酿酒工艺两类，这部分内容在本书第一篇中已经讨论过，可以参阅。

第一章　制白酒曲工艺进展

自古以来，我国酿造白酒与酿造黄酒一样，也需要先制曲，再酿酒。酿造白酒前的制曲工艺，必须适应酿酒工艺的需要，所以制曲工艺与酿酒工艺是相辅相成、密不可分的。现在，我国制曲酿造白酒工艺主要有以下5类：

1. 制大曲酿酒法　也称大曲酒法、高粱酒法；
2. 制小曲酿酒法　也称小曲白酒法；
3. 制麸曲酿酒法　也称快曲法；
4. 制糟曲酿酒法　也称传醅法；
5. 酵母直接发酵酿酒法。

第一节　大曲的类型与制曲原料

制大曲法是我国最先创造的特殊制曲工艺。所谓“大曲酒”，就是用大曲作为糖化发酵剂，进而酿酒，最后蒸馏制得白酒的简称。在学理上，中国人发明的制大曲，用霉菌发酵进行酿酒工艺，无论从古今中外哪个角度来看，都要比其他方法好，在技术上也不落后。只要选择好菌种，利用好传承菌源，掌握好制曲要领，采用大曲酿酒，是完全可以逐步实现机械化和自动化的。所谓“大曲”，在此仅指传统曲。

一、大曲的类型

在我国，对大曲的类型，至今没有统一的认识。有人认为，大曲的块头比小曲大，故名。其实，大曲的品种虽然很多，不同酒厂制造的产品，其生化特性不同，但是共同特点也不少，完全可以按照不同特点进行归纳分类。

(一) 按照制曲品温分类

1. 高温大曲　此类制曲品温控制在50～60℃之间(表4－1－1)。

表 4-1-1　**部分名酒厂制高温大曲控制品温度数**　单位：℃

酒厂名称	控制品温	酒厂名称	控制品温
五粮液	55～60	西　凤	58～60
全兴大曲	60	泸州老窖	55～60
茅　台	55～65	德山大曲	60～65
洋　河	50～55	沧　州	55～60

2. 中温大曲　此类制曲品温控制在44～48℃之间。这种类型的大曲目前比较少了，最为典型的有山西杏花村汾酒厂制成的大曲，品温控制在44～48℃;还有贵州遵义董酒厂制成的大曲，品温控制在43～45℃之间。

(二) 按照大曲酒的香型分类

大曲酒的香型渊源于酿酒霉菌的菌种，以及大曲的生化特性，所以用大曲酒的香型来衡量大曲的类型是有科学道理的。尽管大曲酒的香型从一些方面看，类型可能很多。有人认为，大曲酒的香型有10多种。但是多数专家学者认为，大曲酒的香型主要有酱香型、浓香型和清香型3大类。所以，我国大曲的类型，按特点表现也可以分成下列3类。

1. 酱香型大曲　这种类型的大曲，以贵州省仁怀县茅台镇制造的大曲最为典型。据研究说: “茅台酒曲是一种特殊的大曲，可说是一种细菌曲，以前少见，不能用一般的观点去评价它。所谓一般观点，就是传统的看法”[1]。制茅台酒曲时，品温控制在55～65℃之间，曲坯在曲室里是用稻草包着，水分不容易蒸发，处于高温多水的曲坯，很适合于芽孢杆菌生殖。经分离鉴定证实，曲中枯草芽孢杆菌最多。因此说，茅台酒曲是一种细菌型大曲是有道理的。

2. 浓香型大曲　这种类型的大曲，也属于高温曲。四川省许多著名白酒，如五粮液、全兴大曲等，都是用浓香型大曲酿造的。

3. 清香型大曲　这种类型的大曲，以山西祁县六曲香麸曲和汾阳县汾酒大曲最为典型。经分离鉴定证实，汾酒大曲和酒醅中的霉菌，主要有根霉、曲霉、红曲霉等，所以成品酒清香自然，绵甜净爽，饮后有余香，实是酒类中佳品。

(三) 按照菌种不同分类

我国制造大曲的工艺类型虽然不少，但是如果从菌源利用方面来看，归纳起来只有2大类，一是利用传承菌种制曲，二是使用纯菌种制大曲。

1. 利用传承菌种制大曲　这种类型的大曲，用“家传菌种”制曲，俗称传统工艺制曲法。以菌种来源而论，发酵菌来源于曲室里的各种自然菌，也来源于原料和辅料中附着的微生物。在发酵过程中，多菌种的协调作用之后，终于使大曲酒具有较全面的、特殊的风味。

2. 利用纯菌种制大曲　这种类型的大曲，用纯菌种制成，例如，制麸曲，就是现代新发展的制大曲法。这种制曲法虽然可以节省许多粮食，在技术上也有发展前途，但是由于菌种体系单调，用纯菌种制成的大曲酿酒，其酒的醇香风味，远不如传统大曲酒优雅，因此目前采用者仍然较少。

二、制大曲的原料和辅料

如果从已经查到的资料来看，我国各酒厂用于制大曲的原料和辅料，有小麦、大麦、豌豆、小豆、高粱等。辅助材料主要用于保温、加工曲坯，例如，谷糠、麦壳、席子、麻袋等。但是，对于某些酿酒厂来说，其所选择的原料，各有自己的习惯和配料比，如表4－1－2所示。

表 4-1-2　　部分名酒厂使用制曲原料

酒厂名称	原料名称	配料比例	酒厂名称	原料名称	配料比例
五粮液	小麦	100%用小麦	汾酒	大麦、豌豆	配料比为6∶4
全兴大曲	小麦、高粱粉	加3%～5%高粱粉	古井	小麦、大麦、豌豆	配料比为7∶2∶1
茅台	小麦、曲母粉	加3%～5%曲母粉	泸州	小麦、高粱粉	加3%～5%高粱粉
洋河	小麦、大麦、豌豆	配料比为5∶4∶1			

[1] 方心芳: “谈高温酒曲”，见《酿酒》，1982(1)。

第二节　制大曲工艺

在我国，发明制曲的起源非常早，有关这方面的内容，请参见本书第一篇第四章。虽然制大曲与制黄酒曲有些细节区别，但是其科技原理以及制曲操作方法都是相同的。可以认为，制大曲工艺渊源于制黄酒曲工艺，例如，制麦曲法就特别相同，制麦曲法至今约有2500年历史。

如前所叙，大曲酒有酱香、浓香、清香及其他香型品种，但是各种制大曲工艺流程却很相同，如图4－1－1所示。

一、制大曲工艺流程插图

1

2

3

4

5

6

7

图 4－1－1 制大曲工艺流程

1. 拌曲料 2. 润料 3. 曲模 4. 踩曲坯 5. 曲坯 6. 送入曲房 7. 成品大曲

(笔者拍摄于全国著名的北京牛栏山酒厂)

二、制酱香型大曲工艺

制酱香型大曲的突出表现是，采用高温堆曲操作法。在培养中，制曲品温很高。据说四川古蔺县二郎镇郎酒厂的制曲品温是60～70℃、茅台酒厂是55～65℃。今以茅台酒厂制大曲工艺为例，讨论如下[1]。

(一) 茅台酒厂制酱香型大曲工艺流程(图4-1-2)

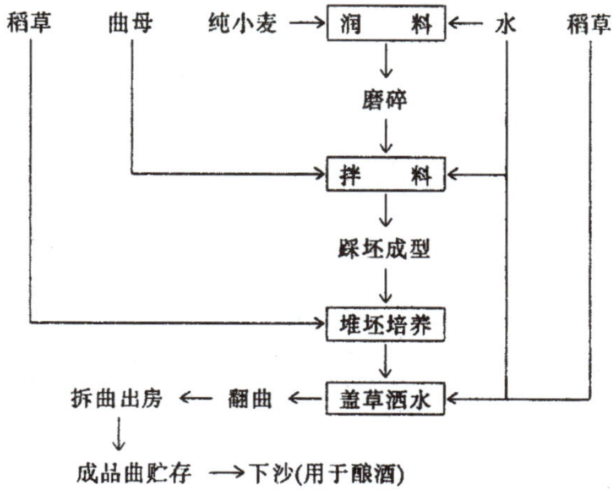

图 4-1-2 制酱香型大曲工艺流程

(二) 制酱香型大曲操作法

1. 小麦粉碎 原料全部选用优质小麦，并采用传统手工加工法。为了不至于过分破碎，小麦要经过润湿，然后才研磨，要求磨成50%细料，50%为粗料和麸皮。

2. 拌曲料 小麦磨好后，要加入3%～5%的曲母粉，再加入约为粗麦粉重量37%～40%的水，然后拌均匀，堆放在踩曲室里准备成型。加曲母量要掌握好，不可以太多，也不能太少。

3. 踩制曲坯 踩曲时使用木模子成型，使大小规格一致，便于制曲操作。生产实践证明，踩好的曲坯要松软适宜，以碰不散，也不硬为度。踩好的曲坯要适当晾干，待其转硬后，才送入曲房培养。

4. 在曲房里培养制曲 茅台酒厂的制曲方法与许多厂家不同，曲坯不是放在曲架上培养，而是放在地面上，逐层向上垒高，此过程俗称“堆积培养法”。这种方法可分为堆放、盖草和洒水、翻曲调温、拆草出曲4步。

(1) 堆放 堆放曲坯前，曲坯下要先铺好干燥稻草，厚约6～7cm。曲坯排放的方法是，竖起侧立，横3块，直3块，交叉高垒，曲块间约留2cm距离，作为塞入稻草之用。塞入的稻草最好新旧搭配，以便充分利用材料。塞草的好处是，便于曲块通气、散热，防止曲块间霉衣粘连，也便于翻曲和拆曲工作的进行。在排满第一层曲坯之后，曲坯上要再铺上一层稻草，厚约3～4cm，要铺平，然后往上铺第二层。铺的方法与第一层相似，所不同的是，上下层的坯块要交叉错开。如此继续向上堆放，直至放到第4层或第5层为止。

(2) 盖草和洒水 曲块堆放好了之后，为了增加曲房空气湿度，避免曲块外表干裂，曲堆要用乱稻草盖好，并用清水喷湿，但不能滴淋曲块。以上作业完成之后，将门窗关闭进行保

[1] 丁祥庆：“茅台酒的制曲工艺剖析”，见《酿酒科技》，1982(1)。

温，如果气温较高，则不要关严门窗。

(3) 翻曲调温　在温度、湿度合适的条件下，酿酒霉菌会大量繁殖，曲温逐渐上升，夏季经5～6天，冷天经7～8天，曲块品温会达到60～62℃，此时应当进行首次翻曲。翻曲不可以太早，否则下层品温低，生麦数量较多，但也不能太晚，否则曲堆中间部位长时间处于高温之下，曲块会变黑。翻曲具有调整曲块温度和湿度的作用，还具有清新空气和散发水分的作用。翻曲的方法是，上下内外调换位置。一般首次翻曲后，又经过6～7天便可以进行第2次翻曲。第2次翻曲后，曲块温度还能回升些，但已经不能超过前两次，而且会越来越低。大约前后共翻曲6～7次，曲温开始平稳不升，一般曲坯入房培养40天就可以出曲。多数专家认为，制曲品温不可能达到70℃，因为品温太高，霉菌会死亡，发酵放热会自行停顿。

(4) 拆草出曲　当曲温降到40℃以下时，即可以将最初铺在曲块下和塞在曲块间的稻草拆掉，并将成品曲置于通风干燥处进行干燥。成品大曲必须贮存3～4个月，才能用于酿酒。

三、制清香型大曲工艺

制清香型大曲的突出表现是，采用中温堆曲操作法。在培养中，制曲品温最高不超过50℃。今以山西杏花村汾酒厂制大曲法为例，讨论如下[1]。

(一) 杏花村汾酒厂制清香型大曲工艺流程(图4-1-3)

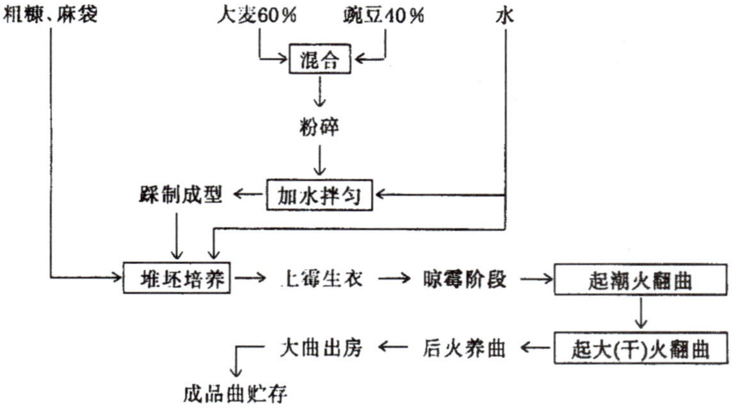

图 4-1-3　制清香型大曲工艺流程

(二) 制清香型大曲操作法

(1) 原料粉碎　制曲原料的配比，以质量计算时，优质大麦60%，优质豌豆40%。这种配料比例并不是绝对不变的，如果是在冬天，豌豆用量就要少一些，如果是在夏天，豌豆用量要多一些。生产实践表明，豌豆用量太少时，曲坯不粘结，易破碎。此外，添加豌豆，可以增加汾酒清香风味。粉碎原料的方法是，先按比例混合好，然后用石磨、碾或机器加工。磨好的原料不可以太粗，也不可以太细。

(2) 踩制成型　曲料踩制成型的方法，古代与现代有些不同。按传统习惯规定，古人踩曲坯仅用男性，而且要赤脚上岗踩踏。但是，踩曲坯人员在车间里的岗位布局，却古今相似。至于不同之处，现代女性比男性多，而且都是穿鞋上岗的。有关踩制人员在车间里的岗位布

[1] 万良适、吴伦熙："杏花村汾酒的大曲操作法"，见《汾酒酿造》，北京，食品工业出版社，1958。

局情况，请参见本篇“第四章·第三节”。

关于和面用水，一般每50kg原料约用水25kg，水温夏季以14～16℃为宜，春秋季以25～30℃为宜，冬季以30～35℃为宜。踩曲坯也有要求，踩者在曲模子上踩踏，要且踏且转身，使曲坯各处平滑坚实，四角饱满整齐，厚薄一致。

(3) 在曲房里培养制曲　首先曲房里的温度要调至20～25℃，曲房地上要铺上粗糠或麦壳，做好放曲坯的准备工作。曲坯入房后，要沿曲房墙根下向外先排列码放，每曲房约可放入3 000～4 000块。坯块与坯块之间要间隔1～2cm，防止生衣粘连，也便于散温通气。先入曲房的曲坯，要马上用席子或麻袋盖好，夏天还要求适当喷些水，防止干裂。在温度、湿度都合适的条件下，酿酒霉菌会很快地大量繁殖，品温逐渐由原来的25℃上升到36～37℃，进入上霉生衣阶段。

此时，要将曲块上下内外翻倒一次，增加曲层间与曲块间的距离，并打开门窗。这就是进入晾霉阶段的操作。

送入曲房后约5～6天，品温可以上升到38～39℃，此时每天要通风散潮2～3次，还要将曲块上下里外翻转一次，散发水汽。然后，将曲层垒高至7层，由原来的“环墙式”排列改为“人字形”排列。这就是进入潮火阶段。大约再经过4～5天，曲霉菌繁殖最旺盛，品温上升很快，每上升5～6℃要放潮一次，把温度控制在44～46℃之间，不超过48℃。这就是进入干火阶段，俗称大火时期，大约经过4～5天，即可以进入后火养曲阶段。

后火养曲时间约3～5天，品温可由48℃下降至32℃，最后下降到30℃左右，即可以出曲了。

从曲坯进入曲房培养到成熟出曲期间，大约需要经过30天。在正常情况下，每1kg原料可制得0.75kg成品曲。

四、制浓香型大曲工艺

我国很多名优白酒，都是属于浓香型的。例如，四川泸州老窖特曲酒、绵竹县剑南春、成都全兴大曲酒、宜宾五粮液、安徽亳州古井贡酒、江苏泗洋县洋河大曲酒、河北邯郸丛台酒、湖南常德市德山大曲酒等。今以泸州酒厂制浓香型大曲工艺为例，讨论如下[1]。

(一) 泸州酒厂制浓香型大曲工艺流程(图4-1-4)

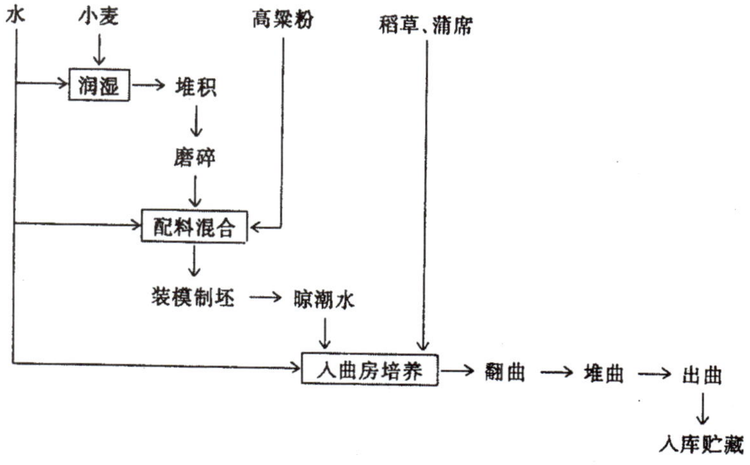

图 4-1-4　制浓香型大曲工艺流程

[1] 四川糖酒工业科研室：“泸州老窖大曲酒制大曲操作法”，见四川轻工业厅：《泸州老窖大曲酒》，北京，轻工业出版社，1959。

(二) 制浓香型大曲操作法

1. 原料粉碎　制曲原料以优质小麦为主，配加3％～5％高粱粉为原料。小麦粉碎之前，要用大约80℃的热水润湿，目的在于能将小麦磨成“梅花瓣”片状。浸润前，先洒热水，拌匀后堆积，堆麦时间约3～4h。润湿好的小麦要及时用石磨或碾粉碎，现代则用粉碎机粉碎。

2. 配料踩坯　在配料前，先将粉碎的小麦原料、高粱粉、水准备好。配料在拌料铁锅或场地上进行，小麦原料每30kg，约加水8kg，要求混合均匀。将混合好的曲料装入曲模中，制坯人站在曲料上踩踏，要求踩平、踩光、四角踩紧。踩好的曲坯外表较湿，要适当蒸发干了之后，才能送入曲房中进行培养。

3. 培菌制曲管理　大曲质量优劣，关键在于制曲品温控制和翻曲操作管理。曲坯送入曲房之后，要求按照常规方法堆坯。曲坯下要铺好稻草，坯块之间要留2～3cm距离，并且塞草，以防止粘连，也便于翻曲。制曲品温，最高升温控制在53～56℃。一旦品温太高，可以揭去盖在曲坯上的稻草和蒲席，也可以适当打开门窗；一旦品温太低，可以加盖稻草等，并关闭门窗。从曲坯入房到成熟，大约需要经过30天。成熟的大曲要经过干燥，并贮存3个月，才能用于酿酒。

第三节　制其他白酒曲工艺

如前所叙，我国自古以来，用于酿造白酒的酒曲还有麸曲、小曲、糟曲等。关于制小曲和制麸曲的工艺，本书第一篇已经分别讨论过，请参阅。关于制糟曲工艺，1952年北京酿酒厂已试制成功，在此不讨论。至于利用酵母，将糖蜜直接发酵为酒的工艺，因为不需要制曲，所以在此也不讨论。

第二章　酿造大曲白酒工艺进展

我国酿造白酒工艺，现在已有许多种。如果从古老的概念区别，则较著名的有“老五甑”和“清六甑”两种，它们都采用大曲为糖化发酵剂的工艺。麦曲、麸曲、以及用小麦、大麦、豌豆、高粱等制成的曲，俗称为大曲。用大曲酿造白酒，统称为酿造大曲酒工艺。所谓“老五甑”，就是将窖池中的醅子分成五批蒸馏的意思。圆排后，窖池中有小楂、大楂、二楂、回活四层，取出蒸馏时，大楂和二楂分成3个活，再加小楂和回活，即是“五甑”。所谓“清六甑”，就是每天立两甑楂，做两甑回糟，扔两甑糟。

近年来，酿造大曲酒工艺已有许多改进。例如，四川宜宾五粮液酒厂，采用的是跑窖池发酵法，成都全兴大曲酒酿造工艺，采用的是原窖池发酵法。又如清六甑酿酒工艺，现在有新六甑工艺，就是由扔两个糟，下窖池四甑，改成了扔一个糟，下窖池五甑活，由两排清改为半混半清操作法。还有，酿酒设备和自动化程度也在改变，凡此种种，不胜枚举。今列举3种典型的酿造白酒工艺如下。

第一节　酿造酱香和清香型大曲酒工艺

一、酿造酱香型大曲酒工艺

酿造酱香型白酒工艺，总的说来比较特殊。在我国，酿造酱香型白酒的厂家不少，著名白酒也不少。例如，贵州省仁怀县的茅台酒、四川省古蔺县的郎酒、湖南省常德市的武陵酒、河北省安次县的迎春酒、黑龙江省哈尔滨市的龙滨酒等。现在以酿造茅台酒工艺为例，讨论如下。

(一) 酿造茅台酒工艺流程(图4-2-1)

(二) 酿造茅台酒工艺操作要点

1. 原料粉碎　茅台酒厂酿酒投料称“沙”，每一批料分2次下，先下的一半称下沙，第2轮下的一半称糙沙。下沙高粱用80%轻碾粗粒，20%碎粒。糙沙高粱用70%轻碾粗粒，30%碎粒。

2. 热水润料与蒸熟　采用80～90℃高温水润料，边泼边翻，以干湿均匀为度，每100kg粮，用热水约45kg。加水之后，要堆积静置约1h，然后用大火蒸煮2～3h，即可出甑摊凉降温。

3. 用曲量　茅台酒与其他大曲酒不同，酱香格外浓郁，这与用曲量大有关。据测算说，酿造1kg茅台酒，约用高粱2.7kg，但用大曲却达3kg以上。曲在酿酒过程中，共添加8次。每下一次曲，发酵时间约1个月，有时候要1个月以上，下曲实际上也是“投料”。

4. 发酵与蒸馏　发酵方法很特别，一批料2次下“沙”，8次加曲，8次发酵，8次蒸馏取酒。

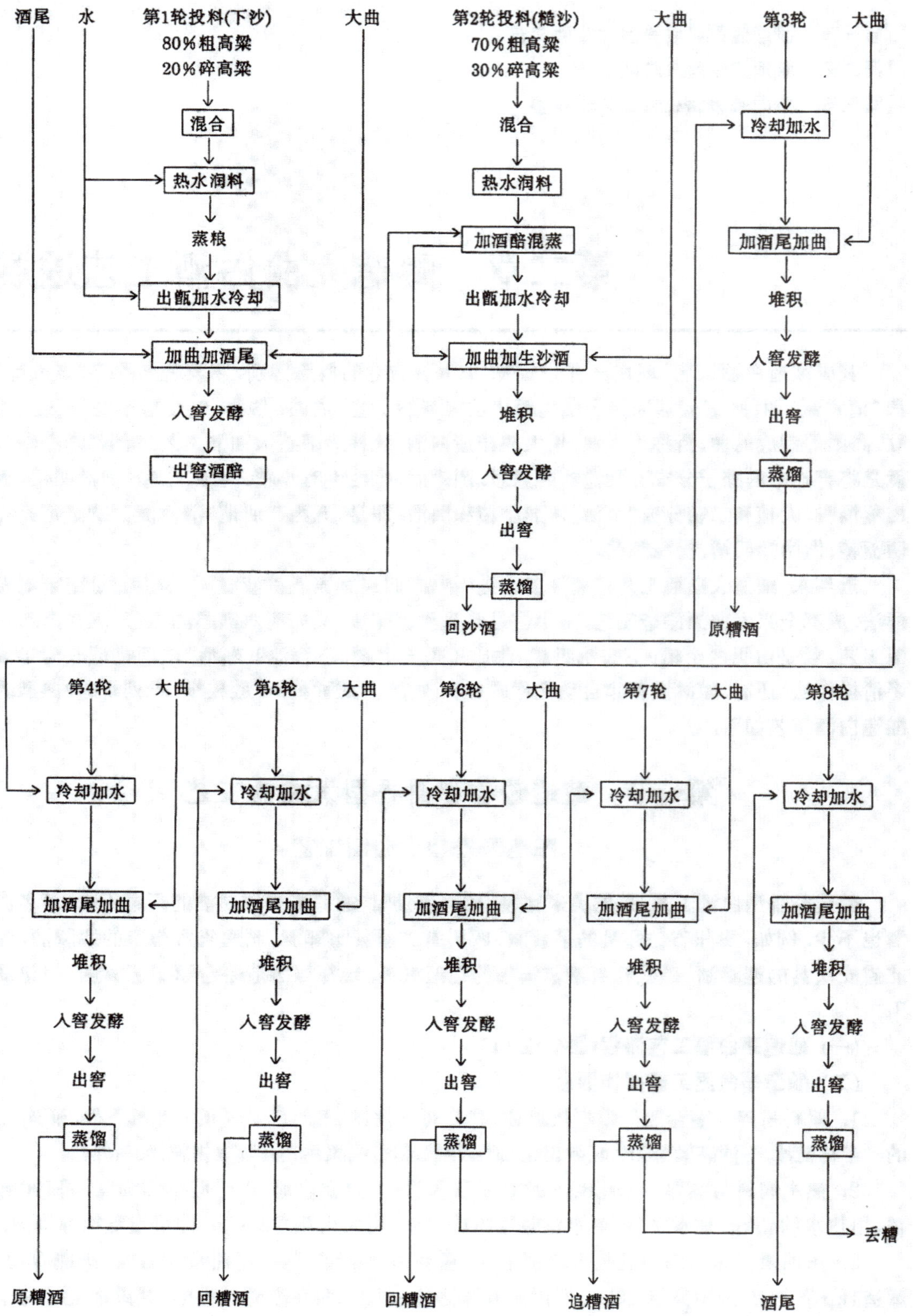

图 4-2-1 酿造茅台酒工艺流程

首次蒸馏取得的生沙酒，不作为原酒入库，而是全部泼回第2轮的酒醅中，入窖再发酵。从酿酒周期来看，发酵8轮，7次接取原酒，最后丢糟，共需要8个月。由于发酵周期长，酯化生成好，各种醇香成分多，所以茅台酒风味独树一帜。

二、酿造清香型大曲酒工艺

在我国著名白酒品种中，清香型白酒不少。例如，山西省汾阳县的汾酒、河南省宝丰县的宝丰酒、山西省祁县的六曲香酒等，都是自古就很著名的佳酿。今以酿造汾酒为例，讨论如下。

(一) 酿造汾酒工艺流程(图4－2－2)

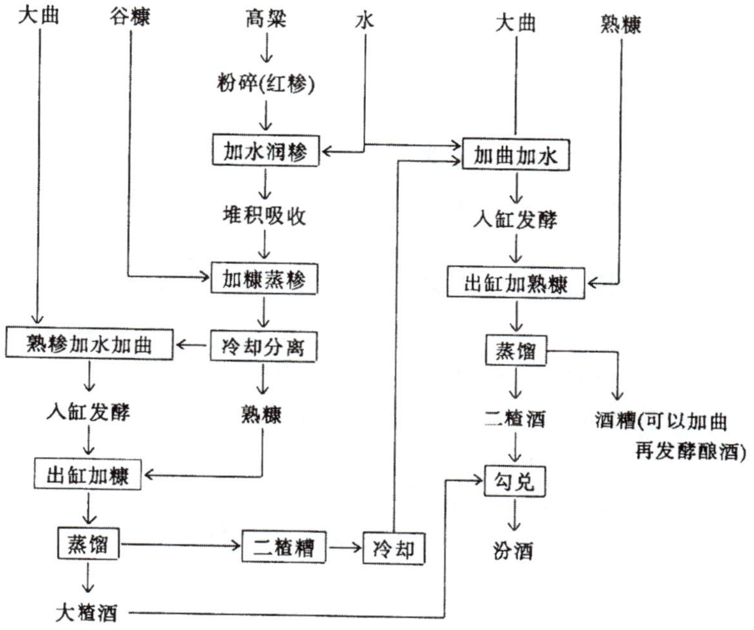

图 4－2－2　酿造汾酒工艺流程

(二) 酿造汾酒工艺操作要点

1. 原料粉碎　在酿酒开始前，高粱要先磨碎。要求将高粱磨成4～6瓣，细粉不得超过20%。大曲块也要磨碎，要求磨成黄豆粒大，曲粉不能超过30%。二楂所用大曲，曲粉量不能超过40%。

2. 润糁　润糁的目的，在于使糁料容易蒸熟、糊化。润糁用水量、水温和润糁时间的配合关系，如表4－2－1所示。

表 4-2-1　润糁用水量、水温和润糁时间的配合关系

项目 \ 数量 \ 季节	春　季	夏　季	秋　季	冬　季
用水量/%	60～65	60～65	60～65	60～65
堆积温度/℃	20～30	25～28	25～30	27～32
润糁时间/h	14～18	14～18	14～18	14～18

(引自无锡轻工业学院等:《酿酒工艺学》,高等学校试用教材,中国财政经济出版社,1964)

3. 原料蒸煮　原料蒸煮不是与酒醅混烧，而是单独蒸煮，虽然消耗燃料多，但是可以减少成品酒混有原料的气味。蒸煮品温初期约98℃，出甑前约105℃。蒸煮时间约60min。

4. 加大曲　原料蒸煮好了之后，要降温加水，然后才可以加入大曲混合。加曲操作与物料的品温有关，还与原料量有关。具体情况，如表4-2-2所示。

表 4-2-2　　加曲时的物料品温和用曲量配比

项目 \ 季节	春　季	夏　季	秋　季	冬　季
物料品温/℃	22～25	20～22	23～25	25～30
粮曲比例/%	9～11	9～11	9～11	9～11

5. 入缸发酵　酿造汾酒的发酵设备一律用大瓷缸，缸的容量通常有127kg与250kg两种。缸埋在地里，一个接一个，这是中国古老的传统景观。把物料调整好了之后，即可以装进缸里发酵。发酵期约21天。

6. 蒸馏、勾兑与贮藏　蒸馏设备有传统蒸馏器和现代蒸馏器两种。先把底锅水烧沸，然后装熟酒醅，每甑约蒸馏50～60min，先蒸出来的称头楂酒。二楂原料经发酵后，蒸馏出来的汾酒称二楂酒。头楂与二楂酒经勾兑就是成品汾酒，只要适当贮藏一段时间，就可以出售。

第二节　酿造浓香型大曲酒工艺

在我国，酿造浓香型白酒工艺，现在已有多种类型。如果按照装甑规律进行分类，则有老五甑酿酒工艺和清六甑酿酒工艺。如果按照窖池的利用方法进行分类，则有原窖法酿酒工艺和跑窖法酿酒工艺。除此之外，还有一些比较典型的酿酒方法和特别称呼。例如，混烧老五甑酿酒工艺、跑窖分层蒸馏法工艺等等。但实际上可以归纳为两大类型，即江苏、安徽、山东等省流行的"传统老五甑酿酒工艺"和四川省流行的"续粮混烧泥窖堆糟发酵分层蒸馏取酒轮流丢糟酿酒工艺"。兹分别讨论如下。

一、老五甑法酿造浓香型大曲酒工艺

(一) 老五甑法酿造浓香型大曲酒工艺流程(图4-2-3)

(二) 老五甑法酿造浓香型大曲酒工艺操作要点

1. 立楂　原料经过加工粉碎之后，经过蒸煮、糊化，即首次投入窖池进行发酵，此过程俗称立楂，即第一排。

2. 第二排操作法　第一排的2甑大楂运行到了第二排时，经加入新料后，要分成3甑，即一个大楂，一个二楂，一个小楂。小楂物料量占总料量20%左右，入窖发酵时，小楂只加曲和酒母，发酵成熟后蒸馏取酒，糟醅成为第三排的回糟。

3. 第三排操作法　这一排共4甑，即一个大楂、一个二楂、一个小楂、一个回糟。小楂操作法同第二排。回糟只加曲和酒母入池发酵，成熟后蒸馏取酒，所剩酒糟不再利用，俗称扔糟或丢糟。

4. 第四排操作法　这一排俗称圆排。除了第三排的回糟到此作扔糟外，其他各楂活全部进入循环式生产程序，其操作法与前面相应工序相同。

5. 入窖操作与发酵期　老五甑酿酒工艺，各楂活采用分层入窖泥封发酵，分层出窖蒸馏取酒。发酵期约45天。

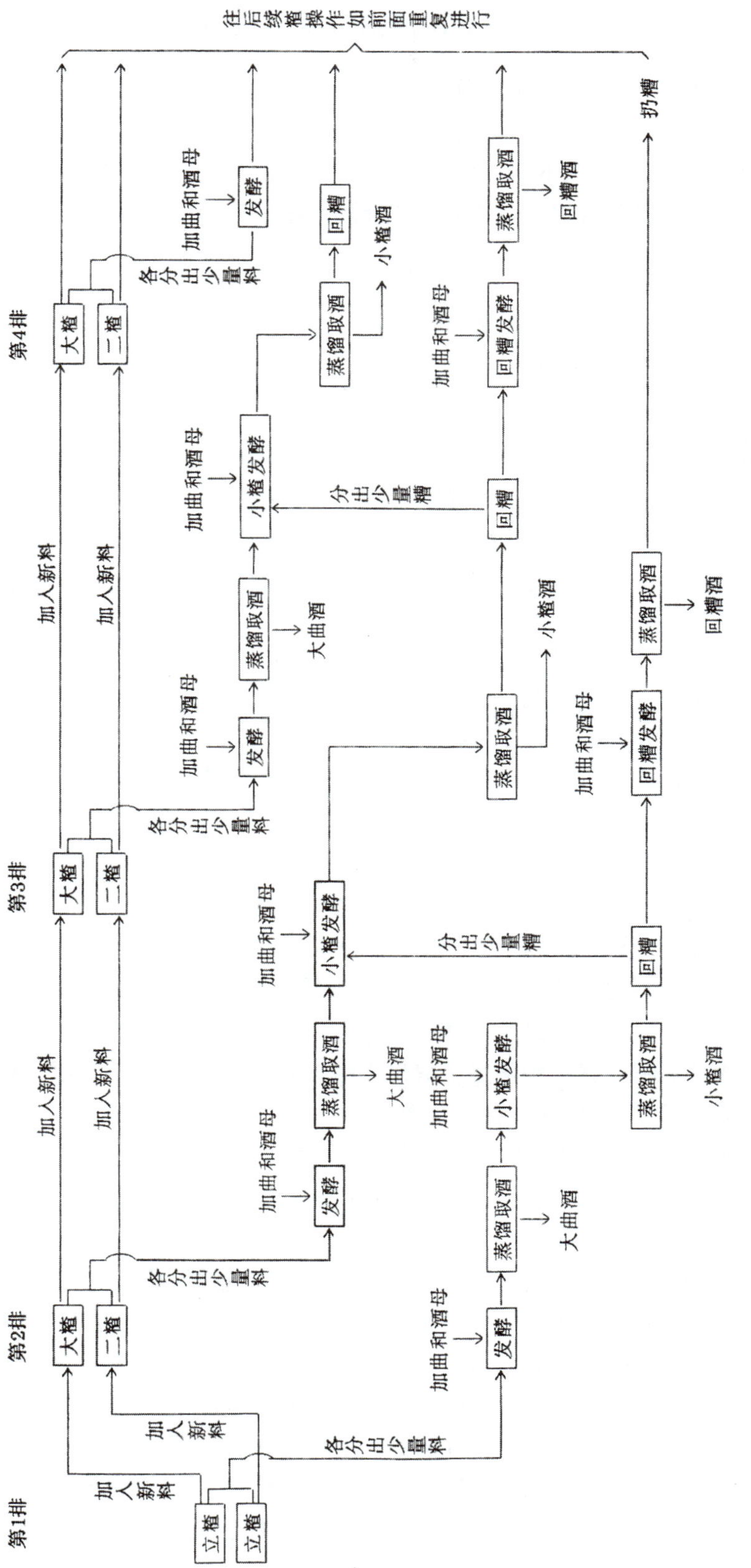

图 4－2－3　老五甑法酿造浓香型大曲酒工艺流程

二、全兴原窖法酿造浓香型大曲酒工艺

酿造全兴大曲酒工艺，如果从学理上讲，它是一种续粮混烧泥窖堆糟发酵分层蒸馏取酒轮流丢糟工艺，因为从投料、发酵、蒸馏取酒、丢糟等，都用一个窖池，所以这种酿酒工艺又称原窖法。在正常酿酒生产情况下，窖池里面有3层，即上层面糟、中层粮糟、下层红糟。

(一) 全兴原窖法酿造浓香型大曲酒工艺流程(图4-2-4)

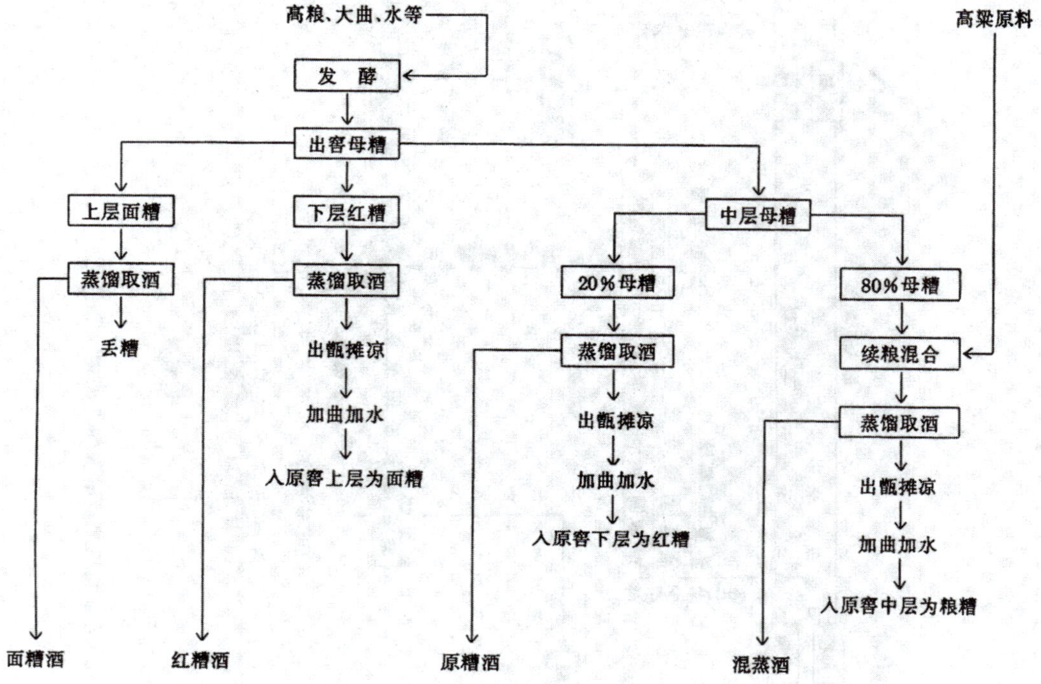

图 4-2-4　全兴原窖法酿造浓香型大曲酒工艺流程

(二) 全兴原窖法酿造浓香型大曲酒工艺操作要点

1. 所谓粮糟、母糟、红糟、面糟、丢糟　“粮糟”，就是母糟与新原料的混合物。“母糟”，就是刚出窖的酒醅。“红糟”，就是刚从窖底取出来的酒醅。“面糟”，就是刚从堆糟上面取下来的酒醅。“丢糟”，就是不再利用的糟，源于面糟。

2. 续粮混蒸操作　“续粮”，就是添加新原料的意思。酿造浓香型大曲酒，采用续粮混蒸方法可以节省蒸料、燃料。其操作方法是，把新原料与母糟混合，然后一起蒸馏取酒，蒸馏过程也是蒸料过程。

3. 分层入窖操作　在正常生产中，窖池里始终有3层酒醪，即面糟、粮糟、红糟。丢糟之后，缺面糟，即由红糟蒸馏取酒后的糟入窖补充。缺红糟，即由新分出来的20%母糟蒸馏取酒后的糟入窖补充。缺粮糟，即由新添加的“续粮”补充。这就是分层入窖的循环规律。

4. 分层出窖蒸馏操作　在正常生产中，窖池里的酒醅是严格分层的。由于各层酒醅的成分品质不同，所以必须分层单独蒸馏取酒。出售的饮用酒，都是由不同品质的酒勾兑调配而成的。

5. 泥封窖发酵操作　在正常生产中，窖池堆满了糟醅，并且高出窖岸半米多，结果上层糟醅暴露在空气中，不但会影响发酵，酒精也会挥发损失，所以自古以来，酿酒工人都用窖泥密封糟醅，直到发酵成熟时，才破开窖泥，蒸馏取酒。

第三节　中国酿造大曲酒工艺流程插图

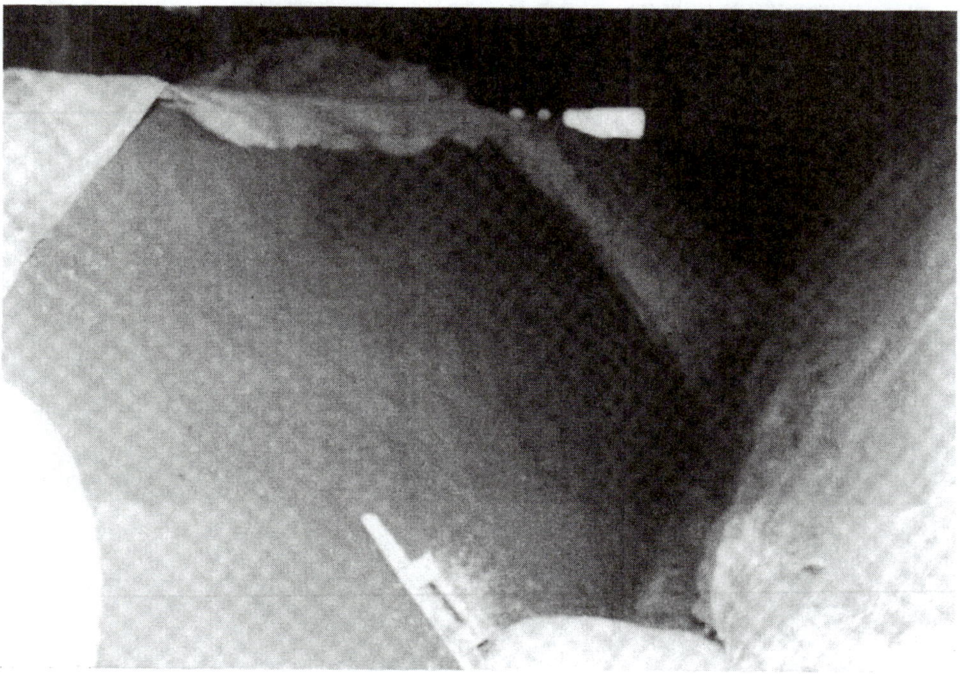

1

2

3

4

5

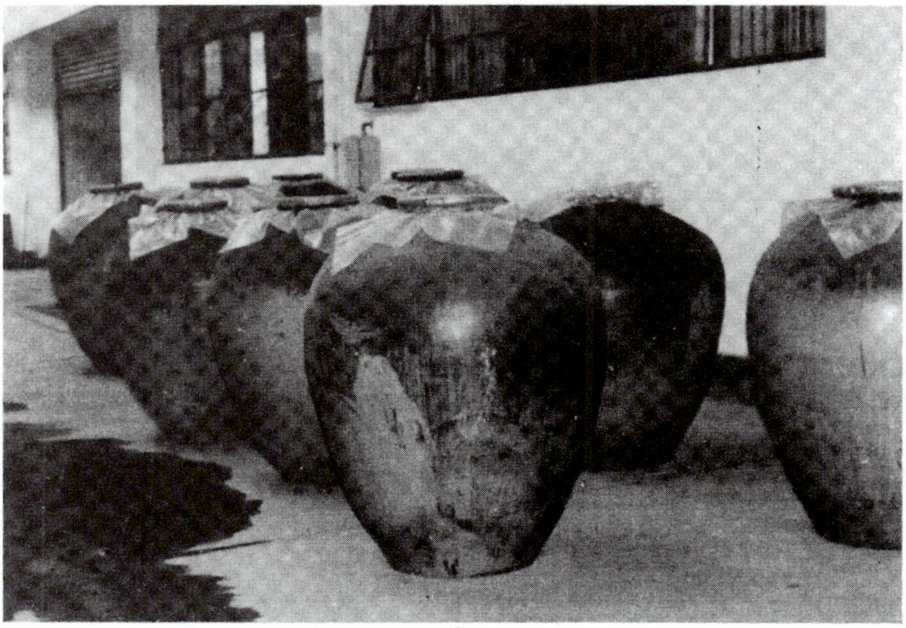

6

7

图 4－2－5　中国酿造大曲酒工艺流程插图

1. 入窖发酵　2. 出窖装甑　3. 蒸馏器　4. 蒸馏器底部多孔箅　5. 进行蒸馏　6. 成品白酒　7. 丢糟

(笔者拍摄于北京牛栏山酒厂和四川全兴酒厂)

参考文献

研究文献

沈怡方、高景炎:《白酒生产技术大全》,中国轻工业出版社,1998。

方心芳:"谈高温酒曲",见《酿酒》,1982(1)。

丁祥庆:"茅台酒的制曲工艺剖析",见《酿酒科技》,1982(1)。

万良适等:"杏花村汾酒的大曲操作法",见《汾酒酿造》,北京,食品工业出版社,1958。

四川糖酒工业科学研究室:"泸州老窖大曲酒制大曲操作法",见四川轻工业厅:《泸州老窖大曲酒》,北京,轻工业出版社,1959。

洪光住:《中国食品科技史稿》,北京,中国商业出版社,1984。

第五篇

酿造葡萄酒科技发展史

在世界葡萄酒工业发展史上，自古以欧洲最发达，其中意大利、法国、西班牙、葡萄牙和前苏联等国名列前茅。目前，全世界年产鲜葡萄约3 600万吨，其中80%的葡萄用于酿造葡萄酒。在世界贸易市场上，每年交易的各类葡萄酒数量超过900万吨，交易资金数额达到150亿美元，堪称世界最大宗商品之一。

我国栽培葡萄始于先秦时代，但是关于葡萄原产地的问题，至今还没有统一见解。中国也有原产葡萄。多数学者认为，葡萄的原产地在亚洲西南部的小亚细亚地带。例如，在美索不达米亚（今叙利亚东部和伊拉克境内），那里的先民在距今5000年时已经栽培葡萄了。据称在巴比伦汉穆拉比（Hammurabi）王朝的法典上，已有关于买卖葡萄酒的规定[1]。

自纪元初以来，用于酿酒的优良葡萄品种，开始在世界各国传播。例如，小亚细亚的葡萄品种很早就传到了埃及和希腊，后来又传到了意大利、法国、西班牙和德国。大约在15世纪至19世纪初，欧洲的优良葡萄品种首先传到了非洲南部，后来又传到了澳大利亚、新西兰和美洲。

美洲虽然自古也有自己原产的葡萄，但是在古代却没有发达起来。自18世纪开始，西班牙及其他欧洲移民者，首先将优良的葡萄品种传到了美国。美国人于1860年开始，在加利福尼亚州建立了规模很大的葡萄园基地。现在，那里已经是驰名世界的葡萄酿酒工业中心了，年产葡萄和葡萄酒约占美国全国总产量的80%以上。若与国际上相比，中国葡萄酒工业现在仍然是不够发达的。

[1] 大连轻工业学院等：《酿造酒工艺学》，206页，北京，中国轻工业出版社，1992。

□第一节　古代栽培葡萄及其用于酿酒史
□第二节　近现代栽培引进葡萄纪要

第一章　我国栽培葡萄及其用于酿酒史

据研究说，现在全世界所栽培的葡萄有11属600多个品种，其中我国自古就有栽培的是7属106种，例如，蘡薁葡萄、牛奶葡萄、葛藟葡萄、山葡萄等，其栽培史都是非常悠久的。但是，我国现在栽培的葡萄有许多品种是近现代从外国传来的，例如，醉诗仙、雷司令、李将军、黑比诺、赤霞珠等。由此可知，我国现在广泛栽培的葡萄品种有传统葡萄和舶来品葡萄两大类。在这两大类中，传统葡萄品种里面也有舶来品，但是这些品种不是近现代才传入的，而是很早就传入的家葡萄，有的在中国已经栽种达2000年之久，已成为中国的特产。对于这类葡萄品种，本文把它归入古代传统葡萄类里面讨论。

第一节　古代栽培葡萄及其用于酿酒史

我国栽培葡萄和开始用葡萄酿酒的起源非常早，但是自古不发达，所以古籍中出现用葡萄酿酒的确实记载始于秦汉时期。有关用葡萄酿酒的内容，本节下面还要专门讨论，现在让我们来讨论我国古代栽培葡萄的史学情况。作为酿酒原料而言，首先讨论有关栽培葡萄史的学术情况是非常必要的，是不可短缺的佐证条件之一。

1. 蘡薁(*Vitis thunbergii*)　我国最早栽培的葡萄品种之一。

蘡薁，又名董氏葡萄，在我国华北、华中、华南等地，自古即有栽培。蘡薁葡萄树势结实，果实黑紫色，可生食、酿酒和入药。蘡薁的另一优点是，抗寒能力强，可以在华北等地的严寒气温下露地安全越冬(图5－1－1)。

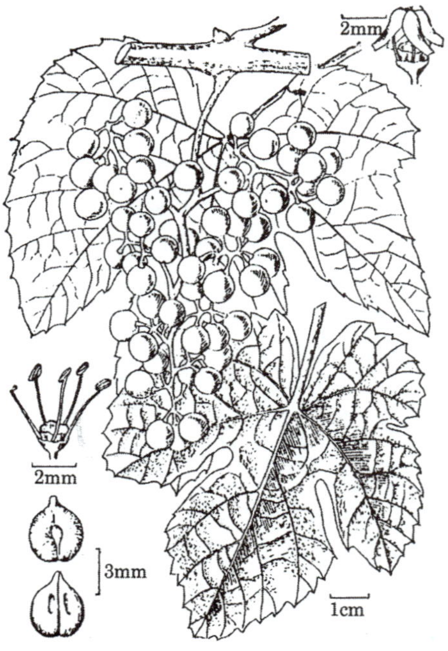

图 5－1－1　蘡薁葡萄
(引自中国农业科学院郑州果树研究所：《中国果树栽培学》，农业出版社，1987)

我国在先秦时代已经开始栽培蘡薁葡萄。例如：

《诗·豳风·七月》："六月

食郁及薁"[1]。刘歆增补《山海经·中山经》:"泰室之山之䔄草，泽如蘡薁。……少陉之山之茼草,实如蘡薁。"[2]

蘡薁又有别名野葡萄。据上叙记载说明,我国远在距今约3000年时,国人已经采食蘡薁葡萄了,可能也已经栽培此葡萄了。但是蘡薁用于酿酒初见于唐朝。例如:

苏敬《新修本草·果部》:"蒲桃,味甘平无毒,主筋骨湿痹,益气倍力强志,令人肥健,耐饥忍风寒,久食轻身不老延年。可作酒。逐水,利小便。生陇西、五原、敦煌山谷。……谨案:蘡薁与蒲桃似同,然蘡薁是千岁蘽。蒲桃作酒法……取子汁酿之自成酒……"[3]

宋朝的唐慎微在《重修政和经史证类备用本草》中赞同说:"唐本草云,蘡薁与葡萄相似,然蘡薁是千岁蘽。"[4]但是明朝的李时珍不同意唐朝苏恭、苏敬和唐慎微关于"蘡薁是千岁蘽"的说法。例如:

明李时珍在《本草纲目·果部》中说:"蘡薁俗名野葡萄,名义未详。蘡薁野生林野间,亦可插植,蔓、叶、花、实与葡萄无异。苏恭所说蘡薁形状甚是,但以为千岁蘽则非矣。"[5]

据中国农业科学院郑州果树研究所等主编的《中国果树栽培学》[6]以及陕西省果树研究所和中国农林科学院果树试验站编著的《葡萄品种》[7]解说可知,蘡薁与葛藟的确有些不同,它们是同属的不同品种。这件事说明,李时珍的见解是正确的,他的治学作风是非常严谨的。古书上所谓"千岁蘽"应是葛藟,而不是蘡薁。

有人说:"《诗经·豳风·七月》中就有'六月食郁及薁'的歌句。郁即山楂,薁即山葡萄"[8]笔者查阅了《辞海》、《辞源》以及其他参考文献,都说《诗经》中的"郁"是果树郁李。至于"薁"即山葡萄的结论如何?笔者查阅了上面已经提到的《葡萄品种》和《中国果树栽培学》两书以及其他参考文献后发现,"薁"不是指山葡萄(*Vitis amurensis*),而是指蘡薁葡萄(*V. thunbergii*)。蘡薁葡萄叶片较小,裂刻深,历史上不见有称蘡薁为山葡萄的。植物学上的山葡萄,叶片大,裂刻浅,有东北山葡萄和各种未定名的野生葡萄,山区群众通常把后者通称为山葡萄。由此看来,认为"郁"是山楂,"薁"是山葡萄的结论,是有问题的。

2. 葛藟葡萄(*V. flexuosa*) 我国最早栽培的葡萄品种之一。

葛藟葡萄主要分布在我国中南、东南和西南各地,如河南、江西、湖北、浙江、云南等。在现代许多论著中,都说葛藟虽然果汁少,但是可用于酿酒或制药,根、茎、果实有治疗关节酸痛的作用,有健脾益气的功效。可是笔者至今没有找到,古书上已有用葛藟酿酒的记载(图5-1-2)。

[1]《诗经 楚辞》,50页,孔一标点,上海,上海古籍出版社,1998。
[2] 汉·刘歆增补、晋·郭璞注:《山海经》,袁珂校注,上海,上海古籍出版社,1980。
[3] 唐·苏敬等撰:《新修本草》,224页,据罗氏后书钞阁藏、日本森氏旧藏本缩印,上海,上海古籍出版社,1985。
[4] 宋·唐慎微撰:《重修政和经史证类备用本草》卷二十二,463页,据张氏原刻、晦明轩本影印,北京,人民卫生出版社,1957。
[5] 明·李时珍撰:《本草纲目》,1886页,刘衡如点校,北京,人民卫生出版社,1978。
[6] 中国农业科学院郑州果树研究所等:《中国果树栽培学》,637页,北京,农业出版社,1987。
[7] 陕西省果树研究所等:《葡萄品种》,288页,北京,农业出版社,1977。
[8] 周嘉华:"葡萄酒和果酒",见《中国科学技术史》,568页,北京,科学出版社,1998。

在古书上，葛藟名称的出现非常早。例如：

> 《诗·周南·樛木》："南有樛木，葛藟累之。"又《诗·王风·葛藟》："緜緜葛藟，在河之浒。"[1]

我国野生葡萄资源非常丰富，除了葛藟葡萄之外，还有刺葡萄(*Vitis davidi*)、毛葡萄(*V. pentagona*)、秋葡萄(*V. romaneti*)以及*V. piasezkii*、*V. reticulata*、*V. pedicellata*、*V. pagnuccii*、*V. lanata*、*V. retordi*等等。这些品种虽然果汁较少，但是都可以用于酿酒。用野生葡萄酿成的酒，果香浓郁，酒色很优美。

3. 山葡萄(*V. amurensis*)　我国自古栽培的重要葡萄品种之一。

山葡萄主要分布于我国东北、华北，它是东亚种群中用于酿酒最常见的品种。例如，著名的通化葡萄酒，就是采用山葡萄为原料而酿成的。据调查研究资料说，山葡萄有极强的抗寒能力，可以在－40℃的自然条件下，在露地里越冬(图5－1－3)。

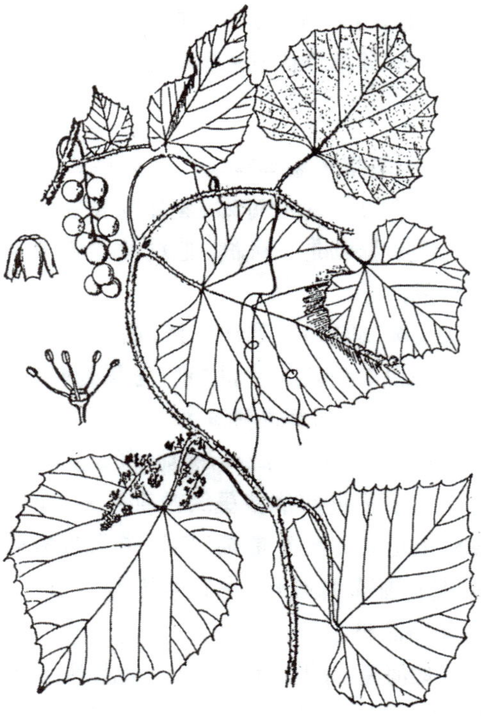

图 5－1－2　葛藟葡萄
(引自中国农业科学院郑州果树研究所：《中国果树栽培学》，农业出版社，1987)

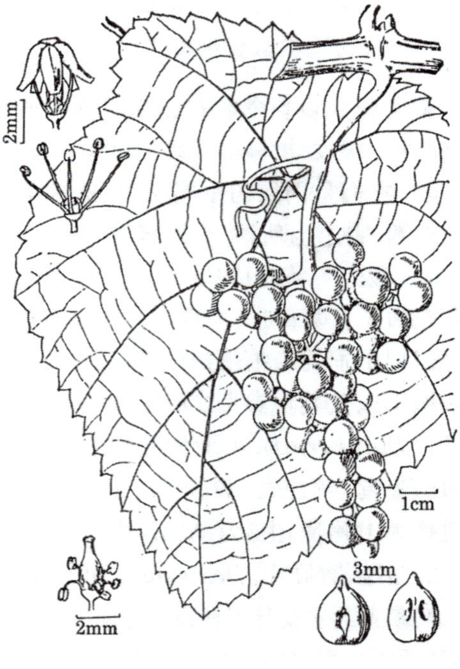

图 5－1－3　山葡萄
(引自中国农业科学院郑州果树研究所：《中国果树栽培学》，农业出版社，1987)

山葡萄叶片较大，裂刻很浅，其抗寒性能是很有价值的特性。例如，中国科学院北京植物园于1954年用山葡萄作父本，用玫瑰香为母本，杂交育成了优良新品种北醇。北醇结果期较早，9月中旬成熟。果穗中等大，果粒也中等大，果皮紫黑色，果肉软，果汁淡紫红，甜酸味道好，含糖量19.1％～20.4％，含酸量0.75％～0.9％，出汁率77.4％，产量高，是酿造红葡萄

[1] 高亨：《诗经今注》，31页，上海，上海古籍出版社，1980。

酒的较好品种。所酿成的葡萄酒，色泽宝石红，清澈明亮，口感柔和，风味醇厚。

1951年，吉林省农业科学院果树研究所用山葡萄作父本，用玫瑰香作母本进行杂交，育成了公酿1号新品种。新品种葡萄9月木质化，霜冻前成熟。果穗中等大，果粒不大，果皮蓝黑色，果汁红色，味道甜酸，含糖量约15％，含酸量约2.18％，出汁率66.3％。成熟期较早，产量中等，是酿造红葡萄酒的好原料。所酿成的葡萄酒，色泽艳红美丽，果香浓郁，酒质醇美。

1960年，吉林省农业科学院果树研究所改用玫瑰香为父本，山葡萄为母本，杂交育成了公酿2号新品种。新品种葡萄9月上旬成熟，果穗中等大，果粒小，果汁淡红，味道酸甜，含糖量为17％～18％，含酸量1.98％，出汁率73.65％。产量较高，结果期较早，是酿造红葡萄酒的好原料。所酿成的酒品质好，色泽宝石红，果香浓郁，风味似法国蓝，甜酸爽口，回味良好。

4. 牛奶葡萄　这也是原产于我国的葡萄良种之一。

牛奶葡萄，别名玛瑙葡萄、宣化白葡萄、马乳葡萄，是原产于我国的古老品种，有非常悠久的栽培史。例如：

> 宋李昉等《太平御览》卷九百二十二："贞观十四年及破高昌，收马乳蒲桃实于苑中种之；并得其酒法，上自损益造酒。酒成，凡有八色，芳香酷烈，味兼醍盎，既颁赐群臣，京师始识其味。"

记载中的"高昌"，系指今日新疆吐鲁番市地带，那里自古迄今盛产葡萄，中外闻名。至于"贞观十四年"，那是指唐太宗李世民派兵于公元640年进入高昌之时。这条史料可以说明，原产于我国吐鲁番的"马乳"葡萄，在唐朝初已经传到中原内地，其中包括葡萄酿酒方法。笔者认为，马乳葡萄、玛瑙葡萄、牛奶葡萄系指同品种。其理由是，由于历史久远，出现一种葡萄数种名称是可能的。由此看来，国人都说牛奶葡萄原产于我国是完全正确的。

牛奶葡萄叶片大，肾形，五裂刻。华北9月上旬成熟，果穗大，果粒着生稀疏但很大，果皮薄，果肉脆多汁，含糖量11％～20％，含酸量0.68％，出汁率70％，产量高，是生食的优良品种，也可以用于酿酒。

5. 龙眼葡萄　这是原产于我国栽培最广泛的葡萄品种之一。

龙眼葡萄，别名秋紫，在我国已有非常悠久的栽培史。例如，明李时珍《本草纲目·果部》载："葡萄，汉书作蒲桃……其圆者名草龙珠，长者名马乳葡萄……"这记载中的"草龙珠"，很可能就是龙眼葡萄的古名。

龙眼葡萄是我国栽培地域最广泛的品种之一。在华北、西北、东北南部等地，如山东平度、山西清徐、河北昌黎和张家口，都有大面积的栽培。其植物学特征是，幼叶绿地带红褐色，上下表面均有稀疏的白色长绒毛，叶片中等大，肾形，近全缘或浅五裂刻，叶柄微红褐色等等。由于龙眼葡萄的植物特征仅我国有，所以称它原产于我国是有道理的。

据有关资料说，龙眼葡萄成熟期各地不同，北京在9月下旬完全成熟。果穗大，但结果系数为1.1，果粒很大，近圆形，色紫红，果粉厚。果肉白绿色，多汁，味道甜酸，无香气，含糖量15％～17％，含酸量0.6％，出汁率72％。树的抗旱能力强，丰产，是生食和酿酒的优良品种。用龙眼葡萄酿成的酒，酒香浓郁，质量优良，很适合于酿造干白葡萄酒、香槟酒和半甜葡萄酒。

6. 其他原产于我国的葡萄品种　今再介绍6种如下。

(1) 红鸡心　这种葡萄在我国东北、河北、山东，自古就有广泛栽培。其植物学特征是，幼叶绿带酒红色，一年生成熟枝条浅玫瑰色，叶片中等大，心脏形，五裂刻。两性花。果实完全成熟期因地区不同而异，如北京10月成熟，果穗中等大。果粒着生紧密也大，鸡心形状，果皮紫红，果粉厚，果肉透明多汁，含糖量17%～19%，含酸量0.62%。产量较高，外形美丽，品质中上等，主要作为鲜食果品。

(2) 白鸡心　这种葡萄在我国栽培历史很悠久，分布地域相当广。如黑龙江的齐齐哈尔、哈尔滨、绥棱，辽宁的沈阳、鞍山、兴城，陕西的武功、眉县，江苏的扬州、南京，四川的江津、重庆，山东的泰安，河北的昌黎，湖北的武汉等，都栽培鸡心葡萄。其植物学特征是，嫩梢紫红色，幼叶薄，叶面有光泽，叶脉间带有紫红色。叶片中等大，心脏形，五裂刻。两性花。果实成熟期因地区不同而异，如北京9月中旬成熟，果穗中等大。果粒极大，卵圆形，果皮黄绿色，果肉鲜脆多汁，含糖量17%～18%，含酸量0.62%。产量很高，辽宁的熊岳是全国驰名产地。白鸡心历来是生食的佳品，也是制罐头的优质原料，或作为酿酒原料。

(3) 黑鸡心　这种葡萄在我国栽培历史很悠久，但是分布地域不广，主要栽种地有山西清徐、辽宁兴城、陕西西安等。其植物学特征是，幼叶很薄、黄绿色，叶缘带有红褐色。一年成熟枝条扁圆形，节间稍长，色灰褐。叶片中等大，心脏形，叶缘有深五裂刻，叶柄洼，开张窄，呈拱形，粉红色。两性花。果实成熟期与地区物候变化有关，北京9月中旬成熟，果穗很大。果粒大，黑紫色，鸡心形，皮薄而脆。果肉多汁，味道酸甜，含糖量约16.5%，含酸量约1.5%。棚架栽种较丰产。主要作为鲜食果品，因为含糖量低，又色泽深，故不宜作为酿酒原料。

(4) 牛心　这种葡萄在我国栽培历史很悠久，主要分布于东北、华北、华东、西北、西南等地。各地以科研单位栽培为主。其植物学特征是，幼叶厚实，红绿色，叶面有光泽。成熟叶片肾脏形，呈波浪状，叶柄洼凹字形。两性花。果穗大。颗粒大，牛心形，淡绿色，阳面红褐色，果粉中等。果肉鲜脆，味道酸甜，含糖量16%～17%，含酸量约1.2%。产量中等，品质中等，以鲜食为主，不宜用于酿酒。

(5) 晚香玉　这种葡萄在我国栽培历史很悠久，主要产区有黑龙江齐齐哈尔，辽宁兴城，河北张家口，北京等地。其植物学特征是，幼叶薄，红绿色，绒毛少，有光泽。叶片锯齿，圆顶，浅五裂刻，叶柄及叶脉基部为红色。两性花。果实穗大，圆锥形。果粒成熟期一致，颗粒中等，黄绿色，果粉中厚。果肉较脆，味道微甜无香，含糖量13.5%。产量较高，北京9月中旬成熟，是鲜食品种，不宜用于酿酒。

(6) 瓶儿葡萄　这种葡萄在我国栽培历史很悠久，栽培地区有辽宁兴城、陕西西安、山西清徐等地。其植物学特征是，幼叶薄，呈绿色，叶脉间有紫红色。一年生成熟枝条红褐色，节间长。叶片中等大，五裂刻深，叶背有些绒毛。叶柄比中脉短，粉红色。两性花。果穗圆锥形且大，果粒着生紧密。果粒大，长圆形，两端有平顶，形状如瓶儿，色泽淡红，果粉厚，果皮厚中等。果肉鲜脆，味道甘甜，含糖量18%。树势中等，产量较高，是具有推广价值的品种，果实主要用于鲜食。

第二节　近现代栽培引进葡萄纪要

一、近现代葡萄属品种分类法

如果按照地理位置和葡萄的生理特点分类，则近现代葡萄属品种，可以归纳为下列3个种群：

1. 东亚种群　这种群约有40多个种，我国有10多个种。例如：

(1) 山葡萄(*Vitis amurensis*)　它起源于中国、朝鲜、俄罗斯西伯利亚东部地区。

(2) 蘡薁葡萄(*Vitis thunbergii*)　它起源于中国、朝鲜、日本。

(3) 葛藟葡萄(*Vitis flexuosa*)　它起源于中国、朝鲜、日本。

2. 欧亚种群　这种群仅有一种，即欧亚种，但其产量约占全世界总产量的90%以上。例如：

(1) 东方品种群(*Proles orientalis*)　它起源于中亚、中东、里海沿岸。

(2) 西欧品种群(*Proles occidentalis*)　它起源于西欧。

(3) 黑海品种群(*Proles puntica*)　它起源于黑海沿岸。

3. 北美种群　这种群约有28～30种。例如：

(1) 美洲葡萄(*Vitis labrusca*)　它起源于美国东北部、加拿大东南部。

(2) 河岸葡萄(*Vitis riparia*)　它起源于北美东部。

(3) 沙地葡萄(*Vitis rupestris*)　它起源于美国中南部。

(4) 冬葡萄(*Vitis berlandieri*)　它起源于美国南部、墨西哥。

二、我国张裕早期引进葡萄品种

19世纪末，我国一度出现了大规模引进外国优良葡萄品种的热潮，打破了数千年来我国葡萄酿酒工业的沉寂局面，从而为我国葡萄酿酒工业的新生奠定了坚实的基础。在这次引进的热潮中，山东烟台张裕葡萄酿酒公司的突出表现，起到了功不可没的推动和示范作用。

烟台张裕葡萄酿酒公司创建于清朝光绪十八年(公元1892年)，创始人是我国近代著名爱国华侨实业家张弼士。"张裕"之名前袭张姓，后取"昌裕兴隆"之意，企业名称由此而来。从1892年至1914年，始建过程历经22年之久。在这期间，张弼士从西方各国引进了优良葡萄品种160多种，种植在山东烟台张裕葡萄酿酒公司专门建设的葡萄园里。后来，抗日战争爆发，大部分品种毁于旦夕，幸运保存下来的只有30多种，张裕葡萄酿酒公司给它们起了一系列典雅的名称(表5－1－1)。

表 5-1-1　　张裕早期引进的部分葡萄品种

葡萄原名	张裕公司译名	颜色	葡萄原名	张裕公司译名	颜色
Blau Frankislh	玛瑙红	深蓝	Merlot	梅鹿辄	紫黑
Planer Burgunder	大宛红	紫红	Triminer	琼瑶浆	紫红
Burgunder Weiss	大宛香	青黄	Verdot	魏天子	紫红
Cabernet Franc	品丽珠	紫黑	Welsk Riesling	贵人香	黄绿
Cabernet Sauvignan	赤霞珠	紫黑	Ass	阿房香	紫黑
Cabernet Gernischt	蛇龙珠	紫黑	Sauvignon Blanc	长相思	黄绿
Gutedel Weiss	冰雪丸	淡褐	Ribla Grun	阑栏月	黄褐
Gutedel Rott	水晶丸	桃红	Planto Puril	浦丽尔	黄褐
Malbac	马泊客	紫黑	Petite Bouschet	北塞魂	深紫
Jorolidigo	醉诗仙	紫黑	Morastal Bouschet	盖北塞	红紫
Portugiesier	凉州牧	紫黑	Aspiran Bouschet	汉北塞	红紫
Grey Riesling	雷司令	灰黄	Alicante Bouschet	紫北塞	深紫
Rutander(pinotgnis灰比诺)	李将军	紫褐	Muscat Alexandria	亚历山大麝香	黄白

(引自大连轻工业学院等：《酿造酒工艺学》，北京，中国轻工业出版社，1982)

三、我国近现代引进的葡萄品种

我国近现代引进的葡萄品种比较多，下面所要提到的仅仅是适合于酿造葡萄酒的主要品种，其中包括榨汁用的品种、鲜食兼酿酒用的品种和专用于酿酒的品种(表5－1－2)。

表 5-1-2　　我国近现代从国外引进的葡萄品种

名　称	外文名称	别名	来源国或地区	引进时间	适合于酿酒类型	备　注
康拜尔	Campbell Early	康拜尔早生	美国	1937	鲜食和榨汁酿酒	欧美杂交品种
玫瑰露	Delaware	底拉洼	美国	1937	鲜食、酿酒、榨汁兼用	欧美杂交品种
罗雅尔玫瑰	Royal Rose	布莱顿	美国	1937	鲜食和榨汁酿酒	欧美杂交品种
玫瑰香	Muscat Hamburg		英国	1930	鲜食和酿酒兼用	世界著名品种
早佳美	Gamay Hatif des Vosges		法国	1936	鲜食和酿酒兼用	欧亚种
黑玫瑰	Madresfield Court Black Muscat		英国	1937	鲜食和榨汁酿酒	欧亚种
新玫瑰	Neo Muscat	白浮士德	日本	1937	鲜食、酿酒、榨汁兼用	欧亚种
白玫瑰	Muscat of Alexandria	亚历山大	阿拉伯		鲜食和酿酒兼用	欧亚种
白马拉加	White Malaga		西班牙	1937	鲜食和酿酒兼用	欧亚种
蜜而紫	Mills	蜜尔斯	美国	1936	鲜食和榨汁酿酒	欧美杂交品种
金后	Golden Queen	黄金钟	英国	1937	鲜食和酿酒兼用	欧亚种
大可满	Gros Colman	狮子眼	前苏联	1936	鲜食种榨汁酿酒	欧亚种
巴柯	Bacco	紫浆美	法国		酿酒品种	欧美杂交品种
贝达	Beta		美国		鲜食和酿酒兼用	美洲种
早马赛	Марсельский раний	早黑玫瑰	法国	1957	酿酒好品种	欧亚种
阁栏月	Ribola Grun		西欧	1892	酿酒好品种	欧亚种
琼瑶浆	Traminer	特拉蜜	中欧	1892	酿酒好品种	欧亚种
大黑	Gros Noir	马伯客	法国	1937	酿酒好品种	欧亚种
白赛必尔	Seibel Blanc		法国	1937	酿酒品种	欧美杂交品种
千欢	Thousand Boon		匈牙利	1951	酿酒品种	欧亚种
醉诗仙	Terolidigo		法国	1900	酿酒好品种	欧亚种
康可	Concord	黑美汁	北美	1936	制混合汁优良品种	美洲种
羊尾	Ewe Tail		匈牙利	1951	酿酒品种	欧亚种
法国蓝	Blue French		奥地利	1892	酿酒好品种	欧亚种
科维丁卡	Kovidinka		匈牙利	1955	酿酒品种	欧亚种
无核红	Monukka	马纽卡	中亚	1937	制干品种	东方种群
福明特	Furmint	福明	匈牙利		酿酒品种	欧亚种
小白玫瑰	Мускат белый	塔米扬卡	日本	1955	酿酒优良品种	欧亚种
小红玫瑰	Мускат розовый	布苏依奥卡	罗马尼亚	1955	鲜食和酿酒良种	欧亚种
巴米特	Памид	巴明	土耳其	1953	酿酒品种	欧亚种
晚红蜜	Саперави	沙别拉维	前苏联	1957	酿酒和榨汁品种	欧亚种
黑赛必尔	Seibel Noir		法国		酿酒染色优良品种	欧美杂交品种
赛必尔2号	Seibel No.2		法国		酿酒染色优良品种	欧美杂交品种
赛必尔1000号	Seibel No.1000		法国		酿酒染色优良品种	欧美杂交品种
赛必尔2007号	Seibel No.2007		法国		酿酒染色品种	欧美杂交品种
黑佳酿			中国培育	1962	酿红酒品种	欧美杂交品种
晚白	Flot D′or	福罗多	法国		酿酒品种	欧美杂交品种
黑比诺	Pinot Noir	黑美酿	法国	1936	酿香槟酒、干白酒品种	欧亚种
李将军	Pinot Gris	灰比诺	法国	1892	酿酒好品种	欧亚种
雷司令	Riesling	雷斯林	德国	1892	酿酒好品种	欧亚种
白菲佳	Фетяска алба	莱西	匈牙利	1951	酿酒好品种	欧亚种

续表

名　称	外文名称	别名	来源国或地区	引进时间	适合于酿酒类型	备　注
黑非佳	Фетяска нягра	黑非加斯卡	罗马尼亚	1955	酿酒品种	欧亚种
赤霞珠	Cabernet Sauvignon		法国	1892	酿酒好品种	欧亚－西欧种
品丽珠	Cabernet Franc	卡门耐特	法国	1892	酿酒好品种	欧亚种
长相思	Sauvighon Blanc	索维浓	法国	1892	酿酒品种	欧亚种
特露丝	Trousseau		法国		酿酒品种	欧亚种
贵人香	Italian Riesling	意斯林	法国	1951	酿酒好品种	欧亚种
里斯林西万尼	Riesling－Sylvaner		瑞士	1955	酿酒好品种	欧亚种
巴娜蒂里斯林	Banati Riesling	巴娜蒂	匈牙利	1955	酿酒好品种	欧亚种
北塞魂	Petite Bouschet		法国	1892	酿酒染色品种	欧亚种
紫北塞	Alicante Bouschet		法国	1892	酿酒染色品种	欧亚种
盖北塞	Morastel Bouschet		法国	1892	酿酒染色品种	欧亚种
汉北塞	Aspiran Bouschet		法国	1982	酿酒染色品种	欧亚种
梅露汁	Merlot	梅鹿辄	法国	1892	酿酒好品种	欧亚种
波拉华依	Ллавай		前苏联	1955	酿酒品种	欧亚种
福明特	Furmint	福　明	匈牙利	1955	酿酒品种	欧亚种
红拜扣	Bacator Red		匈牙利	1951	酿酒品种	欧亚种
田里汉	Plante Durif	得力伏	法国	1892	酿酒品种	欧亚种
佳利酿	Carignane	加里娘	西班牙	1892	酿酒好品种	欧亚种
白佳美	Gamay Blanc	白格美	保加利亚	1957	酿酒好品种	欧亚种
黑多内	Хиндогны	幸得你	伊朗	1963	晚熟酿酒品种	欧亚种
瓦西里柯	Василико чёрно		保加利亚	1957	鲜食和酿酒品种	欧亚种
白　雅	баян－Мирей	白丰	前苏联	1956	酿酒优良品种	欧亚种
白　羽	Ркацители	白翼	前苏联	1956	酿酒好品种	欧亚种
维宁卡	Виненка	普洛斯拉瓦	保加利亚	1956	酿酒品种	欧亚种
季米亚特	Димят	吉美亚	保加利亚	1953	鲜食和酿酒品种	欧亚种
布列莎	бяла бреза		保加利亚	1957	鲜食和酿酒品种	欧亚种
克里木波里	Крымлоние		罗马尼亚	1955	酿酒好品种	欧亚种
白可列特	Клерет белый		保加利亚	1957	酿酒品种	欧亚种
菩提叶	Lime Tree Leaves	哈尔斯列	匈牙利	1956	酿酒品种	欧亚种
黑佳美	Gamay Noir	黑格美	保加利亚	1957	酿酒品种	欧亚种
白玉霓	Ugni Blanc	脆比诺	保加利亚	1957	酿白兰地品种	欧亚种
黑格兰	Grand Noir		保加利亚	1957	酿酒品种	欧亚种
爱丽可	Aleatico	阿里阿基可	前苏联	1955	鲜食和酿酒好品种	欧亚种
魏天子	Verdot	味儿多	西欧	1892	酿酒品种	欧亚种
无核白	Thompsons Seedless	无籽露	中亚细亚		鲜食和酿酒品种	欧亚种
阿房香	Aff	阿芙	法国	1892	酿酒品种	欧亚种

第二章　杀菌剂的选择及使用

在近现代酿造葡萄酒过程中，可以说，都必须使用杀菌剂。可是，在古代有关酿造葡萄酒的文献中，笔者至今没有找到切实使用杀菌剂的记载，这大概是因为我国酿造葡萄酒产业自古以来不发达之故。但是添加杀菌剂的方法的确很重要，它是保证酿造葡萄酒工艺顺利进行的有力措施。杀菌剂的种类，常用的是硫磺或二氧化硫，后者又有气体或液体两种。偏重亚硫酸钾($K_2S_2O_5$)也是杀菌剂。

如果是使用燃烧硫磺法杀菌，这是一种传统的原始方法，自古常运用于制曲酿酒或制酱时的曲室消毒。如果把这种方法运用于酿造葡萄酒，虽然也能起杀菌作用，但是用量不好控制，当硫磺燃烧不完全时，还会对葡萄酒风味产生不良影响，因此，现代化生产已不常用此法。

一、现代用SO_2杀菌的优点和作用

1. 二氧化硫具有选择性杀菌作用　二氧化硫是一种很好的杀菌剂，对多种微生物都具有杀灭或抑制作用。但是当向葡萄浆(或醪)里添加SO_2达到一定浓度时，其他微生物被抑制而葡萄酒酵母却仍然能旺盛繁殖着，SO_2具有的选择性作用就会立刻显现出来，保护了葡萄醪的正常发酵，使酒质清香幽雅。

2. 二氧化硫具有澄清葡萄汁(或醪)的作用　生产实践观察证明，当人们向葡萄浆(或醪)里添加SO_2后，浆或醪中的微生物会立刻受到杀灭或抑制，使葡萄醪的发酵高潮滞后出现。结果，葡萄醪的澄清时间和杀菌时间都相应地延长，澄清和杀菌效果会更好。这种情况对于酿造白葡萄酒或淡红葡萄酒来说，都大有好处。

3. SO_2具有预防葡萄醪或葡萄酒被氧化的作用　当发酵醪中有足够量的SO_2存在时，醪中的氧会首先与SO_2起反应，使醪或葡萄酒中所含的多酚氧化酶活力受到抑制。还有，SO_2能防止腐烂果实中所含的大量氧化酶对于单宁和色素的氧化作用，防止葡萄汁与葡萄酒过早褐变，防止成品酒混浊。生产实践已证明，SO_2对于维生素C具有保护作用，还能提高葡萄酒的稳定性。

4. 添加SO_2具有促使某些有益成分溶解的作用　当SO_2加入到葡萄醪中时，它就会立刻生成亚硫酸(H_2SO_3)，使果皮上的某些有益成分如色素、酒石、无机盐等溶解，从而增加了葡萄醪中不挥发物的数量，加深了葡萄酒的亮丽色彩。

5. 添加SO_2具有使发酵醪酸度升高的作用　如前所叙，因为SO_2的杀菌作用能导致醪液中的苹果酸、酒石酸等有机酸不被细菌分解。这种保护有机酸存在的作用，实际上就是

发酵醪酸度增加的重要原因之一。还有，酒醪中添加SO_2之后，葡萄果上有机酸的溶解量会明显增加，这也是发酵醪酸度增加的另一重要因素。所以可以认为，SO_2的杀菌和溶解作用，都是发酵醪酸度增加的重要原因。

二、添加SO_2的方法和用量

1. 燃烧硫磺烟熏法　这是传统而古老的方法，有燃烧硫磺绳、硫磺纸、硫磺块等办法。所产生的SO_2气体迅速充满某个空间或容器，经过一定时间密熏之后，即可将其中待消毒设备或用具等消毒好。由于这种方法原始、效果差，所以现代已很少采用了。

2. 直接通入SO_2气体法　现代市售SO_2气体，通常装在钢瓶里，买来之后放在台秤上，即可控制用量。将导管接在钢瓶的出气口上，打开阀门，使SO_2气体沿着导管通入葡萄醪的底部而由各喷嘴喷出来，经过气、液互相混合之后，便可以达到相关的目的。

3. 直接加入市售液体亚硫酸试剂法　在一般情况下，应当选用浓度为5%～6%的亚硫酸试剂，这种试剂使用方便，容易控制用量。如果使用的是浓SO_2液体，则需要根据气温高低和SO_2的溶解度来计算使用量。但无论使用哪一种方法，加完试剂之后，都必须搅拌。

4. 采用加入偏重亚硫酸钾法　偏重亚硫酸钾($K_2S_2O_5$)是一种白色晶体，含二氧化硫约57.6%，但通常按50%计算。这种试剂必须保存在干燥密闭的容器里，以防止氧化生成硫酸钾而失去杀菌作用。运用时，将偏重亚硫酸钾溶解在水里，配成浓度约10%的溶液，其中含SO_2约5%。加完所配溶液之后，必须搅拌均匀，才能发挥SO_2的最佳作用。

5. 二氧化硫的用量　在生产实践中，如何控制SO_2用量，是较为复杂的问题，需要考虑它与许多可变因素的关系，例如，葡萄品种，葡萄果实完好或是霉烂，在何工序、何时加SO_2等。兹分别讨论如下：

(1) 根据葡萄果实的质量情况，确定加入SO_2量　为了将葡萄醪的杀菌工作做好，葡萄果实在破碎取汁发酵前，应当添加一定量的SO_2，以抑制有害微生物的繁殖和多酚氧化酶的活力。但是SO_2用量与葡萄果实的成熟程度、完好或霉变情况、气温高低等因素密切相关，所以SO_2用量不能一律等同。在不同情况下，二氧化硫的用量，可参见表5－2－1、表5－2－2和表5－2－3。

表 5-2-1　葡萄破碎和发酵时二氧化硫用量　单位：mg/L

葡萄果实品质状况	酿造红葡萄酒	酿造白葡萄酒
果实清洁，完好无霉变，含酸量偏高	40～80	80～120
果实清洁，完好无霉变，含酸量适中	50～100	100～150
果实有破裂，外表有污染或霉变	120～180	180～220

(参见顾国贤主编：《酿造酒工艺学》第二版，383页，北京，中国轻工业出版社，1996)

表 5-2-2　葡萄汁发酵前加入二氧化硫量

各种相关情况(气温，20℃)	6%亚硫酸		液体二氧化硫		偏重亚硫酸钾	
	葡萄 1000kg	果汁 1000L	葡萄 1000kg	果汁 1000L	葡萄 1000kg	果汁 1000L
果料清洁，完好无霉变，含酸量偏高	0.85L	1.10L	50g	65g	100g	120g
果实清洁，完好无霉变，含酸量适中	1.10L	1.5L	65g	90g	140g	180g
果有破裂，外表有污染或霉变	2.7L	4.2L	100g	250g	250g	380g

(引自奚惠萍：《中国果酒》，20页，北京，轻工业出版社，1991)

表 5-2-3 温度变化与二氧化硫用量变化

温度/℃	二氧化硫含量/(mg/L)		温度/℃	二氧化硫含量/(mg/L)	
	酿造红葡萄酒	酿造白葡萄酒		酿造红葡萄酒	酿造白葡萄酒
15	80	100	21～25	150	180
16～20	100	120	26以上	180	230

(引自奚惠萍:《中国果酒》,20页,北京,轻工业出版社,1991)

(2) 根据果汁必须澄清的要求,确定加入SO_2量　在一般情况下,葡萄果汁都需要经过澄清处理,才能酿得优质白葡萄酒。澄清的方法有自然沉淀澄清、果胶酶澄清、皂土处理和过滤分离等。但是采用SO_2澄清,也是一种很好的方法。采用SO_2澄清时,应当根据气温高低来决定。例如,气温低于20℃时,SO_2在果汁中的含量约40mg/L,经自然澄清24h,即可达到澄清的目的。

(3) 根据发酵后酒醪酸度的高低,确定加入SO_2量　当葡萄醪发酵结束后到第一次倒桶前,如果醪液的酸度低于7.5g/L,则应当加入SO_2进行增酸调整,使醪液含SO_2量达到100～150mg/L,或者游离SO_2量达到20～30mg/L。

(4) 根据首次倒桶时,酒液酸度的高低,确定加入SO_2量　对于酸度高的葡萄酒,如果温度合适,酒中苹果酸－乳酸就会进行发酵,使酒液出现混浊状态,导致酸度下降。此时,人们就应当考虑向酒液中加入适量的SO_2,使酒中含SO_2量增加到100～150mg/L,以保证酒液质量稳定。

(5) 根据第二次及以后每次倒桶时酒液酸度的高低,确定加入SO_2量　由于每次倒桶时,酒液必然会受到环境、空气、设备等影响,例如,气温改变、空气污染、设备消毒不彻底等,有害微生物就会进入酒中并繁殖起来,使酒液变质,此时人们应当考虑加入SO_2进行预防,以保证不会发生意外。在一般情况下,葡萄酒中的SO_2含量,以100～150mg/L为宜。如果含SO_2量太高也不好,它会使葡萄酒产生异味,风味下降,色泽不好等。

□第一节　唐朝至元朝时期酿造葡萄酒科技发展史
□第二节　明清时期酿造葡萄酒科技发展史

第三章　古代酿造葡萄酒科技发展史

如前所叙，我国栽培和食用葡萄的起源很早。可是由于各种原因，我国到了汉朝时，仍然不见有国人用葡萄酿造葡萄酒的文字记载或其他证据出现。

袁翰青说："大概在东汉的时候，我国在西北地区可能已开始造一些葡萄酒了。"他是根据下面两条证据作此结论的。他说：

> 《太平御览》引司马彪《续汉书》说："扶风孟佗以葡萄酒一斛遣张让，即以为凉州刺史。"[1]
>
> 《汉魏六朝百三名家集》引曹丕《魏文帝集》说："中国珍果甚多，且复为说。葡萄……酿以为酒，甘于曲蘖，善醉易醒。"[2]

对于前一条文，袁翰青通过再次认真思考后说："张让所受的酒，可能还是西域的产品。"因为袁翰青有这种再否定的表示，所以此条文中的酿葡萄酒之事就不必再讨论了。

对于上面后一条文，那倒是复杂些，值得讨论。《汉魏六朝百三名家集》是明朝张溥编撰的，他是根据明张燮的《七十二家集》、明冯维讷的《古诗纪》、明梅鼎祚的《历代文纪》等内容写成的，从史料价值看只能作参考。因为，此文献早在唐朝欧阳询的《艺文类聚》中已有类似的记载：

> "且说葡萄，醉酒宿醒，掩露而食，甘而不饱，酸而不脆，冷而不寒。味长汁多，除烦解厌。又酿以为酒，甘于曲米，善醉而易醒。"[3]

据笔者所知，能证明我国汉朝时期已记载有人工酿造葡萄酒的书还有两部。例如：

> 《神农本草经》卷一："葡萄，味甘平，主筋骨湿痹，益气、倍力、强志，令人肥健，耐饥忍风寒，久食轻身，不老延年，可作酒，生山谷。"[4]
>
> 西汉司马迁《史记·大宛列传》："大宛左右，以蒲陶为酒，富人藏酒万余石，久者数十年不败。汉使取其实来，于是天子始种苜蓿、蒲陶。"[5]

《神农本草经》原书不著撰人，是我国现存最早出现的一部药物学专著，其成书年代约

[1] 宋·李昉等编纂：《太平御览》卷九百二十二，北京，中华书局，1960。
[2] 明·张溥编撰：《汉魏六朝百三名家集·魏文帝集》卷一，木刻本，1601。
[3] 唐·欧阳询编撰：《艺文类聚》卷八十七，北京，中华书局，1965。
[4] 魏·吴普等述：《神农本草经》，52页，清·孙星衍、清·孙冯翼辑，北京，人民卫生出版社，1963。
[5] 西汉·司马迁撰：《史记》卷一百二十三，北京，中华书局，1974。

在战国时期，而其中有些内容为秦汉时期人所增补。原书早佚，现行本是清朝顾观光、孙星衍、孙冯翼，以及[日]森立之等，从历代本草书中辑出的，主要取材于宋朝唐慎微的《重修政和经史证类备用本草》，参证了《太平御览》、《艺文类聚》、《初学记》、《后汉书注》、《事类赋》等，精心辑录而成。因此，内容翔实，为诸辑本之冠，在学术上既有可靠性，又有较全面的参考价值。根据"蒲陶……可作酒"的内容可知，在战国或汉朝时期，中国人已开始饮用葡萄酿酒了。

如果根据司马迁《史记》中的记载分析，则我国在西汉时期，已有从西域输入的葡萄酒了，其中包括陈酿的酒，说明人们已知葡萄酒也需要陈酿了。

自汉朝至南北朝时间，我国古籍中记有酿造葡萄酒的仍然甚少。晋朝张华在《博物志》中说："西域有葡萄酒，积年不败。彼俗云：可十年饮之，醉，弥月乃醒。"[1]这条文献所说的是辗转流传的外国酒。

大概是由于我国酿造黄酒的经验特别丰富，大大地超过酿造葡萄酒之故，所以很多著名的古籍出人意料地不见有酿造葡萄酒的内容。例如，北魏贾思勰的《齐民要术》，书中有那么多酿造黄酒的方法，也谈到了种葡萄，但却不见有酿造葡萄酒的内容。我国酿造葡萄酒开始大发展的表现，始见于唐朝。

第一节　唐朝至元朝时期酿造葡萄酒科技发展史

一、唐朝时期

据笔者所知，在唐朝时期的古籍中，有关葡萄酒和葡萄酿酒的内容大见增加。例如：

王翰："凉州词"

葡萄美酒夜光杯，欲饮琵琶马上催。
醉卧沙场君莫笑，古来征战几人回。

王翰山西太原人，唐睿宗李旦景云元年进士，曾任汝州刺史。这首诗描写的是，边塞战士在军宴上开怀痛饮葡萄酒，准备出征时的旷达之情。酒香四溢的军宴丰盛多彩，令人惊喜兴奋。战士豪爽开朗、视死如归的内心世界，令人无限崇敬。全诗明快奇丽的语言，委婉而又豪放的格调，诱人入胜，令人佩服。

王绩："过酒泉"

竹叶连糟翠，葡萄带曲红。
相逢不令尽，别后谁为空？

王绩唐初山西河津县人，官至太乐丞，后弃官还故乡。这首诗描写的是老朋友久别重逢时的激动心情，以饮酒来表达内心感慨。他们喝了叶竹青酒，又喝了红葡萄酒，大有一醉方休的架势，那高兴劲儿的表现达到了淋漓尽致的境界。全诗刻画真实生动，朴实而有雅趣。

然而，在唐朝时期的古籍中，记载着酿造葡萄酒技术内容的却比较少。据笔者所知，苏敬《新修本草》中的记录是最完好的一例。兹将其内容摘录如下：

唐苏敬《新修本草》卷十九："酒：味苦，大热有毒，主行药势，煞邪恶气

[1] 晋·张华撰：《博物志》，见《丛书集成初编》·自然科学类，总第1342册，北京，中华书局，1980。

……谨案：酒有蒲桃、秫黍、秔粟、曲、蜜等。作酒醴以曲为，而蒲桃、蜜等独不用曲。饮蒲桃酒消炎破澼。

蒲桃……可作酒。蒲桃作酒法：……取子汁酿之自成酒。”[1]

根据《新修本草》的记载内容可知，唐朝人已经懂得，酿造葡萄酒时，仅靠天然酵母发酵即可，不必使用酒曲。但是如果从记载全文来看，当时酿造葡萄酒技术仍然是低水平的，不如宋朝先进。

二、两宋时期

北宋朱翼中《北山酒经·酒经下》：“蒲萄酒法：酸米入甑蒸，气上。用杏仁五两，去皮尖；蒲萄二斤半，浴过，干，去子皮；与杏仁同于砂盆内一处。用熟浆三斗，逐旋研尽为度，以生绢滤过。其三斗熟浆泼饭，软，盖良久出饭，摊于案上。依常法候温，入曲，搜拌。”[2]

据《北山酒经》中的这项“蒲萄酒法”进行分析可知，其技术水平比唐朝高些，但是可以认为，它只是今日酿造葡萄酒法的雏形。其理由如下：

1. 原料利用　酿造葡萄酒的原料，中外今日一样，仅用葡萄破碎取汁即可。可是宋朝人所用的原料是酸米、杏仁、葡萄和熟浆水(可能是指开水)。这种利用原料的做法，与我国古代酿造黄酒时利用原料的方法极其相似。这种情况说明，当时人们受酿造黄酒法的影响很深，以为酿造葡萄酒法与酿造黄酒法相同，不知道仅用葡萄为原料即可批量酿造葡萄酒。同时也说明，唐朝苏敬《新修本草》里的“题识案”所言：“蒲萄、蜜等独不用曲”的话，大概不是唐朝人的高见，而是后人增补的。

2. 用曲的道理　在这项“蒲萄酒法”里，有添加酒曲酿造葡萄酒的做法。如果从酿酒原理分析，那是有一定道理的，因为在这项酿造葡萄酒法配料中，有加入“酸米”、杏仁等物料，只有加入一定量酒曲才能使熟饭中的淀粉质糖化。但是对于科学酿造葡萄酒法来说，酿酒原料仅用葡萄榨汁，葡萄酒酵母就能直接将葡萄糖酒化为葡萄酒，所以酿酒过程中加入酒曲糖化的做法是不科学的。

在两宋时期，虽然我国酿造葡萄酒的技术水平仍然很低，但是由于酿造葡萄酒的技术比酿造黄酒法简单，不需要复杂的制曲程序，又因为酿造葡萄酒的黄金季节处在金秋以后，不需要为控制发酵温度而犯难，只要认真做好用简单的燃烧硫磺法进行消毒杀菌工作即可。所以在两宋时期，我国酿造葡萄酒的普及程度，比前代更加广泛。在古籍中，有关酿葡萄酒和赞颂葡萄酒的，已大为增加。今举部分例子，供参考：

宋唐慎微《重修政和经史证类备用本草》引刘禹锡等谨案蜀本《图经》云：葡萄蔓生，叶似蘡薁而大，子(笔者注：果实)有紫白二色。又有似马乳者，皆以其形为名。又有无核者，七月八月熟。子酿为酒及浆，别有法。

[1] 唐·苏敬撰：《新修本草》卷十七，224页，上海，上海古籍出版社，1985。

[2] 北宋·朱翼中撰：《北山酒经》，枚庵漫士古欢堂秘册，见[日]田中静一：《中国食经丛书》(上)，137页，东京都，书籍文物流通会，1972。

谨案，蘡薁是山葡萄，亦堪为酒。”[1]

宋程大昌《演繁露》据《说郛》卷十四：“唐平高昌得马乳葡萄造酒，京师始识此酒之美。”[2]

宋吴炯《五总志》见《丛书集成初编》总第0295册：“葡萄酒自古称奇，本朝平河东，其酿法始入中都。余昔在太原常饮此酝。有诗云：快遣葡萄百斗酒，换取梁州刺使来。”[3]

宋陆游《剑南诗稿·小宴》卷五：“洗君鹦鹉杯，酌我葡萄醅。冒雨莺不去，过春花续开。”[4]

三、元朝时期

至元朝初，关于酿造葡萄酒的技术开始有所突破，古人发现了将葡萄与大米混合为原料，然后进行酿造的错误做法，并撰文把外国先进的酿造葡萄酒法介绍给国人。在这项突破中，最有意义的代表文献是，元好问的“葡萄酒赋”的“序文”。元好问是金末元初的诗人。

金元好问《葡萄酒赋·序文》：“邓州刘光甫为予尝言：吾乡安邑多蒲桃(笔者注：安邑在今山西省)，而人不知有酿造法。不日，尝与故人许仲祥摘其实并米炊之，酿虽成，而古人所谓甘而不饴，冷而不寒者，固已失之矣。贞祐中(宣宗1213—1217年)，邻里一民家避寇自山中归，见竹器所贮葡萄在空盎上，枝蒂已干而汁流盎中，薰然有酒气，饮之良酒也。盖久而腐败，自然成酒耳。世无此酒久矣。予尝还见自西域者云：大食人(笔者注：旧阿拉伯帝国人)绞葡萄浆，封而埋之，未几成酒，愈久者愈佳，有藏至千斗者，其说正与此合。物无大小，显晦自有时，决非偶然者。夫得之数百年之后，而证之数万里之远。”[5]

据元好问的“葡萄酒赋”内容分析可知，在元朝初，我国山西省大概还没有自产的葡萄酒，但是人们已经知道，仅用葡萄为原料，即可以酿造葡萄酒了。如果采用葡萄与稻米混合再加一些酒曲进行酿酒，则所酿成的“葡萄酒”，其风味反而很不好。人们还知道，阿拉伯人酿造和陈酿葡萄酒的方法很先进，所酿成的酒风味很醇厚优美，国人应当加以学习和运用。

除了上叙“葡萄酒赋”外，在元朝太医忽思慧的《饮膳正要》里，也有一段关于葡萄酒内容的叙述。他说：“葡萄酒，益气调中，耐饥强志。酒有数等，有西番者，有哈剌火者，有平阳、太原者，其味都不及哈剌火者，田地酒最佳。”[6]据此记载可知，若仅从葡萄酒的品质而言，我国元朝时期，人们饮用的葡萄酒已有数等了。等级的出现也是酿造葡萄酒技术有明显进步的一种标志。

---

[1] 宋·唐慎微撰：《重修政和经史证类备用本草·果部》卷二十二，463页，据张氏原刻晦明轩本影印，北京，人民卫生出版社，1957。

[2] 宋·程大昌撰：《演繁露》，据元·陶宗仪：《说郛》刊行本，扬州，广陵古籍刻印社，1983。

[3] 宋·吴炯撰：《五总志》，见《丛书集成初编》总第0295册，上海，商务印书馆，1939。

[4] 宋·陆游撰：《剑南诗稿》卷五，见《陆游集》，北京，中华书局，1976。

[5] 金·元好问撰：《葡萄酒赋·序文》，见《四库全书》第1191－1，北京，中华书局，1962。

[6] 元·忽思慧撰：《饮膳正要·米谷品》卷三，据上海涵芬楼本影印，北京，中国书店，1985。

可是，我国酿造葡萄酒业的发展仍然十分缓慢。例如，明朝高濂在《饮馔服食笺·酿造类》中说："法用葡萄子取汁一斗，用曲四两，搅匀，入瓮中，封口，自然成酒，更有异香。"[1]有人说："葡萄酒的酿制方法在宋明时代已有三种：(一是)苏敬记载的自然发酵法，这种方法由于天然酵母菌未经驯化，或常有杂菌引入，发酵过程难以掌握，酿成的酒质量不稳定，未必醇美;(二是)朱肱记载的方法，是葡萄与粮食的混酿法，这种方法所酿成的葡萄酒，已完全改变了葡萄酒所具有的独特风味，口感也未必好;(三是)高濂所记录的葡萄汁加曲发酵法，显然比上述两种方法都要好，它以曲代替了天然酵母，便于对发酵过程的控制。"[2]

以上所言的朱肱，即《北山酒经》作者朱翼中。至于我国古代酿造"葡萄酒的三种方法"，笔者在本节前面的撰文中，都有"原文"具体列出。这不仅可以作为参考对照之用，还能便于对下面某些问题的讨论。

现在首先要讨论的是，唐朝苏敬《新修本草》中的方法，即"谨案：酒……而蒲桃、蜜等独不用曲。"笔者认为，仅从这么简单的几个字，那是不能证明我国唐朝时已有"自然发酵法"酿造葡萄酒的。而且从"谨案"的内容看，这也是很难说它就是苏敬所撰。因此，轻易而又牵强地认为，我国唐朝时已有"自然发酵法"酿造葡萄酒工艺的结论，是有问题的。

其次要讨论的是，朱翼中《北山酒经》中的方法，即葡萄、酸米、杏仁、熟浆和曲混合发酵法。这种方法是我们祖先独创的，它起源于酿造黄酒。古人认为这种酿酒方法也适合于酿造葡萄酒，于是就按照酿造黄酒的方法加入酒曲、酸米、杏仁等进行酿酒。但是古人的思考没有错，很符合酿酒的基本原理，因为原料中不只限于葡萄一种，还有酸米、杏仁等淀粉质原料，需要加入一些酒曲进行糖化。古人的这种"葡萄酒法"可以看成是一种酿造新产品酒的创新工艺。用不同原料酿成的酒当然风味不同，用纯葡萄酿成的酒不能生硬地去跟用混合料酿成的酒进行对比，没有理由说"完全改变了葡萄酒所具有的独特风味"。由此看来，《中国科学技术史·化学卷》作者对古人的评论是不合适的，也是不公平的。

第三要讨论的是，明朝高濂《饮馔服食笺》中的方法，即采用葡萄汁加曲发酵法。这种方法，其实与朱翼中《北山酒经》中的方法相似，所不同的只是不加入酸米、杏仁等为原料而已。这是一项很大的进步，可是仍然沿用传统方法，加入酒曲进行发酵。酒曲中酵母很少，用于酿造葡萄酒作用不大。我们有许多理由可以证明，我国明朝时的酒曲已是根霉、毛霉等占绝对优势的糖化剂了。例如，中国科学院微生物研究所的乐爱华和方心芳教授说："我们自1956年开始研究根霉，主要向全国各地搜集大曲和小曲样137个。从中分离828株毛霉科的霉菌，其中根霉有645株，其余为毛霉、犁头霉等，以糖化力论，后二者是劣等菌，所以根霉是小曲的主要糖化菌。早期的研究者，以为是毛霉，错了。"[3]既然酒曲是糖化剂，可知所谓"以曲代替了天然酵母"的结论，当然是错误的。

第二节 明清时期酿造葡萄酒科技发展史

一、明朝时期

在明朝时的古籍中，有关酿造葡萄酒的史料内容是较丰富的。例如，除了前面已经讨论

[1] 明·高濂撰：《遵生八笺·饮馔服食笺》，127页，据北京图书馆善本，北京，中国商业出版社，1985。
[2] 周嘉华："葡萄酒和果酒"，见《中国科学技术史》，570页，北京，科学出版社，1998。
[3] 乐爱华："根霉的研究"，见《微生物通讯》，1959(2,3)。

过的高濂《饮馔服食笺》以外，还有李杲的《食物本草》和李时珍的《本草纲目》两书，里面也有酿葡萄酒的内容。由于《食物本草》所记内容与《本草纲目》中的内容极其相似，又因为《食物本草》署名是原题元朝李杲编辑、李时珍参订、姚可成补辑，所以今仅以李时珍《本草纲目》中的内容为例，讨论如下：

> 李时珍《本草纲目·谷部》卷二十五："葡萄酒有二样：酿成者味佳，有如烧酒法者有大毒。酿者，取汁同曲，如常酿糯米饭法。无汁，用干葡萄末亦可。魏文帝所谓葡萄酿酒，甘于曲米，醉而易醒者也。烧者，取葡萄数十斤，同大曲酿酢，取入甑蒸之，以器承其滴露，红色可爱。古者西域造之，唐时破高昌，始得其法，按梁四公子记云：高昌献葡萄干冻酒。杰公曰：葡萄皮薄者味美，皮厚者味苦。八风谷冻成之酒，终年不坏。叶子奇草木子云：元朝于冀宁等路造葡萄酒，八月至太行山辨其真伪。真者下水即流，伪者得水即冰冻矣。久藏者，中有一块，虽极寒，其余皆冰，独此不冰，乃酒之精液也，饮之令人透腋而死。酒至二三年亦有大毒。饮膳正要云：酒有数等，出哈剌火者最烈，西番者次之，平阳、太原者又次之。或云：葡萄久贮亦自成酒，芳甘酷烈，此真葡萄酒也。"[1]

根据李时珍《本草纲目》的这些论述，我们现在已有条件来讨论我国明朝时期，在酿造葡萄酒科技史方面，已有哪些成就和概况了。

1．葡萄酒的种类　我国明朝时期已有哪些葡萄酒？如果以酿酒主要原料和工艺产品而言，则有用鲜葡萄或用葡萄干酿成的葡萄酒。或者说，有低酒精度的葡萄酒。如果以盛产名酒地区而论，则有冀宁、平阳、太原、哈剌火葡萄酒，还有西番葡萄酒。

据《中国历史地名辞典》说："哈剌火州，本汉魏以来高昌城。在今新疆吐鲁番县东南哈提和卓附近。元时又作哈剌火州、哈剌和州、哈剌火者、哈拉霍州。约元明之际迁建今哈拉和卓，又称火州。清以后始称哈拉和卓。""西蕃，一作西番。①吐蕃别称。宋人称吐蕃唃厮罗为西蕃唃厮罗。《元史》称吐蕃诸宣慰使司为西蕃诸宣慰使司。《明史》称洮、岷至西宁一带藏族诸卫为西蕃诸卫，称青康藏高原诸土职为西番都司、卫、所。②宋以后史籍用西蕃(番)泛称甘青一带各少数民族。"[2]由此可知，上叙各种葡萄酒都是我国古代国产名酒，非舶来品。

我国现在的葡萄酒品种已很多，非昔日可比。如果用含糖量区别，则有以下5类：

(1) 干葡萄酒　由于酒的色泽不同，这类酒又可以分为干红葡萄酒、干白葡萄酒、干桃红葡萄酒。此类酒含葡萄糖量≤4.0g/L，含酒精量约12%。品评时，酒品无甜味感觉，风味爽快怡然，酒质清雅醇美，果香酒香浓郁，色泽鲜明晶亮，饮后回味久长，许多人都爱喝。

(2) 半干葡萄酒　由于酒的色泽不同，这类酒又可分为半干红葡萄酒、半干白葡萄酒、半桃红葡萄酒。此类酒含葡萄糖量4.1～12g/L，含酒精量约12%。品评时，酒品有微甘甜感觉，风味清新典雅，酒体丰满醇厚，果香酒香谐调，色泽清澈亮丽，饮后甘甜适口。

(3) 半甜葡萄酒　由于酒的色泽不同，这类酒又可分为半甜红葡萄酒、半甜白葡萄酒、半甜桃红葡萄酒。此类酒含葡萄糖量12～15g/L，含酒精量约12%。品评时，酒品甘甜清爽，

[1] 明·李时珍撰：《本草纲目》卷二十五，1568页，刘衡如校，北京，人民卫生出版社，1978。

[2] 复旦大学历史地理研究所中国历史地名辞典编委会编：《中国历史地名辞典》，629页、281页，南昌，江西教育出版社，1986。

果香酒香浓郁，酒质醇厚丰满，饮后回味绵长。

(4) 甜葡萄酒　由于酒的色泽不同，这类酒又可分为甜红葡萄酒、甜白葡萄酒、甜桃红葡萄酒。此类酒含葡萄糖量≥50g/L，含酒精量为13%～15%。品评时，酒品具有浓郁的甘甜感觉，但甜酸不酽，酒香浓烈，饮后绵长。

(5) 香槟酒　由于含葡萄糖量不同，这类酒又可分为含糖≤0.5g/L极不甜香槟酒，含糖1～3g/L不甜香槟酒，含糖3～5g/L半甜香槟酒，含糖8g/L甜香槟酒，含糖≥20g/L极甜香槟酒。香槟酒在我国又名起泡葡萄酒，由法国在华传教士于1910年传入我国，现在由北京葡萄酒厂继承发展，至今已有80多年历史。

香槟酒发明于1670年，是由法国旧香槟城(今马恩州)的艾白纳赫特威尔修道院的一位酿酒修士，名叫贝利格隆(Perignon)发明的。他将白糖加入到葡萄酒里，混合均匀后，装进玻璃瓶密封起来，经2个月后开瓶，发酵所产生的CO_2气体会立刻夹带着部分葡萄酒从瓶内冲出来，散发出沁人心脾的酒香。这就是最早的香槟酒的发明经过。现代已采用充入CO_2加气法，各种酒都可以作为酒基生产香槟酒了。

2. 酿造葡萄酒的方法　根据李时珍《本草纲目》的记载内容可知，我国在明朝时期，已有下面3种酿造葡萄酒工艺方法。

(1)“葡萄久贮，亦自成酒”　这是利用葡萄皮上的酵母菌，将葡萄糖酒化为葡萄酒的原始方法。

(2)“酿者取汁同曲，如常酿糯米饭法”　这是我国独创的，用米和葡萄混合为原料，加曲酿造葡萄酒的方法。此法的进一步发展是，“取入甑之，以器承其滴露”。这就是说，我国传统酿造葡萄酒在明朝已有两种产品，即低酒精度的葡萄酒和高酒精度的“白兰地”了。

(3) 外国酿造葡萄酒的方法已经传入我国　据古文献记载说，“古者西域造之，唐时破高昌始得其法”。但是这种文字记载很不详细，我们至今不知道其操作方法和所酿成的葡萄酒是哪个品种。

二、清朝时期

在清朝初期，我国酿造葡萄酒业的情况，实际上仍然没有大的发展，真正兴盛发达起来是始于晚清。首先，我们可以从《清稗类钞》中的叙述得到某些了解。

> 徐珂《清稗类钞·饮食类》：“葡萄酒：葡萄酒为葡萄汁所制，外国输入甚多，有数种。不去皮者色赤，为赤葡萄酒，能除肠中障害。去皮者色白微黄，为白葡萄酒，能助肠之运动。别有一种葡萄产西班牙，糖分极多，其酒无色透明，谓之甜葡萄酒，最宜病人，能令精神速复。烟台张裕之酿酒公司，能仿造之。其实汉、唐时已有葡萄酒，亦来自西域。唐破高昌，收马乳葡萄，实于苑中，种之，并得其酿酒技术也。”[1]

徐珂《清稗类钞》中的这些论述，大概可以说明以下两个问题。

(1) 选择原料的变化　在徐珂的《清稗类钞》中，已不见历来使用葡萄与稻米混合为原料，然后加入酒曲进行酿造葡萄酒的方法，而是明确指出“葡萄酒为葡萄汁所制”。这种变化说明，我国在晚清时期，酿酒师们已经认识到，传统方法是不科学的，酿造葡萄酒的原料

[1] 清·徐珂编撰：《清稗类钞·饮食类》，6325页，北京，中华书局，1986。

里不要加稻米，也不必用酒曲即可酿得。

(2) 酿酒工艺的变化　从“不去皮者色赤，为赤葡萄酒;去皮者色白微黄，为白葡萄酒”两句话可知，去皮或不去皮是指葡萄原料而言的，就是带葡萄皮投料或是去葡萄皮后再投料的意思。如果是带皮投料，则所酿成的是红葡萄酒;如果是去了皮再投料，则所酿成的是白葡萄酒。这两种方法今日仍然如此，它说明徐珂所记录的事很可信，也说明当时酿造葡萄酒的技术水平已经较高了。

在清朝末年，我国最大的葡萄酿酒公司创建于山东烟台，即张裕葡萄酿酒公司。当时是清朝光绪十八年(1892年)，它标志着中国葡萄酒工业繁荣昌盛的开始，创办者是广东梅州大埔人张弼士。1892年，张弼士先后在烟台东山、西山购地近千亩，从欧洲及国内各地引进优良葡萄160多种，建成了中外闻名的葡萄种植基地，兴建了享誉中外的葡萄酒厂，共投资300万两白银。时至今日，张裕的名字同近现代中国葡萄酒业发展紧密相连的历史已经百年有余，其辉煌的业绩已为举世所公认。有关张裕葡萄酿酒公司的发展史和酿造葡萄酒科技史的详细情况，请参阅本书第九篇:“中国名酒企业志”。

第四章　近现代酿造葡萄酒科技史

葡萄酒是用新鲜葡萄或葡萄汁，利用葡萄酒酵母的发酵作用酝酿而成的。因为酿造各种葡萄酒都一样，需要依靠葡萄酒酵母的作用，所以在探讨酿造葡萄酒工艺方法之前，应当首先讨论葡萄酒酵母的来源、制备和运用等。

第一节　葡萄酒酵母的来源和制备

葡萄酒酵母(*Saccharomyces ellipsoideus*)在植物分类学上属于子囊菌纲的酵母属、啤酒酵母种。该属的许多变种和亚种，对糖都能起酒精发酵作用，所以葡萄酒母除了运用于酿造葡萄酒以外，还广泛地运用于酿造其他果酒。葡萄酒酵母能转化葡萄糖、果糖、麦芽糖、半乳糖，但不能使乳糖、棉子糖、蜜二糖等发酵，所以在酿酒之时需要加以注意。天然葡萄酒酵母都大量繁殖于成熟的葡萄果皮上。

可是，在成熟葡萄的果皮上，不是只有葡萄酒酵母，而是还有其他微生物存在。这些细菌类微生物，也会利用葡萄汁中的各种成分进行繁殖，并代谢出来许多味道不好的物质混入葡萄酒中，使酒的风味受到不良影响。为了保证酿酒发酵能永久顺利进行，始终获得优等葡萄酒，现代多数葡萄酒厂家都不再依靠天然葡萄酒酵母，特别是生长在酿酒作坊里、发酵桶上、管道或容器边的酵母，而是使用人工优选的葡萄酒酵母。葡萄酒酵母在菌种分类学上的地位，如表5－4－1所示。

表 5-4-1　　　　葡萄酒酵母在菌种分类学上的地位

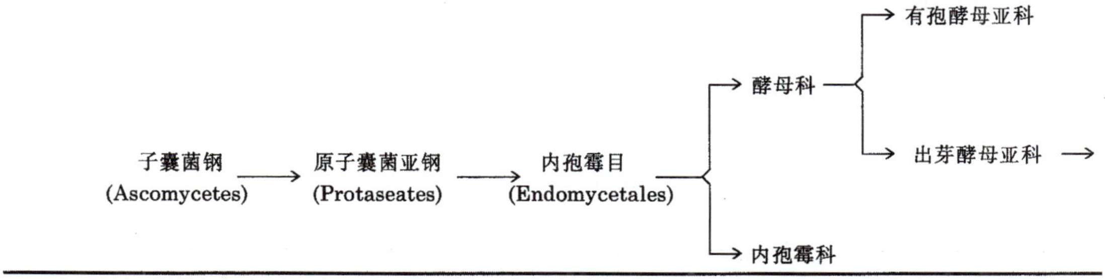

续表

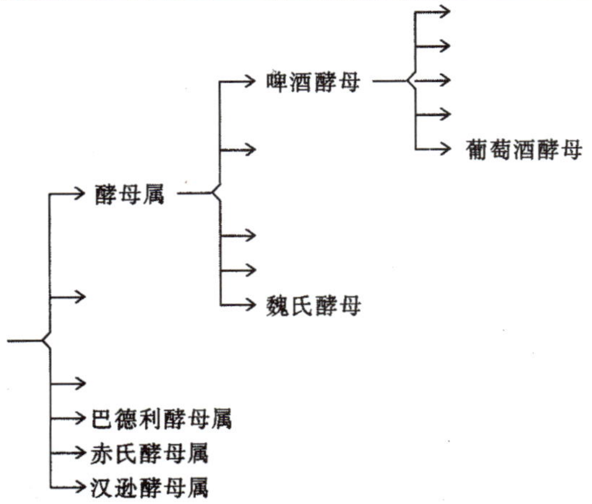

一、优良葡萄酒酵母的选育

选育酵母菌的研究工作始于19世纪中期，特别是巴斯德(Louis Pasteur, 1822～1895年)在研究酒类变酸时，发现了微生物的发酵作用，并运用加热杀菌法解决了酒质变酸的问题。他指出，葡萄汁发酵时酵母菌的作用举足轻重，空气中虽然有酵母菌，但是其作用极小，而葡萄果皮上所带入的葡萄酒酵母是最重要的。他采用分离培养的方法，筛选到了巴斯德酵母(*Saccharomyces pasterianus*)。巴氏的主要著作有《乳酸发酵》、《酒精发酵》等，书中有这一方面的专门论述。

现在，大多数葡萄酿酒厂家已不用天然酵母种酿造葡萄酒，而是采用优良纯菌种酵母进行发酵，这是一个很大的进步。但是在历史上，大多数优良纯菌种酵母都是用科技方法选育得到的。选育的方法有下列数种：

1. 采用传醅方法选育　可以用传统方法先酿造葡萄酒醪，然后挑选发酵良好的醪液为菌种传给下一批原料，经反复选育之后，即可选得优良葡萄酒酵母，酿得优美葡萄酒。我国古代酿造黄酒时也有传醅的方法，需者可以参阅本书有关内容。

2. 采用分离筛选方法优选　例如，从野生酵母属中，分离筛选适合于酿造不同葡萄酒需要的酵母种，然后将分离到的优良菌株，用现代技术方法进行扩大培养。

3. 采用改良菌种特性法选育　在一般情况下，无论使用中的优良酵母，还是刚刚选育到的葡萄酒酵母，其特性都是有些缺点的。另外，社会上对葡萄酒的品质和品种的要求也是日益提高的。在这种情况下，通过改良葡萄酒酵母的特性来满足人们不断增长的需求，就显得十分重要。例如，通过人工诱变的方法来提高葡萄酒酵母的发酵能力，采用生物工程技术制备葡萄酒活性干酵母，选育专门用于二次发酵的酵母，选育抗SO_2酵母、增香酵母、耐酒精酵母等，都是应当加强研究的课题。

4. 利用菌种保藏部门的优势，选购适合于自己需要的菌种，然后进行扩大培养　目前，在国际市场上，法国、德国、美国、荷兰等，均有优良的葡萄酒酵母出售，可以利用。

二、葡萄酒酵母的制备方法

如前所叙，利用天然酵母酿造葡萄酒的方法，往往不能达到良好的效果。其原因是：第一，成熟葡萄果皮上的野生酵母，通常比真正葡萄酒酵母的数量多，起着干扰良好发酵的作用；第二，采摘搬运中破损的葡萄，其汁液很容易被醋酸菌、霉菌及其他腐败菌所利用，其代谢产物会恶化葡萄酒本来纯正的风味；第三，在葡萄酒厂准备开车酿酒之前，车间里的一切设备、机器、管道、甚至墙壁等，其外表上附着的大多是霉菌或细菌等，它们对酿酒过程弊多利少。在这种情况下，必须在投料的同时添加足够的葡萄酒酵母，才能使发酵正常地进行。所有以上情况，就是酿酒厂家必须制备葡萄酒酵母的重要原因。现在，制备葡萄酒酵母的方法主要有下面数种：

1. 天然酵母的制备　对于一直采用传统方法酿造葡萄酒的厂家来说，如果无法获得优良葡萄酒酵母种时，自家制备酵母仍然是势在必行、不可或缺的。其制备方法如下：

(1) 原料及加工　取完全成熟、完好不破、健康的葡萄果实50kg，其含糖要求在20%(体积分数)以上，破碎后加入SO_2约5g，或酸性亚硫酸钾约12g，调配均匀待用。

(2) 发酵　将调配好的物料放入消毒过的发酵罐里，然后置于温度约25～30℃的发酵室里，任其自然发酵。当葡萄醪的酒精含量达到10%(体积分数)以上时，此酒醪即可作为酒母运用了。

(3) 注意事项　酿酒前所采集的原料必须洁净、健康，不要有污染物质。发酵好的酒醪，其酒精含量必须足够，它标志着酒醪已经达到成熟的程度。如果酒醪尚未成熟就过早地作为酒母运用，则次等酵母太多，真正优良的葡萄酒酵母便不能占优势。

2. 纯种葡萄酒酵母的来源和制备　自从巴斯德的著作问世不久，许多微生物学家受到很大的启发，他们即开始了对葡萄酒酵母的分离研究。例如，法国的拜格特(Pacottet)和柯塞尔(Keyser)，德国的瓦特曼(Wartmann)，美国的皮沃莱蒂(Bioletti)等。通过取样分离，他们都得到了优良的葡萄酒酵母种。人们只要把这些优良菌株，采用逐级扩大培养的方法，即可以得到能够用于酿造葡萄酒的葡萄酒酵母了。分级扩大培养制葡萄酒酵母的方法如下：

一般扩大培养工艺流程，如图5－4－1所示。

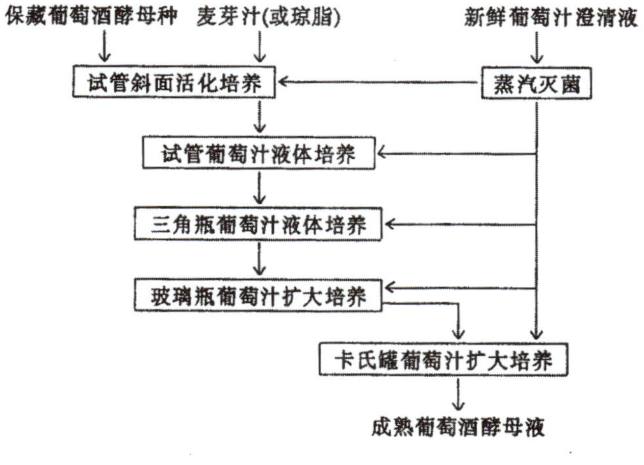

图 5－4－1　纯种葡萄酒酵母扩大培养工艺流程

(1) 试管斜面活化培养　如果葡萄酒酵母种是从菌种保藏箱里取出来的，由于菌种长期处于休息状态，所以必须进行活化。活化的方法是，先将试管及用具进行干蒸消毒杀菌，然后注入5°Bé麦芽汁或鲜葡萄汁，制成斜面培养基，用经过灼烧杀菌的白金丝取出菌种，放在培养基上，培养温度25℃，培养时间4～5天即可。

(2) 试管葡萄汁液体培养　取灭菌后的新鲜澄清葡萄汁若干，分装放入干蒸灭菌过的试管里，每试管装10mL，再用蒸汽灭菌20min，放冷后待用。在无菌条件下，每支活化酵母试管可接种10支葡萄汁试管培养液，培养温度25℃，培养时间约1～2天即可。

(3) 三角瓶葡萄汁液体培养　先将三角瓶干蒸灭菌，取500mL三角瓶注入250mL新鲜澄清葡萄汁，再用蒸汽灭菌20min，放冷后待用。在无菌条件下，取2支试管培养液接种到三角瓶里的葡萄汁中，摇均匀，培养温度25℃，培养时间约24～30h即可。

(4) 玻璃瓶葡萄汁扩大培养　取10L玻璃瓶洗净，注入6L新鲜葡萄汁澄清液，常压蒸煮灭菌1h，放冷后加入亚硫酸，使二氧化硫含量达到80mg/L的程度。将培养液静置4～8h，在无菌条件下接种两瓶发酵旺盛的三角瓶培养液，摇动均匀后，置于温度为20～25℃的培菌室里，培养时间约2～3天即可。

(5) 大木桶葡萄汁扩大培养　先将木桶洗净并燃烧硫磺消毒杀菌，静置约4h后注入新鲜葡萄汁澄清液，注入量可达大木桶容量的80%，然后加入亚硫酸使浓度达100～150mg/L，摇均匀后静置过滤。将上层澄清液吸出，随即加入2玻璃瓶已经培养好的葡萄酒酵母液，每日用消毒木耙搅动数次，培养温度约20～25℃，培养时间约2～3天即成熟，可用于酿造葡萄酒了。

第二节　酿造红葡萄酒工艺

我国酿造红葡萄酒主要以红皮白肉或皮肉皆红的葡萄果实为原料，酿造成干红葡萄酒为酒基，然后按标准调配成半干、半甜或甜型红葡萄酒。其生产工艺的突出特点是，破碎后的果皮、果肉不分开而一起送入发酵池内进行前发酵。在此期间，由于酵母的作用，葡萄浆中的糖分大部分被转化为葡萄酒组分。当果皮和果汁共同被发酵至残糖量降到5g/L时，即可压榨，分离去皮渣，而获得葡萄酒。

一、酿造红葡萄酒工艺流程

为了回收“酒脚”并生产部分白兰地的需要，本工艺流程增加“蒸馏”工序，即成为酿造红葡萄酒及白兰地工艺流程(图5－4－2)。

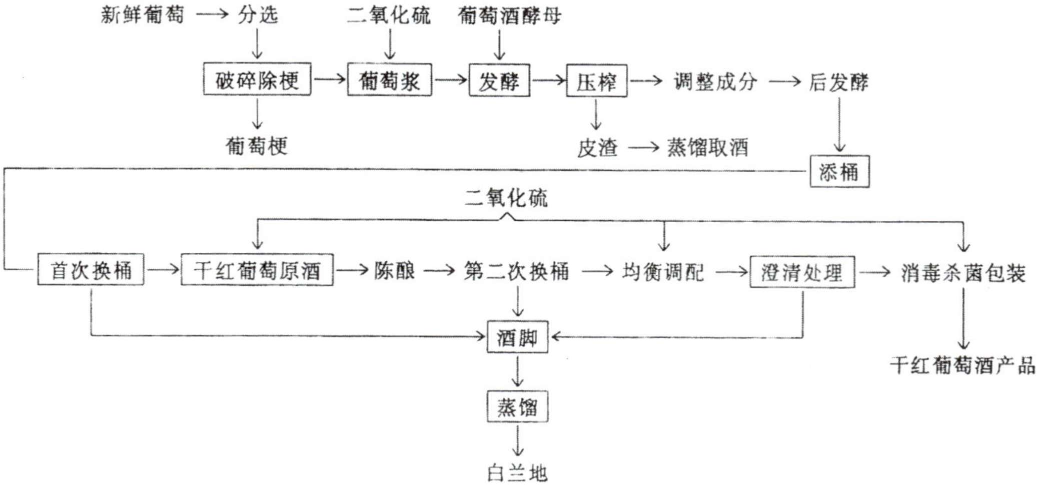

图 5－4－2　酿造红葡萄酒及白兰地工艺流程

二、主发酵(前发酵)

我国酿造红葡萄酒时，主发酵的发酵方式有：传统大口水缸或水泥池开放式发酵法和近现代密闭式发酵罐发酵法两大类。密闭式发酵罐发酵法又有下列4种(有的方法我国已经投入生产)：例如，法国制造的Vaslin型旋转罐和罗马尼亚制造的Seity型旋转罐发酵法、我国正在研究中的二氧化碳浸渍法、管道式热力浸提法及发酵罐连续发酵法等。

传统发酵法在我国具有最悠久的历史，故本文以此为例，讨论如下：

1. 葡萄破碎和去梗　这两道工序实际上是在滚筒式或离心式破碎机上一次完成的。破碎的目的是为了加速后来的发酵。必须去梗的原因较多，梗如果不除去，葡萄酒会有“梗青味”、“梗涩味”、“梗苦味”、“梗麻辣感”等。

2. 入池发酵　葡萄破碎除梗后，应及时送入敞口发酵池内。注入量为发酵池容量的80%，为的是防止葡萄浆发酵升温之时，皮糟浮起带醪溢出池外。如前所叙，葡萄浆与SO_2应当同时入池，每升葡萄浆可加SO_2量在40～80mg之间。为了避免SO_2对酵母产生不良影响，往葡萄醪添加酵母时，必须在加入SO_2之后4～8h期间进行。添加酵母量一般是酒醪量的2%～3%。发酵池，如图5－4－3所示。

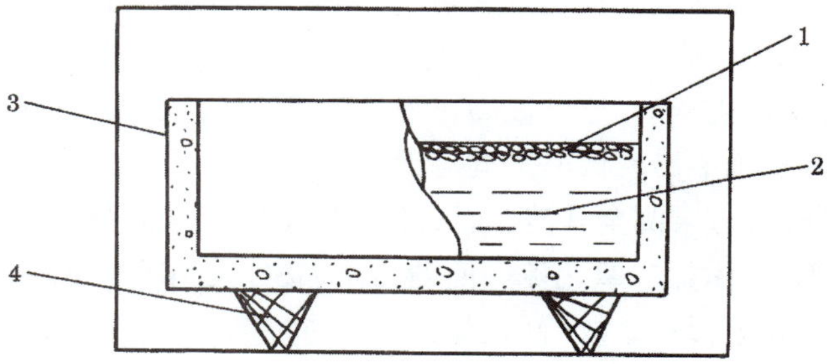

图 5－4－3　带压板水泥发酵池

1. 皮糟　2. 葡萄汁稀醪　3. 水泥池　4. 支腿

加入葡萄酒酵母之后，发酵即迅速开始。起初醪液中氧含量多，酵母用呼吸方式将糖分氧化成CO_2和H_2O，只产生少量酒精。但酵母大量发芽繁殖后，葡萄醪中氧含量减少，酵母在厌氧条件下，繁殖力大大降低，发酵作用变为将糖分分解成为酒精和二氧化碳气体：

$$C_6H_{12}O_6 \xrightarrow{\text{葡萄酒酵母}} 2C_2H_5OH + 2CO_2$$

酒精发酵是非常复杂的生物化学现象，有30多种连续性化学反应和许多中间产物，很难用化学反应式表达清楚，因此，上面这个反应式只是其中的一种结果而已。

酿造葡萄酒工艺，乍一看好像很简单，实际上很复杂，而且要使主发酵达到渐臻佳境并不容易。如果从古人已经取得的科学技术经验方面来看，影响葡萄醪主发酵的因素尚有下列方面：

(1) 发酵温度　从酿造葡萄酒的季节来看，起初始于金秋气温不太热的时候，好像很容易掌握发酵温度。其实不然，葡萄酒酵母同其他生物一样，当其进行繁殖与发酵作用时，也有最佳适应温度范围。实践证明，相宜醪温应当控制在15～25℃之间。我们还应当考虑到，葡萄醪发酵过程是放热反应。发酵过程中，会不断地有皮糟随二氧化碳气体的上升而从醪内漂浮到醪面上，形成一层厚厚的“锅盖”，给散热造成阻碍，使控制醪温的操作遇到一定困难。传统控制醪温的方法是用木工具将皮糟层捣破，用搅动法降温。现在，控制发酵醪温的方法已不少，例如，采用压架将皮糟压入醪内，用机械方法搅动，用液体泵将醪液打循环，用喷淋皮糟法散热等(图5－4－4)。目前，也有在发酵罐或发酵池内安装蛇管进行冷却的，效果也很好。

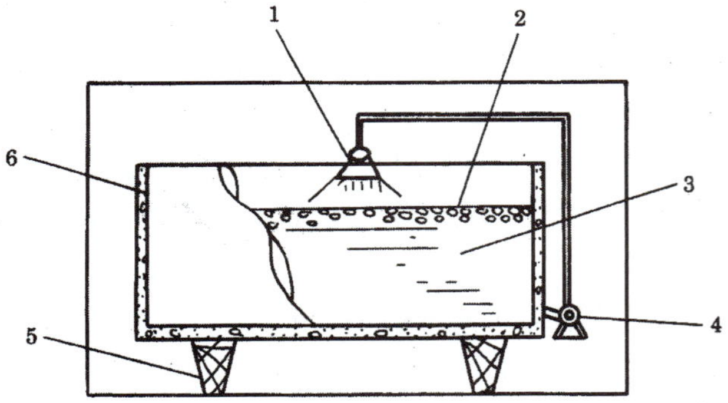

图 5－4－4 醪液打循环装置

1. 喷头 2. 皮糟层 3. 醪液 4. 液体泵 5. 支脚 6. 水泥池

(2) 酒的色泽 红葡萄酒的颜色差别与下列各因素有关。

第一，酒醪中的酒精量 红葡萄酒的颜色体现，主要来自葡萄果皮中的色素，其色素易溶于酒而难溶于水，所以醪液开始发酵之后，醪中含酒量不断增加，色素溶出量增加，红葡萄酒的艳红色自然也不断加深。

第二，主发酵过程中的温度变化 如前所叙，酿造红葡萄酒的发酵过程是放热反应。在生产过程中，放热将使醪温逐步升高，使葡萄果皮中的色素随着醪温升高而溶出量增加，这对于加深红葡萄酒色泽来说意义颇大。但是，醪温偏高对于葡萄酒酵母的繁殖和发酵作用影响也很大，例如，酵母消耗糖分会太多，使出酒率下降。当醪温高达37～40℃时，酵母的发酵力减弱，甚至停止活动。温度偏高还容易造成沸池现象，出现杂菌繁殖和副产物增加等。对于这种在同一系统中出现低温发酵对出酒率好，而高温发酵对色素溶出好的矛盾现象，只能采取兼顾的办法，力求两全其美，而不能有所偏废。有关发酵适宜温度的问题，前面已经讨论过。

第三，添加二氧化硫等问题 添加SO_2的作用前面已经讨论过，那是为了保证酿酒发酵能够顺利进行的缘故。然而添加SO_2的时机，需要精心选择。例如，应当在葡萄破碎之后，葡萄醪即将发酵之前，把计算好的SO_2量一次性地加入醪中，是最为可取的办法。因为此时葡萄刚破碎，其中糖分开始与空气及各种酿酒设备工具发生接触，很容易感染上杂菌并消耗糖分，选择此时加入SO_2，正好可以达到最佳杀菌效果。但是SO_2有使葡萄酒退色的作用，所以添加SO_2的量，只能适量而不可过量。SO_2起退色作用的原因是，过量SO_2与花色素苷起作用而生成化合物，此化合物受热后能起还原反应，色泽会有所减退。其氧化还原反应式如下：

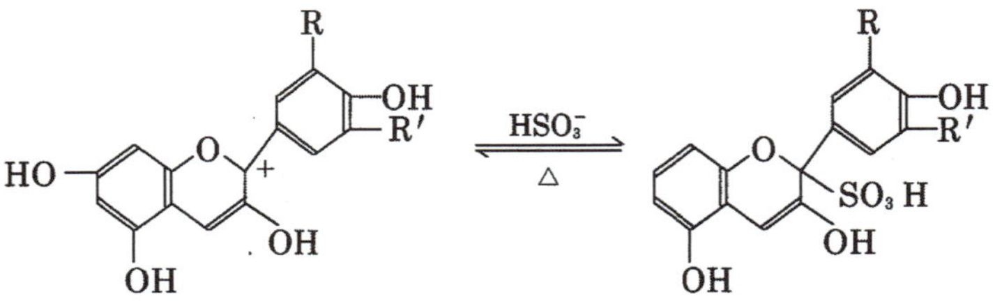

花色素苷(红色)　　　　花色素苷亚硫酸化合物(无色)

三、压榨分离操作法

当主发酵在池中大约经过3～6天酝酿之后，发酵液中浮动的气泡已经很少，醪温趋于室温，相对密度接近1.020，皮糟已经下沉，醪液中残糖量已降至5g/L。这一切表明，主发酵已经完成，可以进行压榨分离了。

出池时，要先将上层澄清原酒排放出来，然后入池清理下面皮糟，以便做压榨处理。原酒与从皮糟中压得的“原酒”，其成分差异很大，如果原酒是要用于酿制高档名酒的，则“皮糟原酒”应当分开贮存利用。据顾国贤主编的《酿造酒工艺学》记述[1]，主发酵结束后，各物质比例如下：

上层澄清原酒	52.9%～64.1%	酒脚	8.9%～14.5%
压榨皮糟原酒	10.3%～25.8%	皮渣	11.5%～15.5%

压榨分离葡萄酒的设备和操作方法，有下列数种。

1. 水压式压榨机　这是一种传统压榨机，有立式和卧式两种。在我国、法国、意大利、西班牙等，这种压榨机都有相当长的普遍使用史。其构造如图5－4－5所示。

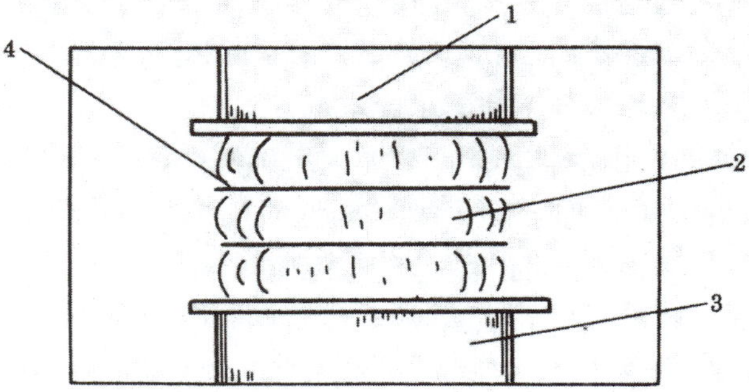

图 5－4－5　水压式压榨机

1. 固定挡板　2. 装料榨筐　3. 水压机活塞　4. 隔板

压榨方法：将皮糟装入由木条制成的榨筐内，铺料要均匀、厚薄一致，以避免压榨不干净。每层榨筐之间要用木板隔开，以防止倒塌或压榨不干净。当准备工作完成之后，即可开动水压泵，活塞由下向上推进，将皮糟中的葡萄酒汁液压榨出来。

2. 卧式转筐双压板压榨机　这种压榨机的榨筐、装料方法与水压式压榨机相同[2]。压榨方法：当物料装入榨筐及榨床后，即可开动压榨机，使机身上主螺杆及其他传动部件都转动起来。此时，榨床上两端的压板都向中间榨筐里的物料进行挤压。当压力达到一定限量时，要停机等待葡萄酒汁液流出来，等到皮糟体积缩小、挤压力下降后，才可以做进一步压榨。这种分阶段加压的榨酒方法，与我国古代压榨黄酒的方法相似，符合压力传递的需要和时间滞后的规律。这种操作方法可以使压榨力分布均匀，榨出的酒液中固形物较少，榨干净的程度提高。

3. 其他压榨机　当前，应用于分离破碎葡萄浆与渣或主发酵皮糟的常见压榨机，还有连续式压榨机和气囊式压榨机等。前者连续进料和出料，生产能力大，运用高技术控制，压榨效果好，适合于大型酿酒厂使用。后者构造复杂一些，需要与传动设备及计算机控制系统配套，因为用气体作介质很干净而且压力分布均匀，所以采用这种压榨机可以获得更加高档的产品。但是这两种压榨机的价格都较昂贵，设备成本高，投资大，目前尚不能广泛采用。

四、后发酵操作法

前发酵完成后，在经过压榨分离得到的葡萄酒中，仍然会有少量细渣滓和未发酵的残糖存在。这些渣滓在送入后发酵池或罐之前，可以通过自然沉淀法再次将其分离掉。此时，如果

[1] 顾国贤主编：《酿造酒工艺学》，386页，北京，中国轻工业出版社，1996。

[2] 顾国贤主编：《酿造酒工艺学》，387页，北京，中国轻工业出版社，1996。

原酒的液温超过30℃，则还要进行冷却降温，使品温低于25℃。一般以控制在18～24℃之间为宜。在进行后发酵之前，还要向原酒中补加一定量的SO_2，以防止杂菌繁殖。如果按游离SO_2计量，一般添加量是30～50mg/L，然后将原酒送入后发酵池或罐中。原酒中的残糖和遗留酵母等，将在低温、厌氧条件下继续缓慢地进行发酵。在后发酵的厌氧操作中，应注意装酒入池或罐时，不可以太少，也不可以太满，一般容器上方要空10cm高度，以防止发酵时起泡溢出。其次是在容器上方要安装水封，以便减少产品挥发损失。

1. 后发酵的作用和目的　后发酵是酿造红葡萄酒工艺过程中一道极其重要的工序，通过后发酵可以达到以下效果：

(1) 具有陈酿和提高葡萄酒品质的作用　在后发酵过程中，酒醪里会继续进行着缓慢的氧化还原反应，残糖会发酵成酒，醇酸成分也会进行酯化等。这些生化反应过程，就是促使红葡萄酒风味更加甜美，味道更加柔和的重要因素。

(2) 具有澄清酒液和使酒液更艳丽的作用　后发酵不仅可以降低酒液中的残糖量，减少受醋酸菌及其他细菌的感染而导致的酒液混浊，而且还可以使酒中的纤维物质或胶体成分沉降下来成为酒脚，清除酒脚即可以提高红葡萄酒的品质。

2. 后发酵的管理　新酒入池之后，需要认真管理的项目仍然不少。例如，安装水封、检测品温和酒液相对密度、测定酒液中残糖量和总酸量、补加SO_2、加强卫生管理和观察后发酵过程变化等等。现在列举其中数项，讨论如下：

(1) 温度控制　后发酵期间，虽然酒液中残糖量不多，糖分酒化时放热反应不会太剧烈，酒温不会很快升得很高，但是如果新酒的原有温度偏高，又遇高温天气，那么，系统温度可能就会超过25℃，使杂菌迅速繁殖，使红葡萄酒不能澄清，甚至变质难饮或者不能饮用，故仍须加强温度控制。降温的方法有：蛇管冷却法、捣池散热法、通风法等。

(2) 残糖控制　后发酵期间，酿酒者关心的问题之一就是葡萄酒中含多少残糖较为合适?特别是干红葡萄酒，如果是用含残糖达5～6g/L的新酒进行后发酵，则发酵完成时及以后的头几个月内，虽然红葡萄酒的风味柔和醇厚，但是随着时间的推移，酒体受各种细菌感染之后，会缓慢地生成乳酸、醋酸、二氧化碳等，口味变酸，酒体混浊，色泽灰暗，变成了低质酒。一般酿酒实践经验认为，酿造干红葡萄酒时，如果新酒中残糖量低于2g/L，用这种新酒进行后发酵而酿制的干红葡萄酒，质量稳定，可以长期贮存。降低含残糖量的方法有：控制好在低温下进行后发酵的条件，用捣池、翻汁、通风等方法恢复酵母的活力，也可以添加一些旺盛发酵时的葡萄醪，以便促使糖分酒化。

(3) 补加二氧化硫　主发酵完成之后，葡萄醪在经过压榨、澄清、入池等工序的过程中不可避免地会染上一些杂菌，耗掉一些SO_2。因此，在一般情况下，新酒中都需要添加一定量的SO_2，然后才进行后发酵。补加量本章前面已经谈了，不赘述。

3. 后发酵时间　正常后发酵时间一般为3～5天，但也可以延长到1个月左右。后发酵完成之后，澄清的红葡萄酒按传统方法，要"换桶"，装入木桶中进行陈酿。

五、换桶与陈酿

"换桶"这个名称来自国外。例如，在法国，葡萄酒就是在"橡木桶"中进行陈酿的(图5－4－6)。实践证明，用橡木桶陈酿的葡萄酒，其风味比用其他贮罐陈酿的好。在我国，现在用橡木桶陈酿葡萄酒的厂家不多，大多数采用内部衬上环氧树脂或其他涂料的水泥池或金

图 5-4-6　橡木桶陈酿
(本图片由张裕葡萄酿酒公司提供)

属罐陈酿法。“换桶”，其实就是将葡萄酒从一个贮罐倒换到另一个贮罐里去的操作，并借“换桶”之机，达到清除杂质的目的。

后发酵完成之后，酒液温度下降，反应停止，二氧化碳不再产生，悬浮在酒中的各种固形物以及微生物残体沉降到贮罐或酒池底部，有些化合物如硫化物、胶体物质、酒石等也下沉成为酒脚。这种“酒脚”如果不及时清除掉，将会使红葡萄酒在短期内变质变味，甚至不能饮用。

(一) 换桶与添桶操作

如前所叙，换桶就是将葡萄酒从一个容器换到另一个容器里的操作。因为换容器和清除酒脚之后，必然会造成葡萄酒的原体积缩小，而使贮酒容器内的空隙增大。大量空气的进入，容易使醋酸菌等微生物在容器内繁殖，使陈酿酒品质下降。因此，“换桶”之后有“添桶”的操作，就是把贮酒容器内的空间用同类酒及时补满，把里面的空气及悬浮微生物赶出来，然后继续陈酿。在一般情况下，换桶和添桶操作要反复进行多次。

第一次换桶操作，应当在后发酵完成后的第8～10天内进行，因为首批酒脚大多污染力强，必须及早清除掉。换桶时，只将澄清的酒液倒入另一罐内，浑浊的、粘稠的酒液或酒脚必须留在原罐内，待另行处理。

第二次换桶操作，一般可以在第一次换桶之后的45～60天期间进行，即当年的11～12月间。换桶时，采用开放式接触空气操作法，以利于红葡萄酒的成熟并起匀质作用。从第一次换桶开始，第一个月的每星期要定日添桶一次，以后每两星期添桶一次。添桶用的酒，必须洁净，质量最好相同，必要时还要适当加入一些SO_2，起消毒等作用。

第三次换桶操作，通常在第二年的春季进行，采用密闭式操作，可防止接触空气氧化，且有保持葡萄酒果香的作用。到了春夏间，气温升高，贮酒桶或罐里的葡萄酒会体积膨胀，并从罐或桶的上面或下面溢出。为了避免损失或将酒桶胀坏，要安装溢流管或进行人工检查，及时从酒桶或罐中取出一些葡萄酒。

总之，换桶和添桶的次数是由许多影响因素决定的，例如，葡萄的品质、葡萄酒的品种和品质等。

(二) 陈酿的条件与方法

在葡萄酒陈酿过程中，由于会继续发生物理的、化学的、生物化学的诸多变化，所以陈酿过程不能随意，要有适合于这些变化的良好条件。例如：

1. 陈酿容器　常用的葡萄酒陈酿容器有橡木桶、水泥池和金属罐三类，前者是传统容器。用传统方法陈酿很讲究，都说必须用橡木桶，而且要放在地下室内才会最好。随着制冷和供热技术的发展，随着衬里涂料的发明和推广运用，近现代不少酿酒厂家已改用水泥池和金属罐陈酿，而且这些设备也不必放在地下室内，置于地上也行了。

2. 陈酿温度　葡萄酒陈酿都要求有适宜的温度，但是不同品种的葡萄酒，对陈酿温度的要求也不同。在一般情况下，陈酿温度以8～18℃为佳。对于干红或干白葡萄酒，以10～15℃为佳。对于红葡萄酒，以12～15℃为佳。对于白葡萄酒，以8～11℃为佳。对于甜葡萄酒，以16～18℃为佳。对于山葡萄酒，以8～15℃为佳。

3. 瓶贮陈酿　前面所言，属于大容器陈酿葡萄酒。至于瓶贮陈酿，则属于另一种方法，应当分开讨论。葡萄酒在瓶中陈酿，相对说来，贮酒量少，但厌氧条件好，经过几个月陈酿之后，可以获得最佳风味。

葡萄酒瓶贮陈酿操作要注意两点：一是装酒满瓶之后要及时加盖软木塞，加塞要紧密，不能有泄漏；二是陈酿期间瓶酒要倒放或卧放，使木塞浸在酒里，木塞可以促进葡萄酒老熟和改善葡萄酒风味。

4. 葡萄酒贮存陈酿期问题　葡萄酒的贮存期因品种不同而有所区别。红葡萄酒因酒精含量高，又有单宁和深浓的色泽，适宜的贮存期是2～4年。白葡萄酒的贮存期是1～3年。干白葡萄酒的贮存期只要6～10个月即可。由于生产工艺不同，有些特色葡萄酒的贮存期可延长至5～10年。

至于瓶装葡萄酒的贮存期，最少需要贮存4～6个月。有些高档葡萄酒，贮存时间只需1～2年。

第三节　酿造白葡萄酒工艺

酿造白葡萄酒工艺具有两个明显不同于酿造红葡萄酒工艺的特点，其一要用白葡萄或红皮白肉葡萄作为原料，其二是葡萄破碎之后，不是用果皮、果肉直接先发酵，而是将果皮、果肉先进行分离，然后用果汁作为原料，进行白葡萄酒的酿造。

一、酿造白葡萄酒工艺流程

为了回收“酒脚”并生产白兰地，本工艺流程中设有“蒸馏”工序(图5－4－7)。

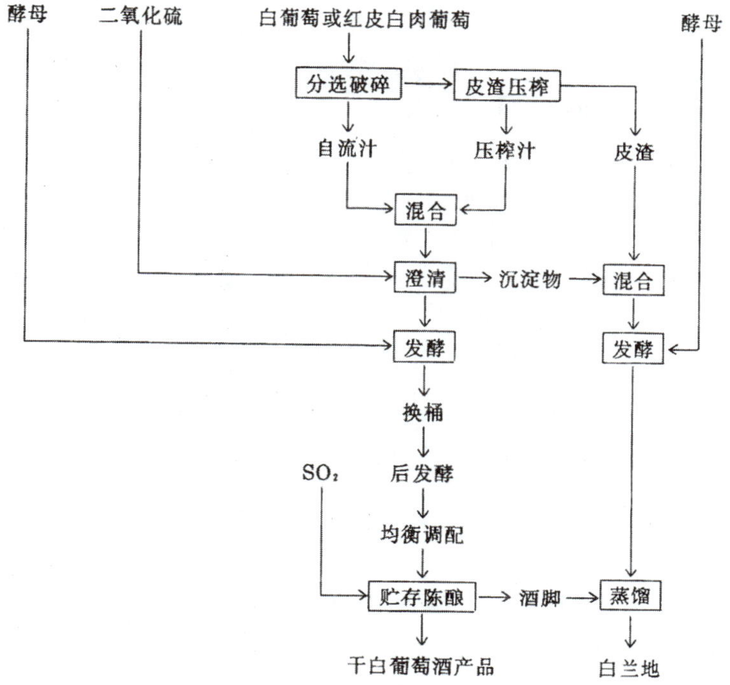

图 5－4－7　酿造白葡萄酒工艺流程

二、葡萄汁加工

1. 酿造白葡萄酒的葡萄品种　在我国，现在用于酿造白葡萄酒的葡萄品种很多，其中龙眼葡萄是我国固有品种，其他引进品种有雷司令、李将军、贵人香、佳丽酿、白羽、珊瑚珠、巴米特、白雅、白根地、黑比诺等。

2. 葡萄的破碎和果汁分离　破碎葡萄的方法与酿造红葡萄酒时的破碎方法相同，但是酿造白葡萄酒时，果汁与皮渣必须及时分离。压榨分离机械有间歇式压榨葡萄取汁器(图5－4－8)、连续式螺旋果汁分离机、转筒式淋汁机和连续压榨机等。

葡萄破碎后可分离得到两种果汁，即葡萄刚破碎时自动流出来的“自流汁”和从葡萄皮渣里压榨出来的果汁。这两种果汁要分别存放和处理，然后才可以作为原料混合利用。采用葡萄汁酿白葡萄酒时，果汁必须彻底澄清是极其重要的。

3. 果汁的澄清方法　果汁澄清必须在发酵前进行，其目的是将果汁中的杂质尽量彻底除掉，以免影响后面的发酵和白葡萄酒的质量。迄今为止，常见澄清葡萄汁的方法有下列数种:

(1) 添加二氧化硫静置法　如本篇前面所叙，SO_2具有杀菌作用，某些细菌或微生物被抑制甚至被杀灭之后，葡萄汁必然会减少或停止各种生化反应而澄清下来。SO_2具有破坏溶胶性质的作用，会使葡萄汁中溶胶转化成凝胶而沉淀下来，从而达到澄清的目的。

(2) 采用机械澄清法　只要将葡萄汁及时送入离心机，利用强大的离心力，即可以将

图 5－4－8　我国早期间歇式压榨葡萄取汁器

固体物质及野生酵母渣分离出去，从而达到澄清的目的。据生产实践证明，如果分离之前向果汁内加入一些皂土，则分离效果会更好，澄清速度会更快。

(3) 采用皂士澄清法　所谓“皂土”，是一种用天然特殊粘土精制而成的硅铝化合物。例如，二氧化硅、三氧化二铝、氧化镁等物质，将其溶于葡萄汁中时，其吸附力将使多种微粒沉淀，从而达到澄清葡萄汁的目的。添加的方法是，先用清水浸泡溶化约12h，然后补加温水溶化，最后根据所制溶液浓度及葡萄汁性质来确定添加量，效果很好。

(4) 采用果胶酶澄清法　目前，市场上已有多种果胶酶商品可供选购。果胶酶可以使葡萄汁中的果胶质分解，生成果胶酸、半乳糖类化合物，使葡萄汁的粘度下降，使固形物沉淀，从而达到澄清的目的。添加的方法是，先将果胶酶用温水浸泡溶化2～4h，然后按一定数量加入到葡萄汁中，经搅拌，静置，约24h，即可得到葡萄汁澄清液。

三、发酵与陈酿

酿造白葡萄酒时，主发酵过程具有下列特点。

1. 由于葡萄汁中没有大块皮渣固形物，结果所加入的葡萄酒酵母都漂浮在汁液里而无所依托，所以最初的主发酵过程发展很缓慢。对于此种情况，现代酿酒厂常见的改进方法是，预先将酵母菌培养繁殖到了旺盛程度时再加入，或者是使用人工制成的固体活性酵母进行主发酵。实践已经证明，这两种改进做法的效果都较好。

2. 在白葡萄酒质量指标中，合格产品应当是透明浅黄色或近似无色。如果要达到此项要求，那就要在酿酒过程中或产品贮存期间，采取相应的各种技术措施。例如，选择最佳采摘葡萄时机，以防止太熟容易霉变，太生则酸量多的缺点；采用快速破碎葡萄榨汁法，尽量缩短物料接触空气而被氧化的机会，以防止产品色泽变深；利用低温发酵法抑制杂菌繁殖；利用添加SO_2，避免氧化作用过强等，这些措施都能提高产品质量。此外，适当添加一些抗氧化剂，酿酒过程中禁止使用铜、铁工具和设备等，也是提高白葡萄酒质量的好方法。

3. 主发酵温度一般控制在15～22℃之间，发酵周期约15天，残糖含量要低于5g/L。

4. 主发酵完成之后，即可转入后发酵。后发酵的操作过程和方法，与酿造红葡萄酒的技术大同小异，一般发酵温度控制在15℃以下，发酵周期约1个月，残糖要降至2g/L以下。经过后发酵的白葡萄酒即可陈酿，使酒香更加浓郁醇厚。

但是，对陈酿白葡萄酒必须有严格的要求，例如，陈酿设备不能含铁，添加SO_2不可过量，前者会使白葡萄酒变混浊及变色，后者会使白葡萄酒变味。

第四节　酿造山葡萄酒工艺

一、我国山葡萄的品质

本篇前面已经说过，山葡萄是我国固有的优良传统品种，可以在－40℃的恶劣气温条件下奇迹般地实现露地越冬。山葡萄以其特有的抗寒能力，为我国葡萄育种工作提供了得天独厚的有利条件。一些科研单位正是以它为杂交亲本，从而选育出了许多优良的酿酒葡萄品种。例如，北京植物园于1954年用山葡萄与玫瑰香杂交，培育成功了北醇；吉林果树研究所于1960年用山葡萄与玫瑰香杂交，培育成功了公酿1号和公酿2号葡萄新品种。又如山东果树研究所、中国农业科学院郑州果树研究所、通化及长白山葡萄酒厂等，对山葡萄的培育也进行了不少研究。专家们用山葡萄与龙眼、玫瑰香、董氏葡萄杂交选育，得到了双庆、左山一等优良葡萄新品种。

在我国酿酒科技史上，人们以山葡萄或山葡萄新品种为原料，采用工业化生产设备酿造葡萄酒，其起源始于50年代，至今约有40余年历史。

山葡萄果粒圆而小，果皮厚、紫黑色，汁少、味酸、口感涩，不宜生食，但榨汁用于酿酒是利用天然野生资源的好路子。用山葡萄酿成的酒，汁色紫红而透明，酒香果香浓郁，酒体丰满，回味绵长，在中外葡萄酒系列产品中独树一帜，是我国著名特产，在国际上享有盛誉。

我国山葡萄果一般构成和成分，如表5－4－2所示。

表 5-4-2　　我国山葡萄果一般构成和成分　　单位：%

名称＼构成	所占百分比	名称＼成分	果汁成分
果　梗	9.34	总　糖	10.0
果　皮	28.20	总　酸	2.0～3.0(以酒石酸计)
果肉果汁	51.36	单　宁	0.03～0.045
果　核	11.10	果汁收得率	45～50

(引自无锡轻工业学院等编：《酿酒工艺学》，北京，中国财政经济出版社，1964)

二、酿造干红山葡萄酒工艺流程

我国酿造干红山葡萄酒的工艺流程，如图5－4－9所示。

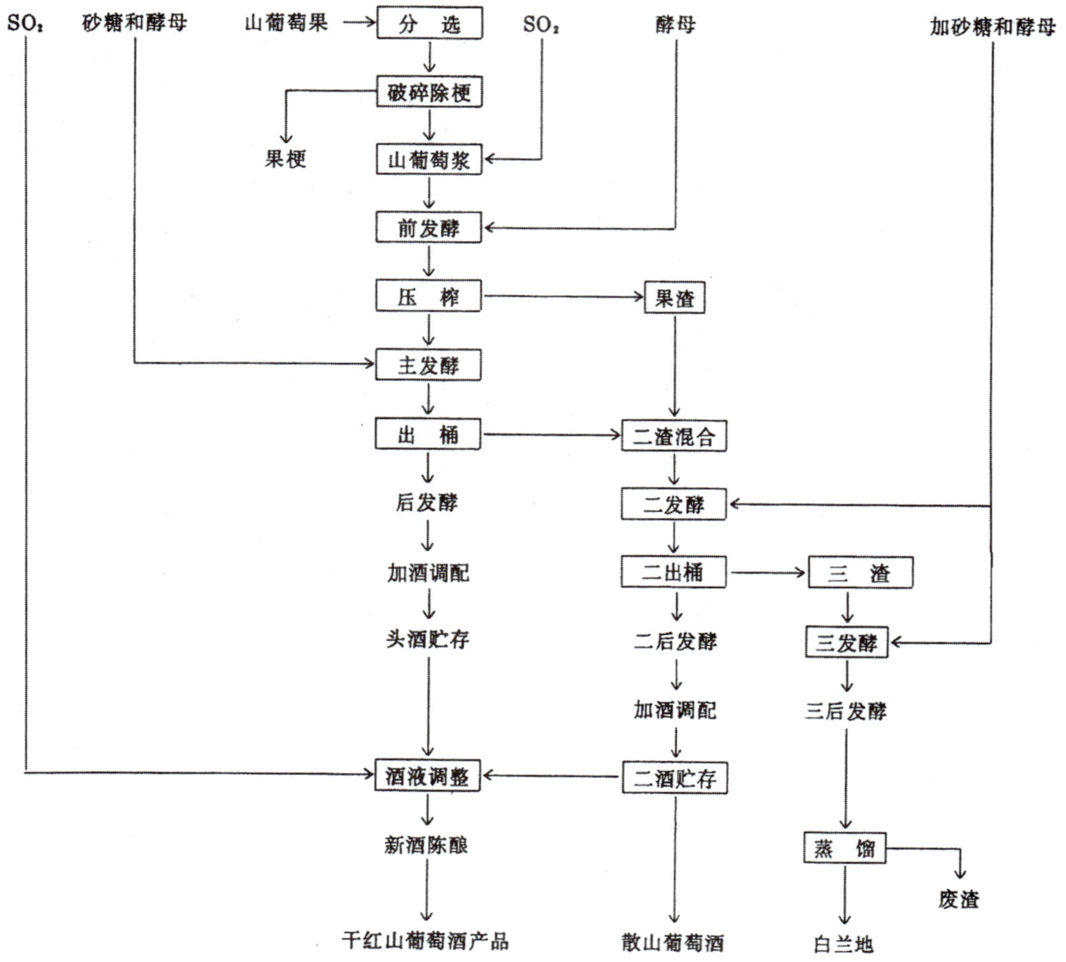

图 5－4－9 酿造干红山葡萄酒工艺流程

三、发酵与陈酿

1. 山葡萄的特点 在山葡萄的果皮中，含色素和单宁较多，因此，如果主发酵时间太长，果皮在酒醪中停留的时间也长，色素和单宁的溶出量就会增加，使所酿成的干红山葡萄酒色深、涩味重。为了避免上叙情况的发生，近现代酿造干红山葡萄酒时，通常采用分段发酵法，即先进行3～5天短时间前发酵，然后压榨、分离、去渣、取汁，再将醪汁进行主发酵。

2. 山葡萄酿酒的发酵 自前发酵之后，山葡萄醪汁中的糖分一般较少，为了酿得优质酒，在主发酵进行前，必须根据醪汁中含糖量情况补加砂糖。在一般情况下，加糖量大约是压榨所得糟粕重的1/3。如果加糖太少，则山葡萄酒的酒精含量偏低。如果加糖量太多，则山葡萄酒的酒香和果香会明显下降，而失掉其独特的风味。

前发酵之后的山葡萄糟粕要及时进行二次发酵，其发酵方法与利用其他葡萄糟粕略有不同，即需要适当添加一些砂糖，然后加入葡萄酒酵母进行发酵。如果二次发酵之后的葡萄糟粕需要进行第三次发酵，则按照上面方法加糖。总之，酿造山葡萄酒的各个发酵过程都要考虑加糖的问题。

3. 山葡萄酒后发酵和贮存　山葡萄皮厚、汁少、含糖量低，初酿成的酒甜度不够、酒精含量不高，所以后发酵期间或成品酒出售前，通常也需要用糖浆或脱臭酒精进行调和。

山葡萄酒与其他葡萄酒一样，也需要贮存陈酿。陈酿可以在酒桶或酒窖中进行。甜红山葡萄酒在地上贮罐中陈酿时，温度控制在15～28℃之间，约经2～5年，可以出售。干红山葡萄酒在地下酒窖中陈酿时，温度控制在8～15℃之间，约经2～3年，即可出售。

第五节　酿造白兰地工艺

白兰地(Brandy)可分成两种类型：即葡萄白兰地和以其他水果为原料酿成的白兰地。凡是不冠以水果名称的白兰地，通常都是指用葡萄酿造成的白兰地，否则都要冠以水果名称，如红枣白兰地、苹果白兰地等。

一、酿造史概况

白兰地在世界上出现可能很早。据伊东俊太郎等编辑的《科学技术史词典》说，美索不达米亚地区(今叙利亚东部和伊拉克境内)曾出土了距今3500年以前的蒸馏器，1813年世界上已出现了精馏装置，并从葡萄酒中蒸馏制得了酒精[1]。这段话说得很不具体，不能作为酿制白兰地起源的根据。据《简明不列颠百科全书》第1卷第501页说：荷兰人于16世纪时，开始了白兰地商品化生产。

在世界上，法国人酿制白兰地的起源也很早。20世纪初，法国的科涅克(Cognac)与阿尔马涅克(Armagnac)地区酿造的葡萄酒向北欧各国和英国出口，但是由于经常发生葡萄酒浑浊变质现象，引起北欧和英国顾客的不满，结果导致葡萄酒滞销，使法国经济受到很大损失。另外，科涅克等地气候稍寒冷，限制了葡萄的旺盛生长和果实成熟期，使所酿成的葡萄酒容易变质或品质不高。在这种情况下，科涅克人不得不利用蒸馏法，将大量葡萄酒加以蒸馏，制成了白兰地。当时俗称白兰地为“生命之水”。经过长期的发展后，科涅克与阿尔马涅克酿造的白兰地，终于成为世界上最著名的产品。

据烟台张裕葡萄酿酒公司资料说：“从1892年至1914年，始建过程历经22年之久。其间……从西方引进了先进的葡萄酿酒设备。酒师拔保采用西方先进的葡萄酿酒工艺，生产出白兰地、葡萄红酒、葡萄白酒三大品类、15个品种的产品。”[2]迄今，烟台张裕葡萄酿酒公司酿造的“金奖白兰地”，一直深受国内外消费者的好评。由此可知，我国工业化酿造白兰地的历史至今已有80多年了。

二、白兰地的类别

如果暂且不考虑以水果为原料酿造的白兰地，仅讨论使用葡萄为原料酿造的白兰地时，则白兰地有下列5类：

(1) 用陈酿1年以上的优质葡萄酒蒸馏成的白兰地。

[1] [日]伊东俊太郎等：《科学技术史词典》，876页，樊洪业等译，北京，光明日报出版社，1986。

[2] 笔者注：见本书第九篇“中国名酒企业志”中的“张裕葡萄酒企业志”的资料。

(2) 用优质葡萄直接酿造成的白兰地原酒。

(3) 用葡萄糟粕、酒脚、沉渣等直接蒸馏得到的白兰地。

(4) 用葡萄糟粕、果皮等加糖和酵母酿造成的白兰地。

(5) 用低等葡萄酒或变质葡萄酒直接蒸馏得到的白兰地。

在通常情况下，白兰地应当有浓郁的芳香，具有醇和的风味，甘润的滋味，金黄的色泽等优点。

三、酿造白兰地工艺流程

酿造白兰地工艺流程，如图5－4－10所示。

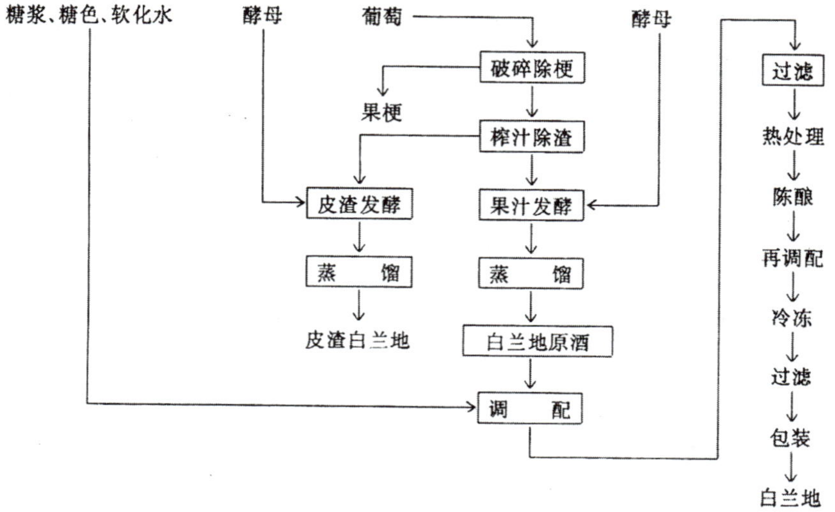

图 5－4－10 酿造白兰地工艺流程

四、操作法及注意事项

1. 在酿造白兰地过程中，禁止使用SO_2 在酿造白兰地原酒时，其操作方法与酿造传统干白葡萄酒时的方法相当一致，但是在整个酿酒过程中禁止使用二氧化硫处理剂。其原因是，在白兰地长期贮存过程中，酒中游离状态的乙醛成分起着重要的稳定性作用。如果加入SO_2，则乙醛与它化合而生成乙醛亚硫酸，使酒中游离状态的乙醛成分减少，不利于白兰地的贮存。另一个原因是，白兰地是蒸馏酒，酒精含量高，本身具有抗病害能力，不必加入SO_2。

$$CH_3CHO + HSO_3H \rightleftharpoons CH_3CH(OH)SO_3H$$

(乙醛)　　(乙醛亚硫酸)

2. 蒸馏制白兰地用传统方法较好，但必须蒸馏两次 这里所要讨论的传统方法包括两方面，就是运用传统设备和操作方法蒸馏制白兰地。

虽然近现代的蒸馏设备种类不少，有泡罩塔、浮阀塔、筛孔塔以及桶式蒸馏器等，但是蒸馏制白兰地的典型设备，仍然是以壶式蒸馏器较好。此种设备可以附带精馏柱，用铜制造而成。在加热和蒸馏过程中，某些气味不好的物质和有机酸成分，如丁酸、己酸、辛酸、月桂酸等，会与铜化合生成盐类沉淀下来。除掉这些物质必然会减少白兰地中的异味成分，提高了产品质量。当然，如果从发展观点考虑，壶式蒸馏器是一种间歇蒸馏设备，较为落后而且生产能力小，将来很可能会被塔式蒸馏器所取代。

壶式蒸馏器的外文名称叫"夏郎德蒸馏锅"，由进料管、酒预热器、蒸馏锅、锅帽、曲颈管、冷却器和白兰地成品罐等组成，构成了蒸馏白兰地的系统(图5－4－11)。

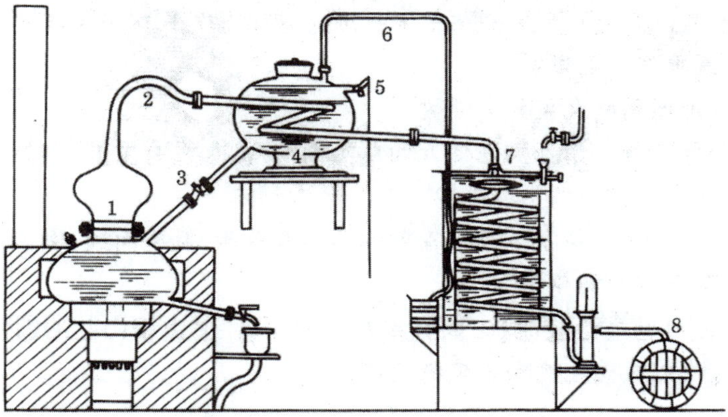

图 5－4－11　制白兰地壶式蒸馏器

1. 壶式蒸馏器　2. 鹅颈管　3. 温酒进管　4. 酒预热器　5. 冷空气管　6. 回收酒气管　7. 冷凝器　8. 成品白兰地

(引自大连轻工业学院:《酿造酒工艺学》，中国轻工业出版社，1982)

3. 白兰地的贮存和调配　蒸馏白兰地的操作要经过两个连续步骤。第一次蒸馏是将白兰地原酒装入蒸馏器中，用文火直接加热，蒸馏出粗馏白兰地，掐去刚馏出的酒头和即将停止蒸馏前的酒尾，得中馏分就是理想粗馏白兰地。第二次蒸馏是将粗馏白兰地产品装入蒸馏器中，用文火直接加热，蒸馏出原白兰地，掐去刚馏出的酒头和即将停止蒸馏前的酒尾，得中馏分就是理想的原白兰地产品，也就是用于贮存的产品。

新蒸馏出来的原白兰地品质粗涩，香味淡薄，须在橡木桶中贮存，进行陈酿。在陈酿过程中，起初原白兰地是透明无色的，后来会发生一系列变化，白兰地逐渐变成了金黄色，并产生令人愉悦的清香味。贮存陈酿的一般条件如下:

橡木桶的容量　300～500L;

陈酿时的温度　15～25℃;

陈酿时的相对湿度　75%～85%;

陈酿的时间　需5～10年，甚至20～30年。

4. 法国白兰地商品，在商标上的英文字缩写是用于表达酒龄长短的，其含意有下列数种:

V.O 即Very Old，表示"白兰地很老熟"。

V.O.P 即Very Old Pale，表示"白兰地极老熟"。

V.S.O.P 即Very Superior Old，表示"白兰地最老熟"。

X.O 或E.O，即Extra Old，表示"白兰地超老熟"。

第六节 酿制特种葡萄酒工艺

前面所讨论的葡萄酒，都是由葡萄汁发酵而酿造的。我国过去酿造葡萄酒，侧重于酿造高糖分、高酒精含量的葡萄酒。但是在国际上，葡萄酒的类型已很多，特殊酒的品种也不少，而且各国都有自已承袭的名牌。例如，高酒精含量的葡萄酒就有许多种，除了白兰地之外，还有各种改质酒，就是向低酒精含量的葡萄酒里面添加蒸馏酒或白兰地的酒。在特殊酒中，甚至有完全由甜葡萄汁加入蒸馏酒兑制的。以上所言葡萄酒，本节称其为特种葡萄酒，有人称其为加强葡萄酒或再加工葡萄酒。

如此说来，特种葡萄酒又可分为两类：

第一类，兑制葡萄酒　用新鲜葡萄汁勾兑蒸馏酒，酒基没有发酵，例如，法国的蜜甜尔思(Mistelles)葡萄酒。

第二类，改质葡萄酒　用发酵或半发酵的葡萄酒兑制、调香而成，例如，味美思、香槟酒、白兰地以及由葡萄酒互相勾兑等。

由于第一类兑制葡萄酒较简单，而且仅在法国闻名，又由于白兰地前面已经讨论了，所以下面要讨论的，仅以味美思酒和香槟酒为例。

一、酿制味美思酒工艺

(一) 酿制史概况

味美思起源于欧洲的法国和意大利，至今已有百余年历史。法国的里昂和马赛，意大利的都灵，是味美思的故乡和著名产地。据山东烟台张裕葡萄酿酒公司的资料说：

在1915年庆祝巴拿马运河开通而举办的世界产品盛会，巴拿马太平洋万国博览会上，张裕出品的白兰地、红葡萄酒、雷司令酒、琼瑶浆(味美思)不负国人众望，一举荣获四项金奖和最优等奖状。中国葡萄酒从此为世界所公认。

这就是说，中国张裕酿制味美思葡萄酒，至今也有90多年历史了。

味美思是一种调香加强葡萄酒，也可以说是一种葡萄药酒。这种酒用干白葡萄酒或已经短期陈酿的白葡萄酒为酒基，用植物性药材味美思(Vermouth)等多种材料进行调香调味，用白兰地或蒸馏酒勾兑提高酒精含量，用加入转化糖或加入浓缩葡萄汁的方法增加含糖量，然后经过浸泡药材精心配制、冷处理、澄清、过滤而成。

(二) 酿制味美思酒工艺流程(图5-4-12)

(三) 酿制味美思酒操作法

1. 味美思的类型　常见著名的有下列3类。

(1) 法国味美思　法国生产的味美思以干白葡萄酒为酒基，用罗马味美思(Warm wood，罗马苦艾)、芦荟、小豆蔻、苦橙皮等为调香料，含糖分约4%，含酒精约18%(体积分数)，因此，苦味强、清雅、富于刺激性，以伊莱公司酿制的产品最有名。

(2) 意大利味美思　意式味美思用白葡萄酒为酒基，加入白兰地，用意大利味美思(Vermouth，苦艾)、丁香、橙皮、金鸡纳皮、豆蔻、菊花、木香、香菜种等为调香料，含糖分约18%～20%，含酒精约15%～18%(体积分数)，因此，具有甜美带苦的风味，也有药材的香气和刺激性，口感充实，回味悠长，以马蒂尼公司酿制的产品声誉为最好。

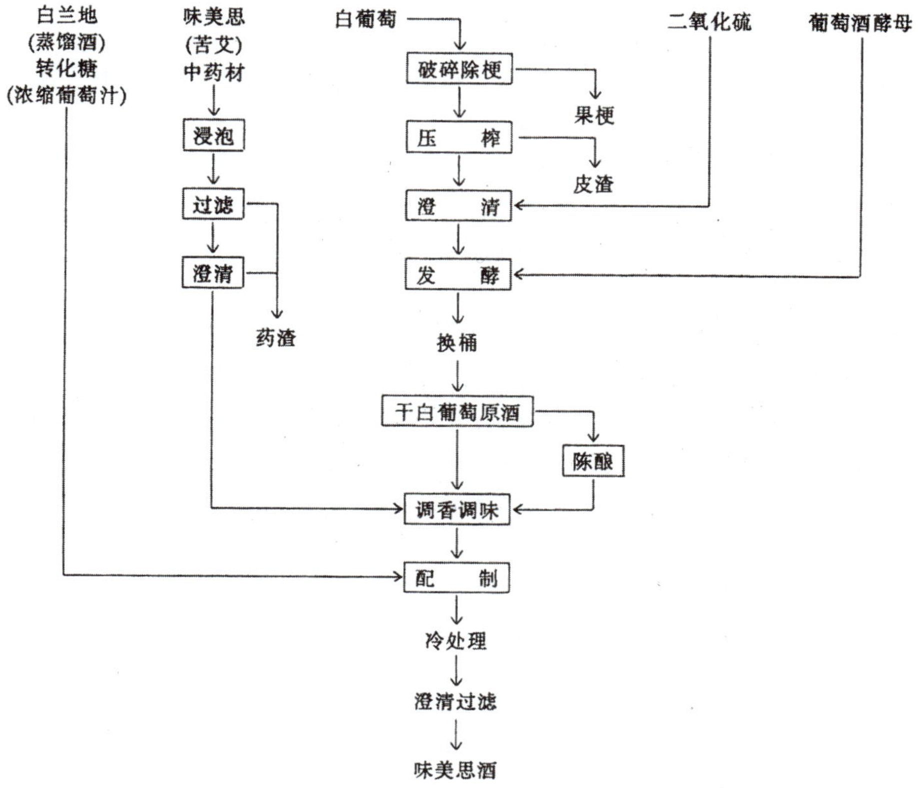

图 5-4-12　酿制味美思酒工艺流程

(3) 中国味美思　我国酿制味美思的技术，其最初由欧洲传入，且国人因喜甜而主要酿制意式味美思。但是近百年来，我国专家们凭借对中草药颇为熟悉的优势，对多种中草药配方和调香技术进行了研究，终于大获成功，创造出了多种有别于欧洲味美思而深受东方人欢迎的中式产品。中国类型的味美思，以山东烟台张裕葡萄酿酒公司所产的最为著名。色泽棕红，药香突出，甜中有微苦，高雅醇厚，含糖分约15%，含酒精量约18%(容量)，是大有发展前途的重要产品。我国酿制中式味美思酒时，常用的中草药品种如下：

大黄、陈皮、苦艾、小豆蔻、羌活、紫苏、菖蒲、肉桂、丁香、藿香、石蚕、香薄荷、苦木、香草、香红花、威灵仙、紫草、番石榴、大茴香、酒花、甘菊花、郁金、芦荟、留兰香、良姜、莳萝、龙胆根、玫瑰、芸香等等。

2. 味美思酒的配制方法　味美思酒的配制方法包括两方面内容，即味美思原酒及味美思调和香料的研制。

(1) 味美思原酒的配制　原酒就是酒基，一般采用新酿造白葡萄酒或已经用橡木桶作短期陈酿的浓甜白葡萄酒为原料。采用新酒为酒基时，为防止酒液氧化，要同时添加一定量的二氧化硫。如果用氧化型酒液为酒基时，则可以不加或少加SO_2。如果酒基含酒精量偏低，则要用白兰地或白酒勾兑，使酒精含量达到15%～18%之后，再贮存利用。如果是配制中式味美思酒，当甜度不够时，则要添加转化糖或浓缩甜葡萄汁，使含糖量达到15%左右。

(2) 味美思调和香料的加工处理　目前国外已有成品调和香料出售，厂家可以购买直接运用，但是酿制成的味美思酒的风味单调，而不能由厂家自主发挥。多数厂家都想自己研制，以适应不同民族习惯、不同场合的需要。

配制味美思调和香料的方法有药料直接浸泡法、药料浸泡提取法和药料浸泡蒸馏提取法等。

直接浸泡法的操作过程是，把事先加工好的药材与味美思原酒混合浸泡，成熟后经过滤、澄清、除去药渣而制得味美思饮用酒。如果是常温浸泡，每批约需浸泡15～20天。如果是高温浸泡，例如，60℃时，每批约需浸泡3～5天。直接浸泡的缺点很多，例如，需要搅拌、过滤、澄清等，非常麻烦。又如高温法，酒的挥发损失很大。

药料浸泡提取法的操作过程是，把事先加工好的药材用高浓度酒或溶剂浸泡。例如，用白兰地或白酒浸泡，然后过滤、澄清、除去药渣，用提取到的药酒与味美思原酒配制成味美思酒。如果是用溶剂浸泡，则要用萃取法提纯味美思调和香料，然后再用于配制味美思饮用酒。

药料浸泡蒸馏提取法的操作过程是，把事先加工好的药材用白兰地或白酒浸泡，然后用蒸馏方法提取味美思调和香料，再配制饮用味美思酒。

用于配制味美思酒的调和香料品种很多，制法也不少，而且各国都有保密配方，绝不轻易公开。

二、酿制香槟酒工艺

本篇前面已经提到，香槟酒的故乡在法国马恩州的旧香槟城，它发明于1670年。香槟酒或称香巴尼(Champagne)，属于起泡酒的一种，或者说它是一种含二氧化碳的优质白葡萄酒。目前香槟酒的类型很多，凡是含二氧化碳的优质白葡萄酒都可以称为香槟酒，已经不只限于法国香槟城用传统方法生产的那种葡萄酒了。由此看来，世界上的香槟酒可分成两类：凡是香槟酒里的二氧化碳是由发酵产生的，该酒可称为“天然香槟酒”或“传统香槟酒”。凡是香槟酒里的二氧化碳是由人工加压充进去的，则该酒可称为“人工香槟酒”。

(一) 酿制香槟酒传统工艺流程(图5-4-13)

(二) 酿制香槟酒操作法

1. 对于选料及初加工的要求　现代生产香槟酒的方法主要有两种：一种是将葡萄原酒装入耐压玻璃瓶里，经二次发酵而成；另一种是将葡萄原酒装入大发酵罐里发酵而成。但是无论用哪一种方法，选择葡萄原料都极为重要。在我国，长期以来所采用的葡萄原料有白福儿、白羽霓、鸽笼白、雷司令、黑品乐、霞多丽、龙眼葡萄等。对于这些葡萄的品质，虽然各有特点，但是它们的含糖量必须在200g/L左右，含总酸量应在5%～8%之间，否则很难酿得优质香槟酒。

2. 对加糖浆和酵母的要求　酿造香槟酒必须向原酒中加入糖浆和香槟酒酵母才成，否则瓶内的发酵不会正常，瓶内的二氧化碳含量也不会达到要求。但是加糖量不能过量，否则产生二氧化碳太多，会使酒瓶爆炸；加糖量也不能不足，否则会使瓶内的二氧化碳太少。科学实践已经证明，原酒在瓶内或大罐中发酵时，每升原酒每产生0.1MPa压力，需消耗0.4%的糖。香槟酒成品在瓶内的气压是0.6MPa。根据这些条件，通过分析原酒中的含糖量，就可以知道应当补加多少糖浆了。

例如，原酒中的含糖量是0.5%，因为要使瓶内的压力达到0.6MPa，每升原酒需要含糖

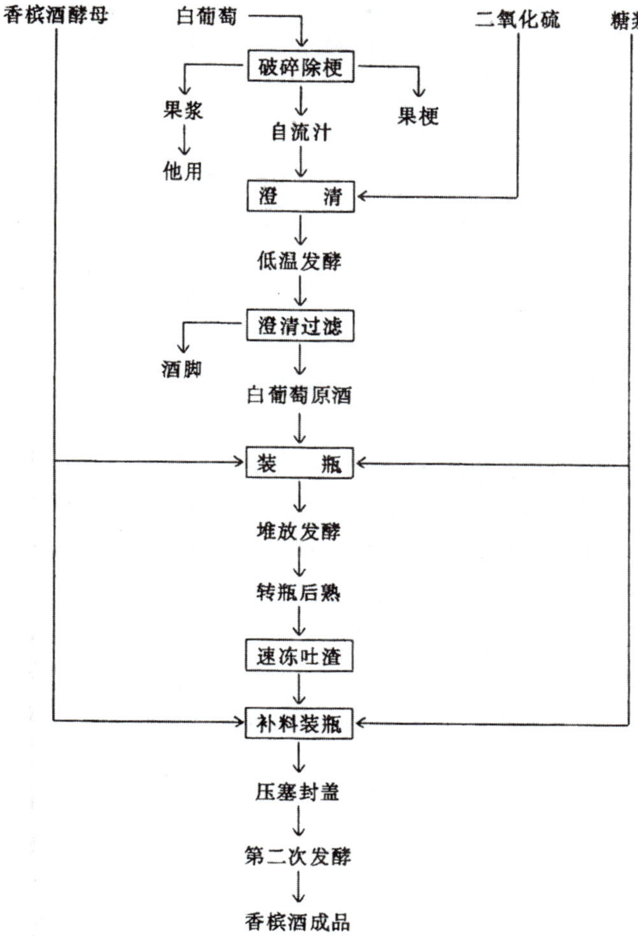

图 5-4-13 酿制香槟酒传统工艺流程

0.004×6000=24g，所以每升原酒需要补加的糖浆是：24-(5-1)=20g/L，其中1为残留酒中的糖分。

酿造香槟酒所采用的是香槟酒酵母，而不是一般酵母。它除了具备普通酵母的性能以外，还具备下列繁殖能力：

(1) 应有适应较低温环境的能力　在生产香槟酒的过程中，因有发酵温度较低的工序，所以通常采用的是，凝集效果好、适应低温的香槟酒酵母。

(2) 应有抗压力好的性能　在生产发酵过程中，瓶内的压力是不断增加的，此时香槟酒酵母应能继续起作用。

(3) 应有较强的耐酒精能力　酿制香槟酒时所用的原料酒一般含酒精量较高，所以通常要求香槟酒酵母应能在10％酒精含量的环境中继续起作用。

(4) 香槟酒酵母应当具有很强的、产生香槟酒特殊风味的能力。

3. 装瓶第二次发酵和后熟操作的主要方法　如果从前面“酿制香槟酒传统工艺流程”来看，这里的装瓶发酵正是第二次发酵。第一次发酵是酿造白葡萄原酒时的发酵。

原酒、糖浆和香槟酒酵母装瓶之后，酒瓶应当以水平堆放为好，接着进人正式发酵。水平堆放的好处是，瓶塞浸在酒液里，密封性好，不容易泄漏出二氧化碳。本次发酵也是放热反应，应当注意控制酒液温度，高温会影响酒液吸收二氧化碳，也许还会引起酒瓶爆裂。本发酵的适宜温度是10～15℃。

酒瓶内的发酵完成之后，将瓶酒移至酒窖内进行后熟发酵，贮存时间至少1年，这样做才能酝酿出香槟酒的特殊风味。

4. 对速冻、吐渣与补料的要求　当香槟酒在瓶内发酵完成之后，瓶里的酵母渣和其他固形物就会慢慢地沉降下来，堆积在倒立的酒瓶口至瓶颈的部位处。这些沉渣必须及时从酒瓶里清除掉，否则就会使优美的香槟酒受到不良影响。在酿造香槟酒技术史上，清除沉渣的传统方法是分为两个步骤进行的，即先对沉渣进行速冻，然后进行“吐渣”。

速冻的方法是，将倒立的瓶酒放在速冻液或速冻机上，对有固形物的部位进行热交换，使之呈现半结冰状态。然后打开酒瓶盖，借助瓶内二氧化碳气体的膨胀冲力，将瓶里的固形物顶出来。这就是“吐渣”的过程，动作要敏捷，速度要快。

吐渣之后，瓶内必然会造成部分无香槟酒的空间，于是就出现了必须“补料”的程序。

补料的方法是，用同类原酒、香槟酒、浓缩糖浆等，以最快的速度将待补物料加到瓶里，然后迅速塞上软木塞和加上密封盖。如果补料是糖浆或浓甜葡萄酒，则必须补加SO_2，以防止成熟香槟酒再发酵。标准补料量是30mL。

纵观上叙速冻、吐渣、补料过程可知，它们是前后紧密相连的整体，操作都是瞬间完成的，不能迟疑改变。合格的香槟酒也需要陈酿一段时间才能出售。

我国香槟酒的主要成分如下：

酒精含量　12%～13%

总酸量　0.6%～0.7%

糖分含量　5%～6%

CO_2压力　4.5～5Pa

参考文献

原始文献

汉·刘歆增补、晋·郭璞注：《山海经》，袁珂校注，上海，上海古籍出版社，1980。

《诗经　楚辞》，孔一标点，上海，上海古籍出版社，1998。

唐·苏敬等撰：《新修本草》，据罗氏阁藏，日本森氏旧藏刊本，上海，上海古籍出版社，1985。

宋·唐慎微撰：《重修政和经史证类备用本草》，据张氏原刻，北京，人民卫生出版社，1957。

明·李时珍撰：《本草纲目》，刘衡如点校，北京，人民卫生出版社，1978。

宋·李昉等编纂：《太平御览》卷九百二十二，北京，中华书局，1960。

明·张溥编撰：《汉魏六朝百三名家集·魏文帝集》卷一，木刻本，1601。

唐·欧阳询编撰：《艺文类聚》卷八十七，北京，中华书局，1965。

魏·吴普等述：《神农本草经》，清·孙星衍等辑，北京，人民卫生出版社，1963。

西汉·司马迁撰：《史记》卷一百二十三，北京，中华书局，1974。

北宋·朱翼中撰：《北山酒经》，见［日］田中静一：《中国食经丛书》（上），东京都，书籍文物流通会，1972。

宋·程大昌撰：《演繁露》，据元·陶宗仪：《说郛》刊行本，扬州，广陵古籍刻印社，1983。

宋·吴炯撰：《五总志》，见《丛书集成初编》总第0295册，上海，商务印书馆，1939。

宋·陆游撰:《剑南诗稿》卷五,见《陆游集》,北京,中华书局,1976。
金·元好问撰:《葡萄酒赋·序文》,见《四库全书》第1191－1,北京,中华书局,1962。
元·忽思慧撰:《饮膳正要·米谷品》卷三,据上海涵芬楼本,北京,中国书店。
明·王象晋纂辑:《群芳谱·果部》,伊钦恒诠释,北京,农业出版社,1985。
明·高濂撰:《遵生八笺·饮馔服食笺》,据北京图书馆善本,北京,中国商业出版社,1985。
清·潘荣陛撰:《帝京岁时纪胜》,北京,北京古籍出版社,1983。
清·王士雄撰:《随息居饮食谱》,据上海文瑞楼刊本,北京,中国商业出版社,1985。
晋·张华撰:《博物志》,见《丛书集成初编》总第1342册,北京,中华书局,1980。
清·徐珂编撰:《清稗类钞·饮食类》,北京,中华书局,1986。

研究文献

朱梅等:《世界葡萄酒工业概况》,北京,轻工业出版社,1985。
无锡轻工业学院等:《酿酒工艺学》,北京,中国财政经济出版社,1964。
大连轻工业学院等:《酿造酒工艺学》,北京,中国轻工业出版社,1992。
顾国贤:《酿造酒工艺学》第二版,北京,中国轻工业出版社,1996。
奚惠萍:《中国果酒》,北京,轻工业出版社,1991。
廖鸿生等:《酒的勾兑与调味》,北京,中国轻工业出版社,1993。
中国农业科学院郑州果树研究所:《中国果树栽培学》,北京,农业出版社,1987。
陕西省果树研究所等:《葡萄品种》,北京,农业出版社,1977。
周嘉华等:《中国科学技术史·化学卷》,北京,科学出版社,1998。
高亨:《诗经今注》,上海,上海古籍出版社,1980。
袁翰青:《中国化学史论文集》,北京,三联书店,1956。
[日]小百科事典编辑部:《小百科事典》,东京都,平凡社,1982。
复旦大学历史地理研究所:《中国历史地名辞典》,南昌,江西教育出版社,1986。
夏家骏:《中国人与酒》,北京,中国商业出版社,1988。
中国微生物菌种保藏管理委员会:《中国菌种目录》,北京,轻工业出版社,1983。

第六篇

酿制药酒科技发展史

在我国，“药酒”是传统称呼，也是通称。其实，药酒并不是典型的药物，它既有治疗疾病的功效，也具有养生保健的作用。由于我国药酒在世界上独树一帜，品种很多，仅古书上记载的就有数百种，所以我们现在探讨我国“酿制药酒科技发展史”，是具有相当重要意义的。

第一章　药酒的疗效和分类

如上所言，我国药酒的品种非常多，其疗效各有千秋。如何根据其特点进行分类呢?这是一件应当做而又不容易做好的事情。在现代医学论著中，孙文奇和朱君波的《药酒验方选》里有一种国内仅有的分类法可供参考[1]，即:

> 补虚损类、强筋壮骨类、祛风类、清热利湿类、健脾和胃类、妇科类、辟瘟截疟类、外感伤风类、跌打损伤类、疮疡类、消瘿瘤类、杂治类。

笔者认为，药酒品种多、性能杂，分类方法会有很多种。如果是按照病症的性质分类，则因为疾病的生成是多种多样的，很难顾及全面，而且有些病症不能用药酒医治，所以此分类法不大好。如果是按照药酒的疗效分类，则因为有些药酒有多种疗效，很难将它们分别列入到各类中去。由此看来，如果要将药酒的分类编制得很完善，仅靠一种分类法是不可企及的。笔者认为，药酒可以有下面两种互补分类法。

第一节　按酿制药酒工艺不同分类

1. 浸泡药酒类或称萃取药酒类　这是一类很常见的酿制方法，就是把药材配备齐全并加工好，然后放入预先准备好的酒液中，经过一定时间的浸泡与管理，即可以取出来过滤、澄清，甚至煮沸，最后按照规定的分量饮用。酒在酿制过程中起溶剂与增益作用。

在古书中，此类药酒屡见不鲜。如人参酒、乌蛇酒、鹿茸酒、枸杞子明目酒、慈禧泡酒、茯苓菊花酒、天麻酒、十味侧子酒、解毒牛膝酒、润肺止咳百部酒等。

2. 酿造药酒类　这一类药酒的酿制法与酿造黄酒的过程相似，就是把要使用的药材配备齐全并加工好，然后与稻米、小米或其他原料混合，再加入酒曲进行酿酒，成熟的酒醪经过榨酒、煮酒、收贮即成。饮用前，如果需要加热或添加其他中成药，那还要按医学方法办理，按分量饮用。

在古书中，这一类药酒也不少，而且起源最早。例如，蓼曲酿酒、郁金酒、菊花酒、茯苓酒、五加皮酒、通经活络夜合枝酒、天麻熄风酒、清神白术酒、通经脉利脏气的通草酒、祛风湿治瘫痪的白花蛇酒、清热散肿蜂房苦参酒等。

3. 煎煮药酒类　这一类药酒的酿制法与浸泡药酒法基本相同。所不同的是，采用加热高温短时间煮出法而不是浸出法。其操作过程如下：把要用的药材配备齐全并加工好，然后

[1] 孙文奇、朱君波编著:《药酒验方选·目录》，太原，山西教育科学出版社，1985。

将其放到酒里煎煮，煮好后取下来，过滤、冷却，即可饮用。

在古书中，这一类药酒不少。例如，用于安神的桃仁朱砂酒、补肾的石斛酒、强筋的狗脊酒、补肝的杜仲酒、壮阳的巴戟天酒、除湿的独活酒、止痛的青囊酒、清热的金花酒、补虚的固本酒等。

4. 小火慢煨(煮)药酒类　这一类药酒的酿制方法与煎煮类药酒有些相似。所不同的是，采用微小火焰长时间煨，使药材中的药物成分充分溶解出来。其操作方法是，把药材配备齐全并加工好，然后放进酒里，用微火慢慢地煨，制成后取下来进行过滤等，即可以饮用。

在古书上，这一类药酒不少。例如，用于健脾的仙灵脾肉桂酒、舒展关节的独活杜仲酒、祛风除湿的防风松叶酒、通乳清胀的石钟乳通草酒、祛瘀消肿的黑豆丹参酒等。

5. 炮炙干制药酒类　这一类药酒的酿制方法比较特殊，有酒浸炮炙法、酒拌炮炙法、酒浸再蒸炮炙法、酒拌再蒸炮炙法、酒煮后炮炙法、淋酒再蒸炮炙法等。实际例子很多，有兴趣者可以参阅南北朝时期雷敩撰写的《雷公炮炙论》[1]。

6. 勾兑药酒类　这一类药酒包括两类：一是药液与酒混合配制法，二是固形物(颗粒或粉末)与酒混合溶解法。在古代，特别是在古典小说或其他古文献中，经常提到的毒酒就是属于勾兑药酒，例如，用砒霜加酒勾兑就是属于后者。明朝魏濬的《峤南琐记》卷上，就记载着一种“迷魂颠茄酒”：“武陵龙君，偶一日曹事毕，遣使承印还寓，饮以酒……使即昏迷若寐。及觉，印被盗去矣。数日，捕得盗。讯云，对曰：用风茄为末，投酒中，饮之即睡去。此物广西产，今土人谓之颠茄酒。”[2]风茄儿是曼陀罗(*Datura stramonium*)，茄料，一年生有毒草本。颠茄(*Atropa belladonna*)是茄科，多年生有毒草本。由此可知，它们是同科不同品种植物，都含有抗胆碱药成分，能把人“毒倒”。

第二节　按门诊分科不同分类

1. 内科类　根据常见病和多发病情况，又可以分成下面9种类型。

(1) 治外感风寒的药酒　例如，用于通宣理肺的葱豉酒、疏风清热的桑菊酒、疏风散寒的白芥子酒等。

(2) 治疗咳嗽的药酒　例如，用于润肺止咳的百部酒、祛风止咳的龟肉酒、止咳平喘的蜜膏酒等。

(3) 治脾胃不和的药酒　例如，清脾散结的半夏人参酒、通便解秘的温脾酒、开胃消食的缩砂酒、开胃进食的小茴香酒、补脾和胃的白茯苓菊花酒等。

(4) 用于调节神经促安眠的药酒　例如，用于养血安神的徐国公酒、补脾宁心的茯苓酒、纳气安神的菖蒲浸酒等。

(5) 作为治疗虚劳的药酒　例如，用于祛风补血的黄芪当归酒、养阴生津的地黄首乌酒、大补元气的人参酒、补肾益精的鹿茸酒、滋阴养肝的枸杞生地酒等。

(6) 治疗腰酸腿痛的药酒　例如，主治腰酸腿痛的杜仲丹参酒、补肾强腰的川乌杜仲酒、祛风化湿的五加皮酒、补虚活血的薏苡仁石斛酒、强筋壮骨的天麻石斛酒等。

(7) 滋肾养肝治疗黄胆的药酒　例如，用于滋肾养肝的枸杞根酒、补肝祛风的枸杞子防

[1] 南北朝·雷敩撰：《雷公炮炙论》，王兴法辑校，上海，上海中医学院出版社，1986。

[2] 明·魏濬撰：《峤南琐记》，见《古今说部丛书》第三集，丛书集成初编·地史类，上海，商务印书馆，1939。

风酒、清热利湿的丝瓜酒、清热利胆的猪胆酒、益肝和血的虎骨羚羊酒等。

(8) 治疗眩晕明目的药酒　例如，用于治疗头晕的枸杞明目酒、养肝明目的枸杞生地酒、养肝明目的女贞子酒、治疗视物昏暗的还睛神明酒、治疗肝肾两虚的益肾明目酒等。

(9) 补肾壮阳的药酒　例如，用于温肾壮阳的仙茅酒、强筋壮阳的仙灵脾酒、补肾壮阳的助阳酒、清火回阳的牛膝人参酒、养血通络的生地黄牛膝酒等。

以上各种药酒，古书上绝大多数都有记载，而且还有酿制过程及其主要操作方法。兹举例说明如下：

葱豉酒的酿制工艺、主治和服用法　取带须葱白3根，豆豉15g，黄酒60mL。先将豆豉放入300mL的水中煮10min，又将葱白洗净放入锅中同煮15min，再将黄酒加入共煮1min，即可取下葱豉酒饮服。此酒具有疏风理气，清除寒热的作用。主治外感风寒初起，头痛发烧等。

仙灵脾仙茅酒的酿制工艺、主治和服用法　取仙灵脾150g，仙茅50g，白酒1 000mL。将两种中药放入白酒中浸泡10天，然后取出来过滤，即得药酒。每日早、晚空腹各服10～20mL。此药酒具有补肾壮阳，祛风除湿的作用。主治肾亏、阳痿、腰腿无力等。

2. 外科类　根据常见病和多发病情况，又可以分成下面4种类型。

(1) 治疗跌打损伤的药酒　例如，用于消肿止痛的麻根汁酒、治疗跌伤打伤的续筋接骨酒、活血祛瘀的生地桃仁酒、治疗跌打瘀痛的南藤酒、行血止痛的苏木酒等。

(2) 消瘿瘤散肿结的药酒　例如，用于消瘿散结的黄药酒、消甲状腺肿大的海藻酒、消甲状腺肿大的柳根酒、攻毒杀虫的蝎虎酒、行瘀散结的消瘿酒等。

(3) 治疗疝气的药酒　例如，用于治疗偏坠牵引肾气痛的茴香酒、治疗腹痛的缩砂酒、治疗小腹疝痛的香楝酒等。

(4) 消除疮疡疼痛的药酒　例如，用于解毒疗疮的苦参天麻酒、杀虫治湿的苦参猬皮酒、治疗风毒疮痈的牛蒡地黄酒、消疮止痛的金蝉脱壳酒、消除疮毒的如意酒、清热消疮的金银花酒、消肿排毒的皂荚乳香酒等。

以上这些药酒，古书上绝大多数都有记载，而且还有酿制过程及其主要操作方法。兹举例说明如下：

> 明李时珍《本草纲目·谷部》卷二十五载："茴香酒：治卒肾气痛，偏坠牵引，及心腹痛。茴香浸酒煮饮之，舶茴尤妙；缩砂酒：消食和中，下气，止心腹痛。砂仁炒研，袋盛浸酒，煮饮。"[1]

3. 妇科类　根据常见病和多发病情况，又可以分成下面3种类型。

(1) 防治乳腺肿疼的药酒　例如，用于通乳的有通草酒、瓜蒌酒、虾米酒。用于治疗乳腺炎的有蒲金酒、漏通酒、蒲公英酒、涌泉酒等。

(2) 活血通经的药酒　例如，用于舒经解痛的竹茹酒、理气调经的香附根酒、止血养生的蓟根酒、活血通经的当归酒、调经温中的黑桂酒、消除经痛的当归元胡酒等。

(3) 防治产前产后疾病的药酒　例如，用于安胎保健的有阿胶艾叶酒、白术酒、紫酒、竹茹酒。用于治疗产后疾病的有黄芪防风酒、独活人参酒、独活当归酒、吴茱萸根浸酒、大补当归酒、寄生黑豆酒、黑桂酒等。

---

[1] 明·李时珍撰：《本草纲目》，1564页，刘衡如校，北京，人民卫生出版社，1978。

以上这些药酒，在古书中绝大多数都有记载，而且还有酿制过程及其主要酿操作方法。兹举例说明如下:

> 宋王怀隐等《太平圣惠方·方剂》制竹茹酒法：取青竹茹碎断60g，阿胶20g，好酒400mL。把上面这些中药材调配加工好之后，放入酒中煮，待阿胶完全溶化时，即可以取下来过滤，制得竹茹酒。将所制成的竹茹酒分成3份，早、中、晚各温服一份;独活人参酒：取去芦独活45g，白藓皮15g，羌活去芦头30g，人参20g，混合捣为末。每药末10g加水7份、酒3份，混合煎至7份，过滤去渣即得独活人参酒。不拘时候温服。

4. 其他科类　这一类可以包括许多类型，下面举3例说明如下。

(1) 治疗皮肤病的药酒　例如，用于治疗疮疥的百部酒、治疗全身白屑瘙痒的苦参天麻酒、治疗白癜风的乌蛇酒、治疗疮毒的槐花酒和愈癣酒、治疗皮肤溃疡的神应酒等。

(2) 用于乌发美容的药酒　例如，乌发红颜的逡巡酒，乌发悦容的乌须酒、乌发润肌的红颜酒、补虚乌发的固本地黄酒等。

(3) 用于辟瘟祛瘴防疟的药酒　例如，自古用于辟疫的华佗屠苏酒、荆楚屠苏酒及各地传统屠苏酒、辟瘟的降椒酒和蚺蛇酒;用于祛瘴气的生牛蒡根酒、椒柏酒、极熟香豉酒;用于治疗疟疾的鲮鲤甲酒、鳖甲酒、常山酒等。

总之，药酒同中药一样，是中华民族医药学中的传世瑰宝之一，应当得到很好的继承和发扬。由于利用药酒防病、治病、养生保健的案例很多，不胜枚举，所以本文的分类法只是粗浅的尝试而已，今后还须做进一步深入的研究。

第二章　古代酿制药酒科技发展史

在我国，“药酒”之名最早始见于西汉司马迁的《史记·留侯世家》中[1]，又见于西汉桓宽的《盐铁论·国疾第二十八》和《盐铁论·能言第四十》中[2]：

“夫药酒苦于口，利于病。忠言逆于耳，而利于行；药酒，病之利也。正言，治之药也。”

但是，上面这条史料不能说明，我国酿制药酒的起源仅始于西汉，或者是稍早于西汉的时代。

第一节　药酒起源考

在我国，古今人们对于“药酒”的见解有许多不同。古人认为，“酒”本身就是药，不向酒里添加中草药的酒也是药。如果从酒的性质讲，古人的见解是无可非议的，因为酒精至少有消毒杀菌的作用。古人认为酒就是药的证据如下：

汉班固《汉书·食货志下》载：“酒者，天之美禄，帝王所以颐养天下，享祀祈福，扶衰养疾，百礼之会，非酒不行；夫盐，食肴之将；酒，百药之长，嘉会之好。”[3]

然而我们现在要研究的药酒是，这酒里应当有中药材，或者是用酒调配中药，或者是用酒送服中药的方式。那么，我国先秦时代有没有这类药酒呢?有，但是要正确回答这个问题就必须进行切实的考证。据检索得知，在我国经典巨著《周礼》中，就记有在周朝的王宫里面，把酒作为医用又作为饮料的情况。例如：

《周礼·食医》载：“食医掌和王之六食、六饮、六膳、百羞、百酱、八珍之齐。”又《周礼·膳夫》载：“膳夫掌王之食，饮、膳、羞；凡王之馈，食用六谷，膳用六牲，饮用六清。”据汉郑玄《周礼》注说：“六清：水、浆、醴、醇、医、酏。”[4]

[1] 汉·司马迁撰：《史记》，南朝宋·裴骃集解，唐·司马贞索隐，国学整理社，四史本影印，上海，世界书局，1935。
[2] 汉·桓宽撰：《盐铁论》，马非百注释：《盐铁论简注》，211页，北京，中华书局，1984。
[3] 汉·班固撰：《汉书·食货志下》，王雷鸣编著：《历代食货志注释》第一册，112页，北京，农业出版社，1984。
[4] 汉·郑玄注：《周礼注疏》，72页，唐·贾公彦疏，十三经注疏之四，上海，上海古籍出版社，1990。

因为“食医”和“膳夫”都掌管“饮”、“膳”、“羞”，所以许多中外学者提出了“食医同源”的见解，其中包括“醴”酒的饮用。在某种程度上，特别是酒的消毒杀菌作用方面，饮酒与医疗同源是有道理的。除此之外，我国最早的古典医学巨著之一的《黄帝内经素问》中，也有一些记载可以证明，我国先秦时代已经发明了酿制药酒的方法。例如：

《黄帝内经素问·血气形志篇》载：“形数惊恐，经络不通，病生于不仁，治之以按摩、醪药，是谓五形志也。”又《黄帝内经素问·腹中论》载：“黄帝问曰：有病心腹满，旦食则不能暮食，此为何病？岐伯对曰：名为鼓胀。帝曰：治之奈何？岐伯曰：治之以鸡矢醴，一剂知，二剂已。”[1]

在上面这两条文献中，“醪药”就是带糟的药酒，医用酒之一。至于“鸡矢醴”，那就比较复杂了。今作探讨如下：

隋杨上善《黄帝内经太素》载：“取鸡粪作丸，熬令烟盛，以清酒斗半沃之，承取汁，名曰鸡醴。”明朝李时珍《本草纲目·禽部》卷四十八：“雄鸡屎乃有白，腊月收之，白鸡乌骨者更良。素问作鸡矢。鼓胀生于湿热，亦有积滞成者。鸡屎能下气消积，通利大小便，故治鼓胀有殊功，此岐伯神方也。”[2]

由此可知，鸡矢醴也是一种药酒。《黄帝内经素问》成书于战国至汉朝时期，迄今约有2500年历史。其实，在此之前，我国已有其他酿制药酒的方法出现。例如：

据罗振玉《殷墟书契前编》卷四说：在殷墟出土的甲骨文里，已有“鬯其酒”的话。其实，在《诗·大雅·江汉》里也有“厘尔圭瓒，秬鬯一卣。告于文人，锡山土田”的诗句[3]。在《礼记·表记》里有：“天子亲耕，粢盛秬鬯以事上帝。”[4]

根据上面这些史料可以说明，在我国酿酒史上，到了商周时期，用谷物酿造药酒的方法已经开始展现了。另外，还有不少史料可以证明，我国商周时期的“鬯”酒，是一种芬芳诱人的药酒。例如：

《周礼·春官》载：“鬯人掌共秬鬯而饰之；郁人掌祼器。凡祭祀，宾客之祼事，和郁鬯以实彝而陈之。”汉郑玄注：“筑郁金煮之，以和鬯酒。郑司农云：郁，草名，十叶为贯，百二十贯为筑，以煮之鐎中，停于祭前。郁为草，若兰。”[5]

汉许慎《说文解字》：“秬，黑黍也。鬯以秬酿，郁草芬芳，攸服以降神也。”[6]

由上叙内容可知，我国商周时期的鬯酒，是采用黑黍和中药材郁金(*Curcuma aromatica*)酿制的药酒，其中包括两种成品，即用郁金和黑黍酿造及用郁金煮出液配制的鬯酒。在中

[1] 佚名氏：《黄帝内经素问》，郭霭春校注语译，天津，天津科学技术出版社，1981。
清·高士宗著：《黄帝素问直解》第二版，192页、287页，于天星按，北京，科学技术文献出版社，1982。
[2] 明·李时珍撰：《本草纲目》，2599页，刘衡如校，北京，人民卫生出版社，1981。
[3] 《诗经　楚辞》，112页，孔一标点，上海，上海古籍出版社，1998。
[4] 王云五主编：《礼记今注今释》，697页，王梦鸥注译，台湾，商务印书馆，1977。
[5] 汉·郑玄注：《周礼注疏》，299页，唐·贾公彦疏，十三经注疏之四，上海，上海古籍出版社，1990。
[6] 汉·许慎撰：《说文解字》，106页，天津，天津市古籍书店影印，1991。

医学上，郁金以块根入药。性味苦辛，功能和血散瘀，具有解郁通气的作用，主治胸胁脘腹疼痛等。但是有一点应当说明，本文的郁金与郁金香不是同科植物。郁金是姜科，郁金香(*Tulipa gesneriana*)则是百合科。至此，我们已有理由认为，我国酿制药酒的起源，以鬯酒为例，应始于商周时代。

第二节　春秋至秦汉时期的药酒

一、春秋战国时期

(一) 桂皮药酒

在先秦时代，除了上面已经讨论过的药酒外，在战国时期爱国诗人屈原的《楚辞·九歌》中，也记有："蕙肴蒸兮兰藉，奠桂酒兮椒浆。"东汉王逸《楚辞章句》说："桂酒，切桂置酒中也；椒浆，以椒置浆中也。"[1]、[2]

据魏吴普等述、清孙星衍等辑《神农本草经》说："菌桂，味辛温。主治百病，养精神，和颜色，为诸药先聘通使。久服轻身不老，面生光华，媚好常如童子，生山谷"。[3]

据曹元宇辑注《本草经》说：《本轻》中虽然有菌桂、牡桂之分，但是今用桂类均为桂之皮，有肉桂、桂枝、桂心等。他还说：肉桂色紫肉厚，味辛甘，常去外粗皮用之；桂枝用枝上嫩皮入药；桂心乃桂皮去里、外层，取当中部分[4]。

由此可知，我国酿制桂酒时，无论古人使用哪种桂皮为原料，所酿制成的都是治病药酒。由于当时所采用的是浸泡法工艺，所以我们可以认为，我国浸泡法制药酒的起源最早，迄今约有2500多年历史了。当时的桂酒，除了用于治病、养生之外，由"奠桂酒兮椒浆"可知，还有一大用处，那就是作为祭礼供品。

(二) 五加皮酒

在《神农本草经》卷一中，有五加皮和五加皮酒的内容："五加皮，味辛温，主心腹疝气……鲁定公母单服五加酒，以致不死。"

《神农本草经》成书于战国时期，有的内容为汉朝人所增补，但历史都相当悠久。由此说明，我国用五加皮酿制药酒的起源，至今大约已有2500年历史了。关于利用五加皮酿制药酒的考证，本篇后面还要进行讨论，请参阅。

二、秦 汉 时 期

(一) 菊花酒

据诸多学者考证认为，《西京杂记》是一部杂载我国西汉时期轶事传闻的笔记小说，举凡帝后公卿的奢靡好尚，文人轶事，高文奇技或风俗民情等，多有记叙。其中有不少传说故事被后人引以为珍贵典故，不少风俗技艺流传至今仍然相当一致，可见其史学价值不低，可信程度很高。例如，在《西京杂记》的卷三中，就有酿制菊花酒的记载：

> 晋葛洪《西京杂记》："九月九日，佩茱萸，食蓬饵，饮菊华酒，令人长寿。菊华

[1] 东汉·王逸撰注：《楚辞章句》，宋·洪兴祖补注，北京，中华书局，1983。
[2] 战国·屈原撰：《楚辞》，孔一标点，上海，上海古籍出版社，1998。
[3] 魏·吴普等述：《神农本草经》，38页，清·孙星衍等辑，北京，人民卫生出版社，1963。
[4] 曹元宇辑注：《本草经》，217页，上海，上海科学技术出版社，1987。

舒时，并采茎叶，杂黍米酿之，至来年九月九日始熟，就饮焉，故谓之菊华酒。”[1]

上面文献中的“菊华酒”就是菊花酒的古名。我国自古九月有“佩茱萸，食蓬饵，饮菊华酒”的传统习惯。据说这样做有辟瘟防邪，保健养生的作用。所谓“酿酒菊花”，实际上是指头状花序体，外包以一至数列苞片所构成的总苞。在中医学上，我国历来用黄菊花和白菊花入药，酿制菊花酒也是如此。作为中药，菊花味甘苦，性微寒，有散风清热，平胆明目，防病辟疫的作用，主治外感风寒，头痛，目赤等症。由此可知，我国用菊花酿制药酒的历史，至今约有2200年了。

(二) 红花兰花酒和瓜蒌薤白酒

在汉张仲景的《金匮要略》中，有“红花兰花酒”和“瓜蒌薤白酒”两种，其内容摘要如下：

红花兰花酒：用红花兰花三两，放入二升好酒中，加热煎至一升，去滓，候温服。瓜蒌薤白酒：瓜蒌一枚，薤白六两，好酒三升，三味同煎取二升，去滓，候温服。

张仲景，名机，汉朝医学家，今河南南阳人，相传曾任长沙太守。他曾钻研《内经》，《难经》等古典医学名著，广泛收集流行验方，著作有《伤寒卒病论》，经后人整理成了《伤寒论》。他的另一部杰作就是《金匮要略》[2]。

(三) 椒酒

我国酿制椒酒的起源可能非常早。例如，前面已经提到的《楚辞·九歌》中，在“东皇太一”里就有：“奠桂酒兮椒浆”的诗句。诸多学者认为，“椒浆”是一种药酒而不是饮料。这一结论可能是对的，因为至晚在汉朝时期，椒酒已经是一种常见的药酒了。例如：

汉崔寔《四民月令·正月》：“正月之旦，是谓正日。躬率妻孥，洁祀祖祢。……及祀日，进酒降神毕，乃家室尊卑，无小无大，以次列坐先祖之前，子、妇、孙、曾，各上椒酒于其家长，称觞举寿，欣欣如也。”[3]

上叙文献中的“椒”，即指花椒，我国民间自古就有以花椒制药酒的习惯。例如，南朝宋范晔《后汉书·边让传》载：“椒酒渊流”，唐李贤注：“椒酒，置椒酒中也。”花椒(*Zanthoxylum bungeanum*)是芸香科，灌木或小乔木植物。果实带红色，有密生粗大突出的腺点，含有丰富的挥发油，是烹调菜肴时的常见调味品。当果实作为中药时，性热，味辛，具有温中止痛、杀虫、止泻的作用，主治脘腹冷痛，驱蛔虫及吐泻等症。由此可知，我国用花椒酿制药酒的历史是非常悠久的。椒酒法始于先秦时代。

第三节　魏至南北朝时期的药酒

一、魏 晋 时 期

在我国药酒中，毒酒的发明与运用大概也是很早的。例如，在罗贯中的《三国演义·第四回》里，就有董卓命李儒用鸩酒毒杀少帝刘辩和唐妃的悲剧[4]。此类毒杀事件在许多正史中

[1] 晋·葛洪撰：《西京杂记》，20页，据明·程荣校，汉魏丛书本影印，北京，中华书局，1985。
[2] 汉·张仲景撰：《金匮要略方论》，北京，人民卫生出版社，1956。
[3] 汉·崔寔著：《四民月令》，缪启愉辑释：《四民月令辑释》，1页，北京，农业出版社，1981。
[4] 元·罗贯中撰著：《三国演义》，北京，人民文学出版社，1979。

不乏记载。《三国演义》虽然是小说不足为凭，但是它取材于正史中的一些内容也是事实，故不能全盘否定。“鸩”虽然是传说中的鸟，但是蛇毒、砒霜(砷化物)、曼陀罗的花及植株中的毒汁等，是很容易得到的，所以认为我国三国、魏、晋时期已有毒酒的见解不无道理。除此之外，在三国魏时期的《吴普本草》中有:“翘根，以作蒸饮酒”，这说明我国魏时已有用连翘根酿制的药酒了。

在两晋时期，由于炼丹家们对长生不死神药的虔诚追求，使之发展到了崭新的高度，所以当时的烧丹炼汞活动更加活跃，其中包括酿制药酒的活动。由于药酒品种大见增加，达到了新的水平，所以可以认为药酒文化在两晋时期已有了坚实的基础。但是应当指出，在两晋时期，具有真知灼见，并且汇集药酒酿制方法的，惟炼丹家葛洪最出色。

葛洪字稚川，别号抱朴子[1]，今江苏句容县人，生于晋武帝太康四年(公元283年)，13岁时丧父。葛洪16岁时开始攻读儒家经典及早期各种炼丹家著作，拜师学道，开始皈依道教。他24岁时，在广州受业于南海太守上党人鲍靓修炼神仙术，并娶鲍女儿为妻，不久返回故里。从此即潜心修行及著述十余载，先后写成《抱朴子外篇》五十卷、《抱朴子内篇》二十卷及《神仙传》十卷。晋成帝咸和元年，44岁的葛洪欲去扶南(今柬埔寨与越南的南部)求取丹砂，以供烧丹炼汞之用，于是又赴广州。为求勾漏令，被刺史邓岳劝阻，于是便转入广东罗浮山修炼、闲养，但著述不辍。葛洪于晋康帝建元元年(公元343年)谢世，年61岁[2]。

葛洪的著述甚多，其中记载着许多药酒配方的，以《葛洪肘后备急方》为冠[3]。据笔者查阅统计，举凡用于治疗突发急病、意外伤害、其他疾病的药酒有40多种。真是博学多才，集腋成裘，令人钦佩。据葛洪所言，这些药酒能分别治疗20多种疾病。不过在今人看来，有些配方内容语涉荒诞，有些配方的内容的确相当珍贵。这些药酒的名称，有的原文中没有，但是根据原文内容可知其名称。现辑录部分如下:

雄黄酒、杏仁膏酒、漆叶酒、桂末干姜酒、牛蒡酒、吴茱萸生姜酒、莎草根酒、吴茱萸桂皮酒、半夏细辛酒、乌头蜜丸酒、桂心酒、当归酒、山栀子川乌酒、丹参酒、生姜煮酒、赤蓼茎叶酒、松节木瓜酒、鸡子芒硝酒、苦参酒、常山鳖甲酒、木天蓼酒、炒大豆酒、蘘荷根酒、独活大豆酒、蜀椒茵芋酒、桑根白皮酒、菟丝子酒、牛膝酒、茱萸硝石酒、乌梅酒、鹿茸酒、威灵仙酒、枸杞子酒、朴硝大黄酒、茴香生姜酒、柳白皮酒、柞木皮酒、牛羊胆酒、木香白芷酒等等。

上面这些药酒的名称，是笔者根据原始文献的内容命名的，基本上能够表达该项药酒的真实含意或部分内容。这样做的原因是，原始文献中只有药酒配方、简单酿制方法、功能等内容，没有既定的药酒名称，为了展现《葛洪肘后备急方》中药酒的大概收录情况，权且如此。为了补苴罅漏，今举数例表达详情如下:

晋葛洪《葛洪肘后备急方》卷一～七:“救卒客忤桂酒方: 桂一两，生姜三两，栀子十四枚，豉五合，捣，以酒三升搅，微煮之，味出去滓，顿服;枸杞子酒:主补虚，长肌肉，益颜色，肥健人，能去劳热，用生枸杞子五升，好酒二斗，研搦匀

[1] 唐·房玄龄等撰:《晋书·礼志第九》卷十九，北京，中华书局，1974。
[2] 赵匡华著:《中国科学技术史·化学卷》，251页，北京，科学出版社，1998。
[3] 晋·葛洪撰:《葛洪肘后备急方》，1955年商务印书馆据涵芬楼明正统道藏本影印，北京，人民卫生出版社重印，1963。

碎，浸七日，漉去滓，饮去，初以三合为始，后即任意饮之；灵芝酒：治卒胃反呕脘，五灵芝不夹土石，拣精好者不计多少，捣罗为末，研，狗胆汁和为丸，如鸡头大，每服一丸，煎热生姜、酒，磨令极细，更以少量生姜、酒化为汤，汤药令极热，预先做下粥，温热得所，以左手与患人药吃。"

二、南北朝时期

到了南北朝时期，古籍中有关酿制药酒的内容已经更加丰富。例如，宋懔的《荆楚岁时记》、雷敩的《雷公炮炙论》、陶弘景的《名医别录》、贾思勰的《齐民要术》等。在这些古代经典著作中，都有不少药酒的内容，可供参考了解。例如，在《名医别录》中，就有槐实酒的内容，即："八月断槐大枝，使生嫩蘖，煮汁酿酒，治大风痿痹甚效"[1]。此书中还有制蔓椒酒，即："蔓椒一名猪椒，一句狗椒。生云中山及丘冢间。采茎、根，煮，酿酒"[2]。

在《雷公炮炙论》中，有很多用酒炮炙制药的方法，所制成的药物都具有药酒的性质，可认为是药酒。例如：

洒酒蒸制干天门冬、酒浸蒸炙酥甘草、拌酒蒸干地黄、酒浸曝干泽泻、酒浸焙干石斛、酒浸加菊花熬焦黄干制巴戟天、酒拌蒸制晒干蒺藜子、酒浸蒸制酥炙肉苁蓉、酒浸焙干续断、酒浸煎晒柏子仁、酒浸焙干楮实子、酒浸蒸制晒干蔓荆子、酒煮煎干鹿角胶、酒蒸晒干覆盆子、酒拌蒸炒干巨胜(芝麻古名)、淋酒蒸制晒干女萎、酒浸焙干细剉百部、酒拌蒸制晒干牡丹皮、酒浸蒸制晒干补骨脂、酒浸蒸制细杵革澄茄、酒浸蒸制晒干密蒙花、酒浸炙干伏翼(蝙蝠古名)、拌酒蒸制晒干草金零、拌酒蒸制暴干仙茅、拌酒蒸制暴干刘寄奴、酒煮研膏巴豆、酒拌蒸制烤干蜀椒、酒浸蒸制焙干诃梨勒、酒拌蒸制晒干雷丸、酒浸焙干细切蚯蚓、酒浸焙干蛤蚧等[3]。

《雷公炮炙论》是我国医药史上最早的一部制药专著，所涉及的炮制方法有浸泡、煎煮、蒸法、炒法、烘烤、膏制、丸制、酒制、蜜制等。其中酒制的品种很多，仅上面所列举的就有30种。如此丰富的内容说明，雷敩的执著追求是兢兢业业的，用心良苦。正如敦煌古籍《五藏经》所言："雷公妙典，咸述炮炙"。雷敩所创造的制药经验，对于后世酿制药酒的发展，具有承先启后的作用。

然而应当指出，在前面已经提到的这几部古籍中，《齐民要术》里记载的、关于酿制药酒的内容，是具有较高学术价值的。其表现主要有两方面。其一，论述很具体，只要根据原始文献操作，就能将药酒酿制好。其二，所论述的内容具有通用性，只要仿照原始文献内容加以灵活运用，就可以将其应用于酿制其他药酒方面。为了进一步深入讨论上叙所言情况，今举例说明如下：

北魏贾思勰《齐民要术·笨曲并酒》：浸药酒法：以此酒浸五加木皮及一切药，皆有益，神效。

用春酒曲及笨曲，不用神曲。……治曲法：须斫去四缘、四角，上下两面，

[1]、[2] 南北朝梁·陶弘景集撰：《名医别录》卷三，43页，尚志钧辑校，北京，人民卫生出版社，1986。
[3] 南北朝·雷敩撰：《雷公炮炙论》，上卷、中卷、下卷，王兴发辑校，上海，上海中医学院出版社，1986。

皆三分去一。孔中亦剜去。然后细剉，燥曝，末之。大率：曲末一斗，用水一斗半；多作，依此加之。

酿用黍，必须精细。淘欲极净，水清乃止。用米亦无定方，准量曲势强弱。

然其米要须均分为七分：一日一酘，莫令空缺。缺，即折曲势力。七酘毕便止。熟即押出之。

春秋冬夏皆得作。茹瓮厚薄之宜，一与春酒同；但黍饭摊使极冷。冬即须物覆瓮。其所去之曲，犹有力，不废除用耳。[1]。

“浸药酒法”这一项记载，是引自石声汉选释的《齐民要术选读本》。为了便于理解，今将这项记载的全文翻译如下：

酿造浸药用酒的酿造工艺方法：用这种方法酿成的酒，浸泡五加皮或者其他一切中药材，都很有益，而且功效神速。

酿造这种酒只使用春酒曲，即笨曲，不要用神曲。……酿酒前修理整治酒曲的方法：曲饼的四周边沿，四个角，曲饼的上下表面层，都要用刀砍掉三分之一，曲饼中间的孔沿也要挖掉。然后再砍碎晒干，捣成粉末。一般配料比例是：一斗曲末用一斗半水浸曲，如果要多作，可以按照这种比例予以增加。

酿酒用的黍米，一定要舂制得很精细，淘洗也要极洁净，要看到洗米水清澈了才停止。用米量也不能固定不变，要根据曲势强弱进行调整。不过，所使用的米要平均分成七份，每天投下一份，一次也不能中断。如果中断了，曲的势力就会受到挫折。七次投料完成之后，就可以停止，进行后发酵。一直等到酒醪成熟，就可以将酒榨出来。

春秋冬夏四季都可以这样酿酒。至于酒瓮外面保暖层的使用，一切都与酿造春酒时的情形一样；不过黍饭要摊到完全冷了才好。如果是在冬天酿酒，就要用保温的东西覆盖在瓮外。至于从曲饼上砍下来的那些曲边，还是有发酵能力的，应当尽可能地作为其他用途，不要扔掉。

根据《齐民要术》上的这项“浸药酒法”内容可知，我国早期用于浸药的酒都是黄酒。

第四节　唐宋时期的药酒

一、唐朝时期

在唐朝，孙思邈是最伟大的医学家，他最珍贵最有影响的著作是《备急千金要方》、《千金翼方》、《千金髓方》、《千金月令》、《千金养生论》等[2]。他认为：“人命至贵，有贵千金，一方济之，德逾于此”，故书名冠以“千金”。如此的命名，既含蓄又贴切，惟妙惟肖，体现了孙思邈视人命关天为大事的思想念念不忘，十分高尚。

在孙思邈的《备急千金要方》与《千金翼方》中，有关药酒的内容不少，而且翔实可信。例如，在《备急千金要方·酒醴第四》中，就有下列药酒方(其中顺序号及标点符号系笔者所加)[3]。

(一)《备急千金要方》中的药酒

[1] 北魏·贾思勰撰：《齐民要术》，见石声汉选释：《齐民要术选读本》，448页，北京，农业出版社，1961。

[2] 李经纬：“孙思邈在医学发展上的伟大贡献”，见《中华医史杂志》，1962(2)。

[3] 唐·孙思邈撰：《备急千金要方》卷七，据日本江户医学影摹北宋刊本加句影印，北京，人民卫生出版社，1982。

1. 石斛酒　治风虚气满，脚疼痹挛，弱不能行方。

石斛、丹参、五加皮各五两，侧子、秦艽、杜仲、山茱萸、牛膝各四两，桂心、干姜、羌活、芎藭、橘皮、黄耆、白前、蜀椒、茵芋、当归各三两，薏苡仁一升，防风二两，钟乳八两，捣碎，别绢袋盛系大药袋内

以上二十一味㕮咀，以清酒四斗渍三日。初服三合，日再稍稍加，以知为度[1]。

2. 钟乳酒　治风虚劳损，脚痛，冷痹，羸瘦挛，弱不能行。

钟乳八两，丹参六两，石斛、杜仲、天门冬各五两，牛膝、防风、黄耆、芎藭、当归各四两，附子、桂心、秦艽、干姜各三两，山茱萸、薏苡仁各一升

以上十六味㕮咀，以清酒三斗渍之三日。初服三合，日再稍稍加之，以知为度。

3. 小黄耆酒　大治风虚痰澼，四肢偏枯，两脚弱，手不能上头，或小腹缩痛，胁下挛急，心下有伏水，胁下积饮，夜喜梦，悲愁不乐，恍惚善忘，此由风虚五脏受邪所致。或久坐腰痛，耳聋卒起，眼眩头重，或举体流肿疼痹，饮食恶冷，濇濇恶寒，胃中痰满，心下寒疝，药皆主之。及妇人产后余疾，风虚积冷不除者方。

黄耆、附子、蜀椒、防风、牛膝、细辛、桂心、独活、白术、芎藭、甘草各三两，秦艽、乌头、大黄、葛根、干姜、山茱萸各二两，当归二两半[2]

以上十八味㕮咀，少壮人无所熬炼，虚老人微之。以绢袋盛，清酒二斗渍之，春夏五日，秋冬七日。可先饮服一合，不知，可至四五合，日三服。此药攻痹甚佳，亦不令人吐闷，小热宜冷饮食也。大虚加苁蓉二两，下痢加女萎三两，多忘加石斛、菖蒲、紫石各二两。心下多水者加茯苓、人参各二两，薯蓣三两。酒尽，可更以酒二斗重渍滓服之，不尔可暴滓，捣，下酒服方寸匕。不知稍增之。服一剂得力，令人耐寒冷、补虚。治诸风冷神良。

4. 茵芋酒　治大风头眩重，目瞀无所见，或仆地气绝，半日乃苏，口㖞噤不开。半身偏死，拘急痹痛，不能动摇，历节肿痛，骨中酸疼，手不得上头，足不得屈伸，不能蹑履行。欲倾跛，皮中动淫淫，如有虫啄，刺痒搔之生疮，甚者狂走。有此诸病，药皆主之。

茵芋、乌头、石楠、防风、蜀椒、女萎、附子、细辛、独活、卷柏、桂心、天雄、秦艽、防己各一两，踯躅二两

以上十五味㕮咀，少壮人无所熬炼，虚老人熬之，清酒二斗渍之，春秋五日。初服一合，不知加至二合，宁从少起，日再，以微痹为度。

5. 大金牙酒　治瘴疠毒气，中人风冷湿痹，口㖞面戾，半身不遂，手足拘挛，历节肿疼，甚者小腹不仁，名曰脚气。无所不治。

金牙一斤，侧子、附子、天雄、人参、苁蓉、茯苓、当归、防风、黄耆、薯蓣、细

[1] 笔者注：因为原始文献是竖写的，故原文中的"右件"今改为"以上"，以下同此。"㕮咀"的解释是："㕮咀，咀嚼。古代煎药，先把药料切碎为末，好像经过咀嚼似的，叫㕮咀。《灵枢经寿夭刚柔》：'凡四种，皆㕮咀，渍酒中。'《政和证类本草》一：'药有易碎难碎，多末少末，秤量则不复均平，今皆细切之较略如㕮咀者，乃得无末而又片粒调和也。'"(见《辞源》，492页)。

[2] 笔者注：在原始文献中，"乌头"后面有"集验用薯蓣代"的说明。

辛、桂心、萆薢、葳蕤、白芷、桔梗、黄芩、远志、杜荆子、芎䓖、地骨皮、五加皮、杜仲、厚朴、枳实、白术各三两，独活半斤，茵芋、石楠、狗脊各二两，牛膝、丹参各三两，磁石十两，薏苡仁、麦门冬各一升，生石斛八两，蒴藋四两，生地黄切二升

以上三十九味㕮咀，以酒八斗渍七日。温服一合，日四五次。药细研，别绢袋盛，共药同渍。药力和善，主治极多。凡是风虚，四体小觉有风痾者，皆须将服之。无所不治也。

除了以上5例之外，在《备急千金要方》中，还有主治脚弱十二风痹的松叶酒、治疗脚弱风虚五劳七伤的术膏酒、主治风湿痹不仁的侧子酒、主治骨髓疼痛风经五脏的虎骨酒、治疗缓急风四肢不随行的枸杞菖蒲酒、治疗风虚脚痛痿弱气闷的黄耆酒等。

在孙思邈的另一部巨著《千金翼方》中，所记载的药酒品种也不少，有些药酒的名称虽然与《备急千金要方》中的药酒相同，但是药物配方或用药量不同，主治疾病的类型也不同。因此，它们的科技史价值同样高，今举例说明如下(其中顺序号及标点符号系笔者所加)[1]。

(二)《千金翼方》中的药酒

1. 牛膝酒　主八十三种著人头、面肿痒、眉发损落，手脚拘急，不得行步，梦与鬼神交通，或心烦恐怖，百脉自惊，转加羸瘦，略出要者不能尽说方。

牛膝、石楠、去皮乌头、去皮天雄、茵芋各二两，细辛五分

以上六味，切，以酒一斗二升渍之，春五日，夏三日，冬七日。初服半合，治疯癫宿辟，服之即吐下。强人日三，老小日一，不知稍加。惟禁房室及猪肉等。

2. 马灌酒　主除风气通血脉，益精气，定六腑，明耳目，悦泽颜色，头(发)白更黑，齿落更生。服药二十日力势倍，六十日志气充强，八十日能夜书，百日致神明。

去皮天雄、茵芋各三两，去目闭口蜀椒、踯躅一升，白蔹三两，去皮乌头、去皮附子、干姜各二两

以上八味，切，以酒三斗渍之，春夏五日，秋冬七日，去滓。初服半合为始，稍加至三合。暴滓为散，服方寸匕，日三，以知为度。夏日恐酒酸，以油单覆，下垂井中。近水不酸也。

3. 独活酒　主八风十二痹方。

独活、石楠各四两，防风三两，茵芋、去皮附子、去皮乌头、去皮天雄各二两

以上七味，切，以酒二斗渍六日。先食服，一服半合，以知为度。

4. 芫青酒　主百病风邪狂走，小腹肿，症瘕霍乱，中恶飞尸遁注，暴症伤寒，中风湿冷，头痛身重诸病，寒热风虚及头风。服酒当从少起，药发，当吐清汁一二升方。

芫青、去皮心巴豆、去翅足斑蝥各三十枚，去皮附子、踯躅、细辛、去皮乌头、干姜、桂心、去目闭口蜀椒、去皮天雄、黄芩各一两

[1] 唐·孙思邈撰：《千金翼方》卷十六，据清翻刻元大德梅溪书院本，北京，人民卫生出版社，1955。

以上十二味，切，以酒一斗渍十日。每服半合，日二。应苦烦闷饮一升，水解之，以知为度。

5. 蛮夷酒　主八风十二痹，偏枯不随，宿食虚冷，五劳七伤及女人产后余疾，月水不调方。

去心远志、烧汁矾石各二两，石膏二两半，炙蜈蚣二枚，狼毒、烧矾石、白术、去皮附子、洗净半夏、桂心、石楠、白石脂、续断、龙胆、芫花、玄参、白石英、代赭、蔄茹、去毛石韦、去皮天雄、寒水石、防风、桔梗、藜芦、卷柏、山茱萸、细辛、去皮乌头、踯躅、去目闭口蜀椒、秦艽、菖蒲、白芷各一两

以上三十四味，切，以酒二斗渍四日。一服一合，日再。十日后，沥去滓，暴干，捣筛为散，酒服方寸匕，日再。以知为度。

6. 鲁公酒　主百病风眩心乱，耳聋目瞑泪出，鼻不闻香臭，口烂生疮，风齿瘰疬，喉下生疮，烦热厥逆上气，胃胁肩髀痛，手不能上头，不自带衣，腰脊不能脱仰，脚酸不仁难以久立，八风十二痹，五缓六急，半身不遂，四肢偏枯，筋挛不可屈伸，贼风咽喉闭塞，哽哽不利，或如锥刀所刺，行人皮肤中没有常处，久久不治入人五脏，或在心下，或在膏肓，游行四肢，偏有冷处如风所吹，久寒积聚风湿，五劳七伤，虚损万病方。

细辛半两，茵芋、去皮乌头、踯躅各五分，木防己、去皮天雄、石斛各一两，柏子仁、牛膝、山茱萸、通草、秦艽、桂心、干姜、干地黄、黄芩、茵陈、去皮附子、瞿麦、王不留、炙杜仲、泽泻、石楠、防风、夹心远志各三分

以上二十五味，切，以酒五斗渍十日。一服一合，加至四五合。以知为度。

7. 丹参酒　主治恶风疼痹不仁，恶疮不瘥，无痂，须眉秃落方。

丹参、前胡、细辛、卷柏、去皮天雄、秦艽、茵芋、干姜、牛膝、芫花、白术、去皮附子、代赭、续断、防风、桔梗、蔄茹、烧汁矾石、洗净半夏、白石脂、石楠、狼毒、桂心，菟丝子、芍药、龙胆、石韦、黄连、黄芩、玄参、烧矾石、去心远志、紫菀、山茱萸、干地黄、炙甘草各一两，石膏二两，去皮杏仁二十枚、去节麻黄、大黄各五分，菖蒲一两半，白芷一两，炙赤头蜈蚣二枚

以上四十三味，切，以酒四斗渍五宿。一服半合，增一二合，日二。以知为度。

8. 杜仲酒　主风痨虚冷，腰脚疼，屈弱方。

炙杜仲、钟乳各八两，当归、芎䓖、干姜、去皮附子、秦艽、石斛、桂心各三两，去目闭口蜀椒、细辛、茵芋、去皮天雄各二两，独活、防风各五两

以上十五味，切，以酒三斗渍五宿。一服三合，日三。

9. 菊花酒　主男女风虚寒冷，腰背痛，食少羸瘦无色，呼吸少气，去风冷，补不足方。

菊花、炙杜仲各一斤，独活、研钟乳、萆薢各八两，茯苓二两，紫石英五两，去皮附子、防风、黄耆、苁蓉、当归、石斛、桂心各四两

以上十四味，切，以酒七斗渍五宿。一服二合，稍渐加至五合，日三。

10. 黄耆酒　主大风虚冷，淡辟偏枯，脚肿满百病方。

黄耆、独活、山茱萸、桂心、去目闭口蜀椒、牛膝、葛根、防风、芎䓖、细辛、去皮附子、白术、炙甘草各三两，大黄一两，干姜二两半，秦艽、当归、去皮乌头各二两

以上十八味，切，以酒三斗渍十日。一服一合，日三，稍加至五合，夜二服无所忌。大虚加苁蓉二两、萎蕤二两、石斛二两。多忘加菖蒲二两、紫石英二两。心下多水加茯苓二两、人参二两、薯蓣三两。服尽，复更以酒三斗渍滓。不尔可暴干作散，酒服方寸匕，日三。

除了以上10例外，在《千金翼方》中，还有枸杞酒、白术酒、金牙酒、茵芋酒、附子酒、紫石酒、麻子酒、地黄酒、单行桂心酒、防风酒等。如果根据已经查到的这些药酒的酿制过程及药酒的服用情况进行分析，则我们可以知道，我国唐朝时期酿制药酒的技术具有以下特点。

(三) 酿制药酒的技术特点

1. 选药技术及药方构成具有多样性和可变性的特点　在选药方面，药酒配方同中医门诊配方一样，单味中药材成方的情况很少，每一种药酒配方都是用多种药材人药的，少的几种，多的40多种。而且，有时一种药酒有多种配方，形成一种药酒能治疗多种不同疾病的系列。例如，在孙思邈的《千金翼方》中，共有3种“杜仲酒”配方。今将其中一例摘抄如下，供参考：

孙思邈《千金翼方》卷十六：“杜仲酒：主治腕伤，腰痛方。炙杜仲八两，干地黄四两，当归、去皮乌头、芎䓖各二两。以上五味，切，以酒一斗二升渍。服二合，日再。”

2. 酿制药酒的工艺技术已具有相当高的水平　在唐朝以前，几乎所有酿制药酒的操作规程都很不完善。例如，有的中药配方只有药材名称，没有人药分量，他人很难进行良好的酿制药酒的操作。又如在唐朝以前的中药配方中，很难见到“蜀椒去目”、用“炙杜仲”这样的说明。可是在孙思邈的巨著中，这些缺点都已经全部克服了。这种进步当然可以说明，当时酿制药酒的工艺技术是较前代高明的。

3. 饮用药酒的安全措施已经傲然初露　在孙思邈的巨著中，对于饮用药酒必须保证安全的事宜，特别关注。作者常常用“以知为度”的警语来提醒服药者注意。这种情况在唐朝以前是很难见到的。虽然只是几个字，但是却蕴含着很多科学道理。例如，同一种病，饮用同一种药酒，但由于患者体质状况的不同，药物对他们会产生不同的效果，所以必须小心对待，重视安全。在科学尚未很发达的时代，“以知为度”就是一种很好的安全措施。其实，即使是科学已经发展到了太空时代的今日，服药治病也必须“以知为度”，不可以对药物反应置之不理。由此再次说明，孙思邈时刻牢记“人命至贵”的医德，可树为世人的典范。

(四) 医学家孙思邈

孙思邈(公元581～682年)，京兆华原(今陕西耀县)人(图6－2－1)。生于隋朝开皇元年的一个富裕农家，少时多病，为筹汤药之资而罄尽家产积蓄。10岁开始攻读经史，博涉百家学术，精通佛典，尤其对医学典籍十分投入，兴趣非常浓厚。18岁时，开始不惜百金搜寻前人临床真知灼见、方药及医学论著，进行潜心研究。20岁开始行医，初露锋芒，也治好了自己的病。30岁隐居太白山，与释道宣高僧交游博学，并开始研制金丹，炼成了太一神精丹。40岁以后仍然四处访觅，凡是切脉诊候、采药合制、命方精深者，他都设法求教。经过近半个世纪的努力，他累积了极其丰富的医学理论和医学资料，具有很高的医疗技术水平，进步不断加快。

公元658年，唐高宗李治召见，拜谏议大夫，声望享誉朝野。70岁时孙思邈撰写成了《备急千金要方》30卷，不久又续撰了《千金翼方》30卷。于公元674年请归故里，高宗帝赐予良马，以示敬重。孙思邈回到家乡不久，即隐居五台山。于公元682年谢世，年101岁，是我国历史上年逾百岁甚少的名人之一。

图 6-2-1　孙思邈
（引自《仙佛奇踪》）

在唐朝时期，除了孙思邈的著作外，例如，王焘的《外台秘要》[1]、孟诜的《食疗本草》[2]、李肇的《国史补》[3]、韩鄂的《四时纂要》[4]等，在这些古籍中也有乌蛇酒、松叶酒、地黄酒、钟乳酒、鹿骨酒、枸杞子酒等等。对于这些酒的详细酿制内容，有意博览者，可以根据自己需要去查阅。

二、两宋时期

在宋朝，当时医学界享有很高声誉的医学家及其著作相当多，例如，在下面的这些著作里，就有许多不同种类的药酒史料：

唐慎微等撰《重修政和经史证类备用本草》[5]、许叔微述撰《普济本事方》[6]、陈直撰《养老奉亲书》[7]、申甫和王希逸校《圣济总录》[8]、沈括撰《梦溪笔谈》[9]、王怀隐等编撰《太平圣惠方》[10]、陈元靓撰《事林广记》[11]、洪迈的《容斋五笔》[12]、林洪的《山家清供》[13]、陈自明的《外科精要》[14]等。

在上面这些古籍中，凡是本草学、医学或者是养生方面的著作里，都有较多药酒品种，而其他类型的著作里，药酒内容较少。出现这种情况是很自然的，因为药酒的发明发展过程与

[1] 唐·王焘撰：《外台秘要》，北京，人民卫生出版社，1955。
[2] 唐·孟诜撰：《食疗本草》，谢海洲等辑校，北京，人民卫生出版社，1984。
[3] 唐·李肇撰：《国史补》，学津讨原本，得月簃丛书木刻本，1830。
[4] 唐·韩鄂撰：《四时纂要》，据在日本发现的朝鲜刻本影印，缪启愉校，北京，农业出版社，1984。
[5] 宋·唐慎微撰：《重修政和经史政类备用本草》，宋·寇宗奭衍义，金·张存惠订，晦明轩刻本，北京，人民卫生出版社，1959。
[6] 宋·许叔微述撰：《普济本事方》，据日本享保廿年向井八三郎刊本校印，上海，上海科学技术出版社，1959。
[7] 宋·陈直撰：《养老奉亲书》，陈可冀订正，上海，上海科学技术出版社，1988。
[8] 宋·申甫、王希逸校：《圣济总录》，北京，人民卫生出版社，1962。
[9] 宋·沈括撰：《梦溪笔谈》，元刊梦溪笔谈(本)，胡道静校注，上海，上海古籍出版社，1987。
[10] 宋·王怀隐等撰：《太平圣惠方》，北京，人民卫生出版社，1956。
[11] 宋·陈元靓撰：《事林广记》，据元至顺间建安椿庄书院刻本影印，北京，中华书局，1999。
[12] 宋·洪迈撰：《容斋五笔》，据《万有文库》本，笔记小说大观，北京，商务印书馆，1959。
[13] 宋·林洪撰：《山家清供》，据《夷门广牍》本，北京，中国商业出版社，1985。
[14] 宋·陈自明撰：《外科精要》，明·薛己校，北京，人民卫生出版社，1956。

中医学的进步相依相随，为医家所珍重。为了探悉我国宋代有关药酒的一些真实情况，今以《太平圣惠方》、《圣济总录》和其他古籍中的药酒史料为例，剖析如下。

(一)《太平圣惠方》中的药酒

由宋朝王怀隐等人编撰的《太平圣惠方》成书于淳化三年(公元992年)，100卷。该书以唐朝《备急千金要方》、《外台秘要》等为蓝本，广集汉朝至宋朝期间各家方书及民间医方，按照脏腑病症分类汇编而成。全书1 670门，收录医药方16 834首，许多门类中散见有药酒方，内容丰富，堪称我国10世纪时的重大医药学巨著。为了简介书中药酒情况，现摘录部分药酒名及其主治病症，供参考：

> 治劳疟痰滞发歇不定鳖甲酒方、治万病蛊毒风气寒热乌头酒方、治白虫在脾中为病吴茱萸酒方、治痔疾数年不瘥槐枝酒方、治坠落车马筋骨疼痛不止没药鸡子酒方、治伤折疼痛不可忍喝蛇龟酒方、治妇人中风偏枯手足挛急晚蚕沙浸酒方、治妇人风痹手足不随仙灵脾浸酒方、治妊娠中风言语不得白术酒方、治产后中风腰背强直独活浸酒方、治产后中风四肢缓弱石斛浸酒方、治产后中风四肢顽痹不仁羌活浸酒方、治中风烦热皮肤瘙痒醍醐酒方、治下焦风湿腰脚疼痛豉酒方等等。

上面所列举的这些药酒，都是各药酒的名称和主治病症。至于这些药酒是由哪些药物酿制成的，该书中大多数药酒都有酿制法记载。为了便于对此有较深入的了解，现摘录数例说明如下：

> 1. 五枝酒方　五枝酒，治中风，手足不遂，筋骨挛急方。
>
> 夜合枝、花桑枝、槐枝、柏枝、石榴枝各半斤，剉；防风十两去芦头，羌活十两，糯米五斗，小麦曲五斤，末；黑豆择紧小者二斗
>
> 以上五枝，用水一硕，煎取三斗，去滓。澄滤浸米及豆，二宿，漉出蒸熟。后更于药汁内入曲，并防风、羌活等，末，同搅入瓮。如法盖覆。候酒熟时，饮一盏。常令醺醺，其有大效。
>
> 2. 石斛酒方　石斛酒，主补虚痨，益气力，除腰脚痹弱，利关节，坚筋骨及治头面游风方。
>
> 去根石斛四两，黄耆二两，丹参二两，去粗皮杜仲、去苗牛膝、去芦头人参、五味子、白茯苓、山茱萸、薯蓣、萆薢、去芦头防风以上各二两，枸杞子三两，去心天门冬三两，细辛、薏苡仁各三两
>
> 以上都细剉，以生绢袋盛，用酒五斗，于瓷瓮中浸之，七日开。初温服三合，日再服，渐加至一盏为度。
>
> 3. 黄精酒方　黄精酒，主万病，延年补养，发白再黑，齿落更生方。
>
> 黄精四斤，去心天门冬三斤，白术四斤，松叶六斤，根枸杞三五斤
>
> 以上药，都剉，以水三硕，煮取汁一硕。浸曲十斤。炊米一硕。如常法酿酒，候熟。任饮之。忌桃、李、雀肉。
>
> 4. 神仙枸杞子酒　治疗虚羸黄瘦，不能食，服不过两剂，必得肥充，无所禁断方。

枸杞子，干者碎捣；生地黄，切三升；大麻子，捣碎五升

以上先蒸麻子，令熟，摊去热气。入地黄、枸杞子，相和得所。纳生绢袋中，以无灰清酒五斗浸之。密封，春夏一七日，秋冬二七日。取服，多少任性，常令体中微有酒力醺醺然为妙。

(二)《圣济总录》中的药酒

此书于宋朝政和年间(公元1111～1117年)，由朝廷出面召集全国名医，收集民间经验良方及“内府”所藏秘方，又经选编而成，共200卷。全书按病症不同，分为各门，每门开头都先对疾病成因，病理学要点进行论述，然后开列药方及说明治疗方法等。据统计，全书设68门，录方2万余首，其中有不少方剂至今仍然在临床上应用，故堪称我国医史上医学巨著。对于书中药酒分布，许多门类中都能散见，今摘录部分药酒名及其主治病症，供参考：

治耳聋菖蒲酒方、牡荆酒方、大豆酒方，治耳聋及耳鸣菖蒲浸酒方，治风牙齿疼痛独活酒方，治齿风肿痛呼吸风冷郁李酒方，治诸鱼骨鲠在喉中艾蒿酒方，治咽喉噎塞冷气妨闷结成瘿气海藻酒方，治颈下卒结核渐大欲成瘤瘿海藻酒方，治瘤瘿柳根酒方，治肿毒皂荚乳香酒方，治气毒肿疼痛或牵引小腹及腰脐痛桃仁酒方，治一切癣菖蒲酒方，治痈疖多日不熟无头者瓜蒌酒方，治金疮中风必效酒方，治金疮中风发痓浸酒方，治金疮中风角弓反张杏仁酒方，治金刃伤破见骨中风口噤豆淋酒方，治被打伤损因疮中风蚕子酒方，治久患肠风泻血茄子酒方，治打扑损疼痛麻根汁酒方，治倒仆诸筋蹴损不舒展地黄酒方，治中水毒寒热水蓼酒方，治难产酸浆酒方，治二三日不产鸡子酒方，催产石燕酒方，治产后中风腰背反折筋急口噤黑豆酒方，治产后中风腹痛羌活酒方，治产后风痓黄土酒方，治精血虚损变白身轻枸杞酒方，治中急风舌直不得语目睛不转乌鸡酒方等。

上面所列举的这些药酒，都是药酒的名称和各药酒的主治病症。至于这些药酒是由哪些药物酿制成的，该书里对大多数药酒还有详细的记载。为了便于对书中药酒的详细内容有较深入的了解，现摘录数例如下：

1. 海桐皮浸酒方　治热毒风结成疽，肿痛行履不得。剉海桐皮、剉五加皮、去芦头独活、去叉防风、炒干蝎、去粗皮切杜仲、去苗牛膝酒浸切焙、炒薏苡仁以上各一两，焙生干地黄三两

以上九味，粗捣筛，生绢囊贮，以好酒一斗五升浸于瓷瓶中，密封，秋夏三日，春冬七日，开取。食前温酒三合，可加至四五合。不拘时服，甚者常令酒气相续。

2. 甘草酒方　治毒气肿，当头上如刺痛。炙甘草、升麻、剉沉香、别研麝香，以上各半两，豉一两半

以上五味，除麝香外，粗捣，筛。入麝香拌匀。每服五钱匕，酒一盏半，煎至八分，去滓。早晚食前各一服。其滓热敷肿上。病甚者，取豉半升，栀子仁十四枚，葵菜二两，三味用水二升半煎至一升，滤去滓。分三服，空心日午晚间温服，以尽为度。

3. 姜汁酒方　治难产，血气凝滞不下。

生姜汁六分盏作三服，鸡子黄三枚作三服。以上二味，先用酒三分盏，醋二分盏同煎沸，入姜汁二分盏，又煎令沸倾出，用鸡子黄一枚乘热打转，稍热服之。须臾未下，尽此三服。

4. 仙灵脾酒方　补精益气。

剉仙灵脾六两，加鹅脂一两，炒；汤浸陈橘皮焙干半两，剉连皮大腹、剉槟榔各三枚，黑豆皮一合，去粗皮桂皮一分，豉一合，生姜半分，切葱白三茎

以上九味，剉碎，以生绢袋盛，用好酒一斗二升浸。挂药不令到底，膛灰火外煨一复时，取出候冷。空心夜卧各服一盏。服此酒后，更用此小浴药淋浴，壮阳气。

(三) 其他古籍中的药酒

1. 苏合酒　此酒载于沈括《梦溪笔谈》中："王文正太尉气羸多病，真宗(赵恒帝)面赐药酒一注瓶，令空腹饮之，可以和气血辟外邪。文正饮之大觉安健，因对上称谢。上曰：此苏合香酒也，每斗酒以苏合香丸一两同煮。

2. 茵芋酒　此酒载于许叔微《普济本事方》中："茵芋叶、川乌炮去皮、石楠叶、防风去叉股、川椒去目微炒出汗、女萎、附子炮去皮脐、细辛去叶、独活黄色如鬼眼者去芦洗净焙干、卷柏去根、肉桂去皮、天雄炮去皮脐、秦艽去土、防己以上各一两，踯躅花二两，当归去芦洗净酒浸切焙干二两，生干地黄二两，芍药一两。

以上十八味，用酒二斗渍之，冬七日，夏三日，春秋各五日。初服一合，渐增之，以知为度，令酒气相续。

3. 胡麻酒　此酒载于林洪《山家清供》中："旧闻有胡麻饭，未闻有胡麻酒。盛夏，张整斋招饮竹阁，正午各饮一巨觥，清风飒然，绝无暑气。其法：赎麻子二升，煮熟略炒，加生姜二两、龙脑薄荷一握，同入砂器细研，投以煮酒五升，滤渣去，水浸饮之，大有益。因赋之曰：'何须更觅胡麻饭，六月清凉却是它。'《本草》名'巨胜子'。桃源所饭胡麻即此物也。"[1]

4. 远志酒和忍冬酒　此酒载于陈自明《外科精要》中："远志酒：治一切痈疽，因忧怒气滞所致。远志，用米泔水浸洗，去土去心。右为末，每服三钱，酒一盏，调和澄清，饮之。滓敷患处；忍冬酒：治一切痈疽甚效。忍冬藤生取五两，大甘草节一两。右用水二碗煎一碗，入无灰好酒一碗，再煎熬数沸，去滓。分三服，一昼夜服尽。"

5. 补肾地黄酒　此酒载于陈直《养老奉亲书》中："补肾地黄酒：治老人风湿痹，筋挛骨痛，润皮毛，益气力，补虚乏，止毒，除面皯，宜服。

生地黄一斤，切；大豆二升，熬之；生牛蒡根一升，切。以上绢袋盛之，以酒一斗浸之，五六日，任性空心温服。常服三二盏，恒作之尤佳。"

6. 肉苁蓉浸酒　此酒载于陈元靓《事林广记》中："肉苁蓉，凡使先须以

[1] 笔者注：胡麻别名巨胜，今称芝麻。先秦古籍《参同契》载："巨胜尚延年，还丹可入口"，由此可知芝麻早已入药。

温汤洗，刮去上粗鳞皮。切碎，以酒浸一日夜，漉出焙干使。如缓急要用，即酒浸煮过，研如膏服。”

第五节　明清时期的药酒

一、明朝时期

在我国文明史上，明朝经过的时期达270多年，这是朝野相对稳定，缔造了国泰民安环境的重要标志之一。在此期间，科学得到发展，医术不断提高，医学界名流辈出，许多医学家及其名著不断涌现，这些都是很好的进步表现。今列举部分医学家及其名著，供参考：

名医滑寿著有《十四经发挥》[1]，还有太医院名医戴思恭和他的名著《秘传证治要诀及类方》[2]，医术高明、才思敏捷的名医楼英和他的名著《医学纲目》[3]，明皇太祖的第五子、名医朱橚和他的《普济方》[4]，出身医门世家的薛己和他的名著《薛氏医案》[5]，名扬中外的“本草学”家和医学家李时珍和他巨著《本草纲目》[6]，还有徐春甫和他的名著《古今医统大全》[7]，王肯堂和他的名著《证治准绳》[8]，陈实功和他的名著《外科正宗》[9]，张景岳和他的名著《景岳全书》[10]，赵献可和他的名著《医贯》[11]，吴又可和他的名著《温疫论》[12]等等。

在上面这些医学古籍中，有的著作里记录着许多药酒配方或酿制方法，是我国医学名著中的瑰宝。除了医学名著中的药酒外，许多农书和饮食古籍中也有药酒，这些史料后面还会讨论到。现在要讨论的是医学古籍中的药酒。

(一)《普济方》中的药酒

《普济方》是我国现存最大的一部医学方书，编撰者是朱橚、滕硕、刘醇等。此部巨著写成于明朝永乐四年(公元1406年)，原书168卷，《四库全书》本改订为426卷。全书广辑明朝以前历代各家验方，民间药方，偏方，分门别类，汇编而成，共分2 175类，有图239幅，医方61 739首。其中，药酒散见于各门类中，今摘录部分药酒项目，供参考：

活血通经黄芪酒、强筋骨祛风寒虎骨酒、补阳益肾虎骨酒、强筋和血益肝虎骨酒、除湿祛寒虎骨木瓜酒、强腰壮骨益肾独活酒、通血脉益肝肾牛膝蚕沙酒、补肾健脾利湿仙灵脾酒、活血通络杜仲酒、温中散寒肉桂黄芪酒、除湿杀虫桐皮牛膝酒、活血祛瘀黑豆酒、祛风止痛川芎酒、祛风暖腰金牙酒、祛风寒壮腰膝长松酒、祛风清目松花酒、补虚乌发地黄酒、活血祛风止痛黄芪酒、清热解毒苦参酒、疏风止痒枳壳酒、攻毒消肿大豆乌蛇酒、疏风消肿石榴酒、消疥癣和血脉菖蒲酝

[1] 明初·滑寿撰：《十四经发挥》，承淡安校注，上海，上海卫生出版社，1956。
[2] 明·戴思恭撰：《秘传证治要诀及类方》，北京，商务印书馆，1955。
[3] 明·楼英撰：《医学纲目》，上海，世界书局，1937。
[4] 明·朱橚撰：《普济方》，北京，人民卫生出版社，1959。
[5] 明·薛己撰：《薛氏医案》，上海，大成书局，1926。
[6] 明·李时珍撰：《本草纲目》，刘衡如校，北京，人民卫生出版社，1978。
[7] 明·徐春甫撰：《古今医统大全》，明刻本，刻社和时间不明。
[8] 明·王肯堂撰：《证治准绳》，上海，上海科学技术出版社，1959。
[9] 明·陈实功撰：《外科正宗》，据1631年刻本影印，北京，人民卫生出版社，1956。
[10] 明·张景岳撰：《景岳全书》，上海，上海卫生出版社，1958。
[11] 明·赵献可撰：《医贯》，北京，人民卫生出版社，1959。
[12] 明·吴又可撰：《温疫论》，北京，人民卫生出版社，1977。

酒、祛风止痒松叶酒、清热解毒内消浸酒、补虚利便猪膏酒、补虚除热苍耳酒等。

据笔得归纳总结之后得知，在《普济方》里，有下列7种酿制药酒的方法(表6－2－1)。

表 6-2-1　　《普济方》里的酿制药酒方法

《普济方》里的酿制药酒方法：

- 药材初加工 ⟶ 用酒浸泡 ⟶
  - 过滤去渣——澄清调配
  - 过滤去渣——加糖蜜等调配
  - 加热浓缩——过滤去渣
  - 温热催熟——过滤去渣
  - ⟶ 取酒饮服
- 药材初加工 ⟶
  - 蒸晒药材——用酒浸泡——过滤去渣
  - 蒸熟药材——用酒浇淋——过滤去渣
  - 捣药材取汁——饭拌药汁和曲——发酵酿酒
  - ⟶ 取酒饮服

(二)《证治准绳》中的药酒

名医王肯堂的重要贡献是，他孜孜不倦、锲而不舍地编著了《证治准绳》44卷。这是一部具有很高学术价值的巨著，即使不明医理的人研读，也能够“因证检而得治病法”，故名《证治准绳》，又因全书包括杂病、伤寒、疡医、幼科、女科、类方六科，故亦称《六科准绳》。其中药酒医方，散见于各科之中。现摘要举例如下：

1. 黄芪酒　主治四肢不遂，周身肿痛，胸中痰满，寒疝腹痛，头眩眼花，恍惚善忘等。

黄芪、独活、防风、细辛、牛膝、川芎、炙甘草、附子以上各二两，当归、官桂、川乌、山茱萸、葛根、秦艽以上各一两，生大黄、白术、干姜各半两

以上十八味，研碎如麻豆大，用夏布袋贮，置于净器中，用好酒四斤浸之，春夏五日，秋冬七日，开取备用。

2. 胡荽酒　主痘疹出来不快。用胡荽三两、好酒二杯。先将酒煮沸，然后入胡荽再煮数沸，候温待用。服用方法，每日许多次，用口含药酒并喷头及面部以外的患处，使病人常有药酒气味。

在《证治准绳》中，还有治疗风毒疡肿的海桐皮散浸酒、主治疮毒疼痛的槐花酒、治疗疥疮的苦参酒等，有兴趣者可以取书来浏览。

(三)《景岳全书》中的药酒

撰书者张景岳，自幼随父在北京拜名医金英为师，数年后驾轻就熟，尽得所传。张氏聪颖勤奋，酷爱医学，嗜读医书，涉猎《周易》以及天文、历法，医誉渐大。1620年，返回故里会稽(今浙江绍兴)，仍从事医学著作。数十年间写成了《类经》32卷、《类经图翼》11卷、《类经附翼》4卷、《景岳全书》64卷，为明代医学家中成绩最出众者之一。

《景岳全书》是一部全面阐述中国医学理论、探讨方剂匹配方法的学术著作，其中包括药酒配方及组成理论等。在这部巨著中，药酒散见于各卷里，今摘引数例，供参考：

蒲公英酒：主治乳房肿痛及乳痈。降椒酒：主治风湿脚气及湿热瘴气。金花酒：主治口舌生疮，牙龈出血等。景岳屠苏酒：主治和预防瘟疫瘴气。忍冬

藤煎酒：主治关节红肿痈疮初发。神效酒：用人参、没药、当归尾、瓜蒌、甘草入药，主治疮痈。

(四)《本草纲目》中的药酒

李时珍，字东璧，号濒湖，蕲州(治所在今湖北蕲春)人(图6－2－2)。他在药物学、医学、生物学和其他自然科学方面的卓越成就誉满中外。例如，《本草纲目》问世不久，1607年就传入日本，为江户幕府德川家康所得，人称“御手泽本”。18世纪初传入朝鲜、越南。据考证说，欧洲的大英博物馆、巴黎的国民图书馆、德国柏林的旧普鲁士国立图书馆、巴黎的自然史博物馆，都收藏有不同刻本的《本草纲目》早期版本[1]。1735年，J.B.杜哈德(Du Halde)在《中华帝国全志》第三卷中，编入了《本草纲目》节录，后来这部分节录全部被研究学者译成英文和德文。19世纪初，法国人勒姆塞(Remusat)由于用拉丁文介绍《本草纲目》，从而获得了巴黎大学授予的博士学位。著名科学家达尔文(Darwin)在他的著作中，曾多次引用李时珍《本草纲目》中关于鸡和金鱼的变异论述。到了近现代，法国医史学家胡亚第(Huard)与温民(M.Wong)曾多次撰文发表李时珍传记。英国著名中国科学技术史专家李约瑟(J.Needham)尊称李时珍是中国博物学家，是博物学家中的“无冕之王”。鲁桂珍则尊称李时珍是“中国最伟大的博物学家”。

图 6－2－2　李时珍

在《本草纲目》中，药酒被李时珍安排在“第二十五卷·谷之四·酿造类·附诸药酒方”里，共69种。李时珍说：“本草及诸书，并有治病酿酒诸方。今辑其简要者，以备参考。药品多者，不能尽录。”这就是说，李时珍认为药酒品种是随药品配方的改变而变化的，品种很多，不能尽述，只能简要举些例子，供参考。在李时珍所列举的69种药酒中，有些品种在明朝以前已经出现，可以看成是“老产品”，现在只将“新产品”摘录于下面，供参考：

愈疟酒：治诸疟疾，频频温饮之。逡巡酒：补虚益气，去一切风痹湿气。白杨皮酒：治风毒脚气，腹中痰癖如石。女贞皮酒：治风虚，补腰膝。百灵藤酒：治诸风。白石英酒：治风湿周痹，肢节中痛，及肾虚耳聋。黄精酒：壮筋骨，益精髓，变白发，治百病。桑椹酒：补五脏，明耳目。莎根酒：治心中客热，膀胱胁下气郁，常忧不乐。黄药酒：治诸瘿气。南藤酒：治风湿，逐冷气，除痹痛，强腰脚。松液酒：治一切风痹脚气。松节酒：治冷风虚弱，筋骨挛痛，脚气缓痹。枳茹酒：治中风身直，口僻眼急。柘根酒：治耳聋。花蛇酒：治诸风，顽痹瘫缓，挛急疼痛，恶疮疥癞。蚺蛇酒：治诸风痛痹，杀虫辟瘴。蝮蛇酒：治恶疮诸瘘，恶风顽痹癫疾。麋骨酒：治阴虚肾弱，久服令人肥白。鹿头酒：治虚劳不足，消渴，夜梦鬼

[1] 蔡景峰:“试论李时珍及其在科学上的成就”，见《科学史集刊》第七集，北京，科学出版社，1964。

物，补益精气。鹿茸酒：治阳虚痿弱，小便频数，劳损诸虚。戊戌酒：大补元阳。

(五)《永乐大典·医药集》中的药酒[1]

《永乐大典》是我国明朝永乐六年(公元1408年)由明政府指定姚广孝、解缙、赵友同、朱棣等组织两千余人编纂的一部大型类书。全书共228 877卷，约3.7亿字，是我国古代文化中的一份宝贵遗产。《永乐大典》中的医药学经典及宋元以来的医家著述，多为医学名家撰定，故内容翔实可靠。为便于利用，现将部分药酒内容辑录如下，供参考：

1. 鲁公酒　治诸痹，诸风，风眩心乱……风湿，五劳七伤，虚损百疾，并皆治之。

山芋、踯躅花、乌头各五分，茵芋、生天雄、防己、石斛各四分，细辛、柏子仁、牛膝、山茱萸、炒甘草、通草、秦艽、黄耆、生附子、瞿麦、炒杜仲、去心天门冬、泽泻、石楠叶、去叉防风、去心远志、熟地黄、炮干姜、桂心各三两

以上药件，为粗末，酒五十大盏渍之十日。每服一盏，可加至四盏，亦可为末服，亦可为丸配酒下。

2. 黄耆酒　治脾痹，内极虚寒，体重怠惰，四肢不欲举动，关节疼痛，不嗜饮食。

黄耆、去粗皮桂、去心巴戟天、去根石斛、泽泻、去黑皮白茯苓、柏子仁、炮干姜、去目闭口炒蜀椒各三两，去叉防风、去芦头独活、人参各二两，炮裂去皮脐天雄、芍药、炮裂去皮脐附子、茵芋、炮裂去皮脐乌头、汤洗半夏、去苗叶细辛、白术、去黑心黄芩、瓜蒌根、山茱萸各一两

以上二十三味，㕮咀绢袋盛，以清酒三斗渍之，秋冬七日，春夏三日。初服三合，渐加之，以微麻木为效，日再。

3. 白蛇浸酒　治风痹，骨髓及腰脚疼痛，行步稍难，兼风毒走注，皮肤痒痛不知方。

白花蛇一条半斤重者，当归、川芎各一两半，附子、桂心、熟地黄、山茱萸、萆薢、石斛、细辛、黄芪、天麻各二两，独活三两，枳壳一两，肉苁蓉二两半

以上药件，细剉，以生绢袋盛，好酒三斗，于瓷瓮子内密封，浸七日后开。随性煖饮，常令醺醺，勿令大醉。其酒旋添，药味薄即换药。

4. 萆薢酒　治脾及五脏六腑，皮肤，骨髓、肌肉、筋脉等疾病，不论新久方。

萆薢、去叉防风、菟丝子、去粗皮杜仲、黄耆、菊花、炮裂去皮脐天雄、去根石斛、焙干生地黄、地骨皮、续断、醋淬金牙、石楠、酒浸切焙肉苁蓉、去目闭口蜀椒以上各一两

以上十五味，㕮咀如麻豆，夹绢袋盛贮，以无灰酒五升浸二七日。每日任性服，候减一升，旋即添酒一升。药力薄即别制。老年者亦可服。

除了上叙药酒外，在《永乐大典医药集》中，还辑录了多种药酒。例如：

主治肾气虚冷牛膝酒、通脉活血菖蒲酒、壮筋骨补髓延年菊花酒、明目驻

[1] 明·姚广孝等撰：《永乐大典医药集》，肖源等辑集，北京，人民卫生出版社，1986。

颜轻身枸杞子酒、妊娠血下不止鸡子酒、治疗肾气虚冷牛膝酒、治疗风寒湿痹茵芋酒、祛寒湿痹天雄浸酒、主治肢节肿痛白石英浸酒、治疗风冷痃癖附子酒、主治虚劳手脚疼痛钟乳酒、主治脚膝无力巨胜浸酒、主治久患风湿牛膝大豆浸酒、治疗手脚无力筋脉挛海桐皮酒、主治打扑伤坠桂枝酒等。

(六) 在农书或饮食文化古籍中的药酒

在我国，自古以来，食品加工与农产品加工息息相通。药酒酿制也不例外，通常在农书或者饮食文化古籍中也能找到。例如，在明戴羲的《养余月令》中，就有山楂酒、五加皮酒、羊羔酒、煮药酒法等[1];在明宋诩的《宋氏养生部》中，就有白豆蔻酒、木香酒、松针酒等[2];在明高濂的《遵生八笺·饮馔服食笺》中，就有白术酒、黄精酒、天门冬酒、地黄酒等[3]。今以高濂《饮馔服食笺》中的"黄精酒"为例，说明如下:

> 黄精酒　用黄精四斤、去心天门冬三斤、松针六斤、白术四斤、枸杞五斤。俱生用，纳釜中，以水三石煮之一日，去滓。以清汁浸曲，如家酿法，酒熟，取清任意饮之。主除百病，延年，黑须发，生牙齿，功妙无量。

二、清朝时期

在我国文明史上，清朝经过的时期达260多年，在此期间，虽然医学古籍和其他一些古著中也收载了不少药酒品种，但是从总体上看，清朝时期流行的药酒远不如唐朝、宋朝、明朝丰富多彩。为了便于讨论，现将清朝时期载有药酒的部分古籍介绍如下:

1. 汪昂《医方集解》中的药酒[4]　汪昂，字讱庵，安徽休宁人，出身于富家，早年习儒，爱好诗文，涉猎诸子百家论著，撰有《讱庵诗文集》。他而立之年不得志，遂弃科举仕途，矢志习医，含辛茹苦，泛览医典，吸其精粹，终获成功，著有《医方集解》、《本草备要》、《素问灵枢类纂约注》、《汤头歌诀》等。《医方集解》共3卷，成书于康熙二十一年(公元1682年)，书中收方剂700余首，其中包括药酒在内。为了便于了解，今举例如下:

> 金银花酒　主治诸疮痈肿痛。用金银花五两、甘草一两，加水二碗，煎取半碗，再入酒半碗，略煎，分成三份，早、中、晚各服一份。

2. 陈梦雷等原辑《古今图书集成》中的药酒[5]　在中国历代类书中，《古今图书集成》是内容最广博、最详细的大书之一。全书1万卷，6篇，32典，6 109部。其六篇是: 历象篇、方舆篇、明伦篇、博物篇、理学篇、经济篇。有关药酒的内容，都安排在博物篇的医学部里。为了便于了解，今举例如下:

> 鹿茸酒　主治男子虚劳，精血两亏，妇女宫冷不孕，崩漏带下。鹿茸一两、山药三两。将上药置于净瓶中，用好酒一斤浸，封口经七日开取。每日三次，每次空腹1～2小杯。

[1] 明·戴羲撰:《养余月令》，北京，中华书局，1958。
[2] 明·宋诩撰:《宋氏养生部》，北京图书馆收藏明刻善本，北京，中国商业出版社，1989。
[3] 明·高濂撰:《遵生八笺·饮馔服食笺》，北京图书馆善本，北京，中国商业出版社，1985。
[4] 清·汪昂撰:《医方集解》，上海，上海科学技术出版社，1979。
[5] 清·陈梦雷等原辑:《古今图书集成》，蒋廷锡重辑，雍正四年排印本，上海，中华书局，1934。

3. 叶天士《临证指南医案》中的药酒[1] 叶氏出身于名医世家，祖父叶紫帆擅长儿科，父亲叶阳生名医兼精于书画。叶天士，名桂，字天士，号香岩，江苏吴县人，自幼聪颖勤奋，先后拜师17人，博取诸家之长，终于成为清代很著名的医学家。他擅长温病诊治，又精于临床运用，著有《临证指南医案》10卷，体现了叶氏临床方治的特色，对后世研究时方颇有借鉴作用。在叶天士的《临证指南医案》中也有药酒方，今举例如下：

三仁酒 主治湿热头痛胸闷，温病初起，食欲不振。杏仁五两，生薏苡仁五两，白蔻仁二两，另包滑石五两，白通草、厚朴、竹叶、半夏各三两

以上八味，共捣碎，用好酒三斤浸于净瓶中，经七日取出，滤去滓待用。每日三服，空腹早、中、晚各一小杯。

4. 吴谦《医宗金鉴》中的药酒[2] 《医宗金鉴》是一部官修医书，共90卷，由吴谦等编著，成书于乾隆七年(公元1742年)。内容有"订正仲景全书"、"删补名医方论"、"四诊心法要诀"、"运气要诀"、"伤寒心法要诀"、"杂病心法要诀"等。其论述各科包括疾病诊治、病理辨证，方剂配药与药酒配方等。今举例如下：

麻黄宣肺酒 治酒渣鼻，肺中郁气。麻黄三升、麻黄根三升。上药用白酒一斗浸泡，再加汤水煮沸，露宿放凉一夜，过滤去滓备用。每日早、晚各服二三小杯。一至五日出脓，十余日脓尽而愈。

5. 赵学敏《串雅内篇》中的药酒[3] 赵学敏，字依吉，号恕轩，钱塘(今浙江杭州)人。其父为清代官吏，曾办盐务有功，迁升福建永春司马、尤溪知县等职。赵学敏长年读书著作，先后撰写成了《医林集腋》16卷、《本草纲目拾遗》10卷、《串雅外篇》和《串雅内篇》等。《串雅》是一部研究走方医及方药学专著。赵学敏的创举可说是一种独创开山，为"赤脚医生"歌颂呐喊。在旧社会，走方医生被人视为非正统大夫，为医界所轻视。其实，他们所发挥的作用，迅捷、简便、经济，是正规医院所不及的。通过《串雅》著作，赵学敏为走方医丰富多彩的医疗作风赞扬叫好，这是很可贵的。今将《串雅内篇》中的药酒介绍如下：

白鸽血竭煮酒方 主治血痨盗汗，肌体消瘦，皮肤粗糙。白鸽去毛净洗一只，血竭三升。将血竭纳入白鸽膛肚中，用针线缝合好，加好酒二斗，煮沸令熟。取下候温食用。将鸽肉分两次食完，酒分多次徐徐饮完。血竭用量可以根据病重多加，患病两年用血竭六两，三年用九两。

6. 鲍相璈《验方新编》中的药酒[4] 鲍氏的《验方新编》成书于道光二十六年(公元1846年)。书中所收入的民间验方，有的已有相当长的历史，有的流传相当广泛，这说明《验方新编》是一部有医学价值的重要著作。在《验方新编》中，药酒方不少，例如：

助阳酒：有补肾壮阳作用，用于治疗阳痿不举。猪胆酒：有清热利胆作

[1] 清·叶天士撰：《临证指南医案》，徐灵胎评，上海，上海人民出版社，1976。
[2] 清·吴谦撰：《医宗金鉴》，北京，人民卫生出版社，1973。
[3] 清·赵学敏撰：《串雅内篇》，北京，人民卫生出版社，1956。
[4] 清·鲍相璈辑：《验方新编》，北京，人民卫生出版社，1958。

用，用于治疗黄胆肝炎。丝瓜酒：有清热凉血作用，用于治疗黄胆肝炎。涌泉酒：有和血通经作用，用于治疗乳汁不畅通。漏通酒：有通经络作用，用于治疗乳痈初起。佛手酒：有和中养胃作用，用于治疗翻胃噎嗝。

以上所列举的这些验方，在《验方新编》中都有详细说明，有兴趣者可以取来参阅。

第三章　中国名药酒源流考两则

在我国，用于酿制药酒的中药材配方是可变的，因而中国药酒品种不可胜数。我国酿制药酒科技发展史具有以下独立的特点：

(1) 虽然中国药酒的品种很多，但是自古驰名的品种为人所知者并不多，所以考查某些著名药酒源流是有意义的。

(2) 由于药酒具有“汤药”的难饮性，又具有酒类的“刺激”感，所以药酒不可能持续发展是符合其客观发展规律的。

(3) 我国酿制药酒起源于先秦时代，唐朝、宋代发展到了鼎盛时期，明朝、清朝以来大幅度衰落，这种情况是非常明显的。随着医学的进步，医术的不断提高，药酒本身缺点较多，又难以克服，所以将来药酒的品种可能会更趋减少。

第一节　五 加 皮 酒

作为中药，“五加皮”是由五加科灌木、或乔木、或木质藤本五加的根皮或茎皮制成的(图6－3－1)。五加(*Acanthopanax gracilistylus*)盛产于我国中部、东部、南部和西南部地区。人们所说的“五加皮”亦称“南五加皮”，在中医学上它自古是一味中药，性温，味辛，有祛风除湿、壮筋强骨的作用，主治风寒湿痹、筋骨拘挛等症。如果把五加皮浸入酒中，即制得五加皮酒。如果五加皮同其他中药浸入酒中，即制得新的五加皮酒，所以我国流行的五加皮酒有多种，疗效因药方不同而异。

1. 五加皮酒起源于先秦时代　据魏吴普述，清著名学者孙星衍和孙冯翼辑并加按语的《神农本草经》记载可知，我国酿制五加皮酒大概起源于战国时期。具体论述如下：

> 五加皮　味辛温，主心腹疝气腹痛，益气疗痹，小儿不能行，疽创阴蚀。一名豺漆。名医曰：一名豺节，生汉中及冤句，五月、十月采茎，十月采根阴干。
>
> 按：大观本草引东华真人煮石经云，舜尝登苍梧山曰，厥金玉之香草，朕刖偃息正道，此乃五加也。鲁定公母单服五加酒，以致不死。

《神农本草经》是我国现存最早的一部药物学专著，其著成年代约在战国时期，虽然有的内容为秦汉人所增益，但也相去不远，而且本书为名家所辑，内容翔实，所以上叙结论很可信。据本记载还可知，我国汉朝时已有五加皮酒。

2. 古人用黄酒泡制五加皮酒及其他药酒辩白　根据本篇前面所言，我国酿制药酒工艺

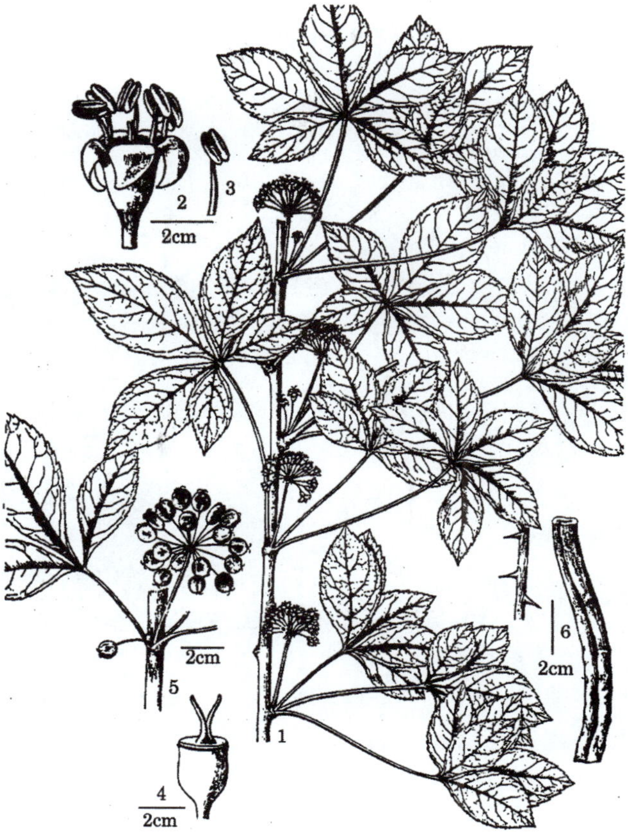

图 6－3－1　五加与五加皮

1. 花枝　2. 花的全形　3. 雄蕊　4. 雌蕊　5. 果枝　6. 树皮

有6类，其中浸泡法最为常见。浸泡工艺过程中的“选药”和“选酒基”是重点。我国酿造白酒(蒸馏酒)的起源很晚，在元朝或赵宋末年以前，中国不可能有用白酒泡制药酒的方法。对此结论的理由，笔者在本书“第四篇”中已经提到，至于北魏贾思勰《齐民要术·笨曲并酒》中的:“浸药酒法: 以此酒浸五加木皮”，那指的也是用黄酒。

在古籍中，用黄酒浸泡制五加皮酒，或者用五加皮酿造黄酒的例子很多。今以明姚广孝等编撰的《永乐大典》中的记载为例，说明如下:

《永乐大典》卷一万三千八百七十九:“五加皮酒: 治风痹不仁，四肢挛急疼痛方。

五加皮细剉一升，以清酒一斗渍十日。温一中盏，三服；亦可与术、地黄各二十斤细剉，以水一石五斗，煮取一石，以渍细曲十斤。黍米一石，净淘炊熟，都拌和入瓮，盖覆酿如法，候熟任性饮之，不令至醉。”

3. 在唐朝，道家用五加的根茎酿造五加药酒　有关道教方术在各朝代的沉浮衍变情节，北京大学赵匡华教授有很丰硕的研究成果，可供参考[1]。据研究，中国炼丹术是中国道教

[1] 赵匡华:《中国科学技术史·化学卷》，北京，科学出版社，1998。

方术的思想核心之一，其目标是追求长生不死药，以便造化成仙。道教之源可上溯至春秋时期，滋荣于西汉，道教奉老子为教祖(图6－3－2)，他有《道德经》传世[1]。由于道教的炼丹活

图 6－3－2 老子

(笔者拍摄于福建省泉州清源山)

动涉猎很广泛，其中包括酿制药酒，所以唐朝古籍中的“道家用五加”酿制药酒的记载是可信的。这种记载的出处如下：

> 唐苏敬《新修本草》卷十二：“五加，味辛苦温，微寒无毒……煮根茎酿酒至益人，道家用此作……”

4. 宋朝、元代时期的五加皮酒　在我国医药学史上，把药酒单独规范为一类并加以讨论的，始见于宋朝王怀隐等编撰的《太平圣惠方》：“药酒序：夫酒者，谷蘖之精，和养神气，性惟慓悍，功甚变通，能宣利胃肠，善导引药势，今则兼之名草，成彼香醪，莫不采自仙方。”药酒有“导引药势”的作用是无可非议的，有诸多效验可作证明。在我国宋朝古籍中，酿制五加皮酒的例子不少，今举出两例，供参考：

> 宋王怀隐等《太平圣惠方》卷九十五：“五加皮酒方：五加皮酒，治风痹不仁，四肢挛急疼痛。五加皮细剉一升，以清酒一斗，渍十日，温服一中盏，日三服。亦可与术、地黄各二十斤，细剉，以水一硕五斗，煮取一硕，以渍细曲十斤。黍米一硕，净淘炊熟。都拌和入瓮，盖覆酿如法。候熟，任性饮之。”[2]
>
> 宋洪迈《容斋随笔》：“目辟眼睢，有五花而自正……五花者，五加皮也，

[1] 西汉·司马迁撰：《史记·老庄申韩列传》卷六十三，四史本，上海，世界书局，1935。

[2] 宋·王怀隐等撰：《太平圣惠方》，北京，人民卫生出版社，1956。

叶有雌雄，五叶为雌。须使五叶者为末，酒浸用之，目睢者正。”[1]

元忽思慧《饮膳正要·米谷品》卷三：“五加皮酒：五加皮浸酒，或依法酿酒。治骨弱不能行，久服壮筋骨，延年不老。”[2]

5. 明、清时期的五加皮酒　如果从古籍中的记载内容看，明、清时期酿制五加皮酒的方法已有一些发展，例如，在药物配方、对五加皮酒性质评论方面，都有新见解。今各举一例说明如下：

明高濂《遵生八笺·饮撰服食笺》卷中：“五加皮三骰酒：法用五加根茎、牛膝、丹参、枸杞根、金银花、松节、枳壳枝叶，以上各用一斗。以水三石于大釜中煮，取六斗，去滓澄清。凡水数浸曲，即用米五斗炊饭，取生地黄一斗，捣如泥，拌饭下。二次用米五斗，炊饭，取牛蒡子根细切二斗，捣如泥，拌饭下。三次用米二斗，炊饭，取大蓖麻子一斗，熬捣令细，拌饭下之。候稍冷热，一依常法酿，酒味好，即去糟，饮之。”[3]

清杨时泰《本草述钩元》卷二十四：“浸酒药，唯五加与酒相合味美。男妇脚气、骨节、皮肤肿湿疼痛，用五加皮、远志肉各四两，酒浸，春秋三日，夏二日，冬四日，空心温下。”[4]

第二节　虎　骨　酒

在我国，现在老虎是国家级保护动物，不可以用虎骨酿制药酒，但是虎骨酒自古至今闻名遐迩，影响深远。为了表达其历史存在，故作“虎骨酒源流考”，此为真谛。我国酿制虎骨酒起源于唐朝[5]。例如：

唐孙思邈《备急千金要方·酒醴第四》载：“虎骨酒：治骨髓疼痛风经五脏方。虎骨一具，炭火炙金黄色，槌刮取，净捣碎得数升。清酒六升浸五宿，随性多少稍饮之。易云：虎啃风声生龙吟起。此亦有情与无情相感。治风之效故无疑。”

南宋许叔微《普济本事方》卷四：“虎骨酒：去风补血益气，壮筋骨强脚力。虎胫骨，真者酥炙酒浸。萆薢、牛膝，洗净剉焙，酒浸一宿再焙。仙灵脾、薏苡仁、熟干地黄，酒洒九蒸九曝，焙干各二两。以上药细剉，绢袋盛，浸酒二斗。饮可一盏，入酒一盏，可得百日。妇人去牛膝。

虎骨酒：治脚腰疼痛，挛急不得屈伸及腿膝冷麻。虎骨一具及胫骨二茎，用酥涂炙黄，槌碎，同无灰酒三斗，密封七日。空心晚服，饮前温之，随意饮。”[6]

孙思邈《备急千金要方》成书于唐高宗永徽二年(公元651年)，所以酿制虎骨酒的方法

[1] 宋·洪迈撰：《容斋随笔》，上海，上海古籍出版社，1978。
[2] 元·忽思慧撰：《饮膳正要》，据上海涵芬楼本影印，北京，中国书店，1985。
[3] 明·高濂撰：《遵生八笺·饮馔服食笺》，74页，雅尚斋高濂自刻本影印，成都，巴蜀书社，1992。
[4] 清·杨时泰辑撰：《本草述钩元》，据昆陵涵雅堂本重印，上海，上海科学技术出版社，1958。
[5] 唐·孙思邈撰：《备急千金要方》，据日本江户医学影摹北宋刊本加句影印，北京，人民卫生出版社，1982。
[6] 宋·许叔微撰：《普济本事方》，63～64页，上海，上海科学技术出版社，1959。

至今大约已有1300多年的历史了。

自宋朝以来，历代古籍中都有虎骨酒的记载，虎骨酒的配方也有许多变化。今再举些实例说明如下：

元忽思慧《饮膳正要》卷二："虎骨酒：以酥炙虎骨捣碎酿酒。治骨节疼痛，风湿冷痹痛。"[1]

明李时珍《本草纲目》卷二十五："虎骨酒：治臂胫疼痛，历节风，肾虚，膀胱寒痛。虎胫骨一具，炙黄捶碎，同曲、米如常酿酒，饮。亦可浸酒。"[2]

明姚广孝等《永乐大典》卷一万三千八百七十九："虎骨酒：治八风五痹，手足无力，步履艰难，腿膝缓弱，骨节疼痛。久服补肝经，养水脏，调畅气血，通行荣卫，补虚排邪，大益真气。

酥炙黄虎胫骨二两半，去粗皮细剉炒断丝杜仲、萆薢、白术、去芦头防风、洗焙肉苁蓉、酒浸一宿焙牛膝、火燎去毛金毛狗脊、黄耆、去粗皮肉桂、去皮白茯苓、微炒去刺白蒺藜、去芦头人参、去苗天麻、续断，以上十五味各一两

以上药，剉如麻豆大，以生绢袋子盛，用无灰酒二斗浸之，密封瓶口，春五日，夏三日，秋七日，冬十日。每服一盏，汤烫温，食前空心服，临卧饮尽酒。其滓焙干为细末，每服二大钱，热酒调下。"[3]

在清朝，有关虎骨酒的资料散见于各医学书籍和其他古籍中。在《中华人民共和国药典·成方及复方制剂》里，虎骨酒处方的用药很多，其中虎骨仅80g，中药材44味，共995.2g。由此可知，虎骨酒的药物作用主要是中药材而不是虎骨了[4]。这将为不用虎骨而酿制虎骨酒摸索出一条行之有效的新路，其意义是深远的。

在我国医药学史上，历史特别悠久的药酒还很多，例如，椒酒、菊花酒、屠苏酒、人参酒、蛇酒等等对于，对于它们的"源流史"，将来有机会再探讨。

参考文献

原始文献

南北朝·雷敩撰：《雷公炮炙论》，王兴法辑校，上海，上海中医学院出版社，1986。

明·魏濬撰：《峤南琐记》，见《古今说部丛书》第三集，又丛书集成初编·地史类，上海商务印书馆，1939。

西汉·司马迁撰：《史记》，南朝宋·裴骃集解，唐·司马贞索隐，上海，世界书局，1935。

汉·桓宽撰：《盐铁论》，马非百注释，北京，中华书局，1984。

汉·班固撰：《汉书·食货志》，王雷鸣编注，北京，农业出版社，1984。

明·李时珍撰：《本草纲目》，刘衡如校，北京，人民卫生出版社，1978。

汉·郑玄注：《周礼注疏》，唐·贾公彦疏，据十三经注疏本，上海，上海古籍出版社，1990。

汉朝人修纂：《黄帝内经素问》，唐·王冰校，郭霭春校注语释，天津，天津科学技术出版社，1981。

清·高士宗：《黄帝素问直解》第二版，于天星按，北京，科学技术文献出版社，1982。

汉·班固撰：《白虎通义·考点篇》，唐·颜师古注，国学整理社编辑，上海，世界书局，1935。

[1] 元·忽思慧撰：《饮膳正要·神仙服饵》卷二，据上海涵芬楼本影印，北京，中国书店，1985。

[2] 明·李时珍撰：《本草纲目》，1566页，刘衡如校，北京，人民卫生出版社，1978。

[3] 明·姚广孝等编撰：《永乐大典》(原著)，肖源等辑："医药集"，903页，北京，人民卫生出版社，1986。

[4] 中华人民共和国卫生部药典委员会：《中华人民共和国药典》，北京，人民卫生出版社，1978。

汉·许慎撰:《说文解字》,天津,天津市古籍书店影印,1991。
汉·王逸撰注:《楚辞章句》,宋·洪兴祖补注,北京,中华书局,1983。
战国楚·屈原撰:《楚辞》,孔一标点,上海,上海古籍出版社,1998。
魏·吴普等述:《神农本草经》,清·孙星衍等辑,北京,人民卫生出版社,1963。
晋·葛洪撰:《西京杂记》,明·程荣校,据汉魏丛书刊本,北京,中华书局,1985。
汉·张仲景撰:《金匮要略方论》,北京,人民卫生出版社,1956。
南朝宋·范晔撰:《后汉书》,唐·李贤注,北京,中华书局,1974。
元·罗贯中撰:《三国演义》,北京,人民文学出版社。
唐·房玄龄等撰:《晋书·礼志》,北京,中华书局,1974。
晋·葛洪撰:《肘后备急方》,据上海涵芬楼明正统道藏刊本,北京,人民卫生出版社,1963。
南北朝梁·陶洪景集撰:《名医别录》,尚志钧辑校,北京,人民卫生出版社,1986。
北魏·贾思勰撰:《齐民要术》,见石声汉选释:《齐民要术选读本》,北京,农业出版社,1961。
唐·孙思邈撰:《备急千金要方》,据日本江户医学摹北宋刊本,北京,人民卫生出版社,1982。
唐·孙思邈撰:《千金翼方》,据清翻刻元大德梅溪书院刊本,北京,人民卫生出版社,1955。
唐·王焘撰:《外台秘要》,北京,人民卫生出版社,1955。
唐·孟诜撰:《食疗本草》,谢海洲等辑,北京,人民卫生出版社,1984。
唐·李肇撰:《国史补》,据学津讨原、得月簃丛书刊本,上海,上海古籍出版社,1988。
唐·韩鄂撰:《四时纂要》,缪启愉校,北京,农业出版社,1984。
宋·唐慎微撰:《重修政和经史政类备用本草》,宋·寇宗奭衍义,北京,人民卫生出版社,1959。
宋·许叔微述撰:《普济本事方》,据日本享保廿年向井八三郎刊本校印,上海,上海科学技术出版社,1959。
宋·陈直撰:《养老奉亲书》,陈可冀订正,上海,上海科学技术出版社,1988。
宋·申甫和王希逸校:《圣济总录》,北京,人民卫生出版社,1962。
宋·沈括撰:《梦溪笔谈》,据元刊《梦溪笔谈》本,胡道静校注,上海,上海古籍出版社,1987。
宋·王怀隐等撰:《太平圣惠方》,北京,人民卫生出版社,1956。
宋·陈元靓撰:《事林广记》,据元至顺年间建安椿庄书院刻本,北京,中华书局,1999。
宋·洪迈撰:《容斋五笔》,据万有文库刊本,北京,商务印书馆,1959。
宋·陈自明撰:《外科精要》,明·薛己校,北京,人民卫生出版社,1956。
明·滑寿撰:《十四经发挥》,承淡安校注,上海,上海卫生出版社,1956。
明·戴思恭撰:《秘传政治要诀及类方》,北京,商务印书馆,1955。
明·楼英撰:《医学纲目》,上海,世界书局,1935。
明·朱橚撰:《普济方》,北京,人民卫生出版社,1959。
明·薛己撰:《薛氏医案》,上海,大成书局,1926。
明·徐春甫撰:《古今医统大全》,据明刻本,刻社及出版年代不明。
明·王肯堂撰:《证治准绳》,上海,上海科学技术出版社,1959。
明·陈实功撰:《外科正宗》,据1631年刻本,北京,人民卫生出版社,1956。
明·张景岳撰:《景岳全书》,上海,上海卫生出版社,1958。
明·赵献可撰:《医贯》,北京,人民卫生出版社,1959。
明·姚广孝等撰:《永乐大典·医药集》,肖源等辑,北京,人民卫生出版社,1986。
清·叶天士撰:《临证指南医案》,徐灵胎评,上海,上海卫生出版社,1976。
明·戴羲撰:《养余月令》,北京,中华书局,1958。
明·宋诩撰:《宋氏养生部》,据北京图书馆明刻善本,北京,中国商业出版社,1989。
清·汪昂撰:《医方集解》,上海,上海科学技术出版社,1979。
清·吴谦撰:《医宗金鉴》,北京,人民卫生出版社,1973。
清·赵学敏撰:《串雅内篇》,北京,人民卫生出版社,1956。

清·鲍相璈辑:《验方新编》,北京,人民卫生出版社,1958。
清·杨时泰撰:《本草述钩元》,据昆陵涵雅堂本,上海,上海科学技术出版社,1958。
清·王士雄撰:《随息居饮食谱》,据上海文瑞楼石印本,北京,中国商业出版社,1985。

研究文献

孙文奇等:《药酒验方选》,太原,山西教育科学出版社,1985。
曹元宇辑注:《本草经》,上海,上海科学技术出版社,1987。
赵匡华:《中国科学技术史·化学卷》,北京,科学出版社,1998。
蔡景峰:"试论李时珍及其在科学上的成就",北京,《科学史集刊》第七集,科学出版社,1964。

第七篇

酿造啤酒科技发展史

在世界饮用酒史上，啤酒的科技史最悠久，含酒精量最低，现今年产量最大。含酒精量低很重要，它可以得到最大多数人的欢迎，特别是深受不喝浓度酒人的青睐。低酒精量还可以减少酒对于人体健康的损害。啤酒这种超越其他酒类的独特优点可以说明，它的年产量现在止稳居世界首位是必然的，而不是意料之外的恩赐。

啤酒的风味很特殊，浓香的苦味及其他营养成分可以增进食欲，帮助消化，有益于人体健康。因此，对于我国来说，研究酿造啤酒科技发展史具有深远的意义。

第一章　历史上酿造啤酒概述

在我国古代文献中，寻找不到“啤酒”一词，原因是啤酒之名在我国出现，至今不过只有百年历史。

但是酿造啤酒的起源非常早。据古文献和考古资料说，远在公元前3000年，巴比伦人就已经盛行饮用啤酒了[1]。巴比伦城位于今伊拉克首都巴格达南郊，曾是古巴比伦王国与新巴比伦王国的首都，是底格里斯河和幼发拉底河流域间的最大城市，大约在公元2世纪时化为废墟。近代考古学家发掘遗址时发现，当时那里已有酿造啤酒的实物证据。如此说来，啤酒自发明至今，已有5000年历史了。

然而，关于啤酒起源问题最近又有新见解。例如，顾国贤主编的《酿造酒工艺学》说:“啤酒的历史悠久，大约起源于9000年前的中东和古埃及地区。”[2]又如大连轻工业学院等编著的《酿造酒工艺学》说:“啤酒的历史悠久，据考证大约起源于9000年前的亚述，即今地中海南岸地区。”[3]又如朱梅在“啤酒讲座”论文中说:“关于啤酒的发展史，说法很多，究竟哪个可信?我们认为啤酒的发源地可以肯定在阿拉伯，它至少已有4000多年的历史是不会错的。”[4]

笔者认为，由于大多数学者都说，公元前3000年时，巴比伦人已经盛行饮用啤酒了，这说明当时的酿造啤酒技术水平已经很高明，酿造啤酒的起源应当更早些，距今至少应有5000年了。至于巴比伦人或埃及人发明酿造啤酒至今已有9000年的说法，由于学术界存在着不同见解而应当再研究。

自从世界上发明了啤酒之后，由于其优点很多而立刻受到了人们的青睐，故发展很快。现在，除伊斯兰国家因宗教信仰禁酒，以及个别国家因种种原因而导致啤酒业发展缓慢外，全世界大多数国家，由于特别重视发展啤酒业，所以发展迅速。其发展特点是: 发达国家的啤酒业现在已经出现不再发展或发展缓慢的态势，而发展中国家正好相反，发展很快;大型啤酒厂不断增加而小啤酒厂不断减少;全世界啤酒总产量增加而酿酒工人不断减少;酿酒工艺技术水平越来越高，产品质量越来越好;瓶装啤酒产销量增加，罐头式小听啤酒产销量减少。上叙情况，我们可以用表7－1－1中的统计数字加以证明。

根据表7－1－1所列数据可知，这些欧洲国家或地区的啤酒厂家数量都是逐渐减少的。

[1] Neuburger A. The Technical Arts and Sciences of The Ancients. London,1930.
[2] 顾国贤主编:《酿造酒工艺学》，2页，北京，中国轻工业出版社，1996。
[3] 大连轻工业学院等:《酿造酒工艺学》，1页，北京，中国轻工业出版社，1982。
[4] 朱梅、齐志道:“啤酒讲座”第1～8讲，见《黑龙江发酵》，1981(1～4)，1982(1～4)。

表 7-1-1　　欧洲部分国家或地区啤酒厂厂家变化表

啤酒厂数/个 国名或地区名 \ 年度	1938	1950	1960	1970	1977
前西德	3 408	2 578	2 218	1 815	1 490
法　国	824	538	225	114	70
荷　兰	78	59	38	23	20
意大利	37	32	29	38	33
英　国	946	567	358	177	139
爱尔兰	16	11	8	7	7
丹　麦	204	163	112	28	25
比利时－卢森堡	1 167	606	425	241	145
厂家总数	6 680	4 554	3 413	2 443	1 929

(引自朱梅、齐志道:"啤酒讲座"第1～4讲,见《黑龙江发酵》,1981)

这种减少并不是这些国家或地区啤酒产量减少，而是增加。酿酒厂家减少而啤酒产量增加，正好说明，这些国家或地区的啤酒厂是朝着大型啤酒厂的方向发展的。关于这些国家或地区啤酒年产量增加的情况，如表7－1－2所示。

表 7-1-2　　世界部分国家或地区的啤酒年产量　　单位：万吨

名次	年产量 国名或地区名 \ 年度	1983	1992	1993	备　注
1	美　国	2 289.7	2 371.7	2 373.2	
2	中　国	160.0	1 021.0	1 225.0	
3	德　国	1 204.8	1 201.0	1 154.0	1983年为联邦德国产量
4	日　本	496.7	704.0	689.6	
5	巴　西	290.0	573.0	570.0	
6	英　国	603.2	558.9	548.8	
7	墨西哥	247.7	425.3	409.5	
8	俄罗斯			245.0	
9	西班牙	220.8	260.8	245.0	
10	南　非	117.8	320.2	227.0	
11	加拿大	227.0	215.0	221.2	
12	法　国	220.9	271.0	208.0	
13	荷　兰	173.3	206.6	204.3	
14	捷　克			190.0	
15	澳大利亚	193.5	186.2	180.5	
16	哥伦比亚	117.6	165.0	165.0	
17	委内瑞拉	117.7	159.0	160.6	
18	韩　国	71.0	156.9	153.3	
19	比利时	142.3	142.6	147.0	
20	波　兰	100.8	141.0	140.0	
21	乌克兰			140.0	
22	菲律宾	91.6	140.0	130.0	
23	意大利	101.1	109.2	117.2	
24	阿根廷	31.2	95.0	103.1	
25	奥地利	83.4	100.1	98.2	
世界大约总产量		9693	11 796.1	11 909.6	

(引自顾国贤主编:《酿造酒工艺学》,北京,中国轻工业出版社,1996)

现在，很多国家都在建设大型啤酒厂，年产10万吨的啤酒厂被视为“作坊式小厂”。特别是美国，不少厂家的年产量都在50万吨以上。如果从表7－1－2中的数字来看，欧洲年产啤酒量最大，美洲居第二位，亚洲居第三位。我国虽然啤酒年产量也不小，但是人均年消费量却非常少。

第一节　啤酒的名称

在酿造啤酒的发展史上，“啤酒”之名出现很晚。有关啤酒名称使用的起源，约始于公元8世纪中叶。当时德国人把用大麦芽和啤酒花为主要原料而酿造成的酒，称为啤酒，即Bier。在这一名称出现之前，世界上不见有“啤酒”之名，当时各国对啤酒的命名是随意决定的。例如：

> 埃及叫库米或契多斯，中国称啤酒为麦酒，英国叫爱尔(Ale)、司陶特(Stout)或波特(Porter)，德国叫多特蒙德(Dortmund)、慕尼黑(Munich)，捷克叫比尔森(Pilsenerbeer)，斯堪的纳维亚叫奥尔(Oel)等。

近现代以来，啤酒英文称为“Beer”、德文称为“Bier”、法文称为“Biere”，而世界大多数国家都称为“Beer”。啤酒名称的由来，应当说是德国人首先定名的。

第二节　我国“醴酒”非“啤酒”

在我国，长期以来有不少人认为，中国先秦时代的“醴”也是一种啤酒。有人说：“我国在3200多年前就用‘糵’——麦芽酿酒，当时称为‘醴’，甜淡的酒，所以可以认为中国是最早酿造啤酒的起源地之一。”[1]又有人说：“中国周朝《尚书》的‘说命篇’记载了‘若作酒醴，尔惟曲糵’。‘糵’就是发芽的谷物，‘醴’就是由糵糖化后发酵的‘古代啤酒’……”。[2]

袁翰青在《中国化学史论文集》中说：“在自然界里，淀粉糖化的另一常见的现象是谷粒发芽。这种发芽糖化的谷粒，在我国古书上名之为‘糵’。这种发芽的谷粒‘糵’，是曾经用为酿酒原料的。古书上关涉到这方面的字句不少，例如《书经》里有‘若作酒醴，尔惟曲糵’之句。《礼记·月令》里有‘曲糵必时’之句。”[3]

如果从上面3位学者的论述内容来看，再根据酿酒原理进行推断，则上叙结论当然是正确、无可非议的。因为有了含糖分的谷芽原料，自然界里又有起发酵作用的酵母，只要有一定的酿酒技术水平和条件，古人就能酿得美酒。

现在需要进一步研究的是，“醴”与啤酒的本质是否相同或相似?只有从本质上识别这两种酒，才能正确地判断“醴”与啤酒的异同。

1. 古代酿造啤酒的工艺过程　古代酿造啤酒的工艺过程是用大麦或小麦等为原料，经过浸麦、发麦芽、晒干、粉碎、糖化、制麦汁，利用酵母进行天然发酵，有主发酵和后发酵，然后经过过滤和澄清而酿成啤酒的。成品酒只需作短期贮存就能饮用，不可陈酿。

[1] 曾纵野：《中国名酒志·啤酒》，北京，中国旅游出版社，1980。
[2] 顾国贤主编：《酿造工艺学·啤酒工艺学》，3页，北京，中国轻工业出版社，1996。
[3] 袁翰青著：《中国化学史论文集》，81页，北京，三联书店，1982。

古代成品啤酒的主要特点是有混浊啤酒和澄清啤酒，有鲜啤酒和熟啤酒，但都是低度酒，不甜。

2. 古代酿造醴酒的工艺过程　古代酿造醴酒工艺过程是用稻米或黍米为原料，用小麦或其他五谷原料制曲蘖，以便作为糖化酒化剂。经过浸米、蒸饭、制醪、发酵，然后又经过榨酒、过滤、煮酒等，最后酿得醴酒。成品新酒应当较长时间陈酿，风味才能更好。

古代成品醴酒的主要特点是，有带糟混浊醴酒和澄清醴酒，有新酒和陈酿酒，但都是低度酒，味道是甜的。

如果根据上面这两种酿酒工艺过程及成品酒的形成进行分析，则我们很容易判断出它们之间有许多不同之处。除了其酿酒工艺过程有很多明显的不同之处以外，其成品酒的成分差别也很大。特别是表7－1－3中所列举的那些项目，因具有很多明显的不同，故而完全可以证明，中国古代的醴酒与世界上自古以来的啤酒是很不相同的。醴酒只能是一种黄酒，而不可能是“古代啤酒”。

表 7-1-3　　中国古代醴酒与世界古代啤酒的区别比较

区别比较项目	中国古代醴酒	世界古代啤酒
酿酒原料	小麦或其他物料制曲，以稻米、黍米为原料	以大麦或其他麦为原料，有的还加调味品
发酵菌类别	根霉、曲霉、酵母	啤酒酵母
糖化、酒化作用	利用根霉、曲霉、酵母的糖化酒化作用	利用麦芽酶糖化淀粉，酵母发酵酿酒
成品酒贮存期	陈酿时间可达1年以上	贮酒时间10多天至2个月，保质期很短
成品酒特点	酒度低，倒进杯里没有气泡，味道甜	酒度低，倒进杯里有气泡，味道不甜

第三节　啤酒的种类

关于啤酒的种类，现代有以下分类方法。

1. 根据酵母特性和操作方法分类　可以分为两类。

(1) 下面发酵酿造啤酒法　用煮出糖化法制麦汁，用下面发酵酵母进行发酵。用此种方法酿成的啤酒有我国青岛啤酒、德国慕尼黑啤酒、捷克比尔森啤酒等。

(2) 上面发酵酿造啤酒法　用浸出糖化法制麦汁，用上面发酵酵母进行发酵。用此种方法酿成的啤酒有英国爱尔啤酒、司陶特啤酒、波特啤酒等。

2. 根据原麦汁浓度分类　可以分为3类。

(1) 低浓度啤酒　原麦汁浓度为2.5～8°P，含乙醇量为0.8％～2.2％。

(2) 中浓度啤酒　原麦汁浓度为9～12°P，含乙醇量为2.5％～3.5％。我国大多数啤酒都是这一类啤酒。

(3) 高浓度啤酒　原麦汁浓度为13～22°P，含乙醇量为3.6％～5.5％。

3. 按照啤酒色度分类　可以分为3类。

(1) 淡色啤酒　我国绝大多数啤酒都属于此种类型，俗称黄啤酒，色度为0.4～0.7mL碘液。

(2) 浓色啤酒　色泽呈棕红色或红褐色，色度1～3.5mL碘液。

(3) 黑色啤酒　色泽呈深红或红褐色或黑色，色度为5～15mL碘液。

第二章　酿造啤酒的原料和设备史

酿造啤酒与酿造其他酒类一样，在选择、利用原料和设备方面，都是随着生产的发展而不断革新变化的。例如，对大麦、酒花和辅料的选择、加工、使用，对不同制麦芽、制麦汁、发酵设备的选择更新等，每一项变化都是随着时代的进步而发展的。这种择优利用，不断发展的史迹，就是本节拟进行适当讨论的内容。

第一节　用于酿造啤酒的大麦

一、大麦的起源

大麦是世界上最古老的栽培作物之一。据美国人弗卡特·温多夫博士研究说，1980年在埃及阿斯旺水坝以北20公里处，从遗址中发现了大麦种子，距今已有1.7万年，据说它不可能是野生的，而是典型的栽培大麦。栽培大麦出现时间如此之早，说明埃及人首先发明酿造啤酒的可能性的确是存在的。这一发现的意义还在于，它比在叙利亚发现的已有9000年历史的大麦种子早8000年。

大麦的分类方法有两种：一是根据麦粒排列行数而分类的，6行的叫做六棱大麦，2行的叫做二棱大麦；二是根据麦稃的生长情况而分类的，有稃的称皮大麦，无稃的称裸大麦。自远古时代开始，大麦的栽培种就是由野生大麦进化而来的，并一脉相传至今(图7－2－1)。大麦的原产地问题，现代有两种学说[1],[2]。

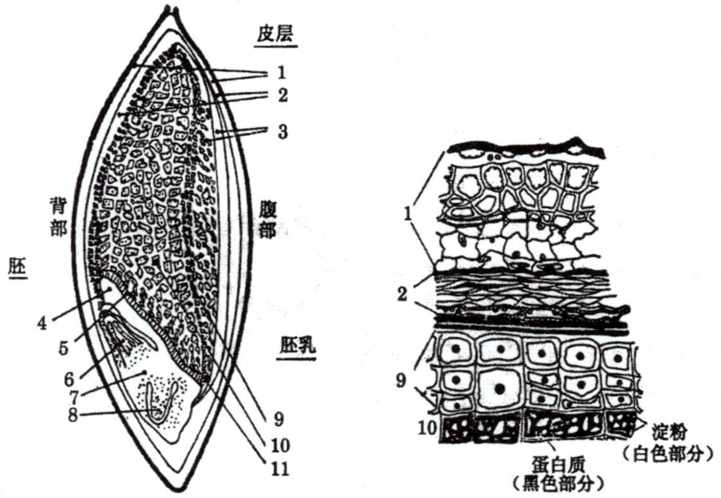

图 7－2－1　大麦粒纵剖面
1. 皮壳　2. 果皮和种皮　3. 腹沟　4. 盾状体　5. 上皮层　6. 胚芽
7. 胚芽的营养物　8. 幼根　9. 糊粉层　10. 胚乳层　11. 细胞层
(引自大连轻工业学院：《酿造酒工艺学》，中国轻工业出版社，1982)

[1] 生沼巴："栽培大麦的起源"，见《科学》，1952(22)。

[2] [日]高桥隆平："大麦的起源分化及分类"，《麦作新说》，东京都，柴田书店，1954。

1. 认为二棱大麦是多棱大麦的祖先，它的原产地在阿富汗、伊拉克、土耳其等中东地区。

2. 认为六棱大麦是由六棱野生大麦进化而来的，它的原产地在中国西藏及东部亚细亚地区。

据法国考古学家的发掘资料说，大麦在新石器时代已经传到了法国和欧洲其他国家，其中主要是六棱大麦。在公元前3000年时，埃及人已经大量种植大麦，考古学家在古代木乃伊胃里，已经发现有六棱大麦。到了17世纪初，大麦由东向西从英国传到了美国，于18世纪末传到了澳大利亚。

如前所叙，中国自古栽培大麦。据中国科学院青藏高原综合科学考察队邵全启的《西藏野生大麦》一书说："西藏野生大麦在栽培大麦起源与进化过程中，占有很重要的地位。有关栽培大麦的各种学说，都和西藏野生大麦有着密切的联系。"[1]

据说，栽培大麦的起源是从二棱大麦开始的，经过了瓶型野生大麦、六棱野生大麦到栽培大麦阶段。最早的栽培大麦是六棱大麦。现在栽培的二棱大麦，是由六棱栽培大麦经过特殊的大穗大粒选种，然后培育出来的。由于在西藏现在仍然可以见到各种野生大麦的存在，所以许多学者认为，西藏很可能也是大麦的原产地。

我国与世界许多国家一样，大麦已很少作为现代日常食品，而是作为食品工业原料和酿酒之用。这种情况完全与我国古代不同，古时候大麦主要是作为日常食品的。例如：

> 《诗·周颂·思文》："贻我来牟(即大麦)，帝命率育。"[2]《孟子·告子章》："今夫辫麦(即大麦)……雨露之养。"《吕氏春秋·任地篇》："孟夏之昔，杀三叶而获大麦。"[3]陶弘景《名医别录》："秎麦，味咸温，微寒无毒。"贾思勰《齐民要术·大小麦》："青稞麦……与大麦同时熟。好，收四十石，石，八九斗面。堪作麨及餺飥，甚美。"[4]

二、我国优质大麦品种

我国大量使用大麦酿造啤酒始于现代，至今只有数十年历史。但是如果从近些年来酿造啤酒所取得的巨大成绩来看，其业绩的确令人刮目相看。但是，今日的成就是与前人的不懈努力分不开的，特别是在大麦品种改良方面，更具有特殊的意义。我国科学家们早在40年代，就已经开始了这方面的研究工作。他们通过引进外国优良大麦品种，然后进行杂交改良、栽培试验等，终于获得成功，为今日的发展打下了坚实的基础。据笔者所知，我国近现代从外国引进的优良大麦品种，如表7－2－1所示[5]。

[1] 邵全启：《西藏野生大麦》，102页，北京，科学出版社，1962。

[2]《诗经　楚辞》，117页，孔一标点；上海，上海古籍出版社，1998。

[3] 秦·吕不韦主编：《吕氏春秋》，陈奇猷校注本，上海，学林出版社，1984。

[4] 北魏·贾思勰撰：《齐民要术》，见石声汉选释：《齐民要术选读本》，98页，北京，农业出版社，1961。

[5] 浙江省农业科学院等主编：《中国大麦品种志》，5页，北京，农业出版，1989。

表 7-2-1　　我国近现代从外国引进的优良大麦品种

现在名称	大麦原名	引进过程	大麦种属性	备注
浙农光芒二棱	Smooth awn Sanalta	1942年，浙江大学农学院从美国引进并进行与其他大麦品种杂交改良，获得不少新品种	为二棱皮大麦，属*Glabrierectum* var.变种	优良酿啤酒大麦
台中特1号		1946年，台湾台中农业改良场从日本引进，经驯化选育而成，为早熟品种	为二棱皮大麦	优良酿啤酒大麦
农院1号		原台湾省立农学院今中兴大学于1959年从日本引进，经驯化而成	为二棱皮大麦	酿啤酒大麦
农院4号		原台湾省立农学院今中兴大学于1960年从印度引进，经驯化而成	为六棱皮大麦	
矮秆齐	Hedist	1964年，中国农业科学院由丹麦引进，先在北京郊区试种，高产，抗倒伏，后在全国推广	为六棱裸大麦，属*Brevisetum* R.Reg.变种	优良酿啤酒大麦
早熟3号	关东二条3号	1966年，浙江农业科学院通过轻工业部发酵科学研究所从日本引进，早熟，高产，抗病害强，全国推广品种	为二棱皮大麦，属*Erectum* Schubl变种	优良酿啤酒大麦，全国推广品种
早熟7号	旗风	1966年，浙江农业科学院通过轻工业部发酵科学研究所从日本引进，耐湿，高产，丰产性不如早熟3号	为二棱皮大麦，属*Erectum* Schubl变种	为酿啤酒大麦
加字3019大麦		1972年，福建省同安县通过中国农业科学院从加拿大引进，70年代开始试种，产量中等	为六棱皮大麦，属*Pyramidatum* Körn变种	
蒙古尔	Manker	1976年，中国农业科学院作物研究所从美国引进，试种于内蒙古锡林浩特，高产，抗倒伏，已在全国推广试种	为四棱皮大麦，属*Pallidum* Ser.变种	为酿啤酒大麦
付八	Norai	1980年，内蒙古农业科学院通过呼和浩特啤酒厂从丹麦引进，是丹麦酿造啤酒的大麦品种，在内蒙古试种表现良好，高产，中熟类品种	为二棱皮大麦，属*Nutans* Schubl变种	为酿啤酒品种
西引2号	浅间麦	1980年，西北农学院作物系从日本长野县引进，在陕西省各地试种，表现良好，高产，熟相好	为六棱皮大麦，属*Pyramidatum* Körn变种	
康奎斯特	Conouest	1981年，原黑龙江省农业局种子公司直接从加拿大引进，1982年在黑龙江省22个市、县试种，表现高产，抗病害力强，适应性好，为推广品种	为四棱皮大麦，属*Ricotens* R.Reg.变种	适合于酿啤酒

第二节　用于酿造啤酒的酒花

一、酒花的原产地

酒花是俗名，因其果穗(雌花序或称球果)供酿造啤酒而得名，学名*Humulus lupulus* L.。在不同文献上，酒花的名称还有蛇麻、霍布、忽布、唐花草、啤酒花等。在地方上，例如，在陕西、四川、甘肃、新疆等，酒花的名称有葛拉蔓、列巴花、霍蒲花、蒙头花、辣母藤等。忽布(Hop)是英语名，唐花草是日语名。

在现代，酒花已是非常贵重的经济植物，其用途很广。例如，可大量用于酿造啤酒，是制作面包的重要添加物，制药工业的重要原料，国际贸易中很重要的出口商品等。我国用酒花酿酒至晚始于北宋，当时用于酿造黄酒，至今约有千年历史。例如：

北宋朱翼中《北山酒经·酒经中》:"顿递祠祭曲：小麦一石，磨白面六十斤，分作两栲栳。使道人头、蛇麻花、水，共七升，拌和似麦饭。入下项药：白术二两半，川芎一两，白附子半两，瓜蒂一钱，木香一钱半。以上药，捣罗为细末，匀在六十斤面内。

道人头十六斤，蛇麻八斤一名辣母藤。以上草，拣择剉碎，烂捣，用大盆盛新汲水，浸、搅拌，似蓝淀水浓为度，只收一斗四升，将前面拌令匀……"[1]

以上记载中的蛇麻，即俗名酒花。在《北山酒经》中，类似用蛇麻制曲酿酒的还有制香桂曲法和制金波曲法两例，有兴趣者可以查阅原始文献进行了解。

关于酒花的原产地问题，现在学者之间尚有多种见解。例如，王瑞玕编著的《酒花》中认为，酒花的原产地在欧洲、北美和亚洲[2];《山东省酒花科研成果选编》中也认为，酒花的原产地在欧洲、北美和亚洲;冯德培等编著的《简明生物学词典》一书中说:"啤酒花，原产欧洲及亚洲西部，我国新疆北部有野生，东北、华北以及山东等地有栽培。"[3]中国香料植物栽培与加工编写组编著的《中国香料植物栽培与加工》一书中说:"啤酒花原产于欧洲、亚洲西部、美洲和我国的新疆、甘肃、陕西、四川等。"[4]现在我国仍然有大面积野生种。关于我国栽培舶来酒花的历史，至今已有70多年。

笔者认为，酒花原产于欧洲和亚洲西部较为有道理，其中我国也是原产地之一。欧洲地区、高加索、西伯利亚和我国的新疆、甘肃、内蒙古等，至今仍然有野生种就是证据。由于我国北宋时期已经用酒花酿酒，几乎同一时期，欧洲在9世纪时也开始用酒花酿造啤酒，因此东西方同时用酒花，不存在互相传播的问题。可见，我国也应当是酒花的原产地之一。

二、我国栽培酒花概况

现在已有不少文献资料可以证明，我国在1949年以前已经引进种植酒花。可是据史料记载说，那些品种是日本人引种并流传下来的，仅种在山东青岛和黑龙江一面坡两地。1914年，一面坡建成了"中东啤酒厂"。1937年，山东青岛扩大了酒花种植面积。1943年，吉林省长白县也开始种植酒花。

1958年以来，我国许多地区都开始了试种酒花并进行研究，例如，西北的新疆、甘肃，东南的浙江、福建，西南的四川，华中的湖南、江西等，现在已获得了很大的成功。据有关资料说，我国现在种植酒花总面积约15 000hm^2，年产干酒花约20 000t。其中，新疆的焉耆、伊犁河谷、石河子、阿克苏、乌鲁木齐等，是国内最著名的产地。除此之外，甘肃、宁夏、黑龙江、山东等也盛产酒花(图7－2－2)。

我国以前种植的酒花，主要品种是青岛大花、青岛小花、一面坡3号即美国大花，还有吉林长白1号等。以上这些酒花，都是苦味型品种。近些年来，我国重在引进欧美优良香型品种，如德国的Tettnang　Aroma、Northern　Brewer，捷克的Saaz，美国的Hallertauer、Earlg-

[1] 北宋·朱翼中撰:《北山酒经》，枚庵漫士古欢堂秘册，见[日]田中静一:《中国食经丛书》(上)，123页，东京都，书籍文物流通会，1972。

[2] 王瑞玕编著:《酒花》，7页，北京，轻工业出版社，1982。

[3] 冯德培等:《简明生物学词典》，1262页，上海，上海辞书出版社，1982。

[4] 中国香料植物栽培与加工编写组:《中国香料植物栽培与加工》，217页，北京，轻工业出版社，1985。

and late cluster及日本的酒花良种。酒花雌雄异株，用于酿造啤酒的酒花仅是成熟的雌花。

图 7－2－2　酒花

1. 雄花枝　2. 雌花枝　3. 果枝　4. 瘦果

(引自山东经济植物编写组：《山东经济植物》，山东人民出版社，1978)

酒花的雌花为穗状花序，每片苞片腋部生两朵花。随着花的生长，柱头逐渐脱落，宿存苞片，膜质增大，基生腺体有黄色分泌物，内包扁圆形瘦果1～2个。采花期应以花序的成熟度为准，凭借经验用闻香、捻、握等方法加以识别。成熟花穗淡绿色，苞片紧凑，腺体分泌物多，有明显的酒花香气。未成熟花穗青绿色，腺体分泌物少，没有酒花香气。过熟的花穗苞片变黄而且易脱落，腺体大都散失，少酒花香气。

酒花可以加工成颗粒状，或酒花浸膏，也可以用花穗直接酿酒。目前，大多数国家都把酒花加工成酒花制品，尤其是烤干的方法最常见。将酒花放入筐中，置于烤床上，最初用60℃左右的温度烤，用通风方法排除水分。初烤的头1h和第2h各翻动一次，第2h以后每30min翻动一次。初烤温度保持在60℃左右，烤到第6h以后，改用70℃烤，到了第10h，又改用60℃烤，直到烤好为止。整个烘烤周期大约需要12～13h。

三、酒花的成分

酒花的主要成分是葎草酮和蛇麻酮，其中酒花精油、苦味物质和多酚物质等有机化合物是最重要的，而其他有机化合物对于酿造啤酒来说，作用就很小，意义不大。

1. 酒花精油　这种精油的主要成分是由萜烯和倍半萜烯及少量醇、酯、酮等化合物组成的，它的外观呈黄绿色或棕黄色，油脂状态，容易挥发，容易起氧化作用，能在乙醚或丙酮等有机溶剂中溶解，难溶于水。在空气中，酒花精油很容易被氧化，产生难闻的脂肪族臭味，一旦变质溶入啤酒中，啤酒的风味也会很不好。

在酒花精油中，50%～80%是烯烃化合物。例如，石竹烯、香叶烯、法呢烯等，这些烯烃物质都可以用乙醚等溶剂萃取。另外，精油中含饱和烃类约20%～30%。例如，香叶醇具有玫瑰花香，沉香醇具有沉香气味，它们能使啤酒具有幽香宜人的风味。

啤酒的芳香口感是由酒花精油和酒花中的苦味物质等共同形成的。自1968年以来，很多学者对此进行了研究后，发现酒花含有机物成分达200多种，其奥妙有待于进一步探讨。

2. 酒花的苦味物质　所谓酒花的"苦味物质"，主要指酒花中的α－酸和β－酸及其他多种氧化物和聚合物的物质。长期以来，这些物质被通称为"软树脂"。软树脂如果继续氧化，就会生成"硬树脂"，体现出老化的特征。这些变化过程大概可以用下面的形式来表达(图7－2－3)：

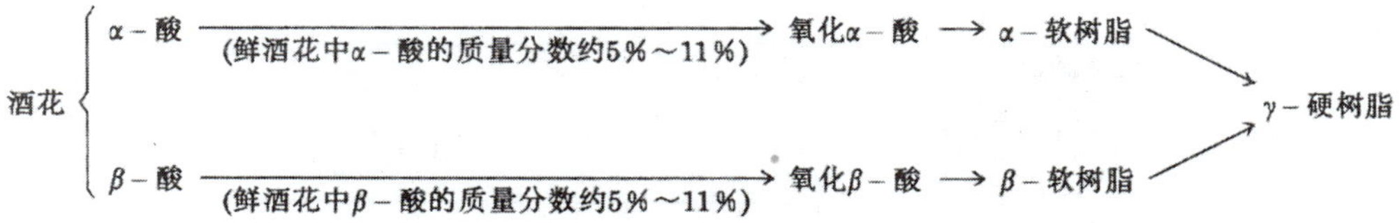

图 7－2－3　酒花的"软树脂"经氧化而生成"硬树脂"的变化过程

α－酸和β－酸是佛尔马尔(Wöllmer)于1916年与1925年在分离酒花体蛇麻腺时经研究获得的。α－酸又名葎草酮(Humulone)，呈菱形结晶，浅黄色，熔点65～66.5℃。在酒花与麦汁共煮过程中，α－酸发生异构化，苦味增加，但是煮沸时间如果过长，则苦味出现下降或产生异味。这种变化现象，在酿造啤酒时要特别重视，以避免啤酒风味下降。

β－酸又名蛇麻酮(Lupulon)，其结构式是1954年由李德尔(Riede)确定的，呈菱形或针状形，白色结晶，熔点是90.5～92.0℃。β－酸虽然苦味不及α－酸，但是口感柔和，能赋予啤酒柔和的苦香味。α－酸能赋予啤酒愉快的苦味。

3. 酒花的多酚物质　酒花中的多酚物质主要有3类：有羟基苯酸和羟基肉桂酸的衍生物；有黄酮醇类、花色苷和儿茶酸。其中较主要的物质有对羟基苯甲酸、香草酸、咖啡酸、香豆素、丁香酸、阿魏酸、芥子酸、没食子酸、龙胆酸等。这些酚酸类化合物及其结构式，如表7－2－2所示。[1]

表 7-2-2　　酒花中酚酸类化合物及结构式

名　　称	结 构 式
对羟基苯甲酸	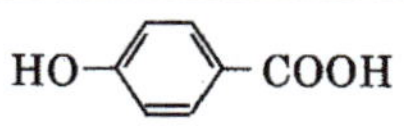
香草酸 (4－羟基－3－甲氧基苯甲酸)	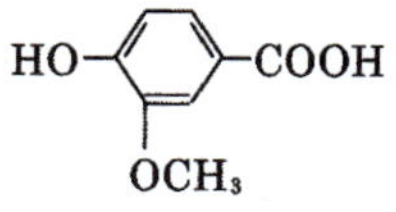
咖啡酸 (3,4－二羟基苯丙烯酸)	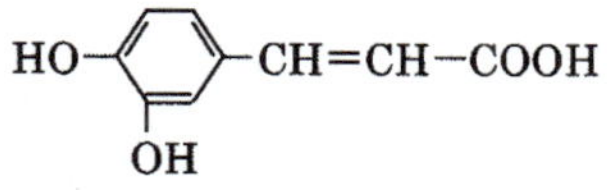

[1] 顾国贤：《酿造酒工艺学》，27页，北京，中国轻工业出版社，1996。

续表

名　　称	结 构 式
阿魏酸 (4-羟基-3-甲氧基苯丙烯酸)	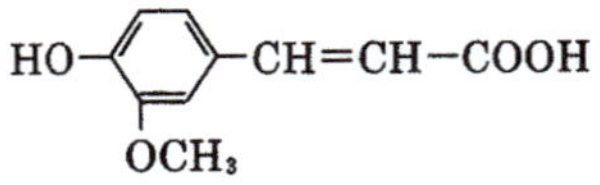
丁香酸 (4-羟基-3,5-二甲氧基苯甲酸)	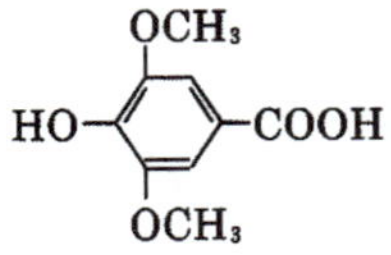
香豆素 邻羟苯丙烯酸内脂	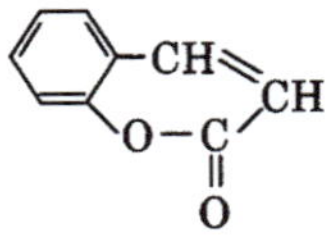
原儿茶酸 (3,4-二羟基苯甲酸)	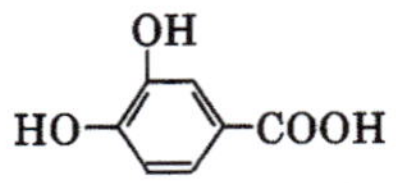
没食子酸 (3,4,5-二羟基苯甲酸)	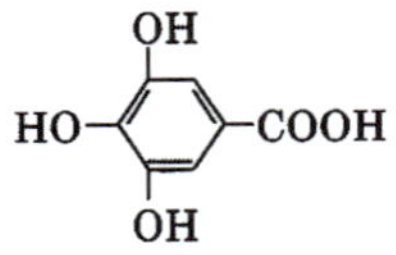
芥子酸 (4-羟基-3,5-二甲氧基苯丙烯酸)	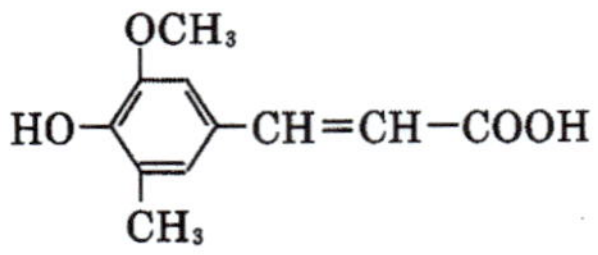
龙胆酸 (2,5-二羟基苯甲酸)	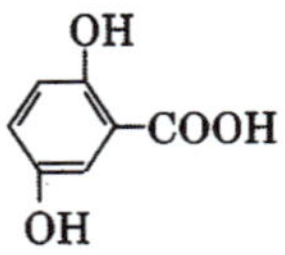

在酒花中，黄酮醇类化合物主要有栎精、山柰醇以及其糖苷。糖苷包括栎素、异栎素、芸香苷、黄芪苷等。目前已发现在酒花中，有黄酮醇类化合物14种。今举出部分此类化合物的结构式，如表7-2-3所示。

在酒花中，儿茶酸类也很重要。例如，黄烷-3-醇及其衍生物儿茶酸类化合物，在大麦和酒花中含量很高。其中黄烷-3-醇、儿茶酸、没食子儿茶酸的结构式，如表7-2-4所示。

表 7-2-3　　酒花中黄酮醇类化合物及结构式

名　称	结　构　式	名　称	结　构　式
栎　精	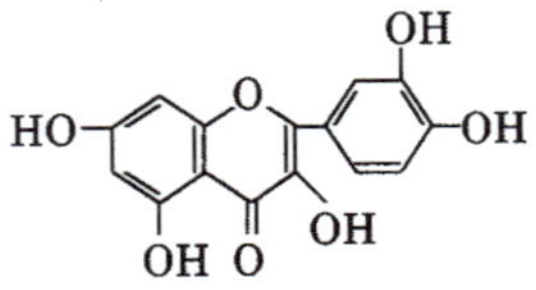	杨梅酮	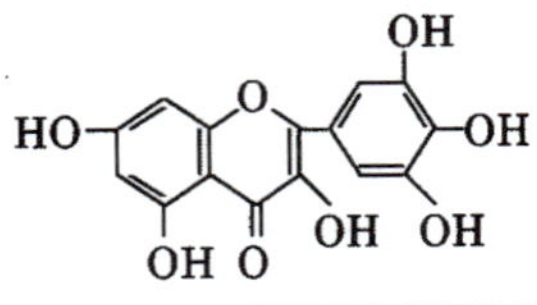

续表

名　称	结　构　式	名　称	结　构　式
山柰醇	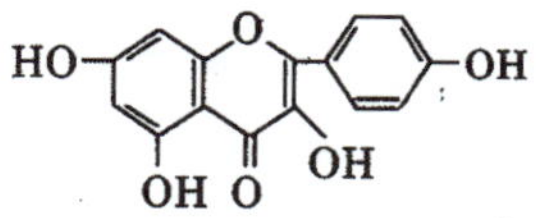	芸香苷	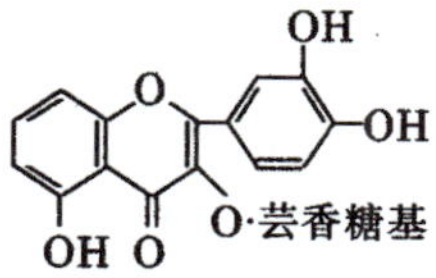
栎　素	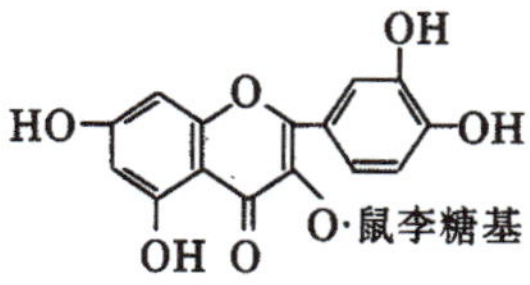	黄芪苷	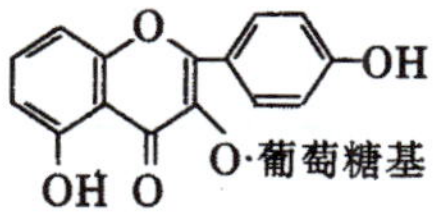
异栎素	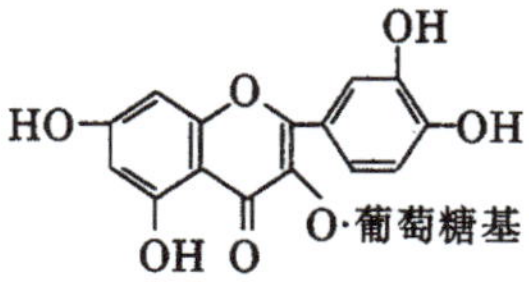		

表 7-2-4　　酒花中儿茶酸类化合物及结构式

名　称	结　构　式	名　称	结　构　式
黄烷－3－醇	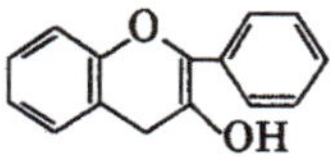	没食子儿茶酸	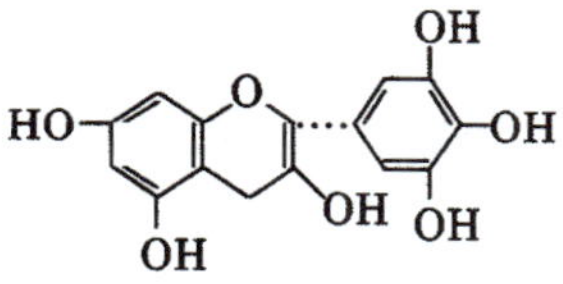
儿茶酸	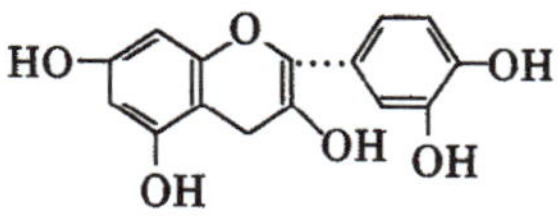		

在酒花和大麦果皮中，花色素是水溶性的植物色素，它们具有酚类化合物的通性，是啤酒色泽的主要物质来源。例如，花青素、花翠素及其衍生物等，在啤酒酿造中都具有重要的意义。其结构式，如表7－2－5所示。

在啤酒生产中，水解性单宁可溶于水，并与啤酒中过剩的蛋白质复合生成沉淀物质。这种特性，人们常常在麦汁煮沸或贮酒时加以利用。例如，加入五倍子单宁，使过剩的蛋白质沉淀，然后除去，从而达到提高啤酒稳定性的目的。五倍子单宁的结构式，如表7－2－6所示。

表 7-2-5　　在酒花和大麦皮中花色素类化合物及结构式

名　称	结　构　式	名　称	结　构　式
花青素	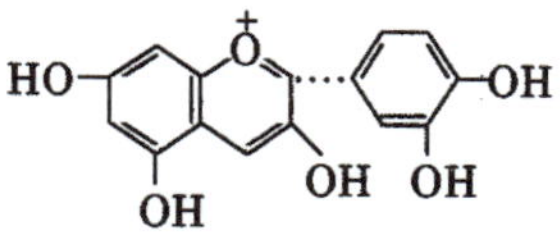	花青素苷	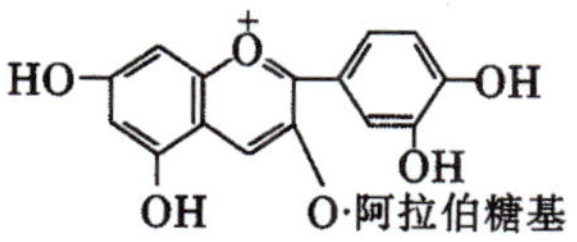
花翠素	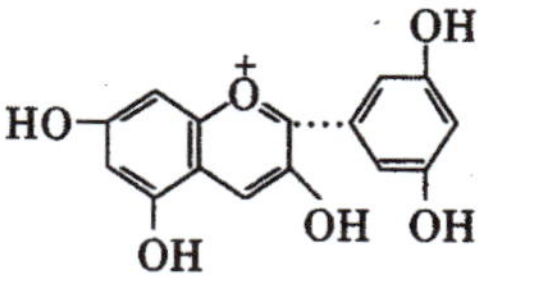	翠雀素	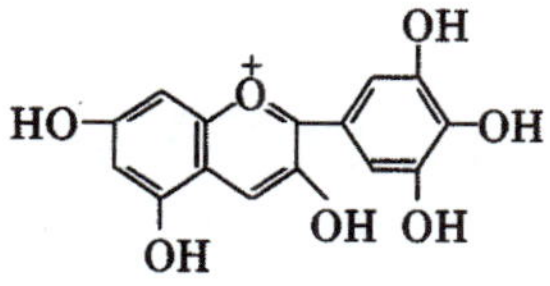

续表

名　称	结 构 式	名　称	结 构 式
白花翠素	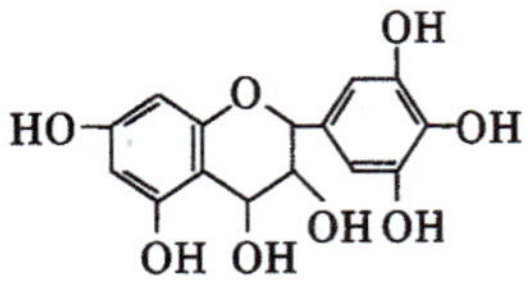	前花青素B_3 (儿茶酸－儿茶酸)	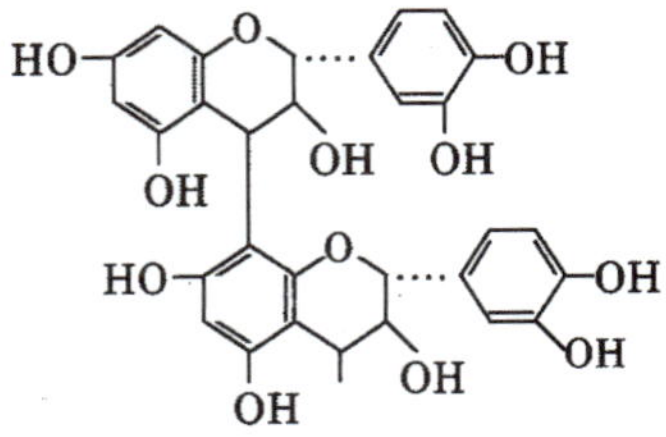

表 7-2-6　　五倍子单宁的结构式

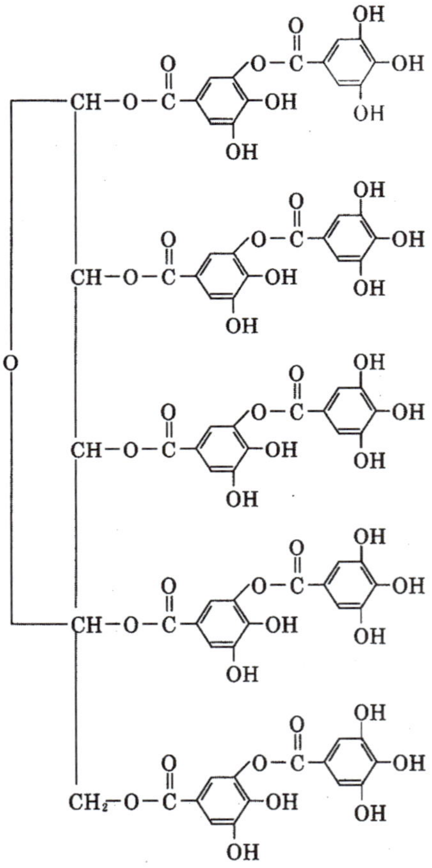

第三节　酿造啤酒的主要设备

酿造啤酒需要使用很多设备。例如，制麦芽需要粗选机、谷物分离机、浸麦槽、发芽箱、干燥炉或干燥塔等。还有制麦汁设备、啤酒发酵设备、包装啤酒设备等。因此，本节只能摘其重要者，加以概述，不可能面面俱到。

一、浸 麦 槽

制麦芽的首道工序是浸麦。50年代以前，传统的浸麦方法很原始，只用清水浸泡和定期换水而已，设备很简陋、很原始，浸麦度难以掌握，效果不好。

1957年，英国酿造研究基金会公布了其多年研究实验结果，证明用间歇浸水、向麦层通风供氧并排除CO_2等方法，能明显促进大麦发芽和提高发芽率。但是要达到优质发芽效果，作为配套措施，浸麦槽的构造及功能必须相互协调，互为补充。例如，浸麦槽的容量不宜太大，要有水温调节系统和喷水排水管道，要有通风供氧和排除CO_2系统，大麦吸水后体积会膨胀，为了正常通风、搅拌，浸麦槽还要留有足够的运转空间等等。例如，法国普罗维德斯(Providence)农场酿酒厂用的浸麦槽，为圆柱形圆锥底，体部直径为5m，容量为可装原料大麦33t，虽然属于中小型设备，但各项配套设施很全面。我国现在许多啤酒厂，采用的就是这种类型的浸麦槽(图7－2－4)。

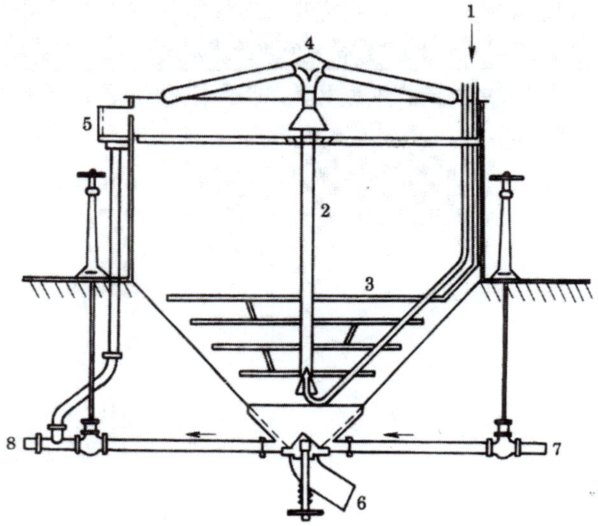

图 7－2－4 传统锥底浸麦槽

1. 压缩空气进口 2. 升溢管 3. 多孔环形风管 4. 旋转式喷料管 5. 溢流口 6. 大麦排出口 7. 进水口 8. 出水口

(引自顾国贤：《酿造酒工艺学》，中国轻工业出版社，1996)

可是圆柱形圆锥底的浸麦槽不适合大型麦芽厂生产的要求。因此，美国及其他西方国家制造了一种大型“平底浸麦槽”，高约3m，直径5～20m，投料量超过20t，在浸麦槽内部设有通风供氧、抽吸CO_2、进水、出水和调温系统等，这是浸麦槽改进发展的范例之一(图7－2－5)。

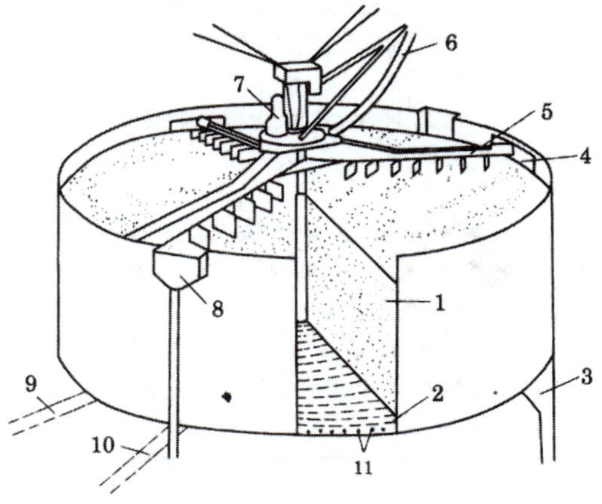

图 7－2－5 平底圆形浸麦槽

1. 麦层 2. 多孔平底 3. 浸麦出口 4. 溢流口 5. 旋转式清洗机 6. 下料及喷水口 7. 电动机 8. 排水口 9. 进水口 10. 废水出口 11. 通风管

(引自顾国贤：《酿造酒工艺学》，中国轻工业出版社，1996)

二、干燥麦芽的设备

大麦发芽完成之后，必须及时干燥，否则麦芽酶还会继续起作用，使糖分减少。麦芽通过干燥，不仅可以除去麦青味，而且干麦芽还能较长时间地贮存不坏，有利于酿造啤酒。

在生产实践中，干燥麦芽的设备有多种多样。常见的有双层或三层干燥炉、单层高效干燥炉，以及发芽、干燥两用箱等。传统水平式双层干燥炉的主要结构，包括水平烘床、通风排风管道系统、空气加热室等，燃烧炉设在最下面，其剖面图，如图7－2－6所示。

麦芽中的水分受热汽化后，即由下向上蒸发，经由炉顶排风机吸排出炉外，麦芽最终脱水，直到干燥。

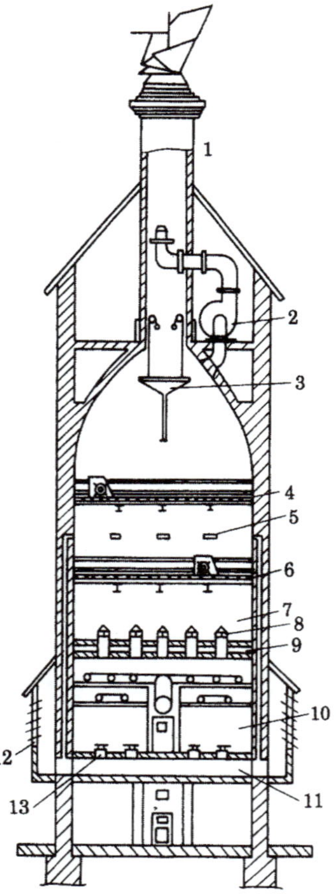

图 7－2－6　水平式双层干燥炉

1. 排风筒　2. 排风机　3. 烟灰收集器　4. 上层烘床　5. 上层冷风入口　6. 下层烘床　7. 麦根室　8. 热风入口　9. 冷风层　10. 空气加热室　11. 空气室　12. 新空气进风道　13. 新空气喷嘴

(引自大连轻工业学院:《酿造酒工艺学》，中国轻工业出版社，1982)

三、糖 化 设 备

麦芽汁制备过程，俗称糖化。世界上糖化设备至今仍然以锅和槽为主体，以物料泵、加热器、输送管道为配套设备。采用分批投料操作方法。糖化设备的组合可分为单式糖化和复式糖化两种类型，前者适用于小型啤酒厂，后者适用于大啤酒厂。在我国，有关糖化设备的规范化作业，在设备制造厂已经初步得到了共识。啤酒厂只要根据表7－2－7、表7－2－8提供的资料，再加上适当的估算，即可以确定自家想要得到的糖化设备的配套组合、设备型号和规格大小了。

表 7-2-7 糖化设备配套组合类型

配套组合简称		锅槽配套件数	设备容量/m³	每日投料生产批数/批
单式糖化设备配套组合法	一锅一槽配套组合	糖化与煮沸同一锅 过滤槽1件	10～30	2～2.5
复式糖化设备配套组合法	三锅二槽配套组合	糖化锅2件 煮沸锅1件 过滤槽1件 回旋槽1件	10 15 50 100	4～4.5
	三锅三槽配套组合	糖化锅2件 煮沸锅1件 回旋槽1件 过滤槽和备用槽各1件	10 15 100 50	6～7
	四锅二槽配套组合	糖化锅2件 过滤槽2件 煮沸锅2件	10 50 15	7
	四锅二槽配套组合	糖化锅2件 煮沸锅2件 过滤槽和麦汁备用槽各1件	10 15 50	7～8

表 7-2-8 啤酒厂选择规范配套设备参考表

设备规格	年产万吨啤酒			年产3万吨啤酒			年产5万吨啤酒		
	糖化锅	煮沸锅	过滤槽	糖化锅	煮沸锅	过滤槽	糖化锅	煮沸锅	过滤槽
有效体积/m³	8.7	13.0	8.7	14.5	29.3	22.0	34.0	46.0	36.0
锅身直径/mm	3 000	3 200	3 400	3 700	4 200	4 500	4 600	4 600	6 000
锅身高度/mm	1 700	1 510	1 400	1 210	980	1 400	2 600	3 500	1 600
锅盖高度/mm	1 500	1 700	1 700	1 810	2 360	1 960	锥盖800	锥盖900	锥盖900
凹形锅底高度/mm	1 450	1 850	平底	935	1 560	平底	锥底1 000	锥底1 200	
搅拌器直径/mm	ϕ2 500	ϕ2 200		ϕ3 000	ϕ3 500				
搅拌速度/(r/min)	30	30		30	30				
电动机功率/kW	5.5	5.5	5.5	7.5	7.5				15
蒸汽压力/MPa	0.15	0.25		0.245	0.245		0.35	0.35	
夹套加热面积/m²	10.5	11.85		12.5	21.9		28	45	

(引自顾国贤：《酿造酒工艺学》，北京，中国轻工业出版社，1996)

四、发 酵 设 备

我国在60年代以前，酿造啤酒的方法都是采用传统式分批发酵法，与之相适应的设备是发酵池、发酵室和贮酒罐。自70年代以来，我国除了小啤酒厂保持传统发酵法和发酵设备外，中、大啤酒厂已广泛推行大发酵罐发酵法，与之相适应的设备是圆筒体锥形底大发酵罐。但其发酵方法和设备利用情况，又可分为3类，如表7－2－9所示。

表 7-2-9　　圆筒体锥形底大发酵罐发酵法

圆筒体锥形底大发酵罐发酵法	单罐发酵法：工艺过程中的前发酵、主发酵、后发酵、贮酒等都在同一罐中进行		
	两罐发酵法	第一种方法	前发酵和主发酵在同一罐中进行
			后发酵和贮酒过程在同一罐中进行
		第二种方法	前发酵、主发酵、后发酵在同一罐中进行
			贮酒过程在另一大罐中进行

第三章　我国酿造啤酒科技史

我国酿造啤酒的方法，主要是从欧洲引进的。可是，如果按照啤酒酵母的特性分类，则世界上酿造啤酒的方法，又有“上面发酵法”和“下面发酵法”两种，后者又称“比尔森法”。我国自1900年建成第一家啤酒厂以来，只有“下面发酵法”，而没有“上面发酵法”投产。

第一节　中国最初兴建的啤酒厂

关于我国最早的啤酒厂建于何时何地的问题，现在已有较为统一的认识。例如，黑龙江省轻工业局的武显章和黑龙江省轻工业研究所的张平等，他们共同撰写论文考证说:“1897年，沙俄帝国渗入东北，开始修建中东铁路。为了更多地掠夺中国人民的财富，他们开设银行，兴办商场，开矿架桥，建造工厂。当时条件优越的哈尔滨，当然是他们活动的中心。1903年，中东铁路部分通车。这时正值青岛啤酒厂开始建设。在此之前，黑龙江省哈尔滨市已有三家啤酒厂了。

1. 乌卢布列夫斯基啤酒厂　这个厂建于1900年，厂址在哈尔滨市南岗，系俄国人经营。

2. 哈盖迈耶尔·柳切尔曼啤酒厂　此厂建于1901年。更确切时间尚待考查，但肯定在1903年以前。厂址在哈尔滨市香坊。由俄德合办经营。

3. 东巴伐利亚啤酒厂　此厂建成于1903年，至少是始建于1902年以前。厂址在哈尔滨市道里。系捷克人经营。

除《哈尔滨市史编》和《中国近代工业史》对此有明确记载外，1904年莫斯科出版的《东清铁路建筑画册》(1897～1903年)，现藏哈尔滨市图书馆，刊有这三个啤酒厂的照片和说明。”[1]

对于以上这些论述，由于有些内容在北京图书馆或北京大学图书馆也能检索到，所以学者们对于1900年哈尔滨已有首家“乌卢布列夫斯基啤酒厂”的结论是赞同的，至今不见有异议。但是必须指出，这是外国人在中国称霸建厂、酿造和享用啤酒的遗事，它对于推动中国啤酒工业发展有何作用?如果想评价，那应当作些调查，不可过甚其词。

类似“乌卢布列夫斯基啤酒厂”这样由外国人称霸在中国率先建啤酒厂的，还有下面例子:

据武显章在“黑龙江啤酒史略考”中说: 1905年，俄籍德国人考夫曼在哈尔滨道里建了

[1] 武显章等:“黑龙江啤酒史略考”，见《黑龙江发酵》，1982(1).

梭忌奴啤酒厂;1908年,俄国人乌瓦洛夫在哈尔滨南岗建了谷罗里亚啤酒厂;1910年,俄国人和波兰人合作在今绥芬河市、当时的东宁县五站河沿街62号建了东方啤酒厂等等。

据可靠资料说,1903年,德国人在山东青岛建成了英德啤酒厂(今青岛啤酒厂前身);1910年,法国人在上海建了国民啤酒厂(今上海啤酒厂前身);1920年,丹麦人在上海建了斯堪的纳维亚啤酒厂;1935年至1936年,日本人在沈阳建了沈阳啤酒厂和亚细亚啤酒厂(今沈阳啤酒厂前身)等。

那么,在早期年代里,我国何时才有自己建设的啤酒厂呢?据武显章在"黑龙江啤酒史略考"中说:1914年,清朝候补道李席珍发起,在哈尔滨傅家甸建立了东三省啤酒厂;1914年,国人王立堂等4人,在哈尔滨八区又建起了一个五洲啤酒汽水公司,年生产能力100万瓶啤酒。据很可靠的资料说,北京双合盛五星啤酒厂是国人在1915年建成的。这就是说,我国自行兴建啤酒厂大概始于1914年。此后继续兴建的有,1921年在山东烟台建了醴泉啤酒厂,1936年在广州建了五羊啤酒厂,前者是今日烟台啤酒厂的前身,后者今日广州啤酒厂的前身。

如果归纳起来看,根据统计资料,我国到了1949年,全国仍然能够生产一点儿产品的啤酒厂只有7至8家,所分布的城市是哈尔滨、北京、青岛、烟台、上海、广州等,年产量大概是1万吨,而1998年我国啤酒产量大约达到1 500万吨,这说明今昔有着天壤之别。详细发展情况,可以参见"中国酿造啤酒历史年表"(表7－3－1)。

第二节　中国酿造啤酒历史年表

表 7-3-1　　中国酿造啤酒历史年表

年　代	最高年产量	酿造啤酒工艺技术概况	备　　注
1900～1913	大概只有数百吨	1. 啤酒厂:全国共有10多家,都是外国人兴建、控制、管理的小厂 2. 原料: 大麦或麦芽:主要从外国进口 酒花:主要从外国进口。在东北已有少量分散栽培 3. 机器设备:全部从外国进口 4. 酿酒工艺技术:外国技师控制他们的企业,技术水平较高,全部采用下面啤酒酵母发酵法 5. 产品特点:主要是淡色啤酒,酒度适中	全国啤酒业处于外国人控制时期
1914～1949	据说有6 000～7 000t,又说有近1万吨	1. 啤酒厂:全国有啤酒厂10多家,主要是外国人建成并控制的企业,但已有2～3家中国人兴建的啤酒厂 2. 原料: 大麦或麦芽原料:除了使用进口原料外,也用国产原料。1942年,浙江大学农学院从美国引进Smooth awn Sanalta二棱优良大麦种,杂交培养成功,定名为浙农光芒二棱大麦;1946年,台中农业改良场从日本引进二棱皮大麦成功,定名为台中特1号。这些对中国啤酒业的发展起着很大的作用 酒花:除了使用进口原料外,也使用国产原料。1918年吉林公主岭,1921年黑龙江一面坡,已分别试种酒花成功	外国企业和民族企业都处于衰败时期

续表

年　代	最高年产量	酿造啤酒工艺技术概况	备　　注
1914～1949	据说有6 000～7 000t，又说有近1万吨	3. 机器设备：主要使用进口货，但也使用国产设备 4. 酿酒工艺技术：外国企业由外国人控制，中国人的企业也受外国人控制，技术落后，工艺过程采用下面啤酒酵母发酵法	
1950～1960	14.61万吨	1. 啤酒厂：全国只有国营企业，共有啤酒厂34家 2. 原料： 大麦原料：开始尽力发展从美国和日本引进的大麦优良品种生产，地板式制麦芽，生产产品自给自足 酒花：除了东北外，1950年在山东青岛，1954年在北京，1959年在全国各地开始改良和发展酒花生产，保证自给需要 3. 机器设备：主要使用国产设备 4. 酿酒工艺技术：酿酒技术和企业管理都由国人掌握，全国仍然采用下面啤酒酵母发酵法，酒度适中	全国啤酒业处于恢复时期
1961～1971	18.26万吨	1. 啤酒厂：全国只有国营企业，共有啤酒厂43家 2. 原料： 大麦原料：主要使用国产大麦，特别是浙江大麦 酒花：已经实现国内自给自足，开始在新疆等西北地区发展酒花生产 3. 机器设备：主要靠自己设计建厂和制造设备 4. 酿酒工艺技术：酿酒技术和企业管理都由国人掌握，开始在大中专院校培养工程技术人员	全国啤酒业处于起步发展时期
1972～1982	159.1万吨	1. 全国共有啤酒厂150多家，大、中、小啤酒厂在全国各地建成，有国营企业，也有三资或外资企业 2. 原料： 大麦原料：主要利用国产大麦 酒花：国产酒花获得丰产，自给有余，有出口也有少量进口酒花贸易 3. 机器设备：已建成酿酒设备制造厂。国外机器和设备也开始输入，合资企业开始发展 4. 酿酒工艺技术：国内、国外酿造啤酒工艺技术共存发展，全国仍然采用下面啤酒酵母发酵法，酒色浅，酒度适中	全国啤酒业处于改革开放，快速发展初期
1983～1993	1 225万吨	1. 啤酒厂：1989年全国共有啤酒厂813家。国家拨专项资金30多亿支持啤酒业发展，集团化企业继续发展 2. 原料： 大麦原料和酒花供应：以国产原料为主，兼有进出口 3. 机器设备：国产的和进口的都有 4. 酿酒工艺技术：中外酿酒技术并存，共同提高	全国啤酒业处于高峰发展时期，大量进口啤酒生产设备及包装线
1994～1998	约1 500万吨	本时期的内容与1983～1993相似，发展速度放慢，酿酒工艺技术处于巩固提高发展时期	全国啤酒业处于以巩固提高为主的发展时期

第四章　我国酿造啤酒工艺概述

在我国近代史上，有关酿造啤酒的记录甚少，而涉及酿造啤酒工艺的文献资料更少。造成这种现象的原因是，我国自开始酿造啤酒以来只有将近百年的历史，而且长期不发达。据祝慈寿著《中国近代工业史·甲午战争后帝国主义在华的工业投资与经营》说："1901年，有俄、德商人在哈尔滨合办哈尔滨啤酒公司，这是中国啤酒工业的滥觞。"[1]可是，这一段话没有提到酿造啤酒工艺内容，也没有注明它的资料来源及出处，所以结论欠佳。笔者检索到一条较好的原始文献，今把它抄录于下面，供参考：

> 徐珂编撰《清稗类钞》第十三册："麦酒：麦酒者，以大麦为主要原料。酿制之酒，又名啤酒，亦称皮酒。贮藏时，尚稍稍发酵，生炭酸气，故开瓶时小泡突出。饮后，有止胃中食物腐败之效，与他不同。后汉范冉与王奂善，奂选汉阳太守，将行，冉与弟协步赍麦酒，于道侧设坛以待之。是麦酒之名，我国古已有之。蒋观云大令智由在沪，每入酒楼，辄饮之。"[2]

由于徐珂生活的时代，与外国向我国传入酿造啤酒方法的时候很接近，如果再根据他上面记载的内容看，则我们很有理由相信，徐珂所谈论的"酿造麦酒法"内容，正是今日所言"酿造啤酒法工艺"。虽然徐珂所记录的"麦酒"内容很简单，但是作为证明我国当时已有酿造啤酒企业的论据，那是很可信的。其中，所谓"麦酒"，那是日本人早期称呼啤酒的俗称；所谓"皮酒"，那是西文"Bier"的中译名。欧洲人历来称呼啤酒为"Bier"。可见，"啤酒"一词在各语种中的语音基本相同。但是，徐氏认为我国后汉时已有啤酒的结论，只能作参考。

如前所叙，目前世界上酿造啤酒法有"上面发酵酿造啤酒法"和"下面发酵酿造啤酒法"两种工艺，我国则只有后者。为何不采用前者呢?笔者认为有以下原因：

(1) 历史原因　在我国酿造啤酒科技史上，"下面发酵酿造啤酒法"已有将近百年历史，已成为不可磨灭的传统工艺和宝贵财富。

(2) 技术原因　我国采用"下面发酵酿造啤酒法"的历史已久，酿酒技术水平已很高，完全可以满足扩大发展之需，没有必要冒着失败风险而改用"上面发酵酿造啤酒法"。

(3) "下面发酵酿造啤酒法"比"上面发酵酿造啤酒法"优越、先进　例如，酵母对棉子糖的发酵，前者全部转化，后者只发酵1/3等。

---

[1] 祝慈寿著：《中国近代工业史》，重庆，重庆出版社，1989。

[2] 清·徐珂编著：《清稗类钞》第十三册，"饮食类"，6325页，北京，中华书局，1986。

(4) 国产啤酒的色、香、味风格已适合于国人的饮用习惯，深受人们的青睐　现在尚未达到供应过剩的程度，很需要在原有基础上加以提高和发展。

第一节　下面发酵法工艺流程

我国下面发酵酿造啤酒工艺流程，如图7－4－1所示。

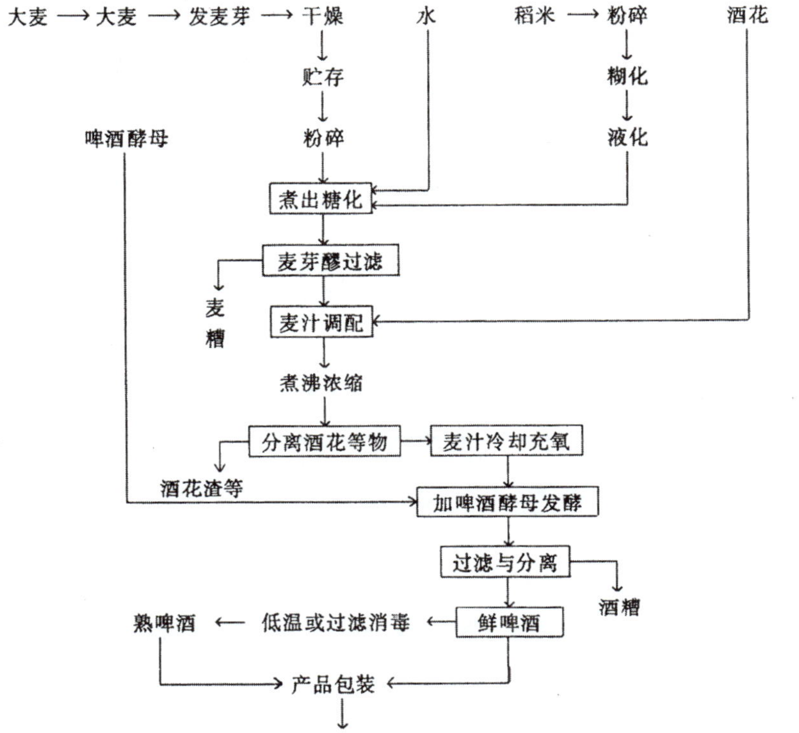

图 7－4－1　下面发酵酿造啤酒工艺流程

第二节　下面发酵酵母在菌种分类学上的地位

用于酿造啤酒的酵母，在菌种分类学上属于子囊菌纲酵母科酵母属。在酵母属里有许多酵母种，用于酿造啤酒的，主要有啤酒酵母和葡萄酒酵母，由于它们的发酵作用特别相同，而且在生物学上对酵母种的划分并不严格，所以酿酒界常常把葡萄酒酵母也并入啤酒酵母中(见表7－4－1及参见本书“第五篇·第四章·第一节)。我国用于酿造啤酒的都是下面发酵酵母。这种酵母是德国生物学家汉逊(Emil Hansen)首先从下面发酵法的酒醪里分离得到的，后来生物学家梅因(Mayen)在菌种分类时把它定名为“*Saccharomyces carlsbergensis* Hensen”，我国译名叫卡尔酵母。我国驰名的青岛啤酒就是用这种类型的酵母种酿造的。经过历代选育之后，青岛卡尔酵母已经形成了自己的风格和生产特性，成为国宝。

我国各厂家虽然使用的都是“下面发酵酵母种”，但是各厂家培养保存使用的菌株生理特性、物理表现、呼吸活性、繁殖速率、增殖倍数、代谢产物、凝聚性等不尽相同，总是有些区别。因此，各厂家酿成的啤酒，品质和风格不同，色、香、味不同，彼此的知名度也不同。

表 7-4-1　　下面发酵酵母在菌种分类学上的地位

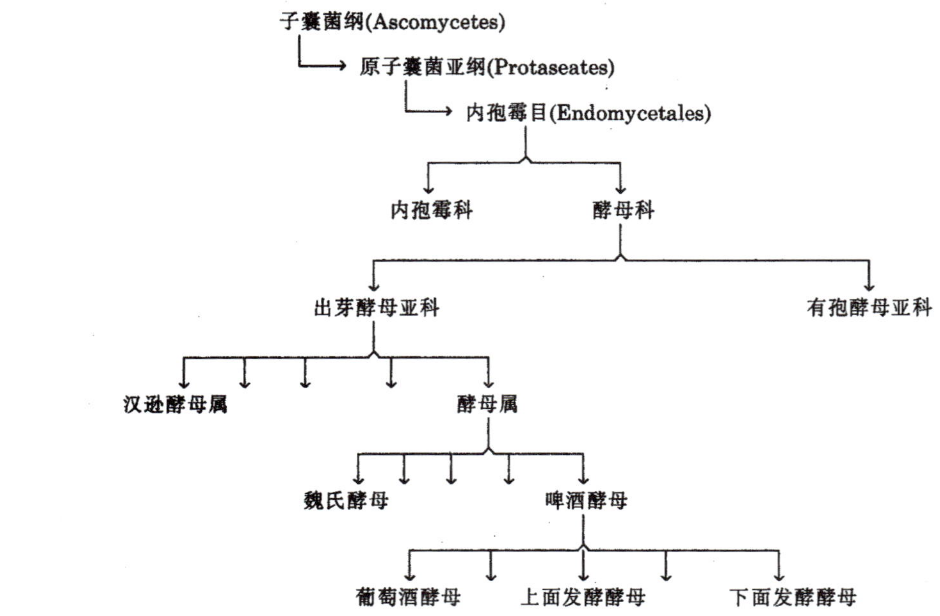

第三节　制麦芽工艺流程

用大麦制麦芽的目的，在于使大麦生芽的同时，产生各种水解酶类，以便同时进入糖化工序。但是在糖化之前，湿麦芽必须经过干燥，否则麦腥味不能除去，啤酒的色、香、味将受到不良影响。制麦芽的工艺流程，如图7－4－2所示。

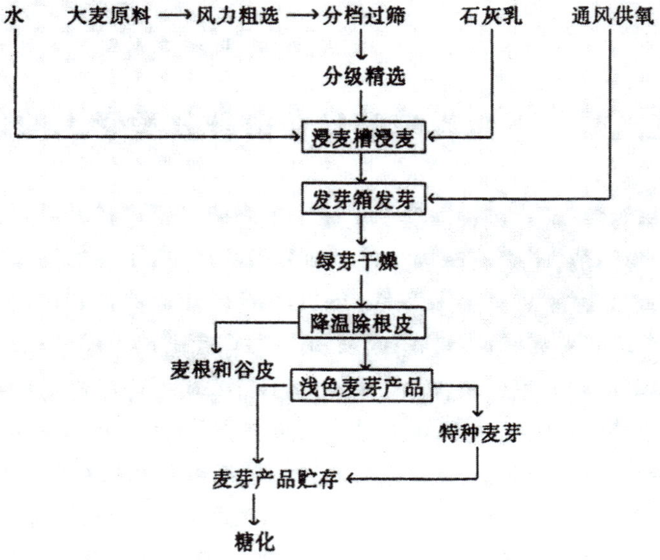

图 7－4－2　制麦芽工艺流程

一、浸麦操作

1. 浸麦　浸麦是制麦芽的第一道工序，通过浸麦可以使大麦吸收水分，促进胚芽尽快舒展发育，还可以起到洗涤尘土、杂物和清除杂菌的作用。长期以来，酿酒史实践已经证明，影响浸麦效果的因素有下列各方面:

(1) 大麦原料的品质　新收获的大麦需经过6～8周以上的休眠期才能使用。休眠的机制很复杂，与收获季节以及库存方法都有关系，春大麦比冬大麦休眠期长。贮藏期间麦温低、含水分在13％以下、通风好、防潮好的，发芽率就高。在正常情况下，二棱大麦颗粒大而且整齐，含淀粉量高，比四棱大麦或六棱大麦品质好。大麦的品质还与大麦的品种、产地等有关，因此选料作业是很重要的。

(2) 浸麦水的性质　大麦吸水速度前期快后期慢，而且麦粒小的吸水速度快，所以加水时要区别对待。高温水可以缩短浸麦时间，但是高温水含氧量少，杂霉菌繁殖快，会导致大麦霉烂或发芽率低下。浸麦水含铁和锰的成分不宜过高，否则这两种成分被氧化之后会生成沉淀物，使啤酒的色泽和味道都受到不良的影响。据生产实践证明，用适中的碱性石灰水或氢氧化钠水浸麦，可以提高发芽率，降低酿酒成本。

2. 浸麦槽的构造　最常见的浸麦槽是一种用钢板制成的，上部为圆柱形，下部为圆锥体的结构，总容量约为16～30m^3。这种浸麦槽内部设多孔环形通风管和旋转式喷料管等(参见本篇图7－1－4)，这样的构造既适合于大麦的浸渍体积膨胀的需要，也适合于在浸麦过程中可以随时进行通风供氧的要求。为了适应近现代大型制麦厂制麦的需要，我国许多大型啤酒厂研制的浸麦槽，也在向着大容量、高技术水平的方向发展，成绩显著。

3. 浸麦的方法　现代浸麦的方法已经不少。但是在50年代以前，我国许多啤酒厂仍然采用原始浸麦法，只是将大麦洗净，用水浸泡，定时换水，反复进行，直到浸麦度合格为止。结果，大麦吸水速度慢，浸麦时间长，发芽率不高。现在改用浸水、断水、通风，或喷淋、喷雾，或加石灰乳，或排除CO_2等，已有很大的进步和提高，效果很好。浸麦方法无论怎样改变，其基本原理都是一样的，即要为大麦创造优良的吸水条件和吸氧条件，创造发芽的优良环境，例如，适时换水、加石灰乳、排除二氧化碳等。我国现在常见的浸麦方法如下:

(1) 浸水断水通风法　将大麦洗净浸入水中，定时取出来控干、保湿、通风供氧。如此反复交替进行，直到浸麦度合格时为止。整个浸麦过程大约需要50～60h。

(2) 浸水断水通入湿空气浸麦法　将大麦洗净后浸入水中，定时取出来断水，浸麦前期通风供氧，浸麦后期及送入发芽箱后改用连续喷入湿空气的方法。这种方法浸麦时间短，断水时间长，供氧量充足，发芽快。整个浸麦及发芽时间大约是45～55h。

(3) 通风浸麦断水喷雾浸麦法　将大麦洗净后浸入水中，每隔一定时间通风一次，然后排水换水，定时取出来喷雾水和通风，直到浸麦度合格为止。整个浸麦过程大约需要45～50h。

二、制麦芽操作

原料经过浸麦之后，绝大部分麦粒已经脱离休眠状态，露出端头，显现白色根、芽，犹如雨后春笋般地展现在眼前。但是浸麦成功，只是整个过程中可喜的第一步，成品麦芽并非唾手可得，要使之成为酿酒麦芽，尚有许多环节值得研究。例如，选择制芽的方法，采用哪种制麦芽的设备，如何控制发芽温度和湿度，如何通风供氧和供水等等。首先，若从大麦的发芽过程离不开制芽设备的情况来看，制芽设备的性能特别重要。在我国酿造啤酒史上，曾先后采用下列制芽方法和设备：

1. 地板式制麦芽的方法　这是一种古老的传统方法。将浸好的大麦摊放在水泥地板上即可。但是对制芽室和用于发芽的地面还有不少要求。第一，制芽室的四面墙，要求有隔热层和防潮性质，以保证室温恒定在12～14℃，也利于长期使用；第二，制芽室的高度约3～4m，地面要求耐酸、耐碱、耐水、表面光滑，以利于操作和排污；第三，要求制芽室的屋顶用蓝色或绿色玻璃覆盖，使光线保持在阴暗状态，以利于控制麦芽色度和便于生产操作时有一定的光线；第四，为了便于调控室温和室内湿度，便于通风和排除室内CO_2，便于喷水和排水，制芽室要求配备有相应的调节系统。

2. 用萨拉丁制麦芽箱发麦芽的方法　这种制麦芽箱是以法国工程师萨拉丁的名字命名的，是法国人最早发明使用的设备，也是世界上传播很广，至今仍然广泛使用的典型设备。我国许多厂家所使用的制麦芽设备，基本上都属于这种类型。

萨拉丁制麦芽箱实际上是一件悬空式凹槽状的长方体设备。用不锈钢制造，高约1m，上方敞口或密封。箱体外侧用钢筋水泥和砖砌成，具有坚固牢靠的作用。箱底设有通风道，调控的风由风道穿过箱底的筛孔进入麦芽层，提供着足量的新鲜空气。制麦芽箱的一端设有空调室，里面安装了送风、调温、调湿设备，制麦芽箱空调室旁还设有成品麦芽出料口。制麦芽箱的另一端设有送料机和进料口，浸好的大麦原料由此送入制麦芽箱，在这一端的上方还设有排气筒。每个制麦芽箱的上方都设有翻麦机一台(图7－4－3)。

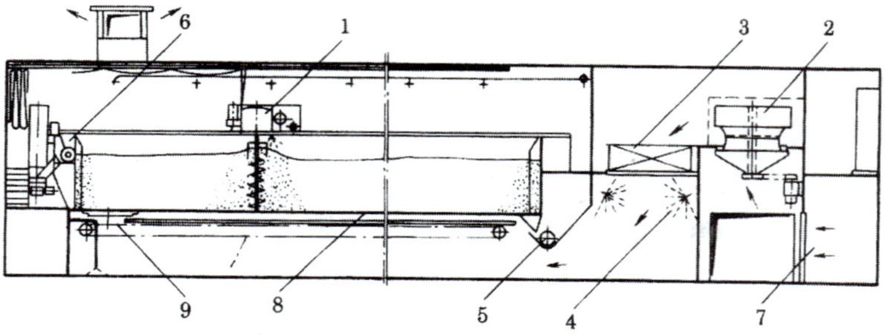

图 7－4－3　萨拉丁制麦芽箱

1. 翻麦机　2. 送风机　3. 空气冷却器　4. 调湿喷嘴　5. 出料送料机
6. 卸料器　7. 新空气入口　8. 多孔板　9. 地板清洗器
(引自顾国贤：《酿造酒工艺学》，中国轻工业出版社，1996)

3. 制麦芽操作要点　首先将浸好的大麦用送料机送入制麦芽箱，进箱后物料的厚度为0.6～1.2m，伴随物料进箱的多余水分由箱底的筛孔流出去。发芽初期，品温控制在13～14℃，空气相对湿度为95％以上。如果发芽正常，每8～10h用翻麦机将麦层翻动一次。如果发芽旺盛，翻麦次数要增加，防止麦芽交结成块。发芽期间，如果麦层温度低于20℃时，早、中、晚要各通风一次，每次15min。如果温度超过20℃，必须通冷风并增加通风量。发芽后期，所有操作强度都可以相应减弱。

我国幅员辽阔，南北气温和相对湿度差别很大，各地出产的大麦品质也有区别，因此，在进行具体制麦芽操作时，要根据实际情况，适当灵活地加以掌握。使用萨拉丁制麦芽箱进行制麦芽操作的技术条件如下；

制麦芽箱的长度	40～50m
制麦芽箱的宽度	3～5m
制麦芽箱的高度	3～3.2m
制麦芽箱离地面高度	0.6～2m
麦料层厚度(高度)	0.6～1.5m
麦芽层上面与下面温差	2～3℃
麦芽层最低与最高温度	13～20℃
制麦芽箱内空气相对湿度	95%以上
送进风的温度	12～16℃
送进风的速度	2～2.5m/s
送进风的风量	500～600m^3/h
送进风的相对湿度	95%以上
送进风与麦芽温差	2～3℃
翻麦机推进速度	0.4～0.5m/min
麦芽生长的周期	5～7d

4. 其他制麦芽的方法及设备　制麦芽方法及设备还有多种，今再介绍两种如下。

(1) 麦堆移动式的制麦芽方法　这种制麦芽方法及设备的配套系统，可以看成是由几套单一的萨拉丁制麦芽箱相连组成的，可以采用半连续化方法制麦芽。制好的麦芽可以用扬料机扬向烘干炉进行烘干，回潮后再烘干一次，然后贮藏待用。

(2) 劳斯曼麦层移动式制麦芽的方法　这是一种制麦芽箱与干燥炉相连的制麦芽系统，年处理大麦数量约2.5万吨。整个制麦芽箱分为6个独立小节，箱长9.5m，宽7m。每天用一节制麦芽小箱接收一槽浸好的大麦，运转接收6次正好发麦芽6天。每天接浸麦一小箱，出麦芽产品一箱，年产成品麦芽可达2万吨。我国自20世纪80年代初引进这种设备，至今已有10余年历史。

三、绿麦芽的干燥

新鲜的绿麦芽不能贮藏，也不能直接用于糖化，因为鲜绿芽的各种酶活力依然存在，绿麦芽的草青味没有除掉，会使啤酒的风味受到伤害。另外，麦芽经过干燥有许多好处，例如，干麦芽可以长期贮存，麦芽干燥后除了无草青味以外，还会产生诱人的色、香、味，干燥过程有利于β－葡萄糖和戊聚糖的分解，降低麦汁的粘度，使麦芽醪过滤时容易进行等。

我国干燥麦芽的方法有多种。如按照热源区别，有间接加热干燥法和直接加热干燥法两类。我国干燥麦芽，多采用间接加热进行干燥。国内常见的干燥设备有水平式双层或三层干燥炉、单层高效干燥炉、发芽干燥两用箱等。

1. 水平式双层或三层干燥炉　这是一种传统的干燥设备，因烘床呈水平式安装而得名。其结构，请参见本篇图7－2－6所示。

干燥炉的热风来自最下层的燃烧炉，它用煤、煤气或石油为燃料。

新鲜空气由加热室两侧的风道进入炉内，经加热升温后，热空气由下向上通过热风管，进入空气混合室(又名麦根室)。空气混合室具有调节与混合热风的作用，又有接收从上面烘床掉下来的麦根或麦芽的作用，故又名麦根室。

混合后的热风穿过烘床，进入下麦芽层，通过热交换，麦芽中的水分汽化上升，穿过上烘床，进入上麦芽层，再次经过热交换后，汽化的水分与降了温的热风，从干燥炉顶上的排风筒排出去。干燥炉里的烘床是摊放麦芽的重要构件，用异形钢丝编制而成，网孔均匀分布，通风性能好。

这种干燥炉用钢筋混凝土和金属材料构筑而成，一间干燥室里可以建炉多个，集中管理，操作方便，因此，至今国内仍然普遍采用。但是烘干操作大多数采用手工，进料、出料、烧火等都离不开人，所以劳动强度较大。水平式麦芽干燥炉的操作条件是，如果麦芽厚度为50cm，混合空气的温度为90～100℃，则其操作技术条件如表7－4－2所示。

表 7-4-2　　水平式双层或三层干燥炉操作工艺技术条件

工艺技术条件 / 干燥炉		干燥时间/h	麦芽品温/℃	麦芽含水分变化/%
水平式双层干燥炉	上层（凋萎层）	6(起初干燥)	30～40	43～30
		6(后来继续干燥)	40～60	30～10
	下层（干燥层）	8～9(接上层干燥)	60～80	10～6
		3～4(最后干燥)	80～85	6～4.5
水平式三层干燥炉	上层(凋萎层)	12(起初干燥)	30～35	45～30或25
	中层(再干层)	12(再干燥)	35～55	30或25～12或8
	下层(干燥层)	12(最后干燥)	55～85	12或8～5或4.5

2．单层高效干燥炉　我国自70年代开始试用单层高效干燥炉，现在已在全国推广应用(图7－4－4)。

单层高效干燥炉的工作原理是，绿麦芽用气流送到炉膛上方，用旋转式撒料机，将麦芽散开铺平在翻板式烘床上。新鲜空气由炉下进入燃烧炉加热，然后用鼓风机将热空气均匀鼓向翻板式烘床，穿过烘床进入麦芽层，经热交换后，将麦芽中的水分汽化，水汽由干燥炉上方的排气筒排出。启动烘床下的支杆，将干燥合格的麦芽倾入干麦芽收集漏斗中，送往产品库。这种干燥炉的优点是：

(1) 炉体结构简单，占地面积小。有许多部件或配套设备可以逐步实现自动化。

(2) 烘干面积大，上料多，产量大。通风性能好，热交换效果也好，干燥时间短。

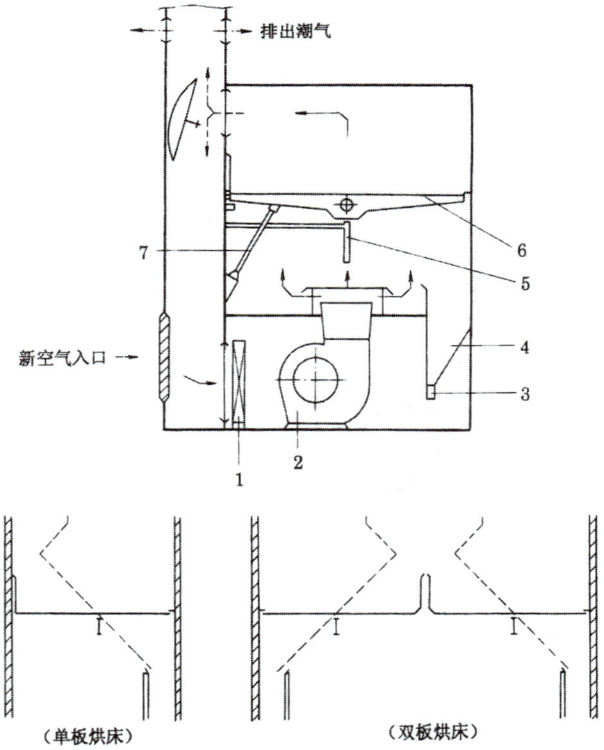

图 7－4－4　单层高效干燥炉

1. 加热器　2. 鼓风机　3. 螺旋送料机　4. 干麦芽斗　5. 支杆　6. 活动烘床翻板　7. 活塞杆

(引自顾国贤:《酿造酒工艺学》，中国轻工业出版社，1996)

(3) 单层高效干燥炉的整个设计水平较高，余热可以全部或部分回收利用，操作简单，容易掌握，比传统干燥设备先进。

单层高效干燥炉的操作工艺技术条件如下：

初期凋萎干燥时间控制：10～12h；

初期麦温与麦芽水分变化：40～50℃，水分43％～10％；

中期麦温与麦芽水分变化：50～65℃，水分10％～7％或6％；

后期干燥时间控制：3～4h；

后期麦温与麦芽水分变化：65～80℃，水分7％或6％～5％；

最后麦温与麦芽水分变化：80～85℃，水分5％以下。

第四节　制麦汁工艺过程

制备麦芽汁的过程，俗称糖化过程。将麦芽、非发芽谷物辅助原料粉碎、糖化、制成糖化醪，再过滤除去麦糟等，即得麦芽汁清液。向清液中加入酒花煮沸，然后进行过滤，除去酒花渣，经冷却，即得麦芽汁，简称麦汁。这一系列过程就是糖化过程。

一、麦芽及辅料粉碎

物料粉碎的目的在于能够充分利用原料中的有益成分。因此，粉碎操作虽然简单，但是要把粉碎程度做到恰到好处却很不容易。例如，粉碎后的物料颗粒不可粗，也不可太细，仅此一项要求就很难做到。

1. 麦芽的粉碎方法　我国粉碎麦芽的传统方法是干法粉碎。60年代出现了湿法与回潮干法粉碎，80年代初又出现了连续浸湿式磨细法。但是，中、小型啤酒厂仍然以干法粉碎为主。

干法粉碎操作简单，可使用的设备有多种多样，但是粉尘飞扬，物料损失大，影响人体健康，危害也大。湿法磨细的优点是，麦芽被研磨后，浆液容易糖化，而且麦皮仅呈碎片状，不易被磨细，这种情况对后来糖化醪的过滤颇为有利。但是湿法磨细工艺耗电量大，并且同一批料，先磨的浸泡时间短，后磨的浸泡时间长，前后浆液的性质不同，对糖化有不均衡的影响。连续浸湿式磨细法是德国人发明的，采用短时间浸麦芽，然后立即进行研磨，克服了湿法研磨的一些缺点。但是，这种研磨机的造价高，耗电量也大。

2. 辅料的粉碎方法　酿造啤酒常用的辅料，较理想的是稻米或玉米，此外，还有淀粉、小麦、糖蜜等。常用粉碎设备有：三辊或四辊二级粉碎机。由于辅料未经过发芽，碎粒坚硬，淀粉质等不容易溶解或水解，所以粉碎程度要细一些，耗电量也就大一些。

二、制糖化醪及糖化操作

所谓“糖化”，在此有两方面内涵和意义。其一，据研究说，大麦长芽时会产生数十种酶，这些酶是从浸麦一开始时就先后产生的。不同酶有不同的作用，例如，淀粉酶能够将淀粉水解为糖类，蛋白酶则将蛋白质水解为肽化合物或氨基酸等。这种依靠大麦发芽产生酶，再用酶水解淀粉为糖的过程，就是所谓“糖化”的真谛。其二，酿造啤酒必须添加一些辅助原料，如稻米、玉米等，磨细的辅料经过加热糊化、液化，有利于酿造啤酒过程中的发酵作用，使啤酒风味更加醇厚。这种依靠加热使淀粉糊化、液化的过程，也是糖化的一种方法。在我国酿造啤酒工艺过程中，通常采用下列糖化法，即煮出糖化法和浸出糖化法。

1. 煮出糖化法　所谓"煮出糖化法"，就是麦芽和辅料中的"酿酒成分"，采用加热糊化、糖化煮出，然后用于发酵酿造啤酒。这种糖化煮出方法又可分为二次煮出糖化法和三次煮出糖化法两种。其具体操作流程，如图7－4－5所示。

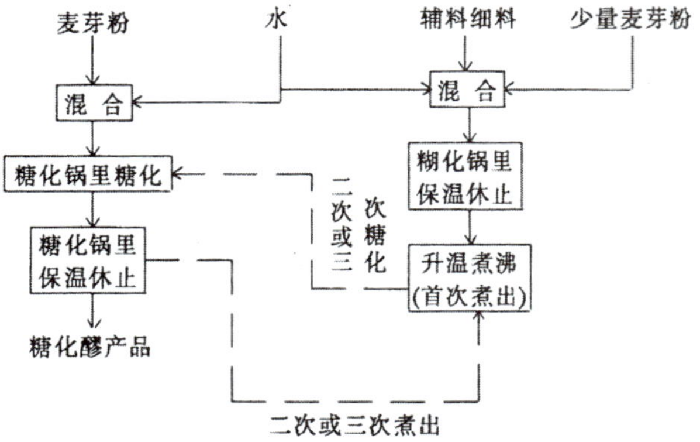

图 7－4－5　二次或三次煮出糖化法操作流程

2. 煮出糖化法操作　应注意的要点如下。

(1) 配料的估算　在酿造啤酒过程中，由于麦芽、辅料等多种因素是每批都不相同的，所以糖化前的配料量也要跟着改变。每批配料要按啤酒厂的要求，严格对物料进行估算。其方法是，麦芽进车间后，应当先进行取样分析化验，然后根据分析数据，估算配料方案。为了达到安全可靠，万无一失，还要将估算好的配料方案进行取样，做糖化试验，经过必要的核对修正之后，制订出最后的糖化配料方案，用于生产。

但是从技术上考虑，大麦加工成麦芽后，可利用的浸出物损失约10%，如果采用加入一些不发芽的谷物进行补充，则在经济上和社会需要方面都是很有意义的。其实，麦芽中富余的淀粉酶足可以将补加的淀粉糖化，一旦糖化不完，用补加一些生物酶制剂的方法，也是可以达到百无一失的。

例如，1962年，无锡轻工业学院曾试用麸曲浸出液协同糖化酿造啤酒，效果很好;1968年上海啤酒厂等企业单位，曾试用枯草芽孢杆菌淀粉酶制剂协同糖化酿造啤酒，效果也很好。总之，采用外加酶制剂协同糖化的方法，对于改善麦汁产率和提高啤酒质量方面是有发展意义的。在通常情况下，我国酿造啤酒时，其用于糖化的物料配比大约如下:

糖化配料: 大麦粉约占50%，原料与水的比例约为1：3.5或1：3.6。糊化配料: 大米粉约占25%，麦芽粉约占3%，原料与水的比例约为1：5。

(2) 糖化与糊化温度控制　对于糖化操作，先将麦芽粉投入糖化锅，然后加入37℃热水混合均匀，升温至45～55℃保温休止，时间约为30～70min。对于糊化操作，先将辅助原料与少量麦芽粉投入糊化锅中，然后加入45℃热水混合均匀，升温至50～70℃保温休止，时间约为15～20min，最后升温煮沸约15min。此为首次糖化煮出操作。

将糊化锅中的浓醪约1/3，用泵打入糖化锅内，搅拌，使糖化锅中的混合物均匀，在65℃左右的情况下保温糖化，待糖化醪"碘试"合格时，此为第二次糖化煮出操作。所得到的醪液，就是二次糖化煮出糖化醪物料。

如果需要进行第三轮糖化煮出，则操作过程可以依照二次糖化煮出的方式再进行一次。所得到的醪液，就是三次糖化煮出糖化醪物料。据报道，三次煮出法，效益甚少。

3. 浸出糖化法的温度控制 我国至今没有浸出糖化法投产，此法盛行于英国、德国、澳大利亚、加拿大等。浸出法的操作过程是，将麦芽粉与冷水或温水混合，然后升温到30℃，保温糖化浸出30min，接着升温到62～70℃，保温糖化浸出30min或更长一些时间。此为二段糖化分解法。当糖化醪“碘试”合格时，即得二次糖化浸出糖化醪物料。

4. 其他糖化法 在我国，由于酿造啤酒技术不断发展提高，所以现在常见的糖化方法还有数种。例如，复式煮与浸糖化法：这种方法的特点是，加大辅料投入量，适当加入一些淀粉酶制剂，以促进糖化，再有就是辅料糊化时加大用水量，以促进可利用成分的溶出，这种方法采用二段糖化法。

又如原料分级糖化法：这种方法是将麦芽的皮及粗粒先分离出来，投入糖化锅中进行糖化，然后再按煮出法合并糖化，当“碘试”合格后，即进行糖化醪过滤，提取麦汁。

三、提取麦汁和添加酒花的方法

糖化醪制成之后，必须在最短的时间内从糖化醪内提取麦汁。在我国，提取麦汁的基本方法，有过滤槽分离法和压滤机过滤法等。

如果是使用过滤槽，则过滤时糖化醪的温度要控制在73～75℃之间，过滤槽筛板上的开孔率可选用15%～20%，耕糟机的转速可用0.4～0.5r/min。如果是使用板框式压滤机分离，则在正式过滤之前，要先用80℃热水试压，约经30min放出热水。试压完成之后，立即用物料泵将糖化醪打到压滤机中过滤。最初得到的麦汁比较混浊，俗称头号麦汁，这种麦汁不能直接用于加酒花进行煮沸，要经过再次过滤或澄清处理才好。

在酿造啤酒工艺过程中，麦汁煮沸与添加酒花的操作是密切相关的，但又有不同的目的和效果。例如，麦汁煮沸具有浓缩和消毒杀菌的作用。通过煮沸蒸发，麦汁的浓度可以提高到合格的标准。又如把酒花投入到麦汁中煮沸，酒花中的多酚物质、苦味物质、芳香物质等，就会顺利地溶解到麦汁中去，使酿成的啤酒富有特殊的风味。

对于添加酒花的方法，古今中外已有许多发展变化，有用粉状酒花的，有用压榨酒花或颗粒状酒花的。我国长期以来一直按照传统习惯，采用添加整朵酒花的方法酿造啤酒。具体添加方法是，分成3～4次添加，不可以一次加入：

第一次：麦汁煮沸后5～15min时加入，添加量是总量的5%～10%。

第二次：麦汁煮沸后30～40min(包括前面5～15min)时加入，添加量是总量的50%～60%。

第三次：麦汁煮沸后80～90min(包括第一次煮沸以来的时间)时加入，添加量是最后剩下的酒花。

当麦汁加酒花煮好之后，由于酒花糟和热反应中生成的固形物仍然在麦汁里，所以在麦汁发酵之前，必须把这些固形物分离出去。分离的方法是，采用酒花分离器。其中有带箅子的传统酒花过滤器，有德国制造的“Hopstar”，它带有螺旋压榨和酒花糟排出部件，可将酒花糟中的麦汁挤压出来。糟中的麦汁如果不回收，那就会造成很大的损失。

第五节　啤酒酵母的发酵作用

酿造啤酒与酿造其他酒类相同，在酿造之前的那些原料，如麦汁、酒花等，其味道是不可能引人入胜，让人产生愉悦感觉的。但是如果将麦汁酿成了啤酒，那么奇迹就会出现了，飘香的酒味会让人陶醉。这就是说，啤酒酵母的"发酵"功绩之大，该是令人叹服的。

当然，啤酒酵母的发酵过程是非常复杂的，通常，人们的眼睛永远不可能看见。很多学者认为，啤酒酵母对于可发酵糖的作用是有选择性的，如果从容易发酵到不容易发酵的趋势来看，则其排列顺序如下：

葡萄糖＞果糖＞蔗糖＞麦芽糖＞麦芽三糖

麦芽四糖以上的高碳糖，如寡糖、戊糖、异麦芽糖等，都不能被啤酒酵母利用，但是这些糖类以及麦芽汁中不能被发酵的成分，却是构成啤酒风味的主体。

我国传统酿造啤酒的发酵工艺过程，可归纳为由添加酒母、前发酵、主发酵、后发酵等组成。对应于这些工序的相应设备，有密闭式酵母添加器、密闭式或敞口式前发酵池和主发酵池、密闭式后发酵罐和贮酒罐等。对于各阶段发酵车间的要求还有：车间建筑都要有隔热防护，以及冷热温差调节装置。在一般情况下，生产车间的温度控制如下：前发酵车间6.5～8℃，主发酵车间6～7℃，后发酵车间和贮酒库0～2℃。

1. 添加啤酒酵母的方法和数量　具体操作法有以下4种。

(1) 直接添加法或逐步添加菌种法　前者是将回收到的酵母种放入特制的密闭式酵母添加器内，然后加入相当于酵母量2倍的麦汁，混合均匀后，加入到发酵池内进行前发酵；后者的添加方法相当于补加菌种培养法，即麦汁加满池以后添加酵母，如果加入的酵母量表现不足时可补加，直到合适为止。

(2) 扩大培养添加法　首先将酵母种培养于数倍量的麦汁中，使少量的酵母种扩大繁殖，然后加到发酵池里进行麦汁前发酵及主发酵。

(3) 分割添加酵母法　当用于接种的酵母泥不足时，可以把现有的酵母种投入到麦汁量较少的发酵池里，发酵20～30h，用无菌空气搅拌，成熟后一池分成二池，然后用冷麦汁分别加满二个发酵池，进行前发酵及主发酵。

(4) 添加酵母种数量　添加酵母种量与酵母种的新鲜度、发酵力强度、酵母种的凝聚性、添加酵母种的方法、麦汁的浓度及质量等有关。因此，添加酵母种的量必须根据实际情况来决定，不能一成不变，生搬硬套。在一般情况下，接种后，酵母细胞浓度多数控制在$(5\sim12)\times10^6$个/mL。如果是按照酵母泥对麦汁体积分数的比值计算的话，则接种酵母量大约是0.5%～0.65%。

2. 传统酿造啤酒的前发酵　所谓"前发酵"，实际上是接种酵母种以后，在麦汁中，酵母处于缓慢出芽繁殖的最初阶段。此时，发酵池里泡沫非常少，发酵不明显，温度上升很慢，麦汁的糖分下降甚微。大约"前发酵"阶段要经过15～20h之后，发酵池的四边才会开始出现白沫，逐渐进入了主发酵阶段。

从以上情况来看，前发酵时期的发酵温度可以略高一些，即控制在6～8℃之间，这样可以提高发酵速度。

3. 传统酿造啤酒的主发酵　在主发酵前期，发酵池的四边泡沫迅速增加，并向池中心卷起，形成了洁白细密的菜花形状，厚度可达20～30cm。此时，发酵液的温度会较快上升，达到9℃以上，必须立即启动冷却设施降温，不能使醪温超过12℃。一般认为，用低温发酵酿成的啤酒品质好，但是温度低，酒龄长，新工艺通常采取短期高温发酵的方法，然后降温，效果也还好。降醪温时不可以太快，否则酵母受寒下沉，发酵停顿。

在主发酵阶段，由于酵母数达到最高值，糖分浓度下降快，放热多，所以温度管理特别重要，必须有专人负责调控，防止忽高忽低乱改变，造成啤酒染上酵母气味。在主发酵阶段，还有一种明显的特征，就是由于酒花析出了树脂物质，使发酵液上面漂浮的泡沫由洁白变成了棕黄色，这是一种正常的表现，不必急于处理。

4. 传统酿造啤酒的后发酵　当主发酵完成之后，发酵系统的明显变化是，发酵液品温开始下降，液面上的泡沫开始减少，并逐步形成泡盖，酵母活力开始低落并凝聚下沉于池底，成为酵母泥等等。仅就发酵温度变化而言，酿造下面啤酒时，自前发酵至后发酵期间，其温度变化大体如下：

起始发酵温度是6～8℃，最高发酵温度是8～12℃，最终后发酵温度是3.5～5℃。

在后发酵阶段，需要认真操作的事项仍然不少。例如，应当防止新酒与空气接触就是一项。新酒吸氧以后会加速老化，保质期缩短。防止吸氧的方法是，用无菌水先将准备贮新酒的贮罐充满，把罐内的污浊空气顶出去，然后用CO_2气体将无菌水顶出来，再贮进新酒进行后发酵。又如下酒以后，如果不见有后发酵现象，例如，不见有CO_2产生等，这就说明主发酵太过头了。这种情况会使成品啤酒含CO_2量不足，失掉啤酒很宝贵的特性。此时就应当向新酒里适当添加一些可发酵性的糖，让它在后发酵阶段进行发酵，产生一些CO_2，以增强啤酒的特性。

第六节　成品啤酒的保质期和包装

成品啤酒的保质期问题，历来深受厂家的重视。为了保持啤酒的风味稳定，使它具有更长久的保质期，最初的技术措施是，采用巴氏消毒法。这种热处理的方法，我国早在公元10世纪的北宋时期，在朱翼中的《北山酒经》中已有详细记载[1]。1850年，法国微生物学家巴斯德在研究葡萄酒酸败原因时发现，把葡萄酒加热到一定程度时，葡萄酒的酸败现象可以消除。后来，人们把这种热处理食物，如酒、果汁、牛奶等的方法，称为巴氏消毒法。

对于啤酒热消毒来说，1954年科学家们提出了“巴氏热消毒单位”概念。认为微生物在最高生存温度以上时，温度每升高7.1℃，热致死率可提高10倍。因此提出，在温度60℃时，将啤酒热处理1min，所得到的效果称为一个巴氏单位“Pu”，即：

$$Pu = T \times 1.393^{(t-60)}$$

式中　T——在某种消毒温度下，维持热消毒时间(min)

t——热消毒温度(℃)

1.393——表示每温度增加7.1℃时，热致死率增加10倍时的常数

根据这个计算公式，国际上已经推算出了一个通用简化实用表(表7－4－3)，各啤酒厂只要按照这个表上的Pu值，就可以找到合适的热处理温度。

在具体操作过程中，消毒温度与时间之间存在着一定的可变关系，但是通常选择高温

[1] 北宋·朱翼中撰：《北山酒经·煮酒》，枚庵漫士古欢堂秘册，见[日]田中静一：《中国食经丛书》(上)，135页，东京都，书籍文物流通会，1972。

度、短时间受热为宜。我国大多数啤酒厂采用的Pu值是20～25，夏天则用30～40。我国当前用玻璃瓶进行小包装的现象很普遍，采用高温短时间热消毒的方法，对于防止瓶盖不被CO_2胀落的现象也是很明显的。

成品啤酒与黄酒有一个很明显的区别，那就是不能长久贮存。目前，我国通常贮存啤酒的时间是30～90天，技术条件好的啤酒厂，所生产的易拉罐小听啤酒，贮存时间可达一年之久。

表 7-4-3　　啤酒热消毒1min时，温度与Pu值的关系

Pu值	温度/℃	Pu值	温度/℃	Pu值	温度/℃	Pu值	温度/℃
0. 01	46	0.10	53	1.0	60	10	67
0.014	47	0.14	54	1.4	61	14	68
0.019	48	0.19	55	1.9	62	19	69
0.027	49	0.27	56	2.7	63	27	70
0.037	50	0.37	57	3.7	64	37	71
0.052	51	0.52	58	5.2	65	52	72
0.072	52	0.72	59	7.2	66	72	73

参 考 文 献

原始文献

北魏·贾思勰撰:《齐民要术》，见石声汉选释:《齐民要术选读本》，北京，农业出版社，1961。

北宋·朱翼中撰:《北山酒经》，枚庵漫士古欢堂秘册，见[日]田中静一:《中国食经丛书》(上)，东京都，书籍文物流通会，1972。

宋·李昉等撰:《太平御览·饮食部》，据上海涵芬楼刊本，北京，中华书局，1960。

《诗经　楚辞》，孔一标点，上海，上海古籍出版社，1998。

战国末·吕不韦撰:《吕氏春秋》，陈奇猷校注，上海，学林出版社，1984。

明·李时珍撰:《本草纲目》卷二十二，刘衡如校，北京，人民卫生出版社，1975。

清·徐珂编:《清稗类钞》第十三册，北京，中华书局，1986。

研究文献

顾国贤:《酿造酒工艺学》，北京，中国轻工业出版社，1996。

大连轻工业学院等:《酿造酒工艺学》，北京，中国轻工业出版社，1982。

朱梅等:《啤酒讲座》，第1～8讲，哈尔滨，《黑龙江发酵》，1981～1982。

[日] 高桥隆平:《大麦的起源分化和分类》，东京都，柴田书店，1954。

生沼巴:"栽培大麦的起源"，北京，《科学》，1952(22)。

邵全启:《西藏野生大麦》，北京，科学出版社，1962。

浙江农业科学院等:《中国大麦品种志》，北京，农业出版社，1989。

王瑞玕等:《酒花》，北京，轻工业出版社，1982。

冯德培等:《简明生物学词典》，上海，上海辞书出版社，1982。

武显章等:"黑龙江啤酒史略考"，哈尔滨，《黑龙江发酵》，1982(1)。

中国香料植物栽培与加工编写组:《中国香料植物栽培与加工》，北京，轻工业出版社，1985。

◇第一章　酿制马奶酒源流考
◇第二章　酿制马奶酒工艺进展

第八篇
酿制马奶酒科技发展史

马奶酒是非常古老的发酵奶制品。据多种调查研究资料表明，发酵奶起源于近东游牧民族的偶然发现，但后来在中欧、东欧和亚洲北部便普及开来。所谓“发酵奶”，其实是统称，包括许多品种，如酸马奶酒、酸奶酒、酸奶、发酵酪奶、斯堪的纳维亚酸奶和酸奶油、蒸馏型的奶酒等。本篇要着重探讨的是，我国酿造马奶酒科技发展史。

□第一节　酿制马奶酒起源考
□第二节　历史上的马奶酒

第一章　酿制马奶酒源流考

从技术上讲，山羊奶、绵羊奶、牛奶、马奶都可以作为酿造奶酒的原料。但是，在我国古籍中，屡见记载的是马奶酒，故本篇以此命名。

发明马奶酒之初，必须具备两个基本条件：一是要使用无污染的鲜奶；二是发酵菌种要优良，能起着有益无害的作用。由此看来，最早问世的马奶酒，是由天然优良乳酸菌和酵母菌共同创造的。乳酸菌在发酵过程中，所产生的乳酸，具有抑制有害菌繁殖的作用，还能提高奶酒甜酸醇厚的风味。酵母菌在发酵过程中，能将乳糖转化为乙醇(CH_3CH_2OH)和二氧化碳，还能将某些蛋白质成分转化为酒香，提高奶酒的品质。

对于消化系统缺乏乳糖酶的人来说，他们不能随意喝普通奶，要忌口防止腹胀，但是却能喝发酵奶。这种情况正好可以说明，我们的研究课题是有价值的。

第一节　酿制马奶酒起源考

酸马奶俗称马奶酒，古称湩酪、马酪、忽迷思、"酪"奶、马酒等。酸马奶以新鲜马奶为原料，酿成之后其品质似酸牛奶、味道醇香浓烈，自古以来一直是我国牧区人民十分珍视的传统饮料。其实，酸马奶并非酒类，只因各种酸马奶多少都含有酒精成分，又自古俗称马奶酒，所以本篇一律随俗，都用"马奶酒"命题。

马奶酒是一种带乳白色的液状奶制品，可分为浅发酵和深发酵两大类。但是，在分类学上，浅发酵与深发酵之间，至今尚无明确规定。浅发酵马奶酒，含酒精量非常低，甚至在3%以下。此类马奶酒，可认为是饮料或食品，但它是马奶酒的祖型。如果用比喻法叙述，浅发酵马奶酒，像是古代黄酒类中的甜醴酒；深发酵马奶酒，像是近现代黄酒中的熟酒醪。至于蒸馏型的马奶酒，也有含酒精量高低之别。一般马奶酒，含酒精量约15%～20%，不超过30%。

通过以上讨论之后，我们可以明白，如果要探明酿制马奶酒的起源，就必须首先探明发酵奶的品种和起源。在我国古籍中，最早出现的发酵奶品种是湩酪和马酒。

一、湩酪和马酒起源

我国酿制马奶酒的起源，与北方各民族畜牧业的发展，游牧民族人民饮食生活不断改善等，有着密切的关系。酿制马奶或牛奶酒的起源，是与我国人民自古就很喜欢饮用马奶、牛奶(图 8－1－1)的饮食文化分不开的。

据郭沫若主编的《中国史稿》说：我国蒙古高原上的畜牧业，出现于新石器时代，到了春秋战国时期，已形成了相当规模的畜牧业经济。这种畜牧业经济的发展，为酿制马奶酒业的起源和发展，提供了重要的物质条件。

图 8－1－1　敦煌壁画挤奶图
(引自《文物参考资料》，1956年第2期)

> 据汉班固《汉书·艺文志》著录《列子·力命》说:“浮湩有余”[1]。所谓“湩”，《辞源》说:“乳汁。《穆天子传》云:‘因具牛、羊之湩’”。

《列子》相传为战国人列御寇撰，虽然该书早佚，但是《汉书》既然看重予以收录，想必有其道理和依据。这说明当时已有奶制品加工业了。

在西汉司马迁的《史记》中，有一段关于“湩酪”的生动叙述。《史记·匈奴列传》说，匈奴人自古“食畜肉，饮湩酪”，后来匈奴与汉朝友好交往，于是匈奴王单于“变俗好汉物”，这种改变饮食习俗的做法，引起了一些匈奴人的异议，于是匈奴人中行说劝单于说，不宜“变俗好汉物”，结果“得汉物”的匈奴人将“汉食物皆去之，以示‘汉朝食物’不如湩酪之便美也”。[2]对于以上叙述，《史记》中有下面“集解”和“索隐”:

> 宋裴骃集解说:“湩，乳汁也。”唐司马贞索隐曰:“湩酪二音。按《三苍》云:湩，乳汁也。《穆天子传》云:牛马之湩。”

“酪”，在此指各种发酵性奶制品，“湩酪”在此包括酸牛奶和酸马奶制品两类。由此可知，我国北方少数民族，早在西汉以前已经食用发酵奶制品或饮用牛、马奶酒了[3]。

> 据汉班固《汉书·百官公卿表》载:“西汉太仆，下设家马令一人，丞

[1] 汉·班固撰:《汉书·艺文志》，唐·颜师古注，北京，中华书局，1962。
[2] 汉·司马迁:《史记·匈奴列传第五十》，2899页，宋·裴骃集解，唐·司马贞索隐，北京，中华书局，1959。
[3] 笔者注: 关于“酪”为发酵奶的内容，请参见本章后面有关讨论。

五人，尉一人，职掌酿制马奶酒；武帝太初元年(前104年)，更名家马为挏马。”所谓“挏马”，汉应邵注释曰：“主乳马，取其汁挏治之，味酢可饮，因以名官。”如淳曰：“主乳马，以韦革为夹兜，受数斗，盛马乳，挏取其上，因名曰挏马。”[1]

所谓“太仆”，乃古代官名，始设于春秋战国时期，至秦汉仍沿置，为九卿之一，职掌皇家舆马及马政。由此可知，我国自春秋战国时期至秦汉间，中原官府中已有专门酿制马奶酒的作业了，为少数权贵们享用服务。

如果从酿制马奶酒的方法来看，挏马官把马乳装进皮兜里，任其摇撞晃动发酵，直至酸美为止。“味酢可饮”，这种酿制工艺可称“直接发酵法”，这种发酵法靠皮兜里残存的菌种繁殖发酵，或未饮用完，继续向兜里补充鲜奶的方法发酵，这种操作法虽然比较原始，但是简便可行，完全可以满足牧民自家享用的需要。

在汉·班固的《汉书·礼乐志第二》中，还有：“师学百四十二人，其七十二给大官挏马酒，其七十人可罢。”[2]在汉许慎的《说文解字》中，也有：“汉有挏马官，作马酒”的话[3]。

根据以上记载说明，“马酒”之名至晚始于汉朝，但是“挏马”不是奶酒名。元朝张昱《可闲老人集二·塞上谣》诵曰：“漭然路失龙沙西，挏酒中人软似泥。”，这种把“挏酒”作为酒名不妥当。现代仍然有把“挏酒或挏马”作为酒名的现象，这大概是受其影响之故吧。

总之，由于我国汉朝已有如此多的、酿制马奶酒的记载，所以我们有理由认为，我国北方少数民族创制马奶酒的发明，其起源无疑会早于汉朝，至晚始于春秋战国时期。

二、发酵剂起源和制法

现代乳品厂酿制马奶酒时，是通过添加发酵剂的方法来完成的。发酵剂整体是一种细菌培养物，当载体上的菌种不同时，所酿制成的奶制品或马奶酒产品，其风味特点也会随之不同。这就是现代发酵奶品种类很多的原因，是古代不能媲美的。但是，今日的琳琅满目，却源于古代。许多历史资料可以证明，我国是世界上最早采用“酒母”发酵剂酿制马奶酒的国家之一。例如：

汉班固《汉书·扬雄传》载：“羌戎睚眦，闽越相乱，遐萌为之不安，中国蒙被其难。于是圣武勃怒，爰整其旅，乃命票、卫，汾沄沸渭，云合电发……逐猎乎王延。驱橐驼，烧熐蠡，分离单于，磔裂属国……”唐颜师古注引张晏曰：“熐蠡，干酪也，以为酪母。烧之，坏其养生之具也。”[4]

这段史料的意思是：在西汉时期，中原地区的外围各族，经常进逼中原作乱。于是汉武帝发怒不安，任命骠骑霍去病和卫青大将军，出击匈奴，大败匈奴主力。驱逐匈奴橐驼队，烧掉他们用于酿制发酵奶和奶酒的“酪母”菌种(发酵剂)，毁坏了匈奴人赖以生存的基本条件。由此说明，我国在西汉时期，已知采用酒母作为发酵剂，酿制马奶酒了。中国自古有“要酿得好酒，

[1] 汉·班固撰：《汉书·百官公卿表》第七，729页，唐·颜师古注，北京，中华书局，1962。
[2] 汉·班固撰：《汉书·礼乐志第二》，1075页，唐·颜师古注，北京，中华书局，1962。
[3] 汉·许慎：《说文解字》，253页，天津，天津市古籍书店，1991。
[4] 汉·班固撰：《汉书·扬雄传》卷八十七下，3563页，唐·颜师古注，北京，中华书局，1962。

就要先制得"好酵"之说。

在我国古籍中，有关制作发酵剂酿制发酵奶或马奶酒的，还有下面例子：

北魏贾思勰《齐民要术·养羊第五十七》："作马酪酵法：用驴乳汁二三升，和马乳不限多少，澄酪成，取下淀，曝干。后岁作酪，用此为酵也。"[1]

这记载中的"马酪酵"，就是能用于酿制各种酪奶和马奶酒的发酵剂。这种发酵剂制成后，通常加工成饼块或颗粒，晒干后贮存于瓷瓮中，翌年即可以用于酿制马奶酒。居住在新疆的哈萨克牧民，预先酿制的发酵剂呈饼状。前苏联高加索地区的牧民，用山羊奶、绵羊奶或牛奶酿制发酵剂，色泽淡黄，颗粒状，豌豆大小。当这些发酵剂浸泡在奶中时，体积膨胀变成白色，所酿成的酒具有浓烈的醇香风味。酿制发酵剂时，所采用的菌种是前一年精选保留下来的。这种传种接代的方法，具有非常悠久的历史。今再举两例如下：

元鲁明善《农桑衣食撮要·四月》："造酪：尔子拌匀，锅内炒过，熬数十沸，盛于罐中。候温，用旧酪少许于尔子内搅匀。以纸封罐口，冬月暖处、夏月凉处顿放，则成酪。"[2]

明朱权《臞仙神隐书·四月》："妳子半勺，锅内炒过后，倾余妳熬数十沸，盛于罐中，候温，用旧酪少许于妳子内搅匀，以纸封罐口，冬月暖处，夏月凉处顿放，则成酪。"[3]

上述两例，内容相似。记载中的"用旧酪少许"，就是添加旧菌种作为发酵剂，而酿制出新发酵剂的方法。由此可知，古书上的"酪"，既指发酵剂，也指酸酪奶。

第二节　历史上的马奶酒

中国是个多民族的大国，在中华民族大家庭里，虽然各族人民都喜欢饮酒，但是养成的爱好和习俗不同。汉族人爱好黄酒，蒙古族人嗜奶酒，西北各族喜欢喝葡萄酒及奶酒。李时珍《本草纲目》说："蜀有咂嘛酒"。但是，我国广大牧区各族人民，都有一个共同爱好，即特别喜欢饮用奶酒，而且都有悠久的饮用史。例如：

唐李延寿《北史·高车传》载："(高车)俗无谷，不作酒。迎妇之日，男女相将，持与酪酒、熟肉结拜。"[4]唐朝诗人高适"营州歌"诵曰："营州少年厌原野，孤裘蒙眬猎城下。虏酒千盅不醉人，胡儿十岁能骑马。"

上面史籍和诗文中的"酪酒"和"虏酒"，都是指奶酒。马奶酒是一种带有浓厚民族风味的饮料，它不仅与蒙古族、哈萨克族、维吾尔族等牧民结下了不解之缘，而且也屡屡成为诗人珍视的对象。例如：

---

[1]　北魏·贾思勰撰：《齐民要术·养羊》，见石声汉选释：《齐民要术选读本》，371～372页，北京，农业出版社，1962。

[2] 元·鲁明善撰：《农桑衣食撮要·四月》，王毓瑚校诠，北京，农业出版社，1962。

[3] 明·朱权撰：《臞仙神隐书》，见[日]田中静一：《中国食经丛书》(上)，422页，东京都，书籍文物流通会，1972。

[4] 唐·李延寿撰：《北史·高车传》，北京，中华书局，1974。

> 唐杜甫的"严中丞送青城山道士乳酒一瓶"诗，诵曰："山瓶乳酒下青云，气味浓香常见分。鸣鞭坐马怜渔父，洗盏开尝对马军。"宋陆游《丁未上元月色达晓如昼予斋居》诗，诵曰："官垆卖酒倾千斛，市里行歌彻五更。湩酪独烹僧钵美，琉璃闲照佛龛明。"

所谓"湩酪"，在此指奶酒。用奶酒烹调食物的方法，自古至今屡见不鲜，所以"湩酪独烹僧钵美"是诗人的真实写照，非夸大之词。在我国酒类饮用史上，马奶酒历来为各族人民所珍视。因此，无论在喜庆或节假日，还是在大小祭礼台上，马奶酒都是居家必备的。例如：

> 明宋濂等撰《元史·祭祀三》载："凡大祭祀，尤贵马湩，将有事，敕太仆挏马官，奉尚饮者革囊盛送焉。"[1]又元朝刘因"黑马酒"诗，诵曰："仙酪谁夸有太元，汉家挏马亦空传。香来乳面人如醉，力尽皮囊味始全。千尺银驼开晓宴，一杯琼露洒秋天。山中唤起陶弘景，轰饮高歌敕勒川。"明朝诗人赵士哲也有"辽宫词"一首："四楼城阙尽东开，正旦诸生面面来。磔犬烧羊挏乳酒，君臣团坐笑传杯。"

黑马酒是"漠西蒙古"汗帐的佳酿奶酒，宫廷中的名贵美酒。据"黑马酒"诗内容可知，用"革囊"酿制马奶酒是一种很常见的传统工艺。到了清朝，古籍中有关马奶酒的史料很多，虽然多数叙述简单，但是根据这些史料完全可以证明，马奶酒在我国酿酒史上是富有生命力的。已绵延了数千载。例如，西清的《黑龙江外记》卷六载："达斡尔以牛、马奶造酒，谓之阿尔占，汉名奶子酒。蒙古诸部家皆有之。"又如徐珂《清稗类钞·饮食类》载："新疆之蒙古人，其饮食与普通之蒙古人略异……凡食，以茶、奶为大宗，酥油、奶酒均以乳酿之。酿余之奶，制为饼，曰奶饼。酿酒，值客至，必延坐尽饮而后已。"[2]

[1] 明·宋濂等撰：《元史·祭祀三》卷二十五，1841页，北京，中华书局，1976。

[2] 清·徐珂：《清稗类钞·饮食类》第一十三册，6248页，北京，中华书局，1986。

第二章　酿制马奶酒工艺进展

第一节　从史料记载看酿制马奶酒

如果从史料记载来看，我国自汉朝以来，酿制马奶酒的传统工艺大多采用“革囊”直接发酵法。这种方法之所以能够一脉相传，延续千年而不衰，大概是由于这种方法经济实惠，酿制数量可多可少，容易控制发酵程度，很适合于游牧家庭饮食生活需要之故。

在古籍中，有关用“革囊”酿制奶酒的史料不少，除了本篇前面提到并适当讨论过的内容外，自元以来则大见增加。例如：

在元朝成吉思汗和窝阔台两大汗时期，任事近30年，官至中书令，名臣耶律楚材的《湛然居士集》中，有咏马酒诗曰：“天马西来酿玉浆，革囊倾处酒微香。长沙莫吝西江水，文举休空北海觞。浅白痛思琼液冷，微甘酷爱蔗浆凉。茂陵要酒坐心渴，愿得朝朝赐我尝。”透过耶律楚材的诗句可知，即使是当时朝廷高级命官，朝暮喜爱的也是用革囊酿造的奶酒。这种情况又可以说，醇香超俗的马奶酒，必是源于酿酒技术已经十分老熟高明之时。

在元朝名臣中，许有壬官至集贤殿大学士，历官七朝50年，堪称古来稀罕。在他的《至正集》中，有《上京十咏·马酒》诗曰：“味似融甘露，香凝酿醴泉。新醅推湩白，绝品挹清玄。骥子饥无乳，将军醉卧毡。挏官闻汉吏，鲸吸有今年。”自序曰：“元统甲戌，分台上京，饮马酒而甘，尝而作诗”。透过许有壬的诗句可知，“骥子饥无乳”，是由于军士无休止地向牧民勒索，掠夺甘香圣洁的马奶、牛奶和奶酒所致，是由于过度掠夺达到了惨不忍睹地步的结果。

明李时珍《本草纲目·兽部》第五十卷载：“汉时以马乳造为酒，置挏马之官，谓挏撞而成也。”又明顾起之《客座熬语》卷九载：“鞑靼别部安定、阿端二卫，以马奶酿酒。”由此可知，虽然牛奶、羊奶也可以酿制奶酒，但是从历代史料内容来看，我国自古以来，以用马奶酿酒的居多。

到了清朝，酿造奶酒的工艺过程和使用设备，终于出现了多项进展。例如：

> 清末徐珂《清稗类钞·饮食类》载：“蒙人之饮食：制奶酒法，于夏季收集牛奶，置缸中，以棍搅之，使酸，置蒸馏器中，蒸取其气即成；青海柴达木人之饮食……沸水贮于桶，俟其冷，浸酥酪，酥沉油浮，毋摇动，日以鲜乳汁滴之，以味酸为度，约数十日，成湩酒矣。味酸而腥，略带酒气，不易醉；藏人之饮食……藏人嗜酒，酒两种，一名阿拉，如内地之白酒；一名充，如内地之甜酒，

皆自造，味淡而性烈。”[1]

从以上记载内容可知，我国至晚到了清朝，酿制奶酒工艺技术，已有下列明显进展。

1. 原料奶来源　不仅用马奶，而且用酥酪发酵剂，采用牛奶酿酒的数量也增加了。

2. 酿制奶酒设备　不仅用“革囊”，而且已采用木桶、瓷缸和蒸馏器等。

3. 奶酒品种　不仅有酸奶酒、酪奶酒，而且也有蒸馏型奶酒了。

第二节　酿制马奶酒奥秘牧区考

为了探索大草原恩赐圣洁奶类及乳制品的真实奥秘，日本大阪国立民族学博物馆馆长石毛直道教授、小长谷有纪、有贺秀子、高野俊明等，分别3次对蒙古高原的奶类和乳制品，以及饮食文化表现，进行了实地调查研究。随后，出版了《奔走在美丽的蒙古高原上探索大草原恩赐酸马奶奥秘》一书。笔者荣幸地收到了石毛直道教授寄赠的这部珍贵著作[2]。根据书中的调查研究成果，今把有关牧区传统酿制马奶酒工艺流程(图8－2－1)及其插图(图8－2－2)示明如下。

一、当今牧区传统酿制马奶酒工艺流程

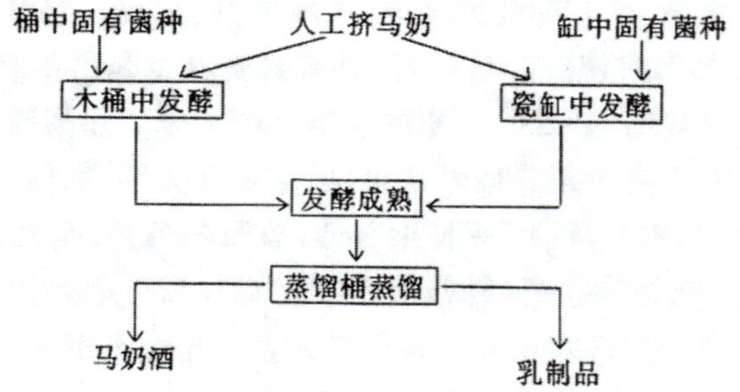

图 8－2－1　传统酿制马奶酒工艺流程

二、当今牧区传统酿制马奶酒工艺流程插图

本工艺流程插图6张，全部是从石毛直道《モンゴルの白いご馳走》书上摘引下来的。通过这些插图，我们可以一目了然地了解酿制马奶酒的主要过程和操作方法。

[1] 清·徐珂编撰：《清稗类钞·饮食类》第一十三册，6248～6250页，北京，中华书局，1986。

[2] [日]石毛直道：《モンゴルの白いご馳走》，东京都，株式会社チクマ秀版社，平成9年。

1

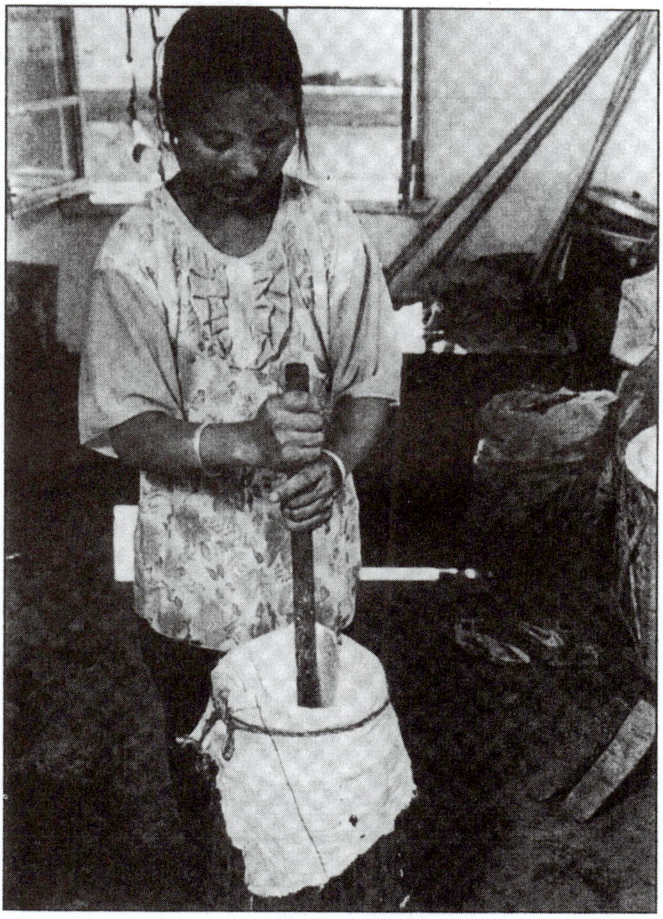

2

3

4

5

6

图 8－2－2　传统酿制马奶酒工艺插图

1. 挤奶　2. 在木桶中发酵　3. 在缸中发酵　4. 蒸馏桶(筒)　5. 蒸馏桶内部安装小坛　6. 蒸馏桶上面安装铁锅
(摘引自[日]石毛直道:《モンゴルの白いご馳走》,株式会社チクマ秀版社,平成9年)

三、当今牧区传统酿制马奶酒工艺操作法

1. 挤奶　蒙古牧民主要采用人工挤奶。现在，原料奶除了用马奶之外，也用牛奶。

2. 发酵　发酵设备有2种，即用木桶或小长瓷缸。发酵操作较简单，只是用木棍搅拌。据被采访者说，每发酵一小批奶，要搅3 000转，才能发酵好。发酵菌种来源于发酵设备中固有的。

3. 蒸馏　除灶之外，蒸馏设备共4件，即盛发酵奶安放在灶台上的铁锅、安放在铁锅上的无底木蒸桶(筒)，用绳子吊在木蒸桶中间的小瓷缸、安放在蒸桶顶上的小铁锅。这4件设备安装组合如图8－2－2中的第6图所示。

蒸馏原理及操作方法是，设备安装好了之后，用柴火或干马粪将下面铁锅中的发酵奶烧沸，马奶酒首先汽化上升。蒸桶顶上的小铁锅里放入冷水，构成冷凝器。当汽化上升的马奶酒遇到冷凝器下部时，即冷凝成酒滴，汇流到小铁锅中心处的尖端，集中后流入小酒缸里。它就是马奶酒。只要把小铁锅取下来，即可以取出小瓷缸里的马奶酒饮用。整个过程采用间歇蒸馏操作。蒸馏操作的要点是，燃火烧沸发酵奶时，宜用小火，蒸桶与下铁锅及上铁锅衔接处要密封好，以防止马奶酒挥发掉。

参考文献

原始文献

汉·班固撰:《汉书·艺文志》，唐·颜师古注，北京，中华书局，1962。

汉·司马迁撰:《史记·匈奴列传》，宋·裴骃集解，唐·司马贞索隐，北京，中华书局，1959。

汉·班固撰:《汉书·礼乐志》，唐·颜师古注，北京，中华书局，1962。

汉·班固撰:《汉书·百官公卿表第七》，唐·颜师古注，北京，中华书局，1962。

汉·许慎撰:《说文解字》，天津，天津市古籍书店，1991。

汉·班固撰:《汉书·扬雄传》，唐·颜师古注，北京，中华书局，1962。

北魏·贾思勰撰:《齐民要术》，见石声汉选释:《齐民要术选读本》，北京，农业出版社，1961。

元·鲁明善撰:《农桑衣食撮要》，王毓瑚校诠，北京，农业出版社，1962。

明·朱权撰:《臞仙神隐书》，见[日]田中静一:《中国食经丛书》(上)，东京都，书籍文物流通会，1972。

唐·李延寿撰:《北史·高车传》，北京，中华书局，1974。

元·宋濂等撰:《元史·祭祀三》，北京，中华书局，1976。

清·徐珂撰:《清稗类钞·饮食类》第十三册，北京，中华书局，1986。

研究文献

秦立虎:"我国少数民族的马奶酒初探"，北京，《中国酿造》，1998(3)。

[日] 石毛直道:《モンゴルの白いご馳走》，東京都，株式会社チクマ秀版社，平成9年。

◇五粮液酒企业志
◇杏花村汾酒企业志
◇全兴大曲酒企业志
◇张裕葡萄酒企业志
◇青岛啤酒企业志

第九篇

中国名酒企业志

五粮液酒企业志

据《宜宾方志》和《五粮液酒厂志》说：明末清初(1644年)时，在物华天宝的宜宾城，已有陈氏的“温德丰”中及其他酒坊，用红高粱、糯米、粳米、玉米、荞麦等五谷杂粮酿造白酒、酒质很优美。约到了同治八年(1869年)，清朝举人杨惠泉为其命名为“五粮液”。现代的五粮液酒厂，创建于1957年“合营”时期，从此大步流星，蜚声中外，美名传扬。系列产品有五粮液、五粮春、五粮醇等4大类25个白酒品种，其中有许多品种名列全国之冠。

一、历史沿革

宜宾，地处天府之国的四川省南部，金沙江和岷江汇合处，物产丰富，水质甜润，自古酿造黄酒。酒业美名传扬天下，深受八方宾客青睐，酒文化历史源远流长。

图 9－1－1　明代老窖

然而从已知的考古发现证明，1956年国家投资兴建五粮液酒厂时所发现的古代老窖，经博物学和考古学专家鉴定得知，那是明代酿造白酒的老窖(图9－1－1)。这座老窖的建成年代虽未确定，但是根据多种旁证资料说明，它距今足有300年历史，现在，这一重大考古发现已经列为国家文物保护遗址，成为“国之瑰宝”，酒文化一奇葩。

除了考古发现之外，根据现有史料也可以证明，宜宾古城内外，早在明末清初时期，已有多家酒坊采用五谷杂粮酿造白酒。例如，在宜宾的二坎子有温德丰酒坊，在马家巷有张万和酒坊，在城南有德盛福酒坊，在城东有长发昇酒坊等。以上四家酒坊，有酒窖12

座。据研究说，到了1937年，宜宾城已有酿造白酒的作坊14家，酒窖120多座[1]。在这些酿酒作坊中，由陈氏创建的“温德丰”老字号酒坊，其糟房初建于明朝初年，并发明了恩泽于后世的酿酒绝技“陈氏秘方”。所酿成之酒清澈透明，醇厚幽雅，芳香四溢，回味绵长，深受文人墨客以及过往行人的欢迎。后来，晚清举人杨惠泉将老字号“温德丰”酿造的白酒命名为“五粮液”，酿酒绝技由陈氏传人邓子均技师继承，使神州的这一神酒不至于失传。到了1915年，五粮液传人邓子均将所酿百罐美酒运到了“巴拿马万国博览会”上参展，一举夺得了金牌奖，为华夏民族增添了一份实实在在的光荣。

不久，第二次世界大战爆发，列强入侵中国，铁蹄所到之处烧杀、破坏、掠夺，神州大地饱受创伤，到了1949年，曾经兴旺一时的宜宾五粮液，已陷入青黄不接状态。

新中国成立后，宜宾的酿酒业得到了新生，许多酒厂恢复了生产。但是最大的变化是，酿酒企业走上了合作化“合营”发展的道路，从单一的作坊生产逐渐转化为大工业生产模式。特别是1957年，“地方国营五粮液酒厂”正式挂牌成立，这是兴旺发达的机遇，是企业腾飞的开始。新酒厂继承了温德丰、张万和、德盛福、长发昇等老酒坊的传统工艺，兼收并蓄各家优点，终于酿得了酒质芳香、风味醇和的美酒。

酿造五粮液酒，以优质红高粱、糯米、大米、玉米为原料。用纯小麦制大块“包包”曲，培菌时间长，后火温度高，对酒香的形成影响特别大。酿造时，须配用陈曲，采用大自然恩赐的优质水，在陈年老窖中发酵。低温入窖，高温量水，发酵时间长，回糟利用好，勾兑调味准确，贮酒陈酿控制严，这些独特的传统技术，都是五粮液人世代创造传承而来的经验结晶，汗水浇灌出来的硕果。

时光流转，自1985年开始，五粮液人乘改革开放的东风，酒厂的领导者们，在省政府的直接领导下，着手勾画出了一幅幅宏伟的发展蓝图。投资技改上规模、高质量、上档次，建立健全的管理体制。以高标准管理为龙头，全面质量管理为核心，提高经济效益为目的，坚持走质量效益和规模效益相结合的道路。采用一流的设备，一流的技术，以一流的管理，夺取一流的效益，立志要把酒厂建成一流的现代化企业。

二、科技发展史

(一) 建立具有企业特色的技术进步管理体系

五粮液酒厂改革开放以来的发展历史，特别是近些年来取得了飞速发展的成就，使大家深刻体会到，依靠技术进步是搞活国有大中型企业，实现两个根本性转变的必由之路，是企业在当前激烈的市场竞争中生存、发展、壮大的重要环节。尤其是在科学技术和社会进步日新月异的今天，作为传统风味食品的生产企业，在继承传统的基础上，更需要依靠现代技术进步来不断改造、完善和发展自己。只有这样，企业及产品才能适应市场变化和发展的需要，否则，将可能被市场淘汰，甚至会出现抱着“金饭碗”讨饭的现象。基于这样的认识，工厂主要领导十分重视企业的技术进步工作，建立了以厂长领导下的总工程师、科研所长负责全厂技术、质量、技改、科研等工作的管理体系。在厂长抓第一生产力的基础上，9位厂领导中就有3位直接分管企业的技术、科研、技改与成果转化工作，有力地保证了工厂多出成果、快出成果、出好成果和加快了科技成果向现实生产力转化的步伐。在同行业中率先成立了企业酒类

[1] 曾纵野:《中国名酒志》，北京，中国旅游出版社，1980。

科研所和科技工作综合管理部门，将“科研技改为生产”列为工厂“八五”至“九五”的行动指南，使企业的技术进步工作紧紧围绕着生产经营这个中心，为提高产品质量服务，为增加品种、降低消耗、提高经济效益服务。

同时，为了将企业依靠技术进步工作作为长期重要任务来抓，并真正落到实处，最大限度地调动广大科技人员和员工发明创造和技术革新的积极性，一个重要前提就是必须建立良好的激励机制。为此，工厂根据科学技术是第一生产力的思想和中央、省、地有关“科教兴国”、“科教兴川”、“科教兴宜”的精神，结合企业实际和适应市场竞争的需要，先后制定并实施了“宜宾五粮液酒厂科技进步奖励实施办法”、“宜宾五粮液酒厂专利管理实施办法“、“宜宾五粮液酒厂合理化建议与技术改进(革新)奖励实施办法”和“宜宾五粮液酒厂计算机推广应用管理办法”等科技管理制度，对重大科技成果给予重奖和表彰。1994、1995年度，工厂对取得巨大经济效益的3项科研成果分别给予了50万元的奖励。这一举措在全厂科技人员和员工中引起了强烈的反响，科技人员的科研工作积极性空前高涨，科研成果数量和质量明显提高，一个尊重科学、尊重人才的良好风气正在工厂进一步形成。

(二) 调整优化产品结构，不断开发新产品

近年来，随着五粮液酒厂技术改造步伐的加快，生产规模和产量的大幅度提高。但是，过去工厂生产的产品主要集中在五粮液和尖庄两个品牌上，产品品种单一的矛盾日益突出。为了扭转这一局面，使企业获得更大的质量效益和规模效益，工厂科研与开发管理部门坚持“生产一代、销售一代、试制一代、储备一代”的开发方针，贯彻酿酒行业必须向优质、低度、多品种方向发展的指导思想，面向国内和国际两个市场，以调整优化产品结构为中心，在保持传统名牌产品的同时，积极开发高标准、高质量、适销对路的酒类新产品和新品种。在新产品开发上，采取科工贸一体化相结合的形式，发挥各自的优势，在准确掌握市场信息和预测市场变化趋势的基础上，针对不同消费层次、消费区域和消费心理进行新产品的设计、研制和开发，大大缩短了新产品开发周期。自1989年以来，宜宾五粮液酒厂酒类新产品开发已形成三大系列，即洋酒系列、滋补酒系列、传统白酒系列。1994年底开发的“五粮醇”、1996年底开发的“京酒”等新产品，一投放市场就受到消费者的欢迎，短短时间就形成了上千吨乃至1万吨的生产销售量，取得了显著的经济效益和社会效益。在传统白酒生产中，工厂积极开发了“五粮春”、“五粮神”等酒类新产品、新品牌，使产品从质量到价格档次逐步形成高档酒系列化和中档酒系列化，满足了不同层次的消费需求。各系列酒新产品和新品种的研制和市场开拓，将更有利于合理调整产品结构，增强企业及产品的市场竞争能力和应变能力。

(三) 转化科技成果，提高产品质量和企业效益

中国名酒五粮液以其高质量和独特的风格愈来愈受到中外消费者的推崇和青睐，市场供需矛盾异常尖锐，目前的产量远远不能满足市场的需求。由于生产工艺的特殊性以及员工技术素质的差异，造成优质品率不高且发展不平衡，严重地制约了生产的发展和效益的提高。为此，工厂一直将提高生产过程的优质率，作为第一攻关任务来抓。根据这一要求，工厂科研所和技术部门在认真总结传统工艺的基础上，运用现代微生物工程技术理论，开展了一系列以提高优质品产量和质量为中心的工艺技术研究，取得了一批有实际推广应用价值的重大技术成果，例如，获得省科技进步二等奖和地区科技进步一等奖的“T法工艺研究及其深化应用”、“三二〇工程”、“强化大曲”等。这些新技术新工艺的研究成功和推广应用，为工厂取得了巨大的经济效益和社会效益，并为工厂大规模的技术改造提供了技术保证(图9－1－2)。

图 9－1－2　现代化的包装车间

在市场经济的条件下，国有大中型企业发展快慢的一条重要经验是，不投入就不发展，小投入就小发展，大投入就大发展。五粮液酒厂我这几年的快速发展也充分证明了这一点。工厂在经受住了1989年市场疲软的严峻考验后，面对产品市场信誉高而供不应求的局面，及时抓住企业发展的好机遇，果断决策增加技改投入，加快科技成果转化和技术改造步伐，迅速提高名优酒产量和市场覆盖率。1994年至1996年，总共投入技改资金20多亿元，竣工建筑面积50多万平方米，安装各类设备共2 000多台(套)，新建窖池8 000多口，生产能力增加了3.6万吨；以最快的速度和最好的质量建成了全国同行业最先进、最大规模的万吨酿酒车间和勾兑包装车间等工程。这些技术项目的投产，大大地提高了工厂的技术经济实力和市场竞争能力。

1997年是“九五”计划的第二年，工厂力争在1996年的基础上，销售收入增长40％，利税增长20％，实现9亿元的利税目标。在多元化发展见效的基础上，紧紧依靠现代管理和现代技术进步这一企业腾飞的双翅，将五粮液这一珍贵遗产发扬光大，为中国食品工业作出更大贡献。

三、宜宾五粮液酒厂概况

宜宾五粮液酒厂是生产国家名酒“五粮液”的现代化大型骨干企业。工厂占地面积达4.5平方公里，拥有员工1万多人，自1963年起，已连续四届蝉联中国名酒称号，五粮液牌商标被评为中国首届十大驰名商标之一而受到保护。近些年来，企业坚持以科学技术就是第一生产力的方针，认真贯彻酿酒行业必须向优质、低度、营养、多品种方向发展的产业政策，在继续保持并稳定提高名酒五粮液的产品质量和技术含量的基础上，不断开发新产品，取得了显著的经济效益和社会效益，深受消费者欢迎。五粮液酒厂被列入四川省首批37户扩张型企业的前两位，在省委、省政府的直接领导下，依靠科技进步，改造传统工艺，走质量规模效益型与多元化相结合的企业发展道路，尽快形成除白酒以外的企业又一新的经济增长点，建立大型的企业集团，实现企业再一次的经济腾飞。

五粮液及其系列产品，以其质量好、稳定、技术含量高而受到市场及消费者的广泛欢迎，产品一直保持旺销、供不应求的局面，市场占有率不断提高。1995年为0.8％，1996年为1.2％，1997年达到2.4％。企业各项经济技术指标连续3年创国内同行业榜首。1994年实现销售收入12.55亿元，实现利税4.024亿元；1995年实现销售收入16.75亿元，实现利税5.72亿元；1996年实现销售收入23.61亿元，实现利税7.5亿元。

五粮液酒是浓香型大曲酒的典型代表，具有“香气悠久、酒味醇厚、入口甘美、入喉净爽、各味谐调、恰到好处”的独特风格，并以酒味全面而著称，成为当今酒类产品中出类拔萃的珍品。自1915年获巴拿马万国博览会金奖以来，五粮液又相继在泰国、香港、日本、保加利亚、德国、美国、意大利、法国、俄罗斯和英国等地举办的国际博览会上共荣获32枚金奖，创造了历时80余年金牌不倒的纪录(图9－1－3)。

宜宾五粮液酒厂已先后荣获“全国五一劳动奖状”、“国家质量管理奖”、“全国环境保护先进单位”、“四川省推进企业技术进步先进单位”等称号。五粮液于1988年通过ISO9001认证，是我国首家获得国家方圆认证标志的产品；1994年在全国同行业中又首家通过了法国国际质量检验局BVQI国际质量认证；1995年工厂被第五十届世界统计大会评为“中国酒业大王”。长期以来，工厂坚持依靠科技进步，发展壮大名酒生产，已由过去手工作坊式的工厂发展成为驰名中外的现代化酿酒工业基地。1994年至1999年，工厂共取得了厂级以上科研成果

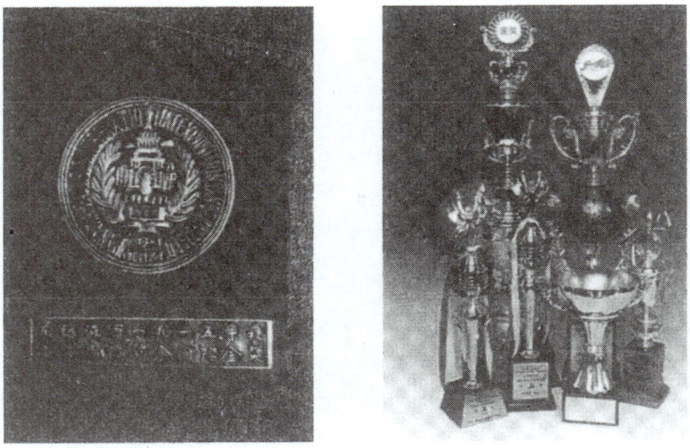

图 9－1－3　1915年巴拿马金奖(左)和1988年以来获得的国际金奖(右)

8项，其中获省级科技进步二等奖1项；开发新产品17个，获国家授权专利28项。工厂在科研创新体制、新产品开发、新技术应用、科技成果转化等方面已经形成一套行之有效的完整的体系。实践证明，把技术进步作为转变经济增长方式的主要途径，是实现企业腾飞的康庄大道。

杏花村汾酒企业志

山西省汾阳县杏花村的汾酒，自古至今雅郁清香无比，名列全国之冠，是举世公认的。唐代杜牧名诗《清明》:“清明时节雨纷纷，路人行人欲断魂。借问酒家何处有？牧童遥指杏花村。”，就是古代已很著名的证据。但是唐朝时期的汾酒是黄酒，不是今日的大曲白酒。杏花村大曲白酒约渊源于明、清时期。

一、历史沿革

清光绪八年(1882年)，汾阳南垣寨乡绅王协卿在杏花村创立了“宝泉益”酿酒作坊，以产“老白汾”酒而闻名于世，1915年又兼并“德厚成”和“崇盛涌”且易名为“义泉涌”。是年，“老白汾”在巴拿马万国博览会上获甲等金质奖章。《并州新报》以“佳酿之誉，宇内交驰，为国货吐一口不平之气”的醒目标题，向国人欢呼曰:“老白汾大放异彩于南北美洲，巴拿马赛一鸣惊人。”从此，老白汾酒驰誉中外，名震四海。1919年，“晋裕汾酒公司”草创，且兼并“义泉涌”，年产量40余吨。至1936年，汾酒在国际上两度折桂;1947年以前，在国内6次夺魁。

汾阳解放后，1948年1月，人民政府以8 000元的价格，购买原“晋裕汾酒公司”全部产业，成立了“国营杏花村汾酒厂”。旧社会遗留下来的，只有36名职工，10余间破旧厂房，几口大铁锅，两盘旧石磨，以及烤酒桶、地缸、酒缸、酿酒小工具等。当时的酿酒技术很落后，例如，用蒸笼蒸料，马拉磨，人担水，脚踩曲，烧火烤酒等。

1948年9月，第一批汾酒送到北京，在首届中国人民政治协商会议的餐桌上，得到了代表们的赞扬。1949年，汾酒厂完成了年产量131.5吨，创利润4 000元，实现工业总产值14.5万元，这是历史上前所未有的好成绩。

汾酒，作为我国最古老的白酒品种之一，其科技史价值和意义历来受到汾酒厂领导和员工的高度重视。自50年代以来，每年都投入相当大的人力和物力，对汾酒文化进行研究。自1978年以来，已经出版了《杏花村文集》、《汾酒史话》、《杏花村酒歌》、《酒都杏花村》，创办了《汾酒报》和兴建了“酒都电视台”，建成了我国第一座酒史博物馆等。从这一切举措可以看出，汾酒人对于汾酒文化的丰富魅力，始终充满着无限的珍视和热爱。杏花村汾酒厂的文化氛围，如今已是十分浓郁和令人向往的了。

二、科技发展史

酿造汾酒，自古采用晋中平原的特产“一把抓高粱”为原料，用大麦、豌豆制成的“青茬曲”为糖化发酵剂，取当地大自然恩赐的古井或深井中的优质水为酿酒用水。据科学家们化验分析研究说，这古井和深井中的水，是构成汾酒优美品质的关键因素之一。

酿造汾酒的工艺过程较为独特，称为“清蒸二次清”，就是每批料蒸煮糊化一次，加曲二次，发酵二次，蒸馏取酒二次。具体操作工艺流程，如图 9－2－1所示。

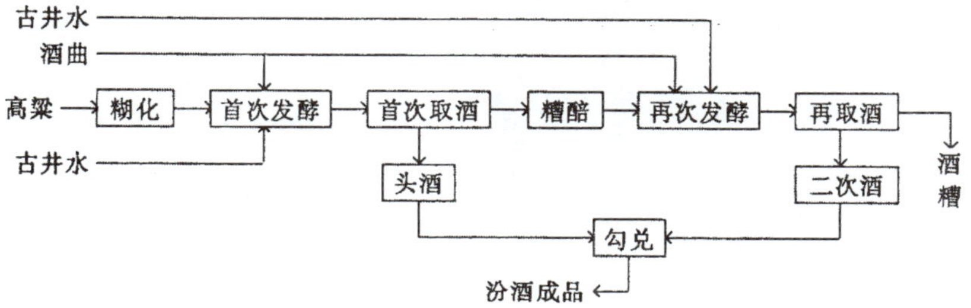

图 9－2－1　酿造汾酒简要工艺流程

操作特点是，先将蒸好、熟透的原料拌入酒曲，放到埋在楂场里的大缸中进行发酵。缸口用石板压盖，楂场是用水泥铺成的，很洁净。大曲用量为20％，大楂、二楂的发酵周期各为28天。

汾酒厂的主要产品有老汾酒、竹叶青酒、白玉汾酒、玫瑰汾酒、杏花村汾酒等。其中竹叶青酒是以汾酒为母酒，配以10余种名贵滋补中药材精制而成的，酒质甘醇，酒色金黄，清雅芳香，常饮可以润脏、活血、疏气、健脾。另一种名酒是玫瑰汾酒，它以汾酒为酒基，配以野生鲜玫瑰和冰糖等原料精制而成，色泽清亮，香气浓厚，饮后回味绵长，具有爽身、提神、滋补的作用。再有一种是白玉汾酒，它以陈年汾酒为底酒，配加紫肉桂等名贵中药材及冰糖精酿而成，长期饮用有消食健胃、强身健脾的作用。

50多年来，企业先后投资5亿多元，进行了7次扩建和技术改造，使资产原值自成立之初的0.9万元发展到17亿元，职工人数由当初的36人发展到8 000人，年产量由131吨发展到30 000余吨，工业增长速度50余年平均达到12％，特别是改革开放后，增长速度达12.8％。这些成就的取得，是与我国许多专家学者、汾酒厂领导和职工长期努力奋斗分不开的。

30年代，我国生物学界学者方心芳教授，经过调查研究和实践，写成了《汾酒酿造情形报告》。1958年，酿酒专家万良适编著了《汾酒酿造》一书。

1964年到1965年，著名酿酒专家秦含章、熊子书、万良才等带领轻工业部汾酒试点小组与汾酒厂科技人员一道，对汾酒生产进行了全面的研究总结，根据大量试验数据，撰写了《汾酒微生物分离法》、《汾酒生产检验法》、《大曲生产写实》、《汾酒生产写实》、《汾酒尝评法》等极有价值的资料。这次写实总结，确定了3种大曲生产和汾酒发酵生产的工艺，对汾酒微生物进行了分离鉴定，选育出了汾酒的生香酵母汾1号及汾2号等。通过这次总结，对汾酒生产中出现的许多问题由感性认识上升到理性认识；汾酒的产量和质量有了质的飞跃；使汾酒生产技术由传统的言传身教方式，转变成了以珍贵的科学技术作为衡量操作过程是否正确的标准。

1981～1983年，轻工业部日用化学研究所、山西省食品研究所与汾酒厂合作，对汾酒进行了较详细的剖析。采用毛细管气相色谱–质谱联用技术，分离、鉴定了汾酒香味物质的组成，对各组分作出了定量、半定量的估计。共分析鉴定了汾酒中的204种化合物，其中酸性物质18种，酚类及内酯11种，碱性含氮化合物6种，酯类80种，缩醛37种，醇类20种，羰基化合物18种及醚类14种。这充分说明了汾酒中香味物质的复杂性，其种类并不比其他香型酒类少，只是性质不同，含量不同而已。

图 9–2–2 蒸馏车间一角

多少年来，汾酒厂不断地对汾酒生产进行改进和技术革新，在原来手工作坊的基础上，70年代开发出大曲压块机、冷散机等适于生产的机械设备，使原来传统的手工生产转变为半机械化工业生产。现在汾酒的贮存、勾兑、包装等工序均实现了机械化，管理、计量、勾兑等部门实现了微机化，整个企业的装备水平已居于国内先进水平。

在企业不断发展的同时，除了技术攻关，科技开发，技术引进，技术改造等措施外，还大力开展了人才培训，人才引进，终于使企业的技术水平不断上新台阶，产品质量不断上新档次。从80年代开始，加大了科技投入，实现了产品质量的稳步提高。先后研制、开发、引进的项目有：汾酒香味物质的分析研究，人工控制发酵温度，大容器贮酒研究，汾酒微机勾兑专家系统，人工催陈技术，水处理工艺等。这些先进技术的应用，对提高和保证产品的质量起到了十分重要的作用。在调整产品结构方面，以四个转变为指针，以“低度、高档、营养、保健”为目标，先后开发了特制老白汾酒48度、38度、28度系列和低度竹叶青酒、玫瑰汾酒、白玉汾酒系列，使产品达到4大类，6个系列，100余品种。为适应市场需要，产品包装质量也得到了进一步的提高，推出了高档汾酒青花瓷瓶盒和音乐盒包装。汾酒、竹叶青酒低度产品12种新型包装，在市场上受到了消费者的青睐(图9–2–2)。

从1979年起，山西杏花村汾酒厂便开始了全面质量管理，经过6年的不断完善、巩固、发展，于1986年获得国内管理最高奖——国家质量管理奖。在山西省和全国食品行业中是首家获得这样的荣誉。通过开展全面质量管理和推行TQC活动，酒厂已建立了一套白酒行业科学的、先进的、行之有效的管理办法。汾酒生产在完善、继承汾酒工艺十大秘诀的基础上，已进一步完善了各种工艺流程图和各种技术规程的技术标准，建立了“5道关口，20道防线，120道把关”的方法。通过抓管理，健全基础工作，建立健全计量管理体系、能源计量微机监控系统，酒厂已于90年代晋升为国家一级企业计量单位。通过大规模的技术改造和技术革新，采用引进先进技术和自行研制相结合的原则，组建了微机勾兑专家系统。现已引进了3套国外灌装设备，建成了号称亚洲第一的万吨贮粮中心和万吨贮酒中心，这两项工程目前在国内尚属创举，使酿酒生产彻底摆脱了落后的生产方式。从运输到贮存、粉碎、制曲、酿造、勾兑、过滤、灌装等都实现了机械化和半机械化，大大提高了企业生产效率，使企业的综合实力明显增强。作为山西省重点工程的万吨低度汾酒技改工程，也于1995年全部竣工投产，从而使名优白酒生产能力提高到3万吨以上。随着改革开放的逐步深入发展，努力适应市场经济，主动出击，实施名牌战略，开展促销活动，加强广告宣传，酒厂已在全国组建销售分公司，采取各种灵活多样的营销策略等，使国内销售市场不断扩大。为进一步扩大国际市场，酒厂已于1992年在全国名白酒行业中，首先获得进出口贸易自主权，组建了进出口公司。现在年出口量达到2 000余吨，创汇800余万美元，出口量和创汇额在全国名优白酒行业中居首位。从80年代开始，先后近百次获得了上级的表彰奖励。其中获得国家级的嘉奖有“国家质量管理奖”、“全国设备优秀管理单位”、“国家一级计量先进单位”、“全国五一劳动奖章”、“国家级企业技术进步奖”、“全国环境保护先进单位”等(图9－2－3)。

图 9－2－3　大容器贮酒场景

1993年，企业改革迈出了一大步，建立现代企业制度，设立了山西杏花村汾酒(集团)公司和山西杏花村汾酒厂股份有限公司，理顺了内部关系，使公司发展成为资产一体化、组织机构一体化、管理职能一体化、生产经营一体化的综合型经营实体和投资体制。

面对国营企业如何面向市场、适应市场这一大课题，按照循序渐进的原则，企业试行了国有企业局部股份化试点，于1992年由汾酒厂和白玉汾酒厂及内部职工共同出资组建了山西义泉涌酒业股份有限公司，通过小股份制的试点、运作，积累了一些经验，在此基础上，实行更大规模的改革，拿出汾酒厂主体部分改组设立了“山西杏花村汾酒厂股份有限公司”，并向社会公开发行股票，并于1994年1月6日挂牌上市。这是山西省首家向社会公开发行股票并异地上市的公司。另外，一批相关产业已初具规模，例如，以汾酒糟为原料的饲料厂已经投产，其效益较好;已组建了“山西杏花村葡萄酒有限公司”，所产干白葡萄酒品质优美，受到了消费者的好评。

三、杏花村汾酒集团公司概况

自1948年1月国营杏花村汾酒厂成立到如今，山西杏花村汾酒(集团)公司及汾酒事业已随着新中国前进的步伐，走过了50多个春秋的光辉历程。50多年的风风雨雨创建了一个国家名优酒生产基地，也造就了一批勤于奉献、勇于开拓进取的杏花村人。通过50多年的艰苦奋斗，杏花村人已创造了令人瞩目的业绩。建厂以来，全体职工在“团结、创新、务实、求精”的精神鼓舞下，以辛勤劳动的汗水、顽强拼搏的毅力、艰苦奋斗的创业精神，把一个小作坊建设成为欣欣向荣的现代化名优酒生产基地，谱写了汾酒发展史上光辉的一页。至1995年9月，已取得了下面各项成就:

1951年，国家投资13万元，对汾酒厂进行了首次扩建改造，使年生产能力达到600吨。

1955年，又进行了第二次扩建，年总产量达815吨，工业总产值提高到9 775万元。

1957年，在周总理的亲切关怀下，国家批准投资800万元(实际用216万元)，对汾酒厂进行了大规模的扩建。兴建了3座酿酒车间、1座贮存量2 000吨的酒库及包装车间、制曲车间、化验室等，使汾酒年生产能力达到1 600吨。

1972年，投资486万元扩建，使年生产能力达到2 400吨。

1979年，又投资615万元，进行扩建和技术改造，使年生产能力增至3 200吨。

1983年7月16日，标志着汾酒发展史上又一里程碑的3 000吨汾酒扩建工程正式破土动工。当年即形成了1万吨的年生产能力，接着又进行了二期补充工程、“六五”技改及“七五”技改工程。1986年，汾酒年产量首次突破3万吨大关。

1992年初，伴随着改革开放的春风，杏花村人审时度势，抓住机遇，开始实施更为宏大的“万吨低度汾酒技改工程”。1995年9月，万吨技改工程已经全面竣工，验收投产。

全兴大曲酒企业志

据古文献记载，四川的酿酒业，至今已有数千年历史。但是，据成都水井街考古发现证明，四川酿造大曲酒的起源，始见于元末明初。其中，许多专家学者认为，全兴“水井坊”是我国迄今为止最古老、最完美、最可信的，中国人发明谷物酿造大曲酒的故乡。全兴大曲酒企业及其水井坊所构成的古博超逸风貌，堪称为“中国第一酿造大曲酒历史博物馆”。正因为如此，所以许多全兴大曲酒品种，现在已名列全国之冠。

一、历史沿革

1998年8月，四川省文物考古研究所、成都市文物考古研究所、四川省博物馆，联合对全兴酒厂水井街老生产车间进行了考古发掘与研究。所发现的酒坊遗址，经史学界、考古界、白酒界国家级专家论证，其大曲酒生产年代起始于元末明初，是迄今为止最全面、最完整、最古老、最具有民族独创性的酒坊，堪称中国酿造大曲酒工艺的一部实物史书。史学、文博专家鉴定其为“中国第一酒坊”。其酒坊遗址，已被国家文物局列为“1999年度全国十大考古新发现之一”；已被省、市有关部门批准为省、市两级文物保护单位；目前正在申报国家重点文物保护单位。水井街酒坊的历史背景，与明代大医药学家李时珍所撰《本草纲目》中所指出：“烧酒，非古法也，自元时始创其法”相吻合。

水井街酒坊经过长期发展，于清乾隆五十一年(1786年)，在明代烧坊、窖池的基础上，另换字号为“福昇全”烧坊，由于其生意兴隆，为扩大生产、开创业绩，于道光四年(1824年)又在暑袜街建成了酿造大曲酒的“全兴成”新号。

清朝时期，酿造大曲酒业的发展很快，仅成都就有数百家烧坊，例如，永兴敬、广玉和、薄瓮云、乾元和、金元长、邓兴泰、永利生等，而以全兴成最为著名。全兴成为前店后坊建筑，酒店陈设古朴典雅，门额上“全兴成”金匾乃书法家于右任所写。在门内两侧立柱上，有清代著名学者梁章钜撰写的对联：

“入座三杯醉者也，出门一拱歪之乎”。

梁章钜，号退阉，福建长乐人，清代文学家，嘉庆进士，官至江苏巡抚，多次到四川成都。他综览群书，熟于掌故，喜撰笔记小说，著作很多。在他的《浪迹丛淡》、《浪迹续谈》中，就有一些关于酿造和饮用高粱大曲酒的记录。例如：

> “烧酒之名，古无所考，始见白居易诗，‘烧酒初开琥珀香’，则系赤色非今之白酒也……今各地皆有烧酒，而以高粱所酿为最正；旧闻曾宾谷先生，每晨起必啖核桃一枚，配以高粱烧酒一小杯，酒须分作百口呷尽，核桃亦须分作百口嚼尽。”

由于清政府的腐败，加之外国列强入侵，以及民国时期的军阀混战，造成民不聊生，百业凋零，酿造烧酒的厂家也纷纷倒闭。到了1949年，曾经兴盛一时的酿酒烧坊已所剩无几，即使是老字号全兴成及其他较著名的烧坊，也处于惨淡经营、勉强维持生计的局面。

新中国成立后，1951年，成都的酿酒业获得了新生。尚存的烧坊，在以全兴成为主的基础上，通过“合营”，成立了国营成都酒厂。这是酿造大曲酒企业腾飞的开始，是今日全兴大曲酒进入辉煌时期的开端。成都酒厂，承袭传统工艺，融合各家酿酒技艺之长，并与现代科技相结合，终于酿出了闻名海内外的系列名酒。1989年，国营“成都酒厂”更名为“四川省成都全兴酒厂”。1997年，随着规模的扩大，在原有酒业的基础上，成立了四川成都全兴集团有限公司。

二、科技发展史

全兴大曲是采用特殊的传统工艺酿造而成。酿酒时，要选用颗粒饱满、大小均匀、皮薄无壳、淀粉含量高、品质纯正的高粱为原料。要用清澈甜润、洁净无比的优质水酿酒，全兴人无论何事，都必须做到专水专用，对不同的水要严格分开使用。对制酒曲也倍加重视，全兴大曲无论是桃花曲还是高温伏曲，都必须精心制造，达到皮薄心实，“火候”充足，以及成曲浓香的要求。各项标准，都要按照传统规定衡量。“发酵”是酿酒的核心工序，全兴人历来按照传统规定操作，在“老窖”中酝酿，发酵周期要达到60天之久，达到“窖热糟熟”的程度，达到醇化酯化彻底的要求。全兴人特别注重烤酒(蒸酒)的“火候”，他们经过几代人历时百余年的磨练之后，终于得出一套科学绝技，这就是“摸温添水须看时，盛夏烤酒当夜深”的方法。

全兴大曲酒之所以能够喷香无比，品质优良，还与全兴人掌握一套取酒陈酿的诀窍有关，例如，“中间夺酒”、“回楂再酿”、“分级验酒”、“加浆勾兑”、“分坛入库”、“陈酿得时”等。这些特殊操作法，都是世代相传下来的宝贵经验。

自60年代起，工厂主要领导就十分清醒地认识到，只有依靠先进技术的力量，才是搞好大型国有企业，促进企业蓬勃发展的根本途径。为此，全兴人加强了与科研单位、大专院校的合作。投资上千万元，对“耐高温耐酸性酵母的选育及在大曲生产中的应用”、“酯化酶粗酶制剂在浓香型大曲酒生产中的应用”、“PGZ配套技术在全兴大曲酒生产中的应用”等，进行了有计划有目的的研究，获得了多项科研成果。这些科研成果，有许多项目已经运用于生产实践中，获得了省科技进步二等奖。

自80年代起，为了增强全兴大曲在市场竞争中的能力，也为了满足广大消费者的各种需求，工厂领导及时地调整了全兴大曲酒的产品结构，先后研制成功了10多种低度酒。目前，低度酒的比重仍然逐年增加，1998年已经达到了40%多一些。在开发新产品方面，现在已经研制成功了29度的全兴大曲酒和全兴特曲酒，研制成功了福昇全大曲酒、全兴成大曲酒、特制全兴酒和全兴养元酒等。

特制全兴酒用优质红高粱和小麦为原料，用全兴特制传统大曲为糖化剂，在百年老窖里发酵，窖香浓郁，绵甜协调，醇厚爽口，回味悠长，是优质产品中很受饮者喜爱的佳酿。全兴养元酒采用多种天然名贵中药材浸泡或酿制，酒基色泽亮丽，酒香和药香浓郁协调，滋补养元，经常饮用此酒，具有通络养血，下火消食，强身健脾的作用。

为了促进企业不断蓬勃发展，全兴人自80年代以来，即开始努力完善酿酒过程中各项配套设施的建设。例如，已经实现了各种酿酒工序的机械化和半机械化建设；已引进了检测大曲酒成分的气相色谱仪；实现了用计算机处理各种检测数据的科学方法；采用了微机勾兑全兴大曲酒的先进技术等等。今日全兴，已是全国出类拔萃的现代化企业了(图 9－3－1)。

图 9－3－1　全兴新建酒厂美景

三、全兴企业集团概况

在改革发展中，新组建的四川全兴企业集团，是以四川全兴集团有限公司为核心、以资产为纽带的大型企业集团。四川成都全兴集团有限公司，注册资本47 188万元，是全兴企业集团成员的母公司，是兼备资本经营和生产经营双重功能的国资营运机构，是具有投资、控股性质的大型国有独资集团公司；也是整个集团的决策中心、管理中心、投资中心、信息中心。集团公司主要经营范围包括：酒类、饮料、中西药业、投资发展，以及体育文化事业等；全兴企业集团依照现代企业制度和国际惯例，建立了以产权为纽带的集团母子公司组织管理体制。集团母子公司现有总资产已达29亿元，净资产13.5亿元；1999年实现销售收入16.1亿元，实现税利5.77亿元，利润3.56亿元；已基本形成了生产加工、对外贸易、科技开发、投资发展、地产物业、酒店服务、商业零售、体育文化事业相结合的集团化经营体系。

集团主导企业四川省成都全兴酒厂，是以天府蜀都数千年文明历史和独特的民族酿造工艺为基础的“中国名酒”厂家。其酒业历史可上溯到元末明初。老厂旧址“水井街全兴烧坊”，是唯一通过国家有关部门正式考古鉴定的全国迄今最早、酿造大曲酒工艺保存最完整的酿酒遗址，被誉为中国白酒的源头和酿造白酒史博物馆，被赞为中国酿造大曲酒的“第一坊”。全兴集团通过授权经营—资产置换—股权收购，将酒业的优质资产注入集团控股的、中国西南最大的抗生素生产企业原四川制药股份有限公司，培育形成一个新型的生物发酵加工企业，并在此基础上以高赢利产业为支撑，加快发展高科技、高成长的生物制药、生物基因工程、生物材料产业，与科技界合作兴办四川生物材料科技产业化基地和国家级生物工程技术中心，面向21世纪市场实施产业创新战略。今日的全兴股份以其优良的业绩和巨大的发展潜力，已成为中国证券市场上一颗耀眼的新星。

此外，全兴企业集团大力进行相关行业的开拓，已经拥有全资的成都中药厂，与外商合资开办了成都九兴印刷包装有限公司，在成都皇城中轴线的黄金口岸上建成了设施先进齐备，装饰高档豪华，融物业管理、大型商场、三星酒店、餐饮娱乐、商务服务、广告装饰、写字楼和地下停车场为一体的综合性、多功能的“成都全兴大厦”。集团所属全兴房地产有限公司正抓紧开展全兴大厦二期工程的建设，并结合旧城改造，着手开发位于市区的“全兴花园”住宅小区和“兴顺苑”等高档公寓楼及灯具市场等项目，力争在成都房地产市场上树立新的品牌和企业形象。与体育界密切合作，兴建了全兴足球俱乐部，并参照国际惯例，结合具体国情，积极改进俱乐部的运作体制，向职业化竞技、企业化管理、产业化方向发展。投资兴建了全兴足球训练基地和足球学校。与省博物馆合作，兴办全兴酒文化博物馆，并抓紧筹建历史人文景观与传统生产经营相结合的“水井街全兴烧坊”，塑造都市酒文化。

张裕葡萄酒企业志

张裕葡萄酒，又称烟台张裕葡萄酒。烟台是地名，就是山东省东北角的烟台市。"张裕"前袭张弼士的张姓，后取"昌裕兴隆"之吉。张弼士是现在烟台张裕葡萄酿酒公司的初建创始人。公司创建于清光绪十八年(1892年)，是历来专门酿造白兰地、红白葡萄酒、保健葡萄酒和香槟酒的著名大公司，现有产品60多种，许多品种名列全国之冠。

一、历史沿革

山东烟台张裕葡萄酿酒公司，创建于清光绪十八年(1892年)，创始人是我国近代著名爱国华侨实业家张弼士。"张裕"前袭张姓，后取"昌裕兴隆"之吉，企业名称由此而来。

从1892年至1914年，始建过程历经22年之久。其间，张弼士三易酒师，最终聘得奥国驻烟台领事官、世传葡萄酿酒专家拔保为公司首任酒师。拔保从西方引进葡萄品种，并与中国的山葡萄嫁接，以育成独特、优良的酿酒品种；与此同时，地下贮藏大酒窖经三次改建也已竣工，并从西方引进橡木板材，制成橡木酒桶后，置于窖内贮酒。此外，又从西方引进了先进的葡萄酿酒设备。酒师拔保采用西方先进的葡萄酿酒工艺，生产出白兰地、葡萄红酒、葡萄白酒三大品类、15个品种的产品。1914年，张裕公司经申请注册，将产品投放于海内外市场。在烟台本公司设总部，在上海静安寺路20号，设驻沪办事处。张裕酒自投放市场后，采取向南洋推销、在国内宣传的经营策略。不久，张裕酒首先在南洋和美洲的华侨集中地打开了销路，影响所及，连俄国商人也多有定货。至此，张裕公司形成了葡萄园、酿酒厂、玻璃瓶厂以及销售网络集于一体的联合企业，总投资额为300万两白银。烟台张裕公司的创建，标志着中国葡萄酒工业化的开始。

张裕酒为"西法精酿"，贮存时间也达十几年之久，因此，张裕各种葡萄酒、白兰地以其高品质而一鸣惊人，并受到孙中山先生以及近代各方名流，如黎元洪、康有为、张学良、宋子文、孔祥熙等的青睐，并留下墨宝以示赞誉。其中孙中山先生题词："品重醴泉"(图9－4－1)；张学良题词："圭顿贻谋"；宋子文题词："芳洌驰誉"；康有为则题诗抒怀："浅倾张裕葡萄酒，移

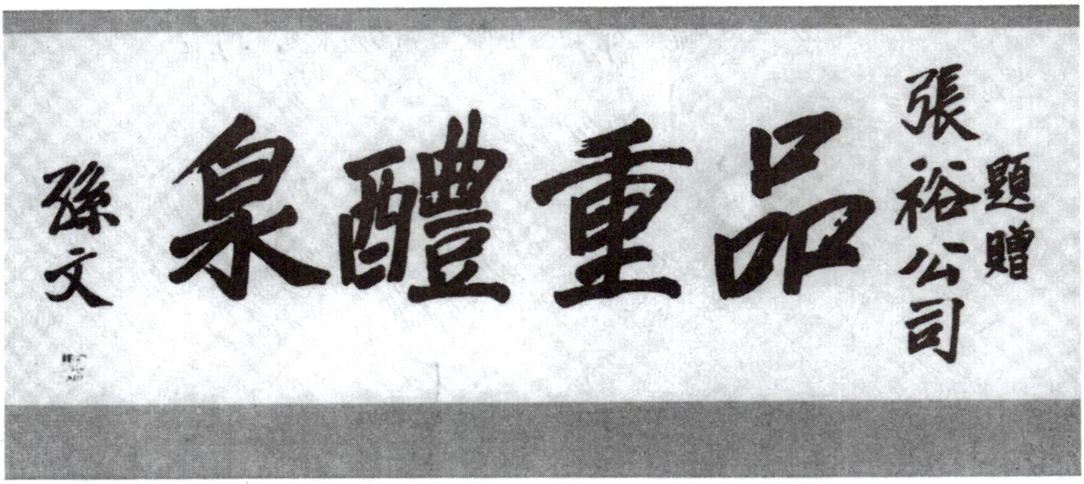

图 9－4－1 1912年8月21日孙中山先生题词

植丰台芍药花，更读法华写新句，欣于所遇即为家。”1910年，张裕酒首次于南京召开的第一次南洋劝业会上获得超等文凭奖;1915年在美国旧金山举办的太平洋万国博览会上，张裕酒又获得金质奖章和最优等奖状，为祖国赢得了荣誉(图 9－4－2)。

张裕公司在第一次世界大战期间，出现了一段短暂的繁荣。1916年张弼士去世后，公司逐渐失去南洋财力的支撑，加上当时军阀混战，苛捐杂税繁重，张裕公司同中国许多民族工业一样，经历了由盛而衰的历程。从1929年至1945年，公司先后经历了租赁、中国银行接管时期和日本军管时期。由于公司以全部不动产、动产做抵押，借贷中行款项30万元而无力偿还，公司即于1934年由中国银行接管。中行接管期间，公司曾一度出现好转迹象。因中行在国内外的实力和影响，公司营业逐渐有了起色。中行特别注重人才开发，注意起用中国技术人员，先后聘请中国留欧学生以及国内高校毕业生在公司担任技术要职。1941年太平洋战争爆发后，公司被日本军管，理由是张裕公司为重庆系中国银行的企业，应以敌产没收处理，直到1945年抗战胜利后，张裕公司才重新回到中国人手中。

图 9－4－2 1915年太平洋万国博览会金奖

1945年8月烟台第一次解放后，人民政府为接收中行权益，决定由胶东解放区所办的金融机构——北海银行监督经营。1947年10月，国民党军占领烟台，为在东山、西山葡萄园构筑工事，砍伐葡萄树十几万株，1948年，葡萄斤两无收，公司处于停产状态。烟台二次解放前夕，只剩3名职员、2名工人守厂。烟台二次解放后，山东省烟酒专卖公司于1948年底决定接管张裕公司，公方接管人员由14人组成。1949年5月1日，公司正式开工生产。

建国初期，为迅速恢复和发展生产，人民政府先后投资75万元，用于扩大生产规模，至50年代末，公司已具有2 000吨酒的生产能力，为建国前的10倍。1952年，张裕金奖白兰地、红玫瑰葡萄酒、味美思在全国第一届评酒会上被评为国家名酒，进入中国八大名酒之列。张裕名酒在国外也受到青睐，1954年10月，周恩来总理参加日内瓦会议期间，用张裕金奖白兰地和茅台酒宴请与会各国代表，为此，金奖白兰地受到该会会刊《国际杂谈》的高度评价，认为此酒代表了中华人民共和国科学文化的进步。1956年，中央食品工业部根据中德科技合作15－2号决议，将张裕味美思酒制造技术资料俄文一式两份及其样品，经中国技术进口公司转交德方。1956年，对中国八大名酒倍加关心的周总理同意拨给张裕公司提高名酒质量措施费用65万元。是年3月，张裕公司按照轻工业部糖酒局的部署，向毛主席写了“烟台张裕葡萄酿酒公司生产情况报告”，毛主席在一次听取糖酒食品工业的汇报会上，向包括“张裕”在内的中国葡萄酒业表明态度：要大力发展葡萄和葡萄酒生产，让人民多喝一点葡萄酒(原文载于1984年12月17日《经济日报》)。于是，几年间，国家先后在北京、山西、河北、河南、江苏、安徽等地建起多家葡萄酒厂，张裕公司则在其中发挥着龙头作用。其间，“张裕”相继派出技术人员、技术工人赴各地葡萄酒厂助建厂房、教做酒桶等，并为各兄弟葡萄酒厂代培技术工人。1958年成立的张裕酿酒大学，又为全国各葡萄酒厂培养出40余名技术人才，日后成为中国葡萄酒业的栋梁。

建国后，国家历来重视张裕名牌在海内外的巨大影响和作用，并用心培育“张裕”这个出口基地。张裕酒自1954年恢复出口以来，50年代主要出口市场为前苏联及东欧国家。60年代初，出口市场的重心转移到港澳地区以及某些西方国家。出口品种为红玫瑰葡萄酒、金奖白兰地等。1968年，三鞭酒试制成功后，也成为主要的出口品种，每年都为国家创汇。

1966年，文化大革命开始后，“张裕酿酒公司”更名为“葡萄酿酒公司”，“张裕”二字被当做四旧而取消达16年之久。由于当时广大城乡市场购买力低，因此公司主要以生产普通葡萄酒为主，与“张裕”名号也是名不副实的。

随着生产规模的扩大，老厂区已不适应一个名酒厂的发展，1975年在公司西山葡萄园内筹建新厂，其工程分两期进行，人防部门和国家有关部门先后投资并贷款1 700余万元。1984年，新厂区正式生产成品酒。至此，生产能力由70年代中期的7 000吨增至2万吨。

改革开放以来，张裕公司为国家做出了更大的贡献。1979年至1996年，公司创利税5.8亿元，等于为国家换回5个“张裕”。

1985年，公司实行经理负责制，并由企业生产型向生产经营型转变。

1987年，国际葡萄酒、白兰地品评讨论会在烟台的召开，标志着张裕公司重新走向世界的开始。是年，烟台市被命名为“国际葡萄酒城”，并接纳烟台市为国际葡萄酒局的观察员，可以参加国际葡萄、葡萄酒局组织的专家会议和学术活动。国际葡萄、葡萄酒局局长罗伯特、丁洛特评价张裕酒完全可以和世界各名牌产品相媲美，完全可以走向世界。1987年至1989年，张裕产品连续在比利时布鲁塞尔、希腊雅典、英国伦敦获世界大奖。

1989年，公司生产、经营出现空前的困难，由于受市场疲软的影响，产品大量滞销，效益大幅度滑坡。90年代初，公司以销售为龙头，以市场为导向，强化市场意识，加强销售管理，并开始实施销售工作的重点由中间商向市场最终端——消费者推进的经营策略，销售方式也由传统的代理制向现代营销制转变。1990年至1992年，销售收入每年以2 000万元的速度递增;1993年至1995年，销售收入每年又以六七千万元的速度递增。1996年利税过亿元，这是公司发展史上的一个里程碑。

自50年代以来，先后有陈云、胡耀邦、董必武、肖华、叶剑英、王震、余秋里、陈慕华、乌兰夫、吕正操、陈再道、谷牧、荣毅仁、王丙乾、黄华、王光英、费孝通、吴邦国、钱正英等中央领导人参观、视察张裕公司。1992年7月24日，江泽民总书记在张裕百年庆典期间亲临张裕公司，并为其题词："沧浪欲有诗味，酝酿才能芬芳。"为烟台国际葡萄酒节和张裕百年庆典又增添了一大喜事。1992年9月8日至10日，烟台国际葡萄酒节和张裕百年大庆同时举行，这是一次国家级、国际性的、融经济科技、文化旅游于一体的综合型社会经济活动，包括国际葡萄、葡萄酒局在内的800余名外宾和2 000余名国内宾客参加了这次盛会。

1992年8月，在江泽民总书记、以及当时的外经贸副部长吴仪的关怀下，张裕公司获得外贸进出口自主权，首次以张裕品牌为商标标识的10余种产品，通过自营渠道进入法国、比利时、荷兰、意大利、加拿大、美国、俄罗斯、韩国、印尼等新市场，使公司的出口市场达到30多个国家和地区。

1994年9月，"张裕"按照《公司法》和《国有资产监管条例》的规定，在烟台葡萄酿酒总公司的基础上组建而成烟台张裕集团有限责任公司，集团公司下设7个分公司，9个全资子公司。1996年，经国务院证券委员会正式批准确定，张裕公司成为发行境内上市外资股市预选企业。1997年9月1日，公司B股开始发行，于境内发行上市外资股总额为8 800万股。"张裕"由此而成为股份有限公司。

张裕公司现为国家二级企业，并跻身于全国大型一档企业之列。有四大品类、60余种产品，年生产能力4.2万吨，主要生产设备923台(套)，各种发酵、贮酒、配酒容器4.6万吨，并拥有7条国内外第一流的自动包装生产线。1995年，固定资产原值为15 995万元。张裕公司现已成为国内最大的白兰地、葡萄酒、保健酒、香槟酒生产企业。

二、科技发展史

公司创建时期，技术工作由奥国酒师拔保负责，张弼士侄孙张子章、张弼士妾兄朱寿山跟随拔保学习。拔保于1914年回国后，张子章、朱寿山接任酒师职，成为中国第一代葡萄酿酒专家。

地下贮藏大酒窖的开掘成功，成为当时主要的技术成果之一。1894年开始建造这座大酒窖，于1896年春初步建成，可贮酒3万箱。由于当时技术不精，以致多处造错，于1901年大部分损坏。1902年再造一座新酒窖，并改建旧窖，可贮酒10余万箱。原计划于1904年冬竣工，不料于1903年洪水造成灾害，冲坏很多，延期到1905年冬完全竣工。大酒窖采用土法上马，排除了西方国家的建造方法，不用铁梁钢砖，全用大青石和水泥拱建造而成，螺旋梯用石条建造，可蜿蜒而下。石建较铁造的优点是，不会锈蚀，坚固持久，并减少了工本费用。1907年，《商务官报》对此做了比较：若用铁造，计算工料需成本银50余万元，然用土法，计成本仅值20余万元。现全用石建，除天灾不测之外，永无废坏。建成的大酒窖面积为1 976m^2，共8个拱洞。窖深7m，因建于海边，为此低于海平面1m有余。初建成时，窖温常在11℃左右，四季相对恒温，有利于葡萄酒和白兰地的长期贮藏。窖内可藏酒100万升(即1 000吨)。此项工程为外国工程师所惊叹不已，在中外建窖史上也可谓独树一帜，并被称做洋为中用的一个典范。时至今日，张裕大酒窖仍具有“亚洲第一大酒窖”的美称。

在大酒窖开掘的同时，1896年公司又从西方购进已加工的白橡木板材，运到公司后，经外加钢箍，装嵌成橡木酒桶。采用橡木桶贮酒的好处有三：一是坚硬、抗浸泡、耐腐烂，酒液不易渗漏；二是坚中有韧，木丝粗，通气性好，便于酒液“呼吸”；三是橡木材料中所含有的纤维素、木质素和木糖素，能形成一种特殊的香气。新蒸馏的原白兰地放入木桶中贮存，一年后就会消除新酒刺口辣喉的缺点。葡萄酒入桶贮藏后，有助于酒体成熟和风味的改善，使酒质醇厚、柔和。橡木桶成为张裕公司贮藏白兰地、葡萄酒的最佳容器。

葡萄嫁接研究，也可称做初创时期另一个成功的科技项目。张弼士曾于1895年从美国引进葡萄品种2 000株试种，却以失败而告终。次年，奥国酒师拔保来公司后，即从奥国寄购葡萄品种。这些奥国葡萄秧在烟台栽植后，成活率仍然不高。据分析，主要原因在于这些葡萄均为无根所致。因此，又从奥国办理购进有根品种的葡萄秧。2～3年后，有根株苗成活率也仅为十分之四五。再经分析，原因在于奥国的有根葡萄秧苗，其根带甜味，易被虫食所致。为根除虫害，需要重新寻找供作砧木用的葡萄秧。后来又采购来用于作砧木的我国苦味山葡萄秧，并使用嫁接机进行自接自栽。具体步骤为：第一年先截取一节33cm左右的山葡萄插条，插入松土中培植；第二年山葡萄砧木生根后，将栽培品种葡萄的接穗一节截取3.3cm左右，采用人力操作机器，将其嫁接在山葡萄的砧木上，使两者衔接后，再裹上软木，缠上铁丝，以不通空气为宜，嫁接好之后复栽；第三年选择枝芽壮实的嫁接苗移植到大园中；第四年、第五年，再选择枝条茂盛的植株进行定植。刚结果时只有几两，约到第八年可结果数斤。

这项葡萄嫁接的研究成果先后用了10余年时间，嫁接良种酿酒葡萄24万余株，各色品种124个，主要品种有品丽珠、蛇龙珠、赤霞珠、夜光杯、醉诗仙、玛瑙红、梅鹿辄等红葡萄品种；另有雷司令、李将军、贵人香、大宛香、琼瑶浆等白葡萄品种。这些经嫁接的葡萄品种耐寒、抗病、糖度高、出汁多。后来的公司总经理张剑师对此评价道：“(最初)中西葡萄均不合制酒之用，非璧合珠联无以致其效。”这项葡萄嫁接的研究成果，为酿造出优质的白兰地、葡萄酒提供了上好的原料，其意义还在于形成了中国特有的酿酒葡萄品种，并以胶东为基地，逐渐推广到全国其他地区。

在酒师拔保的主持下，用“西法精酿”，酿制出三大系列、15个品种的葡萄酒和白兰地。第一类为葡萄红酒，具体品种有品丽珠、红玫瑰、夜光杯、正甜红、樱甜红、醉诗仙、玛瑙红共计7个品种；第二类为葡萄白酒，具体品种有大宛香、佐谈经、益寿浆、白玫瑰、贵人香、琼瑶浆共计6个品种；第三类为白兰地，具体品种有高月白兰地和可雅白兰地。可雅白兰地于1915年巴拿马太平洋万国博览会上获金奖，更名为金奖白兰地。

公司开办之初，张弼士为获得葡萄酿酒技术工艺，曾查阅司马迁著的《史记》、张华著的《博物志》、李时珍著的《本草纲目》等古籍，都没有得到酿酒技术的记载。自从酒师拔保主持工艺技术工作后，公司最早的葡萄酒、白兰地酿造工艺，即由拔保制订并加以推行。最早的工艺要点包括：将葡萄逐穗洗净，粗分优劣，分置葡萄绞斗机破碎，再过压榨机，后入发酵桶中进行自然发酵，发酵好的葡萄汁经蒸馏机蒸馏合格后，成为原白兰地酒精，再于橡木桶贮藏后，成为成熟的白兰地酒。据最早的资料介绍，白兰地最少需十易寒暑，方为正品；酿制葡萄酒则要将发酵好的原酒吸入地窖的橡木桶中，一年后开始换桶，淘去酒中沉淀的结晶体——酒石酸盐等，使酒液澄清，一年换桶一次。据早期资料介绍，葡萄酒一般5周年后，方能装瓶出售。这就是张裕公司最早的传统工艺。

1934年，公司由中国银行接管后，首先致力于引进，使用科技人才，建立科技机构，加强科技管理工作。总经理徐望之亲自主持科技研究的酿造学社和技术改进会的工作，并专门设立了技术部，下设化验股，又分第一化验室和第二化验室，其间，徐望之特聘从法国、比利时学成回国的酿酒专家朱梅任公司副经理兼中行技术专员的职务，并派他赴意、瑞、法、比、德、捷、奥、英八国考察，考察重点是葡萄园管理、葡萄酒厂设备，以及学习先进的酿酒技术。其间，徐望之又聘请上海交通大学化学系的孙卫担任化验室主任，聘请山东大学园艺系的张勉新为园艺部主任。此外，曾聘请留欧学生朱宝镛为公司化验室主任(孙卫的前任)。

1937年，公司化验室建成后，将白葡萄酒厌氧性病菌的败坏及其补救，纯粹酵母的培养，各种草木灰、鱼肥、骨肥、猪胶对于葡萄的营养价值，葡萄园的土壤分析等，列入研究项目。对张裕白兰地、葡萄酒与欧美同品种的糖度、酸度等成分的分析研究，则卓有成效。研究结果，张裕酒的各种成分，完全符合法国、美国政府所颁标准。

中行接管后，完善了葡萄酿酒工艺，使之更加趋向科学化。各个酒种的具体工艺和操作要点分别为:

白兰地　将葡萄除去枝梗，入橡木桶发酵后，再将原酒注入蒸馏机内，进行蒸馏;另将葡萄皮渣放于蒸馏釜内蒸馏。第一次蒸馏酒度为波美计24度，二次蒸馏酒度为35度。调兑后，即为白兰地酒。然后放入地窖的橡木桶中贮存。另一种白兰地的制法为: 先将存窖的陈葡萄酒，经蒸馏机蒸馏后，二次入地窖存桶贮存而成。

葡萄红酒　将破碎的红葡萄放于桶中发酵。其间，使葡萄汁尽量吸取皮中的色泽和涩味，几日发酵结束后，即用小槽滴酒。然后将原酒吸入地窖存桶。一年后澄清换桶，每年进行一次，陈酿几年酒质成熟后方可装瓶出售。

葡萄白酒　将白葡萄破碎，经压榨机榨取果汁分离皮壳，再放于橡木桶中，使白葡萄汁单独发酵。发酵已成后，珍藏至第二年初春。再经换桶、加胶、澄清等工序，除去酒中沉淀之物，几年酒质成熟后，可装瓶贮存，而后出厂。

30、40年代，公司主要产品品种分为四大类，包括: 白兰地类品种有金奖、可雅、金星高月和红星高月酒;红葡萄酒类品种有红玫瑰、正甜红、樱甜红和解百纳酒;白葡萄酒类品种有白玫瑰、大宛香、佐谈经和雷司令酒;另外增加了味美思类。

30年代，机械化程度有了一定提高，公司开工初期，机械设备大多为人力操作，其中有绞葡萄机、压榨机、压酒机、抽酒机、洗瓶机、压盖机、封口机等;也有少量以汽力操作的设备，如蒸酒机、熏刷酒桶机等。1930年，引进一台以煤火为直接动力的蒸酒机，并引进一台高压蒸汽发生器，用来蒸涤酒桶。1937年，由公司自行监造的水力木笼压榨机投入生产，压力高达3 000磅。30年代是机械设备由人力、汽力向电力过渡的时期，如绞葡萄机、半马力过滤机、抽酒机、抽水机和小型洗瓶机等已使用了电力。

解放前，外国酒师把持着整套技术资料，对酿酒技术工艺进行保密。解放前夕，原有的中外技术人员全部离开，连同技术资料一并带走，致使技术上出现一段空白。

建国之初，酿酒工人只好靠经验、凭记忆酿酒，生产技术工作遂陷入盲目性，也增加了酒质的不稳定性。

1955年初，据国内几家饭店和驻外大使馆反映: 发现张裕公司的名葡萄酒有不正常的混浊、沉淀现象。为此，周总理曾通过轻工业部糖酒局下达指示：立即停产，专攻酒的质量问题。公司随即将分析事故原因、制订有效的技术措施，列为重点科研项目。经轻工业部派员检查结果表明，葡萄酒患有破败病是造成酒质混浊、沉淀的主要原因，其次是因土壤、设备所含的铁带入葡萄和葡萄酒中所致。据此，其蓝色破败病采用添加柠檬酸的方法，以增加葡萄酒的酸度，这不仅可治疗破败病，还可改善葡萄酒的风味，使之更加新鲜可口；棕色破败病的治疗方法，除了加入适量的柠檬酸以增加酸度以外，再加入适量的偏重亚硫酸钾，而后加入鱼胶澄清，此种方法治疗棕色破败病卓有成效。另外，又采取机器镀锡等预防生锈铁被带入葡萄及葡萄酒中的措施。

1963年，山东省轻工业厅下达“提高红葡萄酒稳定性”的研究项目。1965年，轻工业部又将这个项目列为1965～1972年主要研究项目之首。其间，公司科技人员首先分析了产生事故的原因。结果表明，仍是葡萄酒破败病没有彻底根除，尤其是酒中含铜、铁量过高所致，随之产生的酒质氧化，即造成单宁色素以及单宁铁沉淀。这些金属成分极易使红葡萄酒混浊、沉淀、退色。据此，公司科技人员根据国外资料，研究出麸皮除铁新方法，初见成效。半成品处理优于成品处理，经麸皮除铁处理后的酒液，氧化试验10天以上保持澄清，低温鉴定1个月以上不混浊，中小型试验的样品稳定性已达7个月至11个月，较前延长4个月至5个月。60年代中期，采取麸皮除铁、添加偏重亚硫酸钾和果胶酶以及人工冷冻等综合处理方法，使红葡萄酒液可保持鲜红透明，稳定性最长可达16个月以上。

1965年，中心试验室(科研所前身)建立后，又将这一科研项目引向了深入。由于麸皮除铁处理的酒会产生副作用，例如，有异杂味、涩味重等。为此，又开展了从麸皮中提取植酸盐的研究，获得了成功。在含铁6mg/L的酒中，先加入25mg的植酸盐，在生产过程中加入二氧化硫，并加胶澄清，在人工冷冻后和装瓶前，再加入适量的维生素C。经诸多程序综合处理后的红葡萄酒，含铁量明显下降，酒液也澄清透明，酒味协调柔和，并无异杂味。通过植酸盐处理铜铁表明，含铁量均在5mg/L以下，含铜量在1mg/L以下。

50年代中期，我国第一部葡萄酒、白兰地工艺规程，在张裕公司初步制定出来了。工艺规程包括产品名称及特性、产品标准、原材料质量要求、工艺流程、操作要点和技术经济定额等。1957年，在生产工序中制定了发酵、贮酒、配酒、杀菌、过滤、蒸馏等技术操作规程。60年代初，重新修订了9种产品的工艺规程和12种技术操作规程，以工艺规程课的形式在干部、工人当中讲授，并加以推行。60年代中期，公司成立了验证领导小组，对工艺规程进行验证，并修改、补充了16项工艺技术内容，进一步完善了白兰地、葡萄酒工艺规程。至此，完成了从经验酿酒到理论规范酿酒的转变。

张裕白兰地传统工艺是靠自然成熟，达到陈酿、澄清的目的。随着白兰地产量的增加，对其质量也有更高要求。1955年，工程技术人员牟尼佛、陈朴先参加了轻工业部重点科研项目“白兰地、葡萄酒热加工、冷处理、加速成熟”的研究。经过中、小型冷冻试验，于1956年制订了白兰地、葡萄酒人工冷冻新工艺。经过多次生产实践，确定了人工冷冻白兰地、葡萄酒的冷冻温度与时间。葡萄酒经过冷冻处理，可以促使酒中的酒石酸氢钾结晶沉淀，所含蛋白质也会遇冷凝结，沉入桶底，然后趁冷过滤，除去沉淀物，使酒液澄清透明。实践证明，1956年前未经冷冻的酒，其稳定期不超过半年，采用人工冷冻处理新工艺后，稳定期可达一年以上，最长可超过一年半以上。白兰地经过冷冻处理，可以促进酒的成熟，使酒中总酯有所增高，口味协调柔和，稳定期可达两年以上。这项人工冷冻新工艺自应用后，已成为白兰地与各种高档葡萄酒在出厂前必不可少的一道工序。全国同行业葡萄酒厂也均已广泛应用。

1964年以来，进行了白兰地热处理(即人工老熟)工艺的研究。白兰地人工老熟，即运用人为的因素，采取物理、化学手段以促进白兰地成熟的方法。根据实践证明，白兰地热处理温度在50～55℃之间较为适宜，保温时间15天。

1963年至1966年期间，中心试验室的科研人员在新产品开发、技术改进、技术推广和技术培训工作中做了大量的工作，并使高档产品的开发进入了新阶段。在十几年的时间里，科技人员先后开发了红葡萄啤酒、至宝三鞭酒、特质三鞭酒、中国白兰地、红花补酒、灵芝酒、金鸡铁树酒计7种新产品，其中6种获得外贸出口权，并改变了公司出口业务一度萧条的局面。

1963年，园艺师冯贻标开始培育优良色素葡萄品种烟73、烟74，至1981年获得成功。这两个色素新品种，解决了红葡萄酒长期存在的色泽不足的问题，用色素新品种调配而成的红葡萄酒，色泽新鲜、透明，似宝石红。这两个新品种是紫北塞葡萄授以玫瑰香葡萄花粉的杂交品种。新育成的优良系株具有母体果汁红和父体穗形大的综合优点。杂交而成的果实不仅色泽深红，色素加浓(烟73加浓4.5倍，烟74加浓1.5倍)，而且果穗大，产量高。烟73糖度一般在14度(140g/L)左右，最高可达16.5度(165g/L)，出汁率为70%，烟74糖度一般也在14度(140g/L)左右，最高可达16.8度(168g/L)，出汁率则为71%。这项科技成果，于1981年做出了技术鉴定，并获山东省科技成果三等奖、烟台市科技成果一等奖。

1967年至1969年，工程技术人员陈朴先在北京参加了轻工业部组织的提高白兰地质量科研小组的工作，所参与的科研项目主要有：选配优良葡萄品种，改进蒸馏工艺，研究橡香粉的应用。在此基础上，1970年陈朴先在公司主持了44度(酒精体积分数44%)金奖白兰地人工陈酿新工艺的研究、推广和应用工作，获得成功。这项研究成果实施后，改善了白兰地的香气，增强了酒的典型性，并加快了产品周转，增加了经济效益。这项新工艺已纳入工艺规程，自1972年应用以来，使金奖白兰地连创两次国优。

1973年，轻工业部将张裕优质白兰地的研究列为1973～1975年轻工业科技发展规划重要科研项目。公司科研部门在山东省轻工业局一科所和中科院大连化物所的协助下，研究工作有了较大突破。首先认定白兰地成分分析是这一科研项目的关键所在，进而剖析出中法两国白兰地各自的典型性和不同的主香成分及其差距。为选择适合于酿制白兰地的优良葡萄品种，3年内共搜集品种30多个，进行单品种试验100多样次。接着优选了发酵酵母菌种，在95个酵母菌株中，精选出3个，即7329号、7338号、7345号。试验证明，这3个酵母菌株的发酵能力和生香性都较好。此外，进行了发酵营养成分的研究。这项科研成果获轻工业部科技成果四等奖，获中科院、省科委优秀成果奖。1975年试制的新产品——优质白兰地，经轻工业部科研会议评定，基本达到国际水平。

改革开放以后，随着市场对名酒需求量日益增大的新形势，各种高档新产品的研制工作也相继获得成功。1979年，由张裕公司和烟台啤酒厂、烟台酿酒厂三方科技人员合作完成苹果香槟酒的研制任务。项目包括制订工艺流程和理化指标等，其中包括采用罐式发酵自然产生二氧化碳新工艺，改变了以往香槟酒人工合成气体的做法。试制成功的苹果香槟酒，色泽淡黄、澄清透明、泡沫持久、果香悦人、清淡杀口，色、香、味都达到了指定标准。此酒的试制成功，为我国饮料酒类填补了一项空白，也为有效地利用烟台苹果资源开辟了一条新途径。这项研究成果获山东省科技成果二等奖。新制苹果香槟酒先后被轻工业部以及山东省评为优质产品。

1980年，公司向省科委提出雷司令干白葡萄酒开发研究方案，得到了省科委的支持。次年，公司成立了雷司令干白葡萄酒研制过程中质量攻关小组。几年内，对其发酵条件、酵母菌种选用、澄清方法、贮藏条件等技术程序做了研究，并参考国外生产工艺，根据公司生产条件，制订出雷司令干白葡萄酒产品标准和工艺流程。内容包括葡萄分选、果汁澄清、密闭发酵、防止氧化、皂土澄清过滤、包装要求等。通过中小型试制，1983年正式批量生产。同年，经省科委鉴定，认为该产品工艺先进，各项技术和卫生指标均符合国家标准。1984年，雷司令干白葡萄酒获轻工业部新产品一等奖，轻工业部酒类质量大赛金杯奖。1985年，“雷司令干白葡萄酒新工艺”获省优秀TQC成果奖。

50～60年代，解百纳干红葡萄酒专供出口。由于质量不稳定，而被迫停产。1981年，以工程师陈朴先为主，成立了专门的研究小组，对解百纳干红酒的稳定性进行了研究，并确定了研究课题。具体包括：葡萄原料的选择;葡萄单品种发酵新工艺;原酒贮藏陈酿新技术;综合澄清法;防止氧化、预测稳定性试验。在选育出赤霞珠、品丽珠、蛇龙珠三个解百纳葡萄品系的基础上，采用了单品种低温发酵，贮存年限定为两年。根据酒液澄清试验结果，制订出澄清处理新工艺。工艺程序为：原酒混合—调整成分—加热杀菌—加胶澄清—树脂交换—人工冷冻—硅藻土过滤—稳定性试验—成品检验—添加抗氧剂—装瓶。成品酒于装瓶前，再对其稳定性进行分析和试验。内容包括对酒中铜、铁和二氧化硫含量的分析，同时进行氧化试验、蛋白稳定试验、低温冷冻试验以及破败病检查。经新工艺澄清的干红葡萄酒，其稳定性由原来的3个月延长到12个月以上，有的样品酒装瓶存放可达到24个月以上。1983年，解百纳干红葡萄酒稳定性研究通过鉴定后，正式投产，并全部用于出口，受到国际市场的欢迎。该项研究成果于1986年获山东省科技进步奖。1987年，解百纳干红葡萄酒获布鲁塞尔第25届世界优质产品金质奖章。

80年代中期，以总工程师王恭堂为主，对高档白兰地进行了开发研究。1986年试产8批，以征求专家和用户意见，并重新修订了工艺，次年按照新工艺调配高档白兰地10吨。特别是在原白兰地蒸馏工艺方面，由于引进了先进的蒸馏设备——夏郎德式蒸馏锅，而使张裕高档白兰地更具特色。这种昂贵的合金铜蒸馏锅与带有酸度的葡萄汁接触后，即会产生氧化铜。蒸馏过程中，铜皂能给原白兰地提供一种特殊的香气，使高档白兰地风味绵长、醇厚。1987年，张裕牌VSOP级金奖白兰地获世界银奖;1988年，张裕牌XO级陈年金奖白兰地获得世界金奖。1991年所产白兰地正式形成高、中、低三个档次，12个品种的系列产品：即XO级张裕金奖白兰地(40度);VSOP级张裕金奖白兰地(43度);VO级张裕金奖白兰地(40度);特种张裕金奖白兰地(38度);三星白兰地(38度)。

70年代初，包装工序由50年代的手工劳作基本达到半手工劳作。1975年，公司从意大利引进葡萄酒及白兰地联合包装机组。自此，开始了包装工序流水作业自动化的阶段。至90年代，公司拥有自动包装生产线7条，彻底改变了包装工序长期存在的手工操作和半手工操作的落后局面。

蒸馏设备经过了蒸馏机、蒸馏塔和壶式蒸馏锅三个发展阶段。1987年，公司从西方引进了先进的白兰地蒸馏设备——夏郎德式蒸馏锅(又名壶式蒸馏锅，俗称“响铜”)，使高档白兰地产量、质量都得到提高。

公司传统的过滤设备是布袋过滤机和棉饼过滤机。1984年，从意大利引进了先进的板框过滤机。1987年，又从法国、德国引进了更为先进的硅藻土过滤机，新滤机滤酒质量高，速度快，并减轻了劳动强度。

从90年代初开始，公司进一步改造了传统名酒的包装设计，提高了产品档次，其中对红、白葡萄酒和味美思酒改换了包装，并增加了1 000mL和1 500mL的大瓶装，对大香槟酒则设计出2 500mL和3 000mL的新包装，对特制三鞭酒也设计出2 500mL的新式包装，对金奖白兰地系列产品也从瓶型、规格、包装等方面进行改造。此外，设计人员还研制、开发了软包装、小包装以及礼品盒等花色。因包装设计精美而成为高附加值产品，其中“百年白兰地”木桶包装设计，采用内盒、外盒、衬盒相结合的新结构，使产品更具有陈列、收藏和审美的价值。

青岛啤酒企业志

青岛啤酒，以山东省青岛市命名的名酒。原由英国和德国商人合作的“日尔曼啤酒公司”于清光绪二十九年(1903年)创建生产，现由“青岛啤酒股份有限公司”所辖，由青岛啤酒一厂、青岛啤酒二厂和四厂、扬州啤酒厂以及青岛啤酒西安有限责任公司等组成联合企业。从事专门酿造淡色啤酒、黑色啤酒、棕色啤酒和干啤酒，品质优美，许多品种名列全国之冠。

一、历史沿革

1903年，青岛啤酒股份有限公司的原身——日尔曼啤酒公司青岛股份公司由英、德商人创立。建厂初期的生产设备和原料全部来自德国，所产淡啤酒和黑啤酒在当时质量就很出色，据日本田原之次郎所著《胶州湾》一书记载:“日尔曼啤酒公司青岛股份公司生产的啤酒，1906年在慕尼黑博览会上展出，获得金牌奖”。

第一次世界大战期间，日本乘机购买青岛啤酒厂，将其更名为“大日本麦酒株式会社青岛工场”，最高年产量曾达到4 663吨。

抗日战争胜利后，1945年10月，工厂被国民党政府军政部查封，随即由青岛市政府当局派员接管，工厂更名为“青岛啤酒公司”。至解放前夕，由于经济萧条，原料、燃料供应不足，工厂经常处于半停产状态，年产量仅有1 200吨。

建国后，工厂名称定为“国营青岛啤酒厂”。50年代，工厂逐步恢复了生机，生产稳步发展。此后的20年间，生产处于低速发展时期，1978年产量为3.7万吨。

1954年，青岛啤酒首次出口香港。技术人员奋力拼搏，攻克关键性的杀灭酵母菌难关，大大延长了保质期，酿出酒香浓郁、泡沫洁白细腻的青岛啤酒，在国际市场上建立了良好的声誉。

1979年以后，随着国家产业政策的调整，工厂的活力日益增强，基本建设的步伐大大加快，开始大规模引进国际上先进的技术装备。

1981年开始进行10万吨扩建工程，1986年8月竣工投产，当年产量在全国啤酒行业里首先突破10万吨。同年，国家又批准拨款0.5亿元，使企业于1992年完成13万吨技术改造工程，成为青岛市举足轻重的企业。

这个时期，青岛啤酒企业的发展明显加快，年产10万吨的青岛啤酒第二有限公司于1991年初开始生产，到1992年末，青岛啤酒年产量已达24万吨。

对于青岛啤酒来说，产量和质量的提高是同步进行的。例如，在青岛啤酒的整个生产工序中，设立了1 800多处质量检测点，不管产品在通过哪个检测点时，只要发现问题，就决不准许进入下一道工序，以此来确保消费者品尝到的每一瓶青岛啤酒都是上等优质的。

从原料选用到工艺流程，从生产管理到技术操作，青岛啤酒企业有一套严格的质量控制体系。为了生产高品质的产品，青岛啤酒选用从国外进口的优质大麦;工艺上，在继承传统特点的基础上，又吸收了国际先进的酿造工艺，不断完善并形成青岛啤酒独有的风格;为了严把质量关，公司始终把培养技术人才作为首要任务来抓，每个时期都有一批出色的科技管理人才脱颖而出。高素质的人才与先进的管理模式，共同造就了青岛啤酒企业闻名遐迩的质量控制体系。

正是因为有了这些可靠的质量保证措施，近30多年来，青岛啤酒才可能获得许许多多的荣誉称号。

1963年4月，在全国第二届评酒会上，青岛啤酒被评为国家名酒，获轻工业部金质奖章;1979年9月，获国家经委颁发的国家优质产品银质奖;1980年、1985年，两次获得国家质量金奖;1980年4月，获国家工商行政管理局“国家著名商标”称号;1991年9月，被评为中国十大驰名商标之一。

在国际上，1981年、1985年，两次在美国华盛顿举行的国际评酒大会上获得冠军;1987年5月，在美国密西西比州杰克逊市举行的国际啤酒评比中名列榜首;1991年，在比利时布鲁塞尔举行的蒙顿国际评比大赛上获金质奖;1993年，在新加坡国际饮品博览会上再获最高荣誉金奖。

几十年来，青岛啤酒的发展也得到了党和国家领导人的关怀、重视和赞扬。1956年3月，青岛啤酒厂向毛主席书面报告生产和工作情况，中共中央办公厅机要室印发了这份报告。1979年，叶剑英同志来厂视察并题词:“天下论英雄，啤酒何须煮，争取得金牌，更上一楼去。”党中央、国务院、中央军委和全国人大、政协的领导人，也多次来厂视察，并题词留念，表达了对青岛啤酒的殷切期望。

在成功和荣誉面前，青岛啤酒厂并没有故步自封，而是清醒地认识到作为民族啤酒工业龙头所肩负的重任。面对外资涌入、国内啤酒厂家纷纷合资的严峻形势，青岛啤酒厂于1992年毅然做出历史性的抉择，义无返顾地跻身于国家首批规范化股份制企业试点行列，把转换经营机制作为企业寻求新发展的第一步。

1993年6月11日，青岛啤酒厂作为独家发起人并在吸收合并原青岛啤酒第二有限公司、第三有限公司和原青岛啤酒四厂的基础上，组建创立了青岛啤酒股份有限公司。7月15日，青岛啤酒H股在香港正式挂牌上市;8月27日，青岛啤酒A股又在上海正式挂牌上市。至此，青岛啤酒股份有限公司，以员工近4 000人、占地面积近64万平方米、年产量28万吨、净资产18.67亿元的全新面貌展现在世人面前，进一步巩固了青岛啤酒在国内同行业中的领先地位。

公司的创立，为青岛啤酒的发展提供了良好的契机。公司迅速与国际惯例接轨，对原企业进行了脱胎换骨的改造，实现了由国营企业到国际公众公司的转换，完成了产权制度的改革，建立了适应国内外市场竞争的现代企业制度，在生产、经营管理、科研、新技术应用和技改等诸多方面取得了长足的发展，形成了国际化跨国公司的基本框架。

为发展规模经济，青岛啤酒股份有限公司研究制订了《2000年发展规划》，力争产量在本世纪末达到140万吨，将国内市场占有份额提高到7%。作为此一规划的前奏，青岛啤酒股份有限公司已于1994年10月收购了江苏扬州啤酒厂，又于1995年12月控股西安汉斯啤酒饮料总厂，成立了青岛啤酒西安有限责任公司。

在发展规模经济的同时，青岛啤酒股份有限公司又打破了先生产后销售和原先各自为战的陈旧模式。在国内销售开始实行国际上通行的独家经营代理制方式，并进一步扩大已开展多年的国际销售代理方式，在巩固现有36个国家和地区市场的基础上，又与12个国家签订了代理关系。

以市场为导向，以质量为根本，以产量上规模，为振兴民族啤酒工业，青岛啤酒股份有限公司在创优、创新的道路上阔步前进。

二、科技发展史

酿制高质量的啤酒，必须有先进的科学工艺做保证。早在1903年建厂伊始，德国人就给青岛啤酒厂带来了当时先进、完善的工艺和设备，青岛啤酒质量在当时就具备了较高的水平。

建国后，经过几代青岛啤酒厂职工的共同努力，青岛啤酒的酿制工艺日臻成熟，啤酒质量也有了很大提高，1963年被评为国家名酒(图9－5－1)。

1964年，轻工业部在唐山召开的全国第五次酿酒会议上，提出了“啤酒行业学青岛”的口号。会上还决定组织力量对青岛啤酒厂工艺及操作法进行写实。根据不同工序，设7个写实小组，历时43天，完成初稿，经过3次补充修改，最后写出《青岛啤酒操作法》，向全国啤酒厂推广。

图 9－5－1　世界先进水平的啤酒灌装线一角

《青岛啤酒操作法》详尽、真实地反映出青岛啤酒厂当时的工艺及操作现状，并总结出了“四严、四低、一高”的特点，即原料严、配方严、操作严、卫生严，发芽温度低、发酵温度低、原料消耗低、成本低，质量高。

随着啤酒事业的不断发展，国际上涌现出许多新的酿造工艺。青岛啤酒厂在保持传统工艺优点的基础上，积极采用国际上的先进酿造工艺，不断完善与发展青岛啤酒工艺。

酶法糖化新工艺 即在糖化过程中，外加酶制剂，以补充某些原料麦芽本身酶系统的不足。其目的主要是增加辅料用量，提高原料利用率，降低成本，提高设备利用率，提高产量与质量。青岛啤酒厂从1986年开始研制酶法糖化新工艺，经过3年的试验，于1989年出成品，经国内啤酒专家品评，认为该产品符合青岛啤酒质量要求。1990年，通过青岛市经委组织的科技成果鉴定，认为该工艺技术先进、科学、可行，在国内居领先地位，具有良好的推广前景。

锥形罐发酵新工艺 80年代初，锥形罐发酵工艺传入国内，青岛啤酒厂于1984年采用了锥形罐发酵工艺。该工艺可使生产周期大大缩短，并且便于微机操作。

高浓度稀释工艺 该工艺是在糖化时采用高浓度糖化(原麦汁浓度14%或12%)，待啤酒发酵成熟后，用脱了氧的稀释水，将啤酒的原麦汁浓度降为8%，以达到生产目的。该工艺的采用可以在不增加设备的基础上，提高糖化能力及增加产量。1991年，高浓度稀释工艺通过了青岛市经委组织的专家鉴定。

硅藻土过滤新技术代替棉饼过滤 该技术是当时国际上应用比较普遍的先进技术，滤过速度快，由原先每小时过滤5吨，提高到每小时过滤30吨，滤过数量大，一次可滤400吨；而且具有使酒液澄清，浊度降低，以及劳动强度低等特点。

在60年代至80年代，青岛啤酒后酵期(酒龄)为90天。科研人员通过大量科学试验后，制订出合理的工艺，缩短酒龄至50天，从而缩短了啤酒生产周期，提高了产量，同时又保证了质量。另外，1965年试验成功了糖化添加稳定剂、后发酵添加酶制剂和抗氧剂技术，使啤酒的稳定期由90天增加到150天。

为保证质量的优势，青岛啤酒厂始终保持着生产设备上的优势。1978年，青岛啤酒厂从原西德引进了一条1.5万瓶/h灌装生产线，这也是我国第一次从国外引进的啤酒包装整线。1980年，从日本引进一条2.4万罐/h的灌装生产线。1984、1989年，又先后从原西德引进了2.4万瓶/h和3.6万瓶/h全自动灌装生产线，使包装能力达到年产啤酒13万吨。进入90年代，青岛啤酒股份有限公司开始投巨资大规模引进国外先进设备：1993年，在啤酒一厂完成投资6 491万元人民币(含外汇632万美元)，主要用于引进美国罐装线和德国瓶装线，及纯生啤灌装线等设备；在啤酒二厂完成投资4 146万元人民币，主要用于引进德国瓶装线及扩大纯生啤生产。

80年代，消费者对青岛啤酒的风味提出了更新、更高的要求。青岛啤酒厂的科研人员进行了试验，最后通过15个大批次、44种不同配方和相应的工艺条件进行工艺调试，组织分析了1 000多个数据，取得了满意的效果，使青岛啤酒的泡沫持久性达到了5min以上。

改革开放以来，青岛啤酒的产品结构发生了巨大变化。首先是增加了不同的包装规格。1981年，生产355mL听装酒；1982年，生产355mL瓶装酒；1990年，生产330mL瓶装酒；1992年，生产30L桶装生啤酒。尤其是近些年来，金质296mL、355mL、640mL瓶装酒、龙凤罐装酒、白瓶金质酒及绿标酒等新规格相继上市，丰富了消费者的选择空间。同时在啤酒品种方面，又开发出黑啤酒、棕啤酒、淡啤酒、干啤酒等新产品，使青岛啤酒在品种上形成了系列化。

三、青岛啤酒股份有限公司概况

青岛啤酒股份有限公司是1993年6月成立的、国家控股的、境内外上市的中外合资企业，下辖青岛啤酒一厂、青岛啤酒二厂、青岛啤酒四厂、麦芽厂、扬州啤酒厂和青岛啤酒西安有限责任公司、技术开发中心、啤酒销售公司、广发公司、实业公司等企业，注册资本额9亿元人民币，1995年总资产达28.8亿元人民币，拥有员工4 700人。

青岛啤酒于1903年问世，素以酒液清澈透明、口味香醇爽口而享誉中外，曾7次荣获国家级质量金奖，4次荣获国际质量金奖，1991年被评为全国啤酒行业惟一“驰名商标”。青岛啤酒畅销30多个国家和地区，出口量占全国啤酒出口的70%，为国家创汇累计达4亿美元。

1995年，青岛啤酒股份有限公司在国内同行业率先通过了ISO9002质量保证体系国际权威机构认证；获得了“世界名牌消费品”、“’95全国畅销国产商品金桥奖”和“’95全国啤酒行业优质产品”等荣誉称号；同年，公司产量35万吨，合格率100%，优质品率98%，利税3.5亿元，产量居国内同行业第三位，利税居国内同行业第一位，

青岛啤酒股份有限公司坚持以国家资本为主和民族品牌为主的原则，以效益为中心，以发展为重点，走扩大再生产的道路，逐步把公司建成一个一业为主、多种经营、跨地区跨国家、效益高实力强的现代企业集团。按照这一战略思想，公司1994年全资收购了扬州啤酒厂，1995年控股收购了西安汉斯啤酒饮料总厂。青岛啤酒股份有限公司计划年产量到2000年达到140万吨，使青岛啤酒的国内市场占有率由原来的2.3%提高到7%，把青岛啤酒发展成为中国市场最有竞争力和影响力的啤酒品牌，为振兴民族啤酒工业贡献更大的力量。